모아합격전략연구소

모아 가스
KGS CODE 뽀개기

핵심CODE + OX문제 + 예상문제풀이

**완전한 합격을 위한
변형 문제와 신유형 문제 완벽 대비**

· 시험에 출제되었던 KGS CODE를 한데 모아 수록
· 필기 시험과 실기 시험에 모두 대비 가능
· 가스기능사, 산업기사, 기사, 기능장 시험 모두 대비 가능

머리말

최근 가스 종목 자격증 시험에서는 신출문제와 변형문제가 많이 출제되고 있어 수험생들에게 도전이 되고 있습니다. 특히 필기 시험에서는 안전 관리 과목에서 처음 보는 문제들이 자주 등장하여 과락을 피하기 어려운 경우가 많습니다. 실기 시험 역시 필답형과 동영상 시험에서 KGS CODE 내용을 정확히 알고 있어야 풀 수 있는 문제가 매회 최소 3문제 이상 출제되고 있습니다.

이러한 출제 경향에 대비하기 위해 『모아 가스 KGS CODE 뽀개기』는 181개의 KGS CODE 중에서 중요한 내용들을 선별하여 수험생들이 효과적으로 시험에 대비할 수 있도록 구성되었습니다. 또한 과거 20년 동안 한 번이라도 출제된 적이 있었던 CODE와 앞으로 출제될 가능성이 높은 CODE의 내용도 포함하여 수험생들의 학습 효율성을 극대화했습니다.

수험생들은 각 가스 종류(고압가스, 액화석유가스, 도시가스, 수소)마다 비슷한 듯하면서도 다른 규정들을 신경 써서 학습해야 합니다. 특히 같은 가스라도 제조시설, 충전시설, 저장시설, 판매시설 등 시설별로 규정이 조금씩 다르기 때문에, 문제를 보고 해당 가스와 시설을 먼저 파악하는 것이 중요합니다. 따라서 본 교재를 활용할 때는 각 Part별로 어떤 가스인지 먼저 확인하고, 그 다음으로 어떤 시설에 관한 내용인지를 구분하며 학습하면 훨씬 더 쉽고 빠르게 이해할 수 있을 것입니다.

『모아 가스 KGS CODE 뽀개기』는 수험생들이 일일이 CODE 내용을 검색하는 수고를 덜어주기 위해 고압가스, 액화석유가스, 도시가스, 수소, 공통 내용을 비교하며 학습할 수 있도록 제작되었습니다. 모쪼록 이 교재를 통해 시험을 준비하는 모든 분들이 합격의 기쁨을 누릴 수 있기를 진심으로 바랍니다.

모아합격전략연구소

이 책의 구성

1 가장 핵심적인 KGS CODE만 선별

KGS CODE 중 가장 중요한 내용을 선별, 정리하였으며
다양한 학습 Tip과 암기법으로 학습 효과를
극대화할 수 있도록 하였습니다.

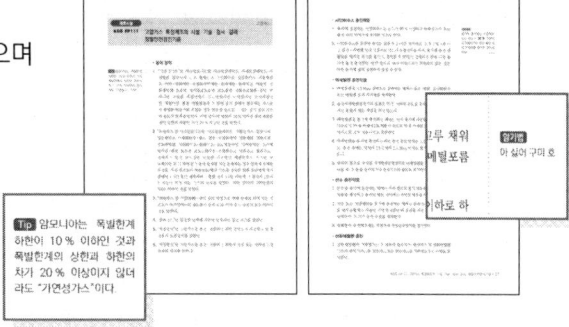

2 예상문제 및 OX퀴즈로 점검

시험에 출제될 가능성이 높은 CODE의 경우
관련 예상문제와 OX퀴즈를 통해
내용을 바로바로 점검할 수 있도록 하였습니다.

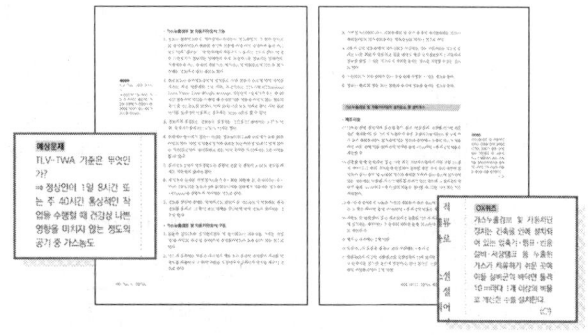

3 문제풀이를 통한 마무리 체크

문제풀이는 괄호넣기, 정의쓰기, 단답형, 4지선다 등
다양한 유형으로 구성하여 필기 시험과 실기 시험에
모두 대비할 수 있도록 하였습니다.

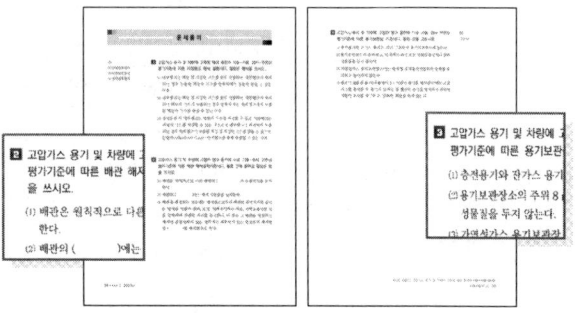

KGS Code 기호 및 일련번호 체계

KGS(Korea Gas Safety) Code는 가스관계법령에서 정한 시설·기술·검사 등의 기술적인 사항을 상세기준으로 정하여 코드화한 것으로 가스기술기준위원회에서 심의·의결하고 산업통상자원부에서 승인한 가스안전 분야의 기술기준입니다.

적용대상별 분류기호
- "F" Facilites
- "A" Apparatus
- "G" General

시설·제품의 기능별 분류번호
- "1" 고압가스 제조
- "2" 고압가스 충전
- "3" LPG 충전
  ⋮

시설·제품의 종류별 분류기호
- "P" Production
- "S" Supply
- "U" Use
- "A" Application
- "B" Burners
- "C" Containers
- "C" Common
- "H" Hydrogen

코드 제·개정 연도

KGS AA111 ^{2008} (고압가스용 냉동기 제조의 시설·기술·검사기준)

코드 일련번호

Classification No. by Acts
- "0" 3법 공통
- "1,2" 고압가스법
- "3,4" LPG법
- "5,6" 도시가스법
- "7,8" 수소법

코드명

분야 및 기호		종류 및 첫째 자리 번호		분야 및 기호		종류 및 첫째 자리 번호	
제품(A) (Apparatus)	기구(A) (Appliances)	냉동장치류	1	시설(F) (Facilities)	제조·충전(P) (Production)	고압가스 제조시설	1
		배관장치류	2			고압가스 충전시설	2
		밸브류	3			LP가스 충전시설	3
		압력조정장치류	4			도시가스 도매 제조시설	4
		호스류	5			도시가스 일반 제조시설	5
		경보차단장치류	6			도시가스 충전시설	6
		기타 기구류	9		판매·공급(S) (Supply)	고압가스 판매시설	1
	연소기(B) (Burners)	보일러류	1			LP가스 판매시설	2
		히터류	2			LP가스 집단공급시설	3
		레인지류	3			도시가스 도매 공급시설	4
		기타 연소기류	9			도시가스 일반 공급시설	5
	용기(C) (Containers)	탱크류	1		저장·사용(U) (Use)	고압가스 저장시설	1
		실린더류	2			고압가스 사용시설	2
		캔류	3			LP가스 저장시설	3
		복합재료 용기류	4			LP가스 사용시설	4
		기타 용기류	9			도시가스 사용시설	5
	수소(H) (Hydrogen)	수소추출기류	1			수소 연료 사용시설	6
		수전해장치류	2	일반(G) (General)	공통(C) (Common)	기본사항	1
		연료전지	3			공통사항	2

목 차

Part 01. 고압가스

분류	코드	제목	페이지
제조시설	KGS FP111	고압가스 특정제조의 시설·기술·검사·감리·정밀안전검진기준	10
	KGS FP112	고압가스 일반제조의 시설·기술·검사·감리·안전성평가기준	31
	KGS FP113	고압가스 냉동제조의 시설·기술·검사기준	36
충전시설	KGS FP211	고압가스 용기 및 차량에 고정된 탱크충전의 시설·기술·검사·안전성평가기준	41
저장·사용시설	KGS FU111	고압가스 저장의 시설·기술·검사·안전성평가기준	56
판매시설	KGS FS112	배관에 의한 고압가스 판매의 시설·기술·검사기준	64
	KGS FS111	용기에 의한 고압가스 판매의 시설·기술·검사기준	72
용기	KGS AC213	초저온가스용 용기 제조의 시설·기술·검사기준	79
	KGS AC217	고압가스용 용접용기 재검사기준	84
	KGS AC212	고압가스용 이음매 없는 용기 제조의 시설·기술·검사기준	90
	KGS AC214	아세틸렌용 용접용기 제조의 시설·기술·검사기준	93
냉동기	KGS AA111	고압가스용 냉동기 제조의 시설·기술·검사기준	98
특정설비	KGS AA911	고압가스용 기화장치 제조의 시설·기술·검사기준	104
	KGS AC114	액화석유가스용 소형저장탱크 제조의 시설·기술·검사기준	111
	KGS AC116	고압가스용 저장탱크 및 압력용기 재검사기준	114
	KGS AC113	고압가스용 차량에 고정된 탱크 제조의 시설·기술·검사기준	125
	KGS AC115	액화천연가스용 저장탱크 제조의 시설·기술·검사기준	134
공통	KGS GC212	고압가스 배관보호기준	144

Part 02. 액화석유가스

분류	코드	제목	페이지
충전시설	KGS FP333	액화석유가스 자동차에 고정된 탱크충전의 시설·기술·검사·정밀안전진단·안전성평가기준	154
	KGS FP334	액화석유가스 소형용기충전의 시설·기술·검사·정밀안전진단·안전성평가기준	186
	KGS FP332	액화석유가스 자동차에 고정된 용기충전의 시설·기술·검사·정밀안전진단·안전성평가기준	199
	KGS FP331	액화석유가스 용기충전의 시설·기술·검사·정밀안전진단·안전성평가기준	207

구분	코드	제목	페이지
집단공급시설	KGS FS331	액화석유가스 일반집단공급의 시설·기술·검사기준	213
저장시설	KGS FU331	저장탱크에 의한 액화석유가스 저장소의 시설·기술·검사·정밀안전진단·안전성평가기준	229
	KGS FU332	용기에 의한 액화석유가스 저장소의 시설·기술·검사기준	238
판매시설	KGS AA438	액화석유가스 정압기용 압력조정기 제조의 시설·기술·검사기준	243
	KGS AA631	다기능 가스안전계량기 제조의 시설·기술·검사기준	248
	KGS AB134	가스냉난방기 제조의 시설·기술·검사기준	254
	KGS AB131	강제배기식 및 강제급배기식 가스온수보일러 제조의 시설·기술·검사기준	261
	KGS AA434	일반용 액화석유가스 압력조정기 제조의 시설·기술·검사기준	270
	KGS AA334	가스용 콕 제조의 시설·기술·검사기준	278
	KGS AA632	가스누출경보차단장치 제조의 시설·기술·검사기준	283
	KGS AB231	가스난방기 제조의 시설·기술·검사기준	288
사용시설	KGS FU432	소형저장탱크에 의한 액화석유가스 사용시설의 시설·기술·검사기준	295
	KGS FU431	용기에 의한 액화석유가스 사용시설의 시설·기술·검사기준	317
	KGS FU433	저장탱크에 의한 액화석유가스 사용시설의 시설·기술·검사기준	326

Part 03. 도시가스

구분	코드	제목	페이지
공통	KGS GC253	도시가스 배관보호기준	334
일반도시가스사업 공급시설	KGS FS551	일반도시가스사업 제조소 및 공급소 밖의 배관의 시설·기술·검사·정밀안전진단기준	341
	KGS FP654	액화도시가스자동차 충전의 시설·기술·검사기준	371
	KGS FP651	고정식 압축도시가스자동차 충전의 시설·기술·검사기준	386
가스도매사업 공급시설	KGS FP451	가스도매사업 제조소 및 공급소 밖의 배관의 시설·기술·검사·정밀안전진단기준	396
사용시설	KGS FU552	압축도시가스용 자동차 연료장치의 시설·기술·검사기준	404
	KGS FU551	도시가스 사용시설의 시설·기술·검사기준	409

Part 04. 수소

용품	KGS AH271 수전해설비 제조의 시설·기술·검사기준	422
	KGS AH171 수소추출설비 제조의 시설·기술·검사기준	430
시설	KGS FU671 수소연료사용시설의 시설·기술·검사기준	437

Part 05. 공통

KGS GC201	가스시설 전기방폭기준	450
KGS GC207	고압가스 운반차량의 시설·기술기준	456
KGS GC203	가스시설 및 지상 가스배관 내진설계기준	468
KGS GC208	주거용 가스보일러의 설치·검사기준	474
KGS GC206	고압가스 운반등의 기준	486
KGS GC202	가스시설 전기방식 기준	494
KGS GC209	상업·산업용 가스보일러의 설치·검사기준	506

PART 01

고압가스

제조시설 KGS FP111, KGS FP112, KGS FP113
충전시설 KGS FP211
저장·사용시설 KGS FU111
판매시설 KGS FS112, KGS FS111
용기 KGS AC213, KGS AC217, KGS AC212,
       KGS AC214
냉동기 KGS AA111
특정설비 KGS AA911, KGS AC114,
         KGS AC116, KGS AC113,
         KGS AC115
공통 KGS GC212

제조시설
KGS FP111 고압가스 특정제조의 시설·기술·검사·감리·정밀안전검진기준

고압가스

• **용어 정의**

> **Tip** 암모니아는 폭발한계 하한이 10 % 이하인 것과 폭발한계의 상한과 하한의 차가 20 % 이상이지 않더라도 "가연성가스"이다.

1. "가연성가스"란 아크릴로니트릴·아크릴알데히드·아세트알데히드·아세틸렌·암모니아·수소·황화수소·시안화수소·일산화탄소·이황화탄소·메탄·염화메탄·브롬화메탄에탄·염화에탄·염화비닐·에틸렌·산화에틸렌·프로판·사이클로프로판·프로필렌·산화프로필렌·부탄·부타디엔·부틸렌·메틸에테르·모노메틸아민·디메틸아민·트리메틸아민·에틸아민·벤젠·에틸벤젠과 그 밖에 공기 중에서 연소하는 가스로서 폭발한계(공기와 혼합된 경우 연소를 일으킬 수 있는 공기 중의 가스의 농도의 한계를 말한다. 이하 같다)의 하한이 10 % 이하인 것과 폭발한계의 상한과 하한의 차가 20 % 이상인 것을 말한다.

2. "독성가스"란 아크릴로니트릴·아크릴알데히드·아황산가스·암모니아·일산화탄소·이황화탄소·불소·염소·브롬화메탄·염화메탄·염화프렌·산화에틸렌·시안화수소·황화수소·모노메틸아민·디메틸아민·트리메틸아민·벤젠·포스겐·요오드화수소·브롬화수소·염화수소·불화수소·겨자가스·알진·모노실란·디실란·디보레인·세렌화수소·포스핀·모노게르만 및 그 밖에 공기 중에 일정량 이상 존재하는 경우 인체에 유해한 독성을 가진 것으로서 허용농도(해당 가스를 성숙한 흰쥐 집단에게 대기 중에서 1시간 동안 계속하여 노출할 경우 14일 이내에 그 흰쥐의 2분의 1 이상이 죽게 되는 가스의 농도를 말한다. 이하 같다)가 100만분의 5000 이하인 것을 말한다.

> **OX퀴즈**
> "액화가스"란 가압(加壓)·냉각 등의 방법으로 액체 상태로 되어 있는 것으로서 대기압에서의 끓는점이 섭씨 **50도** 이하 또는 상용의 온도 이하인 것을 말한다.
> (×)

3. "액화가스"란 가압(加壓)·냉각 등의 방법으로 액체 상태로 되어 있는 것으로서 대기압에서의 끓는점이 섭씨 40도 이하 또는 상용의 온도 이하인 것을 말한다.

4. "압축가스"란 일정한 압력에 의하여 압축되어 있는 가스를 말한다.

5. "저장설비"란 고압가스를 충전·저장하기 위한 설비로서 저장탱크 및 충전용기 보관설비를 말한다.

6. "저장탱크"란 고압가스를 충전·저장하기 위하여 지상 또는 지하에 고정 설치된 탱크를 말한다.

7. "차량에 고정된 탱크"란 고압가스의 수송·운반을 위하여 차량에 고정설치 된 탱크를 말한다.

8. "충전용기"란 고압가스의 충전질량 또는 충전압력의 2분의 1 이상이 충전되어 있는 상태의 용기를 말한다.

9. "잔가스용기"란 고압가스의 충전질량 또는 충전압력의 2분의 1 미만이 충전되어 있는 상태의 용기를 말한다.

10. "가스설비"란 고압가스의 제조·저장·사용 설비(제조·저장·사용 설비에 부착된 배관을 포함하며, 사업소 밖에 있는 배관은 제외한다) 중 가스(제조·저장되거나 사용 중인 고압가스, 제조공정 중에 있는 고압가스가 아닌 상태의 가스, 해당 고압가스제조의 원료가 되는 가스 및 고압가스가 아닌 상태의 수소를 말한다)가 통하는 설비를 말한다.

11. "고압가스설비"란 가스설비 중 다음의 설비를 말한다.
    (1) 고압가스가 통하는 설비
    (2) (1)에 따른 설비와 연결된 것으로서 고압가스가 아닌 상태의 수소가 통하는 설비. 다만 「수소경제 육성 및 수소 안전관리에 관한 법률」 제2조 제9호에 따른 수소연료사용시설에 설치된 설비는 제외한다.

12. "처리설비"란 압축·액화 및 그 밖의 방법으로 가스를 처리할 수 있는 설비 중 고압가스의 제조(충전을 포함한다)에 필요한 설비와 저장탱크에 부속된 펌프·압축기 및 기화장치를 말한다.

13. "감압설비"란 고압가스의 압력을 낮추는 설비를 말한다.

14. "처리능력"이란 처리설비 또는 감압설비로 압축·액화 그 밖의 방법으로 **1일**에 처리할 수 있는 가스의 양으로 다음 기준에 따른다.
    (1) 처리능력은 공정흐름도(PFD, Process Flow Diagram)의 물질수지(Material Balance)를 기준으로 액화가스는 무게(kg)로 압축가스는 용적(온도 0 ℃, 게이지압력 0 Pa의 상태를 기준으로 한 m^3)으로 계산한다.
    (2) 처리능력은 가스종류별로 구분하고 원료가 되는 고압가스와 제조되는 고압가스가 중복되지 않도록 계산한다.

> **Tip** "처리능력"은 "1일"에 처리할 수 있는 가스의 양임. "1일"을 반드시 암기!

15. "불연재료"란 「건축법 시행령」 제2조 제10호에 따른 불연재료를 말한다.

16. "방호벽"이란 높이 2 m 이상, 두께 12 cm 이상의 철근콘크리트 또는 이와 같은 수준 이상의 강도를 가지는 것을 말한다.

17. "보호시설"이란 다음의 제1종 보호시설 및 제2종 보호시설을 말한다.

   17-1 제1종 보호시설

   (1) 학교·유치원·어린이집·놀이방·어린이놀이터·학원·병원(의원을 포함한다)·도서관·청소년수련시설·경로당·시장·공중목욕탕·호텔·여관·극장·교회 및 공회당(公會堂)

   (2) 사람을 수용하는 건축물(가설건축물은 제외한다)로서 사실상 독립된 부분의 연면적이 1000 m² 이상인 것

   (3) 예식장·장례식장 및 전시장, 그 밖에 이와 유사한 시설로서 300명 이상 수용할 수 있는 건축물

   (4) 아동복지시설 또는 장애인복지시설로서 수용능력이 20명 이상 수용할 수 있는 건축물

   (5) 「문화재보호법」에 따라 지정문화재로 지정된 건축물

   17-2 제2종 보호시설

   (1) 주택

   (2) 사람을 수용하는 건축물(가설건축물은 제외한다)로서 사실상 독립된 부분의 연면적이 100 m² 이상 1000 m² 미만인 것

> **Tip** 문화재보호법이 문화유산의 보존 및 활용에 관한 법률로 명칭이 개정되었음 따라서 "문화재"라는 용어와 더불어 "문화유산"도 암기할 것

18. "설계압력"이란 고압가스용기 등의 각부의 계산두께 또는 기계적 강도를 결정하기 위하여 설계된 압력을 말한다.

19. "상용압력"이란 내압시험압력 및 기밀시험압력의 기준이 되는 압력으로서 사용상태에서 해당 설비 등의 각부에 작용하는 최고사용압력을 말한다.

20. "설정압력(Set Pressure)"이란 안전밸브의 설계상 정한 분출압력 또는 분출개시압력으로서 명판에 표시된 압력을 말한다.

21. "축적압력(Accumulated Pressure)"이란 내부유체가 배출될 때 안전밸브에 의해 축적되는 압력으로서 그 설비 안에서 허용될 수 있는 최대압력을 말한다.

22. "초과압력(Over Pressure)"이란 안전밸브에서 내부유체가 배출될 때 설정압력 이상으로 올라가는 압력을 말한다.

23. "평형 벨로즈형 안전밸브(Balanced Bellows Safety Valve)"란 밸브의 토출 측 배압의 변화에 따라 성능특성에 영향을 받지 않는 안전밸브를 말한다.

24. "일반형 안전밸브(Conventional Safety Valve)"란 밸브의 토출 측 배압의 변화에 따라 직접적으로 성능특성에 영향을 받는 안전밸브를

말한다.

25. "배압(Back Pressure)"이란 배출물 처리설비 등으로부터 안전밸브의 토출 측에 걸리는 압력을 말한다.

26. "시공감리"란 고압가스배관이 관계법령의 규정에 적합하게 시공되는지를 시장·군수·구청장이 시공감리하기 위한 제도로서 한국가스안전공사가 시장·군수·구청장으로부터 시공감리권한을 위탁받아 한국가스안전공사의 명의와 권한으로 고압가스배관의 공사현장에 상주하며 시공과정의 일체를 확인·감리하는 것을 말한다.

- **보호시설과의 안전거리(단위 : m)**

구분	처리능력 및 저장능력	제1종 보호시설	제2종 보호시설
1. 산소의 처리설비 및 저장설비	1만 이하	12	8
	1만 초과 2만 이하	14	9
	2만 초과 3만 이하	16	11
	3만 초과 4만 이하	18	13
	4만 초과	20	14
2. 독성가스 또는 가연성가스의 처리설비 및 저장설비	1만 이하	17	12
	1만 초과 2만 이하	21	14
	2만 초과 3만 이하	24	16
	3만 초과 4만 이하	27	18
	4만 초과 5만 이하	30	20
	5만 초과 99만 이하	30(가연성가스 저온저장탱크는 $\frac{3}{25}\sqrt{X+10000}$)	20(가연성가스 저온저장탱크는 $\frac{2}{25}\sqrt{X+10000}$)
	99만 초과	30(가연성가스 저온저장탱크는 120)	20(가연성가스 저온저장탱크는 80)
3. 그 밖의 가스의 처리설비 및 저장설비	1만 이하	8	5
	1만 초과 2만 이하	9	7
	2만 초과 3만 이하	11	8
	3만 초과 4만 이하	13	9
	4만 초과	14	10

Tip 제1종 보호시설이 좀 더 안전해야 하므로 독성/가연성 5만 초과 99만 이하일 경우 분자에 3이 곱해진다(제2종 보호시설은 분자에 2가 곱해진다).

[비고]
1. 위의 표 중 각 처리능력 및 저장능력란의 단위 및 X는 1일간 처리능력 또는 저장능력으로서 압축가스의 경우에는 세제곱미터(m^3), 액화가스의 경우에는 킬로그램(kg)으로 한다.
2. 같은 사업소에 2개 이상의 처리설비 또는 저장설비가 있는 경우에는 그 처리능력별 또는 저장능력별로 각각 안전거리를 유지한다.

• 화기와의 거리

가스설비와 저장설비 외면으로부터 화기(그 설비 안의 것은 제외한다)를 취급하는 장소 사이에 유지하여야 하는 거리는 우회거리 2 m(가연성가스와 산소의 가스설비 또는 저장설비는 8 m) 이상으로 하고, 가연성가스의 가스설비 또는 사용시설에 관련된 저장설비, 기화장치 및 이들 사이의 배관(이하 "가스설비등"이라 한다)에서 누출된 가연성가스가 화기를 취급하는 장소로 유동하는 것을 방지하기 위하여 유동방지시설을 설치한다. 다만 가스설비등이 화기와의 거리 이상을 유지한 경우에는 유동방지시설을 설치하지 않을 수 있다.

> **Tip** 화기와의 거리는 숫자 2와 8만 암기하면 됨!

1. 유동방지시설은 높이 2 m 이상의 내화성 벽으로 하고, 가스설비등과 화기를 취급하는 장소와는 우회수평거리 8 m 이상을 유지한다.
2. 불연성 건축물 안에서 화기를 사용하는 경우, 가스설비 등으로부터 수평거리 8 m 이내에 있는 건축물 개구부는 방화문 또는 망입유리로 폐쇄하고, 사람이 출입하는 출입문은 2중문으로 한다.

• 다른 설비와의 거리

1. 안전구역 안의 고압가스설비(배관은 제외한다)의 외면으로부터 다른 안전구역 안에 있는 고압가스설비의 외면까지 유지하여야 할 거리는 30 m 이상으로 한다.
2. 가연성가스 저장탱크의 외면으로부터 처리능력이 20만 m^3 이상인 압축기까지 유지하여야 하는 거리는 30 m 이상으로 한다.
3. 가연성가스 제조시설의 고압가스설비[저장탱크 및 배관은 제외한다]는 그 외면으로부터 다른 가연성가스 제조시설의 고압스설비와 5 m 이상, 산소제조시설의 고압가스설비와 10 m 이상의 거리를 유지하는 등 하나의 고압가스설비에서 발생한 위해요소가 다른 고압가스설비로 전이되지 않도록 필요한 조치를 한다.

> **OX퀴즈**
> 가연성가스 저장탱크의 외면으로부터 처리능력이 20만 m^3 이상인 압축기까지 유지하여야 하는 거리는 **50 m** 이상으로 한다. (×)

저장설비 설치

• 저장탱크 설치

가연성가스저장탱크와 다른 가연성가스저장탱크 또는 산소저장탱크 사이에는 하나의 저장탱크에서 발생한 위해(危害)요소가 다른 저장탱크로 전이되지 않도록 하고 저장탱크를 지하 또는 실내에 설치하는 경우에는 그 저장탱크의 보호와 그 저장탱크 설치실 안에서의 가스폭발을 방지하기 위하여 다음 기준에 따라 필요한 조치를 한다.

1. 저장탱크 간 거리

   (1) 가연성가스의 저장탱크(저장능력이 300 m³ 또는 3톤 이상의 것에 한정한다)와 다른 가연성가스 또는 산소의 저장탱크와의 사이에는 두 저장탱크의 최대지름을 합산한 길이의 4분의 1 이상에 해당하는 거리(두 저장탱크의 최대지름을 합산한 길이의 4분의 1이 1 m 미만인 경우에는 1 m 이상의 거리)를 유지한다.

   (2) (1)에 따른 거리를 유지하지 못하는 경우에는 다음 기준에 따라 물분무장치를 설치한다.

   (2-1) 가연성가스저장탱크가 상호 인접한 경우 또는 산소저장탱크와 인접된 경우로서 인접한 저장탱크 간의 거리가 1 m 또는 인접한 저장탱크의 최대 지름의 4분의 1을 미터단위로 표시한 거리 중 큰 쪽 거리를 유지하지 못한 경우에는 (2-1-1) 또는 (2-1-2)에 따른 물분무장치 또는 (2-1-1) 및 (2-1-2)의 기준을 혼합한 물분무장치를 설치한다.

   (2-1-1) 물분무장치는 저장탱크의 표면적 1 m²당 8 L/분을 표준으로 하여 계산된 수량을 저장탱크 전 표면에 균일하게 방사할 수 있는 것으로 한다. 이 경우 보냉을 위한 단열재가 사용된 저장탱크는 다음과 같이 한다.

   (2-1-1-1) 그 단열재의 두께가 해당 저장탱크의 주변 화재를 고려하여 충분한 내화성능을 갖는 것[이하 (2)에서 "내화구조 저장탱크"라 한다]은 그 수량을 4 L/분을 표준으로 하여 계산한 수량으로 한다.

   (2-1-1-2) 저장탱크 두께가 25 mm 이상의 암면 또는 이와 동등 이상의 내화성능을 갖는 단열재로 피복되고, 그 외측을 두께 0.35 mm 이상의 KS D 3506(용융 아연도금 강판 및 강대)에서 정한 SBHG2 또는 이와 동등 이상의 강도 및 내화성능을 갖는 재료를 피복한 것[이하 (2)에서 "준내화구조 저장탱크"라 한다]은 그 수량을 6.5 L/분을 표준으로 하여 계산한 수량으로 한다.

> **예상문제**
> 가연성가스 A저장탱크의 최대지름이 8 m이며 B저장탱크의 최대지름이 4 m이다. 두 저장탱크의 사이에는 몇 m 이상의 거리를 유지하는가?
> ⇒ 3 m

(2-1-2) 소화전[호스 끝 압력이 0.3 MPa 이상으로서 방수능력 400 L/분 이상의 물을 방수할 수 있는 것을 말한다. 이하 (2)에서 같다]을 설치하는 경우에는 저장탱크 외면으로부터 40 m 이내에서 저장탱크에 어느 방향에서도 방사할 수 있는 것으로 하고, 해당 저장탱크의 표면적 30 m²당 1개의 비율로 계산된 수 이상으로 한다. 다만 내화구조 저장탱크에 대하여는 해당 저장탱크의 표면적 60 m²당 준내화구조 저장탱크는 표면적 38 m²당 1개의 비율로 계산된 수로할 수 있다.

(2-2) 가연성가스저장탱크가 상호 인접된 경우 또는 산소 저장탱크와 인접한 경우로서 인접한 저장탱크간의 거리가 두 저장탱크의 최대직경을 합산한 길이의 4분의 1을 유지하지 못한 경우[(2-1)에 따른 경우를 제외한다]에는 (2-2-1) 또는 (2-2-2)에 따른 물분무장치 또는 (2-2-1) 및 (2-2-2)의 기준을 혼합한 물분무장치를 설치한다.

(2-2-1) 물분무장치는 저장탱크의 표면적 1 m²당 7 L/분을 표준으로 계산된 수량을 저장탱크의 전 표면에 균일하게 방사할 수 있도록 한다. 다만 내화구조 저장탱크는 2 L/분을, 준내화구조 저장탱크는 4.5 L/분을 표준으로 계산된 수량으로 한다.

(2-2-2) 소화전을 설치하는 경우에는 저장탱크 외면으로부터 40 m 이내에서 저장탱크에 어느 방향에서도 방사되는 것으로서 저장탱크의 표면적 35 m²당 1개의 비율로 계산된 수 이상으로 한다. 다만 내화구조 저장탱크는 그 저장탱크 표면적 125 m², 준내화구조 저장탱크는 그 저장탱크 표면적 55 m²당 1개의 비율로 계산된 수 이상으로 한다.

(2-3) 물분무장치 등은 그 저장탱크의 외면에서 15 m 이상 떨어진 안전한 위치에서 조작할 수 있도록 하며, 방류둑을 설치한 저장탱크에는 그 방류둑 밖에서 조작할 수 있도록 한다. 다만 저장탱크의 주위에 예상되는 화재에 대비하여 유효하게 안전한 차단장치를 설치한 경우에는 (2)에 따른 물분무장치 조작기준을 적용하지 않을 수 있다.

(2-4) 물분무장치 등은 동시에 방사할 수 있는 최대수량을 30분 이상 연속하여 방사할 수 있는 수원에 접속된 것으로 한다.

(2-5) 물분무장치 등에 연결된 입상배관에는 겨울철에 동결 등을 방지할 수 있도록 드레인밸브 설치 등 적절한 조치를 한다.

OX퀴즈
물분무장치는 저장탱크의 표면적 1 m²당 **15 L/분**을 표준으로 계산된 수량을 저장탱크의 전 표면에 균일하게 방사할 수 있도록 한다. (×)

OX퀴즈
물분무장치 등은 그 저장탱크의 외면에서 15 m 이상 떨어진 안전한 위치에서 조작할 수 있도록 한다. (○)

• **배관설비 구조**

배관은 고압가스를 안전하게 수송할 수 있도록 다음 기준에 적합한 구조를 가진 것으로 한다.

1. 국가기술표준원의 국가표준 민간 이양 정책 추진에 따라 한국주물공업협동조합의 단체표준으로 변경

2. 국가기술표준원의 국가표준 민간 이양 정책 추진에 따라 한국철강협회의 단체표준으로 변경

3. 국가기술표준원의 국가표준 민간 이양 정책 추진에 따라 한국철강협회의 단체표준으로 변경

   (1) 배관 구조는 수송되는 고압가스의 중량, 배관등의 내압, 배관등 및 그 부속설비의 자체무게, 토압, 수압, 열차하중, 자동차하중, 부력 및 그 밖의 주하중과 풍화중, 설하중, 온도변화의 영향, 진동의 영향, 지진의 영향, 배닻으로 인한 충격의 영향, 파도 및 조류의 영향, 설치 시의 하중의 영향, 다른 공사로 인한 영향 그 밖의 종하중으로 인해 생기는 응력에 대한 안전성이 있는 것으로 한다.

   (2) 사업소 밖에 설치하는 배관은 KGS GC203(가스시설 및 지상 가스배관 내진설계기준) 및 KGS GC204(매설 가스배관 내진설계기준)에 따라 지진의 영향에 대하여 안전한 구조로 설계·설치하고, 그 성능을 유지한다.

   (3) 독성가스 배관은 그 가스의 종류·성질·압력 및 그 배관의 주위의 상황에 따라 안전한 구조를 갖도록 하기 위하여 다음 기준에 따라 2중관 구조로 한다.

   ㉠ 2중관으로 하여야 하는 가스의 대상은 암모니아·아황산가스·염소·염화메탄·산화에틸렌·시안화수소·포스겐 및 황화수소로 한다.

   ㉡ ㉠에 따른 독성가스 배관 중 2중관으로 하여야 할 부분은 그 고압가스가 통하는 배관으로서 그 양끝을 원격조작밸브 등으로 차단할 경우에도 그 내부의 가스를 다른 설비에 안전하게 이송할 수 없는 구간 안의 가스양에 따라서 그 배관으로부터 보호시설까지 안전거리가 유지되지 않는 부분으로 하며, 이 경우 안전거리는 그 구간 안의 가스양을 기준으로 한다. 다만 그 배관을 보호관 또는 방호구조물 안에 설치하여 배관의 파손을 방지하고 누출된 가스가 주변에 확산되지 않도록 한 경우에는 그렇지 않다.

   ㉢ 2중관의 외층관 내경은 내층관 외경의 1.2배 이상을 표준으로 한다.

   (4) 2중관의 내층관과 외층관 사이에는 가스누출검지경보설비의 검지부를 설치하여 가스누출을 검지하는 조치를 강구한다.

Tip 독성이 강한 가스는 2중관으로 한다.

예상문제
2중관으로 하여야 하는 가스 3가지를 쓰시오.
⇒ 3 m 암모니아·아황산가스·염소·염화메탄·산화에틸렌·시안화수소·포스겐 및 황화수소

• 가스누출경보 및 자동차단장치 기능

1. 경보는 접촉연소방식, 격막갈바니전지방식, 반도체방식, 그 밖의 방식으로 검지엘리먼트의 변화를 전기적 신호에 따라 이미 설정하여 놓은 가스농도(이하 "경보농도"라 한다)에서 자동적으로 울리는 것으로 한다. 이 경우 가연성가스 경보기는 담배연기 등에, 독성가스용 경보기는 담배연기, 기계세척유 가스, 등유의 증발가스, 배기가스 및 탄화수소계 가스 등 잡가스에는 경보하지 않는 것으로 한다.

2. 경보농도는 검지경보장치의 설치장소, 주위 분위기 온도에 따라 가연성가스는 폭발 하한계의 1/4 이하, 독성가스는 TLV-TWA(Threshold Limit Value-Time Weight Average, 정상인이 1일 8시간 또는 주 40시간 통상적인 작업을 수행할 때 건강상 나쁜 영향을 미치지 않는 정도의 공기 중 가스농도를 말한다. 이하 같다) 기준 농도 이하로 한다. 다만 암모니아를 실내에서 사용하는 경우에는 50 ppm으로 할 수 있다.

3. 경보기의 정밀도는 경보농도 설정치는 가연성가스용에서는 ±25 % 이하, 독성가스용에서는 ±30 % 이하로 한다.

4. 검지에서 발신까지 걸리는 시간은 경보농도의 1.6배 농도에서 보통 30초 이내로 한다. 다만 검지경보장치의 구조상 또는 이론상 30초가 넘게 걸리는 가스(암모니아, 일산화탄소 또는 이와 유사한 가스)에서는 1분 이내로 할 수 있다.

5. 검지경보장치의 경보정밀도는 전원의 전압 등 변동이 ±10 % 정도일 때에도 저하되지 않아야 한다.

6. 지시계의 눈금은 가연성가스용은 0 ~ 폭발 하한계 값, 독성가스는 0 ~ TLV-TWA 기준 농도의 3배 값(암모니아를 실내에서 사용하는 경우에는 150 ppm)을 명확하게 지시하는 것으로 한다.

7. 경보를 발신한 후에는 원칙적으로 분위기 중 가스농도가 변화해도 계속 경보를 울리고, 그 확인 또는 대책을 강구함에 따라 경보가 정지되는 것으로 한다.

• 가스누출경보 및 자동차단장치 구조

1. 충분한 강도(특히 검지엘리먼트 및 발신회로는 내구성을 가지는 것일 것)를 지니고, 취급 및 정비(특히 검지엘리먼트의 교체 등)가 쉬운 것으로 한다.

2. 가스에 접촉하는 부분은 내식성의 재료 또는 충분한 부식방지 처리를 한 재료를 사용하고 그 외의 부분은 도장이나 도금처리가 양호한 재료인 것으로 한다.

예상문제
TLV-TWA 기준은 무엇인가?
⇒ 정상인이 1일 8시간 또는 주 40시간 통상적인 작업을 수행할 때 건강상 나쁜 영향을 미치지 않는 정도의 공기 중 가스농도

Tip 암모니아, 일산화탄소 또는 이와 유사한 가스에는 이산화질소, 황화수소, 메탄 등이 있다.

3. 가연성가스(암모니아, 브롬화메탄 및 공기 중에서 자기발화하는 가스는 제외한다)의 검지경보장치는 방폭성능을 가지는 것으로 한다.

4. 2개 이상의 검출부에서 검지신호를 수신하는 경우 수신회로는 경보를 울리는 다른 회로가 작동하고 있을 때에도 해당 검지경보장치가 작동하여 경보를 울릴 수 있는 것으로서 경보를 울리는 장소를 식별할 수 있는 것으로 한다.

5. 수신회로가 작동상태에 있는 것을 쉽게 식별할 수 있는 것으로 한다.

6. 경보는 램프의 점등 또는 점멸과 동시에 경보를 울리는 것으로 한다.

가스누출경보 및 자동차단장치 설치장소 및 설치개수

• 제조시설

(1) 건축물 안에 설치되어 있는 압축기·펌프·반응설비·저장탱크[(7)에 적은 것은 제외한다] 등 가스가 누출되기 쉬운 고압가스설비등[(3) 및 (4)에 적은 것은 제외한다]이 설치되어 있는 장소의 주위에는 누출된 가스가 체류하기 쉬운 곳에 이들 설비군의 바닥면 둘레 10 m마다 1개 이상의 비율로 계산한 수

(2) 건축물 밖에 설치되어 있는 (1)에 적은 고압가스설비가 다른 고압가스설비, 벽이나 그 밖의 구조물에 인접하여 설치된 경우, 피트 등의 내부에 설치되어 있는 경우 및 누출된 가스가 체류할 우려가 있는 장소에 설치되어 있는 경우에는 누출된 가스가 체류할 우려가 있는 장소에 그 설비군의 바닥면 둘레 20 m마다 1개 이상의 비율로 계산한 수. 다만 (7)에 적은 것은 제외한다.

(3) 특수반응설비로서 누출된 가스가 체류하기 쉬운 장소에 설치되는 경우에는 그 장소 바닥면 둘레 10 m마다 1개 이상의 비율로 계산한 수

(4) 가열로 등 발화원이 있는 제조설비가 누출된 가스가 체류하기 쉬운 장소에 설치되는 경우에는 그 장소의 바닥면 둘레 20 m마다 1개 이상의 비율로 계산한 수

(5) 계기실 내부에는 1개 이상

(6) 독성가스의 충전용 접속구 군의 주위에는 1개 이상

(7) 방류둑(2기 이상의 저장탱크를 집합방류둑 안에 설치한 경우에는 저장탱크 칸막이를 설치한 경우에 한정한다) 안에 설치된 저장탱크의 경우에는 해당 저장탱크마다 1개 이상

> **OX퀴즈**
> 가스누출경보 및 자동차단장치는 건축물 안에 설치되어 있는 압축기·펌프·반응설비·저장탱크 등 누출된 가스가 체류하기 쉬운 곳에 이들 설비군의 바닥면 둘레 10 m마다 1개 이상의 비율로 계산한 수를 설치한다.
> (○)

(8) (1)에 따른 고압가스설비등이 2층 이상의 구조물 위에 설치되어 있는 경우로서 그 바닥이 누출된 가스가 체류하기 쉬운 구조인 경우에는 그 설비군에 대하여 각 층별로 (1) 및 (2)에서 정하는 비율로 계산한 수

(9) 계기실에 설치된 실내공기흡입설비의 공기흡입구에는 1개 이상

- **배관**

(1) 긴급차단 장치의 부분(밸브피트를 설치한 곳에는 해당 밸브 피트 안)

(2) 슬리브관, 2중관 또는 방호구조물 등으로 밀폐되어 설치(매설을 포함한다)되는 부분

(3) 누출된 가스가 체류하기 쉬운 구조인 부분

- **방류둑 설치**

가연성가스·독성가스 또는 산소의 액화가스저장탱크(가연성가스는 저장능력 500톤 이상, 독성가스는 저장능력 5톤 이상, 산소는 저장능력 1000톤 이상인 것에 한정한다)의 주위에 액상의 가스가 누출된 경우에 그 유출을 방지하기 위하여 방류둑 또는 이와 동등 이상의 효과가 있는 시설을 설치한다.

- **방류둑 기능**

방류둑은 저장탱크의 액화가스가 액체상태로 누출된 경우 액체상태의 가스가 저장탱크 주위의 한정된 범위를 벗어나서 다른 곳으로 유출되는 것을 방지하는 기능을 가지는 것으로 한다. 다만 다음 기준에 따른 저장탱크는 방류둑을 설치한 것으로 본다.

(1) 저장탱크 저부가 지하에 있고 주위가 피트선 구조로 되어 있는 것으로서 그 용량이 KGS CODE FP111 2.7.1.2에 따른 용량 이상인 것(빗물의 고임 등으로 용량이 감소되지 않는 것에 한정한다)

(2) 지하에 묻은 저장탱크로서 그 저장탱크 안의 액화가스가 전부 유출된 경우에 그 액면이 지면보다 낮도록 된 구조인 것

(3) 저장탱크 주위에 충분한 안전용 공지를 확보한 경우에는 저장탱크로부터 유출된 액화가스가 체류하지 않도록 지면을 경사지게 하여 유출한 액화가스를 안전한 유도구로 유도해서 고이도록 구축한 피트상의 구조물(피트상 구조물에 체류된 액화가스를 펌프 등의 이송설비로 안전한 위치에 이송할 수 있는 조치를 강구한 것에 한정한다)인 것

(4) 법 적용을 받는 시설에 설치된 2중 구조의 저장탱크로서 외조가 내조의 상용온도에서 동등 이상의 내압 강도를 가지고 있고, 외피와 내피 사이의 가스를 흡인하여 누출된 가스를 검지할 수 있는 것 중 긴급차단장치를 내장한 것

> **예상문제**
> TLV-TWA 기준은 무엇인가?
> ⇒ 정상인이 1일 8시간 또는 주 40시간 통상적인 작업을 수행할 때 건강상 나쁜 영향을 미치지 않는 정도의 공기 중 가스농도

(5) 방호형식이 완전방호형식이고 API 620, EN14620 등 관련 규격에 따라 설계된 저장탱크

• 방호벽 설치

다음의 공간에는 가스폭발에 따른 충격에 견딜 수 있는 방호벽을 설치하고, 그 한 쪽에서 발생하는 위해요소가 다른 쪽으로 전이되는 것을 방지하기 위하여 필요한 조치를 할 것. 다만 (1)부터 (4)까지는 아세틸렌가스 또는 압력이 9.8 MPa 이상인 압축가스를 용기에 충전하는 경우에 한한다.

(1) 압축기와 그 충전장소 사이의 공간

(2) 압축기와 그 가스충전용기 보관장소 사이의 공간

(3) 충전장소와 그 가스충전용기 보관장소 사이의 공간

(4) 충전장소와 그 충전용 주관밸브 조작밸브 사이의 공간

(5) 저장설비와 사업소 안의 보호시설 사이의 공간. 다만 다음의 경우에는 방호벽을 설치하지 않을 수 있다.

　(5-1) 비가연성·비독성의 저온 또는 초저온가스로서 경계책을 설치한 경우

　(5-2) 방호벽의 설치로 인하여 조업이 불가능할 정도로 특별한 사정이 있다고 시장·군수 또는 구청장이 인정한 경우

　(5-3) 2.1.1에 규정된 안전거리 이상의 거리를 유지한 경우

　(5-4) 저장설비를 지하에 매몰하여 설치한 경우

　(5-5) 저장설비(저장설비가 2개 이상인 경우에는 각각의 저장설비를 말한다)의 저장능력이 「고압가스 안전관리법 시행규칙」 제2조 제2항 각 호에 따른 저장능력 미만인 경우

• 제독설비 설치

독성가스 중 아황산가스·암모니아·염소·염화메탄·산화에틸렌·시안화수소·포스겐 또는 황화수소의 제조설비에는 그 설비로부터 독성가스가 누출될 경우 그 독성가스로 인한 중독을 방지하기 위하여 제독설비를 설치하고 제독제 및 제독작업에 필요한 보호구를 구비한다.

• 확산방지

아황산가스·암모니아·염소·염화메틸·산화에틸렌·시안화수소·포스겐·황화수소 등의 독성가스가 누출된 때에 확산을 방지하는 조치는 다음의 방법 또는 이와 동등 이상의 효과가 있는 조치 중 독성가스의 종류 및 설비의 상황에 따라 한 가지 또는 두 가지 이상의 것을 선택하여 조치한다. 다만 염소 또는 포스겐의 저장탱크는 (4)에 따른다.

예상문제

방호벽 설치 공간 4가지를 쓰시오.
⇒ (1) 압축기와 그 충전장소 사이의 공간
(2) 압축기와 그 가스충전용기 보관장소 사이의 공간
(3) 충전장소와 그 가스충전용기 보관장소 사이의 공간
(4) 충전장소와 그 충전용 주관밸브 조작밸브 사이의 공간

(1) 수용성이거나 물에 독성이 희석되는 가스는 확산된 액화가스를 물 등의 용매에 희석하여 가스의 증기압을 저하시키는 조치

(2) 설비 안에 있는 액화가스 또는 설비 외에 누설된 액화가스를 다른 저장탱크 또는 누설된 가스의 흡입장치와 연동된 중화설비 등의 안전한 장소로 이송하는 조치

(3) 누설된 액화가스의 액면을 흡착제·중화제로 흡착제거·흡수 또는 중화하는 조치, 기포성액체나 부유물 등으로 덮어 액화가스의 증발기화를 가능한 한 적게 하는 조치

(4) 불연성가스의 제조설비 등을 다음 기준에 적합한 건축물로 덮는 등의 조치

   (4-1) 누출된 액화가스가 쉽게 외부에 누출되지 않도록 하는 구조로서 건축물 안의 가스를 흡인해서 제독하는 설비와 연결 한다.

   (4-2) 건축물을 방류둑과 조합하는 경우에는 건축물과 방류둑 사이로 가스가 누출되지 않도록 하는 구조로 한다.

   (4-3) 건축물은 밸브조작 등의 작업에 필요한 충분한 공간을 확보한다.

   (4-4) 건축물 출입구는 불연성 문으로 하고 또한 밀폐구조로 한다. 다만 건축물 내부의 가스를 흡인해서 제독하는 연동장치를 설치한 경우에는 밀폐구조로 하지 않을 수 있다.

(5) 방호벽 또는 국소배기장치 등으로 가스가 주변으로 확산되지 않도록 하는 조치

(6) 집액구(저장탱크 이외의 설비 또는 저장능력 5톤 미만의 저장탱크에 한정한다) 또는 방류둑으로 다른 곳으로 유출하는 것을 방지하는 조치

• **제독조치**

제독조치는 다음의 방법 또는 이와 동등 이상의 작용을 하는 조치 중 한 가지 또는 두 가지 이상의 것을 선택한다.

(1) 물 또는 흡수제로 흡수 또는 중화하는 조치. 다만 냉동제조시설은 고압수액기 상부에 한정한다.

(2) 흡착제로 흡착 제거하는 조치

(3) 저장탱크 주위에 설치된 유도구로 집액구·피트 등에 고인 액화가스를 펌프 등의 이송설비를 이용하여 안전하게 제조설비로 반송하는 조치

(4) 연소설비(플레어스택·보일러 등)에서 안전하게 연소시키는 조치

• **제독설비 기능**

1. 제독설비는 누출된 가스의 확산을 적절히 방지할 수 있는 것으로서 제조시설 등의 상황 및 가스의 종류에 따라 다음의 설비 또는 이와 동등 이상의 기능을 가진 것을 설치한다.
   (1) 가압식, 동력식 등에 따라 작동하는 제독제 살포장치 또는 살수 장치 (수도직결식은 설치하지 않는다)
   (2) 가스를 흡인하여 이를 흡수·중화제와 접속하는 장치
   (3) 중화제가 물인 중화조를 주위 온도가 4 ℃ 미만이 되어 동결의 우려가 있는 장소에 설치하는 경우에는 중화조에 동결방지장치를 설치한다.
   (4) 중화제가 물인 중화조에는 자동급수장치를 설치한다.

2. 제독제가 물인 제독설비를 주위 온도가 4 ℃ 미만이 되어 동결의 우려가 있는 장소에 설치하는 경우에는 제독설비의 동결을 방지할 수 있는 적절한 조치를 한다.

3. 살수장치는 정전 등에 의해 전자밸브가 작동하지 않을 경우 수동으로 작동할 수 있는 바이패스 배관을 추가로 설치한다.

4. 가스누출 검지경보장치와 연동 작동하도록 한다.

• **긴급이송설비 설치**

가연성가스 또는 독성가스의 고압가스설비 중 특수반응설비와 긴급차단장치를 설치한 고압가스설비(고압가스제조시설에 설치하는 특수반응설비·연소열량의 수치가 1.2×10^7을 초과하는 고압가스설비·긴급차단장치를 설치한 구간 안의 고압가스설비)에는 그 설비에 속하는 가스의 종류·양·성질·상태·온도·압력 등에 따라 이상사태가 발생하는 경우에 그 설비 안의 내용물을 설비 밖으로 긴급하고도 안전하게 이송할 수 있는 설비를 다음 기준에 따라 설치한다. 다만 긴급이송을 함으로써 안전상 위해(危害)의 우려가 있는 경우에는 긴급이송설비를 설치하지 않을 수 있다.

1. 인접한 설비에 재해가 발생하였을 경우 해당 구간으로 연소(延燒) 또는 급격히 이송됨으로써 해당 구간의 설비에 손상 등 2차적인 재해가 발생되지 않도록 긴급이송설비가 설치되어 있는 구간 안에 보유하고 있는 가스를 안전한 시간 안에 이송할 수 있는 것으로 한다.

2. 긴급이송설비에 부속된 처리설비는 이송되는 설비안의 내용물을 다음 중 어느 하나의 방법으로 처리할 수 있는 것으로 한다.
   (1) 플래어스택에서 안전하게 연소시킨다.
   (2) 안전한 장소에 설치되어 있는 저장탱크 등에 임시 이송한다.
   (3) 벤트스택에서 안전하게 방출한다.

예상문제
긴급이송설비가 무엇인지 쓰시오.
⇒ 설비에 속하는 가스의 종류·양·성질·상태·온도·압력 등에 따라 이상사태가 발생하는 경우에 그 설비 안의 내용물을 설비 밖으로 긴급하고도 안전하게 이송할 수 있는 설비

OX퀴즈
독성가스는 제독조치 후 안전하게 폐기한다. (○)

(4) 독성가스는 제독조치 후 안전하게 폐기한다.

3. 긴급이송설비에는 가스를 방출 또는 이송하는 경우 압력 등의 강하로 공기가 유입되는 것을 방지하는 조치를 한다.

4. 긴급이송설비에는 배관 안에 응축액의 고임을 제거 또는 방지하기 위한 조치를 한다.

5. 2종류 이상의 고압가스를 이송하는 경우에는 이송되는 고압가스의 종류, 양, 성질, 온도 및 압력 등에 따라서 이송할 때 혼합됨으로써 이상반응·응축·비등 및 역류 등이 발생되는 것을 고려하여 이송한다.

• 벤트스택 설치

1. 벤트스택은 그 벤트스택에서 방출되는 가스의 종류·양·성질·상태 및 주위상황에 따라 안전한 높이 및 위치에 설치한다.

2. 벤트스택으로부터 방출하고자 하는 가스가 독성가스인 경우에는 중화조치를 한 후에 방출하도록 하고, 가연성가스인 경우에는 방출된 가연성가스가 지상에서 폭발한계에 도달하지 않게 한다. 다만 중화조치가 불가능한 독성가스의 경우에는 안전성평가를 실시하여 안전성이 확보되는 경우 그 결과에 따라 방출할 수 있다.

3. 벤트스택을 통하여 가연성가스를 설비 밖으로 긴급하고 안전하게 이송하는 경우에는 (1-1) 및 (1-3)부터 (1-6)까지, (2-1) 및 (2-3)부터 (2-6)까지의 내용에 따라, 벤트스택을 통하여 독성가스를 설비 밖으로 긴급하고 안전하게 이송하는 경우에는 (1-1)부터 (1-6)까지 및 (2-1)부터 (2-6)까지에 따라 벤트스택을 설치한다.

(1) 긴급용 벤트스택

(1-1) 벤트스택의 높이는 방출된 가스의 착지농도(着地濃度)가 폭발하한계값 미만이 되도록 충분한 높이로 하고, 독성가스인 경우에는 TLV-TWA 기준농도 값 미만이 되도록 충분한 높이로 한다.

(1-2) 독성가스는 2.7.4.1 및 2.7.4.2에 따른 제독조치를 한 후 벤트스택에서 방출한다.

(1-3) 벤트스택 방출구의 위치는 작업원이 정상작업을 하는 데 필요한 벤트스택 방출구의 위치는 작업원이 정상작업을 하는 데 필요한 장소 및 작업원이 항시 통행하는 장소로부터 10 m 이상 떨어진 곳에 설치한다.

(1-4) 벤트스택에는 정전기 또는 낙뢰 등으로 인한 착화를 방지하는 조치를 강구하고 만일 착화된 경우에는 즉시 소화할 수 있는 조치를 강구한다.

OX퀴즈
벤트스택으로부터 방출하고자 하는 가스가 독성가스인 경우에는 중화조치를 한 후에 방출하도록 하고, 가연성가스인 경우에는 방출된 가연성가스가 **공기 중에서** 폭발한계에 도달하지 않게 한다. (×)

OX퀴즈
긴급용 벤트스택 방출구의 위치는 작업원이 정상작업을 하는 데 필요한 벤트스택 방출구의 위치는 작업원이 정상작업을 하는 데 필요한 장소 및 작업원이 항시 통행하는 장소로부터 **10 m 이상** 떨어진 곳에 설치한다. (○)

(1-5) 벤트스택 또는 그 벤트스택에 연결된 배관에는 응축액의 고임을 제거 또는 방지하기 위한 조치를 강구한다.

  (1-6) 액화가스가 함께 방출되거나 또는 급냉될 우려가 있는 벤트스택에는 그 벤트스택과 연결된 가스공급시설의 가장 가까운 곳에 기액분리기(氣液分離器)를 설치한다.

(2) 그 밖의 벤트스택

  (2-1) 벤트스택의 높이는 방출된 가스의 착지농도(着地濃度)가 폭발하한계값 미만이 되도록 충분한 높이로 하고, 독성가스인 경우에는 TLV-TWA 값 미만이 되도록 충분한 높이로 한다.

  (2-2) 독성가스의 방출은 제독조치를 한 후 벤트스택으로 방출한다.

  (2-3) 벤트스택 방출구의 위치는 작업원이 정상작업을 하는 데 필요한 장소 및 작업원이 항시 통행하는 장소로부터 5 m 이상 떨어진 곳에 설치한다.

  (2-4) 가연성가스의 벤트스택에는 정전기 또는 낙뢰 등으로 착화된 경우에는 소화할 수 있는 조치를 강구한다.

  (2-5) 벤트스택 또는 그 벤트스택에 연결된 배관에는 응축액의 고임을 제거 또는 방지하기 위한 조치를 한다.

  (2-6) 액화가스가 함께 방출되거나 급냉될 우려가 있는 벤트스택에는 액화가스가 함께 방출되지 않도록 조치를 한다.

Tip 긴급용 벤트스택의 경우 방출구 위치는 10 m, 그 밖의 벤트스택일 경우엔 5 m이다.

- **플레어스택 설치**

1. 긴급이송설비로 이송되는 가스를 안전하게 연소시킬 수 있는 것으로 한다.

2. 플레어스택에서 발생하는 복사열이 다른 제조시설에 나쁜 영향을 미치지 않도록 안전한 높이 및 위치에 설치한다.

3. 플레어스택에서 발생하는 최대열량에 장시간 견딜 수 있는 재료 및 구조로 되어 있는 것으로 한다.

4. 파일럿버너를 항상 점화하여 두는 등 플레어스택에 관련된 폭발을 방지하기 위한 조치가 되어 있는 것으로 한다.

5. 플레어스택의 설치위치 및 높이는 플레어스택 바로 밑의 지표면에 미치는 복사열이 $4000 \text{ kcal/m}^2 \cdot \text{h}$ 이하가 되도록 한다. 다만 $4000 \text{ kcal/m}^2 \cdot \text{h}$를 초과하는 경우로서 출입이 통제되어 있는 지역은 그렇지 않다.

6. 플레어스택의 구조는 긴급이송설비로부터 이송되는 가스를 연소시켜 대기로 안전하게 방출할 수 있도록 다음 조치를 한다.

  (1) 파일럿버너 또는 항상 작동할 수 있는 자동점화장치를 설치하고 파일럿버너가 꺼지지 않도록 하거나, 자동점화장치의 기능이 완전하게 유

OX퀴즈
플레어스택의 설치위치 및 높이는 플레어스택 바로 밑의 지표면에 미치는 복사열이 $4000 \text{ kcal/m}^2 \cdot \text{h}$ 이하가 되도록 한다. 다만 $4000 \text{ kcal/m}^2 \cdot \text{h}$를 초과하는 경우로서 출입이 통제되어 있는 지역은 그렇지 않다. (○)

지되도록 한다.

(2) 역화 및 공기 등과의 혼합폭발을 방지하기 위하여 해당 제조시설의 가스의 종류 및 시설의 구조에 따라 다음 중 하나 또는 둘 이상을 갖춘다.

(2-1) Liquid Seal 설치

(2-2) Flame Arrestor 설치

(2-3) Vapor Seal 설치

(2-4) Purge Gas(N_2, off gas 등)의 지속적인 주입 등

(2-5) Molecular Seal 설치

7. 플레어스택의 용량 및 설치는 API, ISO 공인기준을 적용한 경우와 그 밖에 산업통상자원부장관과 한국가스안전공사가 협의하여 인정하는 국제적인 공인기준을 적용한 경우에는 1.부터 6.까지에도 불구하고 적합한 것으로 본다.

암기법
리플바부

• **용기**

고압가스 용기를 취급 또는 보관하는 때에는 위해(危害)요소가 발생하지 않도록 다음 기준에 따라 관리한다.

1. 충전용기와 잔가스 용기는 각각 구분하여 용기보관장소에 놓는다.

2. 가연성가스·독성가스 및 산소의 용기는 각각 구분하여서 용기보관장소에 놓는다.

3. 용기보관장소에는 계량기 등 작업에 필요한 물건 외에는 두지 않는다.

4. 용기보관장소의 주위 2 m 이내에는 화기 또는 인화성물질이나 발화성 물질을 두지 않는다.

5. 용기는 항상 40 ℃ 이하의 온도를 유지하고, 직사광선을 받지 않도록 조치한다.

6. 가연성가스 용기보관장소에는 방폭형 휴대용손전등 외의 등화를 휴대하고 들어가지 않는다.

7. 밸브가 돌출한 용기(내용적이 5 L 미만인 용기는 제외한다)에는 고압가스를 충전한 후 용기의 넘어짐 및 밸브의 손상을 방지하기 위하여 다음 기준에 적합한 조치를 강구하고, 난폭하게 취급하지 않는다.

(1) 충전용기는 바닥이 평탄한 장소에 보관한다.

(2) 충전용기는 물건의 낙하우려가 없는 장소에 저장한다.

(3) 고정된 프로텍터가 없는 용기에는 캡을 씌워 보관한다.

(4) 충전용기를 이동하면서 사용하는 때에는 손수레에 단단하게 묶어 사용한다.

- **시안화수소 충전작업**

1. 용기에 충전하는 시안화수소는 순도가 98 % 이상이고 아황산가스 또는 황산 등의 안정제를 첨가한 것으로 한다.

2. 시안화수소를 충전한 용기는 충전 후 24시간 정치하고, 그 후 1일 1회 이상 질산구리벤젠 등의 시험지로 가스의 누출검사를 하며, 용기에 충전 연월일을 명기한 표지를 붙이고, 충전한 후 60일이 경과되기 전에 다른 용기에 옮겨 충전한다. 다만 순도가 98 % 이상으로서 착색되지 않은 것은 다른 용기에 옮겨 충전하지 않을 수 있다.

- **아세틸렌 충전작업**

1. 아세틸렌을 2.5 MPa 압력으로 압축하는 때에는 질소·메탄·일산화탄소 또는 에틸렌 등의 희석제를 첨가한다.

2. 습식아세틸렌발생기의 표면은 70 ℃ 이하의 온도로 유지하고, 그 부근에서는 불꽃이 튀는 작업을 하지 않는다.

3. **아세틸렌을 용기에 충전하는 때에는 미리 용기에 다공물질을 고루 채워 다공도가 75 % 이상 92 % 미만**이 되도록 한 후 아세톤 또는 디메틸포름아미드를 고루 침윤시키고 충전한다.

4. 아세틸렌을 용기에 충전하는 때의 충전 중의 압력은 2.5 MPa 이하로 하고, 충전 후에는 압력이 15 ℃에서 1.5 MPa 이하로 될 때까지 정치하여 둔다.

5. 상하의 통으로 구성된 아세틸렌발생장치로 아세틸렌을 제조하는 때에는 사용 후 그 통을 분리하거나 잔류가스가 없도록 조치한다.

- **산소 충전작업**

1. 산소를 용기에 충전하는 때에는 미리 밸브와 용기 내부의 석유류 또는 유지류를 제거하고 용기와 밸브 사이에는 가연성 패킹을 사용하지 않는다.

2. 산소 또는 천연메탄을 용기에 충전하는 때에는 압축기(산소압축기는 물을 내부윤활제로 사용한 것에 한정한다)와 충전용 지관 사이에 수취기를 설치하여 그 가스 중의 수분을 제거한다.

3. 밀폐형의 수전해조에는 액면계와 자동급수장치를 설치한다.

- **산화에틸렌 충전**

1. 산화에틸렌의 저장탱크는 그 내부의 질소가스·탄산가스 및 산화에틸렌 가스의 분위기가스를 질소가스 또는 탄산가스로 치환하고 5 ℃ 이하로 유지한다.

OX퀴즈
용기에 충전하는 시안화수소는 순도가 **96 %** 이상이고 아황산가스 또는 황산 등의 안정제를 첨가한 것으로 한다. (×)

암기법
아 싫어 구미 호

2. 산화에틸렌을 저장탱크 또는 용기에 충전하는 때에는 미리 그 내부가스를 질소가스 또는 탄산가스로 바꾼 후에 산 또는 알칼리를 함유하지 않는 상태로 충전한다.

3. 산화에틸렌의 저장탱크 및 충전용기에는 45 ℃에서 그 내부가스의 압력이 0.4 MPa 이상이 되도록 질소가스 또는 탄산가스를 충전한다.

• **고압가스 제조 시 압축금지**

고압가스를 제조하는 경우 다음의 가스는 압축하지 않는다.

(1) 가연성가스(아세틸렌·에틸렌 및 수소는 제외한다) 중 산소용량이 전체 용량의 4 % 이상인 것

(2) 산소 중의 가연성가스(아세틸렌·에틸렌 및 수소는 제외한다)의 용량이 전체 용량의 4 % 이상인 것

(3) 아세틸렌·에틸렌 또는 수소 중의 산소용량이 전체 용량의 2 % 이상인 것

(4) 산소 중의 아세틸렌·에틸렌 및 수소의 용량 합계가 전체 용량의 2 % 이상인 것

[암기법]
고압가스 제조 시 압축금지
4 2

문제풀이

1 고압가스 특정제조의 시설·기술·검사·감리·정밀안전검진기준에 따른 보호시설과의 안전거리 표를 채우시오.

구분	처리능력 및 저장능력	제1종 보호시설	제2종 보호시설
1. 산소의 처리 설비 및 저장 설비	1만 이하	(①)	8
	1만 초과 2만 이하	14	9
	2만 초과 3만 이하	(②)	11
	3만 초과 4만 이하	18	(③)
	4만 초과	20	14
2. 독성가스 또는 가연성 가스의 처리 설비 및 저장 설비	1만 이하	17	12
	1만 초과 2만 이하	21	(④)
	2만 초과 3만 이하	24	16
	3만 초과 4만 이하	27	18
	4만 초과 5만 이하	(⑤)	20
	5만 초과 99만 이하	30(가연성가스 저온저장탱크는 $\frac{3}{25}\sqrt{X+10000}$)	20(가연성가스 저온저장탱크는 $\frac{2}{25}\sqrt{X+10000}$)
	99만 초과	30(가연성가스 저온저장탱크는 120)	20(가연성가스 저온저장탱크는 80)

01
① 12 ② 16
③ 13 ④ 14
⑤ 30

02
(1) 1/4 이하
(2) ±25 % 이하,
±30 % 이하
(3) 30초 이내,
1분 이내

2 고압가스 특정제조의 시설·기술·검사·감리·정밀안전검진기준에 따른 가스누출경보 및 자동차단장치 기능에 대한 내용이다. 괄호 안에 들어갈 알맞은 말을 쓰시오.

(1) 경보농도는 검지경보장치의 설치장소, 주위 분위기 온도에 따라 가연성가스는 폭발 하한계의 (　　　), 독성가스는 TLV-TWA(Threshold Limit Value-Time Weight Average, 정상인이 1일 8시간 또는 주 40시간 통상적인 작업을 수행할 때 건강상 나쁜 영향을 미치지 않는 정도의 공기 중 가스농도를 말한다. 이하 같다) 기준 농도 이하로 한다.

(2) 경보기의 정밀도는 경보농도 설정치는 가연성가스용에서는 (　　　), 독성가스용에서는 (　　　)로 한다.

(3) 검지에서 발신까지 걸리는 시간은 경보농도의 1.6배 농도에서 보통 (　　　)로 한다. 다만 검지경보장치의 구조상 또는 이론상 30초가 넘게 걸리는 가스(암모니아, 일산화탄소 또는 이와 유사한 가스)에서는 (　　　)로 할 수 있다.

03
(4) 사업소 안

3 고압가스 특정제조의 시설·기술·검사·감리·정밀안전검진기준에 따른 방호벽 설치위치로 틀린 것을 고르시오.

(1) 압축기와 그 충전장소 사이의 공간
(2) 충전장소와 그 가스충전용기 보관장소 사이의 공간
(3) 충전장소와 그 충전용 주관밸브 조작밸브 사이의 공간
(4) 저장설비와 사업소 밖의 보호시설 사이의 공간

제조시설 / 고압가스

KGS FP112 고압가스 일반제조의 시설·기술·검사·감리·안전성평가기준

- **배관설비 구조**

1. 배관 구조는 수송되는 고압가스의 중량, 배관등의 내압, 배관등 및 그 부속설비의 자체무게, 토압, 수압, 열차하중, 자동차하중, 부력 그 밖의 주하중과 풍하중, 설하중, 온도변화의 영향, 진동의 영향, 지진의 영향, 배 닻으로 인한 충격의 영향, 파도 및 조류의 영향, 설치 시의 하중의 영향, 다른 공사로 인한 영향 그 밖의 종하중으로 인해 생기는 응력에 대한 안전성이 있는 것으로 한다.

2. 사업소 밖에 설치하는 배관은 KGS GC203(가스시설 및 지상 가스배관 내진설계기준) 및 KGS GC204(매설 가스배관 내진설계기준)에 따라 지진의 영향에 대하여 안전한 구조로 설계·설치하고, 그 성능을 유지한다.

3. 독성가스 배관은 그 가스의 종류·성질·압력 및 그 배관의 주위의 상황에 따라 안전한 구조를 갖도록 하기 위하여 다음 기준에 따라 2중관 구조로 한다.

   (1) 2중관으로 하여야 하는 가스의 대상은 암모니아, 아황산가스, 염소, 염화메탄, 산화에틸렌, 시안화수소, 포스겐 및 황화수소로 한다.

   (2) (1)에 따른 독성가스 배관 중 2중관으로 하여야 할 부분은 그 고압가스가 통하는 배관으로서 그 양끝을 원격조작밸브 등으로 차단할 경우에도 그 내부의 가스를 다른 설비에 안전하게 이송할 수 없는 구간 내의 가스량에 따라서 해당 배관으로부터 보호시설까지 안전거리가 유지되지 아니한 부분으로 하며, 이 경우 안전거리는 해당 구간 내의 가스량을 기준으로 한다. 다만 해당 배관을 보호관 또는 방호구조물 안에 설치하여 배관의 파손을 방지하고 누출된 가스가 주변에 확산되지 않도록 한 경우에는 그렇지 않다.

4. 2중관의 외층관 내경은 내층관 외경의 1.2배 이상을 표준으로 한다.

5. 2중관의 내층관과 외층관 사이에는 가스누출검지경보설비의 검지부를 설치하여 가스누출을 검지하는 조치를 강구한다.

OX퀴즈
2중관의 외층관 내경은 내층관 외경의 **1.5배 이상**을 표준으로 한다. (×)

• **로딩암 구조**

1. 로딩암의 구동부는 「항만법」 제31조 및 같은 법 시행령 별표 5에서 정하는 시설장비로서 「항만시설장비 관리규칙」에 따른 검사를 받은 것으로 한다.

2. 로딩암의 배관부는 1.에 적합한 것으로 하되, 로딩암의 구동부에 의해 움직이는 것으로 한다.

3. 풍랑 등으로 인하여 선박과 연결된 로딩암이 파손되는 것을 방지하기 위하여 선박과 로딩암의 연결부에는 긴급분리장치(Emergency Release Coupler)를 설치한다.

4. 가연성가스 및 독성가스를 이입·이송하는 로딩암의 관절부 등 가스가 누출할 우려가 있는 부근에는 가스누출검지경보장치의 검지부를 로딩암의 투영면(로딩암의 이입·이송 작업 가능 범위 중 최대 거리에서의 투영면을 말한다) 둘레 20 m마다 1개 이상의 비율로 설치한다.

• **사업소 안의 배관 매몰 설치**

고압가스제조·충전·저장 및 판매(특정고압가스사용시설을 포함한다) 사업소 안에 매몰 설치하는 배관은 다음 기준에 따라 설치한다.

⑴ 배관은 지면으로부터 최소한 1 m 이상의 깊이에 매설한다. 이 경우 공도(公道)의 지하에는 그 위를 통과하는 차량의 교통량 및 배관의 관경 등을 고려하여 더 깊은 곳에 매설한다.

⑵ 도로폭이 8 m 이상인 공도(公道)의 횡단부 지하에는 지면으로부터 1.2 m 이상인 곳에 매설한다.

⑶ ⑴ 또는 ⑵에서 정한 매설깊이를 유지할 수 없을 경우는 커버플레이트·케이싱 등을 사용하여 보호한다.

⑷ 철도 등의 횡단부 지하에는 지면으로부터 1.2 m 이상인 곳에 매설하고 또는 강제의 케이싱을 사용하여 보호한다.

⑸ 지하철도(전철) 등을 횡단하여 매설하는 배관에는 전기방식조치를 강구한다.

• **표지판 설치**

1. 표지판은 배관이 설치되어 있는 경로에 따라 배관의 위치를 정확히 알 수 있도록 설치한다. 다만 표지판의 설치로 인하여 교통 등의 장해가 우려되는 경우에는 배관으로부터 가장 가까우며, 일반인이 보기 쉬운 장소를 선택하여 설치할 수 있다.

OX퀴즈
배관은 지면으로부터 최소한 1.5m 이상의 깊이에 매설한다. (×)

OX퀴즈
철도 등의 횡단부 지하에는 지면으로부터 1.0m 이상인 곳에 매설하고 또는 강제의 케이싱을 사용하여 보호한다. (×)

2. 지하에 설치된 배관은 500 m 이하의 간격으로, 지상에 설치된 배관은 1000 m 이하의 간격으로 설치하며, 배관의 위치를 알기 어려운 곳(굽어지는 곳, 분리되는 곳, 다른 가스 배관과 교차되는 곳 등)에 대하여는 표지판을 추가로 설치한다. 다만 지상에 설치한 배관의 경우 배관의 표면에 가스의 종류, 연락처 등을 표시한 때에는 이를 표지판에 갈음할 수 있다.

3. 하나의 도로에 2개 이상의 고압가스배관이 함께 설치되어 있는 경우에는 사업자 간에 협의하여 공동 표지판을 설치한다.

4. 표지판에는 고압가스의 종류, 설치구역 명, 배관설치(매설)위치, 신고 처, 회사명 및 연락처 등을 명확하게 적는다.

암기법
천상하오
(1000 : 지상, 지하 : 500)

제○○구역 고압가스배관의 표지판

이 지역에는 아래와 같이 고압가스배관이 설치(매설)되어 있습니다.
가스누출이나 그 밖의 이상을 발견하신 분은
즉시 신고 또는 연락하여 주시기 바랍니다.

신고처 : 한국가스안전공사 또는 소방서(119)

고압가스의 종류	표지판에서 본 배관위치	회사명 및 연락처
○○	○방향 ○ m 지점	㈜ ○○ ☎ ○○ - ○○○○
○○		㈜ ○○ ☎ ○○ - ○○○○
○○		㈜ ○○ ☎ ○○ - ○○○○

문제풀이

01
(1) 2중관
(2) 가스량
(3) 1.2배

1 고압가스 일반제조의 시설·기술·검사·감리·정밀안전성평가기준에 따른 배관설비 구조이다. 괄호 안에 들어갈 알맞은 말을 쓰시오.

(1) (　　　)으로 하여야 하는 가스의 대상은 암모니아, 아황산가스, 염소, 염화메탄, 산화에틸렌, 시안화수소, 포스겐 및 황화수소로 한다.

(2) 2중관으로 하여야 할 부분은 그 고압가스가 통하는 배관으로서 그 양끝을 원격조작밸브 등으로 차단할 경우에도 그 내부의 가스를 다른 설비에 안전하게 이송할 수 없는 구간 내의 (　　　)에 따라서 해당 배관으로부터 보호시설까지 안전거리가 유지되지 아니한 부분으로 하며, 이 경우 안전거리는 해당 구간 내의 가스량을 기준으로 한다. 다만 해당 배관을 보호관 또는 방호구조물 안에 설치하여 배관의 파손을 방지하고 누출된 가스가 주변에 확산되지 않도록 한 경우에는 그렇지 않다.

(3) 2중관의 외층관 내경은 내층관 외경의 (　　　) 이상을 표준으로 한다.

02
(1) 긴급분리장치
(2) 20 m마다

2 고압가스 일반제조의 시설·기술·검사·감리·정밀안전성평가기준에 따른 로딩암 구조이다. 괄호 안에 들어갈 알맞은 말을 쓰시오.

(1) 풍랑 등으로 인하여 선박과 연결된 로딩암이 파손되는 것을 방지하기 위하여 선박과 로딩암의 연결부에는 (　　　　)를 설치한다.

(2) 가연성가스 및 독성가스를 이입·이송하는 로딩암의 관절부 등 가스가 누출할 우려가 있는 부근에는 가스누출검지경보장치의 검지부를 로딩암의 투영면(로딩암의 이입·이송 작업 가능 범위 중 최대 거리에서의 투영면을 말한다) 둘레 (　　　) 1개 이상의 비율로 설치한다.

3 고압가스 일반제조의 시설·기술·검사·감리·정밀안전성평가기준에 따른 사업소 안의 배관 매몰 설치기준이다. 틀린 것을 고르시오.

(1) 배관은 지면으로부터 최소한 1 m 이상의 깊이에 매설한다.
(2) 도로폭이 8 m 이상인 공도(公道)의 횡단부 지하에는 지면으로부터 1.2 m 이상인 곳에 매설한다.
(3) 철도 등의 횡단부 지하에는 지면으로부터 1 m 이상인 곳에 매설하고 또는 강제의 케이싱을 사용하여 보호한다.
(4) 지하철도(전철) 등을 횡단하여 매설하는 배관에는 전기방식조치를 강구한다.

03
(3) 1.2 m

KGS FP113 고압가스 냉동제조의 시설·기술·검사기준

제조시설 / 고압가스

• 용어 정의

냉동능력이란 1일의 냉동능력을 말하며 다음 ⑴부터 ⑸까지의 경우에는 냉동능력을 합산한다. 다만 ⑹에만 해당하는 경우에는 합산하지 않을 수 있다.

⑴ 냉매가스가 배관에 의하여 공통으로 되어 있는 냉동설비

⑵ 냉매계통을 달리하는 2개 이상의 설비가 1개의 규격품으로 인정되는 설비 내에 조립되어 있는 것(Unit형의 것)

⑶ 2원(元) 이상의 냉동방식에 의한 냉동설비

⑷ 모터 등 압축기의 동력설비를 공통으로 하고 있는 냉동설비

⑸ Brine을 공통으로 하고 있는 2개 이상의 냉동설비(Brine 가운데 물과 공기는 포함하지 않는다)

⑹ ⑴부터 ⑸까지에도 불구하고 동일 건축물에서 동일 냉매를 사용하는 동일 용도(건축물의 냉·난방용과 그 외의 용도로 구분한다)의 냉동설비

• 내압 및 기밀시험

내압시험 및 기밀시험은 가스설비나 배관의 설치가 완료되어 시험을 실시할 수 있는 상태의 공정에서 실시한다.

• 내압시험방법

⑴ 내압시험은 압축기·냉매펌프·흡수용액펌프·윤활유펌프·압력용기, 그 밖의 냉매설비의 배관 이외의 부분(이하 "압력용기등"이라 한다)의 조립품 또는 그들의 부품에 대하여 액체압력으로 한다. 다만 그 구조상 물을 사용하는 것이 적당하지 아니한 것은 공기·질소 등을 사용하여 내압시험을 실시할 수 있으며, 이 경우 기밀시험을 따로 실시하지 아니할 수 있다.

⑵ 내압시험은 설계압력의 1.5배(공기·질소 등을 사용하여 내압시험을 실시할 경우에는 1.25배) 이상의 압력으로 한다.

⑶ 내압시험은 피시험품에 액체를 가득 채워 공기를 완전히 뺀 후 액압을 서서히 가하여 내압시험압력까지 올리고 그 최고압력을 1분 이상 유지한 다음 압력을 내압시험압력의 8/10까지 내려 피시험품의 각 부분 특히 용

접부 및 그 밖의 이음부에 대하여 이상이 없는지 확인한다.

⑷ 내압시험은 피 시험품의 각 부분에 누설, 이상변형, 파괴 등이 없는 것을 합격으로 한다.

⑸ 내압시험에 사용하는 압력계는 문자판의 크기가 75 mm 이상으로서 그 최고눈금은 내압시험압력의 1.5배 이상 2배 이하로 한다. 압력계는 2개 이상 사용하고 가압펌프와 피시험품과의 사이에 스톱밸브가 있을 때에는 적어도 1개의 압력계는 스톱밸브와 피시험품과의 사이에 부착한다.

⑹ 두들길 때 사용하는 망치는 연강제로서 그 끝을 둥글게 한 것을 사용하고 그 중량은 0.5 kg 이하로 한다.

⑺ 전밀폐형 압축기 및 압력용기에 내장된 펌프에 대해서는 해당 외피를 구성하는 케이싱에 대하여 내압시험을 한다.

> **OX퀴즈**
> 두들길 때 사용하는 망치는 연강제로서 그 끝을 둥글게 한 것을 사용하고 그 중량은 **1 kg** 이하로 한다. (×)

• **기밀시험방법**

냉매설비에 대한 기밀시험은 다음 기준에 따른다. 다만 기밀시험을 실시하기 곤란한 경우에는 누출검사로 기밀시험에 갈음할 수 있고 설계압력의 1.25배 이상 기체압력에 의해 내압시험을 실시한 경우에는 그 내압시험으로 기밀시험에 갈음할 수 있다.

⑴ 기밀시험은 압력용기 등의 조립품 또는 이들을 사용하여 냉매배관으로 연결한 냉매설비에 대하여 가스의 압력으로 실시한다.

⑵ 기밀시험압력은 설계압력 이상의 압력으로 한다.

⑶ 기밀시험에 사용하는 가스는 공기 또는 불연성가스(산소 및 독성가스를 제외한다)로 한다. 이 때 공기압축기로 압축공기를 공급하는 경우에는 공기의 온도를 140 ℃ 이하로 할 수 있다.

⑷ 기밀시험의 유지시간은 표와 같이 시험할 부분의 용적에 대응한 기밀유지시간 이상으로 한다.

> **OX퀴즈**
> 기밀시험에 사용하는 가스는 공기 또는 불연성가스(산소 및 독성가스를 제외한다)로 한다. 이때 공기압축기로 압축공기를 공급하는 경우에는 공기의 온도를 **120 ℃** 이하로 할 수 있다. (×)

압력측정기구	용적	기밀유지시간
압력계 또는 자기압력기록계	1 m³ 미만	48분
	1 m³ 이상 10 m³ 미만	480분
	10 m³ 이상	48 × V분(다만 2880분을 초과한 경우는 2880분으로 할 수 있다)

[비고] V : 피시험부분의 용적(m³)

⑸ 기밀시험압력으로 유지한 상태에서 물속에 넣거나 외부에 발포액(비눗물 등)을 발라서 기포의 발생이 없는 것을 합격으로한다. 다만 비가연성·비독성의프레온을사용하여기밀시험을하는경우에는 가스누출검지기로 가스 누출 유무를 확인할 수 있다.

⑹ 기밀시험에 사용하는 압력계는 문자판의 크기가 75 mm 이상으로서 그 최고눈금은 기밀시험압력의 1.5배 이상 2배 이하로 한다. 압력계는 2개 이상 사용하고 가압용 공기압축기 등과 피시험품 사이에 스톱밸브가 있을 때에는 적어도 1개의 압력계는 스톱밸브와 피시험품과의 사이에 부착한다.

⑺ 전밀폐형 압축기 및 압력용기에 내장된 펌프에는 해당 외피를 구성하는 케이싱에 대하여 기밀시험을 한다.

• 부식방지조치

보온(단열)조치하는 냉매설비는 보온(단열)조치 전 냉매설비의 부식방지조치 여부 및 외관상 부식, 균열 등의 손상여부를 확인한다.

문제풀이

1 다음은 고압가스 냉동제조의 시설·기술·검사기준에 따른 내압시험방법이다. 괄호 안에 들어갈 알맞은 말을 쓰시오.

(1) 내압시험은 압축기·냉매펌프·흡수용액펌프·윤활유펌프·압력용기, 그 밖의 냉매설비의 배관 이외의 부분(이하 "압력용기등"이라 한다)의 조립품 또는 그들의 부품에 대하여 액체압력으로 한다. 다만 그 구조상 물을 사용하는 것이 적당하지 아니한 것은 (　　　) 등을 사용하여 내압시험을 실시할 수 있으며, 이 경우 기밀시험을 따로 실시하지 아니할 수 있다.

(2) 내압시험은 설계압력의 (　　)배(공기·질소 등을 사용하여 내압시험을 실시할 경우에는 1.25배) 이상의 압력으로 한다.

(3) 내압시험은 피시험품에 액체를 가득 채워 공기를 완전히 뺀 후 액압을 서서히 가하여 내압시험압력까지 올리고 그 최고압력을 1분 이상 유지한 다음 압력을 내압시험압력의 (　　　)까지 내려 피시험품의 각 부분 특히 용접부 및 그 밖의 이음부에 대하여 이상이 없는지 확인한다.

01
(1) 공기·질소
(2) 1.5
(3) 8/10

2 다음은 고압가스 냉동제조의 시설·기술·검사기준에 따른 내압시험방법이다. 괄호 안에 들어갈 알맞은 말을 쓰시오.

(1) 내압시험에 사용하는 압력계는 문자판의 크기가 (　　　) 이상으로서 그 최고눈금은 내압시험압력의 1.5배 이상 2배 이하로 한다. 압력계는 (　　) 이상 사용하고 가압펌프와 피시험품과의 사이에 스톱밸브가 있을 때에는 적어도 1개의 압력계는 스톱밸브와 피시험품과의 사이에 부착한다.

(2) 두들길 때 사용하는 망치는 연강제로서 그 끝을 둥글게 한 것을 사용하고 그 중량은 (　　) kg 이하로 한다.

(3) 전밀폐형 압축기 및 압력용기에 내장된 펌프에 대해서는 해당 외피를 구성하는 케이싱에 대하여 내압시험을 한다.

02
(1) 75 mm, 2개
(2) 0.5

03
(3) 기포의 발생이 없는 것을 합격

3 다음은 고압가스 냉동제조의 시설·기술·검사기준에 따른 기밀시험방법이다. 틀린 것을 고르시오.

(1) 기밀시험은 압력용기 등의 조립품 또는 이들을 사용하여 냉매배관으로 연결한 냉매설비에 대하여 가스의 압력으로 실시한다.

(2) 기밀시험압력은 설계압력 이상의 압력으로 한다.

(3) 기밀시험압력으로 유지한 상태에서 물속에 넣거나 외부에 발포액(비눗물 등)을 발라서 기포의 발생이 있는 것을 합격으로 한다. 다만 비가연성·비독성의 프레온을 사용하여 기밀시험을 하는 경우에는 가스누출검지기로 가스누출 유무를 확인할 수 있다.

(4) 기밀시험에 사용하는 압력계는 문자판의 크기가 75 mm 이상으로서 그 최고눈금은 기밀시험압력의 1.5배 이상 2배 이하로 한다. 압력계는 2개 이상 사용하고 가압용 공기압축기 등과 피시험품 사이에 스톱밸브가 있을 때에는 적어도 1개의 압력계는 스톱밸브와 피시험품과의 사이에 부착한다.

충전시설

고압가스

KGS FP211 고압가스 용기 및 차량에 고정된 탱크충전의 시설·기술·검사·안전성평가기준

- **저장탱크(처리설비)의 실내설치**

저장탱크 및 처리설비를 실내에 설치하는 경우에는 다음 기준에 따른다.

(1) 저장탱크실과 처리설비실은 각각 구분하여 설치하고 강제환기시설을 갖춘다.

(2) 저장탱크실 및 처리설비실은 천정·벽 및 바닥의 두께가 30 cm 이상인 철근콘크리트로 만든 실로서 방수처리가 된 것으로 한다.

(3) 가연성가스나 독성가스의 저장탱크실과 처리설비실에는 가스누출검지경보장치를 설치한다.

(4) 저장탱크의 정상부와 저장탱크실 천정과의 거리는 60 cm 이상으로 한다.

(5) 저장탱크를 2개 이상 설치하는 경우에는 저장탱크실을 각각 구분하여 설치한다.

(6) 저장탱크 및 그 부속시설에는 부식방지도장을 한다.

(7) 저장탱크실 및 처리설비실의 출입문은 각각 따로 설치하고, 외부인이 출입할 수 없도록 자물쇠 채움 등의 조치를 한다.

(8) 저장탱크실 및 처리설비실을 설치한 주위에는 경계표지를 한다.

(9) 저장탱크에 설치한 안전밸브는 지상 5 m 이상의 높이에 방출구가 있는 가스 방출관을 설치한다.

> **OX퀴즈**
> 저장탱크의 정상부와 저장탱크실 천정과의 거리는 60 cm 이상으로 한다. (○)

- **저장탱크 부압파괴 방지조치**

가연성가스저온저장탱크에는 그 저장탱크의 내부압력이 외부압력 보다 낮아짐에 따라 그 저장탱크가 파괴되는 것을 방지하기 위하여 다음의 부압파괴방지설비를 설치한다.

(1) 압력계

(2) 압력경보설비

(3) 그 밖의 다음 중 어느 하나 이상의 설비

　　(3-1) 진공안전밸브

　　(3-2) 다른 저장탱크나 시설로부터의 가스도입배관(균압관)

　　(3-3) 압력과 연동하는 긴급차단장치를 설치한 냉동제어설비

　　(3-4) 압력과 연동하는 긴급차단장치를 설치한 송액설비

• **저장탱크 과충전 방지 조치**

아황산가스·암모니아·염소·염화메탄·산화에틸렌·시안화수소·포스겐 또는 황화수소의 저장탱크에는 그 가스의 용량이 그 저장탱크 내용적의 90%를 초과하는 것을 방지하기 위하여 다음 기준에 따라 과충전 방지조치를 강구한다.

1. 저장탱크에 충전된 독성가스의 용량이 90 %에 이르렀을 때 이를 검지하는 방법은 그 액면 또는 액두압을 검지하는 것이거나 이에 갈음할 수 있는 유효한 방법으로 한다.

2. 1.의 방법으로 그 용량이 검지되었을 때는 지체없이 경보(부자 등 음향으로 하는 것)를 울리는 것으로 한다.

3. 2.의 경보는 해당 충전작업관계자가 상주하는 장소 및 작업장소에서 명확하게 들을 수 있는 것으로 한다.

> **Tip** 저장탱크는 안전공간이 필요하다. 따라서 90 % 용량에 이르렀을 때 검지해야 한다.

• **저장탱크의 형식**

저장탱크의 방호형식은 단일방호형식, 이중방호형식, 완전방호형식으로 분류하고, 그 구조는 다음과 같다.

(1) 단일방호형식

　　내부탱크는 액상 및 기상의 가스를 모두 저장하며, 내부탱크가 파괴되는 경우 누출된 액상의 가스를 방류둑에서 충분히 담을 수 있는 구조

(2) 이중방호형식

　　내부탱크는 액상 및 기상의 가스를 모두 저장하며, 내부탱크가 파괴되어 액상의 가스가 누출되는 경우 방류둑 또는 외부탱크에서 누출된 액상의 가스를 담을 수 있는 구조

(3) 완전방호형식

　　정상운전 시 내부탱크는 액상의 가스를 저장할 수 있고, 외부탱크는 기상의 가스를 저장할 수 있는 구조로서 내부탱크가 파괴되어 누출되는 경우 외부탱크가 누출된 액상 및 기상의 가스를 담을 수 있으며, 증발가스(Boil-off Gas)는 안전밸브를 통해 방출될 수 있는 구조

• 충전설비 설치

고압가스 충전시설에는 고압가스시설의 안전을 확보하기 위하여 다음 기준에 따라 충전용 교체밸브·에어졸 자동충전기 및 에어졸 충전용기 누출시험시설 등 필요한 설비를 설치한다.

• 충전용 교체밸브설비

아세틸렌의 충전용교체밸브는 충전하는 장소에서 격리하여 설치한다.

• 에어졸충전시설 설치

1. 에어졸충전시설에는 온도를 46 ℃ 이상 50 ℃ 미만으로 누출시험을 할 수 있는 에어졸충전용기의 온수시험탱크를 갖춘다.

2. 에어졸충전시설에는 정량을 충전할 수 있는 자동충전기를 설치하고, 인체에 사용하거나 가정에서 사용하는 에어졸의 충전시설에는 불꽃길이 시험장치를 설치한다.

> **암기법**
> 50대에 사육하기!

• 과충전방지설비 설치

액화가스를 용기에 충전하는 시설에는 액화가스의 저장능력을 초과하지 않도록 다음 기준에 따라 과충전방지설비를 갖춘다. 다만 비독성·비가연성의 초저온가스는 그렇지 않다.

1. 액화가스의 저장능력 초과 여부를 확인하는 방법은 계측기를 사용하여 측정하는 것이거나 이에 갈음할 수 있는 유효한 방법으로 한다.

2. 가연성이거나 독성인 액화가스를 용기에 충전하는 시설에는 1.의 방법에 따라 그 용량이 검지되었을 때는 지체없이 경보(버저 등 음향으로 하는 것)을 울리는 것으로 한다.

3. 2.의 경보는 해당 충전작업관계자가 상주하는 장소 및 작업장소에서 명확하게 들을 수 있는 것으로 한다.

• 가스설비 성능

가스설비는 그 고압가스를 안전하게 취급할 수 있도록 다음의 성능을 가진 것으로 한다.

1. 고압가스설비는 상용압력의 1.5배(그 구조상 물로 실시하는 내압시험이 곤란하여 공기·질소 등의 기체로 내압시험을 실시하는 경우 및 압력용기 및 그 압력용기에 직접 연결되어 있는 배관의 경우에는 1.25배) 이상의 압력(이하 "내압시험압력"이라 한다)으로 내압시험을 실시하여 이상이 없어야 한다. 다만 다음에 해당하는 고압가스설비는 내압시험을 실시하지 않을 수 있다.

> **OX퀴즈**
> 고압가스설비는 상용압력의 **1.2배** 이상의 압력으로 내압시험을 실시한다. (×)

(1) 법 제17조에 따라 검사에 합격한 용기등

(2) 「수소경제 육성 및 수소 안전관리에 관한 법률」 제44조에 따른 검사에 합격한 수소용품

(3) 1.3.11.2에 따른 것으로서 「산업안전보건법」 제84조에 따른 안전인증을 받은 압력용기

(4) 그 밖에 1.3.11.2에 따른 고압가스설비 중 수소를 소비하는 설비로서 그 구조상 가압이 곤란한 부분

2. 초고압(압력을 받는 금속부의 온도가 -50 ℃ 이상 350 ℃ 이하인 고압가스 설비의 상용압력이 98 MPa 이상인 것을 말한다. 이하 같다)의 고압가스설비와 초고압의 배관에 대하여는 1.25배(운전압력이 충분히 제어될 수 있는 경우에는 공기 등의 기체로 상용압력의 1.1배) 이상의 압력으로 실시할 수 있다.

• **배관 해저·해상설치**

1. 해저에 설치하는 배관은 다음 기준에 따라 설치한다.

    (1) 배관은 해저면 밑에 매설한다. 다만 닻내림 등에 의한 배관손상의 우려가 없거나 그 밖에 부득이한 경우에는 매설하지 아니할 수 있다.

    (2) 배관은 원칙적으로 다른 배관과 교차하지 않아야 한다.

    (3) 배관은 원칙적으로 다른 배관과 30 m 이상의 수평거리를 유지한다.

    (4) 두개 이상의 배관을 동시에 설치하는 경우에는 그 배관이 서로 접촉되지 않도록 다음 기준에 따라 조치를 강구 한다. 이 경우 표지판의 설치, 잠수원(潛水員)의 검사 등으로 배관의 위치를 조사하고, 되메우기 전과 필요한 경우에는 되메우기 한 후에 수중탐사기(水中探査機) 등으로 배관의 상대 위치를 확인한다.

    (4-1) 2개 이상의 배관을 형강(形鋼)등으로 매거나 구조물에 조립하여 설치한다.

    (4-2) 충분한 간격을 두고 부설한다.

    (4-3) 부설한 후 적절한 간격이 되도록 배관을 이동시켜 매설한다.

    (5) 배관의 입상부에는 방호시설물을 설치한다.

    (6) 배관을 매설하는 경우에는 해저면으로부터 배관의 외면까지의 깊이는 닻내림 시험의 결과, 토질, 되메우기하는 재료, 선박교통사정 등을 참작하여 안전한 거리를 유지한다. 이 경우 그 배관을 매설하는 해저에 준설계획이 있는 경우에는 계획되어 있는 준설후의 해저면 밑 0.6 m를 해저면으로 본다.

⑺ 패일 우려가 있는 다음 (7-1)부터 (7-4)까지의 장소에 매설하는 배관에는 (7-5)에 따른 패임을 방지하기 위한 조치를 강구한다.

  (7-1) 해류의 영향으로 해저가 패이거나 조류(潮流)의 간만(干滿)으로 해저의 모래가 이동하는 등의 표사현상(漂砂現狀)을 일으킬 우려가 있는 장소

  (7-2) 해안선의 앞바다에 있는 쇄파대(碎破帶)의 영향으로 해저가 패일 우려가 있는 장소

  (7-3) 해안부근에서 해안 및 구조물의 영향으로 패일 우려가 있는 장소

  (7-4) 그 밖에 자연현상 등의 영향으로 해저가 패일 우려가 있는 장소

  (7-5) 패임을 방지하기 위하여 다음의 조치를 한다.

  (7-5-1) 해안선 형상의 변경, 구축물 등의 설치, 개조, 철거, 장해물 등으로 인한 패임의 발생을 방지하는 조치

  (7-5-2) 조류, 폭풍, 하천의 영향 등으로 인하여 패일 우려가 있는 경우에는 패임이 예상되는 깊이보다 깊은 위치에 배관을 매설하는 조치

⑻ 굴착 및 되메우기는 안전이 유지되도록 적절한 방법으로 실시한다.

⑼ 해저면 밑에 배관을 매설하지 아니하고 설치하는 경우에는 해저면을 고르게 하여 배관이 해저면에 닿게 한다.

⑽ 배관이 부양하거나 이동할 우려가 있는 경우에는 다음 기준에 따라 이를 방지하기 위한 조치를 한다.

  (10-1) 사용할 때의 배관 비중을 주위의 흙이 사질토(砂質土)인 경우에는 해수(海水)의 비중 이상, 점질토인 경우에는 액성한계(液性限界)에서 흙의 단위체적중량 이상으로 한다.

  (10-2) 앵커(Anchor) 등을 사용하여 배관을 고정한다.

  (10-3) 지반의 변동으로 인하여 부상(浮上)을 일으킬 우려가 없는 깊이에 배관을 설치한다.

  (10-4) 배관을 매설할 수 없을 때에는 파랑 및 조류(潮流)의 영향을 고려하고, 필요한 경우에는 배관의 중량조절, 새들(Saddle)의 설치, 수중(水中)콘크리트 공사 등의 조치를 한다.

> **Tip** 앵커는 배관 지지점에서의 이동 및 회전을 방지하기 위해 지지점 위치에 완전히 고정하는 것으로 배관에 작용하는 중량을 지지하는 리지드 서포트의 일종이다.

2. 해상에 설치하는 배관은 다음 기준에 따라 설치한다.

  ⑴ 배관은 지진·풍압·파도압 등에 안전한 구조의 지지물로 지지한다.

  ⑵ 배관은 선박의 항해로 인하여 손상을 받지 않도록 해면과의 사이에 필요한 공간을 확보하여 설치한다.

  ⑶ 선박의 충돌 등으로 인하여 배관이나 그 지지물이 손상 받을 우려가 있는 경우에는 방호설비를 설치한다.

(4) 배관은 다른 시설물(그 배관의 지지물을 제외한다)과 배관의 유지관리에 필요한 거리를 유지한다.

• 배관 하천횡단 설치

하천횡단 배관은 다음 기준에 따라 설치한다.

1. 하천을 횡단하여 배관을 설치하는 경우에는 교량에 설치한다. 다만 교량에 설치할 수 없는 경우에는 하천 밑을 횡단하여 매설할 수 있다.

2. 교량에 설치할 수 없어 하천 밑을 횡단하여 매설하는 경우, 배관의 외면과 계획하상높이(계획하상 높이가 가장 깊은 하상높이 보다 높을 때에는 가장 깊은 하상높이, 이하 같다)와의 거리는 원칙적으로 4.0 m 이상, 수로를 횡단하여 배관을 매설하는 경우에는 배관의 외면과 계획하상높이와의 거리는 원칙적으로 2.5 m 이상, 그 밖의 좁은 수로(용수로·개천 또는 이와 유사한 것을 제외한다)를 횡단하여 배관을 매설하는 경우에는 배관의 외면과 계획하상높이와의 거리는 원칙적으로 1.2 m 이상으로 하고, 아울러 제방 그 밖에 하천관리시설의 기존 또는 계획 중인 기초시설물에 지장을 주지 아니하며 하상변동·패임·닻내림 등의 영향을 받지 아니하는 깊이에 매설한다.

3. 하천이나 수로를 횡단하여 배관을 매설하는 경우에는 다음의 고압가스 종류에 따라 2중관으로 하거나 방호구조물 안에 설치한다.

    (1) 염소·포스겐·불소·아크릴알데히드·아황산가스·시안화수소 또는 황화수소가 통하는 배관은 2중관으로 하고, 이중관의 규격은 KGS FP 211 2.5.8.4.2에 따른다.

    (2) (1) 이외의 독성가스나 가연성가스는 다음 기준에 적합한 방호구조물 내에 설치한다.

    (2-1) 방호구조물은 충분한 내구력을 가진 것으로 한다.

    (2-2) 방호구조물은 하천용 또는 수로(水路) 및 배관의 구조에 지장을 주지 않는 구조로 한다. 이 경우 안전확보에 필요한 경우에는 양끝을 폐쇄시킨 것으로 하고, 방호구조물이 터널형(Tunnel Type)일 경우에는 그 내부를 점검할 수 있는 구조로 한다.

4. 3.에 따른 2중관이나 방호구조물은 다음 중 어느 하나의 조치를 강구하여 부양이나 선박의 닻내림 등으로 인한 손상을 방지한다.

    (1) 사용할 때의 2중관이나 방호구조물(내포되는 공기 및 물의 중량을 포함한다)의 비중을 주위의 흙이 사질토(砂質土)인 경우에는 물의 비중 이상, 점질토인 경우에는 액성한계(液性限界)에서 흙의 단위체적중량 이상으로 한다.

> **Tip** 염소, 포스겐, 불소 등의 가스는 맹독성가스이므로 배관을 2중관으로 한다.

(2) 앵커(Anchor)를 사용하여 2중관이나 방호구조물을 고정시킨다.

(3) 지반의 변동이나 크리프(Creep)로 인해 부상(浮上)을 일으킬 우려가 없는 깊이에 2중관이나 방호구조물을 설치한다.

(4) 충분한 깊이에 케이싱터널(Casing Tunnel) 등을 설치한다.

• 배관 하천 병행매설

정비가 완료된 하천으로서 시장·군수·구청장이 하천부지 외에는 배관을 설치할 장소가 없다고 인정하는 경우로서 배관을 하천과 병행하여 매설하는 경우에는 다음 기준에 따라 설치한다.

1. 설치지역은 하상(河床)이 아닌 곳으로 한다.

> Tip 하상 : 하천의 바닥

2. 배관은 견고하고 내구력을 갖는 방호구조물 안에 설치한다.

3. 매설심도는 배관의 외면으로부터 2.5 m 이상 유지한다.

4. 배관손상으로 인한 가스누출 등 위급한 상황이 발생한 때에 그 배관에 유입되는 가스를 신속히 차단할 수 있는 장치를 설치한다. 다만 매설된 배관이 포함된 구간 안의 가스를 30분 이내에 화기 등이 없는 안전한 장소로 방출할 수 있는 벤트스택 또는 플레어스택을 설치한 경우에는 차단장치를 설치하지 아니할 수 있다.

• 로딩암 설치

로딩암은 다음 기준에 따라 설치한다.

1. 로딩암은 지면에 고정하여 설치한다. 다만 이동형 로딩암을 사용하는 경우에는 로딩암이 장착된 트롤리(Trolly)를 지면에 고정하여 설치한다.

> Tip 로딩암 : 저장탱크 또는 차량에 고정된 탱크에 이입·충전하는 것

2. 로딩암은 그 외면으로부터 작업반경 등을 고려하여 충분한 작업거리를 확보한다.

3. 가연성가스를 이입·이송하는 로딩암은 정전기 제거를 위하여 단독으로 접지하고, 이 경우 접지 저항치는 총합 100 Ω 이하로 한다.

4. 로딩암에 연결하는 항만 측의 배관부에는 긴급차단장치를 1개 이상 설치한다.

• 부대설비 설치

배관은 그 배관의 안전한 유지·관리를 위하여 다음 기준에 따라 필요한 설비를 설치하거나 필요한 조치를 강구한다.

• 수취기 설치

산소나 천연메탄을 수송하기 위한 배관과 이에 접속하는 압축기(산소를 압축하는 압축기는 물을 내부윤활제로 사용하는 것에 한한다)와의 사이에는 수취기를 설치한다.

• 압력계 및 온도계 설치

배관은 그 배관에 대한 위해의 우려가 없도록 배관의 적당한 곳에 압축가스배관의 경우에는 압력계를, 액화가스배관의 경우에는 압력계 및 온도계를 설치한다. 다만 초저온이나 저온의 액화가스배관의 경우에는 온도계 설치를 생략할 수 있다

• 과압안전장치 작동압력

1. 고압가스설비에 부착하는 과압안전장치는 압력이 상용압력을 초과한 경우에 그 압력을 직접 받는 부분마다 각각에서 정한 압력 이하에서 작동되는 것으로 한다.

2. 액화가스의 고압가스설비등에 부착되어 있는 스프링식 안전밸브는 상용의 온도에서 그 고압가스설비등 내의 액화가스의 상용의 체적이 그 고압가스설비등 내의 내용적의 98 %까지 팽창하게 되는 온도에 대응하는 그 고압가스설비등 내의 압력에서 작동하는 것으로 한다.

• 과압안전장치 방출관 설치

과압안전장치 중 안전밸브나 파열판에는 가스방출관을 설치한다. 이 경우 가스방출관의 방출구의 위치는 다음 기준에 따른다. 이 경우 가스방출관의 방출구는 빗물 등이 고이지 않는 구조로 하고 위치는 다음 기준에 따른다.

1. 가연성가스의 저장탱크에 설치하는 경우에는 지상으로부터 5 m 이상의 높이 또는 저장탱크의 정상부로부터 2 m의 높이 중 높은 위치로서 주위에 화기 등이 없는 안전한 위치에 설치한다.

2. 독성가스의 설비에 설치하는 것은 그 독성가스의 중화를 위한 설비 안에 설치한다. 다만 중화조치가 불가능한 독성가스의 경우에는 그렇지 않다.

3. 고압가스설비(가연성가스의 저장탱크 및 독성가스 설비는 제외한다)에 설치하는 것은 인근의 건축물이나 시설물의 높이 이상의 높이로서 주위에 화기 등이 없는 안전한 위치에 설치한다. 다만 옥외에 설치된 산소 및 불활성가스의 경우와 성능확인 안전충전함 내부에 과압안전장치 방출관의 방출구를 설치한 경우에는 그렇지 않다.

OX퀴즈

액화가스의 고압가스설비등에 부착되어 있는 스프링식 안전밸브는 상용의 온도에서 그 고압가스설비등 내의 액화가스의 상용의 체적이 그 고압가스설비등 내의 내용적의 **95 %**까지 팽창하게 되는 온도에 대응하는 그 고압가스설비등 내의 압력에서 작동하는 것으로 한다.

(×)

• 충전시설

(1) 건축물 내에 설치되어 있는 압축기, 펌프, 반응설비, 저장탱크((6)에 기재한 것을 제외한다)등 가스가 누출하기 쉬운 고압가스설비등((3)에 기재한 것을 제외한다)이 설치되어 있는 장소의 주위에는 누출한 가스가 체류하기 쉬운 곳에 이들 설비군의 바닥면 둘레 10 m에 1개 이상의 비율로 계산한 수

(2) 건축물밖에 설치되어 있는 (1)에 기재한 고압가스설비가 다른 고압가스설비, 벽이나 그 밖의 구조물에 인접하여 설치된 경우, 피트 등의 내부에 설치되어 있는 경우 및 누출된 가스가 체류할 우려가 있는 장소에 설치되어 있는 경우에는 누출된 가스가 체류할 우려가 있는 장소에 그 설비군의 바닥면 둘레 20 m마다 1개 이상의 비율로 계산한 수, 다만 (6)에 기재한 것은 제외한다.

(3) 가열로 등 발화원이 있는 제조설비가 누출된 가스가 체류하기 쉬운 장소에 설치되는 경우에는 그 장소의 바닥면 둘레 20 m마다 1개 이상의 비율로 계산한 수

(4) 계기실 내부에는 1개 이상

(5) 독성가스의 충전용 접속구 군의 주위에는 1개 이상

(6) 방류둑(2기 이상의 저장탱크를 집합방류둑 내에 설치한 경우에는 저장탱크 칸막이를 설치한 경우에 한한다)내에 설치된 저장탱크의 경우에는 그 저장탱크마다 1개 이상

(7) (1)에 따른 고압가스설비등이 2층 이상의 구조물 위에 설치되어 있는 경우로서 그 바닥이 누출된 가스가 체류하기 쉬운 구조인 경우에는 그 설비군에 대하여 각 층별로 (1) 및 (2)에서 정하는 비율로 계산한 수

OX퀴즈
가열로 등 발화원이 있는 제조설비가 누출된 가스가 체류하기 쉬운 장소에 설치되는 경우에는 그 장소의 바닥면 둘레 **10 m**마다 1개 이상의 비율로 계산한 수
(×)

• 경계책

고압가스시설의 안전을 확보하기 위하여 저장설비, 처리설비 및 감압설비를 설치한 장소 주위에는 외부인의 출입을 통제할 수 있도록 다음 기준에 따라 경계책을 설치한다. 다만 저장설비, 처리설비 및 감압설비가 건축물 안에 설치된 경우나 차량의 통행 등 조업시행이 현저히 곤란하여 위해 요인이 가중될 우려가 있는 경우에는 경계책을 설치하지 아니할 수 있다.

1. 경계책 높이는 1.5 m 이상으로 한다.
2. 경계책의 재료는 철책이나 철망 등으로 한다.
3. 경계책 주위에는 외부사람이 무단출입을 금하는 내용의 경계표지를 보기 쉬운 장소에 부착한다.

OX퀴즈
경계책 높이는 **1 m 이상**으로 한다. (×)

4. 경계책 안에는 누구도 화기·발화 또는 인화하기 쉬운 물질을 휴대하고 들어갈 수 없도록 필요한 조치를 강구한다. 다만 해당 설비의 정비수리 등 불가피한 사유가 발생한 경우에 한 하여 안전관리책임자의 감독하에 휴대 조치할 수 있다.

• 용기보관실

고압가스 용기를 취급하거나 보관하는 때에는 위해요소가 발생하지 않도록 다음 기준에 따라 관리한다.

(1) 충전용기와 잔가스 용기는 각각 구분하여 용기보관장소에 놓는다.

(2) 가연성가스·독성가스 및 산소의 용기는 각각 구분하여 용기보관장소에 놓는다.

(3) 용기보관장소에는 계량기 등 작업에 필요한 물건 외에는 이를 두지 않는다.

(4) 용기보관장소의 주위 2 m 이내에는 화기 또는 인화성물질이나 발화성물질을 두지 않는다.

(5) 용기는 항상 40 ℃ 이하의 온도를 유지하고, 직사광선을 받지 않도록 조치한다.

(6) 가연성가스 용기보관장소에는 방폭형 휴대용손전등 외의 등화를 휴대하고 들어가지 않는다.

(7) 밸브가 돌출한 용기(내용적이 5 L 미만인 용기를 제외한다)에는 고압가스를 충전한 후 용기의 넘어짐 및 밸브의 손상을 방지하기 위하여 다음 기준에 적합한 조치를 강구하고, 난폭한 취급을 하지 않는다.

(7-1) 충전용기는 바닥이 평탄한 장소에 보관한다.

(7-2) 충전용기는 물건의 낙하우려가 없는 장소에 저장한다.

(7-3) 고정된 프로텍터가 없는 용기에는 캡을 씌워 보관한다.

(7-4) 충전용기를 이동하면서 사용하는 때에는 손수레에 단단하게 묶어 사용한다.

• 밸브 또는 콕의 조작

충전시설에 설치한 밸브나 콕(조작스위치로 그 밸브나 콕을 개폐하는 경우에는 그 조작스위치를 말한다. 이하 "밸브등"이라 한다)에는 다음의 기준에 따라 종업원이 그 밸브 등을 적절히 조작할 수 있는 조치를 한다.

1. 각 밸브등에는 그 명칭이나 플로시트(Flow Sheet)에 의한 기호, 번호 등을 표시하고 그 밸브등의 핸들 또는 별도로 부착한 표시판에 그 밸브등의 개폐방향(조작스위치로 그 밸브등이 설치된 제조설비에 안전상 중대한

영향을 미치는 밸브등에는 그 밸브등의 개폐상태를 포함한다)이 표시되도록 한다.

2. 밸브등(조작스위치로 개폐하는 것을 제외한다)이 설치된 배관에는 그 밸브등의 가까운 부분에 쉽게 식별할 수 있는 방법으로 그 배관 내의 가스 그 밖에 유체의 종류 및 방향이 표시되도록 한다.

3. 조작하여 그 밸브등이 설치된 제조설비에 안전상 중대한 영향을 미치는 밸브등(압력을 구분하는 경우에는 압력을 구분하는 밸브, 안전밸브의 주밸브, 긴급차단밸브, 긴급방출용 밸브, 제어용공기 및 안전용불활성가스 등의 송출 또는 이입용 밸브, 조정밸브, 감압밸브, 차단용 맹판 등)에는 작업원이 그 밸브등을 적절히 조작할 수 있도록 다음과 같은 조치를 강구한다.

    (1) 밸브등에는 그 개폐상태를 명시하는 표시판을 부착한다. 이 경우 특히 중요한 조정밸브 등에는 개도계(開度計)를 설치한다.

    (2) 안전밸브의 주밸브 및 보통 사용하지 않는 밸브등(긴급용인 것을 제외한다)은 함부로 조작할 수 없도록 자물쇠의 채움, 봉인, 조작금지 표시의 부착이나 조작 시에 지장이 없는 범위 내에서 핸들을 제거하는 등의 조치를 하고, 내압·기밀시험용 밸브 등은 플러그 등의 마감 조치로 이중차단기능이 이루어지도록 강구한다.

    (3) 계기판에 설치한 긴급차단밸브, 긴급방출밸브 등의 버턴핸들(Button Handle), 노칭디바이스핸들(Not Ching Device Handle) 등 (갑자기 작동할 염려가 없는 것을 제외한다)에는 오조작 등 불시의 사고를 방지하기 위해 덮개, 캡 또는 보호장치를 사용하는 등의 조치를 함과 동시에 긴급차단밸브 등의 개폐상태를 표시하는 시그널램프 등을 계기판에 설치한다. 또한 긴급차단밸브의 조작위치가 2곳 이상일 경우 보통 사용하지 않는 밸브 등에는 "함부로 조작하여서는 아니 된다"는 뜻과 그것을 조작할 때의 주의사항을 표시한다.

4. 밸브등의 조작위치에는 그 밸브등을 확실하게 조작할 수 있도록 필요에 따라 발판을 설치한다.

5. 밸브등을 조작하는 장소에는 밸브등의 조작에 필요한 조도를 150 lx 이상으로 유지한다. 이 경우 계기실(제조시설에서 제조·충전을 제어하기 위해 기기를 집중적으로 설치한 실을 말한다. 이하 같다) 및 계기실 이외의 계기판에는 비상조명장치를 설치한다.

6. 밸브등의 조작은 다음 기준에 따라 실시한다.

    (1) 밸브등의 조작에 대하여 유의 할 사항을 작업기준 등에 정하여 작업원에게 주지시킨다.

OX퀴즈
밸브등을 조작하는 장소에는 밸브등의 조작에 필요한 조도를 **100 lx** 이상으로 유지한다. 이 경우 계기실(제조시설에서 제조·충전을 제어하기 위해 기기를 집중적으로 설치한 실을 말한다. 이하 같다) 및 계기실 이외의 계기판에는 비상조명장치를 설치한다. (×)

(2) 조작함으로써 관련된 가스설비등에 영향을 미치는 밸브등의 조작은 조작전후에 관계처와 긴밀한 연락을 취하여 상호 확인하는 방법을 강구한다.
(3) 액화가스의 밸브등에는 액봉상태로 되지 않도록 폐지 조작을 한다.
(4) 이 법에 따른 시설 중 계기실 이외에서 밸브등을 직접 조작하는 경우에는 계기실에 있는 계기의 지시에 따라서 조작할 필요가 있으므로 계기실과 해당 조작장소 간 통신시설로 긴밀한 연락을 취하면서 적절하게 대처한다.

• 에어졸 충전

(1) 에어졸의 충전은 그 성분 배합비(분사제의 조성 및 분사제와 원액과의 혼합비를 말한다) 및 1일에 제조하는 최대수량을 정하고 이를 지킨다.
(2) 에어졸의 분사제는 독성가스를 사용하지 않는다.
(3) 인체용(「약사법」 제2조에 따른 의약품, 의약부외품, 「화장품법」 제2조에 따른 화장품으로서 인체에 직접 사용하는 제품을 말한다. 이하 같다)으로 사용하거나 가정에서 사용하는 에어졸의 분사제는 가연성가스를 사용하지 않는다. 다만 다음에서 정한 것은 가연성가스를 분사제로 사용할 수 있다.

(3-1) 「약사법」 제31조 및 제41조에 따라 보건복지부장관의 허가를 받은 의약품·의약부외품
(3-2) 「약사법」 제2조 제8항에 따른 화장품 중 물이 내용물 전질량의 40 % 이상이고 분사제가 내용물 전질량의 10 % 이하인 것으로서 내용물이 거품이나 반죽(Gel)상태로 분출되는 제품
(3-3) 액화석유가스 및 액화석유가스와 가연성 이외의 가스의 혼합물
(3-4) 디메틸에테르 및 디메틸에테르와 가연성 이외의 가스의 혼합물
(3-5) (3-3), (3-4)에 열거한 각각의 가스 상호의 혼합물

(4) 에어졸을 충전하는 용기는 다음 기준에 적합한 것으로 한다.
(4-1) 용기의 내용적은 1 L 이하로 하고, 내용적이 100 cm³를 초과하는 용기의 재료는 강이나 경금속을 사용한다.
(4-2) 금속제의 용기는 그 두께가 0.125 mm 이상이고 내용물에 의한 부식을 방지할 수 있는 조치를 한 것으로 하며, 유리제용기의 경우에는 합성수지로 그 내면이나 외면을 피복한다.
(4-3) 용기는 50 ℃에서 용기안의 가스압력의 1.5배의 압력을 가할 때에 변형되지 아니하고, 50 ℃에서 용기안의 가스압력의 1.8배의 압력을 가할 때에 파열되지 아니하는 것으로 한다. 다만 1.3 MPa 이상의 압력을 가할 때에 변형되지 아니하고, 1.5 MPa의 압력을 가할 때에 파

> **OX퀴즈**
> 에어졸을 충전하는 용기의 내용적은 1 L 이하로 하고, 내용적이 100 cm³를 초과하는 용기의 재료는 강이나 경금속을 사용한다. (O)

열되지 아니하는 것은 그렇지 않다.

(4-4) 내용적이 100 cm³를 초과하는 용기는 그 용기의 제조자의 명칭이나 기호가 표시되어 있는 것으로 한다.

(4-5) 사용 중 분사제가 분출하지 아니하는 구조의 용기는 사용 후 그 분사제인 고압가스를 그 용기로부터 용이하게 배출하는 구조인 것으로 한다.

(4-6) 내용적이 30 cm³ 이상인 용기는 에어졸의 충전에 재사용하지 않는다.

⑸ 에어졸 충전시설 및 에어졸 충전용기 저장소는 화기나 인화성물질과 8 m 이상의 우회거리를 유지한다.

⑹ 에어졸의 충전은 건물의 내면을 불연재료로 입힌 충전실에서 하고, 충전실안에서는 담배를 피우거나 화기를 사용하지 않는다.

⑺ 충전실안에는 작업에 필요한 물건외의 물건을 두지 않는다.

⑻ 에어졸은 35 ℃에서 그 용기의 내압이 0.8 MPa 이하이어야 하고, 에어졸의 용량이 그 용기 내용적의 90 % 이하로 한다.

⑼ 에어졸을 충전하기 위한 충전용기·밸브 또는 충전용 지관을 가열하는 때에는 열습포나 40 ℃ 이하의 더운 물을 사용한다.

⑽ 에어졸이 충전된 용기는 그 전수에 대하여 온수시험탱크에서 그 에어졸의 온도를 46 ℃ 이상 50 ℃ 미만으로 하는 때에 그 에어졸이 누출되지 않도록 한다.

OX퀴즈
에어졸 충전시설 및 에어졸 충전용기 저장소는 화기나 인화성물질과 **2 m** 이상의 우회거리를 유지한다. (×)

문제풀이

01
(1) 단일방호형식
(2) 이중방호형식
(3) 완전방호형식

1 고압가스 용기 및 차량에 고정된 탱크충전의 시설·기술·검사·안전성 평가기준에 따른 저장탱크 형식 설명이다. 알맞은 형식을 쓰시오.

(1) 내부탱크는 액상 및 기상의 가스를 모두 저장하며, 내부탱크가 파괴되는 경우 누출된 액상의 가스를 방류둑에서 충분히 담을 수 있는 구조

(2) 내부탱크는 액상 및 기상의 가스를 모두 저장하며, 내부탱크가 파괴되어 액상의 가스가 누출되는 경우 방류둑 또는 외부탱크에서 누출된 액상의 가스를 담을 수 있는 구조

(3) 정상운전 시 내부탱크는 액상의 가스를 저장할 수 있고, 외부탱크는 기상의 가스를 저장할 수 있는 구조로서 내부탱크가 파괴되어 누출되는 경우 외부탱크가 누출된 액상 및 기상의 가스를 담을 수 있으며, 증발가스(Boil-off Gas)는 안전밸브를 통해 방출될 수 있는 구조

02
(1) 30 m 이상
(2) 입상부
(3) 0.6 m

2 고압가스 용기 및 차량에 고정된 탱크충전의 시설·기술·검사·안전성 평가기준에 따른 배관 해저설치기준이다. 괄호 안에 들어갈 알맞은 말을 쓰시오.

(1) 배관은 원칙적으로 다른 배관과 (   )의 수평거리를 유지한다.

(2) 배관의 (   )에는 방호시설물을 설치한다.

(3) 배관을 매설하는 경우에는 해저면으로부터 배관의 외면까지의 깊이는 닻내림 시험의 결과, 토질, 되메우기하는 재료, 선박교통사정 등을 참작하여 안전한 거리를 유지한다. 이 경우 그 배관을 매설하는 해저에 준설계획이 있는 경우에는 계획되어 있는 준설후의 해저면 밑 (   )를 해저면으로 본다.

3 고압가스 용기 및 차량에 고정된 탱크충전의 시설·기술·검사·안전성 평가기준에 따른 용기보관실 기준이다. 틀린 것을 고르시오.

(1) 충전용기와 잔가스 용기는 각각 구분하여 용기보관장소에 놓는다.
(2) 용기보관장소의 주위 8 m 이내에는 화기 또는 인화성물질이나 발화성물질을 두지 않는다.
(3) 가연성가스 용기보관장소에는 방폭형 휴대용손전등외의 등화를 휴대하고 들어가지 않는다.
(4) 밸브가 돌출한 용기(내용적이 5 L 미만인 용기를 제외한다)에는 고압가스를 충전한 후 용기의 넘어짐 및 밸브의 손상을 방지하기 위하여 적합한 조치를 강구하고, 난폭한 취급을 하지 않는다.

03
(2) 2 m

저장·사용시설

KGS FU111 고압가스 저장의 시설·기술·검사·안전성평가기준

고압가스

- **실린더캐비닛 설치**

저장시설에 실린더캐비닛을 설치하는 경우에는 다음 기준에 따라 설치한다. 다만 배관계가 없는 실린더캐비닛에 대해서는 ⑶, ⑸, ⑺, ⑾, ⑿를 적용하지 아니한다.

⑴ 독성 또는 가연성 가스의 용기를 넣는 실린더캐비닛은 내부의 공기를 항상 옥외로 배출하고, 내부의 압력이 외부의 압력보다 항상 낮도록 유지하며 이를 확인할 수 있는 조치가 된 것으로 한다.

⑵ 실린더캐비닛에 사용한 재료는 불연성인 것으로 한다.

⑶ 실린더캐비닛 내의 설비 중 고압가스가 통하는 부분은 상용압력의 1.5배 이상의 압력으로 실시하는 내압시험 및 상용압력 이상의 압력으로 실시하는 기밀시험에 합격한 것으로 한다.

⑷ 실린더캐비닛은 내부를 볼 수 있는 창이 부착된 것으로 한다.

⑸ 실린더캐비닛 내부 압력계·유량계 등의 기기류(이하 "기기류"라 한다)와 배관에 사용하는 재료는 가스의 종류·성상·온도 및 압력 등에 적절한 것으로 한다.

⑹ 실린더캐비닛 내의 배관 접속부 및 기기류를 용이하게 점검할 수 있도록 한다.

⑺ 실린더캐비닛 내부의 충전용기 또는 배관에는 외부에서 조작이 가능한 긴급 시 차단할 수 있는 장치가 설치된 것으로 한다.

⑻ 실린더캐비닛 내의 설비를 자동으로 제어하는 장치와 2.4.4.1⑴에 따라 설치된 공기의 배출을 위한 장치, 그 밖의 안전확보에 필요한 설비에는 정전 등에 의해 해당 설비의 기능이 상실되지 않도록 비상전력을 보유하는 등의 조치를 한다.

⑼ 실린더캐비닛 내부의 충전용기 등에는 넘어짐 등에 따른 충격 및 밸브의 손상방지를 위한 조치를 한다.

⑽ 독성 또는 가연성 가스의 용기를 넣는 실린더캐비닛 내부에는 가스누출을 검지하여 경보하기 위한 설비를 설치한다.

OX퀴즈
실린더캐비닛 내의 설비 중 고압가스가 통하는 부분은 상용압력의 **1.2배** 이상의 압력으로 실시하는 내압시험 및 상용압력 이상의 압력으로 실시하는 기밀시험에 합격한 것으로 한다. (×)

⑾ 실린더캐비닛 내의 배관에는 가스의 종류 및 유체의 흐름방향을 표시한다.

⑿ 실린더캐비닛 내의 밸브에는 개폐방향 및 개폐상태를 표시한다.

⒀ 상호 반응에 의해 재해가 발생할 우려가 있는 가스는 동일 실린더캐비닛 내에 보관하지 않는다.

⒁ 가연성 가스의 용기를 넣는 실린더캐비닛에는 해당 실린더캐비닛에서 발생하는 정전기를 제거하는 조치를 한다.

- **과압안전장치 설치**

고압가스저장시설에는 그 고압가스설비 내의 압력이 상용의 압력을 초과할 경우 즉시 상용의 압력 이하로 되돌릴 수 있도록 하기 위하여 다음 기준에 따라 과압 안전장치를 설치한다.

> **예상문제**
> 과압안전장치의 목적을 쓰시오.
> ⇒ 고압가스설비 내의 압력이 상용의 압력을 초과할 경우 즉시 상용의 압력 이하로 되돌릴 수 있음

1. 과압안전장치 선정

    가스설비 등에서의 압력상승 특성에 따라 다음 기준에 따라 과압안전장치를 선정한다.

    (1) 기체 및 증기의 압력상승을 방지하기 위해 설치하는 안전밸브

    (2) 급격한 압력상승, 독성가스의 누출, 유체의 부식성 또는 반응생성물의 성상 등에 따라 안전밸브를 설치하는 것이 부적당한 경우에 설치하는 파열판

    (3) 펌프 및 배관에서 액체의 압력상승을 방지하기 위해 설치하는 릴리프밸브 또는 안전밸브

    (4) (1)부터 (3)까지의 안전장치와 병행 설치할 수 있는 자동압력제어장치 (고압가스설비 등의 내압이 상용의 압력을 초과한 경우 그 고압가스설비 등으로의 가스 유입량을 줄이는 방법 등으로 그 고압가스설비 등 내의 압력을 자동적으로 제어하는 장치)

2. 과압안전장치 설치위치

    과압안전장치는 고압가스설비 중 압력이 최고허용압력 또는 설계압력을 초과할 우려가 있는 다음의 구역마다 설치한다.

    (1) 내·외부 요인으로 압력 상승이 설계압력을 초과할 우려가 있는 압력용기 등

    (2) 토출 측의 막힘으로 인한 압력상승이 설계압력을 초과할 우려가 있는 압축기(다단 압축기의 경우에는 각 단) 또는 펌프의 출구 측

    (3) 배관 내의 액체가 2개 이상의 밸브로 차단되어 외부 열원으로 인한 액체의 열팽창으로 파열이 우려되는 배관

    (4) (1)부터 (3)까지 외에 압력 조절 실패, 이상 반응, 밸브의 막힘 등으로 압력 상승이 설계압력을 초과할 우려가 있는 고압가스설비 또는 배관등

(5) 압축기에는 그 최종단에, 그 밖의 고압가스설비에는 압력이 상용압력을 초과한 경우에 그 압력을 직접 받는 부분마다

3. 과압안전장치 구조 및 재질

과압안전장치의 구조 및 재질은 그 과압안전장치가 설치되는 가스설비 등의 내에 있는 고압가스의 압력 및 온도에 견딜 수 있고, 그 고압가스에 내식성이 있는 것으로 한다.

4. 과압안전장치 분출면적

안전밸브, 파열판 또는 릴리프밸브의 분출 면적 또는 유출 면적은 다음의 계산식에 따라 계산한 면적 이상으로 한다.

• **과압안전장치 방출관 설치**

과압안전장치 중 안전밸브 또는 파열판에는 가스방출관을 설치한다. 이 경우 가스방출관의 방출구는 빗물 등이 고이지 않는 구조로 하고, 그 위치는 다음 기준에 따른다.

(1) 가연성가스의 저장탱크에 설치하는 경우에는 지상으로부터 5 m 이상의 높이 또는 저장탱크의 정상부로부터 2 m의 높이 중 높은 위치로 주위에 화기 등이 없는 안전한 위치에 설치한다.

(2) 독성가스의 설비에 설치하는 것은 그 독성가스의 중화를 위한 설비 안에 설치한다. 다만 중화조치가 불가능한 독성가스의 경우에는 그렇지 않다.

(3) 고압가스설비(가연성가스의 저장탱크 및 독성가스 설비는 제외한다)에 설치하는 것은 인근의 건축물 또는 시설물에 가스가 유입되지 않는 곳으로서 주위에 방출된 가스가 체류하지 않고 화기 등이 없는 안전한 위치에 설치한다. 다만 옥외에 설치된 산소 및 불활성가스의 경우에는 그렇지 않다.

• **방호벽 설치**

저장설비와 사업소 안의 보호시설과의 사이에는 다음 기준에 따라 방호벽을 설치한다. 다만 비가연성·비독성의 저온 또는 초저온가스의 경우는 경계책으로 갈음할 수 있으며, 방호벽의 설치로 조업이 불가능할 정도의 특별한 사정이 있다고 시장·군수 또는 구청장이 인정하거나 안전거리 이상의 거리를 유지한 경우에는 방호벽을 설치하지 않을 수 있다.

• **철근콘크리트제 방호벽 설치**

철근콘크리트 방호벽은 다음 기준에 따라 설치한다.

1. 직경 9 mm 이상의 철근을 가로·세로 400 mm 이하의 간격으로 배근하고 모서리 부분의 철근을 확실히 결속한 두께 120 mm 이상, 높이 2000 mm 이상으로 한다.

OX퀴즈
과압안전장치는 가연성가스의 저장탱크에 설치하는 경우에는 지상으로부터 5 m 이상의 높이 또는 저장탱크의 정상부로부터 2 m의 높이 중 **낮은** 위치로 주위에 화기 등이 없는 안전한 위치에 방출구를 설치한다. (×)

2. 기초는 다음 기준에 적합한 것으로 한다. 다만 소화설비용의 용기보관실을 건축물 내에 설치하는 경우에는 다음 기초기준을 적용하지 않을 수 있다.

  (1) 일체로 된 철근콘크리트 기초로 한다.
  (2) 그림과 같이 높이는 350 mm 이상, 되메우기 깊이는 300 mm 이상으로 한다.
  (3) 기초의 두께는 방호벽 최하부 두께의 120 % 이상으로 한다.

> **암기법**
> 350호에 300명이 120일 동안 산다.

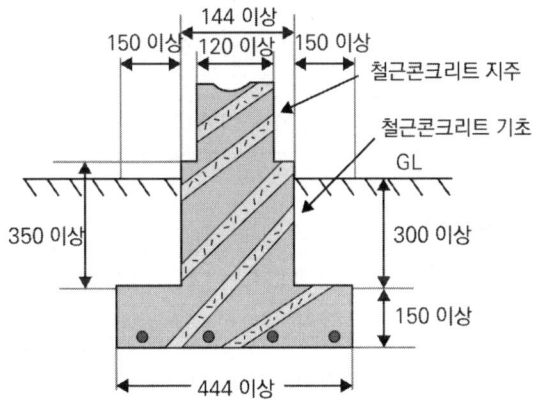

• 경계표지

고압가스저장시설의 안전을 확보하기 위해 필요한 곳에는 고압가스를 취급하는 시설 또는 일반인의 출입을 제한하는 시설이라는 것을 명확하게 식별할 수 있도록 다음 기준에 따라 경계표지를 설치한다.

• 고압가스사업소 경계표지

고압가스사업소에 설치하는 경계표지는 다음 기준에 따라 설치한다.

1. 사업소의 경계표지는 해당 사업소의 출입구(경계울타리, 담 등에 설치되어 있는 것) 등 외부에서 보기 쉬운 곳에 게시한다.

2. 사업소안 시설 중 일부만이 동 법의 적용을 받을 때에는 해당 시설이 설치되어 있는 구획, 건축물 또는 건축물 내에 구획된 출입구 등 외부에서 보기 쉬운 장소에 게시한다. 이 경우 해당 시설에 출입 또는 접근할 수 있는 장소가 여러 방향일 때에는 그 장소마다 게시해야 하며, 냉동설비, 저온액화탄산가스 저장설비 중에서 단체설비(유닛형 냉동설비 등을 말한다) 또는 이동식 냉동설비에는 그 설비외면의 보기 쉬운 장소에 표시할 수 있다.

3. 경계표지는 법의 적용을 받고 있는 사업소 또는 시설임을 외부 사람이 명확하게 식별할 수 있는 크기로 한다. 또한 해당 사업소에서 준수해야 할 안전 확보에 필요한 주의사항을 부기할 수 있다.

> **OX퀴즈**
> 사업소의 경계표지는 해당 사업소의 출입구 등 **내부**에서 보기 쉬운 곳에 게시한다. (×)

○○ 가스 지하저장소
○○ 가스 지하저장소
출 입 금 지
화기 절대 엄금
○○ 가스 지하저장소
○○ 가스 기계실

• **용기보관소 경계표지**

용기보관소 또는 용기보관실의 경계표지는 다음 기준에 따라 설치한다.

1. 경계표지는 해당 용기보관소 또는 보관실의 출입구등 외부에서 보기 쉬운 곳에 게시한다. 이 경우 출입하는 방향이 여러 곳일 경우에는 그 장소마다 게시한다.

2. 표지는 외부사람이 용기보관소 또는 용기보관실이라는 것을 명확히 식별할 수 있는 크기로 해야 하며, 용기에 충전되어 있는 가스의 성질에 따라 가연성가스일 경우에는 "연", 독성가스일 경우에는 "독"자를 표시한다.

3. 충전용기 및 그 밖의 용기(잔 가스 용기, 재검사 대상 용기 등) 보관 장소는 각각 구획 또는 경계선으로 안전 확보에 필요한 용기 상태를 명확히 식별할 수 있도록 조치하고 해당 내용에 따라 필요한 표지를 부착한다.

○○ 가스용기 보관소(실) ○
○○ 가스용기 보관소(실) ○
충전용기 보관소
잔가스용기 보관소

• **배관의 경계표지**

배관의 경계표지는 다음 기준에 따라 설치한다.

1. 표지판은 배관이 설치되어 있는 경로에 따라 배관의 위치를 정확히 알 수 있도록 설치한다. 다만 표지판의 설치로 교통 등의 장해가 우려되는 경우에는 배관으로부터 가장 가까우며, 일반인이 보기 쉬운 장소를 선택하여

OX퀴즈
용기에 충전되어 있는 가스의 성질에 따라 가연성가스일 경우에는 "연", 독성가스일 경우에는 "독"자를 표시한다. (O)

설치할 수 있다.

2. 지하에 설치된 배관은 500 m 이하의 간격으로, 지상에 설치된 배관은 1000 m 이하의 간격으로 설치하며, 배관의 위치를 알기 어려운 곳(굽어지는 곳, 분리되는 곳, 다른 가스배관과 교차되는 곳 등)에는 표지판을 추가로 설치한다. 다만 지상에 설치한 배관의 경우 배관의 표면에 가스의 종류, 연락처 등을 표시한 때에는 이를 표지판으로 갈음할 수 있다.

3. 하나의 도로에 2개 이상의 고압가스배관이 함께 설치되어 있는 경우에는 사업자간에 협의해 공동표지판을 설치한다.

4. 표지판에는 고압가스의 종류, 설치구역 명, 배관설치(매설)위치, 신고처, 회사명 및 연락처 등을 명확하게 기재한다.

> Tip 지하에 설치된 배관의 표지판이 지상의 표지판보다 더 많이 설치해야 한다.

제○○구역 고압가스배관의 표지판

이 지역에는 아래와 같이 고압가스배관이 설치(매설)되어 있습니다.
가스누출이나 그 밖의 이상을 발견하신 분은
즉시 신고 또는 연락하여 주시기 바랍니다.

신고처 : 한국가스안전공사 또는 소방서(119)

고압가스의 종류	표지판에서 본 배관위치	회사명 및 연락처
○○	○방향 ○ m 지점	㈜ ○○ ☎ ○○ - ○○○○
○○		㈜ ○○ ☎ ○○ - ○○○○
○○		㈜ ○○ ☎ ○○ - ○○○○

• **식별표지**

독성가스저장시설이라는 것을 쉽게 식별할 수 있도록 다음 예의 식별표지를 해당 독성가스 저장시설 등의 보기 쉬운 곳에 게시한다.

독성가스 (○○) 저장소

---

1. ○○에는 가스의 명칭을 적색으로 기재한다.

2. 경계표지와는 별도로 게시한다.

3. 문자와의 크기는 가로·세로 10 cm 이상으로 하고, 30 m 이상 떨어진 위치에서도 알 수 있어야 한다.

4. 식별표지의 바탕색은 백색, 글씨는 흑색으로 한다.

> **OX퀴즈**
> 독성가스 식별표지의 가스명칭은 **흑색**으로 기재한다.
> (×)

5. 문자는 가로 또는 세로로 쓸 수 있다.

6. 식별표지에는 다른 법령에 의한 지시사항 등을 병기할 수 있다

• **위험표지**

독성가스가 누출될 우려가 있는 부분에는 다음 예의 문자 또는 이와 동등 이상의 효과를 가지는 문자 등을 기재한 위험표지를 설치한다.

독성가스 누설주의 부분

1. 문자의 크기는 가로·세로 5 cm 이상으로 하고, 10 m 이상 떨어진 위치에서도 알 수 있어야 한다.

2. 위험표지의 바탕색은 백색, 글씨는 흑색(주위는 적색)으로 한다.

3. 문자는 가로 또는 세로로 쓸 수 있다.

4. 위험표지에는 다른 법령에 의한 지시사항 등을 병기할 수 있다.

• **가스누출경보 및 자동차단장치 설치**

독성가스 및 공기보다 무거운 가연성가스의 저장시설에는 가스가 누출될 경우 이를 신속히 검지하여 효과적으로 대응할 수 있도록 하기 위해 다음 기준에 따라 가스누출검지경보장치(이하 "검지경보장치"라 한다)를 설치한다. 다만 누출되어 공기 중에서 자기발화하는 가스는 불꽃감지기를 검지경보장치 실치기준에 직합하게 설치한 경우 동 기준에 저합한 것으로 본다

OX퀴즈

독성가스가 누출될 우려가 있는 부분에는 위험표지를 설치하며 이때 문자의 크기는 가로·세로 **10 cm** 이상으로 하고, **5 m 이상** 떨어진 위치에서도 알 수 있어야 한다. (×)

문제풀이

1 고압가스 저장의 시설·기술·검사·안전성평가기준에 따른 과압안전장치 방출관 설치기준이다. 괄호 안에 들어갈 알맞은 말을 쓰시오.

(1) 가연성가스의 저장탱크에 설치하는 경우에는 지상으로부터 5 m 이상의 높이 또는 저장탱크의 정상부로부터 (   )의 높이 중 높은 위치로 주위에 화기 등이 없는 안전한 위치에 설치한다.

(2) 독성가스의 설비에 설치하는 것은 그 독성가스의 (   )를 위한 설비 안에 설치한다. 다만 중화조치가 불가능한 독성가스의 경우에는 그렇지 않다.

(3) 고압가스설비(가연성가스의 저장탱크 및 독성가스 설비는 제외한다)에 설치하는 것은 인근의 건축물 또는 시설물에 가스가 유입되지 않는 곳으로서 주위에 방출된 가스가 체류하지 않고 (   ) 등이 없는 안전한 위치에 설치한다. 다만 (   )에 설치된 산소 및 불활성가스의 경우에는 그렇지 않다.

01
(1) 2 m
(2) 중화
(3) 화기, 옥외

2 고압가스 저장의 시설·기술·검사·안전성평가기준에 따른 철근콘크리트제 방호벽 설치기준이다. 괄호 안에 들어갈 알맞은 말을 쓰시오.

(1) 직경 (   ) 이상의 철근을 가로·세로 400 mm 이하의 간격으로 배근하고 모서리 부분의 철근을 확실히 결속한 두께 (   ) 이상, 높이 2000 mm 이상으로 한다.

(2) (   )로 된 철근콘크리트 기초로 한다.

(3) 높이는 (   ) 이상, 되메우기 깊이는 300 mm 이상으로 한다.

02
(1) 9 mm, 120 mm
(2) 일체
(3) 350 m

3 고압가스 저장의 시설·기술·검사·안전성평가기준에 따른 식별표지 기준이다. 틀린 것을 고르시오.

(1) 가스의 명칭을 적색으로 기재한다.
(2) 문자와의 크기는 가로·세로 10 cm 이상으로 하고, 30 m 이상 떨어진 위치에서도 알 수 있어야 한다.
(3) 식별표지의 바탕색은 황색, 글씨는 흑색으로 한다.
(4) 문자는 가로 또는 세로로 쓸 수 있다.

03
(3) 바탕색은 백색

판매시설

KGS FS112 배관에 의한 고압가스 판매의 시설·기술·검사기준

고압가스

- **용어 정의**

1. "설계압력"이란 고압가스 용기등의 각부의 계산 두께 또는 기계적 강도를 결정하기 위하여 설계된 압력

2. "상용압력"이란 내압시험 압력 및 기밀시험 압력의 기준이 되는 압력으로서, 사용 상태에서 해당 설비 등의 각 부에 작용하는 최고사용압력을 말한다.

3. "설정압력(Set Pressure)"이란 안전밸브의 설계상 정한 분출압력이나 분출개시압력으로서, 명판에 표시된 압력을 말한다.

4. "축적압력(Accumulated Pressure)"이란 내부 유체가 배출될 때 안전밸브로 인하여 축적되는 압력으로서, 그 설비 내에서 허용될 수 있는 최대 압력을 말한다.

5. "초과압력(Over Pressure)"이란 안전밸브에서 내부 유체가 배출될 때 설정압력 이상으로 올라가는 압력을 말한다.

6. "평형 벨로즈형 안전밸브(Balanced Bellows Safety Valve)"란 밸브 토출 측 배압의 변화에 따라 성능 특성에 영향을 받지 않는 안전밸브를 말한다.

7. "일반형 안전밸브(Conventional Safety Valve)"란 밸브 토출 측 배압의 변화에 따라 직접적으로 성능 특성에 영향을 받는 안전밸브를 말한다.

8. "배압(Back Pressure)"이란 배출물 처리설비 등으로부터 안전밸브의 토출 측에 걸리는 압력을 말한다.

> **Tip** 상용압력과 최고사용압력을 100% 동일하다고 보지 않을 것!

- **용기 보관실 설치**

용기 보관실은 다음 기준에 따라 설치한다.

1. 용기 보관실 및 사무실은 동일 부지 내에 구분하여 설치한다. 다만 해상에서 가스 판매업을 하고자 하는 경우에는 용기 보관실을 해상 구조물 또는 선박에 설치할 수 있다.

2. 가연성가스·산소 및 독성가스의 저장실은 각각 구분하여 설치한다.

3. 누출된 가스가 혼합하여 폭발성 가스 또는 독성가스가 생성될 우려가 있는 경우 그 가스의 용기 보관실은 분리하여 설치한다.

• 저장탱크 부압 파괴 방지조치

가연성가스 저온 저장탱크에는 그 저장탱크의 내부 압력이 외부 압력보다 낮아짐에 따라 그 저장탱크가 파괴되는 것을 방지하기 위하여 다음의 부압 파괴 방지설비를 설치한다.

(1) 압력계

(2) 압력경보설비

(3) 그 밖의 다음 중 어느 하나 이상의 설비

    (3-1) 진공 안전밸브

    (3-2) 다른 저장탱크 또는 시설로부터의 가스 도입배관(균압관)

    (3-3) 압력과 연동하는 긴급차단장치를 설치한 냉동제어설비

    (3-4) 압력과 연동하는 긴급차단장치를 설치한 송액설비

> **Tip** 부압 : 대기의 압력보다 낮은 압력
> ⇒ 부압이 되면 외부로부터 압력이 내부로 들어오며 저장탱크가 파괴됨

• 저장탱크 과충전 방지 조치

아황산가스·암모니아·염소·염화메탄·산화에틸렌·시안화수소·포스겐 또는 황화수소의 저장탱크에는 그 가스의 용량이 그 저장탱크 내용적의 90%를 초과하는 것을 방지하기 위하여 다음 기준에 따라 과충전 방지조치를 강구한다.

1. 저장탱크에 충전된 독성가스의 용량이 90%에 이르렀을 때 이를 검지하는 방법은 그 액면 또는 액두압을 검지하는 것이거나 이에 갈음할 수 있는 유효한 방법으로 한다.

2. 1의 방법으로 그 용량이 검지되었을 때는 지체없이 경보(부자 등 음향으로 하는 것)를 울리는 것으로 한다.

3. 2의 경보는 해당 충전작업 관계자가 상주하는 장소 및 작업 장소에서 명확하게 들을 수 있는 것으로 한다.

> **OX퀴즈**
> 저장탱크에는 그 가스의 용량이 그 저장탱크 내용적의 90%를 초과하는 것을 방지하기 위하여 과충전 방지조치를 강구한다. (O)

• 배관설비 재료

배관·관 이음매 및 밸브(이하 "배관 등"이라 한다)에 사용하는 재료는 고압가스의 종류·성질·상태·온도 및 압력 등에서 안전성을 확보할 수 있도록 그 고압가스를 취급하기에 적합한 기계적 성질 및 화학적 성분을 가지는 것으로 한다.

• 배관설비 재료 사용 제한

고압가스를 수송하는 배관등(이하 "고압가스 배관등"이라 한다)과 고압가스 이외의 가스를 수송하는 배관등(이하 "저압배관등"이라 한다)의 재료에 적용한다. 다만 다음 배관은 배관 재료 기준을 적용하지 않는다.

(1) 최고사용압력이 98 MPa 이상의 배관

(2) 최고사용온도가 815 ℃를 초과하는 배관

(3) 직접 화기를 받는 배관

(4) 이동제조설비용 배관

• 방류둑 재료 및 구조

방류둑의 재료 및 구조는 다음 기준에 적합한 것으로 한다.

(1) 방류둑 재료는 철근콘크리트, 철골·철근콘크리트, 금속, 흙 또는 이들을 혼합한 것으로 한다.

(2) 철근콘크리트, 철골·철근콘크리트는 수밀성 콘크리트를 사용하고, 균열 발생을 방지하도록 배근, 리벳팅 이음, 신축 이음 및 신축 이음의 간격, 배치 등을 한다.

(3) 금속은 해당 가스에 침식되지 않는 것 또는 부식방지·녹방지 조치를 강구한 것으로 하고, 대기압에서 액화가스의 기화온도에 충분히 견디는 것으로 한다.

(4) 성토는 수평에 대해서 45° 이하의 기울기로 하여 쉽게 허물어지지 않도록 충분히 다져 쌓고, 강우 등으로 유실되지 않도록 그 표면에 콘크리트 등으로 보호하며, 성토 윗부분의 폭은 30 cm 이상으로 한다.

(5) 방류둑은 액밀한 것으로 한다.

(6) 독성가스 저장탱크 등에 대한 방류둑의 높이는 방류둑 내의 저장탱크 등의 안전관리 및 방재활동에 지장이 없는 범위에서 방류둑 내에 체류한 액의 표면적이 될 수 있는 한 적게 되도록 한다.

(7) 방류둑은 그 높이에 상당하는 해당 액화가스의 액두압에 견딜 수 있는 것으로 한다.

(8) 방류둑에는 계단, 사다리 또는 토사를 높이 쌓아 올린 형태 등으로 된 출입구를 둘레 50 m마다 1개 이상씩 설치하되, 그 둘레가 50 m 미만일 경우에는 2개 이상을 분산하여 설치한다.

(9) 배관 관통부는 내진성을 고려하여 틈새를 통한 누출 방지 및 부식 방지를 위한 조치를 한다.

OX퀴즈

방류둑 성토는 수평에 대해서 **50°** 이하의 기울기로 하여 쉽게 허물어지지 않도록 충분히 다져 쌓고, 강우 등으로 유실되지 않도록 그 표면에 콘크리트 등으로 보호하며, 성토 윗부분의 폭은 **60 cm** 이상으로 한다. (×)

⑩ 방류둑 안에는 고인 물을 외부로 배출할 수 있는 조치를 한다. 이 경우 배수조치는 방류둑 밖에서 배수 및 차단 조작을 할 수 있어야 하며, 배수할 때 이외에는 반드시 닫아 둔다.

⑪ 집합 방류둑 안에는 가연성가스와 조연성가스 또는 가연성가스와 독성가스의 저장탱크를 혼합하여 배치하지 않는다. 다만 가스가 가연성가스이고 또한 독성가스인 것으로서, 집합방류둑 내에 동일한 가스의 저장탱크가 있는 경우에는 같이 배치할 수 있다.

⑫ 저장탱크를 건축물 안에 설치한 경우는 그 건축물이 방류둑의 기능 및 구조를 갖도록 하여 유출된 가스가 건축물 외부로 흘러 나가지 않는 구조로 한다.

• 방류둑 내외부 부속설비 설치

방류둑의 내측 및 그 외면으로부터 10 m(독성가스의 액화가스 저장탱크의 경우에는 그 독성가스의 종류 및 저장능력에 따라 그 시설의 안전을 확보하는 데 필요한 거리) 이내에는 그 저장탱크의 부속설비 외의 것을 설치하지 않는다. 다만 다음의 설비는 방류둑 내부나 그 외면으로부터 10 m 이내에 설치할 수 있다.

1. 방류둑 내부에 설치할 수 있는 시설 및 설비

(1) 해당 저장탱크에 속하는 송출 및 송액설비(액화석유가스 저장탱크 및 저온저장탱크에 속한 것에 한정한다), 불활성가스의 저장탱크, 불분무장치 또는 살수장치(저장탱크 외면에서 방류둑까지 20 m를 초과하는 경우에는 방류둑 외측에서 조작할 수 있는 소화설비를 포함한다), 가스누출검지경보설비(검지부에 한정한다), 재해설비(누출된 가스를 흡입하는 부분에 한정한다), 조명설비, 계기시스템, 배수설비, 배관 및 그 파이프랙(Pipe Rack)과 이들에 부속하는 시설 및 설비

(2) (1)에서 정한 것 이외인 것으로서, 안전 확보에 지장이 없는 시설 및 설비

2. 방류둑 외부 10 m 이내에 설치할 수 있는 시설 및 설비

(1) 해당 저장탱크에 속하는 송출 및 송액설비, 불활성가스의 저장탱크, 냉동설비, 열교환기, 기화기, 가스누출검지경보설비, 재해설비, 조명설비, 누출된 가스의 확산을 방지하기 위하여 설치된 건물 형태의 구조물, 계기시스템, 배관 및 그 파이프랙과 이들에 부속하는 시설 및 설비

(2) 배관(신축 이음매 이외의 부분이 지면에서 4 m 이상의 높이를 가진 것에 한정한다) 및 그 파이프랙, 방소화설비, 통로(해당 사업소에 설치된 것에 한정한다) 또는 지하에 매설되어 있는 시설(지상 중량물의 하중에 견딜 수 있는 조치를 한 것에 한정한다)

OX퀴즈
방류둑의 내측 및 그 외면으로부터 **3 m** 이내에는 그 저장탱크의 부속설비 외의 것을 설치하지 않는다. (×)

OX퀴즈
재해설비는 방류둑 외부 10 m 이내에 설치할 수 있다. (○)

(3) (1) 및 (2)에서 정한 것 이외인 것으로서, 안전 확보에 지장이 없는 시설 및 설비

• **온도상승 방지설비 설치 범위**

온도상승 방지장치 설치해야 하는 저장탱크(지주를 포함한다)는 가연성가스 및 독성가스의 저장탱크와 그 밖의 저장탱크로서, 가연성가스 저장탱크나 가연성 물질을 취급하는 설비와 다음 (1)부터 (3)까지의 거리 이내에 있는 저장탱크로 한다.

(1) 방류둑을 설치한 가연성가스 저장탱크의 경우 그 방류둑 외면으로부터 10 m 이내

(2) 방류둑을 설치하지 않은 가연성가스 저장탱크의 경우 그 저장탱크 외면으로부터 20 m 이내

(3) 가연성 물질을 취급하는 설비의 경우 그 외면으로부터 20 m 이내

• **액화가스 저장탱크 온도상승 방지설비 설치**

액화가스 저장탱크(저장탱크에 부속하는 액면계, 밸브류를 포함한다. 이하 같다)는 다음 (1), (2) 또는 이들의 혼합에 따르며, 지주는 (3)에 따른다. 이 경우 보냉을 위하여 단열재를 사용한 초저온·저온 저장탱크(2중각(二重殼)단열구조를 말한다)로서, 그 단열재의 두께가 주변의 화재를 고려하여 충분한 내화성을 갖고 있을 때에는 그 상태에서 저장탱크 온도상승 방지조치를 한 것으로 본다.

(1) 저장탱크 표면적 1 m^2당 5 L/min 이상의 비율로 계산된 수량을 저장탱크 전 표면에 분무(살수(撒水)를 포함한다. 이하 같다)할 수 있도록 고정된 장치를 설치한다. 이 경우 저장탱크가 암면 두께 25 mm 이상 또는 이와 동등 이상의 내화 성능을 가지는 단열재로 피복되고, 그 외측을 두께 0.35 mm 이상의 KS D 3506(용융 아연도금 강판 및 강대) SBHG2 또는 이와 동등 이상의 강도 및 내화성능을 가지는 재료로 피복한 것(이하 "준내화구조 저장탱크"라 한다)에는 그 표면적 1 m^2당 2.5 L/min 이상의 비율로 계산된 수량을 분무할 수 있는 고정된 장치를 설치한다.

(2) 저장탱크 외면으로부터의 거리가 40 m 이내인 위치에, 저장탱크를 향하여 어느 방향에서도 방수할 수 있는 소화전(호스 끝 수압 0.3 MPa 이상, 방수능력 400 L/min 이상인 것을 말한다. 이하 같다)을 그 저장탱크 표면적 50 m^2당 1개의 비율로 계산된 수 이상 설치한다. 이 경우 준내화구조 저장탱크에는 그 저장탱크의 표면적 100 m^2당 소화전 1개의 비율로 계산된 수 이상의 소화전을 설치한다.

OX퀴즈

방류둑을 설치한 가연성가스 저장탱크의 경우 그 방류둑 외면으로부터 10 m 이내에는 온도상승 방지장치를 설치한다. (O)

(3) 높이 1 m 이상의 지주(구조물 위에 설치된 저장탱크에는 해당 구조물의 지주를 말한다)에는 두께 50 mm 이상의 내화콘크리트나 이와 동등 이상의 내화성능을 가지는 불연성의 단열재로 피복한다. 다만 (1)이나 (2)에서 정한 물분무장치나 소화전을 지주에 살수할 수 있도록 설치한 경우에는 불연성 재료로 피복한 것으로 할 수 있다.

• 압축가스 저장탱크 온도상승 방지설비 설치

압축가스 저장탱크 및 그 지주는 다음 기준 또는 온도상승 방지조치를 한다.

(1) 저장탱크 및 그 지주의 어느 부분에도 방수할 수 있도록 안전한 장소에 소화전을 설치한다.

(2) (1)의 성능과 동등 이상의 수량을 방수할 수 있는 소방펌프 자동차를 갖춘다.

• 온도상승 방지설비의 수원

(1) 분무장치와 소화전 등은 해당 설비를 30분 이상 연속하여 동시에 방수할 수 있는 수량을 가지는 수원에 접속한다.

(2) 물분무장치 등에 연결된 입상배관에는 겨울철에 동결 등을 방지할 수 있도록 드레인밸브 설치 등 적절한 조치를 해야 한다.

• 배관의 온도상승 방지조치

배관에는 다음 기준에 따라 그 온도를 40 ℃ 이하로 유지할 수 있는 조치를 강구한다. 다만 열팽창안전밸브의 설치 등 안전조치를 한 경우에는 온도를 40 ℃ 이하로 유지할 수 있는 조치를 하지 않을 수 있다.

1. 배관에 가스를 공급하는 설비에는 상용온도를 초과한 가스가 배관에 송입되지 않도록 필요한 조치를 한다.

2. 배관을 지상에 설치하는 경우 온도의 이상상승을 방지하기 위하여 부식방지도료를 칠한 후 은백색 도료로 재도장하는 등의 조치. 다만 지상설치 부분의 길이가 짧은 경우에는 본문에 의한 조치를 하지 않을 수 있다.

3. 배관을 교량 등에 설치할 경우에는 가능하면 교량 하부에 설치하여 직사광선을 피하도록 하는 조치

OX퀴즈
분무장치와 소화전 등은 해당 설비를 **20분** 이상 연속하여 동시에 방수할 수 있는 수량을 가지는 수원에 접속한다. (×)

OX퀴즈
배관에는 그 온도를 40 ℃ 이하로 유지할 수 있는 조치를 강구한다. (○)

문제풀이

01
(1) 고압가스 용기등의 각 부의 계산 두께 또는 기계적 강도를 결정하기 위하여 설계된 압력
(2) 안전밸브의 설계상 정한 분출압력이나 분출개시압력으로서, 명판에 표시된 압력
(3) 내부 유체가 배출될 때 안전밸브로 인하여 축적되는 압력으로서, 그 설비 내에서 허용될 수 있는 최대 압력

02
(1) 745° 이하, 30 cm 이상
(2) 액밀
(3) 50 m

1 배관에 의한 고압가스 판매의 시설·기술·검사기준에 따른 용어 정의를 쓰시오.

(1) 설계압력 :

(2) 설정압력 :

(3) 축적압력 :

2 배관에 의한 고압가스 판매의 시설·기술·검사기준에 따른 방류둑 재료 및 구조기준이다. 괄호 안에 들어갈 알맞은 말을 쓰시오.

(1) 성토는 수평에 대해서 (　　　　)의 기울기로 하여 쉽게 허물어지지 않도록 충분히 다져 쌓고, 강우 등으로 유실되지 않도록 그 표면에 콘크리트 등으로 보호하며, 성토 윗부분의 폭은 (　　　　)으로 한다.

(2) 방류둑은 (　　　)한 것으로 한다.

(3) 방류둑에는 계단, 사다리 또는 토사를 높이 쌓아 올린 형태 등으로 된 출입구를 둘레 (　　　)마다 1개 이상씩 설치하되, 그 둘레가 (　　　) 미만일 경우에는 2개 이상을 분산하여 설치한다.

3 배관에 의한 고압가스 판매의 시설·기술·검사기준에 따른 액화가스 저장탱크 온도상승 방지설비 설치기준이다. 틀린 것을 고르시오.

(1) 저장탱크 표면적 1 m²당 10 L/min 이상의 비율로 계산된 수량을 저장탱크 전 표면에 분무(살수(撒水)를 포함한다. 이하 같다)할 수 있도록 고정된 장치를 설치한다.

(2) 저장탱크 외면으로부터의 거리가 40 m 이내인 위치에, 저장탱크를 향하여 어느 방향에서도 방수할 수 있는 소화전(호스 끝 수압 0.3 MPa 이상, 방수능력 400 L/min 이상인 것을 말한다. 이하 같다)을 그 저장탱크 표면적 50 m²당 1개의 비율로 계산된 수 이상 설치한다.

(3) 준내화구조 저장탱크에는 그 저장탱크의 표면적 100 m²당 소화전 1개의 비율로 계산된 수 이상의 소화전을 설치한다.

(4) 높이 1 m 이상의 지주(구조물 위에 설치된 저장탱크에는 해당 구조물의 지주를 말한다)에는 두께 50 mm 이상의 내화콘크리트나 이와 동등 이상의 내화성능을 가지는 불연성의 단열재로 피복한다.

03
(1) 1 m²당
 5 L/min 이상

판매시설

KGS FS111 용기에 의한 고압가스 판매의 시설·기술·검사기준

고압가스

• **전기방폭설비 설치**

가연성가스(암모니아, 브롬화메탄 및 공기 중에서 자기 발화하는 가스는 제외한다)의 저장설비 중 전기설비는 누출된 가스의 점화원이 되는 것을 방지하기 위하여 방폭구조로 설치한다.

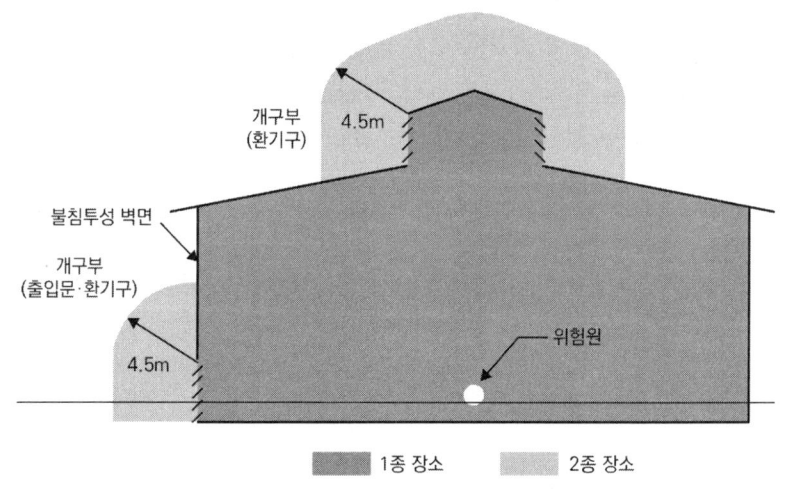

OX퀴즈
가연성가스를 판매하는 시설에는 독성가스가 누출될 경우 그 독성가스로 인한 중독을 방지하기 위하여 제독설비를 설치한다. (×)

• **제독설비 설치**

독성가스를 판매하는 시설에는 독성가스가 누출될 경우 그 독성가스로 인한 중독을 방지하기 위하여 제독설비를 설치하고 제독제 및 제독작업에 필요한 보호구를 구비한다.

• **확산 방지조치**

아황산가스·암모니아·염소·염화메틸·산화에틸렌·시안화수소·포스겐·황화수소 등의 독성가스가 누출된 때에 확산을 방지하는 조치는 다음의 방법 또는 이와 동등 이상의 효과가 있는 조치 중 독성가스의 종류 및 설비의 상황에 따라 한 가지 이상의 것을 선택하여 조치한다.

1. 수용성이거나 물에 독성이 희석되는 가스는 확산된 액화가스를 물 등의 용매에 희석하여 가스의 증기압을 저하시키는 조치를 한다.

2. 설비 내에 있는 액화가스 또는 설비 외에 누설된 액화가스를 누설된 가스의 흡입장치와 연동된 중화설비 등의 안전한 장소로 이송하는 조치를 한다.

3. 누설된 액화가스의 액면을 흡착제·중화제로 흡착제거·흡수 또는 중화하는 조치를 하거나, 기포성액체나 부유물등으로 덮어 액화가스의 증발기화를 가능한 한 적게 하는 조치를 한다.

4. 방호벽 또는 국소배기장치등을 이용하여 가스가 주변으로 확산되지 않도록 하는 조치를 한다.

5. 집액구를 이용하여 다른 곳으로 유출되지 않도록 조치를 한다.

Tip 집액구 : 액체가 모이는 곳

• **제독조치**

제독조치는 다음의 방법이나 이와 동등 이상의 작용을 하는 조치 중 한 가지 이상의 것을 선택하여 한다.

(1) 물이나 흡수제로 흡수 또는 중화하는 조치

(2) 흡착제로 흡착 제거하는 조치

(3) 저장탱크 주위에 설치된 유도구로 집액구·피트 등에 고인 액화가스를 펌프 등의 이송설비로 안전하게 제조설비로 반송하는 조치

(4) 연소설비(플레어스택, 보일러 등)에서 안전하게 연소시키는 조치

Tip 플레어스택은 연소시켜서 처리하는 설비이며, 밴트스택은 연소시키지 않는 설비이다.

• **제독설비 기능**

1. 제독설비는 누출된 가스의 확산을 적절히 방지할 수 있는 것으로서 판매시설의 상황 및 가스의 종류에 따라 다음의 설비 또는 이와 동등 이상의 기능을 가지는 것으로 한다.
   (1) 가압식, 동력식 등으로 작동하는 제독제 살포장치 또는 살수장치(수도 직결식을 설치하지 않는다)
   (2) 가스를 흡인하여 이를 흡수·중화제와 접속하는 장치
   (3) 중화제가 물인 중화조를 주위 온도가 4℃ 미만이 되어 동결의 우려가 있는 장소에 설치하는 경우에는 중화조에 동결방지장치를 설치한다.
   (4) 중화제가 물인 중화조에는 자동급수장치를 설치한다.

2. 제독제가 물인 제독설비를 주위 온도가 4℃ 미만이 되어 동결의 우려가 있는 장소에 설치하는 경우에는 제독설비의 동결을 방지할 수 있는 적절한 조치를 한다.

3. 살수장치(전기구동방식은 제외한다) 정전 등으로 전자밸브가 작동하지 않을 경우 수동으로 작동할 수 있는 바이패스 배관을 추가로 설치한다.

4. 가스누출 검지경보장치와 연동 작동하도록 한다.

• **보호구의 종류와 수량**

(1) 독성가스 종류에 따라 구비해야 할 보호구 종류는 다음과 같다.

    (1-1) 공기호흡기 또는 송기식마스크(전면형)

    (1-2) 방독마스크(농도에 따라 전면 고농도형, 중농도형, 저농도형등)

    (1-3) 안전장갑 및 안전화(고무 또는 비닐제품)

    (1-4) 보호복(고무 또는 비닐제품)

(2) 독성가스의 종류에 따라 구비해야 할 보호구 수량은 다음과 같다.

    (2-1) (1-1) 및 (1-4)의 보호구 수량은 긴급작업에 종사하는 작업원에게 적절하게 배부할 수 있는 수량에 예비개수를 더한 수량 또는 상시 작업에 종사하는 작업원 10인당 3개의 비율로 계산한 수량(3개 미만인 경우 3개로 한다)중 많은 수량으로 한다.

    (2-2) (1-1)의 보호구를 상시작업에 종사하는 작업원 수에 상당한 수량을 보유한 경우에는 (1-2) 보호구를 구비하지 않을 수 있다.

    (2-3) (1-2) 또는 (1-3) 보호구 수량은 독성가스를 취급하는 전 종업원 수에 상당한 수량으로 한다.

    (2-4) (2-1) 및 (2-3)에도 불구하고, (1-4)에 따른 보호복이 공기호흡기, 송기식마스크, 안전장갑 또는 안전화를 포함하는 일체형일 경우에는 보호복에 포함된 공기호흡기, 송기식마스크, 안전장갑 또는 안전화의 개수만큼 이들을 갖춘 것으로 본다.

• **보호구의 보관**

(1) 보호구는 독성가스가 누출될 우려가 있는 장소에 가까우면서 관리하기 쉽고 긴급할 때 독성가스에 접하지 않고 반출할 수 있는 장소에 보관한다.

(2) 보호구는 항상 청결하고 그 기능이 양호한 상태로 보관한다.

(3) 보호구 정화통 등의 소모품은 정기적 또는 사용 후에 점검하여 교환 및 보충한다.

• **중화·이송설비 설치**

1. 독성가스의 용기보관실에는 그 가스가 누출됐을 때 이를 중화설비로 이송하여 흡수 또는 중화할 수 있는 설비를 설치한다. 다만 중화조치가 불가능한 독성가스의 경우에는 중화설비를 설치하지 않을 수 있다.

2. 독성가스를 판매하는 시설을 실내에 설치하는 경우에는 흡입장치와 연동하여 중화설비에 이송하는 설비를 설치한다.

OX퀴즈

보호구는 독성가스가 누출될 우려가 있는 **장소와 멀면서** 관리하기 쉽고 긴급할 때 독성가스에 접하지 않고 반출할 수 있는 장소에 보관한다. (×)

• **주차장**

용기보관실 주위에는 용기운반자동차의 원활한 통행과 용기의 원활한 하역작업을 위하여 용기보관실 주위에 11.5 m² 이상의 부지를 확보한다.

• **사무실**

사무실의 면적은 9 m² 이상으로 한다.

> **OX퀴즈**
> 사무실의 면적은 **7 m²** 이상으로 한다. (×)

• **용기보관실의 유지관리**

용기보관실에 고압가스 용기를 보관하는 때에는 위해요소가 발생하지 않도록 다음 기준에 따라 관리한다.

(1) 충전용기와 잔가스용기는 각각 구분하여 용기보관실에 놓는다.

(2) 가연성가스·독성가스 및 산소의 용기는 각각 구분하여 용기보관실에 놓는다.

(3) 용기보관실에는 계량기등 작업에 필요한 물건 외에는 이를 두지 않는다.

(4) 용기보관실의 주위 2 m 이내에는 화기 또는 인화성물질이나 발화성물질을 두지 않는다.

(5) 가연성가스 용기보관실에는 방폭형 휴대용손전등외의 등화를 휴대하고 들어가지 않는다.

> **OX퀴즈**
> 용기보관실의 주위 2 m 이내에는 화기 또는 인화성물질이나 발화성물질을 두지 않는다. (○)

• **용기 유지관리**

고압가스 용기를 취급할 때에는 위해요소가 발생하지 않도록 다음 기준에 따라 유지 관리한다.

1. 판매하는 가스의 충전용기는 외면에 그 강도를 약하게 하는 균열 또는 주름 등이 없고 고압가스가 누출되지 않는 것으로 한다.

2. 판매하는 가스의 충전용기가 검사유효기간이 경과되었거나, 도색이 불량한 경우에는 그 용기충전자에게 반송한다.

3. 가연성가스 또는 독성가스의 충전용기를 인도할 때에는 가스의 누출여부를 인수자의 입회하에 확인한다.

4. 용기는 항상 40 ℃ 이하의 온도를 유지하고, 직사광선을 받지 아니하도록 조치한다.

5. 밸브가 돌출된 용기(내용적이 5 L 미만인 용기는 제외한다)에는 고압가스를 충전한 후 용기의 넘어짐 및 밸브의 손상을 방지하기 위하여 다음 기준에 적합한 조치를 강구하고, 조심스럽게 다룬다.

   (1) 충전용기는 바닥이 평탄한 장소에 보관한다.

(2) 충전용기는 물건의 낙하우려가 없는 장소에 저장한다.
(3) 고정된 프로텍터가 없는 용기에는 캡을 씌워 보관한다.
(4) 충전용기를 이동하면서 사용할 때에는 손수레에 단단하게 묶어 사용한다.

문제풀이

1 용기에 의한 고압가스 판매의 시설·기술·검사기준에 따른 제독조치방법 4가지를 쓰시오.

01
(1) 물이나 흡수제로 흡수 또는 중화하는 조치
(2) 흡착제로 흡착 제거하는 조치
(3) 저장탱크 주위에 설치된 유도구로 집액구·피트 등에 고인 액화가스를 펌프 등의 이송설비로 안전하게 제조설비로 반송하는 조치
(4) 연소설비(플레어스택, 보일러 등)에서 안전하게 연소시키는 조치

2 용기에 의한 고압가스 판매의 시설·기술·검사기준에 따른 독성가스 종류에 따라 구비해야 하는 보호구 종류 3가지를 쓰시오.

02
(1) 공기호흡기 또는 송기식마스크(전면형)
(2) 방독마스크(농도에 따라 전면 고농도형, 중농도형, 저농도형등)
(3) 안전장갑 및 안전화(고무 또는 비닐제품)
(4) 보호복(고무 또는 비닐제품)

03
(2) 9 m²

3 다음은 용기에 의한 고압가스 판매의 시설·기술·검사기준이다. 틀린 것을 고르시오.

(1) 용기보관실 주위에는 용기운반자동차의 원활한 통행과 용기의 원활한 하역작업을 위하여 용기보관실 주위에 11.5 m² 이상의 부지를 확보한다.
(2) 사무실의 면적은 5 m² 이상으로 한다.
(3) 가연성가스·독성가스 및 산소의 용기는 각각 구분하여 용기보관실에 놓는다.
(4) 용기보관실의 주위 2 m 이내에는 화기 또는 인화성물질이나 발화성 물질을 두지 않는다.

KGS AC213 초저온가스용 용기 제조의 시설·기술·검사기준

• 용기의 도색

가스 특성	가스 종류	도색 색상	가스 종류	도색 색상
가연성가스 또는 독성가스	액화석유가스 수소 아세틸렌	밝은 회색 주황색 황색	액화암모니아 액화염소 그 밖의 가스	백색 갈색 회색
의료용가스	산소 액화탄산가스 헬륨 에틸렌	백색 회색 갈색 자색	질소 아산화질소 사이크로프로판 그 밖의 가스	흑색 청색 주황색 회색
그 밖의 가스	산소 액화탄산가스 질소	녹색 청색 회색	소방용 용기 그 밖의 가스	소방법에 따른 도색 회색

> **OX퀴즈**
> 액화석유가스의 용기 도색은 **회색**이다. (×)

• 가연성가스 및 독성가스 용기

〈가연성가스〉　　〈독성가스〉

> **Tip** 용기의 도색은 "의료용"인지, "공업용"인지 잘 구분해야 한다!

• 의료용 가스 용기

(1) 용기의 상단부에 2 cm 크기의 백색(산소는 녹색) 띠를 두 줄로 표시한다.

(2) 백색 띠의 하단과 가스 명칭 사이에 "의료용"이라고 표시한다.

> **OX퀴즈**
> 의료용 산소용기의 문자 색상은 녹색이다. (○)

- **문자 색상**

가스의 종류	문자 색상		가스의 종류	문자 색상	
	공업용	의료용		공업용	의료용
액화석유가스	적색	-	질소	백색	백색
수소	백색	-	아산화질소	백색	백색
아세틸렌	흑색	-	헬륨	백색	백색
액화암모니아	흑색	-	에틸렌	백색	백색
액화염소	백색	-	사이크로프로판	백색	백색
산소	백색	녹색	그 밖의 가스	백색	-
액화탄산가스	백색	백색			

- **제품표시**

용기 제조자 또는 수입자가 용기의 어깨 부분 또는 프로텍터 부분 등 보기 쉬운 곳에 다음 사항을 각인한다. 다만 각인하기가 곤란한 용기에는 다른 금속 박판에 각인한 것을 그 용기에 부착함으로써 각인을 갈음할 수 있다.

(1) 용기 제조업자의 명칭 또는 약호

(2) 충전하는 가스의 명칭

(3) 용기의 번호

(4) 내용적(기호 : V, 단위 : L)

(5) 용기의 질량(기호 : W, 단위 : kg)

(6) 내압시험에 합격한 연월

(7) 최고충전 압력(기호 : FP, 단위 : MPa)

(8) 내용적이 500 L를 초과하는 용기의 경우 동판의 두께(기호 : t, 단위 : mm)

> **OX퀴즈**
> 최고충전 압력의 기호는 **TP**이며 그 단위는 MPa이다. (×)

- **압궤시험**

(1) 압궤시험은 열처리 후의 시험용기에 실시한다. 이 경우 압궤시험을 할 용기의 바깥지름이 커서 시험용기에 부착할 수 없을 때에는 이것을 동체의 축을 포함하는 평면으로 2개로 절단하여 각각 1개소씩 압궤한다.

(2) 그림에 나타낸 2개의 강제쐐기를 사용하여 용기 또는 용기로 가공하기 전의 원통 재료(이하 원통 재료라 한다)를 거의 그 중앙부에서 축에 직각으로 서서히 압궤한다. 중앙부에 원주 이음매를 가진 것의 쐐기 위치는 용접부를 피하고, 길이 이음매를 가진 것은 같이 길이 이음매를 놓는다.

(3) 용기를 동체의 축을 포함한 평면으로 2개로 절단한 것은 그림에 나타낸 것과 같이 놓고 실시하며, 2개로 절단한 것이 모두 적합한 것으로 한다. 두께는 그림과 같이 A, B 및 이와 축선(軸線)에 대칭의 위치인 C, D의 4개소에 구멍을 뚫어 각각의 두께를 측정하거나, 초음파 두께 측정기로 압궤할 부분의 원주를 따라 4개소 이상의 두께를 측정하여 전체의 평균치를 취한다.

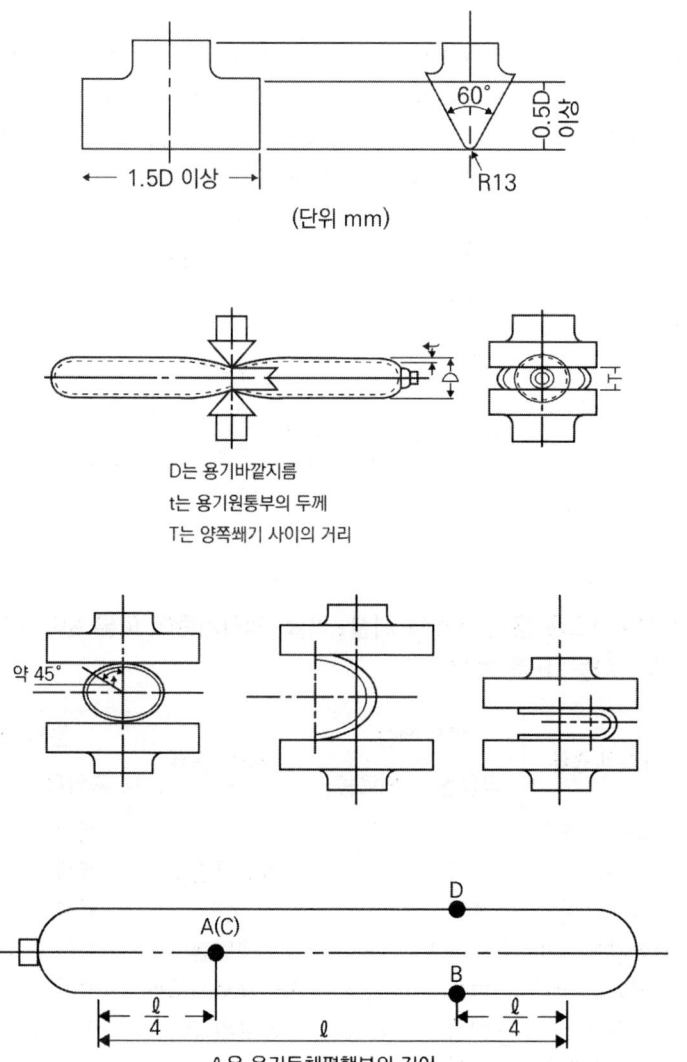

문제풀이

01
① 밝은 회색
② 백색
③ 회색
④ 흑색
⑤ 녹색

1 초저온가스용 용기 제조의 시설·기술·검사기준에 따른 용기의 도색 기준이다. 다음 표를 채우시오.

가스 특성	가스 종류	도색 색상	가스 종류	도색 색상
가연성가스 또는 독성가스	액화석유가스 수소 아세틸렌	(①) 주황색 황색	액화암모니아 액화염소 그 밖의 가스	(②) 갈색 회색
의료용 가스	산소 액화탄산가스 헬륨 에틸렌	백색 (③) 갈색 자색	질소 아산화질소 사이크로프로판 그 밖의 가스	(④) 청색 주황색 회색
그 밖의 가스	산소 액화탄산가스 질소	(⑤) 청색 회색	소방용 용기 그 밖의 가스	소방법에 따른 도색 회색

02
① 적색
② 흑색
③ 백색

2 초저온가스용 용기 제조의 시설·기술·검사기준에 따른 문자 색상 기준이다. 다음 표를 채우시오.

가스의 종류	문자 색상 공업용	문자 색상 의료용	가스의 종류	문자 색상 공업용	문자 색상 의료용
액화석유가스	(①)	-	질소	백색	백색
수소	백색	-	아산화질소	백색	백색
아세틸렌	흑색	-	헬륨	백색	백색
액화암모니아	(②)	-	에틸렌	백색	(③)
액화염소	백색	-	사이크로프로판	백색	백색
산소	백색	녹색	그 밖의 가스	백색	-
액화탄산가스	백색	백색			

3 다음은 초저온가스용 용기 제조의 시설·기술·검사기준에 따른 압궤시험기준이다. 틀린 것을 고르시오.

(1) 압궤시험은 열처리 후의 시험용기에 실시한다. 이 경우 압궤시험을 할 용기의 바깥지름이 커서 시험용기에 부착할 수 없을 때에는 이것을 동체의 축을 포함하는 평면으로 2개로 절단하여 각각 1개소씩 압궤한다.

(2) 2개의 강제쐐기를 사용하여 용기 또는 용기로 가공하기 전의 원통 재료(이하 원통 재료라 한다)를 거의 그 중앙부에서 축에 직각으로 빨리 압궤한다.

(3) 중앙부에 원주 이음매를 가진 것의 쐐기 위치는 용접부를 피하고, 길이 이음매를 가진 것은 같이 길이 이음매를 놓는다.

(4) 두께는 4개소에 구멍을 뚫어 각각의 두께를 측정하거나, 초음파 두께 측정기로 압궤할 부분의 원주를 따라 4개소 이상의 두께를 측정하여 전체의 평균치를 취한다.

03
(2) 서서히

KGS AC217 고압가스용 용접용기 재검사기준

OX퀴즈
"초저온용기"란 섭씨 영하 **40도** 이하의 액화가스를 충전하기 위한 용기로서, 단열재로 피복하거나 냉동설비로 냉각하는 등의 방법으로 용기 안의 가스 온도가 상용의 온도를 초과하지 않도록 한 것을 말한다. (×)

• 용어 정의

1. "초저온용기"란 섭씨 영하 50도 이하의 액화가스를 충전하기 위한 용기로서, 단열재로 피복하거나 냉동설비로 냉각하는 등의 방법으로 용기 안의 가스 온도가 상용의 온도를 초과하지 않도록 한 것을 말한다.

2. "용기"란 동판 및 경판을 각각 성형하고 용접으로 접합하여 제조한 용기를 말한다.

3. "액화석유가스용기"란 내용적 20 L 이상 125 L 미만으로서, 액화석유가스를 충전하기 위한 용기를 말한다.

4. "점부식"이란 독립된 부식점 지름이 6 mm 이하이고, 인접한 부식점과의 거리가 50 mm 이상인 것을 말한다.

5. "선부식"이란 선상(線狀)으로 형성된 부식 및 쇄상(鎖狀)이 단속적으로 이어진 부식으로, 각각의 폭이 10 mm 이하인 것을 말한다.

6. "일반부식"이란 어느 정도 면적이 있는 부식 및 국부적 부식으로, 4 및 5에 해당하지 않는 것을 말한다.

7. "우그러짐"이란 두께가 감소하지 않고 용기 내부로 변형된 것을 말한다.

8. "찍힌 흠 또는 긁힌 흠"이란 두께 감소를 동반한 변형으로, 금속이 깎이거나 이동된 것을 말한다.

9. "열영향"이란 용기가 과다한 열에 영향을 받은 것을 말하며, 다음과 같은 현상으로 판단한다.
   (1) 도장의 그을음
   (2) 용기의 일그러짐
   (3) 밸브 본체 또는 부품의 용융
   (4) 전기불꽃으로 인한 흠집, 용접불꽃의 흔적

10. "최고충전압력"이란 표에 따른 압력을 말한다.

용기의 종류	압력
압축가스를 충전하기 위한 용기	35 ℃의 온도(아세틸렌가스는 15 ℃)에서 그 용기에 충전할 수 있는 가스의 압력 중 최고압력
저온용기	상용압력 중 최고압력
액화가스를 충전하기 위한 용기	내압시험압력의 5분의 3배

11. "기밀시험압력"이란 저온용기의 경우에는 최고 충전압력의 1.1배의 압력, 그 밖의 용기는 최고충전압력을 말한다.

• 재검사 항목

용기의 재검사는 그 용기를 계속 사용할 수 있는지 확인하기 위하여 다음 항목에 실시한다.

(1) 외관검사

(2) 내압검사

(3) 누출검사

(4) 다공질물 충전검사

(5) 단열성능검사

• 단열성능검사

(1) 검사방법

(1-1) 단열성능시험은 액화질소, 액화산소 또는 액화아르곤(이하 "시험용 가스"라 한다)을 사용하여 실시한다.

(1-2) 시험용 가스의 충전량은 충전한 후 기화 가스량이 거의 일정하게 되었을 때 시험용 가스의 용적이 초저온용기 내용적의 1/3 이상 1/2 이하가 되도록 충전한다.

(1-3) 초저온용기에 시험용 가스를 충전한 후, 기상부에 접속된 가스방출 밸브를 완전히 열고 다른 모든 밸브는 잠그며, 초저온용기에서 가스를 대기 중으로 방출하여 기화 가스량이 거의 일정하게 될 때까지 정지한 후 가스방출밸브에서 방출된 기화량을 중량계(저울) 또는 유량계를 사용하여 측정한다.

(1-4) 침입열량은 다음 식에 따른다.

$$Q = \frac{Wq}{H \cdot \Delta t \cdot V}$$

OX퀴즈

"최고충전압력"이란 35 ℃의 온도(아세틸렌가스는 15 ℃)에서 그 용기에 충전할 수 있는 가스의 압력 중 최고압력이다. (○)

OX퀴즈

내열성능검사는 용기의 재검사항목에 속한다. (×)

여기에서,

Q : 침입열량 (J/h · ℃ · L)

W : 기화된 가스량(kg)

q : 시험용 가스의 기화잠열(J/kg)

H : 측정 기간(h)

△t : 시험용 가스의 비점과 대기 온도와의 온도차(℃)

V : 초저온용기의 내용적(L)

단, 시험용 가스의 비점 및 기화잠열은 표와 같다.

> **암기법**
> 구질
> 삼(산)
> 육아

시험용 가스의 종류	비점(℃)	기화잠열(J/kg)
액화질소	-196	200 966
액화산소	-183	213 526
액화아르곤	-186	159 098

(2) 판정

침입열량이 2.09 J/h · ℃ · L(내용적이 1000 L 이상인 초저온용기는 8.37 J/h · ℃ · L) 이하의 경우를 적합한 것으로 한다.

(3) 재시험

단열성능시험에 부적합된 초저온용기는 단열재를 교체하여 재시험을 행할 수 있다.

아세틸렌용기

- **외관검사**

(1) 검사방법

용기 외부는 측정기기 및 육안으로 관찰한다.

(2) 판정방법

(2-1) 외관검사 결과를 4등급으로 분류하고, 등급 분류 결과 4급에 해당하는 용기는 재검사에 불합격한 것으로 한다.

(2-2) 용기밸브 부착부 나사산은 해당 플러그게이지 치수에 적합한 것으로 한다.

(2-3) 용기는 규칙 별표 24 제1호에 따른 용기의 각인, 도색 및 표시가 되어 있는 것을 적합으로 하며, 용기에 각인된 사항의 식별이 곤란한 경우에는 불합격 처리한다.

(2-4) 용기의 스커트는 부식 방지를 위한 통기 구멍의 변형이 없고, 아랫면 간격(용기를 수평면에 세운 경우에 그 용기 본체의 아랫면과 수평면과의 간격을 말한다)이 그 용기의 부식 방지를 위하여 최소 10 mm 이상의 간격을 가진 것을 적합으로 한다.

(2-5) 열영향을 받은 용기는 불합격 처리한다.

• 다공물질 충전검사

(1) 검사방법

용기밸브 부착부 내부 이물질을 제거하고 "L"자 형태의 갈고리 모양 틈새 게이지를 삽입하여 틈새부의 간격을 측정한다.

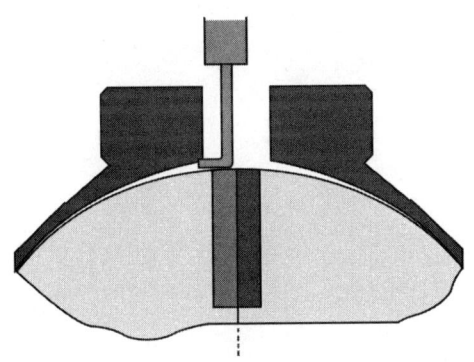

(2) 판정방법

용기밸브 부착부 바로 아래의 가스 취입·취출 부분을 제외하고 다공물질이 빈틈없이 고루 채운 후, 다공물질이 용기 벽을 따라서 용기 안지름의 1/200 또는 3 mm를 초과하는 틈이 없는 것을 적합한 것으로 한다.

> **OX퀴즈**
> 다공물질 충전검사 시 용기 밸브 부착부 내부 이물질을 제거하고 "ㄷ"자 형태의 갈고리 모양 틈새 게이지를 삽입하여 틈새부의 간격을 측정한다. (×)

문제풀이

01
(1) 초저온용기 : 섭씨 영하 50도 이하의 액화가스를 충전하기 위한 용기로서, 단열재로 피복하거나 냉동설비로 냉각하는 등의 방법으로 용기 안의 가스 온도가 상용의 온도를 초과하지 않도록 한 것
(2) 점부식 : 독립된 부식점 지름이 6 mm 이하이고, 인접한 부식점과의 거리가 50 mm 이상인 것
(3) 선부식 : 선상(線狀)으로 형성된 부식 및 쇄상(鎖狀)이 단속적으로 이어진 부식으로, 각각의 폭이 10 mm 이하인 것

02
(1) 외관검사
(2) 내압검사
(3) 누출검사
(4) 다공질물 충전검사
(5) 단열성능검사

1 고압가스용 용접용기 재검사기준에 따른 용어 정의를 쓰시오.

(1) 초저온용기

(2) 점부식

(3) 선부식

2 고압가스용 용접용기 재검사기준에 따른 재검사 항목 3가지를 쓰시오.

3 고압가스용 용접용기 재검사기준에 따른 아세틸렌용기 외관검사방법으로 틀린 것을 고르시오.

(1) 용기 외부는 측정기기 및 육안으로 관찰한다.
(2) 외관검사 결과를 4등급으로 분류하고, 등급 분류 결과 4급에 해당하는 용기는 재검사에 합격한 것으로 한다.
(3) 용기밸브 부착부 나사산은 해당 플러그게이지 치수에 적합한 것으로 한다.
(4) 용기의 스커트는 부식 방지를 위한 통기 구멍의 변형이 없고, 아랫면 간격(용기를 수평면에 세운 경우에 그 용기 본체의 아랫면과 수평면과의 간격을 말한다)이 그 용기의 부식 방지를 위하여 최소 10 mm 이상의 간격을 가진 것을 적합으로 한다.

03
(2) 불합격

KGS AC212 고압가스용 이음매 없는 용기 제조의 시설·기술·검사기준

• 제조설비

용기를 제조하려는 자가 이 제조기술기준에 따라 갖추어야 할 제조설비(제조하는 용기에 필요한 것만을 말한다)는 다음과 같다. 다만 기술 검토 결과 부품 생산 전문업체의 설비를 이용하거나 그로부터 부품을 공급받더라도 품질관리에 지장이 없다고 인정된 경우에는 그 부품 생산에 필요한 설비를 갖추지 않을 수 있다.

(1) 단조설비 또는 성형설비

(2) 아랫부분 접합설비(아랫부분을 접합하여 제조하는 경우에 한정한다)

(3) 열처리로(노 안의 용기를 가열하는 각 부분의 온도차가 25℃ 이하가 되도록 한 구조의 것으로 한다) 및 그 노 안의 온도를 측정하여 자동으로 기록하는 장치

(4) 세척설비

(5) 쇼트브라스팅 및 도장설비

(6) 밸브 탈·부착기

(7) 용기 내부 건조설비 및 진공흡입설비(대기압 이하)

(8) 그 밖에 제조에 필요한 설비 및 기구

> **Tip** 단조설비 : 단조는 Heading으로서 일격을 가한다는 의미이다. 따라서 제품을 연속 타격하여 만드는 설비를 말한다.

• 검사설비

용기를 제조하려는 자가 이 검사기준에 따라 용기를 검사하기 위하여 갖추어야 할 검사설비(제조하는 용기에 필요한 것만을 말한다)는 다음과 같다.

(1) 내압시험설비

(2) 기밀시험설비

(3) 초음파두께측정기·나사게이지·버니어캘리퍼스 등 두께측정기

(4) 저울

(5) 용기 부속품 성능시험기

(6) 용기 전도대

⑺ 내부조명설비

⑻ 만능재료시험기

⑼ 밸브 토크 측정기

⑽ 표준이 되는 압력계

⑾ 표준이 되는 온도계

⑿ 그 밖에 용기 검사에 필요한 설비 및 기구

• 부속장치 부착

1. 용기에는 그 용기의 부속품을 보호하기 위하여 프로텍터 또는 캡을 고정식이나 체인식으로 부착한다.

2. 용기에 밸브를 부착할 때에는 충전구 및 안전장치의 손상 여부를 확인한다.

• 도색 및 표시

용기에는 그 용기에 충전하는 고압가스의 종류 및 특성을 쉽게 식별할 수 있도록 도색을 하고, 가스의 명칭, 용도, 특성 등을 표시한다. 다만 수출용 용기의 경우에는 도색을 하지 않을 수 있고, 스테인리스강 등 내식성 재료를 사용한 용기의 경우에는 용기 동체의 외면 상단에 10 cm 이상의 폭으로 충전가스에 해당하는 색으로 도색할 수 있다.

> **OX퀴즈**
> 용기에는 그 용기의 부속품을 보호하기 위하여 프로텍터 또는 캡을 **이동식**으로 부착한다. (×)

문제풀이

01
(1) 단조설비 또는 성형설비
(2) 아랫부분 접합설비 (아랫부분을 접합하여 제조하는 경우에 한정한다)
(3) 열처리로(노 안의 용기를 가열하는 각 부분의 온도차가 25 ℃ 이하가 되도록 한 구조의 것으로 한다) 및 그 노 안의 온도를 측정하여 자동으로 기록하는 장치

02
(1) 내압시험설비
(2) 기밀시험설비
(3) 초음파두께측정기·나사게이지·버니어캘리퍼스 등 두께측정기

03
(4) 10 cm 이상의 폭

1 고압가스용 이음매 없는 용기 제조의 시설·기술·검사기준에 따라 용기를 제조하려는 자가 갖추어야 할 제조설비 3가지를 쓰시오.

2 고압가스용 이음매 없는 용기 제조의 시설·기술·검사기준에 따라 용기를 제조하려는 자가 갖추어야 할 검사설비 3가지를 쓰시오.

3 고압가스용 이음매 없는 용기 제조의 시설·기술·검사기준으로 틀린 것을 고르시오.

(1) 용기에는 그 용기의 부속품을 보호하기 위하여 프로텍터 또는 캡을 고정식이나 체인식으로 부착한다.
(2) 용기에 밸브를 부착할 때에는 충전구 및 안전장치의 손상 여부를 확인한다.
(3) 용기에는 그 용기에 충전하는 고압가스의 종류 및 특성을 쉽게 식별할 수 있도록 도색을 하고, 가스의 명칭, 용도, 특성 등을 표시한다.
(4) 수출용 용기의 경우에는 도색을 하지 않을 수 있고, 스테인리스강 등 내식성 재료를 사용한 용기의 경우에는 용기 동체의 외면 상단에 30 cm 이상의 폭으로 충전가스에 해당하는 색으로 도색할 수 있다.

용기

KGS AC214 아세틸렌용 용접용기 제조의 시설·기술·검사기준

고압가스

• 용어 정의

1. "비열처리재료"란 용기 제조에 사용되는 재료로서 오스테나이트계 스테인리스강·내식 알루미늄 합금판·내식 알루미늄 합금 단조품, 그 밖에 이와 유사한 열처리가 필요 없는 것을 말한다.

2. "열처리재료"란 용기 제조에 사용되는 재료로서, 비열처리재료 외의 것을 말한다.

3. "최고충전압력"이란 15 ℃에서 용기에 충전할 수 있는 가스의 압력 중 최고압력을 말한다.

4. "기밀시험압력"이란 최고충전압력의 1.8배의 압력을 말한다.

5. "내압시험압력"이란 최고충전압력수치의 3배의 압력을 말한다.

6. "내력비"란 내력과 인장강도의 비를 말한다.

7. "용접용기"란 동판 및 경판을 각각 성형하고 용접으로 접합하여 제조한 용기를 말한다.

8. "상시품질검사"란 제품확인검사를 받고자 하는 제품 중 같은 생산 단위로 제조된 동일 제품을 1조로 하고 그 조에서 샘플을 채취하여 기본적인 성능을 확인하는 검사를 말한다.

9. "정기품질검사"란 생산공정검사를 받고자 하는 제품이 이 기준에 적합하게 제조되었는지를 확인하기 위하여 제조공정 또는 완성된 제품 중에서 시료를 채취하여 성능을 확인하는 것을 말한다.

10. "공정확인심사"란 생산공정검사를 받고자 하는 제품에 필요한 제조 및 자체검사 공정에 대하여 품질시스템 운용의 적합성을 확인하는 것을 말한다.

11. "수시품질검사"란 생산공정검사 또는 종합공정검사를 받은 제품이 이 기준에 적합하게 제조되었는지를 확인하기 위하여 양산된 제품에서 예고 없이 시료를 채취하여 확인하는 검사를 말한다.

12. "종합품질관리체계심사"란 제품의 설계·제조 및 자체검사 등 용기 제조 전 공정에 대한 품질시스템 운용의 적합성을 확인하는 것을 말한다.

> **OX퀴즈**
> 아세틸렌용기의 기밀시험압력은 최고충전압력의 **1.5배**의 압력을 말한다. (×)

13. "형식"이란 구조·재료·용량 및 성능 등에서 구별되는 제품의 단위를 말한다.

14. "공정검사"란 생산공정검사와 종합공정검사를 말한다.

• 두께

용기의 두께는 그 용기의 안전성을 확보하기 위하여 다음 기준과 같이 한다.

1. 용기 동판의 최대 두께와 최소 두께와의 차이는 평균 두께의 10 % 이하로 한다.

2. 용기의 동판, 오목부에 내압을 받는 접시형 경판 및 반타원체형 경판은 다음 산식에 따라 계산된 두께 이상으로 하고, 동판, 접시형 경판 및 반타원체형 경판 이외의 두께는 그 용기 접속 부분과 동등 이상의 강도를 갖는 두께 이상으로 한다.

$$동판\ t = \frac{PD}{2S\eta - 1.2P} + C$$

t : 두께(mm)의 수치

P : 최고충전압력(MPa)의 1.62배의 압력

D : 동판은 동체의 내경, 접시형 경판은 그 중앙 만곡부 내면의 반지름, 반타원체형 경판은 반타원체 내면의 장축부 길이에 각각 부식 여유의 두께를 더한 길이(단위 : mm)

S : 재료의 허용응력(N/mm^2) 수치

• 다공도

(1) 용해제 및 다공질물을 고루 채워 다공도를 75 % 이상 92 % 미만으로 한다.

(2) 다공질물의 다공도는 다공질물을 용기에 충전한 상태로 온도 20 ℃에서 아세톤, 디메틸포름아미드 또는 물의 흡수량으로 측정한다.

(3) 아세틸렌을 충전하는 용기는 밸브 바로 밑의 가스 취입·취출 부분을 제외하고 다공질물을 빈틈없이 채운다. 다만 다공질물이 고형일 경우에는 아세톤 또는 디메틸포름아미드를 충전한 다음 용기벽을 따라 용기 직경의 1/200 또는 3 mm를 초과하지 않는 틈이 있는 것은 무방하다.

• 용기에 밸브를 부착하는 경우

1. 밸브 부착 시 충전구 및 안전장치의 손상 여부를 확인한다.

2. 밸브 부착 치구의 예시는 다음 그림과 같다.

OX퀴즈
용기 동판의 최대 두께와 최소 두께와의 차이는 평균 두께의 10 % 이하로 한다.
(○)

OX퀴즈
다공질물의 다공도는 다공질물을 용기에 충전한 상태로 온도 **10 ℃**에서 아세톤, 디메틸포름아미드 또는 물의 흡수량으로 측정한다.
(×)

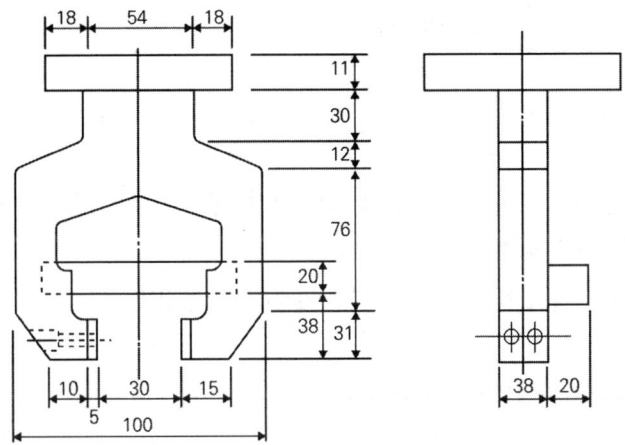

• **제품 표시**

용기 제조자 또는 수입자가 용기의 어깨 부분 또는 프로텍터 부분 등 보기 쉬운 곳에 다음 사항을 각인한다. 다만 각인하기가 곤란한 용기에는 다른 금속 박판에 각인한 것을 그 용기에 부착함으로써 각인을 갈음할 수 있다.

⑴ 용기 제조업자의 명칭 또는 약호

⑵ 충전하는 가스의 명칭

⑶ 용기의 번호

⑷ 내용적(기호 : V, 단위 : L)

⑸ 밸브 및 부속품(분리할 수 있는 것으로 한정한다)을 포함하지 않은 용기의 질량(기호 : W, 단위 : kg)

⑹ 용기의 질량에 용기의 다공물질·용제 및 밸브의 질량을 합한 질량(기호 : TW, 단위 : kg)

⑺ 내압시험에 합격한 연월

⑻ 내압시험 압력(기호 : TP, 단위 : MPa)

⑼ 압축가스 충전의 경우 최고충전 압력(기호 : FP, 단위 : MPa)

⑽ 내용적이 500 L를 초과하는 용기의 경우 동판의 두께(기호 : t, 단위 : mm)

문제풀이

01
(1) 최고충전압력
(2) 기밀시험압력
(3) 내력비

1 아세틸렌용 용접용기 제조의 시설·기술·검사기준에 따른 다음 용어 정의에 대한 알맞은 것을 쓰시오.

(1) 15 ℃에서 용기에 충전할 수 있는 가스의 압력 중 최고압력

(2) 최고충전압력의 1.8배의 압력

(3) 내력과 인장강도의 비

02

동판 $t = \dfrac{PD}{2S\eta - 1.2P} + C$

t : 두께(mm)의 수치
P : 최고충전압력(MPa)의 1.62배의 압력
D : 동판은 동체의 내경, 접시형 경판은 그 중앙 만곡부 내면의 반지름, 반타원체형 경판은 반타원체 내면의 장축부 길이에 각각 부식 여유의 두께를 더한 길이(단위 : mm)
S : 재료의 허용응력 (N/mm²) 수치

2 아세틸렌용 용접용기 제조의 시설·기술·검사기준에 따른 용기 동판의 두께를 구하는 공식을 쓰고 각각의 인자에 대해 설명하시오.

3 아세틸렌용 용접용기 제조의 시설·기술·검사기준에 따른 다공도 설명이다. 틀린 것을 고르시오.

(1) 용해제 및 다공질물을 고루 채워 다공도를 72 % 이상 97 % 미만으로 한다.

(2) 다공질물의 다공도는 다공질물을 용기에 충전한 상태로 온도 20 ℃에서 아세톤, 디메틸포름아미드 또는 물의 흡수량으로 측정한다.

(3) 다공질물의 다공도는 다공질물을 용기에 충전한 상태로 온도 20 ℃에서 아세톤, 디메틸포름아미드 또는 물의 흡수량으로 측정한다.

(4) 아세틸렌을 충전하는 용기는 밸브 바로 밑의 가스 취입·취출 부분을 제외하고 다공질물을 빈틈없이 채운다. 다만 다공질물이 고형일 경우에는 아세톤 또는 디메틸포름아미드를 충전한 다음 용기벽을 따라 용기 직경의 1/200 또는 3 mm를 초과하지 않는 틈이 있는 것은 무방하다.

03
(1) 75 % 이상 92 % 미만

냉동기
KGS AA111 고압가스용 냉동기 제조의 시설·기술·검사기준

고압가스

• **용어 정의**

1. "냉동기"란 고압가스를 사용하여 냉동하기 위한 기기로서 냉동능력 산정기준에 따라 계산된 냉동능력 3톤 이상인 것을 말한다.

2. 일체형냉동기란 ⑴부터 ⑷까지 또는 ⑸에 적합한 것과 응축기유니트와 증발기유니트가 냉매배관으로 연결된 것으로 1일의 냉동능력이 20톤 미만인 공조용 팩키지에어콘 등을 말한다.
    ⑴ 냉매설비 및 압축기용 원동기가 하나의 프레임위에 일체로 조립된 것
    ⑵ 냉동설비를 사용할 때 스톱밸브 조작이 필요 없는 것
    ⑶ 사용장소에 분할·반입하는 경우에는 냉매설비에 용접 또는 절단을 수반하는 공사를 하지 아니하고 재조립하여 냉동제조용으로 사용할 수 있는 것
    ⑷ 냉동설비의 수리 등을 하는 경우에 냉매설비 부품의 종류·설치개수·부착위치 및 외형치수와 압축기용 원동기의 정격출력 등이 제조 시와 동일히도록 설계·수리될 수 있는 것
    ⑸ ⑴부터 ⑷ 이외에 한국가스안전공사가 일체형냉동기로 인정하는 것

3. "발생기"란 흡수식 냉동설비에 사용하는 발생기에 관계되는 설계온도가 200 ℃를 넘는 열교환기 및 이들과 유사한 것을 말한다.

4. 압력용기란 다음 ⑴ 또는 ⑵ 이외의 것을 말한다.
    ⑴ 안지름이 310 mm 이하로서 내용적이 10 L 이하인 것
    ⑵ KS D 3507(배관용 탄소강관), KS D 3562(압력배관용 탄소강관), KS D 3569(저온배관용 탄소강관). KS D 3576(배관용 스테인레스강관) 및 KS D 5301(이음매 없는 동 및 동합금 관) 또는 이와 동등 이상의 재료인 관을 사용하여 제조한 것으로 (2-1) 또는 (2-2)에 해당하는 것
        (2-1) 동체의 안지름이 160 mm 이하인 것
        (2-2) 동체의 길이가 내측 긴지름의 20배 이상인 것

OX퀴즈
"냉동기"란 고압가스를 사용하여 냉동하기 위한 기기로서 냉동능력 산정기준에 따라 계산된 냉동능력 **1톤** 이상인 것을 말한다. (×)

Tip 발생기란 흡수식 냉동기에서 흡수용액을 재생하는 역할을 하는 설비로 재생기로도 부른다.

5. 고압부란 압축기 또는 발생기의 작용에 따라 응축압력을 받는 부분으로서 다음 ⑴부터 ⑸까지의 것을 제외한다.
   ⑴ 원심식압축기
   ⑵ 고압부를 내장한 밀폐형압축기로서 저압부의 압력을 받는 부분
   ⑶ 승압기(Booster)의 토출압력을 받는 부분
   ⑷ 다원냉동장치로서 압축기 또는 발생기의 작용으로 응축압력을 받는 부분으로 응축온도가 보통의 운전상태에서 -15 ℃ 이하의 부분
   ⑸ 자동팽창밸브[팽창밸브의 2차 측에 고압부 압력이 걸리는 것(열펌프용 등)은 고압부로 한다]

6. 저압부란 고압부 이외의 부분을 말한다.

7. "상용압력"이란 사용상태 또는 정지상태에서 해당 설비의 각부에 작용하는 최고사용압력을 말한다.

• 재료의 사용제한

1. 재료는 표면에 사용상 해로운 흠·찌그러짐·부식 등의 결함이 없는 것으로 한다.

2. 재료는 냉매가스·흡수용액·윤활유 또는 이들 혼합물의 작용으로 열화되지 아니하는 것으로 한다.

3. 냉매가스·흡수용액 또는 피냉각물에 접하는 부분의 재료는 냉매가스의 종류에 따라 다음의 것을 사용하지 아니한다.
   ⑴ 암모니아에는 구리 및 구리합금. 다만 압축기의 축수 또는 이들과 유사한 부분으로 항상 유막으로 덮여 액화 암모니아에 직접 접촉하지 아니하는 부분에는 청동류를 사용할 수 있다.
   ⑵ 염화메탄에는 알루미늄 합금
   ⑶ 프레온에는 2 %를 넘는 마그네슘을 함유한 알루미늄 합금

4. 항상 물에 접촉되는 부분에는 순도가 99.7 % 미만의 알루미늄을 사용하지 아니한다. 다만 적절한 내식처리를 한 때는 그러하지 아니하다.

• 동체의 진원도

1. 원통형동체 및 원추형동체의 축에 수직인 단면에서 최대안지름과 최소안지름과의 차와 구형 동체의 중심을 통과하는 단면에서 최대안지름과 최소안지름과의 차(이하 "진원도"라 한다)는 각각 해당 단면 기준안지름의 1/100(해당 단면이 동체에 만들어진 구멍을 통과하는 경우에는 그 단면 기준안지름의 1/100에 그 구멍지름의 2/100을 더한 값, 길이방향으로 겹치기 이음매가 있는 동체의 경우에는 그 단면 기준안지름의 1/100에

OX퀴즈
항상 물에 접촉되는 부분에는 순도가 **97.7 %** 미만의 알루미늄을 사용하지 아니한다. (×)

판의 두께를 더한 값) 이하로 한다.

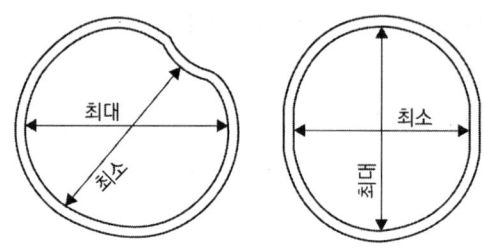

• **안전장치의 부착**

냉동설비에는 그 냉동설비를 안전하게 사용할 수 있도록 하기 위하여 상용압력(허용압력) 이하로 되돌릴 수 있는 다음 중 적절한 안전장치를 설치한다.

(1) 고압차단장치

(2) 안전밸브(압축기내장형 안전밸브를 포함한다)

(3) 파열판

(4) 용전 및 압력릴리프장치(유효하게 직접압력을 바이패스 할 수 있는 장치를 말한다)

• **안전장치의 작동압력**

안전밸브와 고압차단장치의 작동압력(분출개시 압력 및 분출압력을 말한다. 이하 같다)은 다음에 따른다.

1. 압축기 또는 발생기에 부착되는 안전밸브의 분출압력은 해당 압축기 또는 발생기의 토출 측 상용압력의 1.2배 또는 해당 압축기, 발생기에서 토출하는 가스의 압력을 직접 받는 압력용기의 상용압력의 1.2배 중 낮은 압력을 초과하지 아니하도록 한다. 이 경우 안전밸브의 분출압력은 분출개시압력의 1.15배 이하로 한다.

2. 압력용기에 부착하는 안전밸브의 분출압력은 고압부에서는 해당 냉동설비 고압부의 상용압력의 1.15배의 압력 이하, 저압부에는 해당 냉매설비는 저압부 상용압력의 1.1배의 압력 이하의 압력이 되도록 설정한다.

3. 고압차단장치의 작동압력을 해당 냉매설비의 고압부에 부착된 안전밸브(내장형 안전밸브를 제외한다)의 분출개시압력의 최저치 이하의 압력이고, 해당 냉매설비 고압부의 상용압력 이하의 압력이 되도록 설정한다. 다만 고압부에 부착된 모든 안전밸브의 분출개시압력이 해당 안전밸브에 부착된 냉매설비의 상용압력의 1.05배를 초과하는 경우이며 해당 냉매설비의 기밀시험을 설계압력의 1.05배 이상으로 실시한 때에는 고압차단장치의 실제 작동압력을 상용압력의 1.05배 이하로 할 수 있다.

OX퀴즈

압축기 또는 발생기에 부착되는 안전밸브의 분출압력은 해당 압축기 또는 발생기의 토출 측 상용압력의 **1.5배** 또는 해당 압축기, 발생기에서 토출하는 가스의 압력을 직접 받는 압력용기의 상용압력의 **1.5배** 중 낮은 압력을 초과하지 아니하도록 한다. (×)

• 용전

1. 용전(저압부에 사용하는 것은 제외한다)의 용융온도는 75 ℃ 이하로 한다. 다만 75 ℃ 초과 100 ℃ 이하로 일정한 온도에 상당하는 냉매가스의 포화압력의 1.2배 이상 압력으로 내압시험을 실시한 냉매설비에 사용하는 것은 그 온도를 가지고 용융온도로 할 수 있다.

2. 저압부에 사용하는 용전의 용융온도는 해당 용전을 부착하는 부분의 내압시험압력에 대응하는 포화온도 이하의 온도로 한다.

> **Tip** 용전 : 압력용기 등이 이상온도가 되면 용융하는 (녹는) 특수한 금속을 내장한 부품

• 파열판

1. 파열판의 파열압력은 내압시험압력 이하의 압력으로 한다.

2. 냉매설비에 파열판과 안전밸브를 부착하는 경우에는 파열판의 파열압력은 안전밸브의 작동압력 이상으로 한다.

3. 파열판은 해당 파열판에 사용하고자 하는 판과 동일의 재료·형태 및 치수인 다른 판에 대하여 파열압력을 확인한 것을 사용한다.

> **OX퀴즈**
> 냉매설비에 파열판과 안전밸브를 부착하는 경우에는 파열판의 파열압력은 안전밸브의 작동압력 이상으로 한다. (○)

• 제품표시

냉동기의 제조자 또는 수입자는 금속박판에 다음 사항을 각인하여 이를 냉동기의 보기 쉬운 곳에 떨어지지 아니하도록 부착한다. 다만 독성가스 또는 가연성가스가 아닌 냉매가스를 사용하는 것으로서 냉동능력이 20톤 미만인 경우에는 다음 사항이 인쇄된 표지를 부착할 수 있다.

(1) 냉동기 제조자의 명칭 또는 약호

(2) 냉매가스의 종류

(3) 냉동능력(단위 : RT). 다만 압력용기의 경우에는 내용적(단위 : L)을 표시한다.

(4) 원동기소요전력 및 전류(단위 : kW, A). 다만 압축기의 경우에 한정한다.

(5) 제조번호

(6) 검사에 합격한 연월(年月)

(7) 내압시험압력(기호 : TP, 단위 : MPa)

(8) 최고사용압력(기호 : DP, 단위 : MPa)

• **재료초음파탐상검사**

재료는 압력용기의 설계압력 및 설계온도 등에 따른 적절한 것이어야 한다. 이 경우 다음 재료는 초음파탐상검사를 실시하여 적합한 것으로 한다.

(2-1) 두께가 50 mm 이상인 탄소강

(2-2) 두께가 38 mm 이상인 저합금강

(2-3) 두께가 19 mm 이상이고 최소인장강도가 568.4 N/mm² 이상인 강

(2-4) 두께가 19 mm 이상으로서 저온(0 ℃ 미만)에서 사용하는 강(알루미늄으로서 탈산처리를 한 것을 제외한다)

(2-5) 두께가 13 mm 이상인 2.5 % 니켈강 또는 3.5 % 니켈강

(2-6) 두께가 6 mm 이상인 9 % 니켈강

OX퀴즈
두께가 20 mm인 탄소강은 초음파탐상검사를 실시한다. (×)

문제풀이

1 고압가스용 냉동기 제조의 시설·기술·검사기준에 따라 냉동설비에는 그 냉동설비를 안전하게 사용할 수 있도록 하기 위하여 상용압력(허용압력) 이하로 되돌릴 수 있는 안전장치를 설치해야 한다. 그 종류 3가지를 쓰시오.

01
(1) 고압차단장치
(2) 안전밸브(압축기내장형 안전밸브를 포함한다)
(3) 파열판
(4) 용전 및 압력릴리프장치(유효하게 직접압력을 바이패스 할 수 있는 장치를 말한다)

2 고압가스용 냉동기 제조의 시설·기술·검사기준에 따른 파열판기준으로 괄호 안에 들어갈 알맞은 말을 쓰시오.

(1) 파열판의 파열압력은 (　　　　　) 이하의 압력으로 한다.
(2) 냉매설비에 파열판과 안전밸브를 부착하는 경우에는 파열판의 파열압력은 (　　　　　) 이상으로 한다.
(3) 파열판은 해당 파열판에 사용하고자 하는 판과 동일의 재료·형태 및 치수인 다른 판에 대하여 (　　　　) 을 확인한 것을 사용한다.

02
(1) 내압시험압력
(2) 안전밸브의 작동압력
(3) 파열압력

3 고압가스용 냉동기 제조의 시설·기술·검사기준에 따른 초음파탐상검사 실시 재료에 대한 기준으로 틀린 것을 고르시오.

(1) 두께가 50 mm 이상인 탄소강
(2) 두께가 13 mm 이상인 2.5 % 니켈강 또는 3.5 % 니켈강
(3) 두께가 19 mm 이상이고 최소인장강도가 568.4 N/mm² 이상인 강
(4) 두께가 5 mm 이상인 3 % 니켈강

03
두께가 6 mm 이상인 9 % 니켈강

특정설비

KGS AA911 고압가스용 기화장치 제조의 시설·기술·검사기준

• **구조**

기화장치는 기화통 및 그 부속품으로 구성되고 다관식·코일식·캐비닛식 등으로서 그림 의 예시와 같다.

> Tip 적용범위가 매우 넓고 신뢰성과 효율성이 높다.

(1)-1 다관식 기화장치

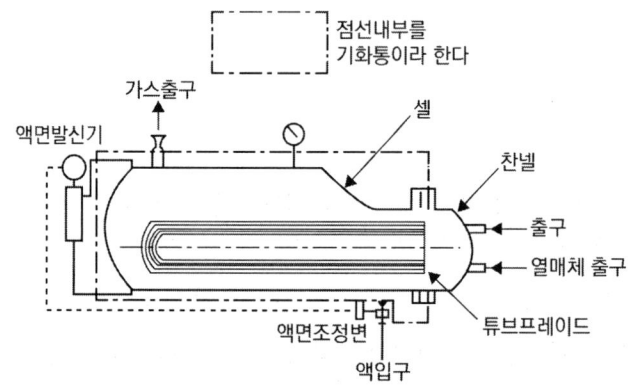

> Tip 용기 내의 유체를 가열하기 위해 용기 내에 전기 코일을 넣어 감아둔 방식이다.

(1)-2 코일식 기화장치

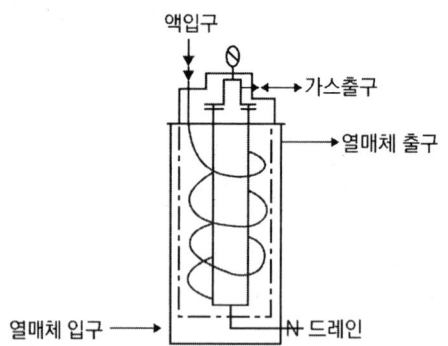

(1)-3 캐비닛형 스팀직열식 기화장치

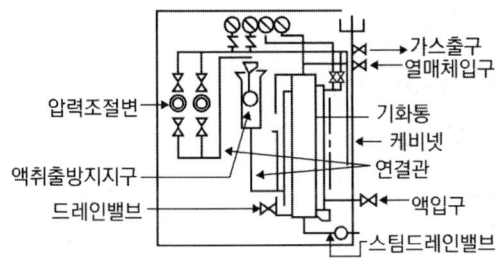

그림 3.4.1.1(1) 기화장치의 종류

(2)-1 전열식 온수형

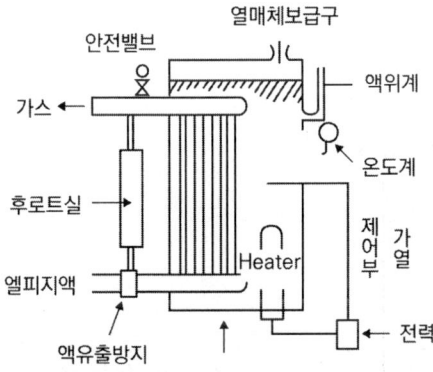

(2)-2 전열식 고체전열형

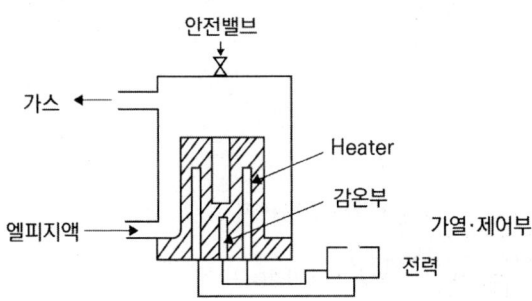

> **Tip** 가스 사용량이 대용량일 경우 탱크 내의 액체가스를 전열, 온수, 증기 등으로서 가열, 증발시켜 가스화하는 방식

(2)-3 온수식

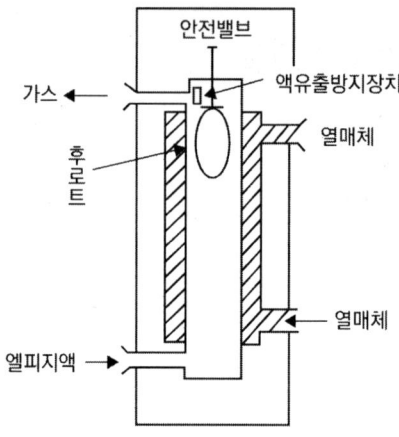

(2)-4 스팀식 직접형

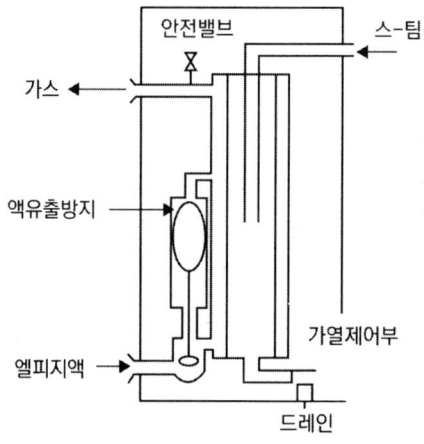

(2)-5 스팀식 간접형

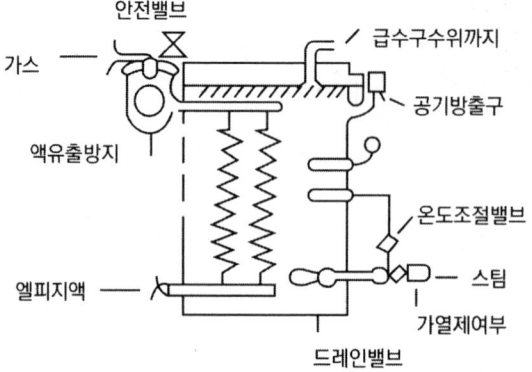

• 기화장치 구조

1. 열매체 부분은 분해하여 확인이 가능한 구조로 한다.

2. 기화통 내부는 점검구 등을 통하여 확인할 수 있거나 분해점검을 통하여 확인할 수 있는 구조로 한다.

3. 기화장치의 액화가스 인입부에는 이물질 유입방지를 위한 필터 또는 스트레이너를 설치한다. 다만 가열 방식을 대기식으로 하는 임계온도가 -50 ℃ 이하의 액화가스용 기화장치는 제외한다.

4. 기화장치에는 액화가스의 유출을 방지하기 위한 액유출방지장치 또는 액유출방지기구를 설치한다. 다만 임계온도가 -50 ℃ 이하인 액화가스용 기화장치와 이동식 기화장치는 그러하지 아니하다.

5. 액유출방지장치로서의 전자식 밸브는 액화가스 인입부의 필터 또는 스트레이너 후단에 설치한다.

   Tip 스트레이너 : 여과기능을 가지고 있음

6. 기화통 또는 기화장치의 기체부분에는 그 부분의 압력이 허용압력을 초과하는 경우 즉시 그 압력을 허용압력 이하로 되돌릴 수 있는 안전장치를 설치한다. 다만 임계온도가 -50 ℃ 이하인 액화가스용 고정식 기화장치에는 적용하지 아니한다.

7. 기화통의 기체가 통하는 부분으로서 배관 또는 동체에는 압력계를 설치하고, 증기 또는 온수가열식에는 열매체의 온도를 측정하기 위한 온도계(임계온도 -50 ℃ 이하인 액화가스용 기화장치는 제외)를 설치한다. 다만 다른 부분에서 온도 및 압력을 측정할 수 있는 기구는 그러하지 아니한다.

8. 증기 및 온수가열구조의 기화장치에는 응축된 물 또는 기화장치 안에 물을 쉽게 뺄 수 있는 드레인 밸브를 설치한다.

   OX퀴즈
   증기 및 온수가열구조의 기화장치에는 응축된 물 또는 기화장치 안에 **가스를** 쉽게 뺄 수 있는 드레인 밸브를 설치한다. (×)

9. 가연성가스(암모니아, 브롬화메탄 및 공기중에서 자기발화하는 가스는 제외한다)용 기화장치에 부속된 전기설비는 누출된 가스의 점화원이 되는 것을 방지하기 위하여 KGS GC102(방폭전기기기의 설계, 선정 및 설치에 관한 기준)에 따라 방폭성능을 가진 것으로 한다.

10. 기화장치는 그 외면에 부식·변형·흠·주름 등의 결함이 없고 그 다듬질이 매끈한 것으로 한다.

11. 가연성가스용 기화장치에는 정전기제거조치를 위한 접지단자를 설치한 것으로 한다.

• 내압 성능

내압시험은 물을 사용하는 것을 원칙으로 하고, 물을 사용하여 가스·온수 및 증기 통과부분에 대하여 설계압력의 1.3배 이상의 압력으로 내압시험을 실시하였을 때 각 부분에 누수·변형·이상팽창이 없는 것으로 한다. 다만 기화장치의 구조상 물을 사용하는 것이 곤란한 경우에는 질소 또는 공기 등의 불활성 기체를 사용하여 설계압력의 1.1배의 압력으로 실시할 수 있다.

• 기밀 성능

기밀시험은 공기 또는 불활성가스를 사용하여 가스·온수 및 증기 통과부분에 대하여 설계압력 이상의 압력으로 기밀시험을 실시하였을 때 각 부분에 가스의 누출이 없는 것으로 한다.

• 헬륨누출검사(액화수소 기화장치에 한정한다)

헬륨누출검사는 외부의 영향을 받지 않는 환경에서 10 % 이상의 헬륨이 포함된 혼합가스를 사용하여 액화수소가 통하는 부분에 설계압력 이상의 압력을 가압한 상태로 30분 이상 유지한 후 질량분광기(Mass Spectrometer)를 사용하여 1분 이상 측정한 헬륨누출률이 1×10^{-5} Pa·m³/s 이하인 것으로 한다.

OX퀴즈
기화장치의 구조상 물을 사용하는 것이 곤란한 경우에는 질소 또는 공기 등의 불활성 기체를 사용하여 설계압력의 1.1배의 압력으로 실시한다. (×)

문제풀이

1 다음은 고압가스용 기화장치 제조의 시설·기술·검사기준에 따른 기화장치 구조이다. 괄호 안에 들어갈 알맞은 말을 쓰시오.

(1) 기화장치의 액화가스 인입부에는 이물질 유입방지를 위한 필터 또는 스트레이너를 설치한다. 다만 가열 방식을 대기식으로 하는 임계온도가 (　　　) 이하의 액화가스용 기화장치는 제외한다.

(2) 액유출방지장치로서의 전자식 밸브는 액화가스 인입부의 필터 또는 (　　　) 후단에 설치한다.

(3) 증기 및 온수가열구조의 기화장치에는 응축된 물 또는 기화장치 안에 물을 쉽게 뺄 수 있는 (　　　)를 설치한다.

01
(1) -50 ℃
(2) 스트레이너
(3) 드레인 밸브

2 다음은 고압가스용 기화장치 제조의 시설·기술·검사기준에 따른 내압성능기준이다. 괄호 안에 들어갈 알맞은 말을 쓰시오.

> 내압시험은 물을 사용하는 것을 원칙으로 하고, 물을 사용하여 가스·온수 및 증기 통과부분에 대하여 설계압력의 (　　　)의 압력으로 내압시험을 실시하였을 때 각 부분에 누수·변형·이상팽창이 없는 것으로 한다. 다만 기화장치의 구조상 물을 사용하는 것이 곤란한 경우에는 질소 또는 공기 등의 불활성 기체를 사용하여 (　　　)의 압력으로 실시할 수 있다.

02
1.3배 이상
설계압력의 1.1배

03 (1)

3 다음에서 보여주는 기화장치 형식을 고르시오.

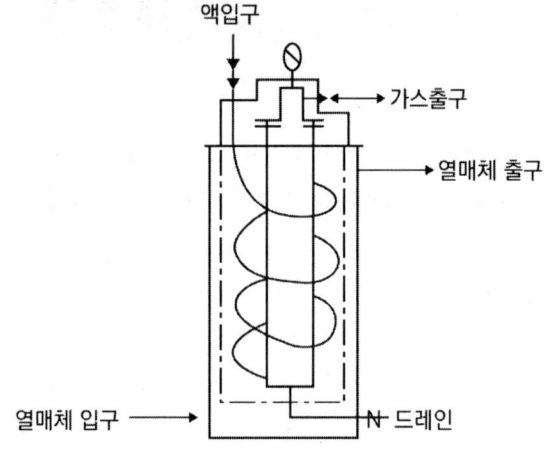

(1) 코일식 기화장치
(2) 전열식 기화장치
(3) 온수식 기화장치
(4) 스팀식 기화장치

특정설비 / 고압가스
KGS AC114 액화석유가스용 소형저장탱크 제조의 시설·기술·검사기준

• **프로텍터**

탱크에는 밸브, 액면계 등의 부속품을 보호하기 위한 프로텍터를 설치한다.

• **밸브**

밸브류는 원칙적으로 KS B 1511(철강제 관플랜지의 기본 치수)의 RF플랜지형(앵글밸브를 포함한다)을 사용한다. 다만 호칭지름 50 A 이하인 밸브는 나사식을 사용할 수 있다.

• **액면계**

탱크에는 다음 기준에 적합한 액면계를 설치한다.

1. 액면계에 사용하는 재료는 액화석유가스에 견딜 수 있는 화학적 성질 및 충분한 기계적 강도를 가지는 것으로 한다.

2. 탱크 안의 액화석유가스 용적을 외부에 표시할 수 있는 것으로서 다음기준에 적합한 것으로 한다.
   (1) 액화석유가스의 용적 표시는 탱크의 전용적에 대한 용적비로 하며, 탱크의 전용적을 100 %로 하는 용적 %로 눈금이 표시되어 있는 것으로 한다.
   (2) 표시눈금의 최소눈금은 10 % 단위 이하인 것으로 한다.
   (3) 기차(器差)는 액화석유가스량을 표시하는 % 눈금에 대해 표시눈금의 ±5 % 이내인 것으로 한다.

3. 눈으로 보아 사용상 유해한 흠, 균열 등의 결함이 없는 것으로 한다.

4. 조립 전에 압력을 받는 부분에 대하여 물, 불활성가스 또는 공기에 의해 3 MPa 압력으로 내압시험(1분간 이상)을 하여 누출, 변형 등의 결함이 없는 것으로 한다.

5. 조립 전에 압력을 받는 부분에 대하여 불활성가스 또는 공기에 의해 1.8 MPa의 압력으로 기밀시험(30초 이상)을 하여 누출이 없는 것으로 한다.

OX퀴즈
탱크에는 밸브, 액면계 등의 부속품을 보호하기 위한 프로텍터를 설치한다. (O)

OX퀴즈
표시눈금의 최소눈금은 10 % 단위 이하인 것으로 한다. (O)

• **내부배관**

탱크 내부의 기체배관은 액체 상태의 액화석유가스가 유입되지 않도록 다음 기준에 따라 설치한다.

(1) 배관의 용접부는 비파괴 검사를 실시하여 결함이 없는 것으로 한다.

(2) 기체배관의 개구부 끝은 탱크 내용적의 95 % 높이 이상으로 한다.

• **드레인(drain) 밸브**

탱크에는 잔가스 및 잔유물 배출을 위한 드레인 밸브를 다음 기준에 따라 설치한다.

(1) 드레인 밸브를 설치하기 위한 노즐은 탱크의 가장 낮은 지점에 설치하는 것을 원칙으로 한다. 다만 탱크 내부에서 가장 낮은 지점의 6 mm 이내 높이까지 연장된 배관을 설치하는 경우에는 다른 위치에 노즐을 설치할 수 있다.

(2) 노즐의 후단에 적합한 드레인 밸브를 설치하고 적절한 막음조치를 한다.

• **제품표시**

탱크의 제조자 또는 수입자는 금속박판에 다음 사항을 각인하여 이를 보기 쉽도록 탱크의 충전구 방향 정면을 기준으로 동체의 높이 중심선에서 아래 위로 0.3 m 이내에 부착한다.

(1) 제조자의 명칭 또는 약호

(2) 충전하는 가스의 명칭

(3) 제조번호 및 제조연월

(4) 사용재료명

(5) 동체 및 경판의 두께(기호 : t, 단위 : mm)

(6) 내용적(기호 : V, 단위 : L)

(7) 설계압력(기호 : DP, 단위 : MPa)

(8) 설계온도(기호 : DT, 단위 : ℃)

(9) 검사기관의 명칭 또는 약호

(10) 내압시험에 합격한 연월

OX퀴즈
탱크에는 잔가스 및 잔유물 **유입**을 위한 드레인 밸브를 다음 기준에 따라 설치한다.
(×)

문제풀이

1 다음은 액화석유가스용 소형저장탱크 제조의 시설·기술·검사기준에 따른 내용이다. 괄호 안에 들어갈 알맞은 말을 쓰시오.

(1) 탱크에는 밸브, 액면계 등의 부속품을 보호하기 위한 (　　) 를 설치한다.

(2) 밸브류는 원칙적으로 KS B 1511의 RF플랜지형을 사용한다. 다만 호칭지름 (　　) 이하인 밸브는 나사식을 사용할 수 있다.

01
(1) 프로텍터
(2) 50 A

2 액화석유가스용 소형저장탱크 제조의 시설·기술·검사기준에 따른 액면계 설치 기준이다. 괄호 안에 들어갈 알맞은 말을 쓰시오.

(1) 액화석유가스의 용적 표시는 탱크의 전용적에 대한 용적비로 하며, 탱크의 전용적을 (　　) 로 하는 용적 %로 눈금이 표시되어 있는 것으로 한다.

(2) 표시눈금의 최소눈금은 (　　) 단위 이하인 것으로 한다.

(3) 기차(器差)는 액화석유가스량을 표시하는 % 눈금에 대해 표시눈금의 (　　) 이내인 것으로 한다.

02
(1) 100 %
(2) 10 %
(3) ±5 %

3 다음은 액화석유가스용 소형저장탱크 제조의 시설·기술·검사기준에 따른 내용이다. 틀린 것을 고르시오.

(1) 배관의 용접부는 비파괴 검사를 실시하여 결함이 없는 것으로 한다.

(2) 기체배관의 개구부 끝은 탱크 내용적의 85 % 높이 이상으로 한다.

(3) 드레인 밸브를 설치하기 위한 노즐은 탱크의 가장 낮은 지점에 설치하는 것을 원칙으로 한다. 다만 탱크 내부에서 가장 낮은 지점의 6 mm 이내 높이까지 연장된 배관을 설치하는 경우에는 다른 위치에 노즐을 설치할 수 있다.

(4) 노즐의 후단에 적합한 드레인 밸브를 설치하고 적절한 막음조치를 한다.

03
(2) 95 %

특정설비

KGS AC116 고압가스용 저장탱크 및 압력용기 재검사기준

고압가스

• 용어 정의

1. "저장탱크"란 고압가스를 충전·저장하기 위하여 지상 또는 지하에 고정 설치된 탱크를 말한다.

2. "압력용기"란 35 ℃에서의 압력 또는 설계압력이 그 내용물이 **액화가스**인 경우는 0.2 MPa 이상, **압축가스**인 경우는 1 MPa 이상인 용기를 말한다. 다만 다음 중 어느 해당하는 용기는 압력용기로 보지 아니한다.

    (1) 용기 제조의 기술·검사기준의 적용을 받는 용기
    (2) 설계압력(MPa)과 내용적(m^3)을 곱한 수치가 0.004 이하인 용기
    (3) 펌프, 압축장치(냉동용압축기를 제외한다) 및 축압기(Accumulator, 축압 용기 안에 액화가스 또는 압축가스와 유체가 격리될 수 있도록 고무격막 또는 피스톤 등이 설치된 구조로서 상시 가스가 공급되지 아니하는 구조의 것을 말한다)의 본체와 그 본체와 분리되지 아니하는 일체형 용기
    (4) 완충기 및 완충장치에 속하는 용기와 자동차에어백용 가스충전용기
    (5) 유량계, 액면계, 그 밖의 계측기기
    (6) 소음기 및 스트레이너(필터를 포함한다. 이하 같다)로서 다음의 어느 하나에 해당되는 것
        (6-1) 플랜지 부착을 위한 용접부 이외에는 용접 이음매가 없는 것
        (6-2) 용접구조나 동체의 바깥지름(D)이 320 mm(호칭지름 12 B 상당) 이하이고, 배관접속부 호칭지름(d)과의 비(D/d)가 2.0 이하인 것
    (7) 압력에 관계없이 안지름, 폭, 길이 또는 단면의 지름이 150 mm 이하인 용기

3. 압력용기등에 직접 용접부착된 지지구조물, 러그, 패드 등은 압력용기등의 본체로 본다.

4. "초저온저장탱크"라 함은 영하 50 ℃ 이하의 액화가스를 저장하기 위한 저장탱크로서 단열재로 피복하거나 냉동설비로 냉각하는 등의 방법으로 저장탱크 내의 가스온도가 상용의 온도를 초과하지 아니하도록 한 것을 말한다.

[암기법]
35살 애기 압권으로 1등

[OX퀴즈]
압력용기등에 직접 용접부착된 지지구조물, 러그, 패드 등은 압력용기등의 **부속품**으로 본다. (×)

5. "저온저장탱크"라 함은 액화가스를 저장하기 위한 저장탱크로서 단열재로 피복하거나 냉동설비로 냉각하는 등의 방법으로 저장탱크 내의 가스온도가 상용의 온도를 초과하지 아니하도록 한 것 중 초저온저장탱크와 가연성가스저온저장탱크를 제외한 것을 말한다.

6. "평저형저장탱크"라 함은 기둥이나 지주로 지지되지 않고 탱크의 바닥면이 지상에 고정·설치되어 있는 탱크를 말한다.

7. "지하매몰식저장탱크"라 함은 저장탱크의 외면에는 부식방지코팅과 전기적 부식방지를 위한 조치를 하고, 천정·벽 및 바닥의 두께가 각각 30 cm 이상인 방수조치를 하여 철근콘크리트로 만든 곳(이하 "저장탱크실"이라 한다)에 모래를 채워 지하에 구축한 저장탱크를 말한다.

8. "지하격납식저장탱크"라 함은 지하에 구축된 저장탱크실 내에 설치된 탱크로서 처리설비실이 탱크와 함께 저장탱크실 내에 있는 저장탱크를 말한다.

9. "소형저장탱크"라 함은 액화석유가스를 저장하기 위하여 지상 또는 지하에 고정 설치된 탱크로서 그 저장능력이 3톤 미만인 탱크를 말한다.

10. "특정설비"라 함은 저장탱크, 탱크로리, 안전밸브, 긴급차단장치, 기화장치, 독성가스배관용 밸브, 자동차용가스자동주입기, 역화방지장치 및 압력용기 등을 말한다.

> **OX퀴즈**
> "소형저장탱크"라 함은 액화석유가스를 저장하기 위하여 지상 또는 지하에 고정 설치된 탱크로서 그 저장능력이 **5톤** 미만인 탱크를 말한다. (×)

• **잔액 및 잔가스 회수**

저장탱크 내의 가스잔액 및 잔가스는 가능한 많이 회수하여 연소 또는 대기 방출로 처리하는 잔가스 양을 최소화하여야 한다. 잔액 및 잔가스 회수는 주로 다음 방법에 의해 실시한다.

(1) 플랜트에 컴프레서가 설치되어 있는 경우에는 당해 저장탱크에 가압하여 잔액을 다른 탱크 또는 탱크로리 등에 이송한 후 탱크 내의 가스를 흡입하여 다른 탱크 또는 탱크로리 등에 이송한다.

(2) 컴프레서가 설치되어 있지 않는 경우에는 플랜트의 펌프를 사용하여 다른 탱크 또는 탱크로리 등에 이송한다.

(3) (1), (2) 방법으로 회수가 불가능한 잔액은 잔가스처리로 한다.

• **잔가스처리**

잔가스는 연소 또는 대기방출에 의해 처리한다.

• 연소방식에 의한 잔가스처리

잔가스연소처리는 사업소에 설치되어 있는 플레어스택, 연소로 또는 이동식 잔가스연소장치를 사용하여 실시한다. 이 기준에서는 이동식 잔가스연소장치를 사용하여 잔가스를 처리하는 경우에 대해서만 서술한다.

(1) 이동식 잔가스연소장치

잔가스연소장치에는 역화방지기를 설치하는 동시에 연소기 앞쪽의 조작하기 쉬운 위치에 게이트밸브를 부착하고, 저장탱크와의 연결은 강관 또는 고압호스를 사용하며 게이트밸브의 저장탱크 쪽 연결관에 압력계를 부착한다. 또 연소기는 바람 등으로 소화된 경우에도 즉시 점화할 수 있는 구조이어야 하며 연소음이 적고 완전연소로 매연의 발생이 적으며 불꽃이 작은 구조이어야 한다. 연소장치 배관의 예는 다음 그림과 같다.

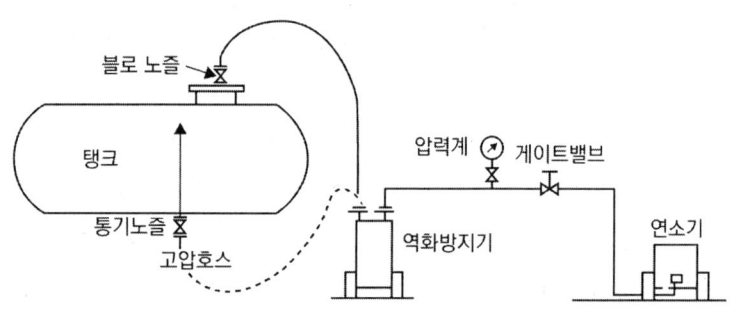

*주 : 점선은 이와 같이 연결하는 경우도 있다는 것을 표시함.

(2) 잔가스연소 준비

(2-1) 연소기 배치

(2-1-1) 연소기는 기상상태 특히 풍향, 당해 플랜트 및 주변의 건축물 위치와 지형, 장벽의 위치 등을 고려하고, 주변에 가동 중인 플랜트가 있는 경우에는 플랜트와의 거리 등에 주의하여 가스설비에서 8 m 이상 떨어진 위치에 설치한다.

(2-1-2) 연소장치는 설치 후 각 부분에 가스누출이 없음을 확인해야 한다.

(2-2) 가스방출구

연소장치에 연결하는 저장탱크의 가스방출구는 통기노즐(균압노즐) 또는 방출밸브(블로노즐)로 하고 저장탱크 내의 바닥에 부착된 노즐과 연결되어서는 안 된다. 연소기로 부터 3 m 이내의 연결관은 강관을 사용한다.

(3-1) 연소기의 화염 및 매연은 글로브밸브 또는 게이트밸브로 조절하여 부근의 주민에게 공포나 불안을 주지 않도록 주의한다.

(3-2) 화염은 저장탱크 내의 가스압력, 풍향, 풍속, 기온, 강우 등에 따라 상황이 변하기 때문에 철저히 감시하여야 하며, 위험이 예상될 때에는 연소작업을 중지하고 안전한 상황이 된 후 작업을 다시 시작한다. 특히 리프팅이나 역화에 주의하여야 한다. 역화방지기는 액봉식 또는 화염을 완전히 차단할 수 있는 성능을 가진 다공성물질(소결금속) 또는 금속망 등을 사용하여도 좋다.

(3-3) 연소 중 불이 꺼졌을 때 게이트밸브를 닫음과 동시에 저장탱크의 가스방출밸브를 닫은 후 불이 꺼진 원인을 확인하여 이것을 제거한 후 연소를 재개한다.

(3-4) 연소 중에는 저장탱크 및 연소기에 작업원을 배치하고 작업상황을 철저히 감시하여야 한다. 또한 잔가스 연소 중에는 주변에 사람, 자동차 등이 접근하지 않도록 하여야 하고, 배치되어 있는 소화기의 작동상태를 점검하여야 한다.

(3-5) 저장탱크 내의 잔가스 압력이 대기압 가까이까지 내려갔을 때에는 연소를 중지하고 게이트밸브와 저장탱크의 가스방출밸브를 닫는다.

> **OX퀴즈**
> 연소 중 불이 꺼졌을 때 게이트밸브를 닫음과 동시에 저장탱크의 가스방출밸브를 닫은 후 불이 꺼진 원인을 확인하여 **즉시** 연소를 재개한다. (×)

• **대기방출 방식에 의한 잔가스 처리**

잔가스의 대기방출처리는 당해 저장탱크 가스방출관으로 직접 대기에 가스를 방출하거나 가스방출구(블로구, 균압구 등)에 고압호스 또는 강관을 연결하여 안전한 장소로 유도하여 방출한다.

(1) 잔가스 대기방출 준비

(1-1) 저장탱크의 가스방출관으로부터 직접 대기 중에 잔가스를 방출할 경우에는 방출관의 개구부 높이가 저장탱크 본체의 정상부로부터 2 m 이상 또는 지면에서 5 m 이상으로 설치되어야 한다. 기상상태(특히 풍속, 풍향), 해당 플랜트 및 주변의 건축물 위치, 지형 등에 따라서 방출가스의 착지농도가 가연성가스인 경우 폭발하한계의 1/4 이상, 독성가스인 경우 허용농도 이상으로 체류할 우려가 있을 때에는 방출관의 개구부를 더욱 높게 하여야 한다. 풍향, 풍속의 관측은 풍향계 및 풍속계 등을 사용한다.

(1-2) 저장탱크의 잔가스를 방출관을 통해 직접 대기 중에 방출하는 것이 기상상태, 당해 플랜트 및 주변의 건축물 위치, 지형과 타 사업소 및 주택 등의 화기 사용상황 등에 따라 확산의 위험이 있다고 판단되는 경우에는 저장탱크의 가스방출구에 고압호스 또는 강관을 연결하여 안전한 장소로 유도하여야 한다. 이 경우에도 개구부의 높이는 지상으로부터 5 m 이상으로 하고 방출구의 최대한 가까운 곳에서 사람이 서서 조작할 수 있는 위치에 게이트밸브를 설치한다. 또 연결관은 각 부분에 누출이 없음을 확인하여야 한다.

(1-3) 연락용 기자재는 휴대용 통신장비, 깃발, 메가폰 등을 사용한다.

(2) 잔가스 대기방출

(2-1) 대기방출은 주간에 실시하는 것을 원칙으로 한다.

(2-2) 방출가스의 최대착지농도가 가연성가스인 경우 폭발하한계의 1/4 이하, 독성가스인 경우 허용농도 이하이어야 하며, 가스 방출량은 풍속, 풍향, 기온, 강우 등의 기상 상태와 주변의 건축물 위치, 지형 등을 고려하고 또 바람이 있을 때에는 가스의 착지농도를 측정하면서 방출량을 조정한다.

(2-3) 잔가스 방출 중 바람이 부는 경우에는 가스검지기, 연락용 기자재를 휴대한 감시원을 배치하고 항상 가스의 착지농도를 측정하여 가스농도가 허용 착지농도 이상일 때는 방출량을 감소시키거나 중단시킨다.

(2-4) 기상 상태가 바람이 없거나 비가 올 경우, 주변에 골짜기 또는 산림이 있는 경우, 건축물 등에 의하여 가려진 곳이 있는 경우, 저장탱크의 압력 저하에 의하여 방출속도가 늦어지는 경우에는 가스농도를 정확히 측정하고 특히 가스폭발에 주의하여 방출작업을 실시해야 한다.

(2-5) 잔가스 방출 중 감시원은 주변차량의 운행 및 통행인의 흡연을 특히 감시한다.

(2-6) 저장탱크의 잔가스 압력이 대기압 가까이 까지 내려갔을 때에는 가스방출을 중지하고 가스방출밸브를 닫는다.

• 불활성가스치환

(1) 불활성가스치환 준비

(1-1) 저장탱크 내 가스치환에는 질소 또는 탄산가스 등의 불활성가스를 사용한다.

(1-2) 불활성가스는 방출밸브 또는 안전밸브의 노즐위치에서 가장 멀리 떨어진 노즐로 압입한다. 다만 내부 입상관에 연결되지 않은 노즐로 하여야 하며, 방출구는 방출관으로 한다.

(1-3) 부득이 저장탱크 내의 입상관에 연결되어 있는 노즐로 불활성가스를 압입할 경우에는 입상관에 연결되지 않은 바닥부분의 노즐로 압입하여 지상에서 5 m 이상인 곳에 방출구가 있는 방출관을 통하여 방출한다.

(1-4) 불활성가스 치환으로 방출된 가스의 처리요령은 KGS CODE AC116 A2.5.1.5.2에 따른다.

OX퀴즈
잔가스의 대기방출은 **새벽**에 실시하는 것을 원칙으로 한다. (×)

OX퀴즈
저장탱크 내 가스치환에는 질소 또는 탄산가스 등의 불활성가스를 사용한다. (○)

(2) 불활성가스 치환

(2-1) 방출밸브를 닫고 그림에 있는 적절한 밸브로 불활성가스를 압입하여 가스의 압력이 약 49.03 kPa(0.5 kgf/cm^2)가 되었을 때 압입을 중지하고 방출밸브를 열어 가스와 불활성가스가 혼합된 가스를 대기 중으로 방출한다.

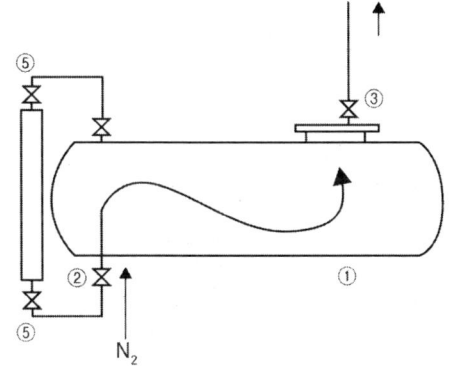

번호	품 명
1	드레인밸브
2	액면계용 메인밸브
3	방출밸브
5	볼체크밸브

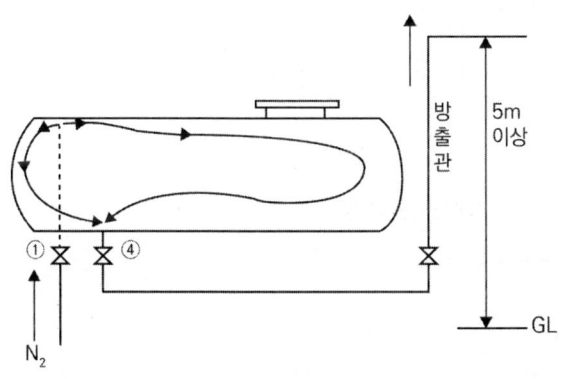

번호	품 명
1	드레인밸브
2	액방출밸브

• **긴급차단장치의 종류**

긴급차단장치는 긴급차단밸브의 동력원에 따라 다음과 같이 분류한다.

(1) **유**압식 긴급차단장치

(2) **기**압식 긴급차단장치

(3) **스**프링식 긴급차단장치

[비고] 긴급차단장치란 긴급차단밸브, 조작기구와 그 조작동력원을 포함한다.

암기법
유기스

• **긴급차단밸브의 종류**

긴급차단밸브는 부착형태에 따라 다음과 같이 분류한다.

(1) **내장식 긴급차단밸브**

내장식 긴급차단밸브는 노즐부분을 저장탱크 내부에 설치한다.

(2) **외장식 긴급차단밸브**

외장식 긴급차단밸브는 메인밸브 바깥쪽의 저장탱크에 가까운 위치에 설치한다.

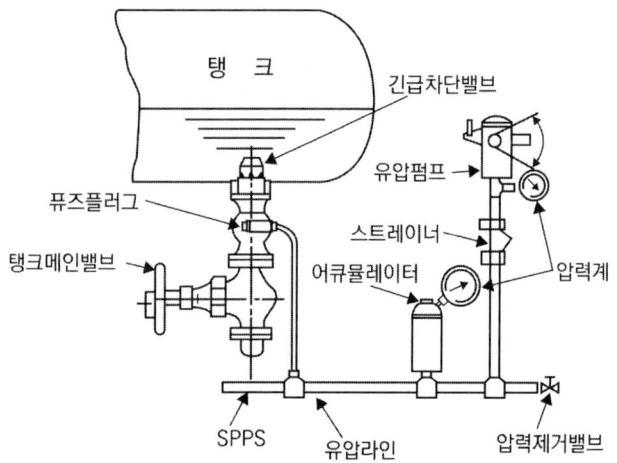

〈내장식의 경우〉

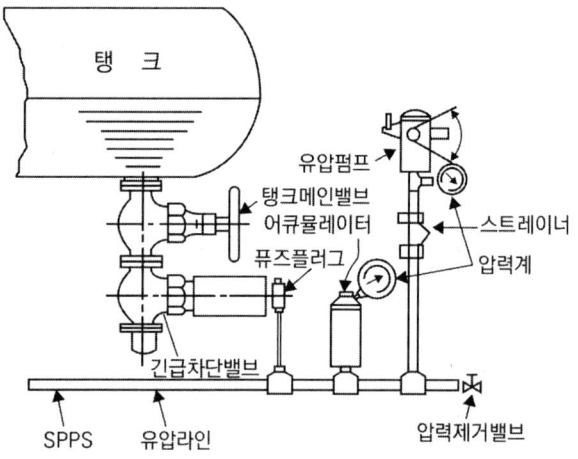

〈외장식의 경우〉

- **외관검사**

1. 검사방법

    (1) 육안으로 밸브본체, 본네트, 본네트볼트, 글랜드너트, 스핀들, 핸들 등에 대하여 주름, 균열, 부식, 변형, 그 밖의 유해한 흠 등의 유무를 검사한다.
    (2) 핸들부의 지시판, 핸들너트의 풀림 등의 유무를 검사한다.
    (3) 본네트 체결 볼트 및 너트의 풀림 유무를 검사한다.
    (4) 밸브스템의 나사노출부 등의 방청조치, 녹발생 유무를 검사한다.
    (5) 조작기구의 외관검사는 다음 내용을 육안으로 검사한다.

    (5-1) 유압식
    (5-1-1) 기름의 오염 유무
    (5-1-2) 유량 및 유압의 적정 여부
    (5-1-3) 유압펌프, 어큐뮬레이터(Accumulator), 유압배관, 밸브류, 압력계 등의 파손과 누출 유무
    (5-2) 기압식
    (5-2-1) 기체의 보급기구(에어컴프레서 또는 기타 기체공급원과의 연결) 상태의 양호 여부
    (5-2-2) 기체배관, 동밸브류, 압력계 등의 파손 유무 및 기체의 누출 유무
    (5-2-3) 한냉지에 있는 설비에 대한 건조공기의 사용 상태
    (5-3) 스프링식
    (5-3-1) 와이어로프 소선의 퍼짐, 끊어짐 및 녹발생 유무
    (5-3-2) 도르래 및 도르래축의 녹발생 유무

- **판정 및 조치**

(1) 밸브본체, 본네트 및 그 밖의 부품에 주름, 균열, 부식, 변형 등의 유해한 결함이 없고 부속품이 완비되어 볼트, 너트의 풀림이 없으며 표면처리가 완전한 것은 합격이다.
(2) 밸브본체, 본네트 등에 주름, 균열 등의 결함이 있는 것은 새것으로 교환한다.
(4) 핸들부의 지시판 핸들너트 등이 없는 것은 이것을 부착한다.
(5) 본네트 체결 볼트 및 너트가 이완된 것은 이것을 석절하게 조인다.
(6) 도장이 벗겨져 녹이 발생된 것은 녹을 제거한 후 도장을 실시하고, 밸브스템의 노출부에 녹이 생긴 것은 녹을 제거한 후 그리이스 등을 바른다.

OX퀴즈
밸브본체, 본네트 등에 주름, 균열 등의 결함이 있는 것은 **재검사를 한다**. (×)

⑺ 조작기구는 다음의 경우에 합격이다. 불합격된 것은 부품을 교환하거나 수리한다.

(7-1) 유압식

기름이 오염되지 않고 유량, 유압이 정상일 것. 유압펌프, 어큐뮬레이터, 유압배관, 밸브류, 압력계 등에 이상이 없고 또한 기름이 새지 않는 경우

(7-2) 기압식

기체의 보급기구가 정상이며 기체배관, 밸브류, 압력계 등에 이상이 없고 한냉지의 설비로서 건조공기가 사용되고 있는 경우

(7-3) 스프링식

와이어로프의 끊어짐, 녹발생이 없고 도르래와 도르래 축에 이상이 없는 경우

문제풀이

1 다음은 고압가스용 저장탱크 및 압력용기 재검사기준이다. 알맞은 용어 정의를 쓰시오.

(1) 초저온저장탱크

(2) 저온저장탱크

(3) 평저형저장탱크

(4) 특정설비

01

(1) 영하 50 ℃ 이하의 액화가스를 저장하기 위한 저장탱크로서 단열재로 피복하거나 냉동설비로 냉각하는 등의 방법으로 저장탱크 내의 가스온도가 상용의 온도를 초과하지 아니하도록 한 것

(2) 액화가스를 저장하기 위한 저장탱크로서 단열재로 피복하거나 냉동설비로 냉각하는 등의 방법으로 저장탱크 내의 가스온도가 상용의 온도를 초과하지 아니하도록 한 것 중 초저온저장탱크와 가연성가스저온저장탱크를 제외한 것

(3) 기둥이나 지주로 지지되지 않고 탱크의 바닥면이 지상에 고정·설치되어 있는 탱크

(4) 저장탱크, 탱크로리, 안전밸브, 긴급차단장치, 기화장치, 독성가스배관용 밸브, 자동차용가스자동주입기, 역화방지장치 및 압력용기 등

02
(1) 8 m
(2) 3 m
(3) 대기압

2 다음은 고압가스용 저장탱크 및 압력용기 재검사기준에 따른 잔가스처리기준이다. 괄호 안에 들어갈 알맞은 말을 쓰시오.

(1) 연소기는 기상상태 특히 풍향, 당해 플랜트 및 주변의 건축물 위치와 지형, 장벽의 위치 등을 고려하고, 주변에 가동중인 플랜트가 있는 경우에는 플랜트와의 거리 등에 주의하여 가스설비에서 (   ) 이상 떨어진 위치에 설치한다.

(2) 연소장치에 연결하는 저장탱크의 가스방출구는 통기노즐(균압노즐) 또는 방출밸브(블로노즐)로 하고 저장탱크 내의 바닥에 부착된 노즐과 연결되어서는 안 된다. 연소기로부터 (   ) 이내의 연결관은 강관을 사용한다.

(3) 저장탱크 내의 잔가스 압력이 (   ) 가까이 까지 내려갔을 때에는 연소를 중지하고 게이트밸브와 저장탱크의 가스방출밸브를 닫는다.

03
(2) 지상 5 m

3 다음은 고압가스용 저장탱크 및 압력용기 재검사기준에 따른 불활성가스치환 내용이다. 틀린 것을 고르시오.

(1) 저장탱크 내 가스치환에는 질소 또는 탄산가스 등의 불활성가스를 사용한다.

(2) 불활성가스는 방출밸브 또는 안전밸브의 노즐위치에서 가장 멀리 떨어진 노즐로 압입한다. 다만 내부 입상관에 연결되지 않은 노즐로 하여야 하며, 방출구는 방출관으로 한다.

(3) 부득이 저장탱크 내의 입상관에 연결되어 있는 노즐로 불활성가스를 압입할 경우에는 입상관에 연결되지 않은 바닥부분의 노즐로 압입하여 지상에서 2 m 이상인 곳에 방출구가 있는 방출관을 통하여 방출한다.

(4) 방출밸브를 닫고 적절한 밸브로 불활성가스를 압입하여 가스의 압력이 약 49.03 kPa(0.5 kgf/cm^2)가 되었을 때 압입을 중지하고 방출밸브를 열어 가스와 불활성가스가 혼합된 가스를 대기 중으로 방출한다.

특정설비

KGS AC113 고압가스용 차량에 고정된 탱크 제조의 시설·기술·검사기준

• 용어 정의

1. "차량에 고정된 탱크"란 고압가스의 수송·운반을 위하여 차량에 고정 설치된 탱크를 말한다.

2. "최고충전압력"이란 다음 표 구분에 따른 압력을 말한다.

탱크의 종류	압력
압축가스를 충전하는 탱크	35℃의 온도(아세틸렌가스는 15℃)에서 그 탱크에 충전할 수 있는 가스의 압력 중 최고압력
초저온탱크 또는 저온탱크	상용압력 중 최고압력

3. "조작상자"란 충전구, 호스릴, 압력계 및 밸브 등 가스의 이입·이송을 위한 부속품을 조작하고 보호할 수 있도록 설치된 상자를 말한다.

4. "단열공간(Annular Space)"이란 열전달을 줄이기 위해 진공 처리한 액화수소 탱크의 외조와 내조 사이의 공간을 말한다.

5. "유지시간(Holding Time)"이란 액화수소 탱크의 초기 충전 조건에서 안전밸브가 열리기까지 걸리는 시간을 말한다.

• 제조설비

탱크를 제조하려는 자가 이 제조기준에 따라 탱크를 제조하기 위하여 갖추어야 할 제조설비(제조하는 탱크에 필요한 것에만 한정한다)는 다음과 같다. 다만 규칙 제5조 제2항 제3호에 따른 기술검토결과 부품생산 전문업체의 설비를 이용하거나 그로부터 부품을 공급받더라도 품질관리에 지장이 없다고 인정된 경우에는 그 부품생산에 필요한 설비를 갖추지 아니할 수 있다.

(1) 성형설비

(2) 용접설비

(3) 세척설비

OX퀴즈
"조작상자"란 충전구, 호스릴, 압력계 및 밸브 등 가스의 이입·이송을 위한 부속품을 조작하고 보호할 수 있도록 설치된 상자를 말한다.
(○)

Tip 열처리로란 열처리를 하기 위해 금속을 가열하는 노이다.

(4) 열처리로(노 안의 특정설비를 가열하는 각 부분의 온도차가 25 ℃ 이하가 되도록 한 구조의 것으로 한다) 및 그 노 안의 온도를 측정하여 자동으로 기록하는 장치

(5) 전처리설비 및 부식방지도장설비

(6) 그 밖에 제조에 필요한 설비 및 기구

- **검사설비**

1. 탱크를 제조하고자 하는 자가 이 기준의 제조기술기준에 따라 탱크를 검사하기 위하여 갖춰야 하는 검사설비(제조하는 특정설비에 필요한 것에 한정한다)는 다음과 같다.

   (1) 초음파두께측정기·나사게이지·버니어켈리퍼스 등 두께측정기

   (2) 내압시험설비

   (3) 기밀시험설비

   (4) 단열성능검사설비

   (5) 표준이 되는 압력계

   (6) 표준이 되는 온도계

   (7) 유지시간검사설비

   (8) 그 밖에 특정설비검사에 필요한 설비 및 기구

2. 1.에도 불구하고 다음 중 어느 하나의 기관에 의뢰하여 시험·검사를 하는 경우에는 검사설비를 갖춘 것으로 본다.

   (1) 한국가스안전공사

   (2) 「국가표준기본법」에 따라 지정을 받은 해당 공인시험·검사기관

- **방파판**

> Tip 방파판이란 액화가스를 수송하기 위한 차량에 고정된 탱크가 차량운행에 의하여 탱크내의 액면이 요동하는 것을 방지하기 위해 탱크 내에 설치하는 것이다.

1. 탱크의 내부에는 차량의 진행방향과 직각이 되도록 방파판(防波板)을 설치하며, 설치위치 몇 면적은 그림과 같이 한다. 다만 이와 동등 이상의 효과를 갖는 방파판의 경우에는 그러하지 아니할 수 있다.

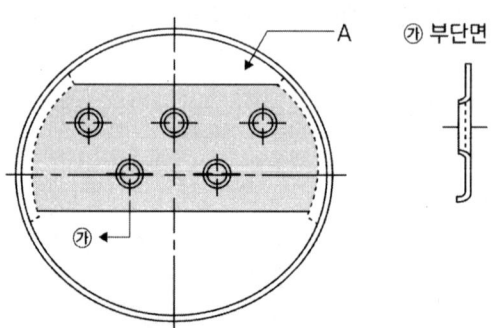

[비고] 방파판의 면적(빗금친 부분에 설치한 구멍 ㉮부 단면에 나타낸 바와 같이 보강을 고려한 구조인 경우는 그 면적을 포함한다)은 탱크 횡단면적의 40 % 이상으로 하고, 방파판의 부착위치는 A부 원호부 면적이 탱크 횡단면적의 20 % 이하가 되는 위치로 한다.

2. 방파판의 재료는 두께 3.2 mm 이상의 SS400 또는 이와 동등 이상의 것으로 한다. 다만 초저온탱크는 2 mm 이상의 오스테나이트계 스테인리스 강판 또는 4 mm 이상의 알루미늄 합금판으로 한다.

3. 방파판의 설치 갯수는 탱크 내용적 5 m^3 이하마다 1개씩 설치한다. 다만 KGS AC113 3.4.7.1의 단서 규정에 따른 방파판의 경우로서 이와 동등 이상의 방파 효과를 갖는 경우에는 그러하지 아니할 수 있다.

4. 방파판은 용접 또는 볼트에 의하여 부착하되 볼트로 할 경우에는 볼트가 풀리지 아니하도록 하는 조치를 하고, 그 부착부는 탱크 내부의 액면요동에 의해서 파손되지 아니하는 강도를 가지도록 한다.

OX퀴즈
방파판의 설치 갯수는 탱크 내용적 **10 m^3 이하**마다 1개씩 설치한다. (×)

• **재료의 절단·성형 및 다듬질**

1. 탱크에 사용하는 재료(받침대, 부착금구, 지그 등 탱크 본체에 부착되어 탱크에 직접 영향을 주는 용접부를 포함한다. 이하 5부터 7까지에서 같다)의 가공은 다음에 정하는 바에 따른다.

2. 강판은 가공하기 전에 재질, 치수 및 수량 등을 확인하고 판부착은 강판의 표면에 균열·홈 등 결함이 없는가를 확인하고 가공한다.

3. 강판의 절단은 가공상 유해할 결함이 남지 아니하는 방법으로 실시한다.

4. 소정의 형상, 치수로 절단한 강판의 절단면은 라미네이션(Lamination), 절단홈 등이 없는 것으로 하고, 가스절단을 한 것은 슬러그를 완전히 제거한다.

5. 용접을 위한 끝벌림(開先)가공은 가스절단, 절삭 또는 연삭으로 실시하며, 가스절단은 원칙적으로 자동 가스절단기로 행하여 절단면의 스케일을 충분히 제거하고, 끝 버림 가공 부분에 결함이 있거나 매끄럽지 않은 경우에는 그라인더 등으로 용접에 지장이 없을 정도까지 매끄럽게 다듬질 한다.

6. 동판은 로울(roll)로 필요한 구멍을 갖게 동체에 성형(成形)하고 작업 중에도 강판에 홈이 생기지 아니하도록 강판표면 및 로울표면을 깨끗이 한다.

7. 강판을 프레스(Press), 스피닝(Spinning) 등에 의하여 열간으로 성형하는 경우는 그 재료에 적당한 온도 범위에서 실시한다. 다만 담금질(Quenching), 템퍼링(Tempering) 등의 열처리를 하여 제조한 강은 냉간 프레스 등으로 실시한다.

Tip 라미네이션 : 강괴에 존재하는 비금속 개재물이 판상으로 퍼져 나타나는 결함

> **OX퀴즈**
> 원주 이음매를 용접할 때 2개의 동체 길이 이음매 사이의 거리 및 동체의 길이 이음매와 경판의 이음매 사이의 거리는 판 두께의 **3배** 이상 떨어지게 한다. (×)

> **OX퀴즈**
> 액면계는 탱크 내부의 **최저**액면을 측정할 수 있는 것으로서 탱크 내의 압력에 대하여 충분한 강도와 차량운행 중 액의 요동에 견딜 수 있는 적합한 구조이어야 한다. (×)

- **용접부 위치 제한**

1. 동체의 길이 이음매의 위치는 동체와 수직한 단면의 중심과 최저점을 연결하는 반지름에 대하여 중심에서 좌우 각각 20° 이내로 한다.
2. 원주 이음매를 용접할 때 2개의 동체 길이 이음매 사이의 거리 및 동체의 길이 이음매와 경판의 이음매 사이의 거리는 판 두께의 5배 이상 떨어지게 한다.

- **액면계**

1. 액면계는 균열·마모·부식·변형·파손 등의 유해한 결함이 없는 것으로 한다.
2. 액면계는 탱크 내부의 최고액면을 측정할 수 있는 것으로서 탱크 내의 압력에 대하여 충분한 강도와 차량운행 중 액의 요동에 견딜 수 있는 적합한 구조이어야 한다.
3. 탱크에 해당가스를 충전한 상태에서 액면계의 각 부분에서 누출이 없는 것으로 한다.
4. 가연성 또는 독성가스용의 액면의 측정은 해당 가스를 대기로 방출하지 않고 가능한 구조이어야 한다.
5. 가연성가스(암모니아, 브롬화메탄 및 공기 중에서 자기 발화하는 가스는 제외한다)용인 경우로서 전기적으로 표시하는 액면지시부를 조작상자 안에 설치하는 경우에는 방폭구조이어야 한다.
6. 차량진동에 영향을 받는 액면계의 부품은 KS R 1034 자동차부품진동시험방법에 합격한 것으로 한다.

- **압력계**

1. 압력계는 KS B 5305(부르동관 압력계)에 적합한 것 또는 이와 동등 이상의 성능을 가진 것으로 한다.
2. 압력계는 탱크 기상부의 압력을 측정할 수 있고, 메인밸브를 설치한 것으로 한다.
3. 압력계는 사용압력의 1.5배 이상 2배 이하의 눈금을 가진 것으로써 차량의 진동에 견딜 수 있는 것으로 한다.

• **호스릴**

벌크로리에 설치하는 액 또는 가스용의 호스를 감는 호스릴은 다음 기준에 적합한 것으로 한다.

1. 호스릴은 호스의 중량, 감을 때의 회전 및 차량의 진동에 충분히 견딜 수 있는 강도를 가진 것으로 한다.
2. 호스를 풀거나 감는 데 있어서 호스에 과대한 힘이 가해지지 아니하도록 조작할 수 있는 구조로 한다.

• **온도계**

충전탱크는 그 온도(가스온도를 계측할 수 있는 탱크에 있어서는 가스의 온도)를 항상 40 ℃ 이하로 유지한다. 이 경우 액화가스가 충전된 탱크에는 온도계 또는 온도를 적절히 측정할 수 있는 장치를 설치한다.

• **검지봉**

탱크(그 탱크의 정상부에 설치한 부속품을 포함한다)의 정상부의 높이가 차량정상부의 높이보다 높을 경우에는 높이를 측정하는 기구를 설치한다.

• **오발진방지장치**

소형저장탱크에 액화석유가스를 공급하기 위한 차량에 고정된 탱크(이하 "벌크로리"라 한다)에는 차량의 시동 여부와 관계없이 호스 또는 충전구를 완전히 격납하지 않거나 조작상자의 문을 확실히 닫지 않는 동안에는 차량의 브레이크 제어방식 등을 통해 벌크로리가 움직이지 않도록 하는 오발진방지장치를 설치한다.

• **긴급차단장치 조작기구**

벌크로리에는 비상시 긴급차단장치를 작동시킬 수 있는 조작기구를 조작이 쉽도록 다음 기준에 따라 설치한다.

⑴ 긴급차단장치 조작기구의 설치장소는 다음과 같다.

  (1-1) 소형저장탱크에 이송을 하기 위한 조작상자 주변

  (1-2) 운전석 내부 또는 운전석과 탱크 사이 외면

⑵ 긴급차단장치 조작기구의 색상은 적색으로 하고 조작기구임을 쉽게 알아볼 수 있도록 그 주변에 표시(예시 : "긴급차단버튼", "긴급차단레버"등)한다.

OX퀴즈

충전탱크는 그 온도(가스온도를 계측할 수 있는 탱크에 있어서는 가스의 온도)를 항상 40 ℃ 이하로 유지한다. 이 경우 액화가스가 충전된 탱크에는 온도계 또는 온도를 적절히 측정할 수 있는 장치를 설치한다. (○)

- **연결구(액화수소 저장탱크에 한정한다)**

액화수소 탱크의 외조에는 단열공간의 진공(Vacuum Level)을 측정할 수 있는 연결구를 설치한다.

- **필터(액화수소 저장탱크에 한정한다)**

액화수소 탱크의 외조에는 진공펌프와 연결할 수 있는 흡입관을 설치하고 그 흡입관의 말단(단열공간 측을 말한다)에는 분말형(粉末形)단열재가 진공펌프로 유입되는 것을 방지하도록 필터를 설치한다.

- **탱크외면 도색**

탱크에는 그 외면에 은백색 도색을 한다.

- **탱크 등의 보호조치**

탱크 및 부속품은 다음 기준에 따른 보호조치를 하였는지 여부를 확인한다.

1. 차량의 앞뒤 보기 쉬운 곳에 각각 붉은 글씨로 "위험고압가스"라는 경계표시를 한다.

2. 가스를 송출 또는 이입하는데 사용되는 밸브(이하 "탱크주밸브"라 한다)를 후면에 설치한 탱크(이하 "후부취출식탱크"라 한다)에는 탱크 주밸브 및 긴급차단장치에 속하는 밸브와 차량의 뒷 범퍼와의 수평거리가 40 cm 이상 떨어지도록 한다.

3. 후부취출식탱크 외의 탱크는 후면과 차량의 뒷 범퍼와의 수평거리가 30 cm 이상이 되도록 탱크를 차량에 고정시키도록 한다.

4. 탱크주밸브·긴급차단장치에 속하는 밸브 그 밖의 중요한 부속품이 돌출된 저장탱크는 그 부속품을 차량의 좌측면이 아닌 곳에 설치한 단단한 조작상자 안에 설치한다. 이 경우 조작상자와 차량의 뒷 범퍼와의 수평거리는 20 cm 이상 떨어져 있도록 한다.

5. 부속품이 돌출된 탱크는 그 부속품의 손상으로 가스가 누출되는 것을 방지하기 위하여 필요한 조치를 한다.

- **밸브·콕의 개폐표시**

탱크에 설치한 밸브 또는 콕(조작스위치로 그 밸브 또는 콕을 개폐하는 경우에는 그 조작스위치)에는 개폐방향 및 개폐상태를 외부에서 쉽게 식별하기 위한 표시등을 하였는지 확인한다.

- **2개 이상의 탱크의 설치**

2개 이상의 탱크를 동일한 차량에 고정하여 운반하는 경우에는 다음에 적합한지 여부를 확인한다.

1. 탱크마다 탱크의 주밸브를 설치한다.

2. 탱크상호 간 또는 탱크와 차량과의 사이를 단단하게 부착하는 조치를 한다.

3. 충전관에는 안전밸브·압력계 및 긴급탈압밸브를 설치한다.

> **OX퀴즈**
> 2개 이상의 탱크를 동일한 차량에 고정하여 운반하는 경우 **하나의 탱크에만** 탱크의 주밸브를 설치한다. (×)

문제풀이

01
(1) 직각
(2) 5 m³ 이하
(3) 액면요동

1 다음은 고압가스용 차량에 고정된 탱크 제조의 시설·기술·검사기준에 따른 방파판 기준이다. 괄호 안에 들어갈 알맞은 말을 쓰시오.

(1) 탱크의 내부에는 차량의 진행방향과 (   )이 되도록 방파판(防波板)을 설치한다. 다만 이와 동등 이상의 효과를 갖는 방파판의 경우에는 그러하지 아니할 수 있다.

(2) 방파판의 설치 갯수는 탱크 내용적 (   )마다 1개씩 설치한다. 다만 KGS AC113 3.4.7.1의 단서 규정에 따른 방파판의 경우로서 이와 동등 이상의 방파 효과를 갖는 경우에는 그러하지 아니할 수 있다.

(3) 방파판은 용접 또는 볼트에 의하여 부착하되 볼트로 할 경우에는 볼트가 풀리지 아니하도록 하는 조치를 하고, 그 부착부는 탱크 내부의 (   )에 의해서 파손되지 아니하는 강도를 가지도록 한다.

02
(1) 최고액면
(2) 대기
(3) 방폭구조

2 다음은 고압가스용 차량에 고정된 탱크 제조의 시설·기술·검사기준에 따른 액면계 기준이다. 괄호 안에 들어갈 알맞은 말을 쓰시오.

(1) 액면계는 탱크 내부의 (   )을 측정할 수 있는 것으로서 탱크 내의 압력에 대하여 충분한 강도와 차량운행 중 액의 요동에 견딜 수 있는 적합한 구조이어야 한다.

(2) 가연성 또는 독성가스용의 액면의 측정은 해당 가스를 (   )로 방출하지 않고 가능한 구조이어야 한다.

(3) 가연성가스(암모니아, 브롬화메탄 및 공기 중에서 자기 발화하는 가스는 제외한다)용인 경우로서 전기적으로 표시하는 액면지시부를 조작상자 안에 설치하는 경우에는 (   )이어야 한다.

3 다음은 고압가스용 차량에 고정된 탱크 제조의 시설·기술·검사기준에 따른 탱크 등의 보호조치에 관한 내용이다. 틀린 것을 고르시오.

(1) 차량의 앞뒤 보기 쉬운 곳에 각각 황색 글씨로 "위험고압가스"라는 경계표시를 한다.

(2) 가스를 송출 또는 이입하는데 사용되는 밸브(이하 "탱크주밸브"라 한다)를 후면에 설치한 탱크(이하 "후부취출식탱크"라 한다)에는 탱크 주밸브 및 긴급차단장치에 속하는 밸브와 차량의 뒷 범퍼와의 수평거리가 40 cm 이상 떨어지도록 한다.

(3) 후부취출식탱크 외의 탱크는 후면과 차량의 뒷 범퍼와의 수평거리가 30 cm 이상이 되도록 탱크를 차량에 고정시키도록 한다.

(4) 탱크주밸브·긴급차단장치에 속하는 밸브 그 밖의 중요한 부속품이 돌출된 저장탱크는 그 부속품을 차량의 좌측면이 아닌 곳에 설치한 단단한 조작상자 안에 설치한다. 이 경우 조작상자와 차량의 뒷 범퍼와의 수평거리는 20 cm 이상 떨어져 있도록 한다.

03
(1) 붉은색

> 특정설비   고압가스
> **KGS AC115 액화천연가스용 저장탱크 제조의 시설·기술·검사기준**

- **용어 정의**

1. "지상식 저장탱크(Aboveground Storage Tank)"란 지표면 위에 설치하는 형태의 저장탱크로 기초의 형식에 따라 저부가열식과 고상식으로 구분한다.

    (1) "저부가열식 저장탱크(Base Heating Type Storage Tank)"란 저장탱크 내 초저온 액화천연가스가 지반에 영향을 미치지 않도록 별도로 바닥에 가열시스템을 설치한 저장탱크를 말한다.

    (2) "고상식 저장탱크(Elevated Base Type Storage Tank)"란 저장탱크 내 초저온 액화천연가스가 지반에 영향을 미치지 않도록 기둥, 받침 등 하부구조를 설치하여 지표면과 이격시켜 설치한 저장탱크를 말한다.

2. "지중식 저장탱크(Inground Storage Tank)"란 액화천연가스의 최고 액면을 지표면과 동등 또는 그 이하가 되도록 설치하는 형태의 저장탱크를 말한다.

3. "지하식 저장탱크(Underground Storage Tank)"란 지하에 설치하는 구조로서 콘크리트지붕을 흙으로 완전히 덮어버린 형태의 저장탱크를 말한다.

4. "1차 탱크(Primary Container)"란 정상운전 상태에서 액화천연가스를 저장할 수 있는 것으로서 단일방호식, 이중방호식, 완전방호식 또는 멤브레인식 저장탱크의 안쪽 탱크를 말한다.

5. "2차 탱크(Secondary Container)"란 액화천연가스를 담을 수 있는 것으로서 이중방호식, 완전방호식 또는 멤브레인식 저장탱크의 바깥쪽 탱크를 말한다.

6. "단일방호식 저장탱크(Single Containment Tank)"란 액화천연가스를 저장할 수 있는 하나의 탱크로 구성된 것으로서 다음의 (1) 및 (2)를 만족하는 저장탱크를 말한다.

    (1) 1차 탱크는 액화천연가스를 저장할 수 있는 자기 지지형 강재 원통형으로 한다.

OX퀴즈

지중식 저장탱크(Inground Storage Tank)란 지하에 설치하는 구조로서 콘크리트지붕을 흙으로 완전히 덮어버린 형태의 저장탱크를 말한다. (×)

(2) 1차 탱크는 증기를 담을 수 있는 강재 돔(Dome) 지붕이 있거나 상부 개방형인 경우에는 증기를 담을 수 있도록 설계되고 단열을 유지할 수 있는 기밀한 구조의 바깥 강재 탱크가 있는 것으로 한다.

7. "이중방호식 저장탱크(Double Containment Tank)"란 1차 탱크와 2차 탱크로 구성된 것으로서 다음의 (1)부터 (3)까지를 만족하는 저장탱크를 말한다.

   (1) 1차 탱크는 단일방호식 저장탱크와 동일한 형태로 액화천연가스를 저장할 수 있는 기밀한 구조인 것으로 한다.

   (2) 2차 탱크는 1차 탱크가 파손되는 경우 액화천연가스를 담을 수 있는 것으로 한다.

   (3) 1차 탱크와 2차 탱크 사이의 환상공간(Annular Space)은 6.0 m 이하인 것으로 한다.

> **OX퀴즈**
> "이중방호식 저장탱크(Double Containment Tank)"의 **2차 탱크**는 단일방호식 저장탱크와 동일한 형태로 액화천연가스를 저장할 수 있는 기밀한 구조인 것으로 한다. (×)

8. "완전방호식 저장탱크(Full Containment Tank)"란 1차 탱크와 2차 탱크가 함께 구성된 것으로서 다음의 (1)부터 (4)까지를 만족하는 저장탱크를 말한다.

   (1) 1차 탱크는 액화천연가스를 저장할 수 있는 것으로 자기 자립형(Self-standing) 구조의 단일벽 강재인 것으로 한다.

   (2) 1차 탱크는 증기를 담지 않는 상부 개방형 구조 또는 증기를 담을 수 있는 돔 지붕을 갖춘 것으로 한다.

   (3) 2차 탱크는 돔 지붕을 갖춘 콘크리트 구조의 탱크로 하며, 다음의 성능을 갖도록 설계한다.

   (3-1) 정상운전 시 : 1차 탱크가 상부 개방형인 경우 증기를 담을 수 있어야 하고, 1차 탱크의 단열을 유지할 수 있는 것으로 한다.

   (3-2) 1차 탱크 누출 시 : 모든 액화천연가스를 담을 수 있어야 하고, 기밀을 유지할 수 있는 구조인 것으로 한다. 또한 증기는 압력 방출 시스템을 통해 제어될 수 있는 것으로 한다.

   (4) 1차 탱크와 2차 탱크 사이의 환상공간은 2.0 m 이하인 것으로 한다.

9. "멤브레인식 저장탱크(Membrane Containment Tank)"란 멤브레인의 1차 탱크와 단열재와 콘크리트가 조합된 복합구조(이하 "복합구조"라 한다)의 2차 탱크로 구성된 것으로서 다음의 (1) 및 (2)를 만족하는 저장탱크를 말한다.

   (1) 멤브레인에 걸리는 액화천연가스의 하중 및 기타 하중은 단열재를 거쳐 콘크리트 구조의 2차 탱크로 전달될 수 있는 것으로 한다.

   (2) 복합구조 지붕 또는 기밀한 돔 지붕과 단열된 현수 천장(Suspended Roof)은 증기를 담을 수 있는 것으로 한다.

> **OX퀴즈**
> "멤브레인식 저장탱크(Membrane Containment Tank)"란 멤브레인의 1차 탱크와 단열재와 콘크리트가 조합된 복합구조의 2차 탱크로 구성된 것이다. (O)

10. "설계 시방서"란 액화천연가스 저장탱크 설계자와 발주자가 건설공사에 필요한 재료의 품질·성능 및 시공 방법 등에 대한 세부사항과 지침을 문서화한 것을 말한다.

• 내진설계

저장탱크의 내진설계는 다음 기준에 따른다.

1. 지반진동에 대하여 내진성능 수준을 만족하는 것으로 한다.
2. 지반진동으로 인한 사면붕괴, 액상화, 지반침하 등과 같은 지반파괴가 초래되더라도 내진성능수준을 만족하는 것으로 한다.
3. 지진 시 구조물에 발생하는 응력과 변형을 평가할 때에는 내압, 운전하중, 온도하중, 연결된 다른 시설물과의 상대적인 변위 등의 영향을 고려한다.
4. 지진 시 유체의 동압력(動壓力)의 영향과 액체표면의 요동에 따른 충격의 영향을 고려한다.
5. 기초는 어떠한 경우에도 지반의 변형과 침하에도 그 지지 기능을 유지할 수 있도록 설계한다.
6. 그 밖에 내진설계에 필요한 사항은 KGS GC203(가스시설 및 지상 가스배관 내진설계기준)에 따른다.

> **OX퀴즈**
> 저장탱크의 내진설계는 지반진동에 대하여 **내압 성능** 수준을 만족하는 것으로 한다. (×)

• 콘크리트

1. 콘크리트 배합은 필요한 강도·내구성·작업성을 고려하여 결정한다.
2. 콘크리트 타설, 다짐 및 타계목 처리는 필요한 균등질의 콘크리트가 얻어질 수 있도록 한다.
3. 콘크리트 타설한 후에는 저온, 건조, 급격한 온도변화 등에 영향을 받지 아니하도록 양생한다.

• 철근

1. 철근은 사용조건에 따라 적절한 강도 및 성질을 가진 것을 사용한다.
2. 철근은 재질이 손상되지 아니하도록 가공하여 콘크리트 타설에 따라서 움직이지 아니하도록 견고히 조립한다.
3. 프리 스트레스트 콘크리트(Prestressed Concrete 이하 "PC"라 한다)
   (1) PC 강도는 도입되는 프리 스트레스트에 따른 압축응력이 충분하도록 한다.
   (2) PC 강재에 주어지는 인장력에 대해서는 소요의 값이 감소되지 아니하도록 프리 스트레스트 도입 관리를 수행한다.

⑶ PC 강재 및 형틀(Sheath)은 콘크리트 블록, 강재 등으로 견고히 지지해서 콘크리트 작업 시 이동하지 아니하도록 한다.

4. 형틀(Sheath) 안에 그라우팅(Grouting)을 수행할 때에는 물이나 기포가 남지 아니하도록 시공한다.

• 형틀 및 지보공(持堡孔)

1. 형틀 및 지보공은 필요한 강도(强度)와 강성(剛性)을 가진 것으로 한다.

2. 형틀 및 지보공은 기초판 등의 형상 및 치수가 정확히 확보될 수 있도록 설계하여 시공한다.

> **Tip** 지보공이란 어떤 하중(응력)을 지지해주는 구조물을 의미한다.

• 단열재시공

저장탱크에서 단열을 필요로 하는 곳에는 다음과 같은 단열재를 사용하고 설계에서 요구하는 열적 특성을 충분히 만족하는 재료를 사용한다.

1. 성형 단열재는 열전도율이 낮고 압축강도가 높고 초저온에 견디는 것으로 한다.

2. 단열재로 1차 탱크와 2차 탱크에 가해지는 수평하중과 수직하중은 최소로 한다.

3. 초저온 액체의 입출에 따른 1차 탱크의 수축과 팽창에 미치는 영향을 고려한다.

4. 자연대류를 방지할 수 있도록 단열재는 투과성이 낮은 것으로 한다.

5. 액화천연가스에 대하여 화학적으로 안정적인 단열재 재질을 사용한다.

6. 단열재는 흡수성이 설계시방서에 명시된 허용범위 이내로 한다.

7. 이중벽 탱크에 펄라이트 분말로 충진한 경우는 시공을 한 후에 압밀에 대한 방지조치를 하는 것으로 한다.

> **OX퀴즈**
> 자연대류를 방지할 수 있도록 단열재는 투과성이 **높은** 것으로 한다. (×)

• 멤브레인 시공

1. 멤브레인을 프레스 가공한 경우는 단면 수축율이 멤브레인의 피로강도 이내에서 안전하게 운전할 수 있는 범위 내로 한다.

2. 멤브레인을 벤딩 가공한 경우는 마디(Knot)부분에서의 형상이 균일하고, 치수 정밀도를 유지하여 피로에 따른 응력집중 현상이 없도록 한다.

3. 멤브레인을 가공한 후에도 평면도(Flatness)를 균일하게 유지하여 멤브레인 패널 조립 시 불균일한 응력집중이나 잔류응력이 발생하지 아니하도록 한다.

• **지붕시공**

1. 지붕은 구면으로 하고 지붕 뼈대로 지지되는 구조로 한다.
2. 지붕은 가스압력, 자중 및 그 밖에 하중에 따른 좌굴(挫屈)에 대하여 충분한 강도를 가진 것으로 한다.
3. **지붕**의 곡률 반경은 탱크 내경의 **0.8 ~ 1.2**배로 한다.
4. 지붕에 대한 좌굴강도(Buckling Strength)를 검토하는 경우의 하중은 다음에 표시한 사항을 고려한다.
    (1) 가스압력
    (2) 탱크의 지붕판 및 지붕 뼈대의 중량
    (3) 지붕부위 단열재의 중량
    (4) 탱크 지붕에 부착된 기기 부속품의 중량

> 암기법
> 지영이의 팔은 1.2 m이다.

• **탱크 냉각**

LNG 저장탱크는 저장되는 저온가스의 대기압 비등온도에 상응하는 운전온도를 갖는다. 즉, 일반적으로 -165 ℃까지의 온도영역을 갖는다. 그러므로 탱크의 냉각이 요청되며 이 작업은 탱크의 건조와 치환 후에 시작된다. 일반적으로 탱크의 치환작업은 질소 또는 LNG 증발가스를 이용하여 실시한다. 따라서 냉각 작업은 탱크 내에서 액화질소 또는 LNG로 진행한다. 내부탱크의 냉각이 서서히 일정한 속도로 진행되면 내부탱크의 수축만을 가져오는 결과를 가져올 것이다. 이 과정에서 수용하기 힘든 탱크 재질의 응력은 발생하지 않는다. 국부적 냉각은 온도 구배, 비정상적 수축 그리고 수용하기 힘든 응력 등을 발생시킨다. 조립과 용접 시 생성된 기존의 응력과 결부될 경우 이들 응력들은 응력 집중지역에서 균열을 발생시킨다. 탱크의 냉각은 매우 조심스럽게 시작하여야 한다. 특수한 냉각표면 온도측정계를 내부탱크 바닥과 내부탱크 동체에 연결해야 한다. 인접한 온도계 사이의 온도차이 허용치는 설계자가 설정하여야 한다. 냉각 시 질소를 사용하면 설계상의 온도, 즉 LNG 탱크의 경우 -180 ℃ 이하로 탱크를 과냉각시킬 수 있다. 이와 같은 과냉각을 피하기 위해서 주의 깊은 저온가스의 탱크 내 주입, 서냉 및 정확한 상시 온도 감시와 같은 조치를 취해야 한다.

> OX퀴즈
> 냉각 시 질소를 사용하면 설계상의 온도, 즉 LNG 탱크의 경우 **-160 ℃** 이하로 탱크를 과냉각시킬 수 있다.
> (×)

• **과충전 방지**

정상적 운전 시의 최고액위는 현장에서 운전조건을 기초로 한 시간간격을 이용하여 계산할 수 있으며 이를 통하여 단계식 과충전 보호시스템이 가능하다. 거리 b는 선택된 시간간격(예를 들면 1시간)과 공급 펌핑량(Pump-in Rate)을 기초로 결정된다. 최고 액위 차단 경보(Level High, High Alarm with Cutout : LHHA(CO))는 액체 공급 계통에 트립기능(Trip Function)

이 있어야 한다.

• **과압 방지**

정상적인 운전 압력은 증발 가스 압축기와 가스 및 액의 공급으로 유지된다. 만약 압력이 정상 운전 수준 이상으로 증가한다면 비상방출시스템을 통하여 과압의 가스는 플레어 또는 벤트로 방출될 것이다.

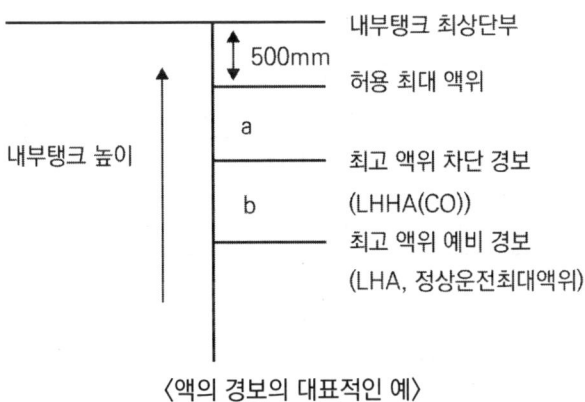

〈액의 경보의 대표적인 예〉

• **과도한 내부 부압의 방지**

가스 및 액의 공급을 통하여 압력을 정상 운전 압력으로 유지하여야 한다. 압력이 낮아지면 증발 가스 압축기는 정지되고 탱크에서 액을 방출하는 작업은 중단될 것이다. 부가적으로 과도한 내부 부압 해소를 위해 가스 공급시스템이 사용될 수 있다. 그러나 최종단계에서는 진공방지밸브가 개방되어 공기가 탱크 내로 들어와야 한다. 이는 일반적으로 -0.5 kPa(-5 mbarg)의 압력에서 발생한다. 그러나 이것은 정상적인 상황에서는 결코 일어나지 않는 긴급 상황이다.

• **탱크 가열시스템**

탱크 하부의 지반이 너무 차가우면 서리가 지반 내로 스며들어 주로 점토질의 지반에서 아이스 렌즈(Ice Lens)가 형성되고 아이스 렌즈가 커지게 되면 팽창력이 증가하여 탱크 또는 탱크의 부품(예를 들면 탱크 바닥 연결부)들이 들어올려지거나 손상을 입게 된다. 이를 방지하기 위하여 가열시스템을 작동하여야 한다. 가열시스템의 열원으로는 전기 또는 열매체를 사용할 수 있으며 연속 또는 불연속적으로 온도를 제어할 수 있어야 한다. 전기에 의한 경우는 자동 켜짐/꺼짐 스위치시스템에 의해 가열시스템이 작동되어야 하며 가장 온도가 낮은 지역에서도 탱크의 기초가 5℃에서 10℃ 사이의 온도 영역을 유지하도록 해야 한다. 탱크의 다른 기초 부분은 더 높은 온도를 나타낼 수도 있다. 전체 가열시스템의 작동은 많은 센서를 통해 감시해야 한다. 이들 센서들은 탱크의 바닥 전체에 골고루 설치해야 한다. 필요시 용도에 따라 벽체용 센서도 설치해야 한다. 이들 센서 중 하나 이상은 경보 기능이 갖추어져야 한다. 일반적으로 저온 경보의 설정값은 0℃이고 고온 경보는 50℃이다. 기초와 벽체에 대한 감시시스템의 적절한 상시 제어는 매우 중요하다. 왜냐하면 이 감시시스템은 탱크의 누출을 최초로 검지하기 때문이다. 누출 발생시 누출이 발생한 곳 근처에 위치한 센서는 급격한 온도 강하를 보여준다. 그러므로 매일 모든 바닥 설치 센서의 기록을 유지 관리해야 한다.

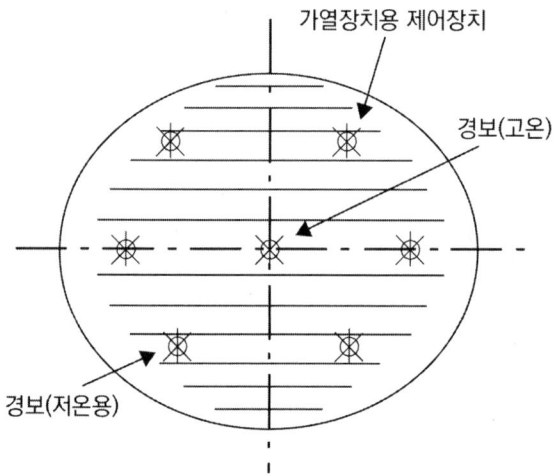

비정상적인 상황임을 알 수 있는 다른 지표는 정상 사이클(Duty Cycle)의 변화 또는 가열할 때 들어가는 동력 소비량의 변화이다. 이것은 켜짐/꺼짐 시간의 변화를 가져온다. 정상적으로 가열시스템은 전체 운전시간의 40%에서 60%까지 가동되는데 갑작스럽게 100% 가동되면 이는 시스템 내에 어떤 문제가 있거나 누출이 발생했음을 나타내는 것이다. 가열이 이루어지는지의 여부를 매일 기록해두는 것이 필요하다.

• **환상공간의 액체**

다음의 비정상적인 조건중의 하나로 인해 9% 니켈강 또는 KS D 3031(저온 압력용기용 오스테나이트계 고망간 강판) 내부탱크에 인접한 환상공간에 액체가 고여 있을 수 있다.

(1) 내부탱크로부터의 유출(Spillage)

(2) 내부탱크 바깥 면의 응축

(3) 내부탱크의 누출(Leak)

만약 액체가 환상공간으로 유입되면 내부탱크와 바닥 단열재에 손상이 일어날 위험이 존재한다. 환상공간 내 많은 양의 액체가 유입될 경우 설계방식에 따라서는 탱크바닥을 위로 부풀게 만들고 결과적으로는 내부탱크를 부상시킬 수도 있다. 이런 조건하에서는 동체 하단부에 손상(예 : 좌굴)이 발생할 수 있다. 더욱이 액체가 바닥 단열재로 침투가 가능한 구조일 경우에는 내부 바닥 아래에 위치한 셀룰라 글라스 블록이 부상하게 되어 전체 단열시스템은 교란되고 손상을 입게 된다. 만약 환상공간에서 액체가 검지되면 조심스럽게 제거해야 한다. 내부탱크의 동체가 좌굴될 가능성을 예방하기 위해 내부탱크의 액위가 환상공간에서의 액위보다 항상 높아지도록 펌프로 퍼내는 작업을 해야 한다. 환상공간에 있는 소량의 액은 환상공간 바닥에 위치한 특수한 벤트시스템으로 제거할 수 있다. 뜨거운 가스 또는 질소는 증발현상을 가속하기 위해서 사용할 수 있다. 펄라이트로 채워진 환상공간을 가진 탱크의 경우 유출을 제어할 액체 검지 도구를 설치하는 작업은 어렵다. 그러므로 액체를 제거하기 위해서 펌프는 적당하지 않다. 액체는 증발에 의해서만 제거할 수 있다. 내부탱크의 누출을 검지하기 위해서 환상공간 바닥에 온도를 검지할 수 있는 온도 센서를 설치해야 하며, 액체가 바닥 단열재로 침투 가능한 구조의 경우에는 탱크바닥에 있는 가열시스템을 감시함으로써 내부탱크의 누출을 검지할 수 있다.

> **OX퀴즈**
> 환상공간에 있는 소량의 액은 환상공간 바닥에 위치한 특수한 벤트시스템으로 제거할 수 **없다**. (×)

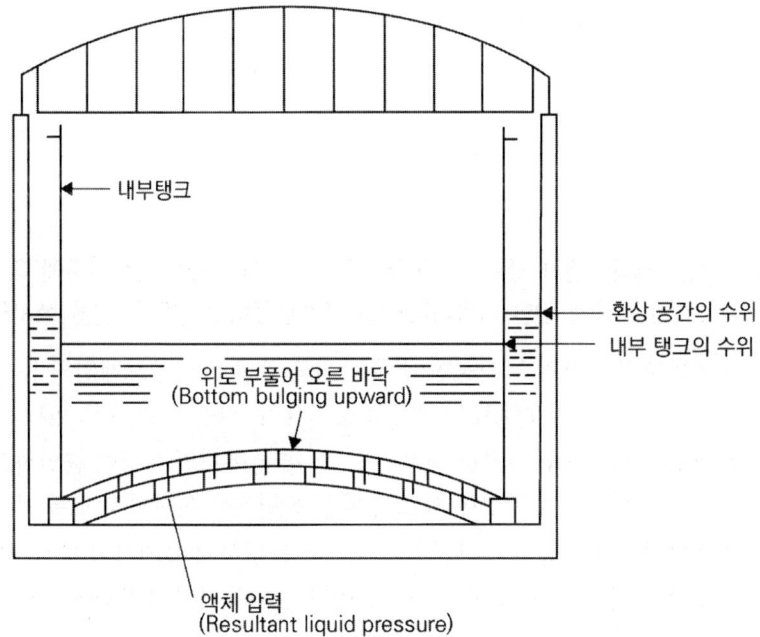

문제풀이

01
(1) 이중방호식 저장탱크
(2) 2차 탱크
(3) 멤브레인식 저장탱크

1 액화천연가스용 저장탱크 제조의 시설·기술·검사기준에 따른 용어 정의를 보고 해당하는 용어를 쓰시오.

(1) 탱크와 2차 탱크로 구성된 것으로서 2차 탱크는 1차 탱크가 파손되는 경우 액화천연가스를 담을 수 있는 것

(2) 액화천연가스를 담을 수 있는 것으로서 이중방호식, 완전방호식 또는 멤브레인식 저장탱크의 바깥쪽 탱크

(3) 멤브레인의 1차 탱크와 단열재와 콘크리트가 조합된 복합구조(이하 "복합구조"라 한다)의 2차 탱크로 구성된 것

02
(1) 피로강도
(2) 마디평면도
(3) 평면도

2 다음은 액화천연가스용 저장탱크 제조의 시설·기술·검사기준에 따른 멤브레인 시공에 관한 내용이다. 괄호 안에 들어갈 알맞은 말을 쓰시오.

(1) 멤브레인을 프레스 가공한 경우는 단면 수축율이 멤브레인의 (   ) 이내에서 안전하게 운전할 수 있는 범위 내로 한다.

(2) 멤브레인을 벤딩 가공한 경우는 (   )부분에서의 형상이 균일하고, 치수 정밀도를 유지하여 피로에 따른 응력집중 현상이 없도록 한다.

(3) 멤브레인을 가공한 후에도 (   )를 균일하게 유지하여 멤브레인 패널 조립 시 불균일한 응력집중이나 잔류응력이 발생하지 아니하도록 한다.

3 다음은 액화천연가스용 저장탱크 제조의 시설·기술·검사기준에 따른 탱크 가열시스템에 관한 내용이다. 틀린 것을 고르시오.

(1) 탱크 하부의 지반이 너무 차가우면 서리가 지반 내로 스며들어 주로 점토질의 지반에서 아이스 렌즈(Ice Lens)가 형성되고 아이스 렌즈가 커지게 되면 팽창력이 증가하여 탱크 또는 탱크의 부품(예를 들면 탱크 바닥 연결부)들이 들어올려지거나 손상을 입게 된다.

(2) 가열시스템의 열원으로는 전기 또는 열매체를 사용할 수 있으며 연속 또는 불연속적으로 온도를 제어할 수 있어야 한다.

(3) 전기에 의한 경우는 자동 켜짐/꺼짐 스위치시스템에 의해 가열시스템이 작동되어야 하며 가장 온도가 낮은 지역에서도 탱크의 기초가 0 ℃에서 5 ℃ 사이의 온도 영역을 유지하도록 해야 한다.

(4) 일반적으로 저온 경보의 설정값은 0 ℃이고 고온 경보는 50 ℃이다.

03
(3) 5 ℃에서 10 ℃ 사이

공통
KGS GC212 고압가스 배관보호기준

고압가스

• **용어 정의**

1. "배관"이란 사업자 등이 보유한 배관으로서, 사업소 경계 밖의 지하에 매설된 고압가스배관을 말한다.

2. "대규모 굴착공사"란 다음의 굴착공사 중 어느 하나에 해당하는 굴착공사를 말한다.
   (1) 매설배관이 통과하는 지점에서 도시철도(지하에 설치하는 것만을 말한다)·지하보도·지하차도·지하상가를 건설하기 위한 굴착공사
   (2) 굴착공사 예정 지역에 매설된 배관의 길이가 100 m 이상인 굴착공사

3. "매달림 지지대"란 굴착으로 노출된 배관의 방호를 위하여 전용 보로부터 배관을 지지하기 위한 봉강, 와이어로프, 기타의 기구 또는 구조물을 말한다.

4. "받침지지대"란 굴착으로 노출된 배관의 방호를 위하여 배관을 받치는 구조물을 말한다.

5. "지지대"란 굴착으로 노출된 배관의 방호를 위하여 배관을 지지하기 위한 보로서, 2개 이상의 매달림 지지대나 받침 지지대로 지지하는 것을 말한다.

6. "받침대"란 굴착으로 노출된 배관의 방호를 위하여 배관이 앉는 자리로서, 지지대 위에 설치된 것을 말한다.

7. "받침횡목"이란 굴착으로 노출된 배관의 방호를 위하여 배관을 지지하기 위한 횡목으로서, 매달림 지지대로 지지한 것을 말한다.

• **굴착공사 준비**

배관의 주위에서 굴착공사를 하려는 자는 그 배관이 굴착으로 인하여 손상되지 않도록 조치한다.

• **매설배관 위치 확인**

1. 배관 및 기타 지장물의 매설 위치를 도면을 통해 조사한다.

2. 사업소 밖 배관 보유 사업자와 입회 일정을 협의하여 시험굴착 계획을 수

OX퀴즈
"지지대"란 굴착으로 노출된 배관의 방호를 위하여 배관을 지지하기 위한 보로서, 2개 이상의 매달림 지지대나 받침 지지대로 지지하는 것을 말한다. (O)

립한다.

3. 1에 따라 조사된 자료로 시험굴착 위치 및 굴착 개소 등을 정하여 배관 매설 위치를 다음 기준에 따라 확인한다.

    (1) 지하매설배관탐지장치(Pipe Locator) 등으로 확인된 지점 중 확인이 곤란한 분기점, 곡선부, 장애물 우회 지점은 시험굴착을 한다.

    (2) 배관 주위 1 m 이내에는 인력으로 굴착한다.

OX퀴즈
배관 주위 **2 m** 이내에는 인력으로 굴착한다. (×)

- **매설배관 위치 표시**

사업소 밖 배관 보유 사업자와 굴착공사자는 굴착공사로 인하여 배관이 손상되지 않도록 다음 기준에 따라 배관의 위치를 표시한다.

1. 굴착공사자는 매설배관 직상부의 지면에 흰색 페인트를 사용하여 두 줄로 그림의 예시와 같이 표시하며, 비포장도로 등 페인트 표시가 곤란한 곳에는 표시말뚝, 표시깃발, 표지판 등을 그림 및 예시와 같이 설치하여 사업소 밖 배관 보유 사업자가 굴착공사 예정 지역임을 인지할 수 있도록 한다.

가. 포장도로의 표시방법

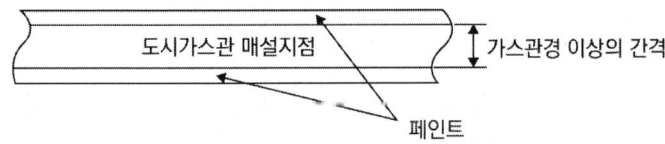

나. 표시말뚝 및 표시깃발

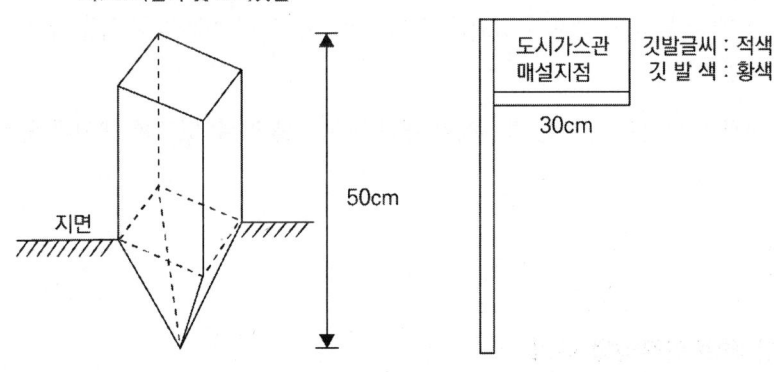

다. 표지판

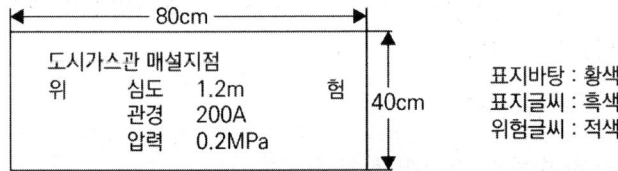

2. 사업소 밖 배관 보유 사업자는 굴착공사로 인하여 위해를 받을 우려가 있는 매설배관의 위치를 매설배관 직상부의 지면에 적색 페인트로 표시하며, 페인트로 표시하는 것이 곤란한 경우에는 표시말뚝·표시깃발·표지판 등을 사용하여 적절한 방법으로 표시한다.

3. 운행하는 차량 등으로 인해 배관 표시물이 훼손된 경우에는 이를 다시 표시한다.

굴착작업 준비

굴착공사자는 다음 기준에 따라 굴착작업을 준비한다.

Tip 줄파기 : 굴삭 작업의 한 종류이며 긴 홈 모양으로 파는 것

• **줄파기 작업**

줄파기 작업 전에 관련 대장 및 도면을 통해 공사 구간 내 지장물의 위치를 확인하고, 그 지장물의위치를 지면에 표시한다.

• **파일 박기 및 빼기 작업**

1. 공사 착공 전에 사업소 밖 배관 보유 사업자와 공사 장소, 공사 기간 및 안전조치에 관하여 협의한다.

OX퀴즈
배관과의 수평거리 2 m 이내에서 파일 박기를 하고자 할 때에는 사업소 밖 배관 보유 사업자의 입회하에 시험굴착을 하여 배관의 위치를 정확히 확인한다. (O)

2. 배관과의 수평거리 2 m 이내에서 파일 박기를 하고자 할 때에는 사업소 밖 배관 보유 사업자의 입회하에 시험굴착을 하여 배관의 위치를 정확히 확인한다.

3. 배관의 위치를 파악한 경우에는 배관의 위치를 알 수 있도록 표지판을 설치한다.

그 밖의 굴착작업 준비

• **굴착공사 입회 시기 및 요청**

굴착공사자는 다음 기준에 따른 시기 및 필요한 경우에 사업소 밖 배관 보유 사업자에게 입회를 요청한다.

⑴ 시험굴착 및 본 굴착 시

⑵ 배관에 근접하여 파일, 토류판 설치 시

(3) 배관의 수직·수평 위치 측량 시

(4) 노출배관 방호공사 시

(5) 고정조치 완료 시

(6) 배관 되메우기 직전

(7) 배관 되메우기 시

(8) 배관 되메우기 작업 완료 후

• **관리감독자의 준수 기준**

「산업안전보건법」 제14조에 따라 지정된 관리감독자는 다음 기준에 따라 업무를 수행한다.

1. 사업소 밖 배관 보유 사업자가 지정한 굴착공사 안전관리 전담자(이하, "안전관리 전담자"라 한다)와 연락방법을 사전에 확인하고, 공사 진행에 따른 공동 참석 및 공동 확인에 필요한 공사의 공정을 협의한다.

2. 배관 주위의 굴착공사는 안전관리 전담자의 입회하에 실시한다.

3. 현장의 모든 굴착공사와 천공작업(보링, 파일박기), 발파작업, 차수공사 등 배관에 영향을 줄 수 있는 공사를 파악하고 관리한다.

4. 배관 주위의 굴착공사 전에 굴착에 참여하는 건설기계 조종사, 굴착작업자 등에게 다음 사항에 대한 교육·훈련을 실시하고 교육·훈련 내용을 작성·보존한다.

    (1) 배관 매설 위치와 손상 방지를 위한 준수사항

    (2) 비상시 긴급조치사항 및 대처방안

    (3) 가상 시나리오에 따른 교육 및 훈련

• **기준의 비치·부착 및 휴대·숙지**

"배관 손상 방지 기준"은 굴착공사장에 비치·부착하고 굴착공사 관계자는 항상 휴대·숙지한다.

굴착공사 시행

• **굴착작업 시행**

굴착공사자는 다음 기준에 따라 굴착작업을 시행한다.

• **줄파기 작업**

1. 배관이 있을 것으로 예상되는 지점으로부터 2 m 이내에서 줄파기를 할 때에는 안전관리 전담자의 입회하에 시행한다.

2. 줄파기 1일 시공량 결정은 시공 속도가 가장 느린 천공작업에 맞추어 결정한다.

3. 줄파기 심도는 최소한 1.5 m 이상으로 하며, 지장물의 유무가 확인되지 않는 곳은 안전관리 전담자와 협의 후 공사의 진행 여부를 결정한다.

4. 줄파기는 두 줄 이상을 동시에 시행하지 않아야 하며 시공작업, 항타작업 및 가포장이 완료된 후에 다른 줄파기 공사를 시행한다.

5. 줄파기 공사 후 배관으로부터 1 m 이내에 파일을 설치할 경우에는 가이드 파이프를 먼저 설치한 후 되메우기를 실시한다.

• **파일 박기 및 빼기 작업**

1. 배관과의 수평거리 0.3 m 이내에서는 파일 박기를 하지 않는다.

2. 항타기는 배관과의 수평거리가 2 m 이상 되는 곳에 설치한다. 다만 부득이하여 수평거리 2 m 이내에 설치할 때에는 하중 진동을 완화할 수 있는 조치를 한다.

3. 파일을 뺀 자리는 충분히 메운다.

• **그라우팅·보링작업**

시험굴착을 통하여 배관의 위치를 확인한 후 보링비트가 배관에 접촉할 가능성이 있는 경우에는 가이드 파이프를 사용하여 직접 접촉되지 않도록 한다.

• **터 파기·되메우기 및 포장작업**

1. 배관의 주위를 굴착하고자 할 경우, 배관의 좌우 1 m 이내의 부분은 인력으로 굴착한다.

2. 배관에 근접하여 굴착하는 경우로서 주위에 배관의 부속시설물(밸브, 전기방식용 리드선 및 터미널 등)이 있을 때에는 작업으로 인한 이탈이나 그 밖의 손상 방지에 주의한다.

OX퀴즈
줄파기 심도는 최소한 **1.2 m** 이상으로 하며, 지장물의 유무가 확인되지 않는 곳은 안전관리 전담자와 협의 후 공사의 진행 여부를 결정한다. (×)

Tip 항타기 : 무거운 쇠달구를 말뚝 머리에 떨어뜨려 그 힘으로 말뚝을 땅에 박는 토목 기계

3. 배관이 노출될 경우 배관의 코팅부가 손상되지 않도록 하고, 코팅의 손상 시에는 사업소 밖 배관 보유 사업자에게 통보하여 보수를 행한 후 작업을 진행한다.

4. 배관 주위에서 발파작업을 하는 경우에는 사업소 밖 배관 보유 사업자의 입회하에 충분한 대책을 강구한 후 실시한다.

5. 고압가스배관 주위를 되메우기하거나 포장할 경우 배관 주위의 모래 채우기, 보호판 및 고압가스배관 부속시설물의 설치 등은 굴착 전과 같은 상태가 되도록 한다.

6. 되메우기를 할 때에는 나중에 배관의 지반이 침하되지 않도록 필요한 조치를 한다.

• 매설배관 안전조치

대규모 굴착공사장 내에 배관이 매설되어 있는 경우에 굴착공사자는 다음 중 어느 하나의 기준에 따른 안전조치를 한다.

(1) 배관을 이설하거나 가스 공급을 일시 정지(또는 감압운전)하도록 사업소 밖 배관 보유 사업자에게 통보 및 확인

(2) 토사 붕괴 및 침하 방지조치

• 그 밖의 굴착공사 시행

그 밖에 굴착공사자는 공사 중에 다음 기준을 따른다.

1. 대규모 굴착공사 중 배관의 수직·수평 변위 및 지반 침하의 우려가 있는 경우에는 배관 변형 및 지반 침하 여부를 다음 기준에 따라 확인한다.

    (1) 줄파기 공사로 배관이 노출될 때 수직·수평 측량을 통해 최초 위치를 확인·기록하고 공사 중에도 계속 측량하여 배관 변형 유무를 확인한다.

    (2) 매설된 배관의 침하 여부는 침하 관측공을 설치하여 관측한다.

    (3) 침하 관측공은 줄파기를 하는 때에 설치하고, 침하 측정은 매 10일에 1회 이상을 원칙으로 하되, 큰 충격을 받았거나 변형 양(量)이 있는 경우에는 1일 1회씩 3일간 연속하여 측정한 후 이상이 없으면 10일에 1회 측정한다.

    (4) 배관 변형 및 지반 침하 여부 확인은 해당 사업소 밖 배관 보유 사업자의 직원과 시공자가 상호 확인하고 그 기록을 각 1부씩 보관한다.

2. 온도 변화에 따라 와이어로프 등의 느슨해짐을 수정하고 가설구조물의 변형 유무를 확인한다.

3. 배관 주위에서는 중장비의 배치 및 작업을 제한한다.

> **OX퀴즈**
> 침하 관측공은 줄파기를 하는 때에 설치하고, 침하 측정은 매 10일에 1회 이상을 원칙으로 하되, 큰 충격을 받았거나 변형 양(量)이 있는 경우에는 1일 1회씩 3일간 연속하여 측정한 후 이상이 없으면 **5일**에 1회 측정한다. (×)

4. 굴착공사로 노출된 배관은 일일 안전점검을 실시하고 다음 보기의 서식에 따른 점검표에 기록한다.

• **굴착현장 복구**

굴착현장은 다음 기준에 따라 복구한다.

1. 파일을 뺀 자리는 충분히 메운다.
2. 배관의 주위에 매설물을 부설하고자 할 때에는 0.3 m 이상 이격하여 설치한다.
3. 배관의 주위를 되메우기하거나 포장할 경우, 배관 주위의 모래 채우기, 보호판, 배관 부속시설물의 설치 등은 굴착 전과 동일한 상태가 되도록 한다.
4. 되메우기를 하는 때에는 사후에 배관의 지반이 침하되지 않도록 필요한 조치를 한다.
5. 되메우기 작업은 다짐장비를 이용하여 기계다짐, 물다짐 등의 방법으로 충분한 다짐을 실시한다.
6. 되메움용 토사는 운반차로부터 직접 투입하지 않도록 한다.
7. 되메움작업 중 노출된 배관 받침방호시설과 배관의 피복 등이 장비, 되메움재 등에 의해 손상되지 않도록 한다.
8. 배관 주위의 모래부설, 보호관, 보호판 및 전기부식방지조치 등은 법의 관련 규정에 적합하게 조치한다.
9. 되메움공사 완료 후 3개월 이상 침하 유무를 확인한다.

OX퀴즈
배관의 주위에 매설물을 부설하고자 할 때에는 0.3 m 이상 이격하여 설치한다.
(○)

OX퀴즈
되메움공사 완료 후 **1개월** 이상 침하 유무를 확인한다.
(×)

문제풀이

1 다음은 고압가스 배관보호기준에 따른 굴착공사 준비사항이다. 괄호 안에 들어갈 알맞은 말을 쓰시오.

(1) 지하매설배관탐지장치(Pipe Locator) 등으로 확인된 지점 중 확인이 곤란한 (   ), 곡선부, 장애물 우회 지점은 (   )을 한다.

(2) 배관 주위 (   ) 이내에는 인력으로 굴착한다.

01
(1) 분기점, 시험굴착
(2) 1 m

2 다음은 고압가스 배관보호기준에 따른 굴착작업 기준이다. 괄호 안에 들어갈 알맞은 말을 쓰시오.

(1) 배관과의 수평거리 (   ) 이내에서 파일 박기를 하고자 할 때에는 사업소 밖 배관 보유 사업자의 입회하에 시험굴착을 하여 배관의 위치를 정확히 확인한다.

(2) 배관의 위치를 파악한 경우에는 배관의 위치를 알 수 있도록 (   )을 설치한다.

(3) (   )은 굴착공사장에 비치·부착하고 굴착공사 관계자는 항상 휴대·숙지한다.

02
(1) 2 m
(2) 표지판
(3) 배관 손상 방지 기준

3 다음은 고압가스 배관보호기준에 따른 굴착공사 시행 기준이다. 틀린 것을 고르시오.

(1) 줄파기 심도는 최소한 1.5 m 이상으로 하며, 지장물의 유무가 확인되지 않는 곳은 안전관리 전담자와 협의 후 공사의 진행 여부를 결정한다.

(2) 배관과의 수평거리 0.5 m 이내에서는 파일 박기를 하지 않는다.

(3) 항타기는 배관과의 수평거리가 2 m 이상 되는 곳에 설치한다. 다만 부득이하여 수평거리 2 m 이내에 설치할 때에는 하중 진동을 완화할 수 있는 조치를 한다.

(4) 시험굴착을 통하여 배관의 위치를 확인한 후 보링비트가 배관에 접촉할 가능성이 있는 경우에는 가이드 파이프를 사용하여 직접 접촉되지 않도록 한다.

03
(2) 0.3 m

PART 02

액화석유가스

충전시설 KGS FP333, KGS FP334,
         KGS FP332, KGS FP331
집단공급시설 KGS FS331
저장시설 KGS FU331, KGS FU332
판매시설 KGS AA438, KGS AA631,
         KGS AB134, KGS AB131,
         KGS AA434, KGS AA334,
         KGS AA632, KGS AB231
사용시설 KGS FU432, KGS FU431,
         KGS FU433

충전시설

KGS FP333 액화석유가스 자동차에 고정된 탱크충전의 시설·기술·검사·정밀안전진단·안전성평가기준

액화석유가스

• **용어 정의**

1. "저장설비"란 액화석유가스를 저장하기 위한 설비로서, 저장탱크·마운드형 저장탱크·소형저장탱크 및 용기(용기 집합설비와 충전용기 보관실을 포함한다. 이하 같다)를 말한다.

2. "저장탱크"란 액화석유가스를 저장하기 위하여 지상 또는 지하에 고정 설치된 탱크로서, 그 저장능력이 3톤 이상인 탱크를 말한다.

3. "마운드형 저장탱크"란 액화석유가스를 저장하기 위하여 지상에 설치된 원통형 탱크에 흙과 모래를 사용하여 덮은 탱크로서, 「액화석유가스의 안전관리 및 사업법 시행령」(이하 "영"이라 한다) 제3조 제1항 제1호 마목에 따라 자동차에 고정된 탱크충전사업 시설에 설치되는 탱크를 말한다.

4. "소형저장탱크"란 액화석유가스를 저장하기 위하여 지상이나 지하에 고정 설치된 탱크로서, 그 저장능력이 3톤 미만의 탱크를 말한다.

5. "자동차에 고정된 탱크"란 액화석유가스의 수송·운반을 위하여 자동차에 고정·설치된 탱크를 말한다.

6. "벌크로리"란 소형저장탱크에 액화석유가스를 공급하기 위하여 펌프 또는 압축기가 부착된 자동차에 고정된 탱크를 말한다. 다만 규칙 별표 4에서 규정하는 방법으로 액화석유가스를 공급하는 경우에는 저장능력 10톤 이하인 저장탱크에 공급할 수 있다.

7. "가스설비"란 저장설비 외의 설비로서 액화석유가스가 통하는 설비(배관은 제외한다)와 그 부속설비를 말한다.

8. "충전설비"란 용기 또는 자동차에 고정된 탱크에 액화석유가스를 충전하기 위한 설비로서, 충전기와 저장탱크에 부속된 펌프 및 압축기를 말한다.

9. "불연재료"란 「건축법 시행령」 제2조 제10호에 따른 재료를 말한다.

10. "방호벽"이란 높이 2 m 이상, 두께 12 cm 이상의 철근콘크리트 또는 이와 같은 수준 이상의 강도를 가지는 구조의 벽을 말한다.

11. "보호시설"이란 다음의 제1종 보호시설과 제2종 보호시설을 말한다.

OX퀴즈
"마운드형 저장탱크"란 액화석유가스를 저장하기 위하여 지상에 설치된 원통형 탱크에 흙과 모래를 사용하여 덮은 탱크로서 자동차에 고정된 탱크충전사업 시설에 설치되는 탱크를 말한다. (○)

OX퀴즈
"방호벽"이란 높이 **1 m** 이상, 두께 12 cm 이상의 철근콘크리트 또는 이와 같은 수준 이상의 강도를 가지는 구조의 벽을 말한다. (×)

12. "저장능력"이란 저장설비에 저장할 수 있는 액화석유가스의 양으로서, 다음 식에 따라 산정된 것을 말한다.

    W = 0.9 dV 다만 소형저장탱크의 경우에는 0.9대신 0.85를 적용한다.
    여기에서,
    W : 저장탱크 및 소형저장탱크의 저장능력(kg)
    d : 상용온도에서 액화석유가스 비중(kg/L)
    V : 저장탱크 및 소형저장탱크의 내용적(L)

    > **Tip** 소형저장탱크의 경우 안전공간이 최소 15% 필요하다.

13. "설정압력(Set Pressure)"이란 안전밸브의 설계를 위하여 정한 분출압력 또는 분출 개시 압력으로서, 명판에 표시된 압력을 말한다.

14. "축적압력(Accumulated Pressure)"이란 내부 유체가 배출될 때 안전밸브에 축적되는 압력으로서, 그 설비 안에서 허용될 수 있는 최대압력을 말한다.

15. "초과압력(Over Pressure)"이란 안전밸브에서 내부 유체가 배출될 때 설정압력 이상으로 올라가는 압력을 말한다.

16. "평형 벨로즈형 안전밸브(Balanced Bellows Safety Valve)"란 밸브의 토출 측 배압의 변화로 성능 특성에 영향을 받지 않는 안전밸브를 말한다.

17. "일반형 안전밸브(Conventional Safety Valve)"란 밸브의 토출 측 배압의 변화로 직접적으로 성능 특성에 영향을 받는 안전밸브를 말한다.

18. "배압(Back Pressure)"이란 배출물 처리설비 등으로부터 안전밸브의 토출 측에 걸리는 압력을 말한다.

19. "패널(Panel)"이란 액화석유가스의 냄새 측정을 위하여 미리 선정한 정상적인 후각을 가진 사람으로서, 냄새를 판정하는 자를 말한다.

20. "시험자"란 액화석유가스의 냄새 농도 측정을 할 때 희석 조작으로 냄새 농도를 측정하는 자를 말한다.

21. "시험가스"란 냄새를 측정할 수 있도록 액화석유가스를 기화한 가스를 말한다.

22. "시료기체"란 액화석유가스의 냄새 측정을 위하여 시험가스를 청정한 공기로, 희석한 판정용 기체를 말한다.

23. "희석배수"란 액화석유가스의 냄새 측정을 위하여 시료 기체의 양을 시험가스의 양으로 나눈 값을 말한다.

24. "폭발 방지장치"란 액화석유가스 저장탱크 외벽이 화염으로 국부적으로 가열될 경우 그 저장탱크 벽면의 열을 신속히 흡수·분산시킴으로서, 탱크

벽면의 국부적인 온도 상승에 따른 저장탱크의 파열을 방지하기 위하여 저장탱크 내벽에 설치하는 다공성 벌집형 알루미늄 합금 박판을 말한다.

25. "태양광 발전설비"란 태양빛을 직접 전기에너지로 변환하는 발전설비로서, 태양빛을 받아 전기를 발생하는 태양전지로 구성된 집광판(모듈), 전력 변환장치(인버터) 등으로 구성된 설비를 말한다.

• 화기와의 거리

저장설비와 가스설비는 그 외면으로 부터 화기(그 설비 안의 것은 제외한다)를 취급하는 장소까지 8 m 이상의 우회거리를 두거나, 화기를 취급하는 장소와의 사이에 그 저장설비와 가스설비로부터 누출된 가스가 유동하는 것을 방지하기 위한 다음 조치를 한다.

1. 누출된 가연성가스가 화기를 취급하는 장소로 유동하는 것을 방지하기 위한 시설은 높이 2 m 이상의 내화성 벽으로 하고, 저장설비 및 가스설비와 화기를 취급하는 장소와의 사이는 우회수평거리를 8 m 이상으로 한다.

2. 화기를 사용하는 장소가 불연성 건축물 안에 있는 경우 저장설비 및 가스설비로부터 수평거리 8 m 이내에 있는 그 건축물의 개구부는 방화문이나 망입유리를 사용하여 폐쇄하고, 사람이 출입하는 출입문은 2중문으로 한다.

• 사업소 경계와의 거리

1. 액화석유가스 충전시설 중 저장설비의 외면에서 사업소 경계[사업소 경계가 바다·호수·하천·도로(「도로법」 제2조 제1호에 따른 도로 및 같은 법 제108조에 따라 같은 법이 준용되는 도로를 말한다) 등과 접한 경우에는 그 반대편 끝을 경계로 본다. 이하 같다]까지 유지해야 할 거리는 표에서 정한 거리 이상으로 한다. 다만 저장설비를 지하에 설치하거나 지하에 설치된 저장설비 안에 액중펌프를 설치하는 경우에는 저장능력별 사업소 경계와의 거리에 0.7을 곱한 거리 이상으로 할 수 있고, 마운드형 저장탱크는 저장설비가 지하에 설치된 것으로 본다.

저장능력	사업소경계와의 거리(m)
10톤 이하	24
10톤 초과 20톤 이하	27
20톤 초과 30톤 이하	30
30톤 초과 40톤 이하	33
40톤 초과 200톤 이하	36
200톤 초과	39

[비고] 같은 사업소에 두 개 이상의 저장설비가 있는 경우에는 그 설비별로 각각 안전거리를 유지한다.

OX퀴즈
저장설비와 가스설비는 그 외면으로 부터 화기(그 설비 안의 것은 제외한다)를 취급하는 장소까지 **2 m** 이상의 우회거리를 둔다. (×)

OX퀴즈
화기를 사용하는 장소가 불연성 건축물 안에 있는 경우 저장설비 및 가스설비로부터 수평거리 8 m 이내에 있는 그 건축물의 개구부는 방화문이나 망입유리를 사용하여 폐쇄한다. (○)

※ 액화석유가스 충전시설 중 충전설비의 외면으로부터 사업소 경계까지 유지해야 할 거리는 24 m 이상으로 한다.

※ 탱크로리 이입·충전 장소(지면에 표시하는 정차 위치 크기는 길이 13 m 이상, 폭 3 m 이상)의 중심(지면에 표시하는 정차 위치의 중심)으로부터 사업소 경계까지 유지해야 할 거리는 24 m 이상으로 한다.

- **도로 경계와의 거리**

1. 충전설비 중 충전기는 사업소 경계가 도로에 접한 경우에는 그 외면으로부터 가장 가까운 도로 경계선까지 4 m 이상을 유지한다.
2. 자동차에 고정된 탱크 이입·충전 장소의 지면에 표시된 정차 위치는 사업소 경계가 도로에 접한 경우에는 지면에 표시된 정차 위치의 바깥 면으로부터 가장 가까운 도로 경계선까지 2.5 m 이상을 유지한다.

- **지상 저장탱크 간 거리**

저장탱크와 다른 저장탱크 사이에는 하나의 저장탱크에서 발생한 위해 요소가 다른 저장탱크로 전이되지 않도록 하기 위하여 다음 기준에 따라 필요한 조치를 강구한다.

(1) 두 저장탱크의 최대 지름을 합산한 길이의 4분의 1이 1 m 이상인 경우에는 두 저장탱크의 사이에 두 저장탱크의 최대 지름을 합산한 길이의 4분의 1 이상에 해당하는 거리를 유지하고, 1 m 미만인 경우에는 두 저장탱크의 사이에 1 m 이상의 거리를 유지한다.

(2) (1)에 따른 거리를 유지하지 못하는 경우에는 다음 기준에 따라 물분무장치를 설치한다.

(2-1) 두 액화석유가스 저장탱크가 인접한 경우 또는 액화석유가스 저장탱크와 산소 저장탱크가 인접한 경우로서, 인접한 저장탱크 간의 거리가 1 m 또는 인접한 저장탱크의 최대 지름의 4분의 1을 m단위로 표시한 거리 중 큰 쪽 거리를 유지하지 못한 경우에는 (2-1-1) 또는 (2-1-2)에 따른 물분무장치 또는 (2-1-1) 및 (2-1-2)를 혼합한 물분무장치를 설치한다.

(2-1-1) 물분무장치는 저장탱크의 표면적 1 m^2당 8 L/min을 표준으로 하여 계산된 수량을 저장탱크 전 표면에 균일하게 방사할 수 있는 것으로 한다. 이 경우 보냉을 위한 단열재가 사용된 저장탱크는 다음과 같이 한다.

(2-1-1-1) 단열재의 두께가 해당 저장탱크의 주변 화재를 고려할 때 충분한 내화 성능을 가지는 것(이하 2.3.3.1.1에서 "내화구조 저장탱크"라 한다)에서는 그 수량을 4 L/min을 표준으로 하여 계산한 수량으로 한다.

OX퀴즈
액화석유가스 충전시설 중 충전설비의 외면으로부터 사업소 경계까지 유지해야 할 거리는 **27 m 이상**으로 한다. (×)

OX퀴즈
자동차에 고정된 탱크 이입·충전 장소의 지면에 표시된 정차 위치는 사업소 경계가 도로에 접한 경우에는 지면에 표시된 정차 위치의 바깥 면으로부터 가장 가까운 도로 경계선까지 2.5 m 이상을 유지한다. (○)

(2-1-1-2) 저장탱크가 두께 25 mm 이상의 암면 또는 이와 같은 수준 이상의 내화 성능을 갖는 단열재로 피복되고, 그 외측을 두께 0.35 mm 이상의 KS D 3506(용융 아연도금 강판 및 강대)에서 정한 SBHG2 또는 이와 같은 수준 이상의 강도 및 내화 성능을 갖는 재료를 피복한 것("준내화구조 저장탱크"라 한다)은 그 수량을 6.5 L/min을 표준으로 하여 계산한 수량으로 한다.

(2-1-2) 소화전의 설치위치는 해당 저장탱크의 외면으로부터 40 m 이내이고, 소화전의 방수 방향은 저장탱크를 향하여 어느 방향에서도 방사할 수 있는 것이며, 소화전의 설치 개수는 해당 저장탱크의 표면적 30 m²당 1개의 비율로 계산한 수 이상으로 한다. 다만 내화구조 저장탱크의 경우에는 소화전의 설치 개수를 해당 저장탱크의 표면적 60 m²마다 1개의 비율로 계산한 수 이상으로 하고, 준내화구조 저장탱크의 경우에는 해당 저장탱크의 표면적 38 m²마다 1개의 비율로 계산한 수 이상으로 할 수 있다.

(2-2) 두 액화석유가스 저장탱크가 인접한 경우 또는 액화석유가스 저장탱크와 산소 저장탱크가 인접한 경우로서, 인접한 저장탱크 간의 거리가 두 저장탱크의 최대 직경을 합산한 길이의 4분의 1을 유지하지 못한 경우[(2-1)에 따른 경우는 제외한다]에는 (2-2-1) 또는 (2-2-2)에 따른 물분무장치 또는 (2-2-1) 및 (2-2-2)를 혼합한 물분무장치를 설치한다.

(2-2-1) 물분무장치는 저장탱크의 표면적 1 m²당 7 L/min을 표준으로 계산된 수량을 저장탱크의 전 표면에 균일하게 방사할 수 있도록 한다. 다만 내화구조 저장탱크는 2 L/min을, 준내화구조 저장탱크는 4.5 L/min을 표준으로 계산한 수량으로 한다.

(2-2-2) 저장탱크 외면으로부터 40 m 이내에서 저장탱크에 어느 방향에서도 방사되는 소화전을 저장탱크의 표면적 35 m²당 1개의 비율로 계산된 수 이상 설치한다. 다만 내화구조 저장탱크는 그 저장탱크 표면적 125 m², 준내화구조 저장탱크는 그 저장탱크 표면적 55 m²당 1개의 비율로 계산된 수 이상의 소화전을 설치한다.

(2-3) 물분무장치는 해당 저장탱크의 외면에서 15 m 이상 떨어진 안전한 위치에서 조작할 수 있도록 하고, 방류둑을 설치한 저장탱크에는 그 방류둑 밖에서 조작할 수 있도록 한다. 다만 저장탱크의 주위에 예상되는 화재에 유효하고 안전한 차단장치를 설치한 경우에는 그렇지 않다.

(2-4) 물분무장치는 동시에 방사할 수 있는 최대 수량을 30분 이상 연속하여 방사할 수 있는 수원에 접속되어 있도록 한다.

OX퀴즈
소화전의 설치 개수는 해당 저장탱크의 표면적 **20 m²** 당 1개의 비율로 계산한 수 이상으로 한다. (×)

OX퀴즈
물분무장치는 해당 저장탱크의 외면에서 **10 m** 이상 떨어진 안전한 위치에서 조작할 수 있도록 하고, 방류둑을 설치한 저장탱크에는 그 방류둑 밖에서 조작할 수 있도록 한다. (×)

(2-5) 물분무장치에 연결된 입상배관에는 겨울철 동결 등을 방지할 수 있는 구조이거나 적절한 조치를 한다.

• 저장설비 부압 파괴 방지조치

저온 저장탱크는 그 저장탱크의 내부 압력이 외부 압력보다 저하됨에 따라 그 저장탱크가 파괴되는 것을 방지하기 위한 조치로 다음의 설비를 갖춘다.

(1) 압력계

(2) 압력경보설비

(3) 다음 중 어느 하나의 설비

　(3-1) 진공 안전밸브

　(3-2) 다른 저장탱크 또는 시설로부터의 가스 도입배관(균압관)

　(3-3) 압력과 연동하는 긴급 차단장치를 설치한 냉동제어설비

　(3-4) 압력과 연동하는 긴급 차단장치를 설치한 송액설비

> Tip 균압관 : 양방향의 압력의 균형을 맞춰주는 관

• 저장설비 과충전 경보·방지장치 설치

지하에 설치하는 저장탱크에는 저장탱크의 안전을 확보하기 위하여 과충전 경보장치나 과충전 방지장치를 설치한다.

1. 자동차에 고정된 탱크의 과충전 방지를 위해 계근대 또는 계량기를 설치하고, 자동차에 고정된 탱크의 과충전을 경보하거나 방지할 수 있는 장치를 설치한다.

• 저장설비 폭발 방지장치 설치

주거지역 또는 상업지역에 설치하는 저장능력 10톤 이상의 저장탱크에는 저장탱크의 안전을 확보하기 위하여 폭발 방지장치를 설치한다. 다만 안전조치를 한 저장탱크, 지하에 매몰하여 설치한 저장탱크 또는 마운드형 저장탱크의 경우에는 폭발 방지장치를 설치하지 않을 수 있다.

• 가스설비 두께 및 강도

가스설비는 상용압력의 2배 이상의 압력에서 변형되지 않는 두께와 상용압력에 견디는 충분한 강도를 갖는 것으로 한다.

> **OX퀴즈**
> 가스설비는 상용압력의 **1.5배** 이상의 압력에서 변형되지 않는 두께와 상용압력에 견디는 충분한 강도를 갖는 것으로 한다. (×)

가스설비 설치

• 로딩암 설치

충전시설에는 자동차에 고정된 탱크에서 가스를 이입할 수 있도록 건축물 외부에 로딩암을 설치한다. 다만 로딩암을 건축물 내부에 설치하는 경우에는 건축물의 바닥면에 접하여 환기구를 2방향 이상 설치하고, 환기구 면적의 합계는 바닥 면적의 6% 이상으로 한다.

자동차에 고정된 탱크와 용기에 충전하는 충전설비는 각각 설치한다. 다만 충전설비의 용량이 충분한 경우에는 함께 사용할 수 있다.

• 가스설비 성능

가스설비는 액화석유가스를 안전하게 취급할 수 있도록 하기 위하여 다음 기준에 따라 내압 성능 및 기밀 성능을 가지도록 한다.

• 가스설비 기밀 성능

상용압력 이상의 기체의 압력으로 기밀시험(공기·질소 등의 기체로 내압시험을 실시하는 경우는 제외하고 기밀시험을 실시하기 곤란한 경우에는 누출검사)을 실시하여 이상이 없도록 한다.

• 가스설비 내압 성능

상용압력의 1.5배(그 구조상 물로 내압시험이 곤란하여 공기·질소 등의 기체로 내압시험을 실시하는 경우에는 1.25배) 이상의 압력(이하 "내압시험 압력"이라 한다)으로 내압시험을 실시하여 이상이 없도록 한다.

> **OX퀴즈**
> 상용압력의 1.5배 이상의 압력으로 내압시험을 실시하여 이상이 없도록 한다.
> (O)

배관 설치

• 배관 매몰 설치

지하에 매설하는 배관은 그 배관의 유지관리에 지장이 없고, 그 배관에 위해의 우려가 없도록 다음 기준에 따라 설치한다.

1. 배관은 지면으로부터 1 m 이상의 깊이에 매설하고, 공로에 매설하는 경우에는 그 공로의 교통량 및 그 배관의 관경 등을 고려하여 매설 깊이를 늘리도록 한다.

2. 교통량이 많은 공로의 횡단부 지하에 설치하는 배관은 지면으로부터 1.2 m 이상의 깊이에 매설한다.

> **OX퀴즈**
> 배관은 지면으로부터 0.5 m 이상의 깊이에 매설하고, 공로에 매설하는 경우에는 그 공로의 교통량 및 그 배관의 관경 등을 고려하여 매설 깊이를 늘리도록 한다.
> (×)

3. 1 또는 2에서 정한 깊이에 매설할 수 없는 배관은 커버플레이트, 케이싱 등을 사용하여 보호하거나 배관의 두께를 증가시키는 조치를 한다.

4. 철도의 횡단부 지하에 설치하는 배관은 지면으로부터 1.2 m 이상의 깊이에 매설하고, 또한 강재의 케이싱을 사용하여 보호한다.

5. 배관을 매설하는 때에는 그림 및 다음 기준에 따라 되메움 작업을 한다.

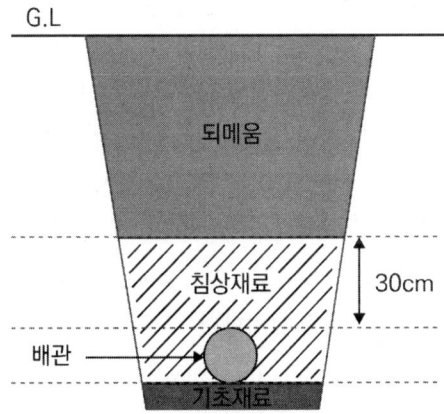

(1) 배관을 매설하는 지반이 연약지반인 경우에는 지반침하를 방지하기 위하여 필요한 조치를 한다.

(2) 배관의 침하를 방지하기 위하여 배관 하부에는 모래[가스배관이 금속관인 경우에는 KS F 4009(레디믹스트 콘크리트)에 따른 염분 농도가 0.04 % 이하일 것] 또는 19 mm 이상(순환골재의 경우에는 13 mm 초과)의 큰 입자가 포함되지 않은 다음 중 어느 하나의 재료(이하 "기초재료"라 한다)를 포설한다.

 (2-1) 굴착 현장에서 굴착한 흙(굴착토) 또는 모래와 유사한 성분이 함유된 흙(마사토). 다만 유기질토(이탄 등)·실트·점토질 등 연약한 흙은 제외한다.

 (2-2) 「건설폐기물의 재활용 촉진에 관한 법률 시행규칙」 제29조에서 정한 시험·분석기관으로부터 품질 검사를 받은 순환골재 또는 KS F 2527(콘크리트용 골재)에 적합하게 생산한 순환골재

 (2-3) 건설재료시험 연구원 등 공인기관에서 KS F 2324(흙의 공학적 분류방법)에서 정한 방법에 따라 시험하여 GW, GP, SW, SP의 판정을 받은 인공토양

(3) 배관에 작용하는 하중을 수직 방향 및 횡 방향에서 지지하고, 하중을 기초 아래로 분산하기 위하여 배관 하단에서 배관 상단 30 cm까지는 (2)에 따른 모래 또는 흙을 포설한다.

OX퀴즈
배관에 작용하는 하중을 수직 방향 및 횡 방향에서 지지하고, 하중을 기초 아래로 분산하기 위하여 배관 하단에서 배관 상단 **20 cm**까지에는 모래 또는 흙을 포설한다. (×)

(4) 배관에 작용하는 하중을 분산하고 도로의 침하 등을 방지하기 위하여 침상재료 상단에서 도로 노면까지에는 암편이나 굵은 돌이 포함되지 않은 양질의 흙(이하 2.5.7.2에서 "되메움 재료"라 한다)을 포설한다. 다만 유기질토(이탄등)·실트·점토질 등 연약한 흙은 사용하지 않는다.

(5) 기초재료를 포설 및 침상재료를 포설한 후 다짐작업을 하고, 그 이후 되메움 공정에서는 배관 상단으로부터 30 cm 높이로 되메움 재료를 포설한 후마다 다짐작업을 한다. 다만 포장되어 있는 차도에 매설하는 경우 노반층의 다짐은「도로법」에 따라 실시하고, 흙의 함수량이 다짐에 부적당할 경우에는 다짐작업을 하지 않는다.

(6) 다짐작업은 콤팩터, 래머 등 현장 상황에 맞는 다짐기계를 사용하고, 다짐이 불균등하게 되지 않도록 전면에 걸쳐 균등하게 실시한다. 다만 폭 4 m 이하의 도로 등은 인력다짐으로 할 수 있다.

6. 배관을 지하에 매설하는 경우에는 되메울 때 충분히 다지고, 배관은 균일한 지지력을 확보한 흙 중에 설치한다.

• 배관 노출 설치

지상에 설치하는 배관은 그 배관의 유지·관리에 지장이 없고, 그 배관에 위해의 우려가 없도록 다음 기준에 따라 설치한다.

1. 지상에 설치하는 배관은 부식 방지와 검사 및 보수를 위하여 지면으로부터 30 cm 이상의 거리를 유지(가스설비실 내부에 설치된 배관은 제외)하고, 또한 이의 손상 방지를 위하여 주위의 상황에 따라 방책이나 가드레일 등의 방호조치를 한다.

2. 지상에 노출되는 배관은 차량 등으로 추돌할 위험이 없는 안전한 장소에 설치한다. 다만 불가피한 사유로 차량 등으로 추돌할 위험이 있는 장소에 설치하는 경우에는 다음 중 어느 하나의 방호구조물로 방호조치를 한다.

    (1) "ㄷ" 형태로 가공한 방호철판을 사용한 방호구조물

    (1-1) 방호철판의 **두께**는 **4** mm 이상이고, 재료는 KS D 3503(일반 구조용 압연 강재) 또는 이와 같은 수준 이상의 기계적 강도가 있는 것으로 한다.

    (1-2) 방호철판은 부식을 방지하기 위한 조치를 한다.

    (1-3) 방호철판 외면에는 야간 식별이 가능한 야광테이프 또는 야광페인트로 가스배관임을 알려 주는 경계표지를 한다.

    (1-4) 방호철판의 **길**이는 **1** m 이상으로 하고, 앵커볼트 등으로 건축물 외벽에 견고하게 고정 설치한다.

    (1-5) 방호철판과 배관은 서로 접촉되지 않도록 설치하고, 필요한 경우에는 접촉을 방지하기 위한 조치를 한다.

OX퀴즈
폭 4 m 이하의 도로 등은 인력다짐으로 할 수 있다.
(○)

암기법
두4 길원

(2) 파이프를 "ㄷ" 형태로 가공한 강관제 구조물을 사용한 방호구조물

  (2-1) 방호파이프는 호칭 지름 50 A 이상으로 하고, 재료는 KS D 3507(배관용 탄소강관) 또는 이와 같은 수준 이상의 기계적 강도가 있는 것으로 한다.

  (2-2) 강관제 구조물은 부식을 방지하기 위한 조치를 한다.

  (2-3) 강관제 구조물 외면에는 야간 식별이 가능한 야광테이프 또는 야광페인트로 가스배관임을 알려 주는 경계표지를 한다.

  (2-4) 그 밖에 강관제 구조물의 크기 및 설치방법은 (1-4) 및 (1-5)에 따른다.

(3) "ㄷ" 형태의 철근콘크리트재 방호구조물

  (3-1) 철근콘크리트재는 두께 10 cm 이상, 높이 1 m 이상으로 한다.

  (3-2) 철근콘크리트재 구조물 외면에는 야간 식별이 가능한 야광테이프 또는 야광페인트로 가스배관임을 알려 주는 경계표지를 한다.

  (3-3) 철근콘크리트재 구조물은 건축물 외벽에 견고하게 고정 설치한다.

  (3-4) 철근콘크리트재 방호구조물과 배관은 서로 접촉되지 않도록 설치하고, 필요한 경우에는 접촉을 방지하기 위한 조치를 한다.

OX퀴즈
"ㄷ" 형태의 철근콘크리트재는 두께 **5 cm** 이상, 높이 1 m 이상으로 한다. (×)

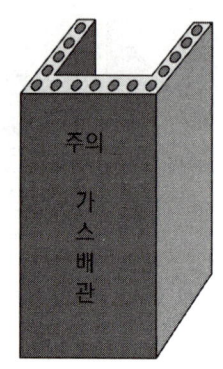

3. 자동차에 고정된 탱크에 이입·충전하는 동안 자동차가 오발진하여 발생하는 피해를 방지하기 위하여 저장설비와 로딩암(Loading Arm) 사이의 배관에는 로딩암으로부터 가장 가까운 배관을 견고하게 고정하는 조치를 한다.

4. 건축물의 벽을 관통하는 배관에는 보호관과 부식 방지 피복을 한다.

• 배관 수중 설치

수중에 설치하는 배관은 그 배관의 유지·관리에 지장이 없고, 그 배관에 위해의 우려가 없도록 하기 위하여 선박·파도 등의 영향을 받지 않는 곳에 다음 기준에 따라 설치한다.

1. 선박이 항해하는 수역의 해저에 배관을 설치하는 경우에는 선박의 닻으로 인한 손상을 방지하기 위하여 항해 선박의 크기 및 해저 토질의 특성에 따라 필요한 깊이에 매설한다.

2. 해저나 하천 등에서 물의 유동으로 뻘 상태로 될 수 있는 토양 중에 배관을 설치하는 경우에는 사용하지 않을 때의 배관 비중을 다음 값 이상이 되도록 하고, 앵커 등으로 배관의 부상이나 이동을 방지하는 조치를 한다.
   (1) 사질토의 경우에는 물(해저의 경우는 해수)의 비중 이상의 값
   (2) 점토질의 경우에는 액성한계에서 토양의 단위체적 중량 이상의 값

3. 파도의 영향을 받는 접안부에 배관을 설치하는 경우에는 파도나 부유물 등에 따른 배관의 손상을 방지하기 위하여 케이싱, 콘크리트 방호벽 또는 방파책 등으로 방호조치를 한다.

4. 하천에 배관을 설치하는 경우에는 흐르는 물로 토사가 유실되지 않는 깊이에 매설한다.

5. 수로가 불안정한 강바닥에 배관을 매설하는 경우에는 수심이 얕은 부분에 설치된 배관과 수심이 깊은 부분에 설치된 배관이 수평으로 되도록 매설한다.

Tip 접안부 : 선박이 부두에 정박하여 실제로 화물의 적, 양하 작업을 할 수 있도록 배를 안전하게 부두 벽면에 고정해주는 시설

사고예방 설비기준

• **과압 안전장치 설치**

저장설비, 가스설비 및 배관에는 그 가스설비등 안의 압력이 허용압력을 초과하는 경우 즉시 그 압력을 허용압력 이하로 되돌릴 수 있도록 다음 기준에 따라 과압 안전장치를 설치한다.

• **과압 안전장치 선정**

가스설비등에 설치하는 과압 안전장치는 다음의 압력 상승 특성에 따라 선정한다.

(1) 기체의 압력 상승을 방지하기 위한 경우(반응 생성물의 성상 등에 따라 스프링식 안전밸브를 설치하는 것이 부적당한 경우는 제외한다)에는 스프링식 안전밸브 또는 자동 압력 제어장치(가스설비등의 내압이 상용의 압력을 초과한 경우 해당 가스설비등으로의 가스 유입량을 감소시키는 방법 등으로 해당 가스설비등 안의 압력을 자동적으로 제어하는 장치)

(2) 급격한 압력 상승의 우려가 있는 경우 또는 반응생성물의 성상 등에 따라 스프링식 안전밸브를 설치하는 것이 부적당한 경우에는 파열판 또는 자동 압력 제어장치

(3) 펌프 및 배관에서 액체의 압력 상승을 방지하기 위한 경우에는 릴리프밸브[펌프에 설치되어 있는 언로더(Unloader)를 포함한다], 스프링식 안전밸브 또는 자동 압력 제어장치

> **Tip** 펌프 언로더 : 기체가 압축되지 않도록 압축기의 부하를 경감하는 장치

• **과압 안전장치 설치위치**

과압 안전장치는 가스설비등의 압력이 허용압력을 초과할 우려가 있는 구역마다 설치한다.

• **과압 안전장치 가스방출관 설치**

과압 안전장치 중 안전밸브에는 가스방출관을 설치한다. 이 경우 가스방출관은 다음 기준에 따라 설치한다. 다만 액상배관에 설치한 안전밸브의 가스방출관의 방출구는 방출된 가스가 저장탱크로 되돌려질 수 있는 구조로 설치할 수 있다.

1. 가스방출관의 방출구는 화기가 없는 다음의 위치에 설치한다.

    (1) 저장탱크에 설치한 안전밸브의 경우에는 지면으로부터 5 m 이상 또는 그 저장탱크의 정상부로부터 2 m 이상의 높이 중 더 높은 위치

    (2) 소형저장탱크에 설치한 안전밸브의 경우에는 지면으로부터 2.5 m 이상 또는 소형저장탱크의 정상부로부터 1 m 이상의 높이 중 더 높은 위치

암기법
3 5 7
0.7 + 1.3 = 2.0

오이 1개
오이 1개
오이 1개
오이 3개
호박

2. 가스방출관의 방출구는 공기 중에 수직 상방향으로 가스를 분출하는 구조로서, 방출구의 수직 상방향 연장선으로부터 다음의 안전밸브 규격에 따라 수평거리 이내에 장애물이 없는 안전한 곳으로 분출하는 구조로 한다.

   (1) 입구 호칭 지름 15 A 이하 : 0.3 m
   (2) 입구 호칭 지름 15 A 초과 20 A 이하 : 0.5 m
   (3) 입구 호칭 지름 20 A 초과 25 A 이하 : 0.7 m
   (4) 입구 호칭 지름 25 A 초과 40 A 이하 : 1.3 m
   (5) 입구 호칭 지름 40 A 초과 : 2.0 m

3. 가스방출관 끝에는 빗물이 유입되지 않도록 캡을 설치하고, 그 캡은 방출가스의 흐름을 방해하지 않도록 설치하며, 가스방출관 하부에는 드레인밸브를 설치한다. 다만 안전밸브에 드레인 기능이 내장되어 있는 경우에는 드레인밸브를 설치하지 않을 수 있다.

4. 가스방출관 단면적은 안전밸브 분출 면적(하나의 방출관에 2개 이상의 안전밸브 방출관이 연결되어 있는 경우에는 각 안전밸브 분출 면적의 합계 면적) 이상으로 한다.

가스누출경보 및 자동 차단장치 설치

저장설비실과 가스설비실에는 가스가 누출될 경우 이를 신속히 검지하여 효과적으로 대응할 수 있도록 다음 기준에 따라 가스누출경보기(이하 "경보기"라 한다)를 설치한다.

• **가스누출경보기의 기능**

1. 가스의 누출을 검지하여 그 농도를 지시함과 동시에 경보를 울리는 것으로 한다.

2. 미리 설정된 가스 농도(폭발한계의 1/4 이하)에서 자동적으로 경보를 울리는 것으로 한다.

3. 경보를 울린 후에는 주위의 가스 농도가 변화되어도 계속 경보를 울리며, 그 확인 또는 대책을 강구함에 따라 경보정지가 되도록 한다.

4. 담배연기 등 잡가스에는 경보를 울리지 않는 것으로 한다.

OX퀴즈
가스누출경보기는 담배연기 등 잡가스에도 **경보를 울리는 것으로 한다.** (×)

- **가스누출경보기의 구조**

1. 충분한 강도를 가지며, 취급과 정비(특히 엘리먼트의 교체)가 용이한 것으로 한다.

2. 경보기의 경보부와 검지부는 분리하여 설치할 수 있는 것으로 한다.

3. 검지부가 다점식인 경우에는 경보가 울릴 때 경보부에서 가스의 검지 장소를 알 수 있는 구조로 한다.

4. 경보는 램프의 점등 또는 점멸과 동시에 경보를 울리는 것으로 한다.

- **가스누출경보기의 설치장소**

1. 경보기의 검지부는 저장설비 및 가스설비(버너 등으로서, 파일럿 버너 등으로 인터록기구를 갖추어 가스 누출의 우려가 없는 사용설비에서는 그 버너 등의 부분은 제외한다) 중 가스가 누출하기 쉬운 다음 설비가 설치(보관)되어 있는 장소의 주위에 설치하되, 누출한 가스가 체류하기 쉬운 장소에 설치한다.

    (1) 저장탱크, 마운드형 저장탱크, 소형저장탱크

    (2) 충전설비, 로딩암, 압력용기 등 가스설비

2. 경보기의 검지부를 설치하는 위치는 가스의 성질, 주위 상황, 각 설비의 구조 등의 조건에 따라 정하되, 다음에 해당하는 장소에는 설치하지 않는다.

    (1) 증기, 물방울, 기름기 섞인 연기 등이 직접 접촉될 우려가 있는 곳

    (2) 주위 온도 또는 복사열에 따른 온도가 40℃ 이상이 되는 곳

    (3) 설비 등에 가려져 누출가스의 유동이 원활하지 못한 곳

    (4) 차량 및 그 밖의 작업 등으로 경보기가 파손될 우려가 있는 곳

3. 경보기 검지부의 설치 높이는 바닥면으로부터 검지부 상단까지의 높이가 30 cm 이내인 범위에서 가능하면 바닥에 가까운 곳으로 한다.

4. 경보기의 경보부의 설치장소는 관계자가 상주하거나 경보를 식별할 수 있는 장소로서, 경보가 울린 후 각종 조치를 취하기에 적절한 곳으로 한다.

> **OX퀴즈**
> 경보기의 검지부는 물방울이 직접 접촉될 우려가 **있는** 곳에 설치한다. (×)

- **가스누출경보기의 설치 개수**

(1) 경보기의 검지부가 건축물 안(지붕이 있고 둘레의 1/4 이상이 벽으로 싸여 있는 장소를 말한다)에 설치된 경우에는 그 설비군의 바닥면 둘레 10 m에 1개 이상의 비율로 계산한 수

(2) 경보기의 검지부가 지하에 설치된 전용 저장탱크실, 지하에 설치된 전용 처리설비실 및 건축물 밖에 설치된 경우에는 그 설비군의 바닥면 둘레 20 m에 1개 이상의 비율로 계산한 수

- **저장탱크에 긴급 차단장치 설치**

저장탱크(소형저장탱크는 제외한다)에 부착된 배관(액상의 액화석유가스를 송출 또는 이입하는 것에만 적용하고, 저장탱크와 배관과의 접속 부분을 포함한다)에는 긴급 시 가스의 누출을 효과적으로 차단할 수 있도록 다음 기준에 따라 긴급 차단장치를 설치한다. 다만 액상의 액화석유가스를 이입하기 위하여 설치한 배관에 다음 기준에 따라 역류 방지밸브를 설치하는 경우에는 긴급 차단장치를 설치한 것으로 볼 수 있다.

- **긴급 차단장치 설치위치**

1. 가능한 한 저장탱크 주 밸브의 외측에 저장탱크에 가까운 위치 또는 저장탱크의 내부에 설치하되, 저장탱크 주 밸브와 겸용하지 않는다.
2. 저장탱크의 침하 또는 부상, 배관의 열팽창, 지진 그 밖의 외력에 따른 영향을 고려하여 설치위치를 선정한다.

- **긴급 차단장치 차단조작기구 설치**

1. 차단밸브의 구조에 따라 액압, 기압, 전기(어느 것이든 정전 시 등에 비상 전력 등으로 사용할 수 있는 것으로 한다) 또는 스프링 등을 동력원으로 사용한다. 다만 공기압을 동력원으로 하는 긴급 차단장치의 공기압 배관은 가스설비용이나 다른 용도로 사용되는 공기압 배관과 별도로 설치한다.
2. 긴급 차단장치의 차단조작기구는 해당 저장탱크(지하에 매몰하여 설치하는 저장탱크는 제외한다)로부터 5 m 이상 떨어진 곳(방류둑을 설치한 경우에는 그 외측)으로서, 다음 장소마다 1개 이상 설치한다.
   (1) 안전관리자가 상주하는 사무실 내부
   (2) 충전기 주변
   (3) 액화석유가스의 대량 유출에 대비하여 충분히 안전이 확보되고 조작이 용이한 곳
3. 긴급 차단장치를 설치한 배관에는 그 긴급 차단장치에 따르는 밸브 외에 2개 이상의 밸브를 설치하고, 그중 1개는 그 배관에 속하는 저장탱크의 가장 가까운 부근에 설치한다. 이 경우 그 저장탱크의 가장 가까운 부근에 설치한 밸브는 가스를 송출 또는 이입하는 때 외에는 닫아 둔다.
4. 차단조작은 간단하고 확실하며 신속히 할 수 있는 것으로 한다.

OX퀴즈
경보기의 검지부는 물방울이 직접 접촉될 우려가 **있는** 곳에 설치한다. (×)

• **전기방폭설비 설치**

위험장소 안에 있는 전기설비는 누출된 가스의 점화원이 되는 것을 방지할 수 있도록 KGS GC101(가스시설의 폭발 위험장소 종류 구분 및 범위 산정에 관한 기준) 및 KGS GC102(방폭전기기기의 설계, 선정 및 설치에 관한 기준)에 따라 방폭구조로 한다.

환기설비 설치

저장설비실과 가스설비실에는 누출된 액화석유가스가 머물지 않도록 다음의 자연환기설비나 강제환기설비를 설치한다.

• **자연환기설비 설치**

1. 환기구는 바닥면에 접하고, 외기에 면하게 설치한다.

2. 외기에 면하여 설치된 환기구의 통풍 가능 면적의 합계는 바닥 면적 1 m^2마다 300 cm^2의 비율로 계산한 면적 이상으로 하고, 환기구 1개의 면적은 2,400 cm^2 이하로 한다. 이 경우 환기구의 통풍 가능 면적은 다음 기준에 따른다.

    (1) 환기구에 철망 또는 환기구의 틀 등이 부착될 경우 환기구의 통풍 가능 면적은 그 철망, 환기구의 틀 등이 차지하는 단면적을 뺀 면적으로 계산한다.

    (2) 환기구에 알루미늄 또는 강판제 갤러리가 부착된 경우 환기구의 통풍 가능 면적은 환기구 면적의 50 %로 계산한다.

    (3) 한 방향 이상이 전면 개방되어 있는 경우 환기구의 통풍 가능 면적은 개방되어 있는 부분의 바닥면으로부터 높이 40 cm까지의 개구부 면적으로 계산한다.

    (4) 한 방향의 환기구 통풍 가능 면적은 전체 환기구 필요 통풍 가능 면적의 70 %까지만 계산한다.

3. 사방을 방호벽 등으로 설치할 경우 환기구의 방향은 2방향 이상으로 분산 설치한다.

4. 환기구는 가로의 길이를 세로의 길이보다 길게 한다.

OX퀴즈

자연환기설비의 환기구의 통풍 가능 면적의 합계는 바닥 면적 1 m^2마다 300 cm^2의 비율로 계산한 면적 이상으로 하고, 환기구 1개의 면적은 **3,400 cm^2** 이하로 한다. (×)

- **강제환기설비 설치**

위에 따른 통풍구조를 설치할 수 없는 경우에는 다음 기준에 따라 강제환기설비를 설치한다.

1. 통풍능력은 바닥 면적 1 m^2마다 0.5 m^3/min 이상으로 한다.
2. 흡입구는 바닥면 가까이에 설치한다.
3. 배기가스 방출구를 지면에서 5 m 이상의 높이에 설치한다.

> **OX퀴즈**
> 강제환기설비의 통풍능력은 바닥 면적 1 m^2마다 **1.5** m^3/min 이상으로 한다.
> (×)

부식방지설비 설치

저장설비, 가스설비 및 배관의 외면에는 부식을 방지하기 위하여 다음 기준에 따라 부식방지도장 및 전기부식방지조치를 한다.

- **저장설비 부식방지설비 설치**

1. 저장설비의 외면에는 녹이 슬지 않도록 부식방지 도장을 한다.
2. 지하에 묻은 저장탱크의 외면(저장탱크의 일부를 지하에 설치한 경우에는 지하에 묻힌 부분에 한정한다) 과 마운드형 저장탱크의 외면에는 부식방지 코팅과 KGS GC202(가스시설 전기방식 기술기준)에 따라 전기부식방지조치를 한다.

- **가스설비 부식방지설비 설치**

가스설비의 외면에는 녹이 슬지 않도록 부식방지 도장을 한다.

> **OX퀴즈**
> 가스설비의 외면에는 녹이 슬지 않도록 **접지**를 한다.
> (×)

- **배관 부식방지설비 설치**

지상에 설치하는 배관은 그 외면에 녹이 슬지 않도록 부식방지 도장을 하고, 지하에 매설하는 배관은 다음 기준에 따라 부식방지조치를 하며, KGS GC202(가스시설 전기방식 기술기준)에 따라 전기부식방지조치를 한다.

1. 배관(배관 내면의 부식 정도에 따라 부식 여유를 두거나 코팅 등으로 내면 부식방지조치를 한 것은 제외한다)은 가스에 침식되지 않는 재료를 사용한다.
2. 수송하는 가스가 배관 재료에 부식성이 없다고 인정되는 경우(실용상 충분히 탈수하는 경우를 포함한다)에는 원칙적으로 부식 여유를 고려하지 않는다.

3. 지중에 매설하는 배관은 아스팔트 또는 콜타르에나멜 등의 도장재와 마포(麻布), 비닐론크로스, 글래스매트 또는 글래스크로스 등의 피복재를 조합한 도장재의 도장 또는 이들과 같은 수준 이상의 성능을 가지는 합성수지나 아스팔트 매스틱 등의 도장으로 배관의 외면을 보호한다.

• **정전기 제거설비 설치**

저장설비와 가스설비에는 그 설비에서 발생한 정전기가 점화원으로 되는 것을 방지할 수 있도록 다음 기준에 따라 정전기 제거조치를 하고, 저장설비와 가스설비 주위가 콘크리트, 아스팔트 등으로 포장되어 있어 접지저항 측정이 곤란한 경우에는 그 설비로부터 10 m 이내에 접지저항 측정을 위한 내식성 봉을 설치한다.

> **OX퀴즈**
> 저장설비와 가스설비 주위가 콘크리트, 아스팔트 등으로 포장되어 있어 접지저항 측정이 곤란한 경우에는 그 설비로부터 **15 m** 이내에 접지저항 측정을 위한 내식성 봉을 설치한다. (×)

• **저장설비 및 충전설비 정전기 제거조치**

저장설비 및 충전설비[KGS Code fp333 2.6.11.2에 규정된 것 및 접지저항치의 총합이 100 Ω(피뢰설비를 설치한 것은 총합 10 Ω) 이하의 것은 제외한다] 등에서 발생하는 정전기를 제거하는 조치는 다음과 같이 한다.

1. 탑류, 저장탱크, 열교환기, 회전기계, 벤트스택 등은 단독으로 되어 있도록 한다. 다만 기계가 복잡하게 연결되어 있는 경우 및 배관 등으로 연속되어 있는 경우에는 본딩용 접속선으로 접속하여 접지한다.

2. 본딩용 접속선 및 접지접속선은 단면적 5.5 mm² 이상의 것(단선은 제외한다)을 사용하고 경납붙임, 용접, 접속금구 등을 사용하여 확실히 접속한다.

3. 접지저항치의 총합은 100 Ω(피뢰설비를 설치한 것은 총합 10 Ω) 이하로 한다.

• **이·충전설비 정전기 제거조치**

저장설비 및 충전설비에 이충전하거나 가연성가스를 용기 등으로부터 충전할 때에는 해당 설비 등에 정전기를 제거하는 조치를 다음과 같이 한다. 이 경우 접지저항치의 총합이 100 Ω(피뢰설비를 설치한 것은 총합 10 Ω) 이하의 것은 정전기 제거조치를 하지 않을 수 있다.

1. 충전용으로 사용하는 저장탱크 및 충전설비는 접지한다. 이 경우 접지접속선은 단면적 5.5 mm² 이상의 것(단선은 제외한다)을 사용하고, 경납붙임, 용접, 접속금구 등을 사용하여 확실히 접속한다.

2. 차량에 고정된 탱크 및 충전에 사용하는 배관은 반드시 충전하기 전에 다음 기준에 따라 확실하게 접지한다.
   (1) 접속금구 등 접지시설은 차량에 고정된 탱크, 저장탱크, 가스설비, 기

> **OX퀴즈**
> 충전용으로 사용하는 저장탱크 및 충전설비는 접지한다. 이 경우 접지접속선은 단면적 5.5 mm² 이상의 것(단선은 제외한다)을 사용하고, 경납붙임, 용접, 접속금구 등을 사용하여 확실히 접속한다. (○)

계실 개구부 등의 외면(차량에 고정된 탱크의 경우에는 지면에 표시된 정차 위치의 중심)으로부터 수평거리 8 m 이상 거리를 두고 설치한다. 다만 방폭형 접속금구의 경우에는 8 m 이내에 설치할 수 있다.
   (2) 접지선은 절연전선(비닐 절연전선은 제외한다)·캡타이어케이블 또는 케이블(통신케이블은 제외한다)로서, 단면적 5.5 mm^2 이상의 것(단선은 제외한다)을 사용하고 접속금구를 사용하여 확실하게 접속한다.
3. 접지저항치는 총합 100 Ω(피뢰설비를 설치한 것은 총합 10 Ω) 이하로 한다.

피해저감 설비기준

• 방류둑 설치
저장능력 1천 톤 이상의 지상 저장탱크 주위에는 액상의 액화석유가스가 누출된 경우에 그 유출을 방지할 수 있도록 다음 기준에 따른 방류둑 또는 이와 같은 수준 이상의 효과가 있는 시설을 설치한다. 이 경우 2개 이상의 저장탱크가 설치된 곳에 대한 저장능력 산정은 이들의 저장능력을 합한 것으로 한다.

• 방류둑 기능
방류둑은 저장탱크 안의 액화가스가 액체 상태로 유출된 경우 액체 상태의 가스가 저장탱크 주위의 한정된 범위를 벗어나서 다른 곳으로 유출되는 것을 방지할 수 있는 것으로 한다. 다만 다음 중 어느 하나에 해당하는 경우에는 방류둑을 설치한 것으로 본다.

(1) 저장탱크 등의 저부가 지하에 있고 주위가 피트상 구조로 되어 있는 것으로서, 그 용량이 KGS Code fp333 2.7.1.2에서 정한 용량 이상인 경우(빗물의 고임 등으로 용량이 감소되지 않는 것에 한정한다)

(2) 지하에 묻은 저장탱크 등으로서, 그 저장탱크 안의 액화가스가 전부 유출된 경우에 그 액면이 지면보다 낮도록 된 구조인 경우

(3) 저장탱크 등의 주위에 충분한 안전용 공지를 확보한 경우로서, 저장탱크 등에서 유출된 액화가스가 체류하지 않도록 지면을 경사지게 하여 유출된 액화가스를 안전한 유도구로 유도해서 고이도록 구축한 피트상의 구조물이 있는 경우(피트상 구조물에 고인 액화가스를 펌프 등의 이송설비로 안전한 위치에 이송할 수 있는 조치를 강구한 것에 한정한다)

• **방류둑 용량**

1. 방류둑의 용량은 저장탱크의 저장능력에 상당하는 용적(이하 "저장능력 상당용적"이라 한다) 이상의 용적으로 한다.

2. 2기 이상의 저장탱크를 집합방류둑 안에 설치한 저장탱크(저장탱크마다 칸막이를 설치한 경우로 한정한다)에는 해당 저장탱크 중 최대 저장탱크의 저장능력 상당용적에 잔여 저장탱크 총 저장능력 상당용적 합계의 10% 용량을 더하여 얻은 용량 이상을 전량 수용할 수 있도록 한다. 이때, 저장탱크의 방류둑 칸막이란 계산된 용량의 집합방류둑 안에 설치된 저장탱크의 저장능력 상당용적의 합계에 대한 개개의 저장능력 상당용적의 비율을 곱하여 얻은 용량 구성비에 따라 설치한 것으로 한다. 또한 칸막이의 높이는 방류둑보다 10 cm 낮게 한다.

> **OX퀴즈**
> 방류둑의 용량은 저장탱크의 저장능력에 상당하는 용적의 **90% 이상**의 용적으로 한다. (×)

• **방류둑 재료 및 구조**

1. 방류둑의 재료는 철근콘크리트, 철골·철근콘크리트, 금속, 흙 또는 이들을 혼합한 것으로 한다.

2. 철근콘크리트 및 철골·철근콘크리트는 수밀성 콘크리트를 사용하고 균열 발생을 방지하도록 배근, 리베팅 이음, 신축 이음 및 신축 이음의 간격, 배치 등을 정한다.

3. 금속은 해당 가스에 침식되지 않는 것 또는 부식방지·녹방지 조치를 강구한 것으로 하고, 대기압에서 액화가스의 기화온도에 충분히 견디는 것으로 한다.

4. 성토는 45° 이하의 기울기로 하여 쉽게 허물어지지 않도록 충분히 다져 쌓고, 강우 등으로 유실되지 않도록 그 표면에 콘크리트 등으로 보호하며, 성토 윗부분의 폭은 30 cm 이상으로 한다.

5. 방류둑은 액밀한 것으로 한다.

6. 방류둑의 높이는 방류둑 안의 저장탱크 등의 안전관리 및 방재활동에 지장이 없는 범위에서 방류둑 안의 고인 액화가스 액의 표면적이 될 수 있는 한 적게 되도록 한다.

7. 방류둑은 그 높이에 상응하는 해당 액화가스의 액두압에 견딜 수 있는 것으로 한다.

8. 방류둑에는 계단, 사다리 또는 토사를 높이 쌓아 올리는 방법 등으로 출입구를 둘레 50 m마다 1개 이상씩 두되, 그 둘레가 50 m 미만일 경우에는 2개 이상을 분산하여 설치한다.

> **OX퀴즈**
> 방류둑의 성토는 45° 이하의 기울기로 하여 쉽게 허물어지지 않도록 충분히 다져 쌓고, 강우 등으로 유실되지 않도록 그 표면에 콘크리트 등으로 보호하며, 성토 윗부분의 폭은 30 cm 이상으로 한다. (○)

> **OX퀴즈**
> 방류둑에는 계단, 사다리 또는 토사를 높이 쌓아 올리는 방법 등으로 출입구를 둘레 **20 m**마다 1개 이상씩 두되, 그 둘레가 **20 m** 미만일 경우에는 2개 이상을 분산하여 설치한다. (×)

9. 방류둑의 배관 관통부에는 틈새를 통한 액화가스의 액 누출 방지 및 부식 방지를 위한 조치를 한다.

10. 방류둑 안에는 고인 물을 외부로 배출할 수 있는 조치를 한다. 이 경우 배수조치는 방류둑 밖에서 배수 및 차단 조작을 할 수 있도록 하고, 배수할 때 이외에는 반드시 닫혀 있도록 한다.

11. 집합방류둑 안에는 가연성가스와 조연성가스 또는 독성가스의 저장탱크를 혼합하여 배치하지 않는다.

12. 방류둑 내부에는 연소하기 쉬운 물질(잔디 등)이 없도록 관리해야 한다.

- **방류둑 내외부 부속설비 설치**

1. 방류둑의 내부에는 다음의 설비 이외의 것을 설치하지 않는다.
   (1) 해당 저장탱크에 속하는 송출 및 송액설비(액화가스 저장탱크 및 저온 저장탱크에 속한 것에 한정한다), 불활성가스의 저장탱크, 물분무장치 또는 살수장치(저장탱크 외면부터 방류둑까지 20 m를 초과하는 경우에는 방류둑 외측에서 조작할 수 있는 소화설비를 포함한다), 가스누출검지경보설비(검지부에 한정한다), 재해설비(누출된 가스를 흡입하는 부분에 한정한다), 조명설비, 계기시스템, 배수설비, 배관 및 그 파이프랙(Pipe Rack)과 이들에 부속하는 시설 및 설비
   (2) (1)에서 정한 것 이외의 것으로서, 안전 확보에 지장이 없는 시설 및 설비

2. 방류둑 외면으로부터 10 m 이내에는 다음의 설비 이외의 것을 설치하지 않는다.
   (1) 해당 저장탱크에 속하는 송출 및 송액설비, 불활성가스의 저장탱크, 냉동설비, 열교환기, 기화기, 가스누출검지경보설비, 재해설비, 조명설비, 누출된 가스의 확산을 방지하기 위하여 설치된 건물 형태의 구조물, 계기시스템, 배관 및 그 파이프랙(Pipe Rack)과 이들에 부속하는 시설 및 설비
   (2) 배관(신축 이음매 이외의 부분이 지면에서 4 m 이상의 높이를 가진 것에 한정한다) 또는 지하에 매설되어 있는 시설(지상 중량물의 하중에 견딜 수 있는 조치를 한 것에 한정한다)
   (3) (1) 및 (2)에서 정한 것 이외의 것으로서, 안전 확보에 지장이 없는 시설 및 설비

OX퀴즈
방류둑 외면으로부터 15 m 이내에는 기화기를 설치하지 않는다. (×)

- **경계책**

충전시설의 안전을 확보하기 위하여 필요한 곳에는 외부인의 출입을 통제할 수 있도록 다음 기준에 따라 경계 울타리를 설치한다.

1. 저장설비 및 가스설비를 설치한 장소 주위에는 높이 1.5 m 이상의 철책 또는 철망 등의 경계 울타리를 설치하고, 작업 등을 위한 관계자 출입이 완료되면 출입문이 잠금조치되도록 하는 등 일반인의 출입이 통제되도록 필요한 조치를 한다. 다만 건축물 안에 설치하였거나, 차량의 통행 등 조업 시행이 현저히 곤란하여 위해 요인이 가중될 우려가 있는 경우에는 경계 울타리를 설치하지 않을 수 있다.

2. 경계 울타리 주위의 보기 쉬운 장소에는 외부 사람의 무단출입을 금하는 내용의 경계표지를 부착한다.

3. 경계 울타리 안에는 누구도 화기·발화 또는 인화하기 쉬운 물질을 휴대하고 들어가서는 안 된다. 다만 해당 설비의 정비수리 등 불가피한 사유가 발생하는 경우에는 안전관리책임자의 감독에 따라 화기·발화 또는 인화하기 쉬운 물질을 휴대할 수 있다.

- **저장탱크 작업수칙**

1. 저장탱크는 항상 40 ℃ 이하의 온도를 유지하도록 한다.
2. 저장설비실 안으로 등화를 휴대하고 출입할 때에는 방폭형 등화를 휴대한다.
3. 가스누출검지기와 휴대용 손전등은 방폭형으로 한다.
4. 저장설비의 외면으로부터 8 m 이내의 곳에서 화기(담뱃불을 포함한다)를 취급하지 않는다.

> **OX퀴즈**
> 저장탱크는 항상 40 ℃ 이하의 온도를 유지하도록 한다. (○)

- **가스설비 유지관리**

1. 가스설비의 부근에는 연소하기 쉬운 물질을 두지 않는다.
2. 가스설비 중 진동이 심한 곳에는 진동을 최소한도로 줄일 수 있는 조치를 한다.
3. 가스설비를 이음쇠로 연결하려면 그 이음쇠와 연결되는 부분에 잔류응력이 남지 않도록 조립하고, 관 이음 또는 밸브류를 나사로 조일 때에는 무리한 하중이 걸리지 않도록 한다.
4. 가스설비에 설치한 밸브 또는 콕에는 개폐 방향 표시, 자물쇠를 채우거나 봉인하여 두는 등의 조치 및 조명도 확보 등 종업원이 그 밸브등을 적절히 조작할 수 있도록 조치한다.

• **밸브등의 안전조치**

(1) 밸브등에 대한 조치 기준은 다음과 같다.

- (1-1) 각 밸브등에는 그 명칭이나 플로시트(Flow Sheet)에 따라 기호, 번호 등을 표시하고, 그 밸브등의 핸들 또는 별도로 부착한 표시판에 개폐 방향(조작스위치로 그 밸브등이 설치된 제조설비에 안전상 중대한 영향을 미치는 밸브등에는 그 밸브등의 개폐 상태를 포함한다)을 명시한다.

- (1-2) 밸브등을 조작함으로써 그 밸브등과 관련된 충전설비 등에 안전상 중대한 영향을 미치는 밸브등(압력을 구분하는 경우에는 압력을 구분하는 밸브, 안전밸브의 주 밸브, 긴급 차단밸브, 긴급 방출용 밸브, 제어용 공기 및 안전용 불활성가스 등의 송출 또는 이입용 밸브, 조정밸브, 감압밸브, 차단용 맹판 등)에는 작업원이 그 밸브등을 적절히 조작할 수 있도록 다음과 같은 조치를 강구한다.

    - (1-2-1) 밸브등에는 그 개폐 상태를 명시하는 표시판을 부착한다. 이 경우 특히 중요한 조정밸브 등에는 개도계(開度計)를 설치한다.
    - (1-2-2) 안전밸브의 주 밸브 및 보통 사용하지 않는 밸브등(긴급용은 제외한다)은 함부로 조작할 수 없도록 자물쇠의 채움, 봉인, 조작 금지 표시를 부착하거나 조작 시에 지장이 없는 범위 내에서 핸들을 제거하는 등의 조치를 하고, 내압·기밀시험용 밸브 등은 플러그 등의 마감 조치로 이중차단이 되는 기능을 가지는 것으로 한다.
    - (1-2-3) 계기판에 설치한 긴급 차단밸브, 긴급 방출밸브 등의 버튼핸들(Button Handle), 노칭디바이스핸들(Notching Device Handle) 등(갑자기 작동할 염려가 없는 것은 제외한다)에는 오조작 등 불시의 사고를 방지하기 위해 덮개, 캡 또는 보호장치를 사용하는 등의 조치를 함과 동시에 긴급 차단밸브 등의 개폐 상태를 표시하는 시그널램프 등을 계기판에 설치한다. 또한 긴급 차단밸브의 조작 위치가 2곳 이상일 경우 보통 사용하지 않는 밸브 등에는 함부로 조작하여서는 안 된다는 것과 그것을 조작할 때의 주의사항을 표시한다.

- (1-3) 밸브등의 조작 위치에는 그 밸브등을 확실하게 조작할 수 있도록 필요에 따라 발판을 설치한다.
- (1-4) 밸브등을 조작하는 장소는 밸브등을 확실히 조작할 수 있도록 조명도 150 lx 이상을 확보한다. 이 경우 계기실(충전을 제어하기 위해 기기를 집중적으로 설치한 실을 말한다. 이하 같다) 및 계기실 이외의 계기판에는 비상조명장치를 설치한다.

OX퀴즈
밸브등에는 그 개폐 상태를 명시하는 표시판을 부착한다. 이 경우 특히 중요한 조정밸브 등에는 개도계(開度計)를 설치한다. (○)

OX퀴즈
밸브등을 조작하는 장소는 밸브등을 확실히 조작할 수 있도록 조명도 **110 lx** 이상을 확보한다. (×)

(2) 밸브등의 조작 기준은 다음과 같다.
　(2-1) 밸브등의 조작에 유의하여야 할 사항을 작업 기준 등에 정하여 작업원에게 주지시킨다.
　(2-2) 밸브등을 조작함으로써 관련된 가스설비 등에 영향을 미치는 경우에는 밸브등의 조작 전후에 관계부서와 긴밀한 연락을 취하여 상호 확인하는 방법을 강구한다.
　(2-3) 액화가스의 밸브등에는 액봉 상태로 되지 않도록 폐지 조작을 한다.

제조 및 충전 기준

• 냄새 나는 물질의 첨가

액화석유가스가 누출될 경우 사람이 이를 쉽게 감지할 수 있도록 다음 기준에 따라 냄새 나는 물질(이하 "부취제"라 한다)을 첨가한다.

1. 액화석유가스는 공기 중의 혼합 비율의 용량이 1천분의 1의 상태에서 감지될 수 있도록 부취제(공업용의 경우는 제외한다)를 섞어 자동차에 고정된 탱크에 충전한다.

2. 액화석유가스의 "공기 중의 혼합 비율의 용량을 1000분의 1의 상태에서 감지할 수 있는 냄새"는 다음 방법 중 어느 한 가지 측정 방법 또는 이들과 같은 수준 이상의 정확도를 가진 측정방법으로 측정하여 액화석유가스가 혼합되어 있음을 감지할 수 있는 냄새로 한다.
　(1) 오더(Odor) 미터법(냄새 측정기법)
　(2) 주사기법
　(3) 냄새주머니법
　(4) 무취실법

3. 냄새의 측정에 대한 기본적인 사항은 다음과 같다.
　(1) 시험가스의 채취법
　　해당 저장탱크의 시료 채취 전용 구멍(이와 유사한 것을 포함한다)에서 액상인 액화석유가스를 소용기에 채취하고, 이것을 기화시킨 가스(시험가스)와 공기와의 혼합가스를 시료기체로 한다.
　(2) 냄새측정실의 구비 조건
　　(2-1) 액화석유가스의 냄새를 측정하기 위한 검취실은 청결하고 냄새가 없어야 하며 적당한 환기가 가능하도록 한다.

> **OX퀴즈**
> 액화석유가스는 공기 중의 혼합 비율의 용량이 **5천분의 1**의 상태에서 감지될 수 있도록 부취제(공업용의 경우는 제외한다)를 섞어 자동차에 고정된 탱크에 충전한다. (×)

(2-2) 실내의 온도 및 습도는 패널의 후각 안정을 위하여 가능한 한 생활환경에 가깝도록(온도 18 ~ 25 ℃, 습도 60 ~ 80 %) 일정하고 조용하게 유지한다. 특히, 한냉 및 강풍은 후각을 감퇴시키므로 주의한다.

(3) **패널의 구비 조건 등**

> **OX퀴즈**
> 패널은 시험을 시작하기 전에 적어도 30분간 식사, 흡연 등을 하지 않는다. (○)

(3-1) 패널은 시험을 시작하기 전에 적어도 30분간 식사, 흡연 등을 하지 않는다.

(3-2) 패널은 건강 상태가 나쁠 때, 특히 코의 상태가 좋지 않을 때는 측정에 참가하지 않는다.

(3-3) 패널의 인원은 적어도 4명(무취실법에서는 6명) 이상으로 한다.

(4) **그 밖의 사항**

(4-1) 측정하는 기기 및 용구는 전부 냄새가 없거나 또는 냄새가 적은 것으로서, 액화석유가스 냄새의 흡착성이 적은 것을 선정한다.

(4-2) 시험자는 측정 준비를 가능한 한 신속히 한다.

(4-3) 패널은 측정 중 잡담을 일절 하지 않는다.

(4-4) 시험자는 패널이 보지 않도록 희석조작을 하고, 패널에 불필요한 정보를 주지 않는다.

(4-5) 패널이 측정하는 시료기체의 희석 배수는 원칙적으로 500배, 1000배, 2000배 및 4000배의 4가지 이상으로 한다.

(4-6) 패널이 측정하는 희석 배수의 순서는 랜덤(Random)으로 한다.

(4-7) 연속해서 측정하는 경우에는 30분마다 30분간의 휴식을 취한다.

(4-8) 연속해서 측정하는 경우에는 실내에 방출된 액화석유가스가 체류하여 폭발하한계의 4분의 1을 넘는 농도가 되지 않도록 정기적으로 환기한다.

5. 액화석유가스의 냄새 정확도 판정은 각 패널의 감지 희석 배수 중 명확히 이상하다고 인정하는 것을 제외한 평균치가 1000 이상인 경우 "공기 중의 혼합 비율 용량이 1000분의 1일 때 감지할 수 있는 냄새"로 확인이 된 것으로 한다.

저장설비

저장설비의 안전을 확보하기 위하여 다음 기준에 따라 액화석유가스를 이입·충전하기 위한 준비를 한다.

• 저장탱크

(1) 자동차에 고정된 탱크는 저장탱크의 외면으로부터 3 m 이상 떨어져 정지한다. 다만 저장탱크와 자동차에 고정된 탱크와의 사이에 방호 울타리 등을 설치한 경우에는 3 m 이상 떨어져 정지하지 않을 수 있다.

(2) 자동차에 고정된 탱크(내용적 5000 L 이상인 것만을 말한다)로부터 가스를 이입받을 때에는 자동차가 고정되도록 자동차 정지목 등을 설치한다.

(3) 액화석유가스 충전사업자가 액화석유가스 특정 사용자 또는 주거용으로 액화석유가스를 직접 공급하는 경우에는 다음 기준에 따른다.

(3-1) 자동차에 고정된 탱크로부터 액화석유가스를 저장탱크에 송출 또는 이입하려면 "가스 충전 중"의 표시를 하고, 자동차가 고정되도록 그 자동차에 자동차 정지목 등을 설치한다.

(3-2) 저장설비에는 방폭형 휴대용 전등 외의 등화를 지니고 들어가지 않는다.

(4) 벌크로리로 수요자의 저장능력 10톤 이하의 저장탱크에 액화석유가스를 충전하는 작업은 수요자가 채용한 안전관리자의 입회하에 한다.

(5) 지하에 설치된 저장탱크에 액화석유가스를 이입·충전하는 경우에는 이입·충전작업의 시작 전에 과충전경보장치 또는 과충전방지장치(과충전경보장치 및 과충전방지장치를 모두 설치한 경우에는 모든 장치를 말한다)의 작동(장치의 켜짐 상태) 여부를 확인한다.

• 소형저장탱크

(1) 액화석유가스 충전사업자가 액화석유가스 특정 사용자 또는 주거용으로 액화석유가스를 직접 공급하는 경우에는 다음 기준에 따른다.

(1-1) 자동차에 고정된 탱크로부터 액화석유가스를 소형저장탱크에 송출 또는 이입하려면 "가스 충전 중"의 표시를 하고, 자동차가 고정되도록 그 자동차에 자동차 정지목 등을 설치한다.

(1-2) 저장설비에는 방폭형 휴대용 전등 외의 등화를 지니고 들어가지 않는다.

(2) 자동차에 고정된 탱크로 수요자의 소형저장탱크에 액화석유가스를 충전하는 때에는 다음 기준에 따른다.

(2-1) 충전 작업은 수요자가 채용한 안전관리자의 입회하에 한다.

OX퀴즈
자동차에 고정된 탱크는 저장탱크의 외면으로부터 1 m 이상 떨어져 정지한다. 다만 저장탱크와 자동차에 고정된 탱크와의 사이에 방호 울타리 등을 설치한 경우에는 3 m 이상 떨어져 정지하지 않을 수 있다. (×)

OX퀴즈
벌크로리로 수요자의 저장능력 10톤 이하의 저장탱크에 액화석유가스를 충전하는 작업은 수요자가 채용한 안전관리자의 입회하에 한다. (○)

OX퀴즈
자동차에 고정된 탱크로부터 액화석유가스를 소형저장탱크에 송출 또는 이입하려면 "가스 충전 중"의 표시를 **제외하고**, 자동차가 고정되도록 그 자동차에 자동차 정지목 등을 설치한다. (×)

• **자동차에 고정된 탱크**

(1) 자동차에 고정된 탱크는 저장탱크의 외면으로부터 3 m 이상 떨어져 정지한다. 다만 저장탱크와 자동차에 고정된 탱크와의 사이에 방호 울타리 등을 설치한 경우에는 3 m 이상 떨어져 정지하지 않을 수 있다.

(2) 자동차에 고정된 탱크(내용적 5000 L 이상인 것만을 말한다)에 가스를 충전하는 때에는 자동차가 고정되도록 자동차 정지목 등을 설치한다.

(3) 자동차에 고정된 탱크에 가스를 충전하려면 액화석유가스 운반 자동차 운전자의 교육 이수 여부 및 운반 책임자의 자격 또는 교육 이수 여부를 확인한다.

• **가스설비**

가스설비의 안전을 확보하기 위하여 다음 기준에 따라 액화석유가스를 이입·충전하기 위한 준비를 한다.

1. 가스를 충전하려면 충전설비에서 발생하는 정전기를 제거하는 조치를 한다.

2. 안전밸브에 설치된 스톱밸브는 항상 열어 둔다. 다만 안전밸브의 수리·청소를 위하여 특히 필요한 경우에는 열어 두지 않을 수 있다.

3. 충전설비에서 가스 충전 작업을 하려면 그 외부에서 눈에 띄기 쉬운 곳에 충전 작업 중임을 알리는 표시를 한다.

> **Tip** 스톱밸브 : 유량을 조절할 수 있는 밸브

부취 설비

• **부취제 이입작업**

(1) 운반차량으로부터 부취제를 저장탱크에 이입할 경우 보호의 및 보안경 등의 보호장비를 착용한 후 작업한다.

(2) 운반차량은 저장탱크의 외면과 3 m 이상 이격거리를 유지한다. 다만 운반차량과 저장탱크와의 사이에 경계턱 등을 설치한 경우에는 3 m 이상 유지하지 않을 수 있다.

(3) 운반차량으로부터 부취제를 저장탱크로 이입하는 경우 운반차량이 고정되도록 자동차 정지목 등을 설치한다.

(4) 부취제 이입 시 이입펌프의 작동 상태를 확인한 후 이입작업을 시작한다.

> **OX퀴즈**
> 부취제 이입 작업을 시작하기 전에 주위에 화기 및 인화성 또는 발화성 물질이 없도록 한다. (○)

(5) 부취제 이입 작업을 시작하기 전에 주위에 화기 및 인화성 또는 발화성 물질이 없도록 한다.

(6) 운반차량에 발생하는 정전기를 제거하는 조치를 한다.

(7) 부취제가 누출될 수 있는 주변에 중화제 및 소화기 등을 구비하여 부취제 누출 시 곧바로 중화 및 소화작업을 한다.

(8) 누출된 부취제는 중화 또는 소화작업을 하여 안전하게 폐기한다.

(9) 저장탱크에 이입을 종료한 후 설비에 남아 있는 부취제를 최대한 회수하고 누출 점검을 실시한다.

(10) 부취제 이입작업 시에는 안전관리자가 상주하여 이를 확인하여야 하고, 작업 관련자 이외에는 출입을 통제한다.

• 부취제 저장

위험물안전관리법령 등 관련 기준에 적합하게 시설을 갖추고 안전하게 유지·관리한다.

• 부취제 주입작업

(1) 적합한 양의 부취제가 액화석유가스 중에 침기될 수 있도록 한다.

(2) 부취제 주입 작업 시 주위에 화기 사용을 금지하고 인화성 또는 발화성 물질이 없도록 한다.

(3) 부취제가 누출될 수 있는 주변에 중화제 및 소화기 등을 구비하여 부취제 누출 시 곧바로 중화 및 소화작업을 한다.

(4) 누출된 부취제는 중화 또는 소화작업을 하여 안전하게 폐기한다.

(5) 정전 시에도 주입설비가 정상작동될 수 있도록 조치한다.

(6) 부취제 주입작업 시에는 안전관리자가 상주하여 이를 확인하여야 하고, 작업 관련자 이외에는 출입을 통제한다.

> **OX퀴즈**
> 부취제 이입 **시작 전**에는 안전관리자가 상주하며, **진행될 때는 없어도** 된다. (×)

제조 및 충전 작업

저장설비의 안전을 확보하기 위하여 다음 기준에 따라 액화석유가스를 이입·충전한다.

- **저장탱크**

1. 자동차에 고정된 탱크와 로리호스(로딩암)의 액체라인 및 기체라인 커플링을 접속한 후 충전한다.
2. 저장탱크에 가스를 충전하려면 가스의 용량이 상용의 온도에서 저장탱크 내용적의 90 %를 넘지 않도록 충전한다.
3. 액화석유가스를 자동차에 고정된 탱크로부터 이입할 때에는 배관 접속 부분의 가스 누출 여부를 확인하고, 이입한 후에는 그 배관 안의 가스로 인한 위해가 발생하지 않도록 조치한다.
4. 액화석유가스 충전사업자가 액화석유가스 특정사용자 또는 주거용으로 액화석유가스를 직접 공급하는 경우 저장탱크에 가스를 충전하려면 다음 기준에 따른다.
    (1) 자동차에 고정된 탱크와 로리호스(로딩암)의 액체라인 및 기체라인 커플링을 접속한 후 충전한다.
    (2) 정전기 제거조치를 실시한 후 저장탱크의 내용적의 90 %를 넘지 않도록 충전한다.
5. 벌크로리로 수요자의 저장능력 10톤 이하의 저장탱크에 액화석유가스를 충전하는 때에는 다음 기준에 따른다.
    (1) 벌크로리의 탱크주밸브를 통하여 충전한다. 다만 저장탱크 설치장소까지 벌크로리의 진입이 불가능하여 탱크주밸브를 통하여 충전이 어려운 경우에는 벌크로리의 충전호스 커플링을 통하여 충전할 수 있고, 이 경우 충전호스 커플링 연결부 등을 감시하는 사람을 추가로 배치해야 한다.
    (2) 벌크로리와 로리호스(로딩암)의 액체라인 및 기체라인 커플링을 접속한 후 충전한다.
    (3) 액화석유가스를 충전하려면 그 저장탱크 안의 잔량을 확인한 후 충전한다.
    (4) 충전 중에는 액면계의 움직임·펌프 등의 작동을 주의·감시하여 과충전방지 등 작업 중의 위해방지를 위한 조치를 한다.
    (5) 충전작업이 완료되면 액체라인 및 기체라인 커플링으로부터의 가스누출이 없는지를 확인 및 조치한다.

> Tip 로리호스(= 로딩암) 시험에는 로딩암으로 주로 출제된다!

6. 자동차에 고정된 탱크로부터 저장탱크에 액화석유가스를 이입받을 때에는 5시간 이상 연속하여 자동차에 고정된 탱크를 저장탱크에 접속하지 않는다.

- **소형저장탱크**

1. 액화석유가스 충전사업자가 액화석유가스 특정 사용자 또는 주거용으로 액화석유가스를 직접 공급하는 경우 소형저장탱크에 가스를 충전하려면 정전기를 제거한 후 소형저장탱크 내용적의 85 %를 넘지 않도록 충전한다.

- **자동차에 고정된 탱크로 수요자의 소형저장탱크에 액화석유가스를 충전하는 때**

(1) 자동차에 고정된 탱크(벌크로리를 포함한다)와 소형저장탱크의 액체라인 및 기체라인 커플링을 접속한 후 충전한다.

(2) 액화석유가스를 충전하려면 그 소형저장탱크 안의 잔량을 확인한 후 충전한다.

(3) 충전 중에는 액면계의 움직임·펌프 등의 작동을 주의·감시하여 과충전 방지 등 작업 중의 위해 방지를 위한 조치를 한다.

(4) 충전 작업이 완료되면 세이프티커플링에서 가스 누출이 없는지를 확인한다.

- **자동차에 고정된 탱크**

1. 가스를 자동차에 고정된 탱크에 충전하려면 다음 계산식에 따라 산정된 충전량을 초과하지 않도록 충전한다.

    $G = V/C$

    여기에서

    G : 액화석유가스의 질량(단위 : kg)

    V : 자동차에 고정된 탱크의 내용적(단위 : L)

    C : 프로판은 2.35, 부탄은 2.05의 수치

2. 액화석유가스를 충전한 후 과충전된 것은 가스회수장치로 보내 초과량을 회수하고 부족량은 재충전한다.

3. 액화석유가스를 자동차에 고정된 탱크에 충전할 때에는 배관 접속 부분의 가스 누출 여부를 확인하고, 충전한 후에는 그 배관 안의 가스로 인한 위해가 발생하지 않도록 조치한다.

4. 자동차에 고정된 탱크와 충전시설 내 저장설비 간의 충전작업

OX퀴즈

자동차에 고정된 탱크로부터 저장탱크에 액화석유가스를 이입받을 때에는 **3시간** 이상 연속하여 자동차에 고정된 탱크를 저장탱크에 접속하지 않는다. (×)

문제풀이

01
(1) 벌크로리
(2) 패널
(3) 희석배수
(4) 설정압력

1. 액화석유가스 자동차에 고정된 탱크충전의 시설·기술·검사·정밀안전진단·안전성평가기준에 따른 용어를 쓰시오.
   (1) 소형저장탱크에 액화석유가스를 공급하기 위하여 펌프 또는 압축기가 부착된 자동차에 고정된 탱크
   (2) 액화석유가스의 냄새 측정을 위하여 미리 선정한 정상적인 후각을 가진 사람으로서, 냄새를 판정하는 자
   (3) 액화석유가스의 냄새 측정을 위하여 시료 기체의 양을 시험가스의 양으로 나눈 값
   (4) 안전밸브의 설계를 위하여 정한 분출압력 또는 분출 개시 압력으로서, 명판에 표시된 압력

02
(1) 압력계
(2) 압력경보설비
(3) 다음 중 어느 하나의 설비
   (3-1) 진공 안전밸브
   (3-2) 다른 저장탱크 또는 시설로부터의 가스 도입배관 (균압관)
   (3-3) 압력과 연동하는 긴급 차단장치를 설치한 냉동제어설비
   (3-4) 압력과 연동하는 긴급 차단장치를 설치한 송액설비

2. 저온 저장탱크는 그 저장탱크의 내부 압력이 외부 압력보다 저하됨에 따라 그 저장탱크가 파괴되는 것을 방지하기 위한 설비를 갖추어야 한다. 해당하는 설비 3가지를 쓰시오.

3 가스방출관의 방출구는 공기 중에 수직 상방향으로 가스를 분출하는 구조로서, 방출구의 수직 상방향 연장선으로부터 안전밸브 규격에 따라 수평거리 이내에 장애물이 없는 안전한 곳으로 분출하는 구조로 하여야 한다. 그에 해당하는 기준으로 틀린 것을 고르시오.

(1) 입구 호칭 지름 15 A 이하 : 0.3 m
(2) 입구 호칭 지름 15 A 초과 20 A 이하 : 0.5 m
(3) 입구 호칭 지름 20 A 초과 25 A 이하 : 0.7 m
(4) 입구 호칭 지름 25 A 초과 40 A 이하 : 1.0 m

03
(4) 1.3 m

충전시설

KGS FP334 액화석유가스 소형용기충전의 시설·기술·검사·정밀안전진단·안전성평가기준

액화석유가스

• **용어 정의**

1. "접합 또는 납붙임용기"란 동판 및 경판을 각각 성형하여 심용접 및 그 밖의 방법으로 접합하거나 납붙임하여 만든 내용적 1리터 미만인 1회용 용기로서, 에어졸 제조용, 라이터 충전용, 연료가스용, 절단용 또는 용접용으로 제조한 것을 말한다.

2. "이동식 부탄 연소기용 용접용기"란 카세트식 이동식 부탄 연소기에 사용되는 내용적 1리터 미만의 용기로서, 재충전하여 사용할 수 있는 것을 말한다.

3. "이동식 프로판 연소기용 용접용기"란 직결 또는 분리형 이동식 프로판 연소기에 사용되는 내용적 1리터 미만의 용기로서, 재충전하여 사용할 수 있는 것을 말한다.

4. "저장설비"란 액화석유가스를 저장하기 위한 설비로서, 저장탱크·마운드형 저장탱크·소형저장탱크 및 용기(용기집합설비와 충전용기 보관실을 포함한다. 이하 같다)를 말한다.

5. "저장탱크"란 액화석유가스를 저장하기 위하여 지상 또는 지하에 고정 설치된 탱크로서, 그 저장능력이 3톤 이상인 탱크를 말한다.

6. "소형저장탱크"란 액화석유가스를 저장하기 위하여 지상이나 지하에 고정 설치된 탱크로서, 그 저장능력이 3톤 미만인 탱크를 말한다.

7. "자동차에 고정된 탱크"란 액화석유가스의 수송·운반을 위하여 자동차에 고정 설치된 탱크를 말한다.

8. "충전용기"란 액화석유가스의 충전 질량의 2분의 1 이상이 충전되어 있는 상태의 용기를 말한다.

9. "잔가스용기"란 액화석유가스의 충전 질량의 2분의 1 미만이 충전되어 있는 상태의 용기를 말한다.

10. "가스설비"란 저장설비 외의 설비로서, 액화석유가스가 통하는 설비(배관은 제외한다)와 그 부속설비를 말한다.

> **OX퀴즈**
> "이동식 프로판 연소기용 용접용기"란 직결 또는 분리형 이동식 프로판 연소기에 사용되는 내용적 **2리터** 미만의 용기로서, 재충전하여 사용할 수 있는 것을 말한다. (×)

11. "충전설비"란 용기 또는 자동차에 고정된 탱크에 액화석유가스를 충전하기 위한 설비로서, 충전기와 저장탱크에 부속된 펌프 및 압축기를 말한다.

12. 건축물 재료 및 구조에 대한 용어의 뜻은 다음과 같다.
    (1) "불연재료"란 「건축법 시행령」 제2조 제10호에 따른 재료를 말한다.
    (2) "난연재료"란 「건축법 시행령」 제2조 제9호에 따른 재료를 말한다.

13. "방호벽"이란 높이 2 m 이상, 두께 12 cm 이상의 철근콘크리트 또는 이와 같은 수준 이상의 강도를 가지는 구조의 벽을 말한다.

14. "설정압력(Set Pressure)"이란 안전밸브의 설계를 위하여 정한 분출압력 또는 분출 개시 압력으로서, 명판에 표시된 압력을 말한다.

15. "축적압력(Accumulated Pressure)"이란 내부 유체가 배출될 때 안전밸브에 축적되는 압력으로서, 그 설비 안에서 허용될 수 있는 최대 압력을 말한다.

16. "초과압력(Over Pressure)"이란 안전밸브에서 내부 유체가 배출될 때 설정압력 이상으로 올라가는 압력을 말한다.

17. "평형 벨로즈형 안전밸브(Balanced Bellows Safety Valve)"란 밸브의 토출 측 배압의 변화로 성능 특성에 영향을 받지 않는 안전밸브를 말한다.

18. "일반형 안전밸브(Con Entional Safety Valve)"란 밸브의 토출 측 배압의 변화로 인하여 직접적으로 성능 특성에 영향을 받는 안전밸브를 말한다.

19. "배압(Back Pressure)"이란 배출물 처리설비 등으로부터 안전밸브의 토출 측에 걸리는 압력을 말한다.

20. "캔밸브"란 액화석유가스의 충전 및 사용을 위하여 이동식 부탄 연소기용 용접용기 넥 링부에 접합되는 스템 및 노즐부를 포함한 일체의 것을 말한다.

21. "용기밸브"란 액화석유가스의 충전 및 사용을 위하여 이동식 프로판 연소기용 용접용기 네크링부에 결합되는 스템 및 노즐부를 포함한 일체의 것을 말한다.

22. "패널(Panel)"이란 액화석유가스의 냄새 측정을 위하여 미리 선정한 정상적인 후각을 가진 사람으로서, 냄새를 판정하는 자를 말한다.

23. "시험자"란 액화석유가스의 냄새 농도 측정을 할 때 희석 조작으로 냄새 농도를 측정하는 자를 말한다.

Tip 13.의 철근콘크리트 또는 이와 같은 수준 이상의 강도를 가지는 구조의 벽은 아래와 같다.

종류	두께	높이
철근콘크리트	12 cm 이상	2 m 이상
콘크리트 블록	15 cm 이상	
박강판	3.2 mm 이상	
후강판	6 mm 이상	

24. "시험가스"란 냄새를 측정할 수 있도록 액화석유가스를 기화한 가스를 말한다.

25. "시료기체"란 액화석유가스의 냄새 측정을 위하여 시험가스를 청정한 공기로 희석한 판정용 기체를 말한다.

26. "희석배수"란 액화석유가스의 냄새 측정을 위하여 시료기체의 양을 시험가스의 양으로 나눈 값을 말한다.

27. "체크리스트(Checklist)기법"이란 공정 및 설비의 오류, 결함 상태, 위험 상황 등을 목록화한 형태로 작성하여 경험적으로 비교함으로써 위험성을 정성적으로 파악하는 안전성 평가기법을 말한다.

28. "상대위험순위결정(Dow and Mond Indices)기법"이란 설비에 존재하는 위험을 수치적으로 상대위험 순위로 지표화하여 그 피해 정도를 나타내는 상대적 위험 순위를 정하는 안전성 평가기법을 말한다.

29. "작업자실수분석(Human Error Ananlysis, HEA)기법"이란 설비의 운전원, 정비 보수원, 기술자 등의 작업에 영향을 미칠만한 요소를 평가하여 그 실수의 원인을 파악하고 추적하여 정량적으로 실수의 상대적 순위를 결정하는 안전성 평가기법을 말한다.

30. "사고예상질문분석(What-if)기법"이란 공정에 잠재하고 있으면서 원하지 않은 나쁜 결과를 초래할 수 있는 사고를 예상 질문을 통해 사전에 확인함으로써 그 위험과 결과 및 위험을 줄이는 방법을 제시하는 정성적 안전성 평가기법을 말한다.

31. "위험과 운전분석(Hazard and Operablity Studies, HAZOP)기법"이란 공정에 존재하는 위험 요소들과 공정의 효율을 떨어뜨릴 수 있는 운전상의 문제점을 찾아내어 그 원인을 제거하는 정성적인 안전성 평가기법을 말한다.

32. "이상위험도 분석(Failure Modes, Effects, and Criticality Analysis, FMECA)기법"이란 공정 및 설비의 고장의 형태 및 영향, 고장 형태별 위험도 순위 등을 결정하는 기법을 말한다.

33. "결함수 분석(Fault Eree Analysis, FTA)기법"이란 사고를 일으키는 장치의 이상이나 운전사 실수의 조합을 연역적으로 분석하는 정량적 안전성 평가기법을 말한다.

34. "사건수 분석(Event Tree Analysis, ETA)기법"이란 초기 사건으로 알려진 특정한 장치의 이상이나 운전자의 실수로부터 발생되는 잠재적 사고결과를 평가하는 정량적 안전성 평가기법을 말한다.

35. "원인결과분석(Cause-Consequence Analysis, CCA)기법"이란 잠재된 사고의 결과와 이러한 사고의 근본적인 원인을 찾아내고 사고 결과와 원인의 상호 관계를 예측·평가하는 정량적 안전성 평가기법을 말한다.

36. "폭발 방지장치"란 액화석유가스 저장탱크 외벽이 화염으로 인해 국부적으로 가열될 경우 그 저장탱크 벽면의 열을 신속히 흡수·분산시킴으로서 탱크 벽면의 국부적인 온도 상승에 따른 저장탱크의 파열을 방지하기 위하여 저장탱크 내벽에 설치하는 다공성 벌집형 알루미늄 합금 박판을 말한다.

37. "태양광 발전설비"란 태양빛을 직접 전기에너지로 변환하는 발전설비로서, 태양빛을 받아 전기를 발생시키는 태양전지로 구성된 집광판(모듈), 전력변환장치(인버터) 등으로 구성된 설비를 말한다.

시설기준

• 보호시설과의 거리(이상)

저장능력	제1종 보호시설	제2종 보호시설
10톤 이하	17 m	12 m
10톤 초과 20톤 이하	21 m	14 m
20톤 초과 30톤 이하	24 m	16 m
30톤 초과 40톤 이하	27 m	18 m
40톤 초과	30 m	20 m

[비고] 지하에 저장설비를 설치하는 경우에는 상기 보호시설과의 안전거리의 2분의 1로 할 수 있다.

> **암기법**
> 제1종은 17부터 시작해서 +4 되고 그 이후 +3씩 된다.
> 제2종은 12부터 시작하여 2씩 늘어난다.

• 화기와의 거리

저장설비와 가스설비는 그 외면으로 부터 화기(그 설비 안의 것은 제외한다)를 취급하는 장소까지 8 m 이상의 우회거리를 두거나 화기를 취급하는 장소와의 사이에 그 저장설비와 가스설비로부터 누출된 가스의 유동을 방지하기 위해 다음 조치를 한다.

1. 누출된 가연성가스가 화기를 취급하는 장소로 유동하는 것을 방지하기 위한 시설은 높이 2 m 이상의 내화성 벽으로 하고, 저장설비 및 가스설비와 화기를 취급하는 장소와의 사이는 우회수평거리를 8 m 이상으로 한다.

2. 화기를 사용하는 장소가 불연성 건축물 안에 있는 경우 저장설비 및 가스설비로부터 수평거리 8 m 이내에 있는 그 건축물의 개구부는 방화문이나 망입유리를 사용하여 폐쇄하고, 사람이 출입하는 출입문은 2중문으로 한다.

• **사업소 경계와의 거리**

1. 액화석유가스 충전시설 중 저장설비의 외면에서 사업소 경계[사업소 경계가 바다·호수·하천·도로(「도로법」 제2조 제1호에 따른 도로 및 같은 법 제108조에 따라 같은 법이 준용되는 도로를 말한다) 등과 접한 경우에는 그 반대편 끝을 경계로 본다. 이하 같다]까지 유지해야 할 거리는 표에서 정한 거리 이상으로 한다. 다만 저장설비를 지하에 설치하거나 지하에 설치된 저장설비 안에 액중펌프를 설치하는 경우에는 저장능력별 사업소 경계와의 거리에 0.7을 곱한 거리 이상으로 할 수 있다.

저장능력	사업소경계와의 거리
10톤 이하	24 m
10톤 초과 20톤 이하	27 m
20톤 초과 30톤 이하	30 m
30톤 초과 40톤 이하	33 m
40톤 초과 200톤 이하	36 m
200톤 초과	39 m

[비고] 같은 사업소에 두 개 이상의 저장설비가 있는 경우에는 그 설비별로 각각 안전거리를 유지한다.

※ 액화석유가스 충전시설 중 충전설비의 외면으로부터 사업소 경계까지 유지해야 할 거리는 24 m 이상으로 한다.

※ 자동차에 고정된 탱크 이입·충전 장소(지면에 표시하는 정차 위치 크기는 길이 13 m 이상, 폭 3 m 이상)의 중심(지면에 표시하는 정차 위치의 중심)으로부터 사업소 경계까지 유지해야 할 거리는 24 m 이상으로 한다.

• **도로 경계와의 거리**

1. 충전설비 중 충전기는 사업소 경계가 도로에 접한 경우에는 그 외면으로부터 가장 가까운 도로 경계선까지 4 m 이상을 유지한다.

2. 자동차에 고정된 탱크 이입·충전 장소의 지면에 표시된 정차 위치는 사업소 경계가 도로에 접한 경우에는 지면에 표시된 정차 위치의 바깥 면으로부터 가장 가까운 도로 경계선까지 2.5 m 이상을 유지한다.

[암기법]
24부터 시작해서 3씩 늘어난다.

[OX퀴즈]
충전설비 중 충전기는 사업소 경계가 도로에 접한 경우에는 그 외면으로부터 가장 가까운 도로 경계선까지 **1.5 m** 이상을 유지한다.
(×)

• **안전성 평가기준**

1. 충전시설 변경 전후의 안전도에 관한 안전성 평가는 「고압가스 안전관리법」 제28조에 따른 한국가스안전공사(이하 "한국가스안전공사"라 한다)에서 실시한다.

2. 안전성 평가는 다음 안전성 평가기법 중 안전성 평가 대상 시설에 적합한 기법에 따라서 실시한다.

   (1) 체크리스트 기법
   (2) 상대위험순위결정 기법
   (3) 작업자실수분석 기법
   (4) 사고예상질문분석 기법
   (5) 위험과 운전분석 기법
   (6) 이상위험도분석 기법
   (7) 결함수분석 기법
   (8) 사건수분석 기법
   (9) 원인결과분석 기법
   (10) (1)부터 (9)까지와 같은 수준 이상의 기술적 평가기법

3. 안전성 평가는 사고의 발생 빈도, 사고 발생 시 피해 영향 등 안전도를 정량적으로 평가하는 방법에 따라서 실시한다. 다만 안전도를 정량적으로 평가하지 않아도 4에 따른 안전도 향상을 판단할 수 있는 경우에는 안전성을 정량적으로 평가하는 방법으로 하지 않을 수 있다.

4. 안전성평가 결과 저장설비 또는 가스설비의 위치변경·용량증가 또는 수량증가로 인하여 사업소의 안전도가 향상되도록 한다.

• **안전거리**

저장설비 및 충전설비(전용공업지역 안에 있는 저장설비 및 충전설비는 제외한다)의 외면에서 사업소 경계(사업소 경계가 바다·호수·하천·도로 등의 경우에는 그 반대편 끝을 경계로 본다)까지 유지하여야 할 거리는 표에서 정한 거리 이상으로 한다. 다만 지하에 저장설비를 설치하는 경우에는 표에서 정한 거리의 2분의 1 이상을 유지할 수 있고, 저장설비가 지상에 설치된 저장능력이 30톤을 초과하는 용기 충전시설의 충전설비는 사업소 경계까지 24 m 이상의 안전거리를 유지할 수 있다.

저장능력	사업소경계와의 거리
10톤 이하	17 m
10톤 초과 20톤 이하	21 m
20톤 초과 30톤 이하	24 m
30톤 초과 40톤 이하	27 m
40톤 초과	30 m

• 지반종류에 따른 허용지지력도

지반의 종류	허용지지력도
암반	1
단단히 응결된 모래층	0.5
황토흙	0.3
조밀한 자갈층	0.3
모래질 지반	0.05
조밀한 모래질 지반	0.2
단단한 점토질 지반	0.1
점토질 지반	0.02
단단한 롬(Loam)층	0.1
롬(Loam)층	0.05

Tip 허용지지력도가 가장 낮은 점토질 지반과 가장 큰 암반이 시험에 주로 출제된다.

• 소형저장탱크 설치방법

소형저장탱크는 그 소형저장탱크를 보호하고, 그 소형저장탱크를 사용하는 시설의 안전을 확보하기 위하여 위해의 우려가 없도록 다음 기준에 따라 설치한다.

(1) 동일 장소에 설치하는 소형저장탱크의 수는 6기 이하로 하고, 충전 질량의 합계는 5000 kg 미만이 되도록 한다. 이 경우 "동일 장소에 설치하는 소형저장탱크"란 다음 중 어느 하나에 해당하는 소형저장탱크를 말한다.

(1-1) 배관으로 연결된 소형저장탱크

(1-2) 탱크 중심 사이의 거리가 30 m 이하이거나 같은 구축물에 설치되어 있는 소형저장탱크

(2) 소형저장탱크는 지진, 바람 등으로 이동되지 않도록 설치한다.

(3) 소형저장탱크는 지면보다 5 cm 이상 높게 설치된 일체형 콘크리트 기초에 설치한다. 이 경우, 저장능력이 1톤 초과인 소형저장탱크는 일체형 철근콘크리트 기초에 설치하여야 하며, 철근의 규격, 배근·결속 등의 설치기준은 다음과 같다.

OX퀴즈
동일 장소에 설치하는 소형저장탱크의 수는 **10기** 이하로 한다. (×)

(3-1) 철근의 규격 : 직경 9 mm 이상

(3-2) 배근·결속 : 가로·세로 400 mm 이하의 간격으로 배근하고, 모서리 부분의 철근은 확실히 결속한다.

(3-3) 소형저장탱크 지지대는 배근·결속된 철근의 안쪽에 위치한다.

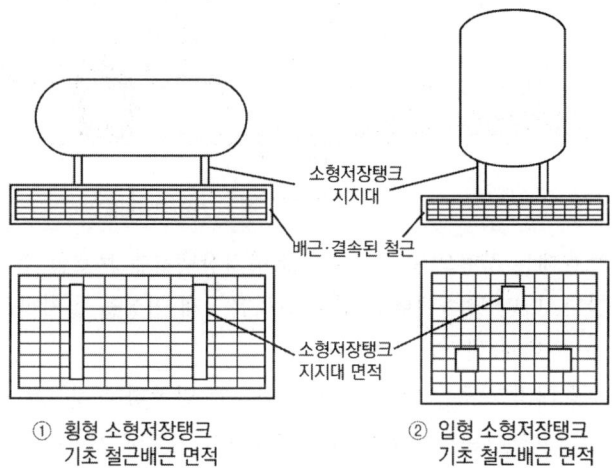

① 횡형 소형저장탱크 기초 철근배근 면적
② 입형 소형저장탱크 기초 철근배근 면적

(4) 소형저장탱크의 일체형 기초는 소형저장탱크의 수평 투영 면적보다 넓게 설치한다. 다만 소형저장탱크의 지지대가 설치된 면적이 소형저장탱크의 수평 투영 면적보다 넓은 경우에는 일체형 기초를 소형저장탱크의 지지대가 설치된 면적보다 넓게 설치한다.

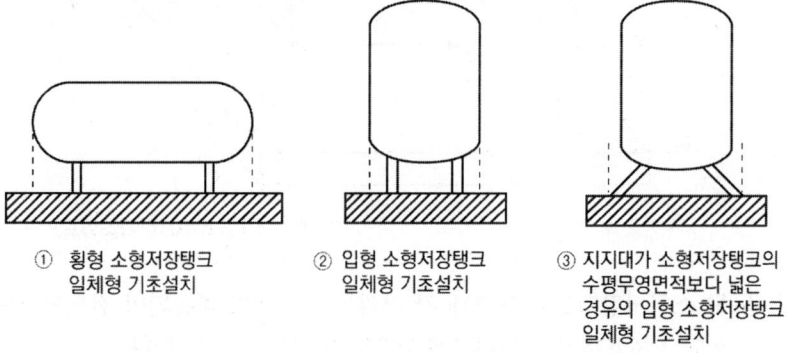

① 횡형 소형저장탱크 일체형 기초설치
② 입형 소형저장탱크 일체형 기초설치
③ 지지대가 소형저장탱크의 수평투영면적보다 넓은 경우의 입형 소형저장탱크 일체형 기초설치

(5) 소형저장탱크를 기초에 고정하는 방식은 화재 등의 경우 쉽게 분리될 수 있는 것으로 한다.

(6) 소형저장탱크가 손상을 받을 우려가 있는 경우에는 다음 기준에 따라 보호대 등의 방호조치를 한다.

(6-1) 보호대는 다음 중 어느 하나를 만족하는 것으로 한다.

(6-1-1) 두께 12 cm 이상의 철근콘크리트

(6-1-2) 호칭 지름 100 A 이상의 KS D 3507(배관용 탄소강관) 또는 이와 동등 이상의 기계적 강도를 가진 강관

> **OX퀴즈**
> 소형저장탱크를 기초에 고정하는 방식은 화재 등의 경우 쉽게 분리될 수 **없는** 것으로 한다. (×)

> **OX퀴즈**
> 보호대의 높이는 **50 cm** 이상으로 한다. (×)

(6-2) 보호대의 높이는 80 cm 이상으로 한다.

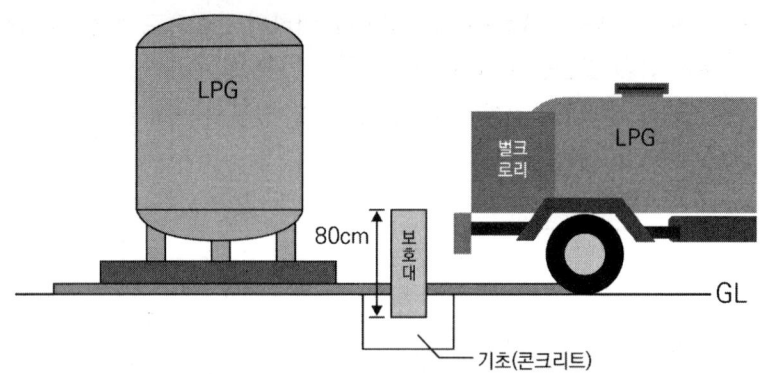

(6-3) 보호대는 차량의 충돌로부터 소형저장탱크를 보호할 수 있는 형태로 한다. 다만 말뚝형태일 경우 말뚝은 2개 이상을 설치하고, 간격은 1.5 m 이하로 한다.

(6-4) 보호대의 기초는 다음 중 어느 하나를 만족하는 것으로 한다.

(6-4-1) 철근콘크리트제 보호대는 콘크리트 기초에 25 cm 이상의 깊이로 묻고, 보호대를 바닥과 일체가 되도록 콘크리트를 타설한다.

> **OX퀴즈**
> 철근콘크리트제 보호대는 콘크리트 기초에 25 cm 이상의 깊이로 묻고, 보호대를 바닥과 일체가 되도록 콘크리트를 타설한다. (○)

(6-3-2) 강관제 보호대는 (6-4-1)과 같이 기초에 묻거나, KS B 1016(기초볼트)에 따른 앵커볼트를 사용하여 그림과 같이 고정한다.

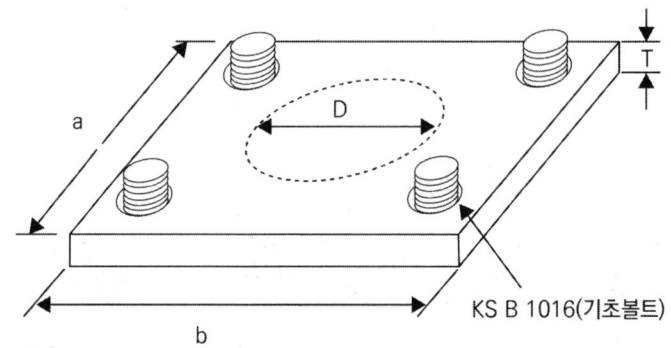

(6-5) 소형저장탱크와 보호대 간 거리는 보호대가 파손되어 전도되어도 전도된 보호대가 소형저장탱크에 닿지 않는 거리로 한다.

(6-6) 보호대의 외면에는 야간 식별이 가능하도록 야광 페인트로 도색하거나 야광 테이프 또는 반사지 등으로 표시한다.

(6-7) 보호대 설치방법 예시

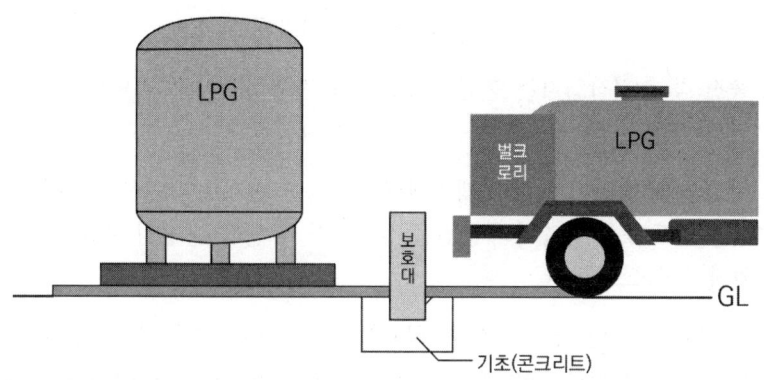

⑺ 소형저장탱크 주위에는 소형저장탱크의 설치, 분리, 점검 등에 필요한 공간을 확보한다.

⑻ 소형저장탱크와 수요자 측 배관의 접속부는 쉽게 분리할 수 있거나 수요자 측으로의 액화석유가스 공급을 차단할 수 있도록 한다.

⑼ 소형저장탱크에는 정전기 제거조치를 한다.

⑽ 소형저장탱크의 안전밸브 방출구 부근에는 구축물 및 그 밖의 장애물을 설치하지 않는다.

⑾ 소형저장탱크의 안전밸브 방출구는 수직상방으로 분출하는 구조로 한다.

⑿ 소형저장탱크 상호 간의 연결관에는 팽창·수축, 진동 등을 흡수하는 조치를 강구한다.

• **소형저장탱크**

1. 자동차에 고정된 탱크(벌크로리를 포함한다)와 소형저장탱크의 액체라인 및 기체라인 커플링을 접속한 후 충전한다.

2. 소형저장탱크에 가스를 충전하려면 가스의 용량이 상용의 온도에서 소형저장탱크 내용적의 85 %를 넘지 않도록 충전한다.

3. 액화석유가스를 자동차에 고정된 탱크로부터 이입할 때에는 배관 접속부분의 가스 누출 여부를 확인하고, 이입한 후에는 그 배관 안의 가스로 인한 위해가 발생하지 않도록 조치한다.

4. 벌크로리측의 호스어셈블리로 충전을 하는 경우에는 충전호스를 호스릴 등으로부터 풀어 내고, 충전호스 끝의 세이프티 커플링 및 소형저장탱크의 세이프티 커플링으로부터 캡을 열기 전에 블리더밸브를 열어 압력이 없음을 확인하며, 커플링을 접속한 후에는 액화석유가스 검지기 등을 사용하여 접속부의 가스 누출이 없음을 확인한다.

Tip 벌크로리 : 소형 저장탱크에 LPG를 충전하여 공급하는 방식이며 펌프와 압축기가 부착되어 있음

> **OX퀴즈**
> 길이 **5 m** 이상의 충전호스를 사용하여 충전하는 경우에는 별도의 충전 보조원에게 충전 작업 중 충전호스를 감시하게 한다. (×)

5. 길이 10 m 이상의 충전호스를 사용하여 충전하는 경우에는 별도의 충전 보조원에게 충전 작업 중 충전호스를 감시하게 한다.

6. 충전 중 충전작업자는 충전이 순조롭게 진행되고 있는지 액면계의 움직임 및 펌프 등의 작동 상태를 주의 깊게 관찰한다.

7. 탱크 안의 액면이 소정의 액면에 달했음을 액면계로 확인하고, 신속히 충전용 펌프 또는 압축기의 운전을 정지하며, 확인 및 운전의 정지는 충전작업자가 스스로 한다.

8. 펌프나 압축기를 정지시킨 후에는 벌크로리 측으로부터 순차적으로 밸브를 닫고, 커플링을 분리한다. 이 경우 계량에 따른 자동정지방식을 병용하고 있는 경우에도 액면계의 확인으로 펌프나 압축기를 정지한다.

9. 커플링으로부터 가스의 누출이 없음을 액화석유가스검지기 등으로 확인한 후 캡을 씌우고 세이프티 커플링의 블리더밸브를 닫는다.

10. 벌크로리 충전호스를 호스릴에 감거나 소정의 장소에 넣고 충전호스 끝의 커플링을 확실히 고정한다.

11. 벌크로리 및 자동차에 고정된 탱크 주위에 액화석유가스가 체류되어 있지 않은 것을 확인한 후 출발한다.

문제풀이

1 액화석유가스 자동차에 고정된 탱크충전의 시설·기술·검사·정밀안전진단·안전성평가기준에 따른 용어를 쓰시오.

(1) 직결 또는 분리형 이동식 프로판 연소기에 사용되는 내용적 1리터 미만의 용기로서, 재충전하여 사용할 수 있는 것

(2) 액화석유가스의 충전 질량의 2분의 1 미만이 충전되어 있는 상태의 용기

(3) 높이 2 m 이상, 두께 12 cm 이상의 철근콘크리트 또는 이와 같은 수준 이상의 강도를 가지는 구조의 벽

(4) 액화석유가스의 충전 및 사용을 위하여 이동식 부탄 연소기용 용접용기 넥 링부에 접합되는 스템 및 노즐부를 포함한 일체의 것

(5) 공정에 존재하는 위험 요소들과 공정의 효율을 떨어뜨릴 수 있는 운전상의 문제점을 찾아내어 그 원인을 제거하는 정성적인 안전성 평가기법

01
(1) 이동식 프로판 연소기용 용접용기
(2) 잔가스용기
(3) 방호벽
(4) 캔밸브
(5) 위험과 운전분석

2 소형저장탱크 설치방법에 대한 기준이다. 다음 괄호에 들어갈 알맞은 말을 쓰시오.

(1) 동일 장소에 설치하는 소형저장탱크의 수는 (　　　)로 하고, 충전 질량의 합계는 (　　　)이 되도록 한다.

(2) 소형저장탱크를 기초에 고정하는 방식은 화재 등의 경우 쉽게 분리될 수 (　　) 것으로 한다.

(3) 소형저장탱크가 손상을 받을 우려가 있는 경우에는 다음 기준에 따라 보호대 등의 방호조치를 한다.
  ① 두께 (　　　)의 철근콘크리트
  ② 호칭 지름 (　　　)의 KS D 3507(배관용 탄소강관) 또는 이와 동등 이상의 기계적 강도를 가진 강관
  ③ 보호대의 높이는 (　　　)으로 한다.

02
(1) 6기 이하, 5000 kg 미만
(2) 있는
(3) ① 12 cm 이상
　　② 100 A 이상
　　③ 80 cm 이상

03
(2) 길이 10 m 이상

3 소형저장탱크에 대한 내용으로 틀린 것을 고르시오.

(1) 액화석유가스를 자동차에 고정된 탱크로부터 이입할 때에는 배관 접속 부분의 가스 누출 여부를 확인하고, 이입한 후에는 그 배관 안의 가스로 인한 위해가 발생하지 않도록 조치한다.

(2) 길이 5 m 이상의 충전호스를 사용하여 충전하는 경우에는 별도의 충전 보조원에게 충전 작업 중 충전호스를 감시하게 한다.

(3) 탱크 안의 액면이 소정의 액면에 달했음을 액면계로 확인하고, 신속히 충전용 펌프 또는 압축기의 운전을 정지하며, 확인 및 운전의 정지는 충전작업자가 스스로 한다.

(4) 벌크로리 충전호스를 호스릴에 감거나 소정의 장소에 넣고 충전호스 끝의 커플링을 확실히 고정한다.

충전시설 | 액화석유가스

KGS FP332 액화석유가스 자동차에 고정된 용기충전의 시설·기술·검사·정밀안전진단·안전성평가기준

시설기준

- **보호시설과의 안전거리**

저장능력	제1종 보호시설	제2종 보호시설
10톤 이하	17 m	12 m
10톤 초과 20톤 이하	21 m	14 m
20톤 초과 30톤 이하	24 m	16 m
30톤 초과 40톤 이하	27 m	18 m
40톤 초과	30 m	20 m

[비고] 지하에 저장설비를 설치하는 경우에는 상기 보호시설과의 안전거리의 2분의 1로 할 수 있다.

가스설비기준

- **로딩암 설치**

1. 충전시설에는 자동차에 고정된 탱크에서 가스를 이입할 수 있도록 건축물 외부에 로딩암을 설치한다. 다만 로딩암을 건축물 내부에 설치하는 경우에는 건축물의 바닥면에 접하여 환기구를 2방향 이상 설치하고, 환기구 면적의 합계는 바닥면적의 6 % 이상으로 한다.

2. 충전기 외면에서 가스설비실 외면까지의 거리가 8 m 이하일 경우에는 로딩암을 충전기와 가스설비실 사이에 설치하지 않는다. 다만 충전기와 가스설비실 사이에 로딩암의 설치가 불가피한 경우에는 '충전기와 가스설비실 사이에 로딩암을 설치할 경우의 안전조치'에 따른 안전조치를 한다.

- **충전기 설치**

1. 충전소에는 자동차에 직접 충전할 수 있는 고정충전설비(이하 "충전기"라 한다)를 설치하고, 그 주위에 공지를 확보한다.

> **OX퀴즈**
> 충전시설에는 자동차에 고정된 탱크에서 가스를 이입할 수 있도록 건축물 외부에 로딩암을 설치한다. 다만 로딩암을 건축물 내부에 설치하는 경우에는 건축물의 바닥면에 접하여 환기구를 2방향 이상 설치하고, 환기구 면적의 합계는 바닥면적의 **10 %** 이상으로 한다. (×)

2. 1에 따른 공지의 바닥은 주위의 지면보다 높게 하고, 충전기는 자동차 진입으로부터 보호할 수 있도록 다음 기준에 따라 보호대 등의 방호조치를 한다.

  (1) 보호대는 다음 중 어느 하나를 만족하는 것으로 한다.

   (1-1) 두께 12 cm 이상의 철근콘크리트

   (1-2) 호칭지름 100 A 이상의 KS D 3507(배관용 탄소 강관) 또는 이와 동등 이상의 기계적 강도를 가진 강관

  (2) 보호대의 높이는 80 cm 이상으로 한다.

  (3) 보호대는 차량의 충돌로부터 충전기를 보호할 수 있는 형태로 한다. 다만 말뚝형태일 경우 말뚝은 2개 이상을 설치하고, 간격은 1.5 m 이하로 한다.

  (4) 보호대의 기초는 다음 중 어느 하나를 만족하는 것으로 한다.

   (4-1) 철근콘크리트제 보호대는 콘크리트기초에 25 cm 이상의 깊이로 묻고, 바닥과 일체가 되도록 콘크리트를 타설한다.

  (5) 보호대의 외면에는 야간식별이 가능하도록 야광 페인트로 도색하거나 야광 테이프 또는 반사지 등으로 표시한다.

  (6) 보호대 설치방법 예시

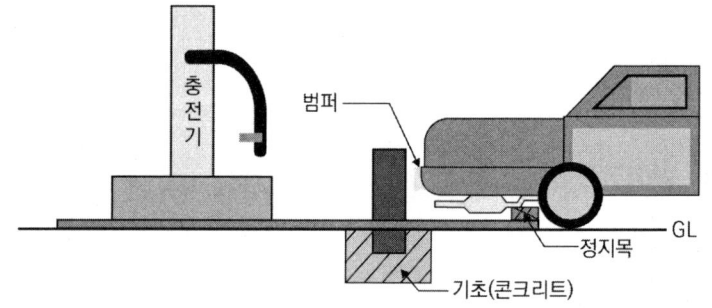

3. 충전기 상부에는 캐노피를 설치하고, 그 면적은 공지면적의 2분의 1 이하로 한다.

4. 배관이 캐노피내부를 통과하는 경우에는 1개 이상의 점검구를 설치한다.

5. 캐노피 내부의 배관 중 점검이 곤란한 장소에 설치하는 배관은 용접 이음으로 한다.

6. 충전기 주위에는 정전기 방지를 위하여 충전 이외의 필요 없는 장비는 시설을 금지한다.

7. 저장탱크실 상부에는 충전기를 설치하지 않는다.

OX퀴즈
보호대는 호칭지름 **50 A** 이상의 KS D 3507(배관용 탄소 강관) 또는 이와 동등 이상의 기계적 강도를 가진 강관으로 한다. (×)

Tip 캐노피 : 기둥으로 받치거나 매달아 놓은 덮개

- **충전호스 설치**

1. 충전기의 충전호스의 길이는 5 m 이내(자동차 제조공정 중에 설치된 것은 제외한다)로 하고, 그 끝에 축적되는 정전기를 유효하게 제거할 수 있는 정전기제거장치를 설치한다.

2. 충전호스에 과도한 인장력이 가해졌을 때 충전기와 가스주입기가 분리될 수 있는 안전장치를 설치한다.

3. 충전호스에 부착하는 가스주입기는 원터치형으로 한다.

- **가스설비 성능**

가스설비는 액화석유가스를 안전하게 취급할 수 있도록 하기 위하여 다음 기준에 따라 내압 성능 및 기밀 성능을 가지도록 한다.

- **가스설비 기밀 성능**

상용압력 이상의 기체의 압력으로 기밀시험(공기·질소 등의 기체로 내압시험을 실시하는 경우는 제외하고 기밀시험을 실시하기 곤란한 경우에는 누출검사)을 실시하여 이상이 없도록 한다.

- **가스설비 내압 성능**

상용압력의 1.5배(그 구조상 물로 내압시험이 곤란하여 공기·질소 등의 기체로 내압시험을 실시하는 경우에는 1.25배) 이상의 압력(이하 "내압시험압력"이라 한다)으로 내압시험을 실시하여 이상이 없도록 한다.

- **배관설비 표시**

배관을 지하에 매설하는 경우 배관의 직상부에 보호포를 설치하고, 지면에는 확인할 수 있는 라인마크 또는 표지판을 다음 기준에 따라 설치한다.

1. 보호포는 일반형보호포와 탐지형보호포(지면에서 매설된 보호포의 설치위치를 탐지할 수 있도록 제조된 것을 말한다)로 구분하고, 보호포의 재질·규격 및 설치기준은 다음과 같다.

    (1) 재질 및 규격

    (1-1) 보호포는 폴리에틸렌수지·폴리프로필렌수지 등 잘 끊어지지 않는 재질로 직조한 것으로서 두께는 0.2 mm 이상으로 한다.

    (1-2) 보호포의 폭은 15 cm 이상으로 한다.

    (1-3) 보호포의 바탕색은 최고사용압력이 0.1 MPa 미만인 관은 황색, 0.1 MPa 이상인 관은 적색으로 하고, 가스명·사용압력 등을 그림의 표시방법과 같이 표시한다.

OX퀴즈
충전기의 충전호스의 길이는 5 m 이내(자동차 제조공정 중에 설치된 것은 제외한다)로 하고, 그 끝에 축적되는 정전기를 유효하게 제거할 수 있는 정전기제거장치를 설치한다. (○)

OX퀴즈
보호포의 폭은 **30 cm** 이상으로 한다. (×)

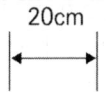

액화석유가스, 0.1 MPa 미만   액화석유가스, 0.1 MPa 미만

20cm

(2) 설치기준

(2-1) 보호포 설치는 호칭지름에 10 cm를 더한 폭으로 하고, 2열 이상으로 설치할 경우 보호포간의 간격은 해당 보호포 폭 이내로 한다.

(2-2) 보호포는 다음 기준에 적합하게 설치한다.

(2-2-1) 최고사용압력이 0.1 MPa 이상인 배관의 경우에는 보호판의 상부로부터 30 cm 이상 떨어진 곳에 보호포를 설치한다.

(2-2-2) 최고사용압력이 0.1 MPa 미만인 배관으로서 매설깊이가 1.0 m 이상인 경우에는 배관 정상부로부터 60 cm 이상, 매설깊이가 1.0 m 미만인 경우에는 배관 정상부로부터 40 cm 이상 떨어진 곳에 보호포를 설치한다.

(2-2-3) 공동주택 등의 부지 안에 설치하는 배관의 경우에는 배관 정상부로부터 40 cm 떨어진 곳에 보호포를 설치한다.

(2-2-4) (2-2-1)부터 (2-2-3)까지에도 불구하고 다음의 경우에는 해당 기준에 적합하게 설치한다.

(2-2-4-1) 매설깊이를 확보할 수 없어 보호관등을 사용한 경우에는 보호관 직상부에 보호포를 설치할 수 있다.

(2-2-4-2) 도로복구 등으로 인하여 보호포가 훼손될 우려가 있는 경우에는 (2-2-1)부터 (2-2-3)까지에서 정한 보호포 설치위치 이하에 설치할 수 있다.

(2-2-4-3) 압입구간, 철도밑 등 부득이한 경우에는 보호포를 설치하지 않을 수 있다.

• **라인마크(Linemark)의 설치기준**

1. 「도로법」에 따른 도로 및 액화석유가스 충전사업소의 부지 안에 액화석유가스 배관을 매설하는 경우에는 라인마크를 설치한다. 다만 「도로법」에 따른 도로 중 비포장도로, 포장도로의 법면 및 측구에는 표지판을 설치하되, 비포장도로가 포장될 때에는 라인마크로 교체 설치한다.

2. 라인마크는 배관길이 50 m마다 1개 이상 설치하되, 주요분기점·굴곡지점·관말지점 및 그 주위 50 m 안에 설치한다. 다만 밸브박스 또는 배관 직상부에 전위측정용 터미널(T/B)·검지공 등이 라인마크 기능을 갖도록 적합하게 설치된 경우에는 라인마크로 볼 수 있다.

OX퀴즈
최고사용압력이 0.1 MPa 이상인 배관의 경우에는 보호판의 상부로부터 **20 cm** 이상 떨어진 곳에 보호포를 설치한다. (×)

Tip 라인마크 : 지하에 매설된 배관의 위치를 지상에 알 수 있도록 표시한 것

4. 라인마크의 모양, 크기, 글자 및 방향표시는 다음 그림과 같이 한다.

(1) 직선방향

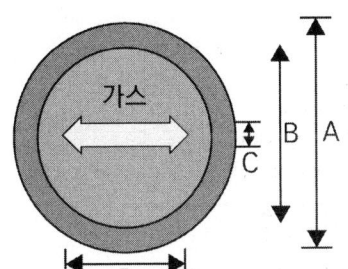

(2) 양방향

(3) 삼방향

(4) 일방향

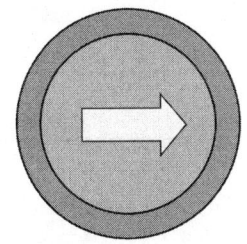

(5) 135°방향

(6) 관말지점

• **표지판의 설치기준**

(1) 액화석유가스배관을 시가지외의 도로·산지·농지 또는 하천부지·철도부지내에 매설하는 경우에는 표지판을 설치한다. 이때 하천부지·철도부지를 횡단하여 배관을 매설하는 경우에는 양편에 표지판을 설치한다.

(2) 표지판은 배관을 따라 50 m 간격으로 1개 이상으로 설치하되, 교통 등의 장애가 없는 장소를 선택해 일반인이 쉽게 볼 수 있도록 설치한다.

(3) 표지판의 가로는 200 mm, 세로는 150 mm 이상의 직사각형으로 하고, 황색 바탕에 검정색 글씨로 그림과 같이 액화석유가스 배관임을 알리는 표시와 연락처 등을 표기한다.

OX퀴즈
표지판은 배관을 따라 **30 m** 간격으로 1개 이상으로 설치하되, 교통 등의 장애가 없는 장소를 선택해 일반인이 쉽게 볼 수 있도록 실치한다. (×)

(4) 판의 재료는 KS D 3503(일반구조용 압연강재)으로서 부식방지 조치를 한 것 또는 내식성재료로 하고 지지대의 재료는 판의 재료와 동등 이상의 것으로 한다.

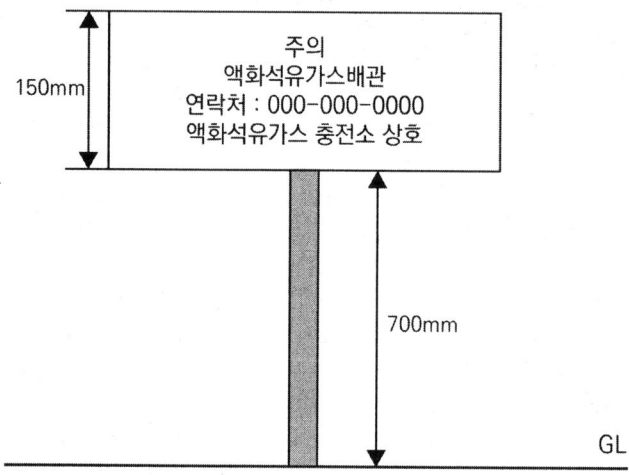

환기설비 설치

- **자연환기설비 설치**

1. 환기구는 바닥면에 접하고, 외기를 향하게 설치한다.

2. 외기를 향하게 설치된 환기구의 통풍가능면적의 합계는 바닥면적 $1\,m^2$ 마다 $300\,cm^2$의 비율로 계산한 면적 이상으로 하고, 환기구 1개의 면적은 $2,400\,cm^2$ 이하로 한다. 이 경우 환기구의 통풍가능면적은 다음 기준에 따른다.

    (1) 환기구에 철망 또는 환기구의 틀 등이 부착될 경우 환기구의 통풍가능면적은 그 철망, 환기구의 틀 등이 차지하는 단면적을 뺀 면적으로 계산한다.

    (2) 환기구에 알루미늄 또는 강판제 갤러리가 부착된 경우 환기구의 통풍가능면적은 환기구 면적의 50 %로 계산한다.

    (3) 한 방향 이상이 전면 개방되어 있는 경우 환기구의 통풍 가능 면적은 개방되어 있는 부분의 바닥면으로부터 높이 0.4 m까지의 개구부 면적으로 계산한다.

    (4) 한 방향의 환기구 통풍가능면적은 전체 환기구 필요 통풍가능면적의 70 %까지만 계산한다.

OX퀴즈
자연환기설비의 한 방향 이상이 전면 개방되어 있는 경우 환기구의 통풍 가능 면적은 개방되어 있는 부분의 바닥면으로부터 높이 **0.5 m**까지의 개구부 면적으로 계산한다. (×)

3. 사방을 방호벽 등으로 설치할 경우 환기구의 방향은 2방향 이상으로 분산 설치한다.

4. 환기구는 가로의 길이를 세로의 길이보다 길게 한다.

• **강제환기설비 설치**

자연환기설비에 따른 통풍구조를 설치할 수 없는 경우에는 다음 기준에 따라 강제환기설비를 설치한다.

1. 통풍능력은 바닥 면적 $1\ m^2$마다 $0.5\ m^3/min$ 이상으로 한다.

2. 흡입구는 바닥면 가까이에 설치한다.

3. 배기가스 방출구를 지면에서 5 m 이상의 높이에 설치한다.

> **OX퀴즈**
> 배기가스 방출구를 지면에서 **3 m** 이상의 높이에 설치한다. (×)

문제풀이

01 ① 17
② 27
③ 14
④ 16
⑤ 18

02
(1) 12 cm 이상
(2) 80 cm 이상
(3) 1.5 m 이하

03
(4) 바닥면 가까이 설치

1 액화석유가스 자동차에 고정된 용기충전의 시설·기술·검사·정밀안전진단·안전성평가기준에 따른 다음 표에 들어갈 알맞은 숫자를 쓰시오.

저장능력	제1종 보호시설	제2종 보호시설
10톤 이하	(①) m	12 m
10톤 초과 20톤 이하	21 m	(③) m
20톤 초과 30톤 이하	24 m	(④) m
30톤 초과 40톤 이하	(②) m	(④) m
40톤 초과	30 m	20 m

[비고] 지하에 저장설비를 설치하는 경우에는 상기 보호시설과의 안전거리의 2분의 1로 할 수 있다.

2 액화석유가스 자동차에 고정된 용기충전의 시설·기술·검사·정밀안전진단·안전성평가기준에 따른 충전기 설치에 대한 내용이다. 괄호 안에 들어갈 알맞은 말을 쓰시오.

(1) 보호대는 두께 (   )의 철근콘크리트로 한다.
(2) 보호대의 높이는 (   )으로 한다.
(3) 보호대는 차량의 충돌로부터 충전기를 보호할 수 있는 형태로 한다. 다만 말뚝형태일 경우 말뚝은 2개 이상을 설치하고,
   간격은 (   )로 한다.

3 액화석유가스 자동차에 고정된 용기충전의 시설·기술·검사·정밀안전진단·안전성평가기준에 따른 강제환기설비 설치에 대한 내용이다. 틀린 것을 고르시오.

(1) 통풍능력은 바닥 면적 1 m²마다 0.5 m³/min 이상으로 한다.
(2) 흡입구는 바닥면 가까이에 설치한다.
(3) 배기가스 방출구를 지면에서 5 m 이상의 높이에 설치한다.
(4) 흡입구는 천장면 가까이에 설치한다.

충전시설

KGS FP331 액화석유가스 용기충전의 시설·기술·검사·정밀안전진단·안전성평가기준

액화석유가스

• 저장탱크 지하 설치

(1) 저장탱크는 지하 저장탱크실에 설치한다.

(2) 저장탱크실은 천장·벽 및 바닥 두께가 각각 30 cm 이상의 방수조치를 한 철근콘크리트구조로 한다.

(3) 저장탱크실은 다음 기준에 따라 방수조치를 한다.

　(3-1) 지하수위가 높은 곳 또는 누수의 우려가 있는 곳에는 콘크리트를 친 후 저장탱크실 내면에 무기질계 침투성 도포방수제로 방수하고, 먼저 타설된 콘크리트와 나중에 타설되는 콘크리트 사이에는 지수판 등으로 물이 저장탱크실 안으로 흐르지 않도록 조치를 한다.

　(3-2) 저장탱크실의 철근규격 및 배근은 다음과 같다. 다만 건축사·구조기술사 등 전문가나 전문기관에서 구조계산을 하고 이를 확인한 경우에는 다음을 적용하지 않을 수 있다.

　(3-3-1) 20톤 이하 저장탱크실은 가로·세로 300 mm 이하의 간격(1조 기준)으로 호칭명 D13 이상의 철근(이형봉강)을 이중배근하고 모서리부분을 확실히 결속한다.

　(3-3-2) 20톤 초과 저장탱크실은 가로·세로 300 mm 이하의 간격(1조 기준)으로 호칭명 D16 이상의 철근(이형봉강)을 이중배근하고 모서리부분을 확실히 결속한다.

　(3-3) 저장탱크실의 콘크리트제 천장으로부터 맨홀, 돔, 노즐 등을 돌출시키기 위한 구멍 부분은 콘크리트제 천장과 돌기물이 접하여 저장탱크 본체와의 부착부에 응력 집중이 발생하지 않도록 돌기물 주위에 돌기물의 부식방지 조치를 한 외면로부터 10 mm 이상의 간격을 두고 강판 등으로 만든 프로텍터를 설치한다. 또한 프로텍터와 돌기물의 외면보호면 사이는 빗물의 침입을 방지하기 위하여 피치, 아스팔트 등으로 채운다.

　(3-4) 저장탱크실의 바닥은 저장탱크실에 침입한 물 또는 기온변화에 따라 생성된 물이 모이도록 구배를 가지는 구조로 하고, 바닥의 낮은 곳에 집수구를 설치하며, 집수구에 고인 물을 쉽게 배수할 수 있도록 한다.

OX퀴즈
저장탱크실은 천장·벽 및 바닥 두께가 각각 **20 cm** 이상의 방수조치를 한 철근콘크리트구조로 한다. (×)

암기법
집삼~

(3-4-1) **집수구**는 가로 0.3 m, 세로 0.3 m, 깊이 0.3 m, 이상의 크기로 저장탱크실 바닥면보다 낮게 설치한다.

(3-4-2) 집수관은 따른 내식성재료를 사용하고, 직경을 80 A 이상으로 하며, 집수구 바닥에 고정한다.

(3-4-3) 집수구 및 집수관 주변은 자갈 등으로 조치하고, 집수구는 침수된 물을 배출하기 위한 펌프 가동 시 모래가 유입되지 않도록 그물 등으로 조치를 한다.

(3-4-4) 집수관 안의 물이 앵커박스상부 까지 차는 경우에는 펌프로 배수한다.

(3-4-5) 상시 침수우려 지역에 설치된 가스설비실 내의 점검구, 검지관 및 집수관 등은 바닥면보다 30 cm 이상 높게 설치한다.

OX퀴즈
검지관은 내식성재료를 사용하고, 직경을 40 A 이상으로 4개소 이상 설치하되, 집수관을 설치한 경우에는 검지관 1개를 설치한 것으로 본다. (○)

(3-4-6) 검지관은 내식성재료를 사용하고, 직경을 40 A 이상으로 4개소 이상 설치하되, 집수관을 설치한 경우에는 검지관 1개를 설치한 것으로 본다.

(3-5) 지면과 거의 같은 높이에 있는 가스검지관, 집수관 등의 입구에는 빗물 및 지면에 고인 물 등이 저장탱크실 안으로 침입하지 못하도록 덮개를 설치한다.

(4) 저장탱크 주위 빈 공간에는 세립분을 함유하지 않은 것으로서 손으로 만졌을 때 물이 손에서 흘러내리지 않는 상태의 모래를 채운다.

(5) 저장탱크 외면과 저장탱크실 내벽의 이격거리는 다음 그림과 같고, 저장탱크실의 상부 윗면은 주위 지면보다 최소 5 cm, 최대 30 cm까지 높게 설치하고, 저장탱크실 상부 윗면으로부터 저장탱크 상부까지의 깊이는 60 cm 이상으로 한다.

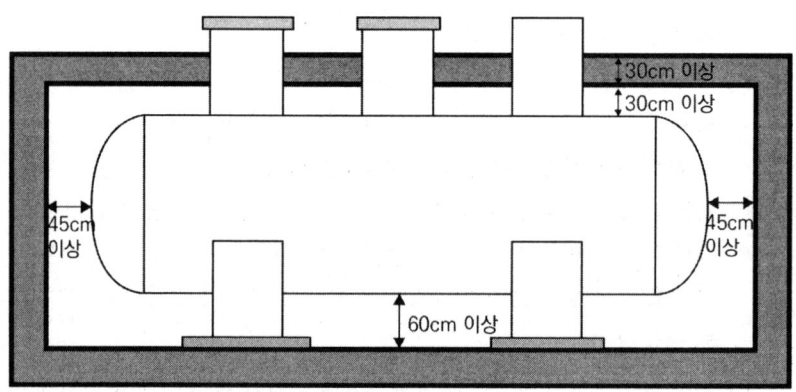

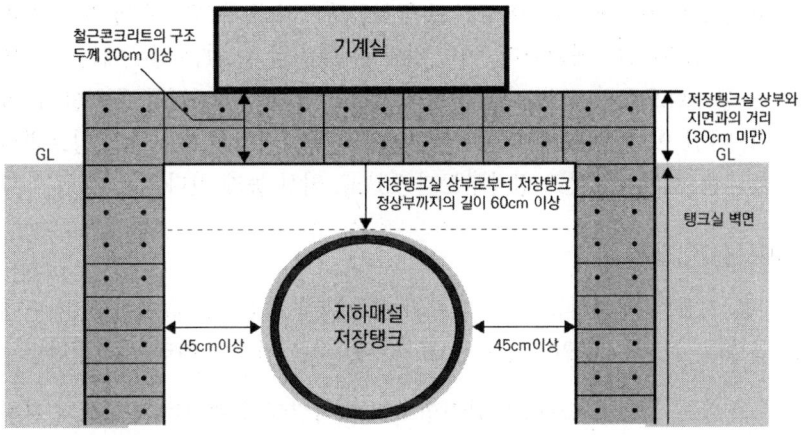

(6) 저장탱크를 2개 이상 인접하여 설치하는 경우에는 상호 간에 1 m 이상의 거리를 유지한다.

(7) 저장탱크를 묻은 곳의 지상에는 경계표지를 한다.

(8) 점검구는 다음과 같이 설치한다.

(8-1) 점검구는 저장능력이 20톤 이하인 경우에는 1개소, 20톤 초과인 경우에는 2개소로 한다.

(8-2) 점검구는 저장탱크실의 모래를 제거한 후 저장탱크 외면을 점검할 수 있는 저장탱크 측면 상부의 지상에 설치한다.

(8-3) 점검구는 저장탱크실 상부 콘크리트 타설 부분에 맨홀형태로 설치하되, 맨홀 뚜껑 밑부분까지는 모래를 채우고, 빗물의 영향을 받지 않도록 방수턱과 철판 덮개를 설치한다.

(8-4) 사각형 점검구는 0.8 m × 1 m 이상의 크기로 하며, 원형 점검구는 직경 0.8 m 이상의 크기로 한다.

OX퀴즈
점검구는 저장능력이 20톤 이하인 경우에는 **2개소**, 20톤 초과인 경우에는 **3개소**로 한다. (×)

• 소형저장탱크 이격거리

소형저장탱크는 그 소형저장탱크를 보호하고, 그 소형저장탱크를 사용하는 시설의 안전을 확보하기 위하여 다음 의 이격거리가 확보되는 장소에 설치한다.

(1) 소형저장탱크의 가스충전구와 건축물 개구부 사이, 소형저장탱크와 다른 소형저장탱크 사이에 유지하여야 할 이격거리는 다음 표와 같다.

소형저장탱크의 충전질량(kg)	탱크 간 거리(m)	가스충전구로부터 건축물개구부에 대한 거리(m)
1000 미만	0.3 이상	0.5 이상
1000 이상 2000 미만	0.5 이상	3.0 이상
2000 이상	0.5 이상	3.5 이상

(2) 충전 질량이 1000 kg 이상인 소형저장탱크의 경우로서 표에 따른 거리(탱크 간 거리는 제외한다. 이하 같다)를 유지할 수 없는 경우에는 방호벽을 설치함으로써 표에 따른 거리의 1/2 이상의 직선거리를 유지할 수 있다. 다만 이 경우 표에 따른 거리 이상의 우회거리를 유지하고 방호벽의 높이는 소형저장탱크 정상부보다 50 cm 이상 높게 한다.

- **배관설비 표시**

배관을 지하에 매설하는 경우 배관의 직상부에 보호포를 설치하고, 지면에는 확인할 수 있는 라인마크 또는 표지판을 다음 기준에 따라 설치한다.

1. 보호포는 일반형보호포와 탐지형보호포(지면에서 매설된 보호포의 설치위치를 탐지할 수 있도록 제조된 것을 말한다)로 구분하고, 보호포의 재질·규격 및 설치기준은 다음과 같다.

    (1) 재질 및 규격

    (1-1) 보호포는 폴리에틸렌수지·폴리프로필렌수지 등 잘 끊어지지 않는 재질로 직조한 것으로서 두께는 0.2 mm 이상으로 한다.

    (1-2) 보호포의 **폭**은 **15 cm** 이상으로 한다.

    (1-3) 보호포의 바탕색은 최고사용압력이 0.1 MPa 미만인 관은 **황**색, 0.1 MPa 이상인 관은 **적**색으로 하고, 가스명, 사용압력 등을 그림의 표시방법과 같이 표시한다.

    (2) 설치기준

    (2-1) 보호포 설치는 호칭지름에 10 cm를 더한 폭으로 하고, 2열 이상으로 설치할 경우 보호포 간의 간격은 해당 보호포 폭 이내로 한다.

    (2-2) 보호포는 다음 기준에 적합하게 설치한다.

    (2-2-1) 최고사용압력이 0.1 MPa 이상인 배관의 경우에는 보호판의 상부로부터 30 cm 이상 떨어진 곳에 보호포를 설치한다.

    (2-2-2) 최고사용압력이 0.1 MPa 미만인 배관으로서 매설깊이가 1.0 m 이상인 경우에는 배관 정상부로부터 60 cm 이상, 매설깊이가 1.0 m 미만인 경우에는 배관 정상부로부터 40 cm 이상 떨어진 곳에 보호포를 설치한다.

    (2-2-3) 공동주택 등의 부지 안에 설치하는 배관의 경우에는 배관 정상부로부터 40 cm 떨어진 곳에 보호포를 설치한다.

    (2-2-4) (2-2-1)부터 (2-2-3)까지에도 불구하고 다음의 경우에는 해당 기준에 적합하게 설치한다.

(2-2-4-1) 매설깊이를 확보할 수 없어 보호관등을 사용한 경우에는 보호관 직상부에 보호포를 설치할 수 있다.

(2-2-4-2) 도로복구 등으로 인하여 보호포가 훼손될 우려가 있는 경우에는 (2-2-1)부터 (2-2-3)까지에서 정한 보호포 설치위치 이하에 설치할 수 있다.

(2-2-4-3) 압입구간, 철도밑 등 부득이한 경우에는 보호포를 설치하지 않을 수 있다.

문제풀이

01
(1) 0.3
(2) 80 A 이상
(3) 40 A 이상

1 액화석유가스 용기충전의 시설·기술·검사·정밀안전진단·안전성평가 기준에 따른 저장탱크 지하 설치기준이다. 괄호에 들어갈 알맞은 말을 쓰시오.

(1) 집수구는 가로 (   ) m, 세로 (   ) m, 깊이 (   ) m, 이상의 크기로 저장탱크실 바닥면보다 낮게 설치한다.

(2) 집수관은 따른 내식성재료를 사용하고, 직경을 (   )으로 하며, 집수구 바닥에 고정한다.

(3) 검지관은 내식성재료를 사용하고, 직경을 (   )으로 4개소 이상 설치하되, 집수관을 설치한 경우에는 검지관 1개를 설치한 것으로 본다.

02
① 0.3 이상
② 0.5 이상
③ 3.0 이상

2 액화석유가스 용기충전의 시설·기술·검사·정밀안전진단·안전성평가 기준에 따른 소형저장탱크 이격거리기준이다. 표에 들어갈 알맞은 숫자를 쓰시오.

소형저장탱크의 충전질량(kg)	탱크 간 거리(m)	가스충전구로부터 건축물개구부에 대한 거리(m)
1000 미만	(①)	0.5 이상
1000 이상 2000 미만	(②)	(③)
2000 이상	0.5 이상	3.5 이상

03
(4) 배관 정상부로부터 40 cm 떨어진 곳에

3 액화석유가스 용기충전의 시설·기술·검사·정밀안전진단·안전성평가 기준에 따른 배관설비 표시기준이다. 틀린 것을 고르시오.

(1) 보호포는 폴리에틸렌수지·폴리프로필렌수지 등 잘 끊어지지 않는 재질로 직조한 것으로서 두께는 0.2 mm 이상으로 한다.

(2) 보호포의 바탕색은 최고사용압력이 0.1 MPa 미만인 관은 황색, 0.1 MPa 이상인 관은 적색으로 하고, 가스명, 사용압력 등을 표시한다.

(3) 최고사용압력이 0.1 MPa 이상인 배관의 경우에는 보호판의 상부로부터 30 cm 이상 떨어진 곳에 보호포를 설치한다.

(4) 공동주택 등의 부지 안에 설치하는 배관의 경우에는 배관 정상부로부터 10 cm 떨어진 곳에 보호포를 설치한다.

KGS FS331 액화석유가스 일반집단공급의 시설·기술·검사기준

• **용어 정의**

1. "하천"이란 공공의 이해에 밀접한 관계가 있는 유수(流水)의 계통을 말한다. 이는 국가(국토교통부장관) 또는 시·도지사가 지정·고시한 것으로 국가하천, 지방하천으로 나누어지며, 하천구역과 하천시설을 포함한다.

2. "하천구역"이란 「하천법」 제10조 제1항에 따른 하천구역 중 제방 이외의 하심측(河心側)의 토지를 말한다.

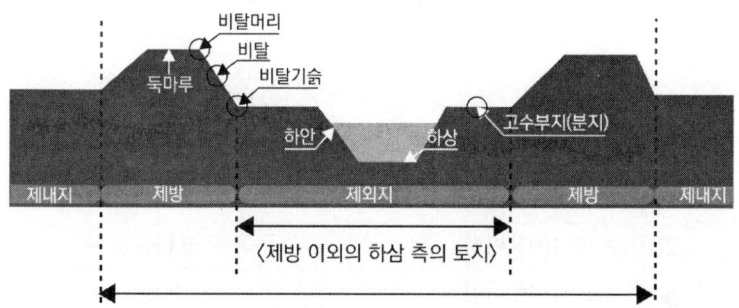

3. "하천시설"이란 하천의 기능을 보전하고 효용을 증진하며 홍수 피해를 줄이기 위하여 설치하는 다음의 시설을 말한다. 다만 하천관리청이 아닌 자가 설치한 시설은 하천관리청이 해당 시설을 하천시설로 관리하기 위하여 그 시설을 설치한 자의 동의를 얻은 것에 한한다.

   (1) 제방·호안(護岸)·수제(水制) 등 물길의 안정을 위한 시설

   (2) 댐·하구둑(「방조제관리법」에 따라 설치한 방조제를 포함한다)·홍수조절지·저류지·지하 하천·방수로·배수펌프장(「농어촌정비법」에 따른 농업생산 기반시설인 배수장과 「하수도법」에 따른 하수를 배제(排除)하기 위하여 설치한 펌프장은 제외한다)·수문(水門) 등 하천 수위의 조절을 위한 시설

   (3) 운하·안벽(岸壁)·물양장(物揚場)·선착장·갑문 등 선박의 운항과 관련된 시설

   (4) 그 밖에 하천 관리에 필요한 보(洑)·수로 터널·수문조사 시설·하천실험장, 그 밖에 「하천법」에 따라 설치된 시설로서 국토교통부장관이 고시하는 시설

4. "소하천"이란 「하천법」의 적용 또는 준용을 받지 않는 하천으로 시장, 군수 또는 자치구의 구청장이 그 명칭과 구간을 지정·고시한 것을 말한다.

5. "수로"란 하천 또는 소하천에 속하지 않는 것으로 개천, 용수로 또는 이와 유사한, 물이 흐르는 자연 또는 인공의 통로를 말한다.

6. "그 밖의 좁은 수로"란 물이 흐르는 통로를 말한다.

7. "계획하상높이"란 하천관리청에서 하천 관리를 위해 정해 놓은(계획해 놓은) 하상(하천의 바닥) 높이를 말한다.

• 사업소 경계와의 거리

저장설비(소형저장탱크는 제외한다)는 그 외면에서 사업소 경계까지 표에 따른 거리 이상을 유지한다. 다만 지하에 저장설비를 설치하는 경우에는 다음 표에 따른 거리의 2분의 1로 할 수 있고, 시장·군수 또는 구청장이 공공의 안전을 위하여 필요하다고 인정하는 지역은 일정 거리를 더하여 정할 수 있다.

> **Tip** 지하에 저장설비를 설치하는 경우엔 표에 명시된 거리의 1/2이므로 문제에서 지하라고 조건이 주어졌는지 반드시 확인할 것!

저장능력	사업소 경계와의 거리
10톤 이하	17 m
10톤 초과 20톤 이하	21 m
20톤 초과 30톤 이하	24 m
30톤 초과 40톤 이하	27 m
40톤 초과	30 m

[비고] 동일한 사업소에 두 개 이상의 저장설비가 있는 경우에는 그 설비별로 각각 안전거리를 유지해야 한다.

• 지상 저장탱크 간 거리

저장탱크와 다른 저장탱크 사이에는 하나의 저장탱크에서 발생한 위해 요소가 다른 저장탱크로 전이되지 않도록 하기 위하여 다음 기준에 따라 필요한 조치를 강구한다.

(1) 두 저장탱크의 최대 지름을 합산한 길이의 4분의 1의 길이가 1 m 이상인 경우에는 두 저장탱크의 사이에 두 저장탱크의 최대 지름을 합산한 길이의 4분의 1 이상에 해당하는 거리를 유지하고, 두 저장탱크의 최대 지름을 합산한 길이의 4분의 1의 길이가 1 m 미만인 경우에는 두 저장탱크의 사이에 1 m 이상의 거리를 유지한다.

(2) (1)에 따른 거리를 유지하지 못하는 경우에는 다음 기준에 따라 물분무장치를 설치한다.

(2-1) 두 액화석유가스 저장탱크가 인접한 경우 또는 액화석유가스 저장탱크와 산소 저장탱크가 인접한 경우로서, 인접한 저장탱크 간의 거리가 1 m 또는 인접한 저장탱크의 최대 지름의 4분의 1을 m 단위로 표시한 거리 중 큰 쪽 거리를 유지하지 못한 경우에는 (2-1-1) 또는 (2-1-2)에 따른 물분무장치 또는 (2-1-1) 및 (2-1-2)를 혼합한 물분무장치를 설치한다.

(2-1-1) 물분무장치는 저장탱크의 표면적 1 m^2당 8 L/min을 표준으로 하여 계산된 수량을 저장탱크 전 표면에 균일하게 방사할 수 있는 것으로 한다. 이 경우 보냉을 위한 단열재가 사용된 저장탱크는 다음과 같이 한다.

(2-1-1-1) 단열재의 두께가 해당 저장탱크의 주변 화재를 고려하여 충분한 내화 성능을 가지는 것(이하 "내화구조 저장탱크"라 한다)에서는 그 수량을 4 L/min을 표준으로 하여 계산한 수량으로 한다.

(2-1-1-2) 저장탱크가 두께 25 mm 이상의 암면 또는 이와 같은 수준 이상의 내화 성능을 갖는 단열재로 피복되고, 그 외측을 두께 0.35 mm 이상의 KS D 3506(용융 아연 도금 강판 및 강대)에서 정한 SBHG2 또는 이와 같은 수준 이상의 강도 및 내화 성능을 갖는 재료를 피복한 것(이하 2.3.3.2.1에서 "준내화구조 저장탱크"라 한다)은 그 수량을 6.5 L/min을 표준으로 하여 계산한 수량으로 한다.

(2-1-2) 소화전(호스 끝 압력이 0.35 MPa 이상으로서 방수능력 400 L/min 이상의 물을 방수할 수 있는 것을 말한다)의 설치위치는 해당 저장탱크의 외면에서 40 m 이내이고, 소화전의 방수 방향은 저장탱크를 향하여 어느 방향에서도 방사할 수 있는 것이며, 소화전의 설치 개수는 해당 저장탱크의 표면적 30 m^2당 1개의 비율로 계산한 수 이상으로 한다. 다만 내화구조 저장탱크의 경우에는 소화전의 설치 개수를 해당 저장탱크의 표면적 60 m^2마다 1개의 비율로 계산한 수 이상으로 하고, 준내화구조 저장탱크의 경우에는 해당 저장탱크의 표면적 38 m^2마다 1개의 비율로 계산한 수 이상으로 할 수 있다.

(2-2) 두 액화석유가스 저장탱크가 인접한 경우 또는 액화석유가스 저장탱크와 산소 저장탱크가 인접한 경우로서, 인접한 저장탱크 간 거리가 두 저장탱크의 최대 직경을 합산한 길이의 4분의 1을 유지하지 못한 경우[(2-1)에 따른 경우는 제외한다]에는 (2-2-1) 또는 (2-2-2)에 따른 물분무장치 또는 (2-2-1) 및 (2-2-2)를 혼합한 물분무장치를 설치한다.

(2-2-1) 물분무장치는 저장탱크의 표면적 1 m^2당 7 L/min을 표준으로 계산된 수량을 저장탱크의 전 표면에 균일하게 방사할 수 있도록 한다. 다만 내화구조 저장탱크는 2 L/min을, 준내화구조 저장탱크는

4.5 L/min을 표준으로 계산한 수량으로 한다.

(2-2-2) 저장탱크 외면에서 40 m 이내에서 저장탱크에 어느 방향에서도 방사되는 소화전을 저장탱크의 표면적 35 m²당 1개의 비율로 계산된 수 이상 설치한다. 다만 내화구조 저장탱크는 그 저장탱크 표면적 125 m², 준내화구조 저장탱크는 그 저장탱크 표면적 55 m²당 1개의 비율로 계산된 수 이상의 소화전을 설치한다.

(2-3) 물분무장치는 해당 저장탱크의 외면에서 15 m 이상 떨어진 안전한 위치에서 조작할 수 있도록 하고, 방류둑을 설치한 저장탱크에는 그 방류둑 밖에서 조작할 수 있도록 한다. 다만 저장탱크의 주위에 예상되는 화재에 유효하게 안전한 차단장치를 설치한 경우에는 그렇지 않다.

(2-4) 물분무장치는 동시에 방사할 수 있는 최대 수량을 30분 이상 연속하여 방사할 수 있는 수원에 접속되어 있도록 한다.

(2-5) 물분무장치에 연결된 입상배관에는 겨울철 동결 등을 방지할 수 있는 구조이거나 적절한 조치를 한다.

• **소형저장탱크 설치장소**

소형저장탱크는 그 소형저장탱크를 보호하고 그 소형저장탱크를 사용하는 시설의 안전을 확보하기 위하여 다음 기준에 적합한 장소에 설치한다.

(1) 소형저장탱크는 옥외에 지상 설치식으로 설치한다. 다만 다음의 경우에는 소형저장탱크를 옥외에 설치하지 않을 수 있다.

(1-1) 다수인이 접근할 수 있는 곳으로서, 건축물 밖에 설치함으로써 안전관리가 저해될 우려가 있는 경우에는 소형저장탱크를 설치하기 위한 전용 탱크실(이하 "전용 탱크실"이라 한다)을 다음에 따라 설치한 경우

(1-1-1) 전용 탱크실은 단층으로 3면 이상(벽 둘레의 75 % 이상)의 불연성 벽으로 된 구조로 하고 지붕은 설치하지 않는다. 다만 지붕을 가벼운 불연재료로 설치할 경우에는 지붕을 설치할 수 있다.

(1-1-2) 전용 탱크실은 다른 건물 벽과 직접 접하지 않고 환기가 양호한 독립된 장소에 설치한다. 다만 다른 건물과 직접 접하는 부분의 벽을 2.8.2에 따른 방호벽(기초 부분은 제외한다)으로 설치할 경우에는 다른 건물과 직접 접하여 설치할 수 있다

(1-1-3) 전용 탱크실에는 바닥면에 접하고 외기에 면한 구조의 환기구를 바닥 면적 1 m²마다 300 cm² (철망, 환기구의 틀 등이 부착될 경우에는 그 철망, 환기구의 틀 등이 차지하는 면적을 뺀 면적)의 비율로 2방향 이상 분산하여 설치한다.

> **OX퀴즈**
> 전용 탱크실은 단층으로 **2면** 이상(벽 둘레의 75 % 이상)의 불연성 벽으로 된 구조로 하고 지붕은 설치하지 않는다. (×)

(1-1-4) 소형저장탱크 상부에는 소형저장탱크의 외면에서 5 m 이상 떨어진 위치에서 조작할 수 있는 살수장치를 설치한다. 다만 1톤 미만인 소형저장탱크의 경우 그 살수 용량 등이 기준에 적합할 경우 그 수원을 일반 상수도로 설치할 수 있다.

(1-1-5) 전용 탱크실 외부에는 경계표지를 설치한다.

(1-1-6) 가스누출경보기를 설치한다.

(1-2) 살수장치 설치 등 안전조치를 강구하여 안전관리상 지장이 없다고 한국가스안전공사가 인정하는 경우

(2) 소형저장탱크는 습기가 적은 장소에 설치한다.

(3) 소형저장탱크는 액화석유가스가 누출한 경우 체류하지 않도록 통풍이 좋은 장소에 설치한다.

(4) 소형저장탱크는 기초의 침하, 산사태, 홍수 등으로 피해의 우려가 없는 장소에 설치한다.

(5) 소형저장탱크는 수평한 장소에 설치한다.

(6) 소형저장탱크는 부등침하 등으로 탱크나 배관 등에 유해한 결함이 발생할 우려가 없는 장소에 설치한다. 다만 건축사, 건축 관련 기술사 등 전문가가 발행하는 해당 건축구조물의 강도계산서 등을 통해 소형저장탱크의 하중을 견딜 수 있는 구조물로 확인된 경우에는 건축물의 옥상, 지하주차장 상부 등 건축구조물 위에 설치할 수 있다.

(7) 소형저장탱크는 건축물이나 사람이 통행하는 구조물의 하부에 설치하지 않는다. 다만 처마, 차양, 부연(附椽), 그 밖에 이와 비슷한 것으로서 건축물의 외벽으로부터 수평거리 1 m 이내로 돌출된 부분의 하부에는 소형저장탱크를 설치할 수 있다.

• **기화장치 설치**

1. 기화장치는 저장설비와 구분하여 설치하고, 기화장치를 병렬로 설치하는 경우에는 각각의 기화장치가 최대가스소비량 이상의 용량이 되는 것으로 설치한다. 다만 저장설비가 소형저장탱크인 경우에는 구분하여 설치하지 않을 수 있다.

2. 전원으로 조작하는 기화장치는 자가발전기 등은 비상전력을 보유하거나 저장탱크 또는 소형저장탱크의 기상부에 별도의 예비 기체라인을 기화장치 후단에 연결하고 정전 시 사용할 수 있도록 조치한다. 다만 한국가스안전공사가 안전관리에 지장이 없다고 인정하는 경우에는 비상전력을 보유하지 않을 수 있다.

OX퀴즈
소형저장탱크는 습기가 적은 장소에 설치한다. (O)

OX퀴즈
소형저장탱크는 건축물이나 사람이 통행하는 구조물의 하부에 설치하지 않는다. 다만 처마, 차양, 부연(附椽), 그 밖에 이와 비슷한 것으로서 건축물의 외벽으로부터 수평거리 1.5 m 이내로 돌출된 부분의 하부에는 소형저장탱크를 설치할 수 있다. (×)

3. 소형저장탱크에 기화장치를 설치하는 경우에는 1과 2 외에 다음 기준에도 적합한 것으로 한다.
   (1) 기화장치의 출구 측 압력은 1 MPa 미만이 되도록 하는 기능을 가지거나 1 MPa 미만에서 사용한다.
   (2) 가열방식이 액화석유가스를 연소하는 방식인 경우에는 파일럿버너가 꺼지는 경우 버너에 액화석유가스 공급이 자동적으로 차단되도록 자동안전장치를 부착한다.
   (3) 기화장치는 콘크리트기초 등에 고정 설치한다.
   (4) 기화장치는 옥외에 설치한다. 다만 옥내에 설치하는 경우 건축물의 바닥 및 천장 등은 불연성의 재료를 사용하고 통풍이 잘 되는 구조로 한다.
   (5) 소형저장탱크와 기화장치는 3 m 이상의 우회거리를 유지한다. 다만 기화장치를 방폭형으로 설치하는 경우에는 우회거리를 유지하지 않을 수 있다.
   (6) 기화장치의 출구 배관에는 고무호스를 직접 연결하지 않는다.
   (7) 기화장치의 설치장소에는 배수구나 집수구로 통하는 도랑이 없도록 한다.

OX퀴즈
소형저장탱크와 기화장치는 2 m 이상의 우회거리를 유지한다. 다만 기화장치를 방폭형으로 설치하는 경우에는 우회거리를 유지하지 않을 수 있다. (×)

Tip SDR과 압력의 범위는 "이하"임을 반드시 암기할 것!

- **압력 범위에 따른 관의 두께**

SDR	압력
11 이하	0.4 MPa 이하
17 이하	0.25 MPa 이하
21 이하	0.2 MPa 이하

여기서 SDR(Standard Dimension Ratio) = D(외경)/t(최소두께)

- **PE배관 접합**

1. PE배관의 접합은 관의 재질, 설치 조건 및 주위 여건 등을 고려하여 실시하고, 눈·우천 시에는 천막 등으로 보호조치를 한 후 융착한다.
2. PE배관은 수분, 먼지 등의 이물질을 제거한 후 접합한다.
3. PE배관의 접합 전에는 접합부를 접합 전용 스크레이프 등을 사용하여 다듬질한다.
4. 금속관과의 접합은 T/F(Transition Fitting)를 사용한다.
5. 공칭 외경이 상이할 경우의 접합은 관 이음매(Fitting)를 사용하여 접합한다.
6. 그 밖의 사항은 PE배관의 제작사가 제공하는 시공 지침에 따른다.

7. PE배관의 접합은 열융착 또는 전기융착의 방법으로 하고, 모든 융착은 융착기(Fusion Machine)를 사용하도록 한다. 이 경우 맞대기융착과 전기융착에 사용하는 융착기(이하 "융착기"라 한다)는 융착 조건 및 결과가 표시되는 것으로서, 제조일(2002년 8월 31일 이전에 제조된 융착기의 경우에는 성능 확인을 받은 날)을 기준으로 매 1년(고정부 이동거리의 측정이 가능한 구조의 융착기는 매 2년, 단 성능 확인 결과 부적합 융착기는 매 1년)이 되는 날의 전후 30일 이내에 한국가스안전공사로부터 성능 확인을 받은 제품으로 하며, 성능 확인 시험 기준 및 시험 방법은 KGS FS334(액화석유가스 배관망공급 제조소 밖의 배관의 시설·기술·검사·정밀안전진단기준)의 부록 D 및 부록 E를 따른다.

(1) 열융착 이음은 맞대기융착, 소켓융착 또는 새들융착으로 구분하여 다음 기준에 적합하게 실시한다.

　(1-1) 맞대기융착(Butt Fusion)은 공칭 외경 90 mm 이상의 직관과 이음관 연결에 적용하되, 다음 기준에 적합하게 한다.

　　(1-1-1) 비드(Bead)는 좌·우 대칭형으로 둥글고 균일하게 형성되도록 한다.

　　(1-1-2) 비드의 표면은 매끄럽고 청결하도록 한다.

　　(1-1-3) 접합면의 비드와 비드 사이의 경계 부위는 배관의 외면보다 높게 형성되도록 한다.

　　(1-1-4) 이음부의 연결오차(v)는 배관 두께의 10 % 이하로 한다.

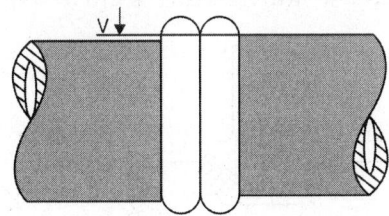

　　(1-1-5) 공칭 외경별 비드 폭은 원칙적으로 다음 식에 따라 산출한 최소치 이상 최대치 이하이다.
　　　　최소 = 3 + 0.5 t　　최대 = 5 + 0.75 t
　　　　여기에서 t = 배관 두께

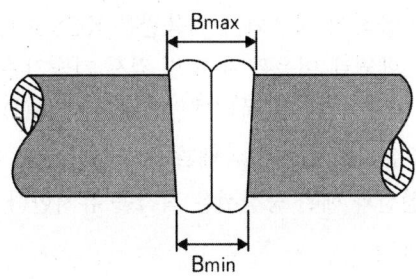

> **OX퀴즈**
> 맞대기융착(Butt Fusion)은 공칭 외경 **50 mm** 이상의 직관과 이음관 연결에 적용하되, 다음 기준에 적합하게 한다. (×)

> **OX퀴즈**
> 비드폭의 최소치는 3 + 0.5 t로 구한다. (O)

(1-1-6) 시공이 불량한 용착 이음부는 절단해서 제거하고 재시공한다.
(1-2) 소켓융착(Socket Fusion)은 다음 기준에 적합하게 한다.
(1-2-1) 용융된 비드는 접합부 전면에 고르게 형성되고 관 내부로 밀려나오지 않도록 한다.
(1-2-2) 배관 및 이음관의 접합은 일직선을 유지한다.
(1-2-3) 비드 높이(h)는 이음관의 높이(H) 이하로 한다.

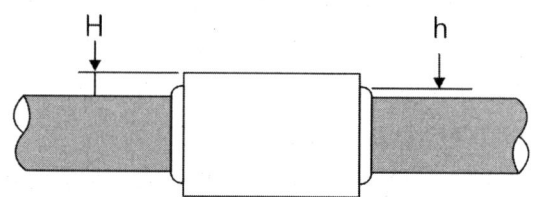

(1-2-4) 융착작업은 홀더(Holder) 등을 사용하고 관의 용융 부위는 소켓 내부 경계턱까지 완전히 삽입되도록 한다.
(1-2-5) 시공이 불량한 용착 이음부는 절단해서 제거하고 재시공한다.
(1-3) 새들융착(Saddle Fusion)은 다음 기준에 적합하게 한다.
(1-3-1) 접합부 전면에는 대칭형의 둥근 형상 이중 비드가 고르게 형성되도록 한다.
(1-3-2) 비드의 표면은 매끄럽고 청결하도록 한다.
(1-3-3) 접합된 새들의 중심선과 배관의 중심선이 직각을 유지한다.
(1-3-4) 비드의 높이(h)는 이음관 높이(H) 이하로 한다.

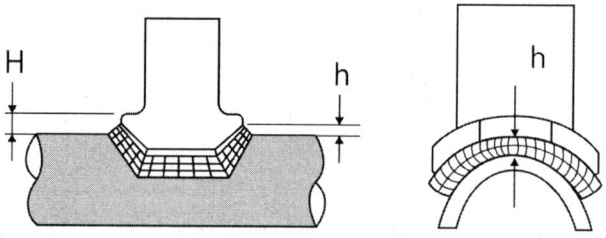

(1-3-5) 시공이 불량한 용착 이음부는 절단해서 제거하고 재시공한다.
(2) 전기융착 이음은 소켓융착 또는 새들융착으로 구분하여 다음 기준에 적합하게 한다.
(2-1) 전기융착에 사용되는 이음관은 KGS AA232(가스용 전기융착식 폴리에틸렌 이음관 제조 및 검사 기술기준)에 따른 검사품 또는 KS M 3515(가스용 폴리에틸렌관의 이음관) 제품을 사용한다.
(2-2) 소켓융착의 이음부는 배관과 일직선을 유지하고, 새들융착 이음매 중심선과 배관 중심선은 직각을 유지한다.

OX퀴즈
소켓융착 시 비드 높이는 이음관의 높이 이하로 한다.
(O)

(2-3) 소켓융착 작업의 이음부에는 배관 두께가 일정하게 표면 산화층을 제거할 수 있도록 기계식 면취기(스크래퍼)를 사용하여 배관 표면층을 제거해야 하며, 관의 용융 부위는 소켓 내부 경계턱까지 완전히 삽입되도록 한다. 다만 기계식 면취기(스크래퍼)로 면취가 불가능한 경우 면취용 날 등을 사용하여 배관의 표면 산화층을 일정하게 제거할 수 있다.

> **Tip** 면취기 : 배관의 단면을 가공하여 부드럽게 만드는 기기

(2-4) 전기융착에 사용되는 이음관과 배관의 접합면 외부로는 용융물 또는 열선이 돌출되지 않도록 한다.

(2-5) 융착기는 융착 과정의 전류 변화가 표시되어야 하고, 급격한 전류 변화 및 이음관 열선의 단선·단락 시에는 융착을 즉시 중단한다.

(2-6) 융착기는 전기융착에 사용되는 이음관의 사양에 적합한 것으로 한다.

(2-7) 시공이 불량한 융착 이음부는 절단 후 재시공한다.

(2-8) 소켓융착 작업은 클램프 등 홀더를 사용하여 고정 후 융착작업을 실시하고 융착작업 종료 시까지 융착공정에 적합한 전류가 공급되어야 한다.

(3) 그 밖에 제작자가 제시하는 융착 기준(가열온도, 가열유지시간, 냉각시간 등)을 준수한다.

- **방호벽으로 된 실 내부에 설치한 배관의 수평거리(이하)**

시설	수평거리(m)
철도(화물수송으로만 쓰이는 것은 제외한다)	30
도로(전용공업지역 및 일반공업지역 안에 있는 도로는 제외한다)	30
학교, 유치원, 새마을유아원, 사설 강습소	30
아동복지시설 또는 심신장애자 복지시설로서 수용능력이 20인 이상인 건축물	30
병원(의원을 포함한다)	30
공공공지(도시계획시설에 한정한다) 또는 도시공원(전용 공업지역 안에 있는 도시공원은 제외한다)	30
극장, 교회, 공회당 그 밖에 이와 유사한 시설로서 수용능력이 300인 이상을 수용할 수 있는 곳	30
백화점, 공중목욕탕, 호텔, 여관 그 밖에 사람을 수용하는 건축물(가설 건축물은 제외한다)로서 사실상 독립된 부분의 연면적이 1000 m^2 이상인 곳	30
문화재보호법에 따라 지정문화재로 지정된 건축물	70

> **Tip** 방호벽으로 된 실 내부에 설치한 배관의 수평거리는 지정문화재로 지정된 건축물만 70이며 나머지는 전부 30이다.

시설	수평거리(m)
주택(앞 각호에 열거한 것 또는 가설 건축물은 제외한다). 또는 앞 각호에 열거한 시설과 유사한 시설로서 다수인이 출입하거나 근무하고 있는 곳	30

- **건축물의 내부 또는 기초 밑 설치 제한**

⑴ 배관은 건축물의 내부 또는 기초의 밑에 설치하지 않는다. 다만 그 건축물에 가스를 공급하기 위한 배관은 그 건축물의 내부에 설치할 수 있다.

⑵ 건축물에 가스를 공급하기 위하여 그 건축물의 내부에 설치하는 배관은 단독피트 안에 설치하거나 다음 기준에 따라 노출하여 설치한다. 다만 건축물 안의 배관으로 동관(금속제의 보호관이나 보호판으로 보호조치를 한 것을 말한다)또는 스테인리스강관 등 내식성 재료를 사용하여 이음매(용접 이음매는 제외한다) 없이 설치하는 경우에는 매몰하여 설치할 수 있다.

(2-1) 배관의 접합은 용접으로 한다. 다만 가스 사용자가 구분하여 소유하거나 점유하는 건축물에 공급하기 위하여 분기된 이후의 경우에는 용접 이외의 방법으로 접합할 수 있다.

(2-2) 배관은 벽면 등에 견고하게 고정한다.

(2-3) 배관은 다음 기준에 따라 환기가 잘 되거나 기계환기설비를 설치한 장소에 설치한다.

(2-3-1) 외기에 면하여 설치하는 환기구의 통풍 가능 면적 합계가 바닥면적 1 m^2마다 300 cm^2의 비율로 계산한 면적 이상이고, 바닥면에 접하여 환기구를 2방향 및 2개소 이상으로 분산 설치한 장소

(2-3-2) 바닥 면적 1 m^2마다 0.5 m^3/분 이상의 통풍능력을 가진 기계환기설비가 설치된 장소

(2-4) (2-3)에도 불구하고 다음 기준에 따라 가스누출경보기를 설치하거나 용접부에 비파괴시험을 실시하여 이상이 없는 경우에는 (2-3-1) 및 (2-3-2) 이외의 장소에 설치할 수 있다.

(2-4-1) 가스누출경보기는 KGS CODE FS331 2.7.2.1(2.7.2.1.4는 제외한다)에 따라 설치한다.

(2-4-1-1) 가스누출경보기의 검지부 설치 수는 배관 길이 20 m마다 또는 바닥면 둘레 20 m에 한 개 이상의 비율로 계산한 수로 한다.

(2-4-2) 용접부에 대한 비파괴 시험 방법은 다음 기준에 따른다.

(2-4-2-1) 호칭지름 80 mm 이상인 배관의 접합부에는 방사선투과시험(R/T)을 실시한다.

> **OX퀴즈**
> 호칭지름 50 mm 이상인 배관의 접합부에는 방사선투과시험(R/T)을 실시한다.
> (×)

(2-4-2-2) 호칭지름 80 mm 미만인 배관의 접합부에는 방사선투과시험, 초음파탐상시험, 자분탐상시험, 침투탐상시험 중 어느 하나의 시험을 실시한다.

(2-5) 차량 등으로 손상을 받을 우려가 있는 배관 부분은 방호조치를 한다.

• PE배관 설치장소 제한

PE배관은 온도가 40 ℃ 이상이 되는 장소에 설치하지 않는다. 다만 파이프 슬리브 등을 이용하여 단열조치를 한 경우에는 온도가 40 ℃ 이상이 되는 장소에 설치할 수 있다

• 배관지지

배관은 그 배관을 움직이지 않도록 그 호칭지름이 13 mm 미만의 것은 1 m 마다, 13 mm 이상 33 mm 미만인 것은 2 m마다, 33 mm 이상의 것은 3 m 마다 고정한다. 다만 호칭지름 100 mm 이상의 것에는 다음의 방법에 따라 3 m를 초과하여 설치할 수 있다.

⑴ 배관은 온도 변화에 의한 열응력과 수직 및 수평 하중을 동시에 고려하여 설계·설치한다.

⑵ 배관의 재료는 강재를 사용하고 접합은 용접으로 하도록 한다.

⑶ 배관 지지대는 배관 하중 및 축 방향의 하중에 충분히 견디는 강도를 갖는 구조로 설치하고, 지지대의 부식 등을 감안하여 가능한 한 여유 있게 설치한다.

⑷ 지지대, U볼트 등의 고정장치와 배관 사이에는 고무판, 플라스틱 등 절연물질을 삽입한다.

⑸ 배관의 고정 및 지지를 위한 지지대의 최대 지지간격은 표를 기준으로 하되, 호칭지름 600 A를 초과하는 배관은 배관 처짐량의 500배 미만이 되는 지점마다 지지한다.

> **OX퀴즈**
> 배관의 호칭지름이 20 mm 인 것은 **1 m**마다 배관을 지지한다. (×)

호칭지름(A)	지지간격(m)
100	8
150	10
200	12
300	16
400	19
500	22
600	25

> **Tip** 사업소와 사업소는 거리가 멀기 때문에 (장소가 분리되어 있기 때문에) 메가폰과 휴대용 확성기가 불가능하다!

• **통신설비 설치**

사업소의 긴급사태가 발생하였을 경우 이를 신속히 전파할 수 있도록 다음 기준에 따라 통신설비를 갖춘다.

사항별(통신 범위)	설비(구비)하여야 할 통신설비	비고
1. 안전관리자가 상주하는 사업소와 현장사업소와의 사이 또는 현장사무소 상호 간	1. 구내전화 2. 구내방송설비 3. 인터폰 4. 페이징설비	• 통신설비는 사업소의 규모에 적합하도록 1가지 이상 구비한다. • 메가폰은 해당 사업소의 면적이 1500 m^2 이하의 경우에 한정한다.
2. 사업소 안 전체	1. 구내방송설비 2. 사이렌 3. 휴대용 확성기 4. 페이징설비 5. 메가폰	
3. 종업원 상호 간 (사업소 안 임의의 장소)	1. 페이징설비 2. 휴대용 확성기 3. 트랜시버(계기 등에 영향이 없는 경우에 한정한다) 4. 메가폰	

• **저장탱크 작업수칙**

1. 저장탱크는 항상 40 ℃ 이하의 온도를 유지하도록 한다.
2. 저장설비에는 방폭형 휴대용 전등 외의 등화를 지니고 들어가지 않을 것
3. 가스누출검지기와 휴대용 손전등은 방폭형으로 한다.
4. 저장설비의 외면으로부터 8 m 이내의 곳에서 화기(담뱃불을 포함한다)를 취급하지 않는다.

• **소형저장탱크 작업수칙**

1. 가스누출검지기와 휴대용 손전등은 방폭형으로 한다.
2. 소형저장탱크의 주위 5 m 이내에서는 화기의 사용을 금지하고, 인화성 또는 발화성의 물질을 많이 쌓아 두지 않는다.
3. 소형저장탱크 주위에 있는 밸브류의 조작은 원칙적으로 수동으로 한다.
4. 소형저장탱크의 세이프티커플링의 주 밸브는 액봉(液封)방지를 위하여

> **OX퀴즈**
> 소형저장탱크의 주위 **8 m** 이내에서는 화기의 사용을 금지하고, 인화성 또는 발화성의 물질을 많이 쌓아 두지 않는다. (×)

항상 열어 둔다. 다만 그 커플링으로부터의 가스 누출 또는 긴급 시의 대책을 위하여 필요한 경우에는 닫아 둔다.

5. 가스공급자가 시설의 안전유지를 위하여 필요하다고 인정해서 요청하는 사항은 준수한다.

• 가스설비 유지관리

가스설비는 액화석유가스를 안전하게 취급하기 위하여 다음 기준에 따라 관리한다.

1. 가스설비의 부근에는 연소하기 쉬운 물질을 두지 않는다.

2. 가스설비 중 진동이 심한 곳에는 진동을 최소한도로 줄일 수 있는 조치를 한다.

3. 가스설비를 이음쇠로 연결하려면 그 이음쇠와 연결되는 부분에 잔류응력이 남지 않도록 조립하고, 관 이음 또는 밸브류를 나사로 조일 때에는 무리한 하중이 걸리지 않도록 한다.

4. 가스설비에 설치한 밸브 또는 콕(조작스위치로 그 밸브 또는 콕을 개폐하는 경우에는 그 조작스위치를 말한다)에는 개폐 방향 표시, 자물쇠를 채우거나 봉인하여 두는 등의 조치 및 조명도 확보 등 종업원이 그 밸브 등을 적절히 조작할 수 있도록 조치한다.

• 밸브 등의 안전조치

(1) 밸브 등에 대한 조치 기준은 다음과 같다.

(1-1) 각 밸브 등에는 그 명칭 또는 플로시트(Flow Sheet)에 의한 기호, 번호 등을 표시하고 그 밸브 등의 핸들 또는 별도로 부착한 표시판에 해당 밸브 등의 개폐 방향(조작스위치로 그 밸브 등이 설치된 설비에 안전상 중대한 영향을 미치는 밸브 등에는 그 밸브 등의 개폐 상태를 포함한다)을 명시한다.

(1-2) 밸브 등을 조작함으로써 그 밸브 등에 관련된 충전설비 등에 안전상 중대한 영향을 미치는 밸브 등(압력을 구분하는 경우에는 압력을 구분하는 밸브, 안전밸브의 주 밸브, 긴급차단밸브, 긴급방출용 밸브, 제어용공기 및 안전용 불활성가스 등의 송출 또는 이입용 밸브, 조정밸브, 감압밸브, 차단용 맹판 등)에는 작업원이 그 밸브 등을 적절히 조작할 수 있도록 다음과 같은 조치를 강구한다.

(1-2-1) 밸브 등에는 그 개폐 상태를 명시하는 표시판을 부착한다. 이 경우 특히 중요한 조정밸브 등에는 개도계(開度計)를 설치한다.

> **OX퀴즈**
> 안전밸브의 주 밸브 및 보통 사용하지 않는 밸브 등은 함부로 조작할 수 없도록 자물쇠의 채움, 봉인, 조작금지 표시의 부착이나 조작 시에 지장이 없는 범위에서 핸들을 제거하는 등의 조치를 하고, 내압·기밀시험용 밸브 등은 플러그 등의 마감조치로 이중 차단이 되는 기능을 가지는 것으로 한다. (○)

(1-2-2) 안전밸브의 주 밸브 및 보통 사용하지 않는 밸브 등(긴급용의 것은 제외한다)은 함부로 조작할 수 없도록 자물쇠의 채움, 봉인, 조작금지 표시의 부착이나 조작 시에 지장이 없는 범위에서 핸들을 제거하는 등의 조치를 하고, 내압·기밀시험용 밸브 등은 플러그 등의 마감조치로 이중 차단이 되는 기능을 가지는 것으로 한다.

(1-2-3) 계기판에 설치한 긴급차단밸브, 긴급방출밸브 등을 하는 기구의 버튼핸들(Button Handle), 놋칭디바이스핸들(Notching Device Handle) 등(갑자기 작동할 염려가 없는 것은 제외한다)에는 오조작 등 불시의 사고를 방지하기 위해 덮개, 캡 또는 보호장치를 사용하는 등의 조치를 함과 동시에 긴급차단밸브 등의 개폐 상태를 표시하는 시그널램프 등을 계기판에 설치한다. 또한 긴급차단밸브의 조작 위치가 2곳 이상일 경우 보통 사용하지 않는 밸브 등에는 함부로 조작하여서는 안 된다는 내용과 그것을 조작할 때의 주의사항을 표시한다.

(1-3) 밸브 등의 조작 위치에는 그 밸브 등을 확실하게 조작할 수 있도록 필요에 따라 발판을 설치한다.

(1-4) 밸브 등을 조작하는 장소는 밸브 등을 확실히 조작할 수 있도록 조명도 150 lx 이상을 확보한다. 이 경우 계기실(충전을 제어하기 위해 기기를 집중적으로 설치한 실을 말한다. 이하 같다) 및 계기실 이외의 계기판에는 비상조명장치를 설치한다.

(2) 밸브 등의 조작 기준은 다음과 같다.

(2-1) 밸브 등의 조작 시 유의하여야 할 사항을 작업 기준 등에 정하여 작업원에게 알린다.

(2-2) 밸브 등을 조작함으로써 관련된 가스설비 등에 영향을 미치는 밸브 등의 조작은 조작 전후에 관계 부서와 긴밀한 연락을 취하여 상호 확인하는 방법을 강구한다.

(2-3) 액화가스의 밸브 등은 액봉 상태로 되지 않도록 폐지 조작을 한다.

• **압력측정기의 종류별 기밀시험방법**

종류	최고사용압력	용적	기밀유지시간
수은주 게이지	0.3 MPa 미만	1 m³ 미만	2분
		1 m³ 이상 10 m³ 미만	10분
		10 m³ 이상 300 m³ 미만	V분. 다만 120분을 초과할 경우에는 120분으로 할 수 있다.
수주 게이지	0.03 MPa 이하	1 m³ 미만	1분
		1 m³ 이상 10 m³ 미만	5분
		10 m³ 이상 300 m³ 미만	V분. 다만 60분을 초과할 경우에는 60분으로 할 수 있다.
전기식 다이어프램형 압력계	0.1 MPa 미만	1 m³ 미만	4분
		1 m³ 이상 10 m³ 미만	40분
		10 m³ 이상 300 m³ 미만	4 × V분, 다만 240분을 초과할 경우에는 240분으로 할 수 있다.
압력계 또는 자기압력 기록계	0.3 MPa 이하	1 m³ 미만	24분
		1 m³ 이상 10 m³ 미만	240분
		10 m³ 이상 300 m³ 미만	24 × V분, 다만 1,440분을 초과한 경우에는, 1,440분으로 할 수 있다.
	0.3 MPa 초과	1 m³ 미만	48분
		1 m³ 이상 10 m³ 미만	480분
		10 m³ 이상 300 m³ 미만	48 × V분, 다만 2,880분을 초과한 경우에는 2,880분으로 할 수 있다.

[비고]
1. V는 피시험 부분의 용적(단위 : m³)이다.
2. 전기식 다이어프램형 압력계는 공인검사기관으로부터 성능 인증을 받아 합격한 것이어야 한다.

Tip 수은주는 숫자 1,2
수주는 숫자 1, 5(더하면 6)
전기식은 숫자 4
압력계는 숫자 2,4

문제풀이

01
(1) 하천시설
(2) 소하천
(3) 수로
(4) 계획하상높이

1 액화석유가스 일반집단공급의 시설·기술·검사기준에 따른 용어 정의를 쓰시오.

(1) 하천의 기능을 보전하고 효용을 증진하며 홍수 피해를 줄이기 위하여 설치하는 시설
(2) 「하천법」의 적용 또는 준용을 받지 않는 하천으로 시장, 군수 또는 자치구의 구청장이 그 명칭과 구간을 지정·고시한 것
(3) 하천 또는 소하천에 속하지 않는 것으로 개천, 용수로 또는 이와 유사한, 물이 흐르는 자연 또는 인공의 통로
(4) 하천관리청에서 하천 관리를 위해 정해 놓은(계획해 놓은) 하상(하천의 바닥) 높이

02
① 21 이하
② 0.4 MPa 이하

2 액화석유가스 일반집단공급의 시설·기술·검사기준에 따른 압력범위와 관의 두께표이다. 괄호에 들어갈 알맞은 숫자를 쓰시오.

SDR	압력
11 이하	(②)
17 이하	0.25 MPa 이하
(①)	0.2 MPa 이하

여기서 SDR(Standard Dimension Ratio) = D(외경)/t(최소두께)

02
(2) 5 m

3 액화석유가스 일반집단공급의 시설·기술·검사기준에 따른 소형저장탱크 작업수칙으로 틀린 것을 고르시오.

(1) 가스누출검지기와 휴대용 손전등은 방폭형으로 한다.
(2) 소형저장탱크의 주위 10 m 이내에서는 화기의 사용을 금지하고, 인화성 또는 발화성의 물질을 많이 쌓아 두지 않는다.
(3) 소형저장탱크 주위에 있는 밸브류의 조작은 원칙적으로 수동으로 한다.
(4) 소형저장탱크의 세이프티커플링의 주 밸브는 액봉(液封)방지를 위하여 항상 열어 둔다. 다만 그 커플링으로부터의 가스 누출 또는 긴급 시의 대책을 위하여 필요한 경우에는 닫아 둔다.

저장시설　　　　　　　　　　　　　　　　　　　　　　　　　액화석유가스

KGS FU331 저장탱크에 의한 액화석유가스 저장소의 시설·기술·검사·정밀안전진단·안전성평가기준

• **배관설비 절연조치**

배관은 그 배관의 안전한 유지·관리를 위하여 다음 기준에 따라 절연조치를 한다.

1. 다음에 해당하는 곳에는 절연조치를 한다. 다만 절연 이음 물질 사용 등의 방법으로 매설배관의 부식이 방지될 수 있도록 조치를 한 경우에는 절연조치를 하지 아니할 수 있다.
   (1) 누전으로 전류가 흐르기 쉬운 곳
   (2) 직류전류가 흐르고 있는 선로(線路)의 자계(磁界)에 따라 유도전류가 발생하기 쉬운 곳
   (3) 흙속 또는 물속으로서 미로전류(謎路電流)가 흐르기 쉬운 곳
   (4) 그 밖에 지지구조물에 이상전류가 흘러 배관장치가 대지전위(對地電位)로 부식이 예상되는 곳

2. 다음에 해당하는 부분에는 절연 이음 물질을 사용하여 절연조치를 하되, 신규 설치 시 절연저항 값은 1 MΩ 이상으로 하고, 그 이후에는 0.1 MΩ 이상을 유지한다.
   (1) 배관에 접속되어 있는 기기, 저장탱크 또는 그 밖의 설비로 그 배관에 부식이 발생할 우려가 있는 경우에는 해당설비와 배관을 절연 이음 물질로 절연한다. 다만 배관 및 그 배관에 접속되어 있는 기기, 저장탱크 또는 그 밖의 설비에 양극을 설치하는 방법 등으로 전기방식 효과를 얻을 수 있는 경우의 배관 접속부를 제외한다.
   (2) 배관을 구분하여 전기방식하는 것이 필요한 경우에는 배관을 구분하는 경계부분, 지하에 매설된 배관의 부분과의 경계, 배관의 분기부 및 지하에 매설된 부분 등에는 절연 이음 물질을 설치한다.

3. 피뢰기(피뢰침 및 고압철탑기 등과 이들 접지케이블과 매설지선을 말한다)의 접지장소에 근접하여 배관을 매설하는 경우는 다음 기준에 따라 절연을 위하여 필요한 조치를 한다.
   (1) 피뢰기와 배관 사이의 거리 및 흙의 전기저항 등을 고려하여 배관을 설치함과 동시에 필요한 경우에는 배관의 피복, 절연재의 설치 등으로 절연조치를 한다.

OX퀴즈
물속은 절연조치를 **하지 않는다**.　　　　　(×)

(2) 피뢰기의 낙뢰전류(落雷電流)가 기기, 저장탱크 그 밖의 설비를 지나서 배관에 전류가 흐를 우려가 있는 경우에 절연 이음 물질을 설치하여 절연함과 동시에 배관의 부식방지에 해로운 영향을 미치지 않는 방법으로 배관을 접지한다.

(3) 절연을 위한 조치를 보호하기 위하여 필요한 경우에는 스파크 간극 등을 설치한다.

배관설치

• **배관 설치장소 선정**

배관은 그 배관의 유지·관리에 지장이 없고, 그 배관에 대한 위해의 우려가 없도록 다음 기준에 따라 설치한다.

1. 땅의 붕괴 우려지역 통과제한배관은 과거의 실적이나 환경조건의 변화(토지조성 등으로 지형의 변경이나 배수의 변화 등)로 땅의 붕괴, 산사태 등의 발생이 추정되는 곳을 통과하지 아니하도록 한다.

2. 지반침하 우려지역 설치제한

   (1) 배관은 지반의 부등침하가 현저하게 진행 중인 곳이나 과거의 실적으로 미루어 부등침하의 우려가 추정되는 곳을 통과하지 아니한다.

   (2) 지반이 약한 곳에 설치하는 배관은 지반침하로 배관이 손상되지 아니하도록 설치한다.

3. 하천 또는 암거 내 설치제한 배관은 하수구 등 암거(暗渠) 안에 설치하지 아니한다.

4. 건축물의 내부 또는 기초밑 설치 제한

   (1) 배관은 건축물의 내부 또는 기초의 밑에 설치하지 아니한다. 다만 그 건축물에 가스를 공급하기 위한 배관은 그 건축물의 내부에 설치할 수 있다.

   (2) 건축물에 가스를 공급하기 위하여 그 건축물의 내부에 설치하는 배관은 단독피트 안에 설치하거나 다음 기준에 따라 노출하여 설치한다. 다만 건축물 안의 배관으로 동관(금속제의 보호관이나 보호판으로 보호조치를 한 것을 말한다)또는 스테인레스강관 등 내식성 재료를 사용하여 이음매(용접 이음매는 제외한다)없이 설치하는 경우에는 매몰하여 설치할 수 있다.

   (2-1) 배관의 접합은 용접으로 한다.

> **Tip** 암거 : 장애물을 지나 지하 수로로 물을 흐르게 하는 구조물

(2-2) 배관은 벽면 등에 견고하게 고정한다.

(2-3) 배관은 환기가 잘 되거나 기계환기설비를 설치한 장소에 설치한다. 다만 환기가 잘 되지 아니하는 장소에 기계환기설비의 설치가 곤란하여 가스누출경보기를 설치하거나 용접부에 대하여 비파괴시험을 실시하여 이상이 없는 경우에는 환기가 잘 되지 아니하거나 기계환기설비를 설치하지 아니한 장소에 설치할 수 있다.

(2-4) 차량 등으로 손상을 받을 우려가 있는 배관부분은 방호조치를 한다.

> OX퀴즈
> 배관은 환기가 잘 되거나 **자연환기설비**를 설치한 장소에 설치한다. (×)

- **PE배관 설치장소 제한**

PE배관은 온도가 40 ℃ 이상이 되는 장소에 설치하지 아니한다. 다만 파이프슬리브 등을 이용하여 단열조치를 한 경우에는 온도가 40 ℃ 이상이 되는 장소에 설치할 수 있다.

- **배관 매몰설치**

지하에 매설하는 배관은 그 배관의 유지·관리에 지장이 없고, 그 배관에 대한 위해의 우려가 없도록 다음 기준에 따라 설치한다.

1. 배관의 외면과 지면 또는 노면사이에는 다음 기준에 따른 매설깊이를 유지한다.

    (1) 액화석유가스 저장소 부지에서는 0.6 m 이상
    (2) (1)에 해당하지 아니하는 차량이 통행하는 도로에서는 1.2 m 이상
    (3) (1)과 (2)에 해당하지 아니하는 곳에서는 1 m 이상
    (4) (3)에 해당하는 곳으로서 협소한 도로에 장애물이 많아 1 m 이상의 매설깊이를 유지하기가 곤란한 경우에는 0.6 m 이상
    (5) 철도의 횡단부 지하의 경우에는 지면으로부터 1.2 m 이상

> OX퀴즈
> 액화석유가스 저장소 부지에서 배관의 외면과 지면 또는 노면사이는 **0.5 m** 이상 매설깊이를 유지한다. (×)

가스누출경보 및 자동차단장치 설치

- **가스누출경보기 설치**

저장설비실과 가스설비실에는 가스가 누출될 경우 이를 신속히 검지하여 효과적으로 대응할 수 있도록 다음 기준에 따라 가스누출경보기(이하 "경보기"라 한다)를 설치한다.

1. 가스누출경보기 기능

(1) 가스의 누출을 검지하여 그 농도를 지시함과 동시에 경보를 울리는 것으로 한다.

(2) 미리 설정된 가스농도(폭발한계의 1/4 이하)에서 자동적으로 경보를 울리는 것으로 한다.

(3) 경보를 울린 후에는 주위의 가스농도가 변화되어도 계속 경보를 울리고, 그 확인 또는 대책을 강구함에 따라 경보정지가 되도록 한다.

(4) 담배연기 등 잡가스에는 경보를 울리지 아니하는 것으로 한다.

2. 가스누출경보기 구조

(1) 충분한 강도를 가지며, 취급과 정비(특히 엘리먼트의 교체)가 용이한 것으로 한다.

(2) 경보기의 경보부와 검지부는 분리하여 설치할 수 있는 것으로 한다.

(3) 검지부가 다점식인 경우에는 경보가 울릴 때 경보부에서 가스의 검지장소를 알 수 있는 구조로 한다.

(4) 경보는 램프의 점등 또는 점멸과 동시에 경보를 울리는 것으로 한다.

OX퀴즈
경보기의 경보부와 검지부는 분리하여 설치할 수 **없는** 것으로 한다. (×)

• 가스누출경보기 설치장소

(1) 경보기의 검지부는 저장설비 및 가스설비(버너 등으로서 파일럿 버너 등으로 인터록기구를 갖추어 가스누출의 우려가 없는 사용설비에서 그 버너 등의 부분은 제외한다) 중 가스가 누출하기 쉬운 다음 설비가 설치(보관)되어 있는 장소의 주위에 설치하되 누출한 가스가 체류하기 쉬운 장소에 설치한다.

  (1-1) 저장탱크

  (1-2) 충전설비, 로딩암, 로리호스, 압력용기, 기화장치 등 가스설비(압력조정기 제외)

(2) 경보기의 검지부를 설치하는 위치는 가스의 성질, 주위상황, 각 설비의 구조 등의 조건에 따라 정하되 다음에 해당하는 장소에는 설치하지 아니한다.

  (2-1) 증기, 물방울, 기름기 섞인 연기 등이 직접 접촉될 우려가 있는 곳

  (2-2) 주위온도 또는 복사열에 의한 온도가 40 ℃ 이상이 되는 곳

  (2-3) 설비 등에 가려져 누출가스의 유동이 원활하지 못한 곳

  (2-4) 차량, 그 밖의 작업등으로 인하여 경보기가 파손될 우려가 있는 곳

(3) 경보기 검지부의 설치 높이는 바닥면으로부터 검지부 상단까지의 높이가 30 cm 이내인 범위에서 가능하면 바닥에 가까운 곳으로 한다.

OX퀴즈
주위온도 또는 복사열에 의한 온도가 **30 ℃** 이상이 되는 에는 경보기의 검지부를 설치하지 않는다. (×)

(4) 경보기의 경보부의 설치장소는 관계자가 상주하거나 경보를 식별할 수 있는 장소로써 경보가 울린 후 각종 조치를 취하기에 적절한 곳으로 한다.

가스누출자동차단장치 설치

지하공간에서의가스폭발을 예방할 수 있도록 지하공간에 가스를 공급하는 배관에는 누출된 가스를 검지하여 자동으로 가스공급을 차단할 수 있도록 다음기준에 따라 가스누출자동차단장치를 설치한다.

• 검지부 설치

(1) 검지부의 설치수는 연소기(가스누출자동차단기의 경우에는 소화안전장치가 부착되지 아니한 연소기만을 말한다)버너의 중심부분으로부터, 수평거리 4 m 이내에 검지부 1개 이상이 설치되도록 한다. 다만 연소기설치실이 별실로 구분되어 있는 경우에는 실별로 산정한다.

(2) 검지부는 바닥면으로부터 검지부 상단까지의 거리가 30 cm이하로 한다.

(3) 검지부는 다음의 장소에는 설치하지 아니한다.
    (3-1) 출입구의 부근 등으로서 외부의 기류가 통하는 곳
    (3-2) 환기구 등 공기가 들어오는 곳으로부터 1.5 m 이내의 곳
    (3-3) 연소기의 폐가스에 접촉하기 쉬운 곳

• 제어부 설치

제어부는 가스사용실의 연소기 주위로서 조작하기 쉬운 위치에 설치한다.

• 차단부 설치

(1) 차단부는 다음 주배관에 설치한다. 다만 동일 공급배관의 상·하류에 이중으로 차단부가 설치되는 경우 각 연소기로부터 가장 가까운 곳에 설치된 것 외의 것은 배관용 밸브로 할 수 있다.
    (1-1) 동일건축물 안에 있는 전체 가스사용시설의 주배관
    (1-2) 동일건축물 안으로서 구분 밀폐된 2개 이상의 층에서 가스를 사용하는 경우 층별 주배관
    (1-3) 동일건축물의 동일층 안에서 2 이상의 자가 가스를 사용하는 경우 사용자별 주배관. 다만 동일의 가스사용실에서 다수의 가스사용자가 가스를 사용하는 경우에는 그 실의 주배관으로 할 수 있다.

> **OX퀴즈**
> 검지부는 바닥면으로부터 검지부 상단까지의 거리가 **20 cm** 이하로 한다. (×)

⑵ 차단부는 (1-1)의 경우에는 건축물의 외부, (1-3)의 경우에는 가스사용실의 외부에 설치 한다. 다만 건축물의 구조상 불가피한 경우에는 건축물이나 가스사용실의 외부에 설치하지 아니할 수 있다.

긴급차단장치 설치

• 저장탱크에 긴급차단장치 설치

저장탱크(소형저장탱크는 제외한다)에 부착된 배관(액상의 액화석유가스를 송출 또는 이입하는 것에만 적용하고, 저장탱크와 배관과의 접속부분을 포함한다)에는 긴급 시 가스의 누출을 효과적으로 차단할 수 있도록 다음 기준에 따라 긴급차단장치를 설치한다. 다만 액상의 액화석유가스를 이입하기 위하여 설치한 배관에 다음 기준에 따라 역류방지밸브를 설치하는 경우에는 긴급차단장치를 설치한 것으로 볼 수 있다.

• 긴급차단장치 설치위치

긴급차단장치 및 역류방지밸브의 부착위치는 다음 기준에 따른다.

1. 저장탱크 주밸브의 외측에 가능하면 저장탱크에 가까운 위치 또는 저장탱크의 내부에 설치하되, 저장탱크 주밸브와 겸용하지 아니한다.

2. 저장탱크의 침하 또는 부상, 배관의 열팽창, 지진 그 밖의 외력에 따른 영향을 고려하여 설치위치를 선정한다.

• 긴급차단장치 차단조작기구

긴급차단장치의 차단조작기구는 다음 기준에 따른다.

1. 차단밸브의 구조에 따라 액압, 기압, 전기(어느 것이든 정전 시 등에 비상전력 등으로 사용할 수 있는 것으로 한다) 또는 스프링 등을 동력원으로 사용 한다.

2. 긴급차단장치의 차단조작기구는 해당 저장탱크(지하에 매몰하여 설치하는 저장탱크를 제외한다)로부터 5 m 이상 떨어진 곳(방류둑을 설치한 경우에는 그 외측)으로서 다음 장소마다 1개 이상 설치한다.
   ⑴ 자동차에 고정된 탱크 이입·충전 장소 주변
   ⑵ 액화석유가스의 대량유출에 대비하여 충분히 안전이 확보되고 조작이 용이한 곳

3. 긴급차단장치를 설치한 배관에는 그 긴급차단장치에 따르는 밸브 외에 2개 이상의 밸브를 설치하고, 그 중 1개는 그 배관에 속하는 저장탱크의 가장 가까운 부근에 설치한다. 이 경우 그 저장탱크의 가장 가까운 부근에 설치한 밸브는 가스를 송출 또는 이입하는 때 외에는 닫아 둔다.

4. 차단조작은 간단하고 확실하며 신속히 할 수 있는 것으로 한다.

• 긴급차단장치 개폐표시

긴급차단장치의 개폐상태를 표시하는 시그널램프 등을 설치하는 경우 그 설치위치는 해당 저장탱크의 송출 또는 이입에 관련된 계기실 또는 이에 준하는 장소로 한다.

• 긴급차단장치 워터햄머방지조치

긴급차단장치 또는 역류방지밸브에는 그 차단에 따라 그 긴급차단장치 또는 역류방지밸브 및 접속하는 배관 등에서 워터햄머(Water Hammer)가 발생하지 아니하는 조치를 강구한다.

> **Tip** 워터햄머 : 유체가 흐르는 배관에서 유체의 속도가 갑자기 변화해 압력이 순간적으로 커지는 현상

문제풀이

01
(1) 0.6 m 이상
(2) 1.2 m 이상
(3) 1 m 이상
(4) 1.2 m 이상

1 저장탱크에 의한 액화석유가스 저장소의 시설·기술·검사·정밀안전진단·안전성평가기준에 따라 배관을 매몰설치 시 매설깊이 기준을 알맞게 쓰시오.

(1) 액화석유가스 저장소 부지
(2) 차량이 통행하는 도로
(3) 1과 2에 해당하지 아니하는 곳
(4) 철도의 횡단부 지하의 경우

02
(1) 증기, 물방울, 기름기 섞인 연기 등이 직접 접촉될 우려가 있는 곳
(2) 주위온도 또는 복사열에 의한 온도가 40℃ 이상이 되는 곳
(3) 설비 등에 가려져 누출가스의 유동이 원활하지 못한 곳
(4) 차량, 그 밖의 작업등으로 인하여 경보기가 파손될 우려가 있는 곳

2 저장탱크에 의한 액화석유가스 저장소의 시설·기술·검사·정밀안전진단·안전성평가기준에 따른 가스누출경보기의 검지부 설치 제외장소 3가지를 쓰시오.

3 저장탱크에 의한 액화석유가스 저장소의 시설·기술·검사·정밀안전진단·안전성평가기준에 의한 긴급차단장치의 차단조작기구 설치기준으로 틀린 것을 고르시오.

(1) 차단밸브의 구조에 따라 액압, 기압, 전기(어느 것이든 정전 시 등에 비상전력 등으로 사용할 수 있는 것으로 한다) 또는 스프링 등을 동력원으로 사용 한다.

(2) 긴급차단장치의 차단조작기구는 해당 저장탱크(지하에 매몰하여 설치하는 저장탱크를 제외한다)로부터 10 m 이상 떨어진 곳에 설치한다.

(3) 긴급차단장치를 설치한 배관에는 그 긴급차단장치에 따르는 밸브 외에 2개 이상의 밸브를 설치하고, 그 중 1개는 그 배관에 속하는 저장탱크의 가장 가까운 부근에 설치한다. 이 경우 그 저장탱크의 가장 가까운 부근에 설치한 밸브는 가스를 송출 또는 이입하는 때 외에는 닫아 둔다.

(4) 차단조작은 간단하고 확실하며 신속히 할 수 있는 것으로 한다.

03
(2) 5 m

저장시설

KGS FU332 용기에 의한 액화석유가스 저장소의 시설·기술·검사기준

액화석유가스

시설기준

• 화기와의 거리

저장설비와 가스설비는 그 외면으로 부터 화기(그 설비 안의 것은 제외한다)를 취급하는 장소까지 8 m 이상의 우회거리를 두거나 화기를 취급하는 장소와의 사이에는 그 저장설비와 가스설비로부터 누출된 가스가 유동하는 것을 방지하기 위한 다음 조치를 한다.

1. 누출된 가연성가스가 화기를 취급하는 장소로 유동하는 것을 방지하기 위한 시설은 높이 2 m 이상의 내화성 벽으로 하고, 저장설비 및 가스설비와 화기를 취급하는 장소와의 사이는 우회수평거리를 8 m 이상으로 한다.

2. 화기를 사용하는 장소가 불연성 건축물 안에 있는 경우 저장설비 및 가스설비로부터 수평거리 8 m 이내에 있는 그 건축물의 개구부는 방화문이나 망입유리를 사용하여 폐쇄하고, 사람이 출입하는 출입문은 2중문으로 한다.

• 사업소 경계와의 거리

용기 보관실의 외면과 실외 저장소의 경계로부터 사업소 경계(다만 사업소 경계가 바다·호수·하천·도로 등과 접한 경우에는 그 반대편 끝을 경계로 본다)까지 표에 따른 거리 이상을 유지한다. 다만 시장·군수 또는 구청장이 공공의 안전을 위하여 필요하다고 인정하는 지역에는 일정 거리를 더하여 정할 수 있다.

저장능력	사업소 경계와의 거리
10톤 이하	17 m
10톤 초과 20톤 이하	21 m
20톤 초과 30톤 이하	24 m
30톤 초과 40톤 이하	27 m
40톤 초과	30 m

OX퀴즈
누출된 가연성가스가 화기를 취급하는 장소로 유동하는 것을 방지하기 위한 시설은 높이 2 m 이상의 **내열성** 벽으로 한다. (×)

[비고]
1. 이 표의 저장능력산정은 다음의 계산식에 따른다.
   W = 0.9 dV
   W : 저장탱크의 저장능력(단위 : kg)
   d : 상용온도에서의 액화석유가스 비중(단위 : kg/L)
   V : 저장탱크의 내용적(단위 : L)
2. 동일한 사업소에 두 개 이상의 저장설비가 있는 경우에는 그 설비별로 각각 안전거리를 유지하여야 한다.

• **다른 설비와의 거리**

실외 저장소 주위의 경계 울타리와 용기 보관 장소 사이에는 20 m 이상의 거리를 유지한다.

> **OX퀴즈**
> 실외 저장소 주위의 경계 울타리와 용기 보관 장소 사이에는 **10 m** 이상의 거리를 유지한다. (×)

저장설비 설치

• **용기 보관실 설치**

용기 보관실은 그 용기 보관실의 안전 확보와 용기 보관실에서 가스가 누출되는 경우 재해 확대를 방지하기 위하여 다음 기준에 따라 설치한다.

1. 용기 보관실은 사무실과 구분하여 동일한 부지에 설치하되, 용기 보관실에서 누출되는 가스가 사무실로 유입되지 않는 구조로 한다.
2. 저장설비는 용기집합식으로 하지 않는다.
3. 용기 보관실은 불연재료를 사용하고 용기 보관실 창의 유리는 망입유리 또는 안전유리로 한다.

> **OX퀴즈**
> 저장설비는 용기집합식으로 **한다**. (×)

• **실외 저장소 설치**

실외 저장소는 그 실외 저장소의 안전 확보와 실외 저장소에서 가스가 누출되는 경우 재해 확대를 방지하기 위하여 다음 기준에 따라 설치한다.

1. 충전용기와 잔가스용기의 보관 장소는 1.5 m 이상의 간격을 두어 구분하여 보관한다.
2. 바닥으로부터 3 m 이내의 도랑이나 배수시설이 있을 경우에는 방수재료로 이중으로 덮는다.
3. 움푹 파인 곳은 적절한 재료로 포장하거나 메워 평평하게 한다.

OX퀴즈
용기의 단위 집적량은 **20톤**을 초과하지 않는다. (×)

4. 실외 저장소 안의 용기군(容器群) 사이의 통로는 다음 기준에 맞게 한다.
   (1) 용기의 단위 집적량은 30톤을 초과하지 않을 것
   (2) 팰릿(Pallet)에 넣어 집적된 용기군 사이의 통로는 그 너비가 2.5 m 이상일 것
   (3) 팰릿에 넣지 않은 용기군 사이의 통로는 그 너비가 1.5 m 이상일 것
5. 실외 저장소 안의 집적된 용기의 높이는 다음 기준에 맞게 한다.
   (1) 팰릿에 넣어 집적된 용기의 높이는 5 m 이하일 것
   (2) 팰릿에 넣지 않은 용기는 2단 이하로 쌓을 것

안전유지 기준

• 용기

용기 보관실을 설치한 저장소에서 용기를 취급하는 경우에는 용기의 안전유지를 위하여 다음 기준에 따른다.

(1) 충전용기는 항상 40 ℃ 이하를 유지하여야 하고 사용 중인 경우를 제외하고는 충전용기와 잔가스용기를 구분하여 용기 보관실에 저장할 것

(2) 용기를 차에 싣거나 차에서 내리거나 이동 시에는 난폭한 취급을 하지 않아야 하고 필요한 경우에는 손수레를 이용할 것

• 용기 보관실

용기 보관실은 그 용기 보관실의 안전유지를 위하여 다음 기준에 따른다.

OX퀴즈
용기 보관실 주위의 8 m(우회거리) 이내에는 화기 취급을 하거나 인화성물질과 가연성물질을 두지 않는다. (○)

(1) 용기 보관실 주위의 8 m(우회거리) 이내에는 화기 취급을 하거나 인화성물질과 가연성물질을 두지 않을 것

(2) 용기 보관실에 사용하는 휴대용 손전등은 방폭형일 것

(3) 용기 보관실에는 계량기 등 작업에 필요한 물건 외에는 두지 않을 것

(4) 용기는 2단으로 쌓지 않을 것. 다만 내용적 30 L 미만의 용기는 2단으로 쌓을 수 있다.

실외 저장소에 의한 저장

• **용기**

실외 저장소에 용기를 보관할 경우 다음 기준에 따른다.

(1) 용기 보관 장소의 경계 안에서 용기를 보관할 것

(2) 용기는 세워서 보관할 것

(3) 충전용기는 항상 40 ℃ 이하를 유지하여야 하고 눈·비를 피할 수 있도록 할 것

OX퀴즈
용기는 **눕혀서** 보관한다.
(×)

문제풀이

01
① 17
② 24
③ 27

1 다음은 용기에 의한 액화석유가스 저장소의 시설·기술·검사기준에 의한 용기 보관실의 외면과 실외 저장소의 경계로부터 사업소 경계까지의 이격거리기준표이다. 표를 알맞게 채우시오.

저장능력	사업소 경계와의 거리
10톤 이하	(①) m
10톤 초과 20톤 이하	21 m
20톤 초과 30톤 이하	(②) m
30톤 초과 40톤 이하	(③) m
40톤 초과	30 m

02
(1) 1.5 m 이상
(2) 3 m 이내
(3) 30톤
(4) 팰릿

2 다음은 용기에 의한 액화석유가스 저장소의 시설·기술·검사기준에 의한 실외 저장소 설치기준이다. 괄호 안에 들어갈 알맞은 말을 쓰시오.

(1) 충전용기와 잔가스용기의 보관 장소는 (   )의 간격을 두어 구분하여 보관한다.
(2) 바닥으로부터 (   )의 도랑이나 배수시설이 있을 경우에는 방수재료로 이중으로 덮는다.
(3) 실외 저장소 안의 용기군(容器群) 사이의 통로 기준 중 용기의 단위집적량은 (   )을 초과하지 않는다.
(4) 실외 저장소 안의 용기군(容器群) 사이의 통로 기준 중 (   )에 넣어 집적된 용기군 사이의 통로는 그 너비가 2.5 m 이상이어야 한다.

03
(4) 2단

3 다음 용기에 의한 액화석유가스 저장소의 시설·기술·검사기준에 의한 용기보관실 기준으로 틀린 것을 고르시오.

(1) 용기 보관실 주위의 8 m(우회거리) 이내에는 화기 취급을 하거나 인화성물질과 가연성물질을 두지 않을 것
(2) 용기 보관실에 사용하는 휴대용 손전등은 방폭형일 것
(3) 용기 보관실에는 계량기 등 작업에 필요한 물건 외에는 두지 않을 것
(4) 용기는 3단으로 쌓지 않을 것

판매시설

KGS AA438 액화석유가스 정압기용 압력조정기 제조의 시설·기술·검사기준

- **용어 정의**

1. "정기품질검사"란 생산단계검사를 받고자 하는 제품이 설계단계검사를 받은 제품과 동일하게 제조된 제품인지 확인하기 위하여 양산된 제품에서 시료를 채취하여 성능을 확인하는 것을 말한다.

2. "상시샘플검사"란 제품확인검사를 받고자 하는 제품에 대하여 같은 생산단위로 제조된 동일제품을 1조로 하고 그 조에서 샘플을 채취하여 기본적인 성능을 확인하는 검사를 말한다.

3. "수시품질검사"란 생산공정검사 또는 종합공정검사를 받은 제품이 설계단계검사를 받은 제품과 동일하게 제조되고 있는지 양산된 제품에서 예고 없이 시료를 채취하여 확인하는 검사를 말한다.

4. "공정확인심사"란 설계단계검사를 받은 제품을 제조하기 위하여 필요한 제조 및 자체검사공정에 대한 품질시스템 운용의 적합성을 확인하는 것을 말한다.

5. "종합품질관리체계심사"란 제품의 설계·제조 및 자체검사 등 압력조정기 제조 전 공정에 대한 품질시스템 운용의 적합성을 확인하는 것을 말한다.

6. "형식"이란 구조·재료·용량 및 성능 등에서 구별되는 제품의 단위를 말한다.

7. "공정검사"란 생산공정검사와 종합공정검사를 말한다.

8. "액화석유가스 정압기용 압력조정기"란 액화석유가스 배관망공급사업의 가스공급시설 중 정압기에 설치되는 압력조정기를 말한다.

- **종류**

정압기용 압력조정기는 조정압력에 따라 다음과 같이 구분한다.

(1) 중압 : 0.1 MPa 이상 0.2 MPa 미만

(2) 준저압 : 10 kPa 이상 100 kPa 미만

(3) 저압 : 2.3 kPa 이상 10 kPa 미만

제품 성능

• 내압 성능

다음의 압력으로 실시하는 내압시험에서 이상이 없는 것으로 한다.

(1) 입구쪽은 압력조정기에 표시된 최대입구압력의 1.5배 이상의 압력

(2) 출구쪽은 압력조정기의 최대폐쇄압력의 1.5배 이상의 압력

• 기밀 성능

다음의 압력으로 실시하는 기밀시험에서 누출이 없는 것으로 한다.

(1) 입구쪽은 압력조정기에 표시된 최대입구압력 이상

(2) 출구쪽은 압력조정기의 최대폐쇄압력의 1.1배 이상의 압력

• 다이어프램 성능

고무로 제조되는 다이어프램은 다음 기준에 적합한 것으로 한다.

1. 다이어프램의 재료는 전체 배합성분 중 NBR(Acrylonitrile-Butadiene Rubber)의 성분 함유량이 50 % 이상이고, 가소제로 사용되는 성분의 총합(질량비율)은 18 % 이하인 것으로 한다.

2. 다이어프램의 외관은 다음에 적합한 것으로 한다.
   (1) 각 부분은 표면이 매끈하고 흠·균열·기포·터짐 등이 없는 것으로 한다.
   (2) 보강층을 사용한 다이어프램의 경우에는 신장을 가하지 않은 상태에서, 그 밖의 다이어프램은 최초길이의 2배만큼 신장시켰을 때 0.5 mm 이상의 결함이 3개 이하인 것으로 한다.
   (3) 보강층을 사용한 다이어프램은 액화석유가스와 접촉하는 면에서 천의 직조무늬가 식별되지 않는 것으로 한다.

3. 다이어프램의 치수 및 두께는 제조자가 제시한 도면치수에 따른다. 다만 두께는 0.785 N의 하중을 가한 상태에서 측정한다.

4. 다이어프램의 내압시험은 다음과 같이 한다.
   (1) 조정압력이 3.5 kPa 이하인 압력조정기에 사용되는 다이어프램은 0.3 MPa의 수압을 30분간 가하였을 때 파열 등 이상이 없는 것으로 한다.
   (2) 조정압력이 3.5 kPa 초과 0.2 MPa 미만인 압력조정기에 사용되는 다이어프램은 0.8 MPa의 수압을 30분간 가하였을 때 파열 등 이상이 없는 것으로 한다.

OX퀴즈
액화석유가스용 정압기 내압 성능의 입구쪽은 압력조정기에 표시된 최대입구압력의 **1.2배** 이상의 압력으로 실시해서 이상이 없는 것으로 한다. (×)

OX퀴즈
조정압력이 3.5 kPa 이하인 압력조정기에 사용되는 다이어프램은 0.3 MPa의 수압을 **20분**간 가하였을 때 파열 등 이상이 없는 것으로 한다. (×)

5. 다이어프램의 물성시험은 다음과 같이 한다.

　⑴ 인장강도는 12 MPa 이상이고, 신장률은 300 % 이상인 것으로 한다.

　⑵ 인장응력은 2.0 MPa 이상이고, 경도는 쇼어 경도(A형)기준으로 50 이상 90 이하인 것으로 한다.

　⑶ 영구신장늘음률은 20 % 이하인 것으로 한다.

　⑷ 영구압축줄음률은 30 % 이하인 것으로 한다.

　⑸ -25 ℃의 공기 중에서 24시간 방치한 후 인장강도 및 신장률을 측정하였을 때 인장강도 변화율은 ±15 % 이내, 신장 변화율은 ±30 % 이내, 경도변화는 쇼어 경도(A형)기준으로 +15 이하인 것으로 한다.

6. 다이어프램의 내가스시험은 다음과 같이 한다.

　⑴ -20 ℃의 액화석유가스액에 24시간, 20 ℃의 액화석유가스액에 48시간 각각 침적 후 질량변화율(흡수율 및 추출률)은 (-10 ~ +20) % 이내, 인장강도 변화율은 ±20 % 이내, 신장 변화율은 ±30 % 이내, 경도변화는 쇼어 경도(A형)기준으로 ±15 이내인 것으로 한다. 또한 겉모양은 경화·연화·팽창 등 이상이 없는 것으로 한다.

　⑵ 40 ℃의 이소옥탄에 72시간 침적 후 질량변화율(흡수율 및 추출률)은 (-8 ~ +5) % 이내, 인장강도 변화율은 ±20 % 이내, 신장 변화율은 ±30 % 이내, 경도변화는 쇼어 경도(A형)기준 ±15 이내로 한다. 또한 겉모양은 경화·연화·팽창 등 이상이 없는 것으로 한다.

　⑶ (5 ~ 25) ℃의 n-펜탄에 72시간 침적 후 질량 변화율(흡수율 및 추출률)은 (-15 ~ +10) % 이내, 인장강도 변화율은 ±20 % 이내, 신장 변화율은 ±30 % 이내, 경도변화는 쇼어 경도(A형)기준 ±15 이내인 것으로 한다. 또한 겉모양은 경화·연화·팽창 등 이상이 없는 것으로 한다.

　⑷ 상온의 물속에 168시간 침적 후 질량 변화율(흡수율 및 추출률)은 ±12 % 이내인 것으로 한다.

　⑸ 80 ℃의 윤활유(SAE 20, 30) 속에 72시간 침적 후 부피 변화율은 (-10 ~ +20) % 이내, 인장강도 변화율은 ±20% 이내, 신장 변화율은 ±30 % 이내, 경도변화는 쇼어 경도(A형)기준 ±15 이내인 것으로 한다. 또한 겉모양은 경화·연화·팽창 등 이상이 없는 것으로 한다.

7. 다이어프램의 노화시험은 다음과 같이 한다.

　⑴ 공기가열노화시험은 70 ℃의 공기 중에서 96시간 노화시킨 후, 실온에서 48시간 방치한 다음, 인장강도 및 신장률을 측정하였을 때 인장강도 변화율은 ±15 % 이내, 신장 변화율은 ±25 % 이내, 경도변화는 쇼어 경도(A형)기준 ±10 이내인 것으로 한다.

(2) 오존노화시험은 KS M 6518(가황고무물리시험방법)의 오존균열시험에 따라 온도 40 ℃, 오존농도 25 pphm에서 시험편에 20 %의 신장을 가한 상태로 72시간 유지한 다음 신장력을 제거하였을 때 길이 변화가 없는 것으로 하고, 10배의 확대경으로 확인하였을 때 A2급 이상인 것으로 한다.

8. 다이어프램의 가스투과시험은 성형된 다이어프램에 액화석유가스로 최고사용압력을 가하여 24시간 방치한 후, 다이어프램을 투과하는 가스양을 6시간 동안 포집하였을 때 5 mL 이하인 것으로 한다.

OX퀴즈
다이어프램의 가스투과시험은 성형된 다이어프램에 액화석유가스로 최고사용압력을 가하여 24시간 방치한 후, 다이어프램을 투과하는 가스양을 **24시간** 동안 포집하였을 때 5 mL 이하인 것으로 한다. (×)

문제풀이

1 액화석유가스 정압기용 압력조정기 제조의 시설·기술·검사기준에 따른 정압기용 압력조정기 구분 기준을 쓰시오.

(1) 중압
(2) 준저압
(3) 저압

01
(1) 0.1 MPa 이상
 0.2 MPa 미만
(2) 10 kPa 이상
 100 kPa 미만
(3) 2.3 kPa 이상
 10 kPa 미만

2 액화석유가스 정압기용 압력조정기 제조의 시설·기술·검사기준에 따른 압력조정기의 입구쪽과 출구쪽 내압시험 압력을 쓰시오.

(1) 입구쪽
(2) 출구쪽

02
(1) 압력조정기에 표시된 최대입구압력의 1.5배 이상의 압력
(2) 압력조정기의 최대폐쇄압력의 1.5배 이상의 압력

3 액화석유가스 정압기용 압력조정기 제조의 시설·기술·검사기준에 따른 다이어프램기준으로 틀린 것을 고르시오.

(1) 다이어프램의 재료는 전체 배합성분 중 NBR(Acrylonitrile-Butadiene Rubber)의 성분 함유량이 50 % 이상이고, 가소제로 사용되는 성분의 총합(질량비율)은 18 % 이하인 것으로 한다.
(2) 다이어프램의 외관은 표면이 매끈하고 흠·균열·기포·터짐 등이 없는 것으로 한다.
(3) 조정압력이 3.5 kPa 이하인 압력조정기에 사용되는 다이어프램은 0.3 MPa의 수압을 30분간 가하였을 때 파열 등 이상이 없는 것으로 한다.
(4) 다이어프램의 내가스시험은 -20 ℃의 액화석유가스액에 1시간, 20 ℃의 액화석유가스액에 48시간 각각 침적 후 질량변화율(흡수율 및 추출률)은 (-10 ~ +20) % 이내, 인장강도 변화율은 ±20 % 이내, 신장 변화율은 ±30 % 이내, 경도변화는 쇼어 경도(A형)기준으로 ±15 이내인 것으로 한다.

03
(4) -20 ℃의 액화석유가스액에 24시간

판매시설

KGS AA631 다기능 가스안전계량기 제조의 시설·기술·검사기준

액화석유가스

• 구조 및 치수

다기능계량기는 그 다기능계량기의 안전성·편리성 및 호환성을 확보하기 위하여 다음 기준에 따른 구조 및 치수를 가지는 것으로 한다.

1. 통상의 사용 상태에서 빗물·먼지 등이 침입할 수 없는 구조로 한다.
2. 차단밸브가 작동한 후에는 복원조작을 하지 않은 한 열리지 않은 구조로 한다.
3. 복원을 위한 버튼이나 레버 등은 다기능계량기의 정면에서 쉽게 확인할 수 있고, 또한 복원조작을 쉽게 실시할 수 있는 위치에 있는 것으로 한다.
4. 사용자가 쉽게 조작할 수 없는 테스트차단기능(제어부로부터의 신호를 받아 차단하는 것만을 말한다)이 있는 것으로 한다.
5. 가스검지기능을 가지는 다기능계량기의 검지부는 방수구조(가정용은 제외한다)로서「소방시설 설치유지 및 안전관리에 관한 법률」에 따른 검정품으로 한다.

OX퀴즈
다기능계량기는 차단밸브가 작동한 후에는 복원조작을 **하지 않아도 열리는 구조로 한다.** (×)

제품 성능

• 기밀 성능

다기능계량기의 차단밸브는 10 kPa 압력의 공기 또는 불활성가스를 3분 이상 가하여 외부누출이 없고, 4.2 kPa 압력의 공기 또는 불활성가스를 3분 이상 가하고 출구 쪽 내부누출량이 0.55 L/h 이하인 것으로 한다.

• 내구 성능

다기능계량기 차단밸브는 2.8 kPa의 압력으로 500회 반복개폐시험 후에 시험에 적합한 것으로 한다.

Tip 내구성능 : 사용 수명 내에 손상 없이 정상적으로 작동할 수 있는 능력

• 내진동 성능

다기능계량기는 통상의 운송 중에 가해질 수 있는 진동에 견디는 것으로서 포장된 상태에서 진동수 600회/min, 진폭 5 mm의 진동을 상하·전후 및 좌우의 3방향에서 각각 20분간 가한 후에 적합한 것으로 한다.

• 내열 성능

다기능계량기는 통상의 사용 상태에서 온도변화로 인하여 사용에 지장이 있는 영향을 받지 않은 것으로서 차단밸브를 연 상태로 60 ℃에서 1시간 방치한 후에 적합한 것으로 한다.

• 내한 성능

다기능계량기는 통상의 사용 상태에서 온도변화로 인하여 사용상 지장이 있는 영향을 받지 않은 것으로서 차단밸브를 연 상태로 -30 ℃에서 1시간 방치한 후에 적합한 것으로 한다.

• 내습 성능

다기능계량기는 통상의 사용 상태에서 습도변화에 따라 사용에 지장이 있는 영향을 주지 않은 것으로서 사용 상태로 (40 ± 2) ℃, 습도 90 % 이상에서 48시간 방치한 후에 적합한 것으로 한다.

• 정전기내력 성능

다기능계량기는 정전기로 인한 영향을 받지 않은 것으로서 본체의 외면의 각면에 정전용량 150 pF, 방전저항 150 Ω으로 + 및 -의 극성을 변화하여 5 kV 이상 10 kV 이내의 전압을 인가한 후 오작동 및 오경보가 없는 것으로 한다.

• 방폭 성능

가스에 접하는 부분 및 가스에 닿는 부분이 있는 전기설비의 충전부는 방폭 성능을 가진 구조로 한다.

> **OX퀴즈**
> 다기능계량기는 통상의 사용 상태에서 온도변화로 인하여 사용상 지장이 있는 영향을 받지 않은 것으로서 차단밸브를 연 상태로 **-50 ℃**에서 1시간 방치한 후에 적합한 것으로 한다. (×)

작동 성능

• 유량차단 성능

1. 다기능계량기는 합계유량차단 값을 초과하는 가스가 흐를 경우에 75초 이내에 차단하는 것으로 한다. 다만 합계유량차단 값은 설정기 등으로 변경 또는 설정할 수 있는 것으로 한다.

합계유량차단 값 = 연소기구 소비량의 총합 × 1.13

2. 다기능계량기는 통상의 사용 상태에서 증가유량차단 값을 초과하여 유량이 증가하는 경우 차단하는 것으로 한다. 증가유량차단 값은 설정기 등으로 변경 또는 설정할 수 있는 것으로 한다.

증가유량차단 값 = 연소기구중 최대소비량 × 1.13

3. 다기능계량기의 연속사용시간차단은 유량이 변동 없이 장시간 연속하여 흐를 경우 차단하는 것으로 한다. 또한 해당기능은 설정기 등으로 시간을 변경 또는 설정할 수 있는 것으로 한다.

• **미소사용유량등록 성능**

다기능계량기는 정상사용 상태에서 미소유량을 감지하여 오경보를 방지할 수 있는 것으로 한다. 다만 미소유량은 40 L/h이하로 하고 설정기 등으로 미소유량을 설정 또는 변경할 수 있는 것으로 한다.

• **미소누출검지 성능**

다기능계량기는 유량을 연속으로 30일간 검지할 때에 표시하는 기능이 있고, 또한 그 밖에 원인으로 인하여 차단 복귀하더라도 해당기능에 영향을 주지 않은 것으로 한다.

• **압력저하차단 성능**

다기능계량기는 통상의 사용 상태에서 다기능계량기 출구쪽 압력저하를 감지하여 압력이 (0.6 ± 0.1) kPa에서 차단하는 것으로 한다.

• **옵션성능**

1. 통신성능

2. 검지성능

    (1) 검지부의 가스검지기능 이외의 기능이 연동되는 것은 다기능계량기의 기능에 나쁜 영향을 주지 않은 것으로 한다.

    (2) 검지부를 2개 이상 연결하는 제어부는 검지부의 전원이 끊기는 등의 전기적 이상이 있을 때 이를 알 수 있는 것으로 하고, 일부 검지부의 전원이 끊겨도 다른 검지부와 연동되는 차단성능에는 이상이 없는 것으로 한다.

    (3) 다기능계량기는 가스를 감지한 상태에서 연속경보를 울린 후 30초 이내에 가스를 차단하는 것으로 한다.

    (4) 검지부는 방수구조(가정용은 제외)로서 「소방시설 설치유지 및 안전관리에 관한 법률」에 따른 검정품이고, 다음 사항을 표시한 것으로 한다.

OX퀴즈

다기능계량기는 정상사용 상태에서 미소유량을 감지하여 오경보를 방지할 수 있는 것으로 한다. 다만 미소유량은 **30 L/h** 이하로 하고 설정기 등으로 미소유량을 설정 또는 변경할 수 있는 것으로 한다. (×)

(4-1) 용도 및 사용가스명

(4-2) 제조연월(또는 제조번호)

(4-3) 품질보증기간(설치한 날로부터 가정용 3년, 영업용 2년)

(4-4) 제조자명 및 A/S 연락처(전화번호)

3. 무선 원격 차단 성능

무선 원격 차단 기능이 있는 다기능계량기는 무선 원격 차단 성능 시험을 위한 표준모드(프로토콜)를 준수해야 하며 다음의 기준에 적합해야 한다.

(1) 무선에 의한 원격 차단 동작의 정상적 수행에 이상이 없어야 한다.

(2) 무선에 의한 원격 차단신호가 전송되는 경우 별도의 조작 없이 10초 이내에 경보 등을 통해 수신 여부가 확인되어야 하며, 40초 이내에 가스를 차단하는 것으로 한다.

(3) 무선통신의 단절 등 무선에 의한 신호 전송이 불가능한 경우 제품에서 별도의 조작 없이 표시 등을 통해 10초 이내에 이를 알 수 있는 것으로 한다.

(4) 다기능계량기는 무선에 의해 원격으로 차단된 후에는 수동으로 복원 조작을 하지 않는 한 열리지 않는 것으로 한다.

> **OX퀴즈**
> 무선 원격 차단 기능이 있는 다기능계량기는 무선통신의 단절 등 무선에 의한 신호 전송이 불가능한 경우 제품에서 별도의 조작 없이 표시 등을 통해 **60초** 이내에 이를 알 수 있는 것으로 한다.
> (×)

문 제 풀 이

01
(1) 차단밸브
(2) 정면
(3) 테스트차단기능

1 다기능 가스안전계량기 제조의 시설·기술·검사기준에 따른 구조 및 치수 기준으로 괄호 안에 알맞은 말을 쓰시오.

(1) (　　　　)가 작동한 후에는 복원조작을 하지 않은 한 열리지 않은 구조로 한다.

(2) 복원을 위한 버튼이나 레버 등은 다기능계량기의 (　　　)에서 쉽게 확인할 수 있고, 또한 복원조작을 쉽게 실시할 수 있는 위치에 있는 것으로 한다.

(3) 사용자가 쉽게 조작할 수 없는 (　　　　)이 있는 것으로 한다.

02
(2) 60 ℃

2 다기능 가스안전계량기 제조의 시설·기술·검사기준에 따른 제품 성능 기준으로 틀린 것을 고르시오.

(1) 기밀 성능 : 다기능계량기의 차단밸브는 10 kPa 압력의 공기 또는 불활성가스를 3분 이상 가하여 외부누출이 없고, 4.2 kPa 압력의 공기 또는 불활성가스를 3분 이상 가하고 출구 쪽 내부누출량이 0.55 L/h 이하인 것으로 한다.

(2) 내열 성능 : 다기능계량기는 통상의 사용 상태에서 온도변화로 인하여 사용에 지장이 있는 영향을 받지 않은 것으로서 차단밸브를 연 상태로 40 ℃에서 1시간 방치한 후에 적합한 것으로 한다.

(3) 내한성능 : 다기능계량기는 통상의 사용 상태에서 온도변화로 인하여 사용상 지장이 있는 영향을 받지 않은 것으로서 차단밸브를 연 상태로 -30 ℃에서 1시간 방치한 후에 적합한 것으로 한다.

(4) 방폭성능 : 가스에 접하는 부분 및 가스에 닿는 부분이 있는 전기설비의 충전부는 방폭 성능을 가진 구조로 한다.

3 다기능 가스안전계량기 제조의 시설·기술·검사기준에 따른 작동성능 기준으로 틀린 것을 고르시오.

(1) 다기능계량기의 연속사용시간차단은 유량이 변동 없이 장시간 연속하여 흐를 경우 차단하는 것으로 한다.

(2) 다기능계량기는 정상사용 상태에서 미소유량을 감지하여 오경보를 방지할 수 있는 것으로 한다. 다만 미소유량은 20 L/h 이하로 하고 설정기 등으로 미소유량을 설정 또는 변경할 수 있는 것으로 한다.

(3) 다기능계량기는 유량을 연속으로 30일간 검지할 때에 표시하는 기능이 있고, 또한 그 밖에 원인으로 인하여 차단 복귀하더라도 해당기능에 영향을 주지 않은 것으로 한다.

(4) 다기능계량기는 통상의 사용 상태에서 다기능계량기 출구쪽 압력저하를 감지하여 압력이 (0.6 ± 0.1) kPa에서 차단하는 것으로 한다.

03
(2) 40 L/h

판매시설

KGS AB134 가스냉난방기 제조의 시설·기술·검사기준

액화석유가스

- **냉난방기 본체**

1. 냉난방기 본체의 유지·보수가 쉽고, 냉수·온수 및 냉각수 계통은 충분한 내압강도를 가지는 것으로 한다.

2. 내부 압력이 진공으로 운전되는 경우 기밀한 구조로서, 외부 압력에 견딜 수 있는 충분한 강도를 가지는 것으로 한다.

3. 냉난방기는 용기와 직결되지 않는 구조로 한다.

4. 가스 또는 물의 회전식 개폐 콕이나 회전식 밸브의 핸들의 열림 방향은 시계바늘 반대방향인 것으로 한다. 다만 열림 방향이 양방향으로 되어 있는 다기능의 회전식 개폐 콕의 경우에는 그렇지 않다.

- **연소설비**

1. 냉난방기의 연소설비는 충격·진동·하중 및 열 등으로 인한 응력에 충분히 견디는 구조로 한다.

2. 냉난방기 본체 및 연소설비의 유지가 쉽고, 연소제어기기의 교환이 쉬운 구조로 한다.

3. 버너의 연소 상태 확인이 가능한 구조로 한다.

4. 파일럿 버너가 있는 냉난방기는 파일럿 버너가 점화되지 않으면 메인 버너의 가스 통로가 열리지 않는 구조로 한다.

5. 급기 및 배기용 송풍기를 부착한 냉난방기는 점화전에 송풍기가 작동하고, 송풍기가 정지되면 자동으로 가스 통로가 차단되는 것으로 한다.

- **전기설비**

1. 각 전기기기는 공급 표준전압의 ±10% 범위에서 사용상 지장이 없는 것으로 한다.

2. 냉난방기에 공급되는 전압이 이상강하 시에 안전 측으로 작동하는 구조로 한다.

3. 송풍기에는 작동 시 냉난방기의 작동을 정지하는 과부하 보호장치를 설치한다.

OX퀴즈
냉난방기는 용기와 **직결되는** 구조로 한다. (×)

OX퀴즈
급기 및 배기용 송풍기를 부착한 냉난방기는 **점화 후에** 송풍기가 작동하고, 송풍기가 정지되면 자동으로 가스 통로가 차단되는 것으로 한다. (×)

- **배관설비**

1. 메인 버너의 가스 배관에는 공급 압력 등을 측정할 수 있는 압력계 또는 압력 검출구를 설치한다.
2. 배관의 누출 검사를 위하여 버너 직전에 콕 또는 밸브 등을 설치하고, 누출 검사 및 버너 연소 압력의 측정에 필요한 압력 검출구를 설치한다.
3. 안전차단밸브에는 바이패스밸브를 설치하지 않는다.

> **OX퀴즈**
> 안전차단밸브에는 바이패스밸브를 **설치한다**. (×)

장치

- **정전안전장치**

교류전원으로 가스 통로를 개폐하는 냉난방기에는 정전이 되었을 때에 가스 통로를 차단하고, 다시 통전이 되었을 때에 자동으로 가스 통로가 열리지 않거나 재점화 되는 안전장치를 갖춘다. 다만 정전 시에 파일럿 버너 불꽃이 꺼지지 않는 경우는 그렇지 않다.

- **역풍방지장치**

배기통 연결부가 있는 냉난방기는 역풍이 버너에 영향을 미치지 않도록 역풍방지장치를 갖춘다.

- **소화안전장치**

냉난방기에 설치하는 자외선 방식의 화염 검출기는 오작동을 일으키는 광선을 차단하는 구조이거나, 입사되지 않는 위치에 설치한다.

그 밖의 장치

- **경보장치**

냉난방기에는 다음 안전장치를 구비하고, 각 장치는 장시간 사용에도 성능이 유지되며, 이상상태 발생 시 가스를 차단하고 그 이상상태를 표시하기 위한 경보장치를 설치한다.

(1) 가스압력스위치
(2) 공기압력스위치

(3) 고온재생기 과열 방지장치

(4) 고온재생기 과압 방지장치

(5) 냉수 흐름(Flow)스위치 또는 인터로크(Interlock)

(6) 동결 방지장치

(7) 냉각수 흐름(Flow)스위치 또는 인터로크(Interlock)

- **운전 상태 감시장치**

냉난방기에는 운전 상태를 감시하기 위하여 재생기에 온도계를 설치하고, 그 온도계는 장시간 사용에도 성능이 유지되는 것으로 한다.

[Tip] 인터로크 : 설비가 정상상태를 벗어나게 되어 발생하는 이상상황을 알리고 즉시 설비를 정지시켜 재해를 예방하는 기능을 가진 것

성능

- **내압 성능**

냉난방기는 안전하게 사용할 수 있도록 하기 위하여 다음에 따른 내압 성능을 가지는 것으로 한다. 다만 현지에서 버너 유닛(배관을 포함한다)을 조립하는 경우에는 완성 후에 내압 성능을 확인할 수 있다.

1. 공급가스 압력이 3.3 kPa인 경우에는 5.5 kPa 이상의 압력을 가하였을 때 배관 및 기기류에 이상이 없는 것으로 한다.

2. 공급가스 압력이 3.3 kPa 초과 10 kPa 이하인 경우에는 최고사용압력의 1.5배(가스압력조정기의 2차측은 설정압력의 1.5배) 이상의 압력을 가하였을 때 배관 및 기기류에 이상이 없는 것으로 한다.

3. 공급가스 압력이 10 kPa 초과하는 경우에는 최고사용압력의 1.5배(가스압력조정기 2차 측은 설정압력의 1.5배) 이상의 압력을 가하였을 때 배관 및 기기류에 이상이 없는 것으로 한다.

OX퀴즈
공급가스 압력이 10 kPa 초과하는 경우에는 최고사용압력의 **2배**(가스압력조정기 2차 측은 설정압력의 1.5배) 이상의 압력을 가하였을 때 배관 및 기기류에 이상이 없는 것으로 한다. (×)

- **기밀 성능**

냉난방기는 안전하게 사용할 수 있도록 하기 위하여 다음 기준에 따른 기밀 성능을 가지는 것으로 한다. 다만 현지에서 버너 유닛(배관을 포함한다)을 조립하는 경우에는 완성 후에 기밀 성능을 확인할 수 있으며, 기밀 성능의 확인이 곤란한 부분은 점화 상태에서 누출 검사로 갈음할 수 있다.

1. 공급가스 압력이 3.3 kPa인 경우에는 5.5 kPa 이상의 압력을 가하고 비눗물 등의 발포액으로 시험했을 때 플랜지·나사 등의 접합부로부터 누출

이 없어야 하고, 수주게이지의 경우 5분 이상, 압력계의 경우는 24분 이상 방치하여 압력 변동이 없는 것으로 한다.

2. 공급가스 압력이 3.3 kPa 초과 10 kPa 이하인 경우에는 최고사용압력의 1.5배 이상의 압력을 가하고, 비눗물 등의 발포액으로 시험했을 때 용접선·플렌지·나사 등의 접합부로부터 누출이 없어야 하고, 수주게이지의 경우 5분 이상, 압력계의 경우 24분 이상으로 하여 압력 변동이 없는 것으로 한다.

3. 공급가스 압력이 10 kPa 초과하는 경우에는 최고사용압력의 1.1배 이상의 압력을 가하고, 비눗물 등의 발포액으로 시험했을 때 용접선·플렌지·나사 등의 접합부에 누출이 없어야 하고, 압력계의 경우 24분 이상으로 하여 압력 변동이 없는 것으로 한다.

4. 안전차단밸브가 저압의 경우에는 상용압력을, 중압의 경우에는 최고사용압력의 1.5배의 압력을 가하여 내부 누출량이 10 mL/min 이하인 것으로 한다.

OX퀴즈
안전차단밸브가 저압의 경우에는 상용압력을, 중압의 경우에는 최고사용압력의 **1.2배**의 압력을 가하여 내부 누출량이 10 mL/min 이하인 것으로 한다. (×)

• **내구 성능**

1. 콕과 전기점화장치는 12000회 반복조작 시험 후 가스 누출이 없고 성능에 이상이 없는 것으로 한다.

2. 소화안전장치 및 호스 연결구는 1000회 반복조작 시험 후 가스 누출이 없고 성능에 이상이 없는 것으로 한다.

• **내진동 성능**

냉난방기는 포장한 상태에서 1시간 진동시험 후 누출이 없고, 정상적인 연소 상태의 시험에서 합격한 것으로 한다.

• **절연저항 성능**

전기 충전부와 비충전 금속부와의 절연저항은 1 MΩ 이상으로 한다.

OX퀴즈
전기 충전부와 비충전 금속부와의 절연저항은 1 MΩ 이상으로 한다. (○)

• **내전압 성능**

냉난방기는 내전압시험에서 이상이 없는 것으로 한다.

작동 성능

• 전기점화 성능

전기점화장치 시험은 10회 작동하였을 때에 8회 이상 점화되고, 연속하여 2회 이상 점화 불량이 없는 것으로 한다.

• 가스소비량 성능

전 가스소비량 및 각 버너의 가스소비량은 표시치의 ±10 % 이내인 것으로 한다.

• 연소 상태 성능

1. 제조자가 제시하는 사용 가능한 노(爐) 안의 압력 범위 및 가스소비량 범위에서 안정된 연소가 가능한 것으로 한다.

2. 버너는 1.의 안정연소 범위에서 과잉공기율이 표의 값과 같을 때, 건조 연소가스 중의 CO 농도는 0.10 % 이하로 한다.

최소가스소비량에서	최대가스소비량에서
10 % 이상 30 % 이하	10 % 이상 20 % 이하

OX퀴즈
전기점화장치 시험은 10회 작동하였을 때에 8회 이상 점화되고, 연속하여 **3회** 이상 점화 불량이 없는 것으로 한다. (X)

문제풀이

1 가스냉난방기 제조의 시설·기술·검사기준에 따른 연소설비기준 3가지를 쓰시오.

01
(1) 난방기의 연소설비는 충격·진동·하중 및 열 등으로 인한 응력에 충분히 견디는 구조로 한다.
(2) 냉난방기 본체 및 연소설비의 유지가 쉽고, 연소제어기기의 교환이 쉬운 구조로 한다.
(3) 버너의 연소 상태 확인이 가능한 구조로 한다.

2 가스냉난방기 제조의 시설·기술·검사기준에 따라 냉난방기에 설치하는 안전장치 종류 5가지를 쓰시오.

02
(1) 가스압력스위치
(2) 공기압력스위치
(3) 고온재생기 과열 방지장치
(4) 고온재생기 과압 방지장치
(5) 냉수 흐름(Flow) 스위치 또는 인터로크(Interlock)
(6) 동결 방지장치
(7) 냉각수 흐름(Flow) 스위치 또는 인터로크(Interlock)

03
(2) 1000회

3 가스냉난방기 제조의 시설·기술·검사기준에 따른 성능기준으로 틀린 것을 고르시오.

(1) 내구성능 : 콕과 전기점화장치는 12000회 반복조작 시험 후 가스 누출이 없고 성능에 이상이 없는 것으로 한다.

(2) 내구성능 : 소화안전장치 및 호스 연결구는 2000회 반복조작 시험 후 가스 누출이 없고 성능에 이상이 없는 것으로 한다.

(3) 내진동 성능 : 냉난방기는 포장한 상태에서 1시간 진동시험 후 누출이 없고, 정상적인 연소 상태의 시험에서 합격한 것으로 한다.

(4) 절연저항 성능 : 전기 충전부와 비충전 금속부와의 절연저항은 1 MΩ 이상으로 한다.

판매시설　　　　　　　　　　　　　　　　　　　　　　　　액화석유가스

KGS AB131 강제배기식 및 강제급배기식 가스온수보일러 제조의 시설·기술·검사기준

• 용어 정의

1. "정기품질검사"란 생산단계 검사를 받고자 하는 제품이 설계단계 검사를 받은 제품과 동일하게 제조된 제품인지 확인하기 위하여 양산된 제품에서 시료를 채취하여 성능을 확인하는 것을 말한다.

2. "상시샘플검사"란 제품확인검사를 받고자 하는 제품 중 같은 생산 단위로 제조된 동일 제품을 1조로 하고, 그 조에서 샘플을 채취하여 기본적인 성능을 확인하는 검사를 말한다.

3. "수시품질검사"란 생산공정검사 또는 종합공정검사를 받은 제품이 설계단계 검사를 받은 제품과 동일하게 제조되고 있는지, 양산된 제품에서 예고 없이 시료를 채취하여 확인하는 검사를 말한다.

4. "공정확인심사"란 설계단계 검사를 받은 제품을 제조하기 위하여 필요한 제조 및 자체검사 공정에 대한 품질시스템 운용의 적합성을 확인하는 것을 말한다.

5. "종합품질관리체계심사"란 제품의 설계·제조 및 자체검사 등 보일러 제조 전 공정에 대한 품질시스템 운용의 적합성을 확인하는 것을 말한다.

6. "형식"이란 구조·재료·용량 및 성능 등에서 구별되는 제품의 단위를 말한다.

7. "공정검사"란 생산공정검사와 종합공정검사를 말한다.

8. "비휘발성 로크아웃(Non-volatile Lock-out)"이란 제품의 재가동이 시스템의 수동 리셋에 의해서만 이루어지는 상태를 말한다.

9. "휘발성 로크아웃(Volatile Lock-out)"이란 제품의 재가동이 시스템의 수동 리셋 또는 전원 공급 중단 및 그 후의 복구에 의해 이루어지는 상태를 말한다.

10. "등가길이(Equivalent Length)"란 곡관 배기통의 마찰손실과 동등한 마찰손실을 갖는 직관 배기통의 길이를 말한다.

• **재료**

1. 보일러의 금속 부품은 내식성 재료나 그 표면에 내식처리를 한 것을 사용한다.

2. 보일러에 사용되는 재료의 품질과 두께 및 부품의 조립 방법은 통상적인 조건에서 구조 및 성능의 변경을 수반하지 않도록 한다.

3. 재료는 사용 조건에서 용용되지 않도록 충분한 내열성이 있어야 한다.

4. 열 교환부, 공기조절기, 배기가스가 통하는 부분, 케이스, 배기팬, 난방용 열교환기의 하단 및 온수용 물이 통하는 부분 등은 내식성 재료 또는 표면에 내식처리를 한 재료를 사용한다. 다만 저장식의 경우에는 호칭 두께 2.3 mm 이상의 KS D 3503(일반구조용 압연강재) 또는 두께 2 mm 이상의 SPS-KFCA D4301-5015(회주철품)1)로 할 수 있다.

> **Tip** 실(Seal) : 봉인, 즉 가스가 누설되지 않도록 하는 것

5. 가스가 통하는 부분에 사용되는 실(Seal), 패킹류 및 금속 이외의 기밀유지부 재료는 내가스성이 있어야 한다.

6. 단열재는 불연성 재질로, 120 ℃ 이상에서 변형이 없이 단열 성능이 유지되는 것으로 한다. 다만 물과 접촉하는 부분, 85 ℃ 이하의 표면 또는 불연성 케이스로 보호되는 부분에는 난연성 재료를 사용할 수 있다.

7. 콘덴싱 보일러의 경우 응축수와 접하거나 접할 우려가 있는 부품은 내식성 재료 또는 표면을 적절하게 내식처리한 것으로 한다.

8. 석면을 포함하는 재료는 사용하지 않도록 한다.

9. 오링, 다이아프램, 실(Seal)재 등을 제외한 가스 통로에 사용하는 재료는 금속재료로 한다. 다만 비금속재료가 사용되는 경우에는 파손으로 인한 가스의 누출량이 30 L/h 이하가 되도록 한다.

10. 80 ℃ 이상의 온도에 노출될 우려가 있는 가스 통로에는 아연 합금을 사용할 수 없다.

> **OX퀴즈**
> 50 ℃ 이상의 온도에 노출될 우려가 있는 가스 통로에는 아연 합금을 사용할 수 없다. (×)

• **구조 및 치수**

1. 보일러는 용기와 직결되지 않는 구조로 한다.

2. 가스 또는 물의 회전식 개폐 콕이나 회전식 밸브 핸들의 열림 방향은 시계 반대방향으로 한다. 다만 열림 방향이 양방향으로 되어 있는 다기능의 회전식 개폐 콕의 경우에는 그렇지 않다.

3. 파일럿 버너가 있는 보일러는 파일럿 버너가 점화되지 않으면 메인 버너의 가스 통로가 열리지 않는 구조로 하고, 파일럿 버너가 없는 것은 자동점화장치가 작동된 후 또는 자동점화장치가 작동됨과 동시에 메인 버너

의 가스 통로가 열리는 구조로 한다.

4. 급기 또는 배기 팬을 가진 보일러는 프리퍼지(Pre-purge)를 하고, 팬이 이상 정지되면 자동으로 가스 통로를 차단하는 구조로 한다. 다만 파일럿 버너인 경우 가스소비량이 0.25 kW(15 ℃, 1기압의 진발열량 기준) 이하인 것은 그렇지 않다.

    (1) 프리퍼지용 공기가 연소실 인입구의 전 단면적으로 유입되는 보일러의 경우에는 연소실 부피 이상 또는 표시가스소비량의 연소에 필요한 공기량으로 5초 이상
    (2) (1)의 경우 외에는 연소실 부피의 3배 이상 또는 15초 이상

5. 각부의 작동은 원활하고 확실한 것으로 한다.

6. 보일러는 통상의 사용 조작에 파손이나 사용상 지장이 있는 변형을 일으키지 않는 것으로 한다.

7. 벽·기둥·바닥 등에 설치하여 사용하는 보일러는 떼어낼 수 있고, 통상의 배관 접속 작업에 이상이 생기지 않도록 확실히 설치 가능한 것으로 한다.

8. 점화되는 것이 눈·거울·전압계·확인램프 등으로 확인할 수 있도록 한다.

9. 보일러 온도 조절은 실내 온도, 난방수 온도 또는 열매체 온도에 따라 자동으로 작동되고, 옥외용 보일러는 원격조작이 가능한 구조로 한다.

10. 보일러의 급배기통은 다음 기준에 적합한 것으로 한다.

    (10-1) 보일러의 배기통 접속부 치수는 표에 적합해야 하고, 콘덴싱 보일러 배기통 접속부의 패킹은 O-ring을 사용하지 않으며, 배기통의 접속부는 배기통을 확실하게 접속할 수 있고, 쉽게 이탈되지 않도록 리브타입(전 이중 급배기통 방식은 제외한다)으로 한다. 다만 급배기통이 플랜지 및 나사 이음 등으로 확실하게 접속할 수 있는 것은 그렇지 않다.

⟨보일러의 배기통 접속부 치수⟩

구분	보일러 배기통 접속부의 길이	배기통 접속부 상단에서 패킹 삽입부 중심까지의 길이
콘덴싱	60 mm 이상	20 mm 이상 25 mm 이하
비콘덴싱	40 mm 이상	-

Tip 프리퍼지 : 점화하기 전 연소실내에 차 있는 미연소 가스를 배풍기로 배출시켜 가스 폭발을 미연에 방지하는 것

OX퀴즈
벽·기둥·바닥 등에 설치하여 사용하는 보일러는 떼어낼 수 **없고**, 통상의 배관 접속 작업에 이상이 생기지 않도록 확실히 설치 가능한 것으로 한다. (×)

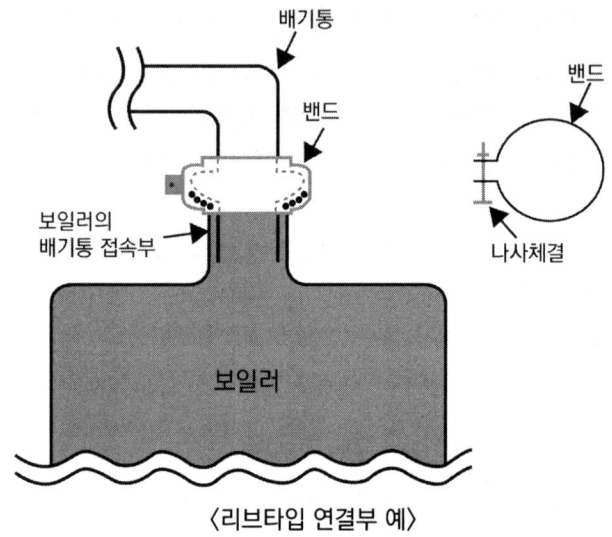

〈리브타입 연결부 예〉

OX퀴즈
급배기통 톱은 그 톱의 외측 표면에 있는 개방구에 직경 16 mm의 볼을 **10 N**의 힘으로 가하였을 때, 볼이 들어가지 않는 것으로 한다.
(×)

(10-2) 전 이중 급배기통 및 분리 급배기통은 플랜지 이음이나 사용설명서 등에 제시된 도구만으로 탈착이 가능한 이음으로 한다.

(10-3) 급배기통 톱은 그 톱의 외측 표면에 있는 개방구에 직경 16 mm의 볼을 5 N의 힘으로 가하였을 때, 볼이 들어가지 않는 것으로 한다.

(10-4) 전 이중 급배기통 및 분리 급배기통의 배기통에는 보일러 본체로부터 150 mm 이내에 기밀이 유지되는 배기가스 측정구가 있는 것으로 한다. 다만 보일러 본체에 배기가스 측정구가 있을 경우에는 그렇지 않다.

(10-5) 급배기통은 설치 시 길이 조절만으로 조립되도록 하고, 보일러의 올바른 작동에 나쁜 영향을 주지 않는 것으로 한다.

11. 옥외용 보일러는 사용상 지장이 있는 빗물 및 이물질이 들어가지 않는 구조로 한다.

12. 보일러 각 부분은 안전성, 내구성 및 편리성을 고려하여 제작하고, 표면은 모양이 균일하고 흠이나 갈라짐 등이 없는 것으로 하며, 사용 중에나 청소할 때 손이 닿는 부분은 매끄러운 것으로 한다.

13. 보일러 배선에 사용하는 도선은 가능한 한 짧게 하고, 필요한 곳에는 절연, 방열보호 및 고정 등의 조치를 한다.

14. 가스 및 물 배관의 접속은 다음 기준에 적합한 것으로 한다.

(14-1) 난방, 온수등 물 배관의 접속구는 KS B 0221 또는 KS B 0222에서 규정하는 수나사로 하고, 통상의 공구로 접속이 가능하여야 한다.

(14-2) 가스배관 접속구는 KS B 0222에서 규정하는 15 A(½인치) 또는 20 A(¾인치) 관용테이퍼 암나사이어야 한다.

(14-3) 관용테이퍼암나사의 유효나사부(완전나사부) 길이는 15A(½인치)는 15 mm 이상, 20 A(¾인치)는 16.5 mm 이상이어야 한다.

(14-4) 관용테이퍼 암나사의 재질은 KSD 5101 C3771BD(황동 단조용), KSD 2331 ALDC12.1(AL다이캐스팅) 및 동등 이상의 재질이어야 한다.

(14-5) 체결토크는 88.3 N·m(900 kg·cm)에서 균열 등 터짐이 없어야 하고, 통상의 공구로 접속이 가능하여야 한다.

15. 보일러의 내부 또는 외부에 일산화탄소(CO)검지경보장치를 부착할 수 있는 구조의 가스보일러는 일산화탄소(CO)검지경보장치가 작동하였을 경우 가스 통로를 자동으로 차단할 수 있는 것으로 한다.

16. 보일러는 한국가스안전공사 또는 공인시험기관의 성능 인증을 받은 급배기통과 결합된 상태에서 연소 상태 및 기밀 등에 이상이 없는 것으로 한다.

17. 보일러는 물 통로에서 공기를 자동으로 배출할 수 있는 것으로 한다. 다만 자동으로 배출할 수 없는 경우에는 수동으로 배출할 수 있다.

18. 버너, 연소실 및 배기가스와 접촉하는 부분은 사용설명서 등에 따라 쉽게 청소할 수 있는 것으로 하고, 점검 시 공구로 분리할 수 있는 것으로 한다.

19. 버너, 노즐, 그 밖의 주요 부품은 조정 및 교환이 가능한 것으로 한다.

20. 조절서모스탯, 제한서모스탯, 과열차단장치, 과열방지안전장치에는 별도의 독립된 센서를 부착한다. 다만 센서의 고장이 사용자에게 위험한 상황 또는 보일러의 손상을 초래하지 않는 경우에는 조절서모스탯과 제한서모스탯은 하나의 전자시스템에서 동일한 센서를 사용할 수 있다.

21. 가스 통로의 필터는 가스 인입구 근처 또는 자동 차단밸브 전단에 설치하고, 여과재의 최대직경은 1.5 mm 이하이고 1 mm의 핀게이지를 통과시킬 수 없는 것으로 한다.

22. 다이어프램이 손상을 입었을 경우 거버너 통기구를 통한 가스의 누출량은 최대**입**구압력에서 **70** L/h를 초과하지 않도록 한다. 다만 최대가스**공**급압력이 **3.0** kPa 이하이고 통기구의 **직**경이 **0.7** mm를 초과하지 않는 경우에는 **누**출량이 70 L/h를 초과하지 않는 것으로 한다.

23. 입구 압력 및 버너 압력을 측정하기 위하여 외부 직경 9 mm, 관의 결합부 길이 10 mm 이상, 구멍 지름 1 mm 이하인 압력 측정점이 최소한 두 개 있는 것으로 한다.

OX퀴즈
보일러는 물 통로에서 공기를 **수동**으로 배출할 수 있는 것으로 한다. (×)

암기법
입직누칠 공삼
(입학 직전 누가 칠칠맞게 공을 삼?)

24. 원격조절은 다음 기준에 적합한 것으로 한다.

     (24-1) 제조자가 권고한 원격조절의 연결은 보일러 내부의 전기적 연결에 지장을 초래하지 않도록 한다.

     (24-2) 원격조절장치는 그 장치의 고장으로 안전하지 않은 상황이 발생되지 않도록 하고, 우연한 작동이나 조작을 방지하도록 설계한 것으로 하며, 원격조절장치에 허용되지 않는 조절 범위를 벗어나 보일러가 작동하지 않도록 적절한 조치를 취한다.

     (24-3) 보일러에서 컨트롤의 작동은 원격조절보다 우선되는 것으로 한다.

25. 온수 통로와 난방 통로는 분리하고, 발동자(Actuator) 또는 컨트롤이 온수 통로와 난방 통로 등을 분리하는 이동샤프트나 다이어프램의 연결부를 가질 경우에는 이 통로 사이에 면적 19 mm² 이상이고 내경 3.5 mm 이상의 구멍을 가진 공기밴트가 있는 것으로 한다.

26. 콘덴싱보일러는 다음 기준에 적합한 것으로 한다.

     (26-1) 보일러 작동 중에 발생하는 응축수와 연도 및 연도의 연결파이프 등에서 생성된 응축수는 배출관으로 배출한다.

     (26-2) 응축수 배출관의 외부 연결부의 내경은 13 mm 이상으로 한다.

     (26-3) 응축수 처리시스템은 쉽게 점검 및 청소를 할 수 있고, 배기가스가 실내로 유입될 수 없도록 한다. 다만 최대 연도 길이의 연소실 최대 압력에서 물 트랩 등에 25 mm 이상의 물이 채워져 있을 경우에는 배기가스가 실내로 유입될 수 없는 것으로 본다.

     (26-4) 드레인, 물 트랩 및 사이펀을 제외하고 응축수와 접촉하는 부분에는 응축수가 고이지 않도록 한다.

     (26-5) 배기가스 통로의 재료는 배기가스의 열에 영향을 받거나 받을 수 있을 경우에는 제조자가 지정한 최대사용온도를 초과하지 않도록 하는 장치를 보일러에 부착하고, 이 장치의 온도 등이 조절되지 않는 것으로 한다.

     (26-6) 제조자는 예상되는 응축수의 수소이온농도지수(pH)를 사용설명서 등에 표기한다.

27. 제조자는 가스의 연소 및 물의 가열과 관련하여 보일러에 내재된 위험을 평가하도록 한다.

28. 캐스케이드용 보일러는 부록 G에 따른 구조 및 성능을 추가로 만족하는 것으로 한다.

29. 배기통 이탈 안전장치가 부착된 보일러는 배기통이 보일러의 배기통 접속부에서 이탈할 경우 가스통로를 자동으로 차단하고 비휘발성 로크아웃 되는 구조로 한다.

OX퀴즈
응축수 배출관의 외부 연결부의 내경은 **33 mm 이상**으로 한다.　　　(×)

장치

- **정전안전장치**

교류전원으로 가스 통로를 개폐하는 보일러에는 정전이 되었을 때에 가스 통로를 차단하고, 다시 통전이 되었을 때에 자동으로 가스 통로가 열리지 않거나 재점화 되는 안전장치를 갖춘다. 다만 정전 시에 파일럿 버너 불꽃이 꺼지지 않는 보일러는 그렇지 않다.

- **역풍방지장치**

배기통 연결부가 있는 보일러는 역풍이 버너에 영향을 미치지 않는 장치를 갖춘다.

- **소화안전장치**

보일러에는 소화안전장치를 갖춘다.

- **공기조절장치**

공기조절장치가 있는 경우에는 통상의 사용 상태에서 공기조절장치의 설정 위치가 변하지 않도록 한다.

- **공기감시장치**

1. 팬이 가동되기 전, 공기가 흐르지 않는 것을 확인할 수 있도록 한다. 다만 가스·공기비 제어장치가 있는 보일러는 그렇지 않다.

2. 연소용 공기의 공급 여부를 연소용 공기나 배기가스의 압력 또는 양이나 가스·공기비 제어장치로 확인할 수 있는 것으로 한다. 다만 다음 모두에 해당하는 경우에는 연소용 공기 또는 배기가스의 압력으로 확인하는 방식을 적용할 수 있다.

    (1) 일정한 속도로 작동하는 팬이 부착되어 있는 경우
    (2) 열교환기에서의 압력손실이 5 Pa를 초과하지 않는 경우
    (3) 배기통 최대 길이가 3 m를 초과하지 않는 경우
    (4) 전 이중 급배기 방식의 경우

3. 전 이중 급배기통 또는 누출량이 $0.006\ L/s \cdot m^2$인 분리형 및 부분 이중 급배기통으로 된 보일러가 시동 시마다 1회 이상 연소공기의 공급을 확인하는 공기감시장치를 갖추었다면 팬 속도 감시 등의 간접적인 감시 방법으로 연소용 공기의 공급을 확인할 수 있다.

4. 반밀폐형 강제배기식 보일러가 24시간마다 1회 이상 가스를 차단하고, 시동 시마다 1회 이상 연소 공기의 공급을 확인할 수 있는 공기감시장치

> **OX퀴즈**
> 열교환기에서의 압력손실이 5 Pa를 초과하지 않는 경우 연소용 공기 또는 배기가스의 압력으로 확인하는 방식을 적용할 수 있다. (O)

를 갖추었다면, 팬 속도 감시 등의 간접적인 감시 방법이 사용될 수 있다.

- **가스·공기비 제어장치**

가스·공기비 제어장치는 다음 기준에 적합해야 한다.

1. 비금속제인 가스·공기비 제어장치관이 탈착, 파괴 또는 누출될 경우, 보일러는 안전차단 등의 안전한 상황이 되도록 한다. 다만 금속제인 가스·공기비 제어장치관은 안전한 것으로 본다.

2. 가스·공기비 제어장치관은 내부 직경 1 mm 이상, 최소단면적 12 mm^2 이상으로 한다. 다만 가스·공기비 제어장치관에 응축이 생기지 않도록 하는 주의 내용이 표시되어 있을 경우에는 공기조절관의 최소단면적을 5 mm^2 이상으로 할 수 있다.

3. 소프트웨어를 사용하는 가스공기비제어장치는 소프트웨어가 일정 조건의 전자적인 컨트롤을 손상하지 않도록 구성하고, 안전과 관련된 기능을 가진 컨트롤은 소프트웨어의 안전 관련 데이터 및 프로그램에서 소프트웨어 관련 결함 및 에러를 회피하고 조절하는 방법을 사용하며, 그 밖의 사항은 EN 12067-1 또는 EN 12067-2에 따른다.

OX퀴즈
가스·공기비 제어장치관은 내부 직경 **5 mm** 이상, 최소단면적 **22 mm^2** 이상으로 한다. (×)

문제풀이

1 강제배기식 및 강제급배기식 가스온수보일러 제조의 시설·기술·검사 기준에 따른 용어를 쓰시오.

(1) 제품의 재가동이 시스템의 수동 리셋에 의해서만 이루어지는 상태

(2) 제품의 재가동이 시스템의 수동 리셋 또는 전원 공급 중단 및 그 후의 복구에 의해 이루어지는 상태

(3) 곡관 배기통의 마찰손실과 동등한 마찰손실을 갖는 직관 배기통의 길이

01
(1) 비휘발성 로크아웃
(2) 휘발성 로크아웃
(3) 등가길이

2 강제배기식 및 강제급배기식 가스온수보일러 제조의 시설·기술·검사 기준에 따라 설치해야 하는 장치가 아닌 것을 고르시오.

(1) 정전안전장치
(2) 역풍방지장치
(3) 공기조절장치
(4) 일산화탄소감시장치

02
(4) 공기감시장치

3 강제배기식 및 강제급배기식 가스온수보일러 제조의 시설·기술·검사 기준에 따른 구조 및 치수 기준으로 틀린 것을 고르시오.

(1) 보일러는 용기와 직결되는 구조로 한다.
(2) 가스 또는 물의 회전식 개폐 콕이나 회전식 밸브 핸들의 열림 방향은 시계 반대방향으로 한다.
(3) 파일럿 버너가 있는 보일러는 파일럿 버너가 점화되지 않으면 메인 버너의 가스 통로가 열리지 않는 구조로 한다.
(4) 급기 또는 배기 팬을 가진 보일러는 프리퍼지(Pre-purge)를 하고, 팬이 이상 정지되면 자동으로 가스 통로를 차단하는 구조로 한다.

03
(1) 직결되지 않는 구조로 한다.

판매시설 · 액화석유가스

KGS AA434 일반용 액화석유가스 압력조정기 제조의 시설·기술·검사기준

- 압력조정기의 종류에 따른 입구 압력 및 조정압력

종류	입구압력(MPa)	조정압력(kPa)
1단감압식 저압조정기	0.07 ~ 1.56	2.30 ~ 3.30
1단감압식 준저압조정기	0.1 ~ 1.56	5.0 ~ 30.0 이내에서 제조자가 설정한 기준압력의 ± 20 %
2단감압식 일체형 저압조정기	0.07 ~ 1.56	2.30 ~ 3.30
2단감압식 일체형 준저압조정기	0.1 ~ 1.56	5.0 ~ 30.0 이내에서 제조자가 설정한 기준압력의 ±20 %
2단감압식 1차용 조정기 (용량 100 kg/h 이하)	0.1 ~ 1.56	57.0 ~ 83.0
2단감압식 1차용 조정기 (용량 100 kg/h 초과)	0.3 ~ 1.56	57.0 ~ 83.0
2단감압식 2차용 저압조정기	0.01 ~ 0.1 또는 0.025 ~ 0.1	2.30 ~ 3.30
2단감압식 2차용 준저압조정기	조정압력 이상 ~ 0.1	5.0 ~ 30.0 내에서 제조자가 설정한 기준압력의 ± 20 %
자동절체식 일체형 저압조정기	0.1 ~ 1.56	2.55 ~ 3.30
자동절체식 일체형 준저압조정기	0.1 ~ 1.56	5.0 ~ 30.0 내에서 제조자가 설정한 기준압력의 ± 20 %

종류	입구압력(MPa)	조정압력(kPa)
그 밖의 압력조정기	조정압력 이상 ~ 1.56	5 kPa를 초과하는 압력 범위에서 상기 압력조정기의 종류에 따른 조정압력에 해당하지 않는 것에 한정하며, 제조자가 설정한 기준압력의 ± 20 %일 것

성능

• 내압 성능

1. 입구 쪽 내압시험은 3 MPa 이상으로 1분간 실시한다. 다만 2단감압식 2차용 조정기의 경우에는 0.8 MPa 이상으로 한다.
2. 출구 쪽 내압시험은 0.3 MPa 이상으로 1분간 실시한다. 다만 2단감압식 1차용 조정기의 경우에는 0.8 MPa 이상 또는 조정압력의 1.5배 이상 중 압력이 높은 것으로 한다.

• 기밀 성능

기밀시험은 표의 압력으로 1분간 실시한다.

종류 \ 구분	입구쪽	출구쪽
1단감압식 저압조정기 · 2단감압식 일체형 저압조정기	1.56 MPa 이상	5.5 kPa 이상
1단감압식 준저압조정기 · 2단감압식 일체형 준저압조정기	1.56 MPa 이상	조정압력의 2배 이상
2단감압식 1차용조정기	1.8 MPa 이상	150 kPa 이상
2단감압식 2차용 저압조정기	0.5 MPa 이상	5.5 kPa 이상
2단감압식 2차용 준저압조정기	0.5 MPa 이상	조정압력의 2배 이상
자동절체식 저압조정기	1.8 MPa 이상	5.5 kPa 이상

OX퀴즈
출구 쪽 내압시험은 0.3 MPa 이상으로 **10분간** 실시한다. 다만 2단감압식 1차용 조정기의 경우에는 0.8 MPa 이상 또는 조정압력의 1.5배 이상 중 압력이 높은 것으로 한다. (×)

종류 \ 구분	입구쪽	출구쪽
자동절체식 준저압조정기	1.8 MPa 이상	조정압력의 2배 이상
그 밖의 압력조정기	최대입구압력의 1.1배 이상	조정압력의 1.5배 이상

• **내구 성능**

1. 용량 10 kg/h 미만의 1단감압식 저압조정기는 입구 압력을 0.1 MPa로 유지한 상태에서 표시용량의 30 % 이상의 가스나 공기를 사용하여 통과·차단하는 조작을 100,000회 반복 실시하며, 반복시험의 1회 시간은 6초 이상, 통과·차단시간은 각 3초 이상이어야 한다.

2. 용량 10 kg/h 미만의 자동절체식 일체형 저압조정기는 입구 압력을 0.1 MPa로 유지한 상태에서 표시용량의 30 % 이상의 가스나 공기를 사용하여 통과·차단하는 조작을 좌우 각 50,000회 반복 실시하며, 반복시험의 1회 시간은 6초 이상, 통과·차단시간은 각 3초 이상이어야 한다.

3. 1과 2에 따른 반복시험 실시한 후 2에 적합하고, 1에 따른 최대 폐쇄압력이 반복시험 실시 전 최대 폐쇄압력의 110 % 이내인 것으로 한다.

• **내한 성능**

용량 10 kg/h미만의 1단감압식 저압조정기는 –25 ℃ 이하의 공기 중에서 1시간 방치한 후 맞는 것으로 한다.

• **다이어프램 성능**

압력조정기의 다이어프램에 사용하는 고무(이하 "다이어프램"이라 한다)는 다음 기준에 적합한 것으로 한다.

1. 다이어프램의 재료는 전체 배합 성분 중 NBR의 성분 함유량이 50 % 이상이고, 가소제 성분은 18 % 이하인 것으로 한다.

2. 다이어프램의 외관은 다음과 같이 한다.
   (1) 각 부분은 표면이 매끈하고 흠·균열·기포·터짐 등이 없는 것으로 한다.
   (2) 보강층을 사용한 다이아프램의 경우에는 신장을 가하지 않은 상태에서, 그 외의 다이어프램은 최초 길이의 2배만큼 신장했을 때 0.5 mm 이상의 결함이 3개 이하인 것으로 한다.
   (3) 보강층이 있는 다이어프램은 액화석유가스와 접촉하는 면에서 천의 직조 무늬가 식별되지 않는 것으로 한다.

OX퀴즈
용량 10 kg/h미만의 1단감압식 저압조정기는 **–50 ℃** 이하의 공기 중에서 1시간 방치한 후 맞는 것으로 한다. (×)

3. 다이어프램 치수 및 두께는 제조자가 제시한 도면 치수에 따른다. 다만 두께는 0.785 N(0.08 kgf)의 하중을 가한 상태에서 측정한다.

4. 다이어프램의 내압시험은 다음과 같이 한다.
   (1) 최고사용압력이 3.5 kPa 이하의 압력조정기에 사용되는 다이어프램은 0.3 MPa의 수압을 30분간 가하였을 때 파열 등 이상이 없는 것으로 한다.
   (2) 최고사용압력이 3.5 kPa 초과 0.1 MPa 미만에 사용되는 것은 0.8 MPa의 수압을 각각 30분간 가하였을 때 파열 등 이상이 없는 것으로 한다.

5. 다이어프램의 물성시험은 다음과 같이 한다.
   (1) 인장강도는 12 MPa 이상이고, 신장률은 300 % 이상인 것으로 한다.
   (2) 인장응력은 2.0 MPa 이상이고, 경도는 쇼어 경도(A형) 기준으로 50 이상 90 이하인 것으로 한다.
   (3) 신장영구늘음율은 20 % 이하인 것으로 한다.
   (4) 압축영구줄음율은 30 % 이하인 것으로 한다.
   (5) -25 ℃의 공기 중에서 24시간 방치한 후 인장강도 및 신장률을 측정하였을 때 인장강도 변화율은 ±15 % 이내, 신장 변화율은 ±30 % 이내, 경도 변화는 +15° 이하인 것으로 한다.

6. 다이어프램의 내가스시험은 다음과 같이 한다.
   (1) -20 ℃의 액화석유가스액에 24시간, 20 ℃의 액화석유가스액에 48시간 각각 침적 후 질량변화율(흡수율 및 추출율)은 (+20 ~ -10) % 이내, 인장강도 변화율은 ±20 % 이내, 신장 변화율은 ±30 % 이내, 경도 변화는 쇼어 경도(A형) 기준으로 ±15 이내인 것으로 한다. 또한 겉모양은 취화·연화·팽윤 등 이상이 없는 것으로 한다.
   (2) 40 ℃의 이소옥탄에 72시간 침적 후 질량변화율(흡수율 및 추출율)은 (+5 ~ -8) % 이내, 인장강도 변화율은 ±20 % 이내, 신장 변화율은 ±30 % 이내, 경도 변화는 쇼어 경도(A형) 기준 ±15 이내로 한다. 또한 겉모양은 취화·연화·팽윤 등 이상이 없는 것으로 한다.
   (3) (5 ~ 25) ℃의 n-펜탄에 72시간 침적 후 질량 변화율(흡수율 및 추출율)은 (+10 ~ -15) % 이내, 인장강도 변화율은 ±20 % 이내, 신장 변화율은 ±30 % 이내, 경도 변화는 쇼어 경도(A형) 기준 ±15 이내인 것으로 한다. 또한 겉모양은 취화·연화·팽윤 등 이상이 없는 것으로 한다.
   (4) 상온의 물속에 168시간 침적 후 질량 변화율(흡수율 및 추출율)은 ±12 % 이내인 것으로 한다.

OX퀴즈
최고사용압력이 3.5 kPa 이하의 압력조정기에 사용되는 다이어프램은 0.3 MPa의 수압을 **10분**간 가하였을 때 파열 등 이상이 없는 것으로 한다. (×)

Tip 내가스시험 : 다이어프램이 가스를 차단하거나 조절하는 기능에 이상이 없는지 확인하는 시험

(5) 80 ℃의 윤활유(SAE 20, 30)속에 72시간 침적 후 부피 변화율은 (-10 ~ +20) % 이내, 인장강도 변화율은 ±20 % 이내, 신장 변화율은 ±30 % 이내, 경도 변화는 쇼어 경도(A형) 기준 ±15 이내인 것으로 한다. 또한 겉모양은 취화·연화·팽윤 등 이상이 없는 것으로 한다.

7. 다이어프램의 노화시험은 다음과 같이 한다.

   (1) 공기가열노화시험은 70 ℃의 공기 중에서 96시간 노화한 후, 실온에서 48시간 방치한 다음, 인장강도 및 신장률을 측정하였을 때 인장강도 변화율은 ±15 % 이내, 신장 변화율은 ±25 % 이내, 경도 변화는 쇼어 경도(A형) 기준 ±10 이내인 것으로 한다.

   (2) 오존노화시험은 KS M 6518(가황고무물리시험 방법)의 오존균열시험에 따라 온도 40 ℃, 오존 농도 25 pphm에서 시험편에 20 %의 신장을 가한 상태로 72시간 유지한 다음 신장력을 제거하였을 때 길이 변화가 없는 것으로 하고, 10배의 확대경으로 확인하였을 때 A2급 이상인 것으로 한다.

8. 다이어프램의 가스투과시험은 성형된 다이어프램에 액화석유가스로 최고사용압력을 가하여 24시간 방치한 후, 다이어프램을 투과하는 가스량을 6시간 동안 포집하였을 때 5 mL 이하인 것으로 한다.

문제풀이

1 다음은 일반용 액화석유가스 압력조정기 제조의 시설·기술·검사기준에 따른 압력조정기의 입구 압력과 조정 압력 표이다. 빈칸을 채우시오.

종류	입구압력(MPa)	조정압력(kPa)
1단감압식 저압조정기	0.07 ~ 1.56	2.30 ~ 3.30
1단감압식 준저압조정기	(①)	5.0 ~ 30.0 이내에서 제조자가 설정한 기준압력의 ± 20 %
2단감압식 일체형 저압조정기	0.07 ~ 1.56	(②)
2단감압식 일체형 준저압조정기	0.1 ~ 1.56	5.0 ~ 30.0 이내에서 제조자가 설정한 기준압력의 ±20 %
2단감압식 1차용 조정기 (용량 100 kg/h 이하)	0.1 ~ 1.56	57.0 ~ 83.0
2단감압식 1차용 조정기 (용량 100 kg/h 초과)	0.3 ~ 1.56	(③)
2단감압식 2차용 저압조정기	0.01 ~ 0.1 또는 0.025 ~ 0.1	(④)
2단감압식 2차용 준저압조정기	조정압력 이상 ~ 0.1	5.0 ~ 30.0 내에서 제조자가 설정한 기준압력의 ± 20 %
자동절체식 일체형 저압조정기	0.1 ~ 1.56	(⑤)
자동절체식 일체형 준저압조정기	(⑥)	5.0 ~ 30.0 내에서 제조자가 설정한 기준압력의 ± 20 %
그 밖의 압력조정기	조정압력 이상 ~ 1.56	5 kPa를 초과하는 압력 범위에서 상기 압력조정기의 종류에 따른 조정압력에 해당하지 않는 것에 한정하며, 제조자가 설정한 기준압력의 ± 20 %일 것

01
① 0.1 ~ 1.56
② 2.30 ~ 3.30
③ 57.0 ~ 83.0
④ 2.30 ~ 3.30
⑤ 2.55 ~ 3.30
⑥ 0.1 ~ 1.56

02
① 1.56 MPa
② 1.8 MPa
③ 조정압력의 2배

2 다음은 일반용 액화석유가스 압력조정기 제조의 시설·기술·검사기준에 따른 기밀시험표이다. 빈칸을 채우시오.

종류 \ 구분	입구쪽	출구쪽
1단감압식 저압조정기·2단감압식 일체형 저압조정기	(①) 이상	5.5 kPa 이상
1단감압식 준저압조정기·2단감압식 일체형 준저압조정기	1.56 MPa 이상	조정압력의 2배 이상
2단감압식 1차용조정기	(②) 이상	150 kPa 이상
2단감압식 2차용 저압조정기	0.5 MPa 이상	5.5 kPa 이상
2단감압식 2차용 준저압조정기	0.5 MPa 이상	(③) 이상
자동절체식 저압조정기	1.8 MPa 이상	5.5 kPa 이상
자동절체식 준저압조정기	1.8 MPa 이상	조정압력의 2배 이상
그 밖의 압력조정기	최대입구압력의 1.1배 이상	조정압력의 1.5배 이상

3 다음은 일반용 액화석유가스 압력조정기 제조의 시설·기술·검사기준에 따른 성능기준이다. 틀린 설명을 고르시오.

(1) 내한 성능 : 용량 10 kg/h 미만의 1단감압식 저압조정기는 -25 ℃ 이하의 공기 중에서 1시간 방치한 후 맞는 것으로 한다.

(2) 다이어프램의 물성시험 : 인장강도는 12 MPa 이상이고, 신장률은 300 % 이상인 것으로 한다.

(3) 다이어프램의 노화시험 : 공기가열노화시험은 70 ℃의 공기 중에서 96시간 노화한 후, 실온에서 48시간 방치한 다음, 인장강도 및 신장률을 측정하였을 때 인장강도 변화율은 ±15 % 이내, 신장 변화율은 ±25 % 이내, 경도 변화는 쇼어 경도(A형) 기준 ±10 이내인 것으로 한다.

(4) 내구 성능 : 용량 10 kg/h 미만의 1단감압식 저압조정기는 입구 압력을 0.1 MPa로 유지한 상태에서 표시용량의 30 % 이상의 가스나 공기를 사용하여 통과·차단하는 조작을 1000회 반복 실시하며, 반복시험의 1회 시간은 6초 이상, 통과·차단시간은 각 3초 이상이어야 한다.

03
(4) 100,000회 반복 실시

판매시설

KGS AA334 가스용 콕 제조의 시설·기술·검사기준

액화석유가스

• **용어 정의**

1. "정기품질검사"란 생산단계검사를 받고자 하는 제품이 설계단계검사를 받은 제품과 동일하게 제조된 제품인지 확인하기 위하여 양산된 제품에서 시료를 채취하여 성능을 확인하는 것을 말한다.

2. "상시샘플검사"란 제품확인검사를 받고자 하는 제품에 대하여 같은 생산 단위로 제조된 동일 제품을 1조로 하고, 그 조에서 샘플을 채취하여 기본적인 성능을 확인하는 검사를 말한다.

3. "수시품질검사"란 생산공정검사 또는 종합공정검사를 받은 제품이 설계단계검사를 받은 제품과 동일하게 제조되고 있는지 양산된 제품에서 예고 없이 시료를 채취하여 확인하는 검사를 말한다.

4. "공정확인심사"란 설계단계검사를 받은 제품을 제조하기 위하여 필요한 제조 및 자체 검사 공정에 대한 품질시스템 운용의 적합성을 확인하는 것을 말한다.

5. "종합품질관리체계심사"란 제품의 설계·제조 및 자체 검사 등 콕 제조 전 공정에 대한 품질시스템 운용의 적합성을 확인하는 것을 말한다.

6. "형식"이란 구조·재료·용량 및 성능 등에서 구별되는 제품의 단위를 말한다.

7. "공정검사"란 생산공정검사와 종합공정검사를 말한다.

8. "업무용 대형 연소기용 노즐콕"이란 업무용 대형 연소기 부품으로 사용하는 것으로서 가스 흐름을 볼로 개폐하는 구조를 말한다.

9. "핸들"이란 가스 유로를 수동으로 개폐하기 위해 콕의 몸통에 장착한 것을 말한다.

10. "과류차단안전기구"란 표시 유량 이상의 가스량이 통과되었을 경우 가스 유로를 차단하는 장치를 말한다.

11. "상자콕"이란 상자에 넣어 바닥, 벽 등에 설치하는 것으로서, 3.3 kPa 이하의 압력과 1.2 m^3/h 이하의 표시 유량에 사용하는 콕을 말한다.

12. "신속 이음쇠"란 상자콕의 출구 측에 접속되는 것으로, 신속하게 탈착할 수 있고, 접속부에서 가스 누출이 없는 이음구조를 말한다.

13. "온-오프(On-Off)장치"란 과류차단안전기구를 가지며, 핸들 등이 반개방 상태에서도 가스 유로가 열리지 않는 것을 말한다.

[Tip] 온-오프장치는 단속적인 장치이다.

• 구조 및 치수

콕은 그 콕의 안전성·편리성 및 호환성을 확보하기 위하여 다음 기준에 따른 구조 및 치수를 가지는 것으로 한다.

1. 콕의 표면은 매끈하고, 사용에 지장을 주는 부식·균열·주름 등이 없는 것으로 한다.

2. 퓨즈콕은 가스 유로를 볼로 개폐하고, 과류차단안전기구가 부착된 것으로서, 배관과 호스, 호스와 호스, 배관과 배관 또는 배관과 커플러를 연결하는 구조로 한다.

3. 상자콕은 가스 유로를 핸들, 누름, 당김 등의 조작으로 개폐하고, 과류차단안전기구가 부착된 것으로서, 배관과 카플러를 연결하는 구조로 한다.

OX퀴즈
"온-오프((○)n-(○)ff)장치"란 과류차단안전기구를 가지며, 핸들 등이 **반개방 상태에서 가스 유로가 열리는 것으로 한다**. (×)

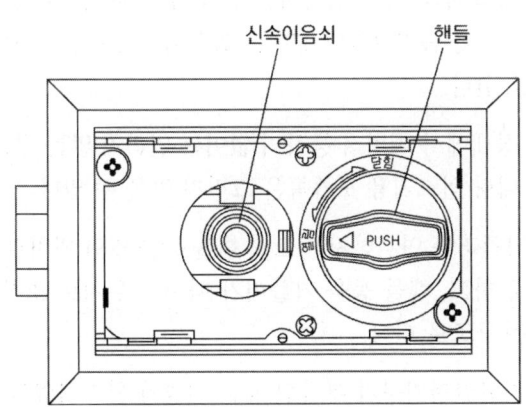

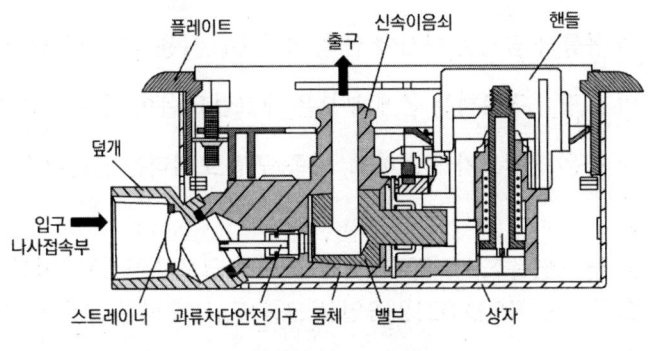

〈상자콕 구조 예시〉

OX퀴즈
"콕은 1개의 핸들 등으로 **2개**의 유로를 개폐하는 구조로 한다. (×)

OX퀴즈
완전히 열었을 때의 핸들의 방향은 유로의 방향과 **직각**인 것으로 하고, 볼 또는 플러그의 구멍과 유로와는 어긋나지 않는 것으로 한다. (×)

4. 주물 연소기용 노즐콕은 주물 연소기 부품으로 사용하는 것으로서, 볼로 개폐하는 구조로 한다.

5. 콕의 각 부분은 기계적·화학적 및 열적인 부하에 견디고, 사용에 지장을 주는 변형·파손 및 누출 등이 없으며 원활하게 작동하는 것으로 한다.

6. 콕은 1개의 핸들 등으로 1개의 유로를 개폐하는 구조로 한다.

7. 콕의 핸들 등을 회전하여 조작하는 것은 핸들의 회전 각도를 90°나 180°로 규제하는 스토퍼를 갖추어야 하며, 또한 핸들 등을 누름, 당김, 이동 등 조작을 하는 것은 조작 범위를 규제하는 스토퍼를 갖추어야 한다.

8. 콕의 핸들 등은 개폐 상태를 눈으로 확인할 수 있는 구조로 하고, 핸들 등이 회전하는 구조의 것은 회전 각도가 90°의 것을 원칙으로 열림 방향은 시계 반대 방향인 구조로 한다. 다만 주물 연소기용 노즐콕 및 업무용 대형 연소기용 노즐콕의 핸들 열림 방향은 그러하지 않을 수 있다.

9. 완전히 열었을 때의 핸들의 방향은 유로의 방향과 평행인 것으로 하고, 볼 또는 플러그의 구멍과 유로와는 어긋나지 않는 것으로 한다.

10. 콕의 플러그 및 플러그와 접촉하는 몸통 부분 테이퍼는 1/5부터 1/15까지이고, 몸통과 플러그와의 표면은 밀착되도록 다듬질하며, 회전이 원활한 것으로 한다.

11. 콕은 닫힌 상태에서 예비적 동작이 없이는 열리지 않는 구조로 한다. 다만 업무용 대형 연소기용 노즐콕은 그러하지 않을 수 있다.

12. 상자콕은 카플러를 연결하지 않으면 핸들 등을 열림 위치로 조작하지 못하는 구조로 하고, 핸들 등을 카플러가 빠지는 위치로 조작해야만 카플러가 빠지는 구조로 한다.

13. 콕에 과류차단안전기구가 부착된 것은 과류가 차단되었을 때 간단하게 복원되도록 하는 기구를 부착한다.

14. 콕의 몸통과 덮개는 나사에 금속 접착제를 사용하여 조립한다.

15. 콕의 오링이 접촉하는 몸체 부분은 매끄럽고 윤이 나는 것으로 한다.

16. 콕의 볼은 진원도가 양호하고, 양쪽 구멍 모서리는 모나지 않는 구조로 한다.

17. 콕의 볼 표면은 KS D 8302(니켈 및 니켈 크로뮴 도금)에 따른 니켈크로뮴 도금 또는 KS D 0212(공업용 크롬 도금)에 따른 크롬 도금을 한다.

18. 콕의 관 이음부가 나사일 경우 KS B 0222(관용 테이퍼나사)에 따른다. 다만 상자콕의 관 이음부에는 KS B 1531(가단주철제관 이음쇠)을 사용할 수 있다.

19. 볼 또는 플러그의 구멍 지름은 6.0 mm 이상이고, 유로의 크기는 볼 또는 플러그의 구멍 지름 이상으로 한다. 다만 과류차단안전기구가 부착된 것과 주물 연소기용 노즐콕 및 업무용 대형 연소기용 노즐콕은 그러지 않을 수 있다.

20. 상자콕의 상자의 재료는 통상 사용 상태에서 강도 및 내구성이 있어야 한다.

21. 상자콕의 몸체는 상자를 벗기지 않고 교체할 수 있는 것이어야 한다.

22. 상자콕은 상자 내 조립 시 출구쪽의 가스 접속부가 상자 끝으로부터 돌출되지 않아야 한다.

OX퀴즈
볼 또는 플러그의 구멍 지름은 6.0 mm 이상이고, 유로의 크기는 볼 또는 플러그의 구멍 지름 이상으로 한다.
(O)

문 제 풀 이

01
(1) 핸들
(2) 과류차단안전기구
(3) 상자콕

1 가스용 콕 제조의 시설·기술·검사기준에 따른 용어를 쓰시오.
(1) 유로를 수동으로 개폐하기 위해 콕의 몸통에 장착한 것
(2) 표시 유량 이상의 가스량이 통과되었을 경우 가스 유로를 차단하는 장치
(3) 상자에 넣어 바닥, 벽 등에 설치하는 것으로서, 3.3 kPa 이하의 압력과 1.2 m³/h 이하의 표시 유량에 사용하는 콕

01
(1) 볼, 과류차단안전기구
(2) 핸들
(3) 90°, 시계 반대 방향

2 다음은 가스용 콕 제조의 시설·기술·검사기준에 따른 구조 및 치수 기준이다. 괄호 안에 들어갈 알맞은 말을 쓰시오.
(1) 퓨즈콕은 가스 유로를 (   )로 개폐하고, (   )가 부착된 것으로서, 배관과 호스, 호스와 호스, 배관과 배관 또는 배관과 커플러를 연결하는 구조로 한다.
(2) 콕은 1개의 (   ) 등으로 1개의 유로를 개폐하는 구조로 한다.
(3) 콕의 핸들 등은 개폐 상태를 눈으로 확인할 수 있는 구조로 하고, 핸들 등이 회전하는 구조의 것은 회전 각도가 (   )의 것을 원칙으로 열림 방향은 (   )인 구조로 한다. 다만 주물 연소기용 노즐콕 및 업무용 대형 연소기용 노즐콕의 핸들 열림 방향은 그러지 않을 수 있다.

01
(3) 간단하게 복원되도록

3 다음은 가스용 콕 제조의 시설·기술·검사기준에 따른 구조 및 치수 기준이다. 틀린 설명을 고르시오.
(1) 완전히 열었을 때의 핸들의 방향은 유로의 방향과 평행인 것으로 하고, 볼 또는 플러그의 구멍과 유로와는 어긋나지 않는 것으로 한다.
(2) 콕은 닫힌 상태에서 예비적 동작이 없이는 열리지 않는 구조로 한다. 다만 업무용 대형 연소기용 노즐콕은 그러지 않을 수 있다.
(3) 콕에 과류차단안전기구가 부착된 것은 과류가 차단되었을 때 간단하게 복원되지 않도록 하는 기구를 부착한다.
(4) 콕의 볼은 진원도가 양호하고, 양쪽 구멍 모서리는 모나지 않는 구조로 한다.

판매시설   액화석유가스

KGS AA632   가스누출경보차단장치 제조의 시설·기술·검사기준

• 용어 정의

1. "검지부"란 누출된 가스를 검지하여 제어부로 신호를 보내는 기능을 가진 것을 말한다.

2. "차단부"란 제어부로부터 보내진 신호에 따라 가스의 유로를 개폐하는 기능을 가진 것을 말한다.

3. "제어부"란 차단부에 자동차단신호를 보내는 기능, 차단부를 원격 개폐할 수 있는 기능 및 경보 기능을 가진 것을 말한다.

• 구조 및 치수

1. 경보차단장치는 검지부, 제어부 및 차단부로 구성되어 있는 구조로서, 유선으로 연동하여 원격개폐가 가능(제어부에서 무선신호를 수신하여 차단부를 제어하는 경우에는 차단만 가능)하고 누출된 가스를 검지하여 경보를 울리면서 자동으로 가스 통로를 차단하는 구조로 한다. 다만 「소방시설 설치유지 및 안전관리에 관한 법률」에 따라 특정소방대상물 중 아파트에 설치되는 주거용 주방자동소화장치의 가스차단장치로 사용되는 경우에는 제어부 및 차단부를 일체형의 구조로 할 수 있다.

2. 제어부는 벽 등에 나사못 등으로 확실하게 고정시킬 수 있는 구조로 한다.

3. 경보차단장치는 제어부에서 차단부의 개폐상태를 확인할 수 있는 구조로 하고, 호칭지름이 25 A를 초과하는 경우에 한정하여 차단부의 기어고정부분에는 금속제 베어링을 사용한 구조로 한다.

4. 차단부가 검지부의 가스검지 등에 의하여 닫힌 후에는 복원조작을 하지 아니하는 한 열리지 아니하는 구조로 하고, 차단부의 구동제어회로는 리미트스위치 방식 등으로 개폐되는 구조로 한다.

5. 차단부가 전자밸브인 경우에는 통전의 경우에는 열리고 정전의 경우에는 닫히는 구조로 한다.

6. 2회선 이상의 경보신호를 복수표시 할 수 있는 제어부는 각각의 표시가 확실한 것으로 한다.

OX퀴즈
"제어부"란 제어부로부터 보내진 신호에 따라 가스의 유로를 개폐하는 기능을 가진 것을 말한다. (×)

OX퀴즈
경보차단장치는 제어부에서 차단부의 개폐상태를 확인할 수 있는 구조로 하고, 호칭지름이 **50 A**를 초과하는 경우에 한정하여 차단부의 기어고정부분에는 금속제 베어링을 사용한 구조로 한다. (×)

7. 경보차단장치는 정전 시에 예비전원을 사용할 수 있는 구조이며, 수동으로 개폐조작이 가능한 구조로 한다.

8. 차단부에 사용되는 배관용 밸브(볼밸브나 글로우브밸브만을 말한다)는 법에 따른 가스용품으로 검사 합격품인 것으로 한다. 다만 전자밸브식은 그러하지 아니하다.

9. 용기밸브에 연결하는 차단부의 나사는 왼나사로서 W22.5 × 14T, 나사부의 길이는 12 mm 이상 이고 연결용 너트에는 6각부에 V형 홈을 새기고 핸들에는 조임 및 풀림방향을 표시한다.

> **Tip** 이때 W는 나사의 지름을 나타내며 (즉, 22.5mm) T는 나사산의 피치를 나타낸다(즉, 나사산의 피치가 14개 턴).

10. 차단부의 배관연결용 나사는 KS B 0222(관용 테이퍼나사)에 적합하고, 플랜지는 KS B 1511(철강제관플랜지의기본치수)에 적합한 것으로 한다.

11. 검지부는 방수형 구조(가정용을 제외한다) 또는 방폭형 구조(가정용을 제외한다)로서 「화재예방, 소방시설 설치유지 및 안전관리에 관한 법률」에 따른 검정품인 것으로 한다.

12. 제어부의 열림 및 닫힘 표시는 다음과 같은 색으로 한다.
    (1) 열림 : 녹색
    (2) 닫힘 : 적색 또는 황색

> **OX퀴즈** 제어부가 닫혀있을 때는 **녹색**의 표시등이 점등된다.
> (×)

13. 옥외용의 차단부 및 제어부는 내부에 빗물이나 눈 등이 들어가지 않도록 패킹(Packing) 등을 사용한 구조로 한다.

• **내압 성능**

전자밸브식 차단부는 0.3 MPa의 수압으로 1분간 내압시험을 할 때 누출 및 파손 등이 없는 것으로 한다. 다만 차단부의 구조상 물을 사용하는 것이 곤란한 경우에는 공기나 질소 등의 기체로 가압시험을 할 수 있다.

• **기밀 성능**

1. 전자밸브식 차단부는 35 kPa 이상의 압력으로 기밀시험을 실시하여 외부누출이 없는 것으로 한다.

2. 전자밸브식 차단부는 8.4 kPa 이상의 압력으로 기밀시험을 실시하여 내부 누출량이 0.55 L/h 이하인 것으로 한다.

• **내열 성능**

1. 제어부는 40 ℃(상대습도 90 % 이상)에서 1시간 이상 유지한 후 10분 이내에 작동시험을 실시하여 이상이 없는 것으로 한다.

2. 차단부를 연 상태로 75 ℃에서 30분간[3.4.1의 단서에 따른 가스차단장치의 차단부는 40 ℃(상대습도 90 % 이상)에서 1시간 이상] 방치한 후 10분 이내에 작동시험 및 기밀시험을 실시하여 이상이 없는 것으로 한다.

3. 차단부에 사용하는 금속이외의 수지 등은 70 ℃에서 각각 24시간 방치한 후 사용에 지장이 있는 변형 등이 없는 것으로 한다.

• **내한 성능**

1. 제어부는 -10 ℃ 이하(상대습도 90 % 이상)에서 1시간 이상 유지한 후 10분 이내에 작동시험을 실시하여 이상이 없는 것으로 한다.

2. 차단부를 연 상태로 -30 ℃에서 30분간[3.4.1의 단서에 따른 가스차단장치의 차단부는 -10 ℃(상대습도 90 % 이상)에서 1시간 이상] 방치한 후 10분 이내에 작동시험 및 기밀시험을 실시하여 이상이 없는 것으로 한다.

3. 차단부에 사용하는 금속 이외의 수지 등은 -25 ℃에서 각각 24시간 방치한 후 사용에 지장이 있는 변형 등이 없는 것으로 한다.

• **경보차단 성능**

1. 검지부의 가스검지기능 이외의 기능이 연동되는 것은 경보차단장치의 기능에 나쁜 영향을 주지 아니하는 것으로 한다.

2. 제어부는 검지부 및 차단부와 연결되어 있는 각각의 전선이 단선되는 등의 전기적 이상이 있을 경우 즉시 또는 버튼 조작을 통해 이를 알 수 있는 것으로 한다. 다만 주거용 주방자동소화장치에 사용되는 가스누출경보차단장치의 제어부는 버튼 조작 없이도 즉시 단선 여부를 알 수 있는 것으로 한다.

3. 검지부 및 차단부가 2개 이상일 경우 일부 검지부 및 차단부가 전선이 단선되는 등의 전기적 이상이 있더라도 다른 검지부 및 차단부와 연동되는 차단성능에는 이상이 없는 것으로 한다.

4. 경보차단장치는 가스를 검지한 상태에서 연속경보를 울린 후 30초 이내에 가스를 차단하는 것으로 한다.

OX퀴즈
차단부에 사용하는 금속이외의 수지 등은 **50 ℃**에서 각각 24시간 방치한 후 사용에 지장이 있는 변형 등이 없는 것으로 한다. (×)

OX퀴즈
경보차단장치는 가스를 검지한 상태에서 연속경보를 울린 후 30초 이내에 가스를 차단하는 것으로 한다. (○)

문 제 풀 이

01
(1) 누출된 가스를 검지하여 제어부로 신호를 보내는 기능을 가진 것
(2) 제어부로부터 보내진 신호에 따라 가스의 유로를 개폐하는 기능을 가진 것
(3) 차단부에 자동차단신호를 보내는 기능, 차단부를 원격 개폐할 수 있는 기능 및 경보 기능을 가진 것

1 가스누출경보차단장치 제조의 시설·기술·검사기준에 따른 다음 용어의 정의를 쓰시오.

(1) 검지부

(2) 차단부

(3) 제어부

02
(1) 25 A
(2) 차단부
(3) 녹색, 적색 또는 황색

2 다음은 가스누출경보차단장치 제조의 시설·기술·검사기준에 따른 구조 및 치수 기준이다. 괄호 안에 들어갈 알맞은 말을 쓰시오.

(1) 경보차단장치는 제어부에서 차단부의 개폐상태를 확인할 수 있는 구조로 하고, 호칭지름이 (　　)를 초과하는 경우에 한정하여 차단부의 기어고정부분에는 금속제 베어링을 사용한 구조로 한다.
(2) (　　)가 전자밸브인 경우에는 통전의 경우에는 열리고 정전의 경우에는 닫히는 구조로 한다.
(3) 제어부의 열림 및 닫힘 표시는 다음과 같은 색으로 한다.
　(1) 열림 : (　　　　　)
　(2) 닫힘 : (　　　　　)

3 다음은 가스누출경보차단장치 제조의 시설·기술·검사기준에 따른 성능기준이다. 틀린 설명을 고르시오.

(1) 내압 성능 : 전자밸브식 차단부는 0.3 MPa의 수압으로 10분간 내압시험을 할 때 누출 및 파손 등이 없는 것으로 한다.

(2) 기밀 성능 : 전자밸브식 차단부는 35 kPa 이상의 압력으로 기밀시험을 실시하여 외부누출이 없는 것으로 한다.

(3) 내열 성능 : 제어부는 40 ℃(상대습도 90 % 이상)에서 1시간 이상 유지한 후 10분 이내에 작동시험을 실시하여 이상이 없는 것으로 한다.

(4) 경보차단 성능 : 검지부의 가스검지기능 이외의 기능이 연동되는 것은 경보차단장치의 기능에 나쁜 영향을 주지 아니하는 것으로 한다.

03
(1) 1분간

| 판매시설 | 액화석유가스 |

KGS AB231 가스난방기 제조의 시설·기술·검사기준

• 구조 및 치수

1. 난방기는 용기와 직결되지 않는 것으로 한다.

2. 가스가 통하는 회전식 개폐 콕이나 회전식밸브 핸들의 열림 방향은 시계 반대 방향으로 한다. 다만 열림 방향이 양방향으로 되어 있는 다기능의 회전식 개폐 콕의 경우에는 그렇지 않다.

3. 파일럿버너가 있는 난방기는 파일럿버너가 점화되지 않으면 메인버너의 가스 통로가 열리지 않는 것으로 한다.

4. 급기용 또는 배기용 송풍기를 부착한 난방기는 점화전에 송풍기가 작동하고 송풍기가 정지되면 자동으로 가스 통로가 차단되는 것으로 한다.

5. 난방기 각부의 구조는 가스 누출·화재 등에 관한 안전성 및 내구성을 고려하여 만들어지고, 통상의 수송·설치·사용 등에 대하여 파손 또는 사용상 지장이 있는 변형 등이 생기지 않는 구조로 한다.

6. 각 부의 작동은 원활하고 확실한 것으로 한다.

7. 통상의 설치 상태에서 사용 조작에 따라 쉽게 이동 또는 전도되지 않아야 한다.

8. 버너 등에 점화하는 것이 눈·거울 및 확인램프 등으로 점화 조작을 하는 장소에서 확인 가능한 것으로 한다.

9. 가스가 통하는 배관은 과도한 열 또는 부식을 받을 염려가 없는 위치에 설치되거나 방호 등의 조치가 되어 있는 것으로 한다.

10. 가스가 통하는 결합부는 용접, 나사조임, 볼트, 너트, 나사 등으로 확실하게 결합하고 기밀성이 있는 것으로 한다.

11. 가스의 통로는 기밀성이 있고 통상의 수송·설치·사용 등에 따라 기밀성이 손상되지 않는 것으로 한다.

12. 버너 및 점화용 버너는 소정의 위치에 안정되게 설치되어 노즐·연소실·전기점화장치 및 안전장치 등 관련된 부분과 관계 위치가 확실하게 유지되어 통상의 사용 상태에서 이동되거나 옮겨지지 않는 것으로 한다.

Tip
1. 파일럿버너 : 작은 불꽃을 유지하는 장치이며 메인버너가 작동하기 전 연료를 점화하는 역할을 한다. 파일럿버너는 항상 켜져 있어야 메인버너가 필요할 때 즉시 점화된다.
2. 메인버너 : 난방기의 주요 연료를 연소시키는 분이다. 파일럿버너보다 더 큰 연료흐름을 처리한다.

13. 버너 및 점화용 버너는 기기의 다른 부품을 과열 및 손상시키지 않는 위치에 부착되어 있는 것으로 한다.

14. 파일럿 가스 통로에 동관을 사용하는 것은 내면에 표면처리를 하거나 안지름이 호칭 2 mm 이상이어야 한다.

15. 버너 및 기타 주요 부품의 조정이나 교환이 가능한 것으로 한다.

16. 노즐은 원칙적으로 조립과 분해가 가능하여야 하고, 외부로부터 먼지 및 이물질 등이 부착하기 쉬운 위치에 설치되지 않아야 하며, 쉽게 막히지 않는 것이어야 한다.

17. 분젠버너의 공기 조절기는 통상의 사용 상태에서 설정 위치가 변화되지 않아야 하고, 공기조절기의 손잡이는 쉽게 조작할 수 있는 위치에 있으며, 조작이 원활해야 한다.

18. 방전불꽃을 이용하는 점화장치는 다음에 따른다.

    (18-1) 전극부는 항상 노란 불꽃이 닿지 않는 위치에 있어야 한다.

    (18-2) 전극은 전극 간격이 통상의 사용 상태에서 변화되지 않도록 고정되는 것으로 한다.

    (18-3) 고압배선의 충전부와 비충전 금속부 사이는 전극 간격 이상의 충분한 공간 거리가 유지되어야 한다. 다만 점화 동작 시에 누전되는 일이 없는 효과적인 전기 절연 조치를 한 경우에는 공간 거리를 유지하지 않을 수 있다.

    (18-4) 통상의 사용 시에 손이 닿을 염려가 있는 고압배선 부분에는 효과적인 전기 절연 피복이 되어 있어야 한다.

19. 사용 중 및 청소할 때 손이 닿는 부분의 끝부분은 매끄러워야 한다.

20. 청소 및 보수 등을 위해 분해가 필요한 부분은 원칙적으로 통상의 공구로 분해·조립할 수 있는 것으로 한다.

21. 각 부의 조립에 사용되는 나사는 조임이 확실하고 보수 및 점검을 위해 분해를 필요로 하는 부분은 반복해서 사용할 수 있는 것으로 한다.

22. 벽·기둥 및 마루 등에 설치하여 사용하는 기기는 설치와 분해를 할 수 있고, 통상의 배관 접속 작업으로 이상이 생기지 않도록 확실하게 설치할 수 있는 것으로 한다.

23. 가스 접속구는 다음 기준에 적합해야 한다.

    (23-1) 가스 접속구는 원칙적으로 외부에 노출되어 있거나 외부에서 쉽게 발견될 수 있는 위치에 있어야 한다.

    (23-2) 가스 접속구(호스 접속구와 일체형으로 된 것의 입구 측 나사부)

> **OX퀴즈**
> 파일럿 가스 통로에 동관을 사용하는 것은 내면에 표면처리를 하거나 안지름이 호칭 5 mm 이상이어야 한다.
> (×)

에 사용하는 나사는 KS B 0222에 규정하는 관용테이퍼나사로 하고, 접속할 때에 기밀성을 손상시키는 헐거움이나 변형 등이 없는 것으로 한다.

장치

• 정전안전장치

교류전원으로 가스 통로를 개폐하는 난방기는 정전이 되었을 때에 가스 통로를 차단하고, 다시 통전되었을 때에 자동으로 가스 통로가 열리지 않아야 하며, 재점화되는 정전안전장치를 갖추는 것으로 한다. 다만 정전이 되었을 때에 파일럿버너의 불꽃이 꺼지지 않는 가스난방기는 정전안전장치를 갖추지 않을 수 있다

• 역풍방지장치

배기통 연결부가 있는 난방기는 역풍이 버너에 영향을 미치지 않는 역풍방지장치를 갖추는 것으로 한다.

• 소화안전장치

난방기에는 소화안전장치를 부착한 것으로 한다.

• 그 밖의 장치

그 밖에 갖추어야 할 장치는 다음과 같다.

(1) 거버너(세라믹 버너를 사용하는 난방기만을 말한다)

(2) 불완전연소 방지장치나 산소 결핍 안전장치{가스소비량이 11.6 kW (10000 kcal/h) 이하인 가정용 및 업무용의 개방형 가스난방기만을 말한다}

(3) 전도 안전장치(고정 설치형은 제외한다)

(4) 배기 폐쇄 안전장치(FE식 난방기에 한함)

(5) 과대 풍압 안전장치(FE식 난방기에 한함)

(6) 과열방지 안전장치(강제대류식 난방기에 한함)

(7) 저온 차단장치(촉매식 난방기에 한함)

Tip 거버너 : 가스공급압력을 적정압력으로 조정하는 정압기

• 기밀 성능

1. 가스난방기는 상용압력의 1.5배 이상의 압력으로 실시하는 기밀시험에서 가스차단밸브를 통한 누출량이 70 mL/h 이하로 한다.
2. 가스 접속구에서 불꽃 구멍까지는 외부 누출이 없는 것으로 한다. 다만 기밀시험이 곤란한 부분은 점화 상태에서 누출검사로 갈음할 수 있다

> **OX퀴즈**
> 상용압력의 1.5배 이상의 압력으로 실시하는 기밀시험에서 가스차단밸브를 통한 누출량이 **40 mL/h** 이하로 한다. (×)

• 내구 성능

1. 콕 및 전기점화장치는 12000회 반복조작시험 후 가스 누출이 없고 성능에 이상이 없는 것으로 한다.
2. 소화안전장치 및 호스 연결구는 1000회 반복조작시험 후 가스 누출이 없고 성능에 이상이 없는 것으로 한다.
3. 거버너는 30000회 반복조작시험 후 가스 누출이 없고 조정압력의 변화가 [0.05P(시험 전 조정압력) + 0.03] kPa 이하인 것으로 한다.

• 내진동 성능

난방기는 포장한 상태에서 1시간 진동시험 후 누출이 없고, 정상적인 연소 상태의 시험에 합격한 것으로 한다.

• 절연저항 성능

교류전원을 사용하는 난방기의 절연저항은 직류 500 V 절연저항계로 전기 충전부와 접지할 우려가 있는 비충전 금속부 사이의 절연저항을 측정하였을 때 1 MΩ 이상인 것으로 한다.

• 내열 성능

(1) 버너·노즐·노즐 홀더·공기조절장치·파일럿배관 및 열 교환부 등의 재료는 500 ℃의 가스로 또는 전기로에서 1시간 유지 후 용융이 없는 것으로 한다.
(2) 가스 접속구에서 노즐 홀더 입구까지 가스가 통하는 부분 및 거버너 등에 사용되는 금속 재료는 350 ℃의 가스로 또는 전기로에서 1시간 유지 후 용융이 없는 것으로 한다.

> **OX퀴즈**
> 버너·노즐·노즐 홀더·공기조절장치·파일럿배관 및 열 교환부 등의 재료는 500 ℃의 가스로 또는 전기로에서 **24시간** 유지 후 용융이 없는 것으로 한다. (×)

• 내가스 성능

1. 액화석유가스를 사용하는 연소기에서 가스가 통하는 부분의 패킹류(고무) 및 플라스틱 재료는 5 ℃ 이상 25 ℃ 이하의 n펜탄 속에 72시간 이상 담근 후에 24시간 대기 중에 방치하여 무게 변화율이 20 % 이내이고, 또 사용상 지장이 있는 연화·취화 등이 없는 것으로 한다.

2. 가스가 통하는 부분의 시일(Seal)재는 20 ℃ 및 4 ℃ 항온조에 5.0 kPa 압력의 부탄가스 내에 1시간 방치하여 시험 전후의 무게 변화율이 가스 온도 20 ℃인 경우 10 % 이내, 가스 온도 4 ℃인 경우 25 % 이내인 것으로 한다.

• **내식 성능**

금속 재료의 내식성시험은 KS D 9502(염수 분무 시험 방법)에 따라 24시간 시험하여 부식이 없는 것으로 하며, 도장으로 표면처리를 한 금속 재료는 도막의 염수 분무 시험 방법에 따라 24시간 시험하였을 때 녹, 부풀음 및 벗겨짐이 없는 것으로 한다.

• **전기점화 성능**

전기점화장치는 10회 작동하였을 때에 8회 이상 점화되고, 연속하여 2회 이상 점화 불량이 없는 것으로 한다.

• **가스소비량 성능**

전가스소비량 및 각 버너의 가스소비량은 표시치의 ±10 % 이내인 것으로 한다.

OX퀴즈

전기점화장치는 10회 작동하였을 때에 **5회** 이상 점화되고, 연속하여 2회 이상 점화 불량이 없는 것으로 한다. (×)

문제풀이

1 다음은 가스난방기 제조의 시설·기술·검사기준에 따른 구조 및 치수 기준이다. 괄호 안에 들어갈 알맞은 말을 쓰시오.

(1) 난방기는 (　　)와 직결되지 않는 것으로 한다.
(2) 파일럿버너가 있는 난방기는 (　　　　)가 점화되지 않으면 메인버너의 가스 통로가 열리지 않는 것으로 한다.
(3) 급기용 또는 배기용 송풍기를 부착한 난방기는 (　　　)에 송풍기가 작동하고 송풍기가 정지되면 자동으로 가스 통로가 차단되는 것으로 한다.

01
(1) 용기
(2) 파일럿버너
(3) 점화전

2 다음은 가스난방기 제조의 시설·기술·검사기준에 따른 장치 기준이다. 괄호 안에 들어갈 알맞은 말을 쓰시오.

(1) 교류전원으로 가스 통로를 개폐하는 난방기는 정전이 되었을 때에 가스 통로를 차단하고, 다시 통전되었을 때에 자동으로 가스 통로가 열리지 않아야 하며, (　　　)되는 정전안전장치를 갖추는 것으로 한다.
(2) 배기통 연결부가 있는 난방기는 역풍이 버너에 영향을 미치지 않는 (　　　　)를 갖추는 것으로 한다.
(3) 난방기에는 (　　　　)를 부착한 것으로 한다.

02
(1) 재점화
(2) 역풍방지장치
(3) 소화안전장치

KGS AB231 가스난방기 제조의 시설·기술·검사기준

03
(2) 1000회

3 다음은 가스난방기 제조의 시설·기술·검사기준에 따른 성능기준이다. 틀린 설명을 고르시오.

(1) 기밀 성능 : 가스난방기는 상용압력의 1.5배 이상의 압력으로 실시하는 기밀시험에서 가스차단밸브를 통한 누출량이 70 mL/h 이하로 한다.

(2) 내구 성능 : 소화안전장치 및 호스 연결구는 2000회 반복조작시험 후 가스 누출이 없고 성능에 이상이 없는 것으로 한다.

(3) 내진동 성능 : 난방기는 포장한 상태에서 1시간 진동시험 후 누출이 없고, 정상적인 연소 상태의 시험에 합격한 것으로 한다.

(4) 내가스 성능 : 가스가 통하는 부분의 시일(Seal)재는 20 ℃ 및 4 ℃ 항온조에 5.0 kPa 압력의 부탄가스 내에 1시간 방치하여 시험 전후의 무게 변화율이 가스 온도 20 ℃인 경우 10 % 이내, 가스 온도 4 ℃인 경우 25 % 이내인 것으로 한다.

사용시설　　　　　　　　　　　　　　　　　　　　　　　　　액화석유가스

KGS FU432　소형저장탱크에 의한 액화석유가스 사용시설의 시설·기술·검사기준

• 용어 정의

1. "저장설비"란 액화석유가스를 저장하기 위한 설비로서 저장탱크·마운드형 저장탱크·소형저장탱크 및 용기(용기집합설비와 충전용기보관실을 포함한다. 이하 같다)를 말한다.

2. "소형저장탱크"란 액화석유가스를 저장하기 위하여 지상 또는 지하에 고정 설치된 탱크로서 그 저장능력이 3톤 미만인 탱크를 말한다.

3. "가스설비"란 저장설비 외의 설비로서 액화석유가스가 통하는 설비(배관은 제외한다)와 그 부속설비를 말한다.

4. "불연재료"란 「건축법 시행령」 제2조 제10호에 따른 불연재료를 말한다.

5. "방호벽"이란 높이 2 m 이상, 두께 0.12 m 이상의 철근콘크리트 또는 이와 같은 수준 이상의 강도를 갖는 구조의 벽을 말한다.

6. "설정압력(Set Pressure)"이란 안전밸브의 설계상 정한 분출압력 또는 분출개시압력으로서 명판에 표시된 압력을 말한다.

7. "축적압력(Accumulated Pressure)"이란 내부유체가 배출될 때 안전밸브에 축적되는 압력으로서 그 설비 안에서 허용될 수 있는 최대압력을 말한다.

8. "초과압력(Over Pressure)"이란 안전밸브에서 내부유체가 배출될 때 설정압력 이상으로 올라가는 압력을 말한다.

9. "평형 벨로우즈형 안전밸브(Balanced Bellows Safety Valve)"란 밸브의 토출 측 배압의 변화로 인하여 성능특성에 영향을 받지 않는 안전밸브를 말한다.

10. "일반형 안전밸브(Conventional Safety Valve)"란 밸브의 토출 측 배압의 변화로 인하여 직접적으로 성능특성에 영향을 받는 안전밸브를 말한다.

11. "배압(Back Pressure)"이란 배출물 처리설비 등으로부터 안전밸브의 토출 측에 걸리는 압력을 말한다.

12. 가스누출자동차단장치 중 "검지부"란 누출된 가스를 검지해 제어부로 신호를 보내는 기능을 가진 것을 말한다.

13. 가스누출자동차단장치 중 "차단부"란 제어부로부터 보내진 신호에 따라 가스의 유로를 개폐하는 기능을 가진 것을 말한다.

14. 가스누출자동차단장치 중 "제어부"란 차단부에 자동차단신호를 보내는 기능, 차단부를 원격 개폐할 수 있는 기능 및 경보기능을 가진 것을 말한다.

15. "상용압력"이란 내압시험 및 기밀시험압력의 기준이 되는 압력으로 사용 상태에서 해당설비 등에 작용하는 최고사용압력을 말한다.

16. "입상관"이란 수용가에 가스를 공급하기 위해 건축물에 수직으로 부착되어 있는 배관을 말하며, 가스의 흐름방향과 관계없이 수직배관은 입상관으로 본다.

17. "연통(Flue Pipe)"이란 배기가스를 이송하기 위한 관을 말한다.

18. "캐스케이드연통(Cascade Flue Pipe)"이란 동일공간에 설치된 2개 이상의 캐스케이드용 연료전지에서 나오는 배기가스를 금속 이중관형 연돌까지 이송하거나 바깥 공기 중으로 직접 배출하기 위하여 공동으로 사용하는 연통으로, 연료전지 제조자 시공지침에 따라 하나의 생산자가 스테인리스강판으로 제조한 것을 말한다.

19. "터미널(Terminal)"이란 배기가스를 건축물 바깥 공기 중으로 배출하기 위하여 배기시스템 말단에 설치하는 부속품(배기통과 터미널이 일체형인 경우에는 배기가스가 배출되는 말단부분을 말한다)을 말한다.

20. "빌트인(Built-in) 연소기"란 주방가구에 내장 설치하는 연소기를 말한다.

21. "연소기용 금속플렉시블호스"란 KGS AA535(가스용 금속플렉시블호스 제조의 시설·기술·검사기준)의 1.4.11에 따른 배관 및 배관연결부에서 연소기까지 연결하여 사용하는 금속플렉시블호스를 말한다.

22. "배관용 금속플렉시블호스"란 KGS AA535(가스용 금속플렉시블호스 제조의 시설·기술·검사기준)의 1.4.12에 따른 양 끝단을 배관 및 배관연결부와 연결하여 사용하는 금속플렉시블호스를 말한다.

23. "역류방지장치"란 캐스케이드용 연료전지의 경우에는 가동 및 정지 중에 배기가스가 역류되지 않도록 하는 장치로서 다음의 조건을 충족하는 것을 말한다.
    (1) 캐스케이드용 연료전지의 경우에는 구조 및 성능이 KGS AH371(고

OX퀴즈

"캐스케이드연통(Cascade Flue Pipe)"이란 동일공간에 설치된 **3개** 이상의 캐스케이드용 연료전지에서 나오는 배기가스를 금속 이중관형 연돌까지 이송하거나 바깥 공기 중으로 직접 배출하기 위하여 공동으로 사용하는 연통으로, 연료전지 제조자 시공지침에 따라 하나의 생산자가 스테인리스강판으로 제조한 것을 말한다.

(×)

정형 연료전지 제조의 시설·기술·검사기준)의 D1.1, D2.1, D2.2에 적합한 것

(2) 연료전지와 함께 배기시스템에 연결된 다른 연소기의 경우에는 중력에 따라 작동하거나 전기로 작동[정전 시 닫힌(Fail-Safe) 상태로 되어야 한다]하는 것

24. 일산화탄소 경보기 중 "탐지부"란 가스누설을 탐지하여 중계기 또는 수신부에 가스누설 신호를 발신하는 부분을 말한다.

25. 일산화탄소 경보기 중 "수신부"란 탐지부에서 발하여진 가스누설 신호를 직접 또는 중계기를 통하여 수신하고 이를 관계자에게 음향으로서 경보하여 주는 것을 말한다.

OX퀴즈
일산화탄소 경보기 중 **"수신부"**란 가스누설을 탐지하여 중계기 또는 수신부에 가스누설 신호를 발신하는 부분을 말한다. (×)

• **가스용 폴리에틸렌관 설치제한**

가스용 폴리에틸렌관(이하, "PE관"이라 한다)은 노출배관으로 사용하지 않는다. 다만 지상배관과 연결을 위하여 금속관을 사용하여 보호조치를 한 경우로서 지면에서 0.3 m 이하로 노출하여 시공하는 경우에는 노출배관으로 사용할 수 있다

• **화기와의 거리**

1. 저장설비·감압설비·고압배관(건축물 안에 설치한 고압배관은 제외한다) 및 저압배관 이음매(용접 이음매와 건축물 안에 설치한 배관 이음매는 제외하며, 이하에서 "저장설비등"이라 한다)의 외면과 화기(해당 시설 안에서 사용하는 자체 화기는 제외한다)를 취급하는 장소와의 사이에는 표에 따른 거리(주거용 시설은 2 m) 이상을 유지한다. 다만 그 거리 이상을 유지하지 못하는 경우 누출된 가연성가스가 화기를 취급하는 장소로 유동하는 것을 방지하기 위하여 유동방지시설을 설치할 수 있으며, 이 경우에도 우회수평거리는 표에서 정한 거리(주거용 시설은 2 m) 이상으로 한다.

저장능력	화기와의 우회거리(m)
1톤 미만	2
1톤 이상 3톤 미만	5

[비고] 두 개 이상의 저장설비가 있을 때는 그 설비별로 각각 거리를 유지한다.

암기법
일이삼 오

(1) 저장설비등과 화기를 취급하는 장소와의 사이에 높이 2 m 이상의 내화성 벽(「건축법」 시행령 제2조 제7호, 「건축물의 피난·방화구조 등의 기준」에 관한 규칙 제3조에서 정한 내화구조의 벽)을 설치한다.

(2) 화기를 사용하는 장소가 불연성 건축물 안에 있는 경우 저장설비등으

로부터 표에서 정한 우회수평거리이내에 있는 그 건축물의 개구부는 방화문 또는 다음에 따른 유리를 사용하여 폐쇄하고, 사람이 출입하는 출입문은 2중문으로 한다.

* KS L 2006(망 판유리 및 선 판유리) 중 망 판유리
* 공인시험기관의 시험결과 이와 같은 수준 이상의 유리

2. 가스계량기는 화기(해당 시설 안에서 사용하는 자체화기를 제외한다)와 2 m 이상의 우회거리를 유지한다.

• 다른 설비와의 거리

가스계량기와 전기계량기 및 전기개폐기와의 거리는 0.6 m 이상, 단열조치를 하지 않은 굴뚝(배기통을 포함하되, 밀폐형 강제급배기식보일러에 설치하는 2중 구조의 배기통은 제외한다)·전기점멸기 및 전기접속기와의 거리는 0.3 m 이상, 절연조치를 하지 않은 전선과의 거리는 0.15 m 이상의 거리를 유지한다.

• 설치장소

(1) 소형저장탱크는 지상설치식으로 한다.

(2) 소형저장탱크는 옥외에 설치한다. 다만 다음의 경우에는 소형저장탱크를 옥외에 설치하지 않을 수 있다.

(2-1) 다수인이 접근할 가능성이 있는 곳으로서 건축물 밖에 설치함으로써 안전관리가 저해될 우려가 있어 소형저장탱크를 설치하기 위한 전용탱크실(이하 "전용탱크실"이라 한다)을 다음에 따라 설치한 경우

(2-1-1) 전용탱크실은 단층으로 3면 이상(벽 둘레의 75 % 이상)의 불연성 벽으로 된 구조로서, 지붕은 설치하지 않는다. 다만 지붕을 가벼운 불연재료로 설치할 경우에는 지붕을 설치할 수 있다.

(2-1-2) 전용탱크실은 다른 건물벽과 직접 접하지 않고 환기가 양호한 독립된 장소에 설치한다. 다만 다른 건물과 직접 접하는 부분의 벽을 2.9.2에 따른 방호벽(기초부분을 제외한다)으로 설치할 경우에는 다른 건물과 직접 접하여 설치할 수 있다.

(2-1-3) 전용탱크실에는 바닥면에 접하고 외기에 면한 구조의 환기구를 바닥면적 1 m²마다 300 cm²(철망 등 부착 시는 철망 등의 면적을 뺀 면적)의 비율로 2방향 이상 분산하여 설치한다.

(2-1-4) 소형저장탱크상부에는 소형저장탱크의 외면으로부터 5 m 이상 떨어진 위치에서 조작할 수 있는 살수장치를 설치한다. 단, 1톤 미만인 소형저장탱크의 경우 그 살수용량 등이 기준에 적합하다면 그 수원을 일반 상수도로 설치할 수 있다.

(2-1-5) 전용탱크실 외부에는 "LPG저장소", "화기엄금", "관계자 외 출입금지" 등의 경계표지를 설치한다.

(2-1-6) 가스누출경보기를 설치한다.

(2-2) 살수장치 설치 등 안전조치를 강구하여 안전관리상 지장이 없다고 「고압가스 안전관리법」 제28조에 따른 한국가스안전공사(이하 "한국가스안전공사"라 한다)가 인정하는 경우

(3) 소형저장탱크는 습기가 적은 장소에 설치한다.

(4) 소형저장탱크는 액화석유가스가 누출한 경우 체류하지 않도록 통풍이 좋은 장소에 설치한다.

(5) 소형저장탱크는 기초의 침하, 산사태, 홍수 등에 의한 피해의 우려가 없는 장소에 설치한다.

(6) 소형저장탱크는 수평한 장소에 설치한다.

(7) 소형저장탱크는 부등침하 등에 의하여 탱크나 배관 등에 유해한 결함이 발생할 우려가 없는 장소에 설치한다. 다만 건축사, 건축 관련 기술사 등 전문가가 발행하는 해당 건축구조물의 강도계산서 등을 통해 소형저장탱크의 하중을 견딜 수 있는 구조물로 확인된 경우에는 건축물의 옥상, 지하주차장 상부 등 건축구조물 위에 설치할 수 있다.

(8) 소형저장탱크는 건축물이나 사람이 통행하는 구조물의 하부에 설치하지 않는다. 다만 처마, 차양, 부연(附椽), 그 밖에 이와 비슷한 것으로서 건축물의 외벽으로부터 수평거리 1 m 이내로 돌출된 부분의 하부에는 소형저장탱크를 설치할 수 있다.

> **OX퀴즈**
> 다만 처마, 차양, 부연(附椽), 그 밖에 이와 비슷한 것으로서 건축물의 외벽으로부터 수평거리 **3 m** 이내로 돌출된 부분의 하부에는 소형저장탱크를 설치할 수 있다. (×)

• **설치방법**

소형저장탱크는 그 소형저장탱크를 보호하고, 그 소형저장탱크를 사용하는 시설의 안전을 확보하기 위하여 위해(危害)의 우려가 없도록 다음 기준에 따라 설치한다.

(1) 동일 장소에 설치하는 소형저장탱크의 수는 6기 이하로 하고, 충전 질량의 합계는 5000 kg 미만이 되게 한다. 이 경우 "동일 장소에 설치하는 소형저장탱크"란 다음 중 어느 하나에 해당하는 소형저장탱크를 말한다.

(1-1) 하나의 독립된 건축물(공동주택은 1개동)에 가스를 공급하는 소형저장탱크

(1-2) 배관으로 연결된 소형저장탱크

(1-3) 탱크 중심 사이의 거리가 30 m 이하이거나 같은 구축물에 설치되어 있는 소형저장탱크

> **OX퀴즈**
> 동일 장소에 설치하는 소형저장탱크의 수는 **10기** 이하로 한다. (×)
>
> **Tip** 기 : 용기를 세는 단위

OX퀴즈
소형저장탱크는 지면보다 **0.01 m** 이상 높게 설치된 일체형 콘크리트 기초에 설치한다. (×)

(2) 소형저장탱크는 지진, 바람 등에 의하여 이동되지 않도록 설치한다.

(3) 소형저장탱크는 지면보다 0.05 m 이상 높게 설치된 일체형 콘크리트 기초에 설치한다. 이 경우, 저장능력이 1톤 초과인 소형저장탱크는 일체형 철근콘크리트 기초에 설치해야 하며 철근의 규격, 배근·결속 등의 설치기준은 다음과 같다.

(3-1) 철근의 규격 : 직경 9 mm 이상

(3-2) 배근·결속 : 가로·세로 400 mm 이하의 간격으로 배근하고, 모서리 부분의 철근은 확실히 결속한다.

(3-3) 소형저장탱크 지지대는 배근·결속된 철근의 안쪽에 위치해야 한다.

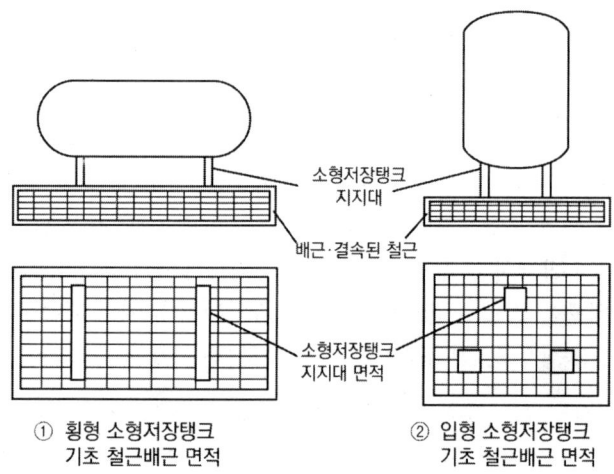

① 횡형 소형저장탱크 기초 철근배근 면적
② 입형 소형저장탱크 기초 철근배근 면적

(4) 소형저장탱크의 일체형 기초는 소형저장탱크 외면의 수평투영면보다 넓게 설치해야 한다. 다만 소형저장탱크의 지지대가 설치된 면적이 소형저장탱크의 수평투영면적보다 넓은 경우에는 일체형 기초를 소형저장탱크의 지지대가 설치된 면적보다 넓게 설치해야 한다.

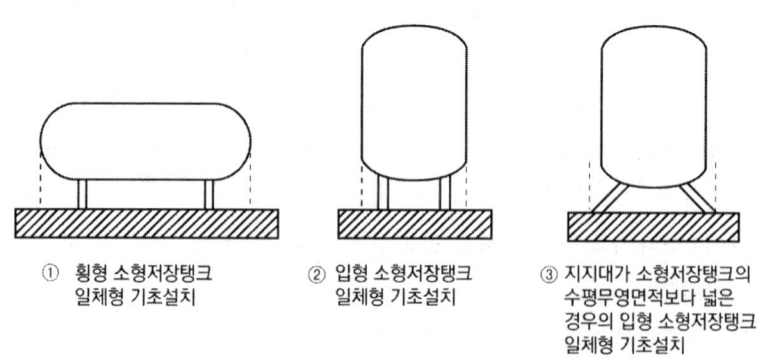

① 횡형 소형저장탱크 일체형 기초설치
② 입형 소형저장탱크 일체형 기초설치
③ 지지대가 소형저장탱크의 수평무영면적보다 넓은 경우의 입형 소형저장탱크 일체형 기초설치

〈소형저장탱크 일체형기초 설치방법 예시〉

(5) 소형저장탱크를 기초에 고정하는 방식은 화재 등의 경우 쉽게 분리될 수 있는 것으로 한다.

• 압력조정기 설치

1. 압력조정기의 입출구압력, 조정압력 및 최대유량은 연소기의 사용압력에 충분한 것으로 한다. 다만 압력조정기를 병렬로 설치하는 경우에는 각각의 압력조정기가 최대가스소비량 이상의 용량이 되는 것으로 설치하되, 검사를 받은 국내 생산 제품이나 수입 제품이 없는 경우에는 이를 적용하지 않을 수 있다.

2. 압력조정기는 소형저장탱크, 건축물의 지주 또는 벽, 기화장치출구 등에 단단히 부착하여 위로부터 떨어지는 낙하물, 빗물, 눈 등에 의하여 그 기능이 손상되지 않도록 보호조치를 한다.

3. 압력조정기는 통풍이 좋은 장소에 설치한다.

4. 찜질방 가스사용시설에 설치하는 압력조정기는 가열로실 내부에 설치하지 않는다.

5. 압력조정기는 균압공으로 눈·비 등이 들어가지 않도록 설치한다.

6. 1단감압식 저압·준저압조정기는 소형저장탱크 사용시설에 설치하지 않는다.

• 기화장치 설치

(1) 사용시설에는 그 사용시설의 안전 확보 및 정상작동을 위하여 최대가스소비량 이상의 용량이 되는 기화장치를 설치해야 한다. 다만 기화기를 병렬로 설치하는 경우, 각각의 기화기가 최대가스소비량 이상의 용량이 되는 것을 설치해야 한다.

(2) 기화장치를 전원으로 조작하는 경우에는 자가발전기 등에 적합하게 비상전력을 보유하거나 소형저장탱크의 기상부에 별도의 예비 기체라인을 설치하여 정전 시 사용할 수 있도록 조치해야 한다. 다만 「고압가스 안전관리법」 제28조에 따른 한국가스안전공사(이하 "한국가스안전공사"라 한다)가 안전관리에 지장이 없다고 인정하는 경우에는 그렇지 않다.

• 소형저장탱크에 기화장치를 설치하는 경우

(1) 기화장치의 출구 측 압력은 1 MPa 미만이 되도록 하는 기능을 갖거나, 1 MPa 미만에서 사용한다.

(2) 가열방식이 액화석유가스 연소에 의한 방식인 경우에는 파일럿버너가 꺼지는 경우 버너에 대한 액화석유가스 공급이 자동적으로 차단되는 자동

OX퀴즈
압력조정기는 **밀폐된** 장소에 설치한다. (×)

OX퀴즈
기화장치의 출구 측 압력은 1 MPa 미만이 되도록 하는 기능을 갖거나, 1 MPa 미만에서 사용한다. (○)

안전장치를 부착한다.

(3) 기화장치는 콘크리트기초 등에 고정하여 설치한다.

(4) 기화장치는 옥외에 설치한다. 다만 옥내에 설치하는 경우 건축물의 바닥 및 천정 등은 불연성재료를 사용하고 통풍이 잘 되는 구조로 한다.

(5) 소형저장탱크는 그 외면으로부터 기화장치까지 3 m 이상의 우회거리를 유지한다. 다만 기화장치가 방폭형이거나 전원으로 작동하지 않는 경우에는 3 m 이내로 유지할 수 있다.

(6) 기화장치의 출구 배관에는 고무호스를 직접 연결하지 않는다.

(7) 기화장치의 설치장소에는 배수구나 집수구로 통하는 도랑이 없어야 한다.

(8) 기화장치에는 정전기 제거조치를 한다.

OX퀴즈
소형저장탱크는 그 외면으로부터 기화장치까지 2 m 이상의 우회거리를 유지한다. (×)

• 계량기 설치

(1) 가스계량기는 검침·교체·유지관리 및 계량이 용이하고 환기가 양호하도록 다음의 어느 하나의 장소에 설치한다.

(1-1) 가스계량기를 설치한 실내의 하부에 50 cm² 이상 환기구(철망 등을 부착할 때는 철망 등이 차지하는 면적을 뺀 면적) 등을 설치한 장소

(1-2) 가스계량기를 설치한 실내에 기계환기설비를 설치한 장소

(1-3) 가스누출자동차단장치를 설치하여 가스누출 시 경보를 울리고 가스계량기 전단에서 가스가 차단될 수 있도록 조치한 장소

(1-4) 환기가 가능한 창문 등(개방 시 환기면적이 100 cm² 이상에 한한다)이 설치된 장소

(2) 가스계량기는 「건축법 시행령」 제46조 제4항에 따른 공동주택의 대피 공간, 방·거실 및 주방 등 사람이 거처하는 장소, 그 밖에 가스계량기에 나쁜 영향을 미칠 우려가 있는 장소에 설치하지 않는다.

(3) 가스계량기(30 m³/h 미만에 한정한다)의 설치 높이는 바닥으로부터 계량기 지시장치(계량값 표시창)의 중심까지 1.6 m 이상 2 m 이내에 수직·수평으로 설치하고, 밴드·보호가대 등 고정장치로 고정한다. 다만 강판, FRP 등의 내구성이 있는 재질의 격납상자 내에 설치하는 경우와 기계실 및 보일러실(가정에 설치된 보일러 실은 제외한다)에 설치하는 경우에는 설치 높이의 제한을 하지 않는다.

OX퀴즈
실내의 하부에 20 cm² 이상 환기구(철망 등을 부착할 때는 철망 등이 차지하는 면적을 뺀 면적) 등을 설치한 장소에 가스계량기를 설치한다. (×)

• 중간밸브 설치

(1) 가스사용시설에는 연소기 각각에 대하여 퓨즈콕·상자콕 또는 이와 같은 수준 이상의 성능을 가진 안전장치(이하 "퓨즈콕등"이라 한다)를 설치한다. 다만 가스소비량이 19400 kcal/h를 초과하는 연소기가 연결된 배관

또는 연소기사용압력이 3.3 kPa를 초과하는 배관에는 배관용 밸브를 설치할 수 있다.

(2) 배관이 분기되는 경우에는 주배관에 배관용 밸브를 설치한다. 다만 시행규칙 제70조 제1항 제1호 및 제2호 가목·나목에 따른 액화석유가스 사용시설은 제외한다.

(3) 액화석유가스사용시설의 압력조정기의 출구 측 배관에는 압력조정기와 접하도록 배관용 밸브 및 압력측정기구 접속 이음관(이하"가압구"라 한다)을 설치한다. 다만 가압구를 설치하지 않아도 상용압력 이상으로 가압할 수 있는 경우에는 가압구를 설치하지 않을 수 있으며, 2단감압식압력조정기의 2차조정기 출구 측 용적이 1리터 미만인 경우에는 배관용 밸브 및 가압구를 설치하지 않을 수 있다.

(4) 2개 이상의 실로 분기되는 경우에는 각 실의 주배관마다 배관용 밸브를 설치한다.

• **호스설치**

1. 호스(금속플렉시블호스를 제외한다)의 길이는 연소기까지 3 m 이내(용접 또는 용단작업용시설을 제외한다)로 하고, 호스는 T형으로 연결하지 않는다.

2. 호스와 중간밸브 등 및 연소기와의 접속부분은 호스밴드 등으로 견고하게 조이고, 호스는 통로에 설치하지 않는다.

3. 호스 이음부와 전기계량기 및 전기 개폐기와의 거리는 0.6 m 이상, 전기점멸기 및 전기접속기와의 거리는 0.15 m 이상, 절연조치를 하지 않은 전선 및 단열조치를 하지 않은 굴뚝(배기통을 포함하되, 밀폐형 강제급배기식보일러에 설치하는 2중 구조의 배기통은 제외한다)과의 거리는 0.15 m 이상, 절연조치를 한 전선과의 거리는 0.1 m 이상의 거리를 유지한다. 다만 법에 따른 검사를 받거나, 한국가스안전공사 또는 공인인증기관의 제품인증을 받은 (1)부터 (3)까지의 제품을 작동하기 위해 절연조치를 한 전선은 제외한다.

    (1) 가스누출자동차단장치
    (2) 전기를 동력원으로 하는 퓨즈콕이나 밸브
    (3) 퓨즈콕이나 밸브를 작동하기 위하여 퓨즈콕이나 밸브에 부착되는 전기를 동력원으로 하는 제품

4. 빌트인(Built-in) 연소기는 연소기와 호스 연결 부분에서의 누출을 확인할 수 있도록 설치하되, 확인할 수 없는 경우에는 호스 단면적 이상의 점검구를 연소기와 호스 연결부 부근에 설치하거나 다음 중 어느 하나에 해

> **OX퀴즈**
> 호스 이음부와 전기계량기 및 전기 개폐기와의 거리는 **0.3 m** 이상 유지한다. (×)

당하는 가스 누출 확인장치를 설치한다.

(1) KGS AA631(다기능 가스안전계량기 제조의 시설·기술·검사기준)에 따라 검사를 받은 다기능 가스안전계량기

(2) KGS AA337(가스 누출 확인 퓨즈콕 제조의 시설·기술·검사기준)에 따라 검사를 받은 가스 누출 확인 퓨즈콕

(3) KGS AA339(전자식 가스 누출 확인 퓨즈콕 제조의 시설·기술·검사기준)에 따라 검사를 받은 전자식 가스 누출 확인 퓨즈콕

(4) KGS AA340(디지털 가스누출확인 퓨즈콕 제조의 시설·기술·검사기준)에 따라 검사를 받은 디지털 가스 누출 확인 퓨즈콕

(5) KGS AA338(가스 누출 확인 배관용 밸브 제조의 시설·기술·검사기준)에 따라 검사를 받은 가스 누출 확인 배관용 밸브

(6) 점검구 대신 누출 점검이 가능한 것으로 한국가스안전공사의 제품 검사 또는 성능 인증을 받은 제품

5. 빌트인(Built-in) 연소기의 호스는 뒤틀리거나 처지지 않도록 고정장치로 고정한다.

• **배관 지하매설**

1. 지하에 매설하는 배관은 폴리에틸렌피복강관 또는 PE관을 사용한다.

2. 배관의 외면과 지면 또는 노면사이에는 다음 기준에 따른 매설 깊이를 유지한다.

(1) 액화석유가스사용시설의 부지 안에서는 0.6 m 이상

(2) (1)에 해당하지 않는 차량이 통행하는 폭 8 m 이상의 도로에서는 1.2 m 이상

(3) (1)에 해당하지 않는 차량이 통행하는 폭 4 m 이상 8 m 미만인 도로에서는 1 m 이상. 다만 다음 어느 하나에 해당하는 경우에는 0.8 m 이상으로 할 수 있다.

(3-1) 호칭지름이 300 mm (KS M 3514에 따른 가스용 폴리에틸렌관의 경우에는 공칭외경 315 mm를 말한다) 이하로서 최고사용압력이 0.1 MPa 미만인 배관

(3-2) 도로에 매설된 최고사용압력이 0.1 MPa 미만인 배관에서 횡으로 분기하여 수요가에게 직접 연결되는 배관

(4) (1)부터 (3)까지에 해당하지 않는 곳에서는 0.8 m 이상. 다만 다음 어느 하나에 해당하는 경우에는 0.6 m 이상으로 할 수 있다.

(4-1) 폭 4 m 미만인 도로에 매설하는 배관

(4-2) 암반·지하매설물 등에 의하여 매설 깊이를 유지하기가 곤란한 경우

OX퀴즈
차량이 통행하는 폭 8 m 이상의 도로에서는 **1 m** 이상 매설깊이를 유지한다. (×)

(5) 철도의 횡단부 지하의 경우에는 지면으로부터 1.2 m 이상인 깊이에 매설하고 강재의 케이싱을 사용하여 보호한다.

3. 지하구조물·암반 그 밖에 특수한 사정으로 2.에 따른 매설 깊이를 확보할 수 없는 곳의 배관에는 보호관 또는 보호판으로 보호조치를 하되, 보호관 또는 보호판 외면이 지면 또는 노면과 0.3 m 이상의 깊이를 유지한다.

OX퀴즈
매설 깊이를 확보할 수 없는 곳의 배관에는 보호관 또는 보호판으로 보호조치를 하되, 보호관 또는 보호판 외면이 지면 또는 노면과 0.1 m 이상의 깊이를 유지한다. (×)

• **배관 노출 설치**

1. 건축물 안의 배관은 노출하여 시공한다.

2. 건축물의 벽을 관통하는 부분의 배관에는 보호관을 설치하고 부식방지조치를 한다.

3. 배관은 움직이지 않도록 고정 부착하는 조치를 하되 그 호칭지름이 13 mm 미만의 것은 1 m마다, 13 mm 이상 33 mm 미만의 것은 2 m마다, 33 mm 이상의 것은 3 m마다 고정장치를 설치한다. 다만 호칭지름 100 mm 이상의 것에는 다음의 방법에 따라 3 m를 초과하여 설치할 수 있다.

(1) 배관은 온도변화에 의한 열응력과 수직 및 수평 하중을 동시에 고려하여 설계·설치한다.

(2) 배관의 재료는 강재를 사용하고 접합은 용접으로 하도록 한다.

(3) 배관 지지대는 배관 하중 및 축방향의 하중에 충분히 견디는 강도를 갖는 구조로 설치하고 지지대의 부식 등을 감안하여 가능한 한 여유 있게 설치한다.

Tip 배관 축방향 : 배관의 길이 방향으로 배관이 설치된 방향이다. 즉, 유체가 흐르는 경로를 나타낸다.

(4) 지지대, U볼트 등의 고정장치와 배관 사이에는 고무판, 플라스틱 등 절연물질을 삽입한다.

(5) 배관의 고정 및 지지를 위한 지지대의 최대지지간격은 표를 기준으로 하되, 호칭지름 600 A를 초과하는 배관은 배관처짐량의 500배 미만이 되는 지점마다 지지한다.

4. 배관관경별 지지간격

호칭지름(A)	지지간격(m)
100	8
150	10
200	12
300	16
400	19
500	22
600	25

Tip 배관 이음부와의 이격거리인지, 가스계량기와의 이격거리인지 잘 구분하여 문제를 풀 것!

5. 배관 이음부(용접 이음매를 제외한다)와 전기계량기 및 전기 개폐기와의 거리는 0.6 m 이상, 전기점멸기 및 전기접속기와의 거리는 0.15 m 이상, 절연조치를 하지 않은 전선 및 단열조치를 하지 않은 굴뚝(배기통을 포함하되, 밀폐형 강제급배기식보일러에 설치하는 2중 구조의 배기통은 제외한다)과의 거리는 0.15 m 이상의 거리를 유지한다.

6. 배관 이음부(용접 이음매는 제외한다)와 절연조치를 한 전선과의 거리는 0.1 m 이상의 거리를 유지한다. 다만 원격검침장치(통신회선을 이용하여 원격지 계측기의 값을 무선으로 검침할 수 있는 장치)나 2.4.4.5.3 단서에 따른 제품을 작동하기 위해 절연조치를 한 전선은 제외한다.

7. 공동주택·오피스텔·콘도미니엄에 가스를 공급하기 위한 배관[저장설비에서 건축물의 외벽(외벽에 가스계량기가 설치된 경우에는 그 계량기의 전단밸브)까지의 배관에 적용]은 단독피트 안에 설치하거나 다음 기준에 적합하게 노출하여 설치한다.

   (1) 배관의 접합은 용접으로 한다. 다만 아래와 같은 경우에는 플랜지접합 또는 기계적 접합으로 할 수 있다.

   (1-1) 가스사용자가 구분되어 소유하거나 점유하고 있는 건축물에 공급하기 위하여 분기된 이후의 배관의 접합부

   (1-2) 건축물에 가스를 공급하기 위한 배관 중 사용압력이 30 kPa 이하이고, 호칭지름이 40 A 이하인 배관의 접합부

   (2) 배관은 벽면 등에 견고하게 고정한다.

   (3) 배관은 다음 기준에 따라 환기가 잘 되거나 기계환기설비를 설치한 장소에 설치한다.

   (3-1) 외기에 면하여 설치하는 환기구의 통풍가능 면적 합계가 바닥면적 $1\ m^2$마다 $300\ cm^2$의 비율로 계산한 면적 이상이고, 환기구를 2방향 및 2개소 이상으로 분산 설치한 장소

   (3-2) 바닥면적 $1\ m^2$마다 $0.5\ m^3$/분 이상의 통풍능력을 가진 기계환기설비가 설치된 장소

   (4) (3)에도 불구하고 다음 기준에 따라 가스누출경보기를 설치하거나 용접부에 대하여 비파괴시험을 실시하여 이상이 없는 경우에는 (3-1) 및 (3-2) 이외의 장소에 설치할 수 있다.

   (4-1) 가스누출경보기를 설치한다.

   (4-1-1) 가스누출경보기의 검지부 설치 수는 배관 길이 20 m마다 또는 바닥면 둘레 20 m에 대하여 한 개 이상의 비율로 계산한 수로 한다.

OX퀴즈
가스누출경보기의 검지부 설치 수는 배관 길이 20 m마다 또는 바닥면 둘레 20 m에 대하여 한 개 이상의 비율로 계산한 수로 한다. (○)

(4-2) 용접부에 대한 비파괴 시험방법은 다음 기준에 따른다.
  (4-2-1) 호칭지름 80 mm 이상인 배관의 접합부에는 방사선투과시험(R/T)을 실시한다.
  (4-2-2) 호칭지름 80 mm 미만인 배관의 접합부에는 방사선투과시험, 초음파탐상시험, 자분탐상시험, 침투탐상시험 중 하나의 시험을 실시한다.
(5) 차량 등으로 손상을 받을 우려가 있는 배관부분은 방호조치를 한다.

8. 입상관은 환기가 양호한 장소에 설치하고, 화기 등이 있을 우려가 있는 주위를 통과할 경우에는 화기 등과 차단조치를 하며, 입상관마다 밸브 손잡이가 부착된 부분(중심)을 기준으로 바닥으로부터 1.6 m 이상 2.0 m 이내에 입상관 밸브를 설치한다. 다만 보호상자(입상관의 밸브를 보호하기 위한 단단한 불연재질의 상자) 안에 설치하는 경우에는 1.6 m 이상 2.0 m 이내에 설치하지 않을 수 있다.

• 옥외식

1. 연료전지의 공기 급기구는 연료전지 이외의 배기가스 또는 오염물질에 의해 영향을 받지 않도록 한다.
2. 터미널에는 새·쥐 등 직경 16 mm 이상인 물체가 통과할 수 없는 방조망을 설치한다.
3. 연료전지 터미널 개구부로 부터 0.6 m 이내에는 배기가스가 실내로 유입할 우려가 있는 개구부가 없도록 한다.
4. 연료전지와 접하는 지지대 및 구조물과 지붕재는 불연성의 물질이어야 한다.
5. 연료전지는 풍압, 지진, 번개에 의해 악영향을 받지 않도록 견고히 고정되어야 한다.
6. 연료전지는 가연성, 인화성, 위험성 물질을 저장하기 위한 장소에 설치할 수 없다.
7. 연료전지는 급·배기에 영향이 없도록 벽, 담 등 건축물과 0.3 m 이상 이격하여 설치한다.
8. 터미널 또는 배기구의 전방·측변·상하주위 0.6 m(방열판이 설치된 것은 0.3 m) 이내에는 가연물이 없도록 한다.
9. 연료전지와 그 구성부품은 동파방지 조치를 해야 한다.

> **OX퀴즈**
> 터미널에는 새·쥐 등 직경 **10 mm** 이상인 물체가 통과할 수 없는 방조망을 설치한다. (×)

• 가스누출경보기의 구조

(1) 충분한 강도를 가지며, 취급과 정비(특히 엘리먼트의 교체)가 용이한 것으로 한다.

(2) 가스누출경보기의 경보부와 검지부는 분리하여 설치할 수 있는 것으로 한다.

(3) 검지부가 다점식인 경우에는 경보가 울릴 때 경보부에서 가스의 검지장소를 알 수 있는 구조로 한다.

(4) 경보는 램프의 점등 또는 점멸과 동시에 경보를 울리는 것으로 한다.

> **OX퀴즈**
> 가스누출경보기의 경보부와 검지부는 분리하여 설치할 수 **없는 것**으로 한다. (×)

• 가스누출경보기의 설치장소

(1) 가스누출경보기의 검지부는 가스설비(버너 등으로서 파일럿 버너 등에 의한 인터록기구를 갖추어 가스누출의 우려가 없는 사용설비 중 그 버너 등의 부분은 제외한다) 중 가스가 누출하기 쉬운 설비가 설치되어 있는 장소의 주위로써 누출한 가스가 체류하기 쉬운 장소에 설치한다.

(2) 가스누출경보기의 검지부를 설치하는 위치는 가스의 성질, 주위상황, 각 설비의 구조 등의 조건에 따라 정하되 다음 중 어느 하나에 해당하는 곳에는 설치하지 않는다.

　(2-1) 증기, 물방울, 기름기 섞인 연기 등이 직접 접촉될 우려가 있는 곳
　(2-2) 주위온도 또는 복사열에 의한 온도가 섭씨 40도 이상이 되는 곳
　(2-3) 설비 등에 가려져 누출가스의 유동이 원활하지 못한 곳
　(2-4) 차량, 그 밖의 작업 등으로 인하여 경보기가 파손될 우려가 있는 곳

(3) 가스누출경보기 검지부의 설치 높이는 바닥면으로부터 검지부 상단까지의 높이가 0.3 m 이내인 범위에서 가능한 한 바닥에 가까운 곳으로 한다.

(4) 가스누출경보기의 경보부의 설치장소는 관계자가 상주하거나 경보를 식별할 수 있는 장소로써 경보가 울린 후 각종 조치를 취하기에 적절한 곳이어야 하며, 안내문을 설치해야 한다.

> **OX퀴즈**
> 가스누출경보기의 경보부의 설치 장소는 관계자가 상주하거나 경보를 식별할 수 있는 장소로써 경보가 울린 후 각종 조치를 취하기에 적절한 곳이어야 하며, 안내문을 설치해야 한다. (○)

• 자연환기설비

바닥 면에 접하고 또한 외기에 면하여 설치된 환기구의 통풍가능면적의 합계가 바닥면적 1 m^2마다 300 cm^2의 비율로 계산한 면적 이상(1개소 환기구의 면적은 2400 cm^2 이하로 한다)으로 하고, 사방을 방호벽 등으로 설치할 경우에는 환기구를 2방향 이상으로 분산 설치한다. 이 경우 환기구의 통풍가능면적은 다음 기준에 따른다.

⑴ 환기구에 철망 또는 환기구의 틀 등이 부착될 경우 환기구의 통풍가능면적은 그 철망, 환기구의 틀 등이 차지하는 단면적을 뺀 면적으로 계산한다.

⑵ 환기구에 알루미늄 또는 강판제 갤러리가 부착된 경우 환기구의 통풍가능면적은 환기구 면적의 50 %로 계산한다.

⑶ 한 방향 이상이 전면 개방되어 있는 경우 환기구의 통풍가능면적은 개방되어 있는 부분의 바닥면으로부터 높이 0.4 m까지의 개구부 면적으로 계산한다.

⑷ 한 방향의 환기구 통풍가능면적은 전체 환기구 필요 통풍가능면적의 70 %까지만 계산한다.

• **강제환기설비**

자연통풍구조를 설치할 수 없는 경우에는 다음 기준에 따라 강제통풍장치를 설치한다.

1. 통풍능력이 바닥면적 1 m^2마다 0.5 m^3/min 이상으로 한다.

2. 흡입구는 바닥면 가까이에 설치한다.

3. 배기가스 방출구를 지면에서 5 m 이상의 높이에 설치한다.

• **경계표시**

소형저장탱크에 의한 액화석유가스사용시설의 안전을 확보하기 위하여 필요한 곳에는 액화석유가스를 취급하는 시설 또는 일반인의 출입을 제한하는 시설이라는 것을 명확하게 식별할 수 있도록 다음 기준에 따라 경계표지를 한다. 다만 저장능력 1 ton 미만의 소형저장탱크의 경우는 각 소형저장탱크마다 경계표지의 규격을 (0.3 × 0.15) m 이상으로 할 수 있다.

1. 경계표지는 경계책 출입구(경계울타리, 담 등에 설치되어 있는 것) 등 외부에서 보기 쉬운 곳에 게시한다.

2. 해당 시설에 출입 또는 접근할 수 있는 장소가 여러 곳일 때에는 그 장소마다 게시한다.

3. 경계표지는 「액화석유가스의 안전관리 및 사업법」의 적용을 받고 있는 사업소 또는 시설임을 외부사람이 명확하게 식별할 수 있는 크기로 하거나, 또는 해당 사업소에서 준수해야 할 안전확보에 필요한 주의사항을 부기하는 것도 가능하다.

> **OX퀴즈**
> 한 방향의 환기구 통풍가능면적은 전체 환기구 필요 통풍가능면적의 100 %까지만 계산한다. (×)

LPG저장소 (연)	-규격(0.6×0.3) m 이상 -색상:흰색(바탕), 적색(LPG, 연), 흑색(저장소) -수량:출입 또는 접근할 수 있는 장소마다 -게시위치:저장설비 외면	
화 기 엄 금	-규격(0.6×0.3) m 이상 -색상:적색(바탕), 흰색(글자) -수량:출입 또는 접근할 수 있는 장소마다 -게시위치:저장설비 외면	
용무 외 출입금지	-규격(0.6×0.3) m 이상 -색상:적색(바탕), 흰색(글자) -수량:출입 또는 접근할 수 있는 장소마다 -게시위치:저장설비 외면	

4. 긴급연락처(액화석유가스 가스공급자의 명칭, 주소, 전화번호)를 잘 보이는 곳에 표시한다. 다만 최초 가스공급 전에 가스공급자가 정해지기 전까지는 가스시설시공업자의 연락처를 표시한다.

긴급 연락처		규격 : (0.5 × 0.6) m 이상
가스공급자 (가스시설시공업자)	○○○○○	- 색상 : 흰색(바탕), 흑색(글자) - 수량 : 1개소 이상 - 게시위치 : 경계책 또는 저장설비 외
주소	○○도 ○○시 ○○번지	
전화번호	○○○ - ○○○○	

• 경계책

1. 소형저장탱크의 저장능력을 합산한 결과 저장능력 합계가 1000 kg 이상인 소형저장탱크를 설치한 장소 주위에는 높이 1 m 이상의 철책 또는 철망 등의 경계책(경계울타리)을 설치하여 일반인의 출입이 통제되도록 필요한 조치를 한다. 다만 전용탱크실에 설치된 소형저장탱크 시설에는 경계책(경계울타리)을 설치하지 않을 수 있다.

2. 경계책 주위에는 외부사람이 무단출입을 금하는 내용의 경계표지를 보기 쉬운 장소에 부착한다.

3. 경계책 안에는 누구도 화기·발화 또는 인화하기 쉬운 물질을 휴대하고 들어가지 않는다. 다만 해당 설비의 정비수리 등 불가피한 사유가 발생한 경우에 한해서는 안전관리책임자의 감독하에 휴대하게 할 수 있다.

• 밸브 또는 콕의 안전조치

(1) 각 밸브등에는 그 명칭 또는 플로우시트(Flow Sheet)에 의한 기호, 번호 등을 표시하고 그 밸브등의 핸들 또는 별도로 부착한 표시판에 해당 밸브등의 개폐방향을 명시한다.

(2) 밸브 등이 설치된 배관에는 내부 유체의 종류를 명칭 또는 도색으로 표시하고 흐름방향을 표시한다.

OX퀴즈
소형저장탱크의 저장능력을 합산한 결과 저장능력 합계가 **3000 kg** 이상인 소형저장탱크를 설치한 장소 주위에는 높이 1 m 이상의 철책 또는 철망 등의 경계책(경계울타리)을 설치한다. (×)

(3) 밸브 등을 조작함으로써 그 밸브등에 관련된 제조설비에 안전상 중대한 영향을 미치는 밸브등(압력을 구분하는 경우에는 압력을 구분하는 밸브, 안전밸브의 주밸브, 긴급차단밸브, 긴급방출용 밸브, 제어용공기 및 안전용 불활성가스 등의 송출 또는 이입용 밸브, 조정밸브, 감압밸브, 차단용 맹판 등)에는 작업원이 그 밸브 등을 적절히 조작할 수 있게 다음의 조치를 강구한다.

(3-1) 밸브 등에는 그 개폐상태를 명시하는 표시판을 부착한다. 이 경우 특히 중요한 조정밸브 등에는 개도계(開度計)를 설치한다.

(3-2) 안전밸브의 주밸브 및 보통 사용하지 않는 밸브 등(긴급용의 것을 제외한다)은 함부로 조작할 수 없도록 자물쇠의 채움, 봉인, 조작금지 표시의 부착이나 조작 시 지장이 없는 범위 내에서 핸들을 제거하는 등의 조치를 하고, 내압·기밀시험용 밸브 등은 플러그 등의 막음조치로 이중차단기능이 되게 한다.

(3-3) 계기판에 설치한 긴급차단밸브, 긴급방출밸브 등을 하는 기구의 보턴핸들(Button Handle), 노칭디바이스핸들(Notching Device Handle) 등 (갑자기 작동할 염려가 없는 것을 제외한다)에는 오조작 등 불시의 사고를 방지하기 위하여 덮개, 캡 또는 보호장치를 사용하는 등의 조치를 함과 동시에 긴급차단밸브 등의 개폐상태를 표시하는 시그널램프 등을 계기판에 설치한다. 또한 긴급차단밸브의 조작위치가 2곳 이상일 경우 보통 사용하지 않는 밸브 등에는 함부로 조작하여서는 안 된다는 뜻과 그것을 조작할 때의 주의사항을 표시한다.

(4) 밸브 등의 조작위치에는 그 밸브 등을 확실하게 조작할 수 있도록 필요에 따라 발판을 설치한다.

(5) 밸브 등을 조작하는 장소는 밸브 등의 조작에 필요한 조도 150 lx 이상으로 한다. 이 경우 계기실(제조시설에 있어서 제조·충전을 제어하기 위하여 기기를 집중적으로 설치한 실을 말한다. 이하 같다) 및 계기실 이외의 계기판에는 비상조명장치를 설치한다.

• **이입 및 충전준비**

1. 소형저장탱크에 액화석유가스 공급은 벌크로리에 의하거나, 소형저장탱크에 펌프 또는 압축기가 설치된 경우에는 탱크로리로 할 수 있다.

2. 충전작업을 시작하기 전에 주위에 화기의 유무 및 인화성 또는 발화성물질의 유무를 확인하고 위험이 없도록 한다.

3. 주위로부터 잘 보이는 장소에 "충전작업 중" 및 "화기엄금" 등의 표지를 설치한다.

OX퀴즈
소형저장탱크에 액화석유가스 공급은 **벌크로리에 의해서만** 할 수 있다. (×)

4. 벌크로리 및 탱크로리에 발생하는 정전기를 소정의 접지에 의하여 제거하는 조치를 한다.

5. 소화기는 사용하기 편리한 장소에 배치한다.

• 벌크로리 측의 호스어셈블리에 의한 충전

(1) 충전작업자는 충전호스를 호스릴 등으로부터 풀어 충전호스의 부풀림, 마모, 균열 등의 손상 유무를 확인한다.

(2) 충전작업자는 충전호스 끝의 세이프티커플링 및 소형저장탱크의 세이프티커플링으로부터 캡을 열기 전에 블리더밸브를 열어 압력이 없음을 확인하고 커플링을 접속한 후에는 액화석유가스 검지기 등을 사용하여 접속부의 가스누출이 없음을 확인한다.

(3) 충전작업자는 10 m 이상 길이의 충전호스를 사용하여 충전하는 경우에는 별도의 충전보조원에게 충전작업 중 충전호스를 감시하게 한다.

(4) 충전작업자는 소형저장탱크의 가스잔량을 액면계로 확인하고 충전해야 할 가스의 용적을 산정한다.

(5) 펌프 또는 콤프레샤는 충전에 필요한 밸브를 확실히 열어 충전준비가 완료되었음을 확인한 후 스위치를 넣는다.

(6) 충전 중 충전작업자는 충전이 순조롭게 진행되고 있는지를 액면계의 움직임 및 펌프 등의 작동상태를 주의 깊게 관찰한다.

(7) 탱크 안의 액면이 소정의 액면에 달했음을 액면계에 의하여 확인하고 신속히 충전용 펌프 또는 콤프레샤의 운전을 정지시키며, 확인 및 운전의 정지는 충전작업자가 스스로 한다.

(8) 펌프 또는 콤프레샤를 정지시킨 후에는 벌크로리 측으로부터 순차적으로 밸브를 닫고 커플링을 분리한다. 이 경우 계량에 의한 자동정지방식을 병용하고 있는 경우에도 액면계의 확인에 의하여 펌프 또는 콤프레샤를 정지시킨다.

• 가스설비 확인방법

1. 재료는 재료성적서, 전기설비 방폭성능은 명판, 형식승인서 또는 성능시험성적서로 확인한다.

2. 가스설비는 상용압력의 1.5배(그 구조상 물에 의한 내압시험이 곤란하여 공기·질소 등의 기체로 내압시험을 실시하는 경우에는 1.25배) 이상의 압력(이하 "내압시험압력"이라 한다)으로 내압시험을 실시하여 이상이 없고, 상용압력 이상의 기체의 압력으로 기밀시험(공기·질소 등의 기체

로 내압시험을 실시하는 경우에는 제외하고, 기밀시험을 실시하기 곤란한 경우에는 사용압력으로 누출검사)을 실시하여 이상이 없는지 확인한다. 이 경우 내압시험 및 기밀시험에 관한 세부기준은 다음에 따른다.

(1) **상용압력**

내압시험 및 기밀시험압력의 기준이 되는 상용압력은 사용 상태에서 해당설비 등에 작용하는 최고사용압력으로 한다.

(2) **내압시험**

내압시험은 다음 기준에 따라 실시한다. 다만 「고압가스 안전관리법」 및 법에 따른 검사대상 제품에 해당하는 설비로서 검사에 합격한 제품은 내압시험을 생략할 수 있다.

(2-1) 내압시험은 원칙적으로 수압으로 한다. 다만 부득이한 이유로 물을 채우는 것이 부적당한 경우에는 공기 또는 위험성이 없는 기체의 압력으로 할 수 있다.

> **OX퀴즈**
> 내압시험은 원칙적으로 **공압**으로 한다. (×)

(2-2) 내압시험을 공기 등의 기체로 하는 경우에는 작업을 안전하게 하기 위하여 그 설비의 용접부 중 맞대기 용접에 의한 용접부의 전 길이에 대해서는 KGS GC205(가스시설 용접 및 비파괴시험 기술기준)에 따라 방사선투과시험을 하고 합격한 것을 확인한다. 다만 완성검사의 경우 배관의 길이 이음매에 대하여 그 배관을 제조한 사업소에서 내압시험을 한 것으로써 그 시험성적서 등으로 확인할 수 있는 것은 그렇지 않다. 또한 필렛용접부에 대해서는 KS D 0213(철강재료의 자분탐상시험방법 및 자분모양의 분류) 또는 KS B 0816(침투탐상시험방법 및 침투지시모양의 분류)에 따라 탐상시험을 하고 표면 등에 유해한 결함이 없음을 확인한다.

(2-3) 내압시험은 해당설비가 취성파괴를 일으킬 우려가 없는 온도에서 실시한다.

(2-4) 내압시험압력은 상용압력의 1.5배(공기등 기체로 실시할 경우에는 1.25배) 이상으로 하고, 규정압력유지시간은 5에서 20분간을 표준으로 한다.

> **OX퀴즈**
> 규정압력유지시간은 5에서 20분간을 표준으로 한다. (○)

(2-5) 내압시험에 종사하는 사람의 수는 작업에 필요한 최소인원으로 하고, 관측 등을 하는 경우에는 적절한 방호시설을 설치하고 그 뒤에서 실시한다.

(2-6) 내압시험을 하는 장소 및 그 주위는 잘 정돈하여 긴급한 경우 대피하기 좋도록 하고 인체에 대한 위해(危害)가 발생하지 않도록 한다.

(2-7) 내압시험은 내압시험 압력에서 팽창, 누출 등의 이상이 없을 때 합격으로 한다.

OX퀴즈
내압시험을 공기 등의 기체로 하는 경우에는 우선 상용압력의 **80 %**까지 승압하고 그 후에는 상용압력의 **5 %**씩 단계적으로 승압하여 내압시험압력에 달하였을 때 누출 등의 이상이 없고, 그 후 압력을 내려 상용압력으로 하였을 때 팽창, 누출 등의 이상이 없으면 합격으로 한다. (×)

(2-8) 내압시험을 공기 등의 기체로 하는 경우에는 우선 상용압력의 50 %까지 승압하고 그 후에는 상용압력의 10 %씩 단계적으로 승압하여 내압시험압력에 달하였을 때 누출 등의 이상이 없고, 그 후 압력을 내려 상용압력으로 하였을 때 팽창, 누출 등의 이상이 없으면 합격으로 한다.

문제풀이

1 소형저장탱크에 의한 액화석유가스 사용시설의 시설·기술·검사기준에 따른 용어를 쓰시오.

(1) 높이 2 m 이상, 두께 0.12 m 이상의 철근콘크리트 또는 이와 같은 수준 이상의 강도를 갖는 구조의 벽
(2) 수용가에 가스를 공급하기 위해 건축물에 수직으로 부착되어 있는 배관
(3) 주방가구에 내장 설치하는 연소기
(4) 동일공간에 설치된 2개 이상의 캐스케이드용 연료전지에서 나오는 배기가스를 금속 이중관형 연돌까지 이송하거나 바깥 공기 중으로 직접 배출하기 위하여 공동으로 사용하는 연통으로, 연료전지 제조자 시공지침에 따라 하나의 생산자가 스테인리스강판으로 제조한 것

01
(1) 방호벽
(2) 입상관
(3) 빌트인 연소기
(4) 캐스케이드연통

2 다음은 소형저장탱크에 의한 액화석유가스 사용시설의 시설·기술·검사기준에 따른 설치장소 기준이다. 괄호 안에 들어갈 알맞은 말을 쓰시오.

(1) 소형저장탱크는 (　　) 설치한다.
(2) 소형저장탱크는 (　　)한 장소에 설치한다.
(3) 소형저장탱크는 건축물이나 사람이 통행하는 구조물의 하부에 설치하지 않는다. 다만 처마, 차양, 부연(附椽), 그 밖에 이와 비슷한 것으로서 건축물의 외벽으로부터 수평거리 (　　)로 돌출된 부분의 하부에는 소형저장탱크를 설치할 수 있다.

02
(1) 옥외에
(2) 수평
(3) 1 m 이내

03
(1) 0.6 m 이상
(2) 1.2 m 이상
(3) 1 m 이상

3 다음은 소형저장탱크에 의한 액화석유가스 사용시설의 시설·기술·검사기준에 따른 배관 지하매설기준이다. 각각의 매설 깊이를 쓰시오.

(1) 액화석유가스사용시설의 부지 안
(2) 1.에 해당하지 않는 통행하는 폭 8 m 이상의 도로
(3) 1.에 해당하지 않는 차량이 통행하는 폭 4 m 이상 8 m 미만인 도로

04
(2) 20 m

4 다음은 소형저장탱크에 의한 액화석유가스 사용시설의 시설·기술·검사기준에 따른 배관 노출 설치기준이다. 틀린 것을 고르시오.

(1) 배관 이음부(용접 이음매를 제외한다)와 전기계량기 및 전기 개폐기와의 거리는 0.6 m 이상 유지한다.
(2) 가스누출경보기의 검지부 설치 수는 배관 길이 30 m 마다 또는 바닥면 둘레 30 m에 대하여 한 개 이상의 비율로 계산한 수로 한다.
(3) 배관은 온도변화에 의한 열응력과 수직 및 수평 하중을 동시에 고려하여 설계·설치한다.
(4) 배관의 재료는 강재를 사용하고 접합은 용접으로 하도록 한다.

사용시설　　　　　　　　　　　　　　　　　　　　　　　　　　　　　　액화석유가스

KGS FU431　용기에 의한 액화석유가스 사용시설의 시설·기술·검사기준

• 화기와의 거리

1. 저장설비·감압설비·고압배관(건축물 안에 설치한 고압배관은 제외한다) 및 저압배관 이음매(용접 이음매와 건축물 안에 설치한 배관 이음매는 제외한다. 이하 "저장설비등" 이라 한다)의 외면과 화기(해당 시설 안에서 사용하는 자체 화기는 제외한다)를 취급하는 장소와의 사이에는 표에 따른 거리(주거용 시설은 2 m) 이상을 유지한다. 다만 그 거리 이상을 유지하지 못하는 경우 누출된 가연성가스가 화기를 취급하는 장소로 유동하는 것을 방지하기 위하여 유동방지시설을 설치할 수 있으며, 이 경우에도 우회수평거리는 표에서 정한 거리(주거용 시설은 2 m) 이상으로 한다.

저장능력	화기와의 우회거리(m)
1톤 미만	2
1톤 이상 3톤 미만	5
3톤 이상	8

> **암기법**
> 이오빠

2. 저장설비등과 화기를 취급하는 장소와의 사이에 높이 2 m 이상의 내화성 벽(「건축법」 시행령 제2조 제7호, 「건축물의 피난·방화구조 등의 기준」에 관한 규칙 제3조에서 정한 내화구조의 벽)을 설치한다.

3. 화기를 사용하는 장소가 불연성 건축물 안에 있는 경우 저장설비등으로부터 표에서 정한 우회수평거리이내에 있는 그 건축물의 개구부는 방화문 또는 다음에 따른 유리를 사용하여 폐쇄하고, 사람이 출입하는 출입문은 2중문으로 한다.
   (1) KS L 2006(망 판유리 및 선 판유리) 중 망 판유리
   (2) 공인시험기관의 시험결과 이와 같은 수준 이상의 유리

4. 가스계량기는 화기(해당 시설 안에서 사용하는 자체 화기는 제외한다)와 2 m 이상의 우회거리를 유지한다.

> **OX퀴즈**
> 가스계량기는 화기(해당 시설 안에서 사용하는 자체 화기는 제외한다)와 **8 m** 이상의 우회거리를 유지한다.
> (×)

OX퀴즈
저장능력이 300 kg 초과인 경우에는 저장탱크 또는 소형저장탱크를 설치하고, 저장설비를 용기로 하는 경우 저장능력은 300 kg 이하로 한다. (×)

• **저장규모 제한**

저장능력이 500 kg 초과인 경우에는 저장탱크 또는 소형저장탱크를 설치하고, 저장설비를 용기로 하는 경우 저장능력은 500 kg 이하로 한다. 다만, 시장·군수·구청장이 소형저장탱크의 설치가 곤란하다고 인정하는 경우에는 용기집합설비의 저장능력이 500 kg을 초과할 수 있고, 이 경우 그 설비가 설치되어 있는 곳에는 방호벽을 설치하거나, 그 설비의 외면으로부터 보호시설(해당 사업소 안에 있는 보호시설을 포함한다)까지 표의 안전거리를 유지한다.

저장능력	1종 보호시설(m)	2종 보호시설(m)
10톤 이하	17	12
10톤 초과 20톤 이하	21	14
20톤 초과 30톤 이하	24	16
30톤 초과 40톤 이하	27	18
40톤 초과	30	20

• **용기보관실 및 용기집합설비 설치**

1. 용기는 사용시설의 안전 확보와 그 용기의 보호를 위하여 용기집합설비로 설치한다. 다만 다음 중 어느 하나에 해당하는 경우에는 용기집합설비를 설치하지 않을 수 있다.

    (1) 내용적이 30 L 미만의 용기로 액화석유가스를 사용하는 경우
    (2) 옥외에서 이동하면서 액화석유가스를 사용하는 경우
    (3) 6개월 이내의 기간 동안 액화석유가스를 사용하는 경우
    (4) 산업용, 선박용 및 농·축산용으로 액화석유가스를 사용하거나, 그 부대시설에서 액화석유가스를 사용하는 경우
    (5) 재건축·재개발·도시계획 대상으로 예정된 건축물 및 허가권자가 증개축 또는 도시가스 공급 예정 건축물로 인정하는 건축물에서 액화석유가스를 사용하는 경우
    (6) 주택 외의 건축물 중 그 영업장(별도의 영업장을 구분하기 곤란한 경우에는 액화석유가스를 사용하는 장소)의 면적이 40 m^2 이하인 곳에서 액화석유가스를 사용하는 경우
    (7) 「노인복지법」에 따른 경로당 또는 「영·유아보육법」에 따른 가정보육시설에서 액화석유가스를 사용하는 경우
    (8) 단독주택에서 액화석유가스를 사용하는 경우
    (9) 그 밖에 허가권자가 시설 설치장소의 부족 등으로 체적판매 방법에 따라 액화석유가스를 판매하기가 곤란하다고 인정하는 경우

2. 저장능력이 100 kg을 초과하는 경우에는 다음 기준에 따라 옥외에 용기 보관실을 설치하고, 용기는 용기보관실 안에 설치한다.
   (1) 용기보관실의 벽·문 및 지붕은 불연재료(지붕의 경우에는 가벼운 불연재료)로 설치하고, 단층구조로 한다.
   (2) 건물과 건물 사이 등 용기보관실 설치가 곤란한 경우에는 외부인의 출입을 방지하기 위한 출입문을 설치하고 보기 쉬운 곳에 경계표지를 설치한다.
   (3) 용기보관실을 건물 벽의 일부를 이용하여 설치코자 할 경우에는 용기보관실에서 가스가 누출되어 건물로 유입되지 않는 구조로 한다.
3. 용기집합설비의 양단 막음조치 시에는 캡(Round Cap 또는 Socket Cap) 또는 플랜지로 마감한다.
4. 용기를 3개 이상 집합하여 사용하는 경우에는 용기집합장치로 설치한다.
5. 용기와 연결된 트윈호스의 조정기 연결부는 조정기 이외의 다른 저장설비나 가스설비에 연결하지 않는다.
6. 용기에 연결된 측도관의 용기집합장치 연결부는 용기집합장치나 조정기 이외의 다른 저장설비나 가스설비에 연결하지 않는다.
7. 용기와 소형저장탱크는 혼용설치할 수 없다.

> OX퀴즈
> 용기를 **2개** 이상 집합하여 사용하는 경우에는 용기집합장치로 설치한다. (×)

- **사이폰용기 설치**

사이폰용기는 기화장치가 설치되어 있는 시설에서만 사용한다.

> Tip 사이폰용기 : 기화장치의 고장에 의해 액화석유가스를 공급하지 못하는 경우 회색 핸들(기체용 밸브)를 개방하여 기체를 일시적으로 공급

- **계량기 설치**

1. 체적판매방법에 따라 액화석유가스를 사용하는 가스시설에는 액화석유가스 사용에 맞는 가스계량기를 설치한다.
2. 가스계량기의 설치장소는 다음 기준에 따라 설치한다.
   (1) 가스계량기는 검침·교체·유지관리 및 계량이 용이하고 환기가 양호하도록 다음의 어느 하나의 장소에 설치한다.
      (1-1) 가스계량기를 설치한 실내의 하부에 50 cm^2 이상 환기구(철망 등을 부착할 때는 철망 등이 차지하는 면적을 뺀 면적) 등을 설치한 장소
      (1-2) 가스계량기를 설치한 실내에 기계환기설비를 설치한 장소
      (1-3) 가스누출자동차단장치를 설치하여 가스누출 시 경보를 울리고 가스계량기 전단에서 가스가 차단될 수 있도록 조치한 장소

(1-4) 환기가 가능한 창문 등(개방 시 환기면적이 100 cm² 이상에 한정한다)이 설치된 장소

(2) 가스계량기는 「건축법 시행령」 제46조 제4항에 따른 공동주택의 대피 공간, 방·거실 및 주방 등 사람이 거처하는 장소, 그 밖에 가스계량기에 나쁜 영향을 미칠 우려가 있는 장소에 설치하지 않는다.

(3) 가스계량기(30 m³/h 미만에 한정한다)의 설치 높이는 바닥으로부터 계량기 지시장치(계량값 표시창)의 중심까지 1.6 m 이상 2 m 이내에 수직·수평으로 설치하고, 밴드·보호가대 등 고정장치로 고정한다. 다만 강판, FRP 등의 내구성이 있는 재질의 격납상자 내에 설치하는 경우와 기계실 및 보일러실(가정에 설치된 보일러 실은 제외한다)에 설치하는 경우에는 설치 높이의 제한을 하지 않는다.

• **중간밸브 설치**

가스사용시설에는 그 사용시설의 안전 확보 및 정상작동을 위하여 다음 기준에 따라 중간밸브를 설치한다.

1. 연소기가 설치된 곳에는 조작하기 쉬운 위치에 중간밸브를 다음 기준에 적합하게 설치한다.

    (1) 가스사용시설에는 연소기 각각에 퓨즈콕·상자콕 또는 이와 같은 수준 이상의 성능을 가진 안전장치(이하 "퓨즈콕등"이라 한다)를 설치한다. 다만 가스소비량이 19400 kcal/h를 초과하는 연소기가 연결된 배관 또는 연소기사용압력이 3.3 kPa를 초과하는 배관에는 배관용 밸브를 설치할 수 있다.

    (2) 배관이 분기되는 경우에는 주배관에 배관용 밸브를 설치한다.

    (3) 액화석유가스사용시설의 압력조정기의 출구 측 배관에는 압력조정기와 접하도록 배관용 밸브 및 압력측정기구 접속 이음관(이하 "가압구"라 한다)을 설치한다. 다만 가압구를 설치하지 않아도 상용압력 이상으로 가압할 수 있는 경우에는 가압구를 설치하지 않을 수 있으며, 2단감압식압력조정기의 2차조정기출구 측 용적이 1리터 미만인 경우에는 배관용 밸브 및 가압구를 설치하지 않을 수 있다.

    (4) 2개 이상의 실로 분기되는 경우에는 각 실의 주배관마다 배관용 밸브를 설치한다.

2. 중간밸브 및 퓨즈콕 등은 해당 가스사용시설의 사용압력 및 유량에 적합한 것으로 한다.

3. 가스누출자동차단장치의 차단부와 배관용 밸브의 설치위치가 중복되는 경우에는 그 배관용 밸브에 차단부를 설치할 수 있다.

> **OX퀴즈**
> 배관이 분기되는 경우에는 주배관에 배관용 밸브를 설치한다. (O)

• **가스설비 성능**

1. 가스설비는 상용압력의 1.5배(그 구조상 물로 내압시험을 하기 곤란하여 공기 또는 질소 등의 불활성 기체로 내압시험을 실시하는 경우에는 1.25배) 이상의 압력으로 내압시험을 실시하여 이상이 없고, 상용압력 이상의 기체 압력으로 기밀시험(공기 또는 질소 등의 불활성 기체로 내압시험을 실시하는 경우에는 제외하고 기밀시험을 실시하기 곤란한 경우에는 누출검사)을 실시하여 이상이 없는 것으로 한다.

2. 압력조정기 출구에서 연소기 입구까지의 호스는 다음의 압력으로 기밀시험(정기검사 시에는 사용압력 이상의 압력으로 실시하는 누출검사)을 실시하여 누출이 없도록 한다.

    (1) 조정기의 조정압력이 3.3 kPa 미만인 것은 8.4 kPa 이상의 압력

    (2) 조정기의 조정압력이 3.3 kPa 이상 30 kPa 이하인 것은 35 kPa 이상의 압력

    (3) 조정기의 조정압력이 30 kPa 초과인 것은 상용압력의 1.1배 또는 35 kPa 중 높은 압력

• **PE관의 압력범위에 따른 두께**

SDR	압력
11 이하	0.4 MPa 이하
17 이하	0.25 MPa 이하
21 이하	0.2 MPa 이하

SDR(Standard Dimension Ratio) = D(외경)/t(최소두께)

OX퀴즈
PE관의 압력이 0.25 MPa 이하이면 SDR은 **21 이하**이다. (×)

• **배관을 매설하는 경우 되메움 재료 및 다짐 공정 등 되메움 작업**

(1) 배관을 매설하는 지반이 연약지반인 경우에는 지반침하를 방지하기 위해 필요한 조치를 한다.

(2) 배관의 침하를 방지하기 위해 배관 하부에는 모래[(가스배관이 금속관인 경우에는 KS F 4009(레디믹스트콘크리트) 규정에 따른 염분 농도가 0.04 % 이하일 것)] 또는 19 mm 이상(순환골재의 경우에는 13 mm 초과)의 큰 입자가 포함되지 않은 다음 중 어느 하나의 재료(이하 "기초재료"라 한다)를 0.1 m 이상 포설한다. 다만 현장 여건상 기초재료를 포설하기가 곤란한 경우에는 배관 하부에 두께가 0.1 m 이상인 모래주머니를 2~3 m 간격으로 설치하되, PE관의 융착부 밑에는 반드시 모래주머니를 설치한다.

   (2-1) 굴착현장에서 굴착한 흙(굴착토) 또는 모래와 유사한 성분이 함유된 흙(마사토). 다만 유기질토(이탄등)·실트·점토질 등 연약한 흙은 제외한다.

(2-2) 「건설폐기물의 재활용촉진에 관한 법률 시행규칙」 제29조에서 정한 시험·분석기관으로부터 품질 검사를 받은 순환골재 또는 KS F 2527(콘크리트용 골재)에 적합하게 생산된 순환골재

(2-3) 건설재료시험 연구원 등 공인기관에서 KS F 2324(흙의 공학적 분류기준)에서 정한 방법에 따라 시험하여 GW, GP, SW, SP의 판정을 받은 인공토양

(2-4) 다음 각 호의 조건을 모두 만족하는 슬래그 및 폐주물사

(2-4-1) 「폐기물관리법」에 따른 규제 대상이 아닌 것

(2-4-2) 배관이 금속관인 경우 되메움재의 수소 이온(pH) 농도가 5~8의 중성 상태이며 되메움재에 포함된 기름 성분이 5 % 이하인 것

(2-4-3) 배관이 폴리에틸렌배관인 경우 되메움재에 포함된 기름 성분이 5 % 이하인 것

⑶ 배관에 작용하는 하중을 수직 방향 및 횡 방향에서 지지하고, 하중을 기초 아래로 분산하기 위하여 배관 하단에서 배관 상단 0.3 m(가스용 폴리에틸렌관의 경우에는 0.1 m)까지에는 모래 또는 재료(이하 "침상재료"라 한다)를 포설한다.

⑷ 배관에 작용하는 하중을 분산하고 도로의 침하 등을 방지하기 위해 침상재료 상단에서 도로 노면까지에는 암편이나 굵은 돌이 포함되지 않은 양질의 흙(이하 "되메움재"라 한다)을 포설한다. 다만 유기질토(이탄 등)·실트·점토질 등 연약한 흙은 사용하지 않는다.

⑸ 기초재료와 침상재료를 포설한 후 되메움재를 포설하며, 되메움 공정에서는 배관 상단으로부터 0.3 m 높이마다 다짐작업을 한다. 다만 포장되어 있는 차도에 매설하는 경우 노반층의 다짐은 도로법의 기준에 따라 실시하고, 흙의 함수량이 다짐에 부적당할 경우에는 다짐작업을 하지 않는다.

⑹ 다짐작업은 콤팩터, 래머 등 현장상황에 맞는 다짐기계를 사용하여 하고, 불균등한 다짐이 되지 않도록 하기 위해 전면에 걸쳐 균등하게 실시한다. 다만 폭 4 m 이하의 도로 등은 인력다짐으로 할 수 있다.

OX퀴즈
관에 작용하는 하중을 수직 방향 및 횡 방향에서 지지하고, 하중을 기초 아래로 분산하기 위하여 배관 하단에서 배관 상단 **0.1 m**(가스용 폴리에틸렌관의 경우에는 0.1 m)까지에는 모래 또는 재료(이하 "침상재료"라 한다)를 포설한다. (×)

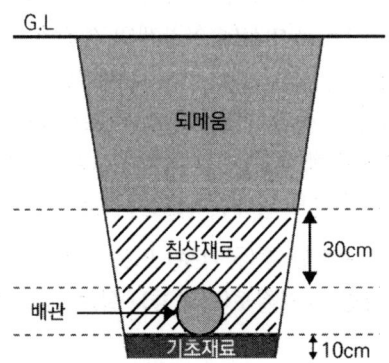

- **PE관을 매설할 경우**

다음 기준에 따라 설치한다.

⑴ PE관의 매설 위치를 지상에서 탐지할 수 있는 탐지형 보호포·로케이팅와이어[전선(나전선은 제외한다)의 굵기는 6 mm² 이상)] 등을 설치한다.

⑵ PE관은 온도가 40 ℃ 이상이 되는 장소에 설치하지 않는다. 다만 파이프 슬리브 등을 이용하여 단열조치를 한 경우에는 온도가 40 ℃ 이상이 되는 장소에 설치할 수 있다.

[Tip] 나전선 : 피복이 없는 전선

- **자연환기설비 설치**

바닥 면에 접하거나 외기를 향하여 설치된 환기구의 통풍가능면적은 바닥 면적 1 m²마다 300 cm²의 비율로 계산한 면적 이상(1개소 환기구의 면적은 2400 cm² 이하로 한다)으로 하고, 사방을 방호벽 등으로 설치할 경우에는 환기구를 2방향 이상으로 분산 설치한다. 이 경우 환기구의 통풍 가능 면적은 다음 기준에 따른다.

⑴ 환기구에 철망 또는 환기구의 틀 등이 부착될 경우 환기구의 통풍가능면적은 그 철망, 환기구의 틀 등이 차지하는 단면적을 뺀 면적으로 계산한다.

⑵ 환기구에 알루미늄 또는 강판제 갤러리가 부착된 경우 환기구의 통풍가능면적은 환기구 면적의 50 %로 계산한다.

⑶ 한 방향 이상이 전면 개방되어 있는 경우 환기구의 통풍가능면적은 개방되어 있는 부분의 바닥면으로부터 높이 0.4 m까지의 개구부 면적으로 계산한다.

⑷ 한 방향의 환기구 통풍가능면적은 전체 환기구 필요 통풍가능면적의 70 %까지만 계산한다.

- **강제환기설비 설치**

자연통풍구조를 설치할 수 없는 경우에는 다음 기준에 따라 강제통풍장치를 설치한다.

1. 통풍능력은 바닥면적 1 m²마다 0.5 m³/min 이상으로 한다.

2. 흡입구는 바닥면 가까이에 설치한다.

3. 배기가스 방출구를 지면에서 5 m 이상의 높이에 설치한다.

문제풀이

01
① 2
② 5
③ 8

02
(1) 30 L 미만
(2) 6개월
(3) 40 m² 이하

1 용기에 의한 액화석유가스 사용시설의 시설·기술·검사기준에 따른 저장설비·감압설비·고압배관 및 저압배관 이음매의 외면과 화기를 취급하는 장소와의 사이 우회거리 표를 채우시오.

저장능력	화기와의 우회거리(m)
1톤 미만	(①)
1톤 이상 3톤 미만	(②)
3톤 이상	(③)

[비고] 두 개 이상의 저장설비가 있을 때는 그 설비별로 각각 거리를 유지한다.

2 다음은 용기에 의한 액화석유가스 사용시설의 시설·기술·검사기준에 따른 용기보관실 및 용기집합설비 설치기준이다. 괄호 안에 들어갈 알맞은 말을 쓰시오.

용기는 사용시설의 안전 확보와 그 용기의 보호를 위하여 용기집합설비로 설치한다. 다만 다음 중 어느 하나에 해당하는 경우에는 용기집합설비를 설치하지 않을 수 있다.

(1) 내용적이 (　　　)의 용기로 액화석유가스를 사용하는 경우
(2) (　　) 이내의 기간 동안 액화석유가스를 사용하는 경우
(3) 주택 외의 건축물 중 그 영업장(별도의 영업장을 구분하기 곤란한 경우에는 액화석유가스를 사용하는 장소)의 면적이 (　　　)인 곳에서 액화석유가스를 사용하는 경우

3 다음은 용기에 의한 액화석유가스 사용시설의 시설·기술·검사기준에 따른 배관 매설 시 되메움 재료 및 다짐 공정 등 되메움 작업에 대한 기준이다. 틀린 것을 고르시오.

(1) 배관에 작용하는 하중을 수직 방향 및 횡 방향에서 지지하고, 하중을 기초 아래로 분산하기 위하여 배관 하단에서 배관 상단 0.1 m를 포설한다.

(2) 배관에 작용하는 하중을 분산하고 도로의 침하 등을 방지하기 위해 침상재료 상단에서 도로 노면까지에는 암편이나 굵은 돌이 포함되지 않은 양질의 흙을 포설한다.

(3) 기초재료와 침상재료를 포설한 후 되메움재를 포설하며, 되메움 공정에서는 배관 상단으로부터 0.3 m 높이마다 다짐작업을 한다.

(4) 다짐작업은 콤팩터, 래머 등 현장상황에 맞는 다짐기계를 사용하여 하고, 불균등한 다짐이 되지 않도록 하기 위해 전면에 걸쳐 균등하게 실시한다. 다만 폭 4 m 이하의 도로 등은 인력다짐으로 할 수 있다.

03
(1) 0.3 m

사용시설

KGS FU433 저장탱크에 의한 액화석유가스 사용시설의 시설·기술·검사기준

액화석유가스

• 사업소경계와의 거리

저장설비는 그 외면으로부터 사업소경계(다만 사업소경계가 바다·호수·하천·도로 등과 접한 경우에는 그 반대편 끝을 경계로 본다)까지 표에 따른 거리 이상을 유지한다. 다만 지하에 저장설비를 설치하는 경우에는 표에 따른 거리의 2분의 1로 할 수 있으며, 시장·군수 또는 구청장이 공공의 안전을 위하여 필요하다고 인정하는 지역에 대하여는 일정거리를 더하여 정할 수 있다.

저장능력	사업소경계와의 거리
10톤 이하	17 m
10톤 초과 20톤 이하	21 m
20톤 초과 30톤 이하	24 m
30톤 초과 40톤 이하	27 m
40톤 초과	30 m

• 저장탱크 간 거리

저장탱크와 다른 저장탱크 사이에는 하나의 저장탱크에서 발생한 위해(危害)요소가 다른 저장탱크로 전이되지 않도록 다음 기준에 따라 필요한 조치를 강구한다.

1. 두 저장탱크의 최대지름을 합산한 길이의 4분의 1의 길이가 1 m 이상인 경우에는 두 저장탱크의 사이에 두 저장탱크의 최대지름을 합산한 길이의 4분의 1 이상에 해당하는 거리를 유지하고, 두 저장탱크의 최대지름을 합산한 길이의 4분의 1의 길이가 1 m 미만인 경우에는 두 저장탱크의 사이에 1 m 이상의 거리를 유지한다. 다만 거리를 유지하지 못하는 경우에는 다음 기준에 따라 물분무장치를 설치한다.

   (1) 두 액화석유가스 저장탱크가 인접한 경우 또는 액화석유가스 저장탱크와 산소 저장탱크가 인접한 경우로서 인접한 저장탱크간의 거리가 1 m 또는 인접한 저장탱크의 최대 지름의 4분의 1중 큰 쪽 거리를 유지하지 못한 경우에는 (1-1) 또는 (1-2)에 따른 물분무장치 또는 (1-1) 및 (1-2)를 혼합한 물분무장치를 설치한다.

OX퀴즈
저장능력이 15톤인 저장설비를 지하에 설치하는 경우 사업소와의 거리는 **30 m**이다. (×)

(1-1) 물분무장치는 저장탱크의 표면적 1 m^2당 8 L/min을 표준으로 계산된 수량을 저장탱크 전 표면에 균일하게 방사할 수 있는 것으로 한다. 이 경우 보냉을 위한 단열재가 사용된 저장탱크는 다음과 같이 한다.

(1-1-1) 그 단열재의 두께가 해당 저장탱크의 주변 화재를 고려하여 충분한 내화성능을 가진 것(이하 "내화구조 저장탱크"라 한다)에는 그 수량을 4 L/min을 표준으로 하여 계산한 수량으로 한다.

(1-1-2) 저장탱크가 두께 25 mm 이상의 암면 또는 이와 같은 수준 이상의 내화성능을 갖는 단열재로 피복되고, 그 외측을 두께 0.35 mm 이상의 KS D 3506(아연도 강판)에 정한 SBHG2 또는 이와 같은 수준 이상의 강도 및 내화성능을 갖는 재료를 피복한 것(이하 "준내화구조 저장탱크"라 한다)은 그 수량을 6.5 L/min을 표준으로 하여 계산한 수량으로 한다.

(1-2) 소화전(호스 끝 압력이 0.35 MPa 이상으로서 방수능력 400 L/min 이상의 물을 방수할 수 있는 것을 말한다)의 설치위치는 해당 저장탱크의 외면으로부터 40 m 이내이고, 소화전의 방수방향은 저장탱크를 향하여 어느 방향에서도 방사할 수 있는 것이며, 소화전의 설치개수는 해당 저장탱크의 표면적 30 m^2당 1개의 비율로 계산한 수 이상으로 한다. 다만 내화구조 저장탱크의 경우에는 소화전의 설치개수를 해당 저장탱크의 표면적 60 m^2마다 1개의 비율로 계산한 수 이상으로 하고, 준내화구조 저장탱크의 경우에는 해당 저장탱크의 표면적 38 m^2마다 1개의 비율로 계산한 수 이상으로 할 수 있다.

(2) 두 액화석유가스 저장탱크가 인접한 경우 또는 액화석유가스 저장탱크와 산소 저장탱크가 인접한 경우로서 인접한 저장탱크간의 거리가 두 저장탱크의 최대 직경을 합산한 길이의 4분의 1을 유지하지 못한 경우[(1)에 따른 경우를 제외한다]에는 (2-1) 또는 (2-2)에 따른 물분무장치 또는 (2-1) 및 (2-2)를 혼합한 물분무장치를 설치한다.

(2-1) 물분무장치는 저장탱크의 표면적 1 m^2당 7 L/min을 표준으로 계산된 수량을 저장탱크의 전 표면에 균일하게 방사할 수 있게 한다. 다만 내화구조 저장탱크는 2 L/min을, 준내화구조 저장탱크는 4.5 L/min을 표준으로 계산한 수량으로 한다.

(2-2) 저장탱크 외면으로부터 40 m 이내에서 저장탱크에 대하여 어느 방향에서도 방사되는 소화전을 저장탱크의 표면적 35 m^2당 1개의 비율로 계산된 수 이상 설치한다. 다만 내화구조 저장탱크는 그 저장탱크 표면적 125 m^2, 준내화구조 저장탱크는 그 저장탱크 표면적 55 m^2당 1개의 비율로 계산된 수 이상의 소화전을 설치한다.

(3) 물분무장치 등은 해당 저장탱크의 외면에서 15 m 이상 떨어진 안전한 위치에서 조작할 수 있어야 하고, 방류둑을 설치한 저장탱크에는 그 방류둑 밖에서 조작할 수 있게 한다. 다만 저장탱크의 주위에 예상되는 화재에 대하여 유효하게 안전한 차단장치를 설치한 경우에는 그렇지 않다.

(4) 물분무장치 등은 동시에 방사할 수 있는 최대수량을 30분 이상 연속하여 방사할 수 있는 수원에 접속한다.

(5) 물분무장치 등에 연결된 입상배관에는 겨울철 동결 등을 방지할 수 있는 구조이거나 적절한 조치를 한다.

• 저장탱크 지하 설치

시·도지사가 위해(危害)방지를 위하여 필요하다고 지정하는 지역의 저장탱크(소형저장탱크를 제외한다)는 지하에 묻되, 다음의 기준에 따라 설치한다.

1. 저장탱크는 지하 저장탱크실에 설치한다.

2. 저장탱크실은 천정·벽 및 바닥의 두께가 각각 0.3 m 이상의 방수조치를 한 철근콘크리트구조로 한다

3. 점검구

    (1) 점검구는 저장능력이 20톤 이하인 경우에는 1개소, 20톤 초과인 경우에는 2개소로 한다.

    (2) 점검구는 저장탱크실의 모래를 제거한 후 저장탱크 외면을 점검할 수 있는 저장탱크 측면 상부의 지상에 설치한다.

    (3) 점검구는 저장탱크실 상부 콘크리트 타설 부분에 맨홀형태로 설치하되, 맨홀 뚜껑 밑부분까지는 모래를 채우고, 빗물의 영향을 받지 않도록 방수턱과 철판 덮개를 설치한다.

    (4) 사각형 점검구는 0.8 m × 1 m 이상의 크기로 하며, 원형 점검구는 직경 0.8 m 이상의 크기로 한다.

4. 저장탱크에 설치한 안전밸브의 방출관 높이는 지면으로부터 5 m 이상으로 한다.

• 계량기 설치

(1) 가스계량기는 검침·교체·유지관리 및 계량이 용이하고 환기가 양호하도록 다음의 어느 하나의 장소에 설치한다.

    (1-1) 가스계량기를 설치한 실내의 하부에 50 cm^2 이상 환기구(철망 등을 부착할 때는 철망 등이 차지하는 면적을 뺀 면적) 등을 설치한 장소

    (1-2) 가스계량기를 설치한 실내에 기계환기설비를 설치한 장소

OX퀴즈
점검구는 30톤인 경우 **1개소**로 한다. (×)

OX퀴즈
원형 점검구는 직경 **0.5 m** 이상의 크기로 한다. (×)

(1-3) 가스누출자동차단장치를 설치하여 가스누출시 경보를 울리고 가스계량기 전단에서 가스가 차단될 수 있도록 조치한 장소

(1-4) 환기가 가능한 창문 등(개방 시 환기면적이 100 cm^2 이상에 한한다)이 설치된 장소

(2) 가스계량기는「건축법 시행령」제46조 제4항에 따른 공동주택의 대피 공간, 방·거실 및 주방 등 사람이 거처하는 장소, 그 밖에 가스계량기에 나쁜 영향을 미칠 우려가 있는 장소에 설치하지 않는다.

(3) 가스계량기(30 m^3/h 미만에 한정한다)의 설치 높이는 바닥으로부터 계량기 지시장치(계량값 표시창)의 중심까지 1.6 m 이상 2 m 이내에 수직·수평으로 설치하고, 밴드·보호가대 등 고정장치로 고정한다. 다만 강판, FRP 등의 내구성이 있는 재질의 격납상자 내에 설치하는 경우와 기계실 및 보일러실(가정에 설치된 보일러 실은 제외한다)에 설치하는 경우에는 설치 높이의 제한을 하지 않는다.

> **OX퀴즈**
> 가스계량기의 설치 높이는 바닥으로부터 계량기 지시장치(계량값 표시창)의 중심까지 1.6 m 이상 2 m 이내에 수직·수평으로 설치하고, 밴드·보호가대 등 고정장치로 고정한다. (○)

• **긴급차단장치 또는 역류방지밸브 설치위치**

1. 저장탱크 주밸브의 외측에 가능한 저장탱크에 가까운 위치 또는 저장탱크의 내부에 설치하되, 저장탱크 주밸브와 겸용하지 않는다.

2. 저장탱크의 침하 또는 부상, 배관의 열팽창, 지진 그 밖의 외력에 의한 영향을 고려하여 설치위치를 선정한다.

• **긴급차단장치 차단조작기구 설치**

1. 차단밸브의 구조에 따라 액압, 기압, 전기(어느 것이든 정전 시 등에 비상전력 등으로 사용할 수 있는 것으로 한다) 또는 스프링 등을 동력원으로 사용한다.

2. 긴급차단장치를 조작할 수 있는 위치는 해당 저장탱크(지하에 매몰하여 설치하는 저장탱크를 제외한다)로부터 5 m 이상 떨어진 곳(방류둑을 설치한 경우에는 그 외측)이고 예상되는 액화가스의 대량유출에 대비하여 충분히 안전한 장소로 한다. 다만 상기의 위치 외에 주변상황에 따라 차단조작을 하는 기구를 설치하는 경우에는 해당 긴급차단장치의 차단조작을 신속히 할 수 있는 위치로 한다.

3. 긴급차단장치를 설치한 배관에는 그 긴급차단장치에 따르는 밸브 외에 2개 이상의 밸브를 설치하고, 그 중 1개는 그 배관에 속하는 저장탱크의 가장 가까운 부근에 설치한다. 이 경우 그 저장탱크의 가장 가까운 부근에 설치한 밸브는 가스를 송출 또는 이입하는 때 외에는 닫아 둔다.

4. 차단조작은 간단하고 확실하며 신속히 할 수 있는 것으로 한다.

> **OX퀴즈**
> 긴급차단장치를 설치한 배관에는 그 긴급차단장치에 따르는 밸브 외에 **3개** 이상의 밸브를 설치한다. (×)

문제풀이

01
① 17 m
② 24 m
③ 27 m

1 저장탱크에 의한 액화석유가스 사용시설의 시설·기술·검사기준에 따른 저장설비와 사업소경계와의 이격거리 표를 채우시오.

저장능력	사업소경계와의 거리
10톤 이하	(①)
10톤 초과 20톤 이하	21 m
20톤 초과 30톤 이하	(②)
30톤 초과 40톤 이하	(③)
40톤 초과	30 m

02
⑴ 4분의 1
⑵ 15 m 이상
⑶ 30분 이상

2 다음은 저장탱크에 의한 액화석유가스 사용시설의 시설·기술·검사기준에 따른 저장탱크 간 거리기준이다. 괄호 안에 들어갈 알맞은 말을 쓰시오.

⑴ 두 저장탱크의 최대지름을 합산한 길이의 (   )의 길이가 1 m 이상인 경우에는 두 저장탱크의 사이에 두 저장탱크의 최대지름을 합산한 길이의 (   ) 이상에 해당하는 거리를 유지하고, 두 저장탱크의 최대지름을 합산한 길이의 (   )의 길이가 1 m 미만인 경우에는 두 저장탱크의 사이에 1 m 이상의 거리를 유지한다.

⑵ 물분무장치 등은 해당 저장탱크의 외면에서 (   ) 떨어진 안전한 위치에서 조작할 수 있어야 하고, 방류둑을 설치한 저장탱크에는 그 방류둑 밖에서 조작할 수 있게 한다. 다만 저장탱크의 주위에 예상되는 화재에 대하여 유효하게 안전한 차단장치를 설치한 경우에는 그렇지 않다.

⑶ 물분무장치 등은 동시에 방사할 수 있는 최대수량을 (   ) 연속하여 방사할 수 있는 수원에 접속한다.

3 저장탱크에 의한 액화석유가스 사용시설의 시설·기술·검사기준에 따른 계량기 설치기준이다. 틀린 것을 고르시오.

(1) 가스계량기는 「건축법 시행령」 제46조 제4항에 따른 공동주택의 대피 공간, 방·거실 및 주방 등 사람이 거처하는 장소, 그 밖에 가스계량기에 나쁜 영향을 미칠 우려가 있는 장소에 설치하지 않는다.

(2) 가스계량기(30 m³/h 미만에 한정한다)의 설치 높이는 바닥으로부터 계량기 지시장치(계량값 표시창)의 중심까지 1.5 m 이상 1.7 m 이내에 수직·수평으로 설치한다.

(3) 가스계량기는 밴드·보호가대 등 고정장치로 고정한다.

(4) 강판, FRP 등의 내구성이 있는 재질의 격납상자 내에 설치하는 경우와 기계실 및 보일러실(가정에 설치된 보일러 실은 제외한다)에 설치하는 경우에는 설치 높이의 제한을 하지 않는다.

03
(2) 1.6 m 이상 2 m 이내

모아바 www.moa-ba.com
모아소방전기학원 www.moate.co.kr

PART 03

도시가스

공통 KGS GC253
일반도시가스사업 공급시설 KGS FS551,
　　　KGS FP654, KGS FP651
가스도매사업 공급시설 KGS FP451
사용시설 KGS FU552, KGS FU551

KGS GC253 도시가스 배관보호기준

도시가스

• **용어 정의**

1. "배관"이란 도시가스를 공급하기 위하여 배치된 관(管)으로서, 본관, 공급관, 내관 또는 그 밖의 관을 말한다.

2. "본관"이란 다음 중 어느 하나의 배관을 말한다.
   (1) 가스도매사업의 경우에는 도시가스 제조사업소(액화천연가스의 인수기지를 포함한다. 이하 같다)의 부지 경계에서 정압기지(整壓基地)의 경계까지 이르는 배관. 다만 밸브기지 안의 배관은 제외한다.
   (2) 일반도시가스사업의 경우에는 도시가스 제조사업소의 부지 경계 또는 가스 도매사업자의 가스시설 경계에서 정압기(整壓器)까지 이르는 배관

3. "공급관"이란 다음 중 어느 하나의 배관을 말한다.
   (1) 공동주택, 오피스텔, 콘도미니엄, 그 밖에 안전관리를 위하여 산업통상자원부장관이 필요하다고 인정하여 정하는 건축물(이하 "공동주택 등"이라 한다)에 가스를 공급하는 경우에는 정압기에서 가스사용자가 구분하여 소유하거나 점유하는 건축물의 외벽에 설치하는 계량기의 전단밸브(계량기가 건축물의 내부에 설치된 경우에는 건축물의 외벽)까지에 이르는 배관
   (2) 공동주택등 외의 건축물 등에 가스를 공급하는 경우에는 정압기에서 가스사용자가 소유하거나 점유하고 있는 토지의 경계까지에 이르는 배관
   (3) 가스도매사업의 경우에는 정압기지에서 일반도시가스사업자의 가스공급시설이나 대량 수요자의 가스사용시설까지에 이르는 배관

4. "사용자공급관"이란 공급관 중 가스사용자가 소유하거나 점유하고 있는 토지의 경계에서 가스사용자가 구분하여 소유하거나 점유하는 건축물의 외벽에 설치된 계량기의 전단밸브(계량기가 건축물의 내부에 설치된 경우에는 그 건축물의 외벽)까지에 이르는 배관을 말한다.

5. "내관"이란 가스사용자가 소유하거나 점유하고 있는 토지의 경계(공동주택등으로서 가스사용자가 구분하여 소유하거나 점유하는 건축물의 외벽에 계량기가 설치된 경우에는 그 계량기의 전단밸브, 계량기가 건축물의 내부에 설치된 경우에는 건축물의 외벽)에서 연소기까지에 이르는 배관

OX퀴즈
가스도매사업의 경우에는 도시가스 제조사업소의 부지 경계에서 정압기지(整壓基地)의 경계까지 이르는 배관을 **공급관**이라 한다. (×)

OX퀴즈
"**내관**"이란 공급관 중 가스사용자가 소유하거나 점유하고 있는 토지의 경계에서 가스사용자가 구분하여 소유하거나 점유하는 건축물의 외벽에 설치된 계량기의 전단밸브까지에 이르는 배관을 말한다. (×)

을 말한다.

6. "고압"이란 1 MPa 이상의 압력(게이지 압력을 말한다. 이하 같다)을 말한다. 다만 액체 상태의 액화가스의 경우에는 이를 고압으로 본다.

7. "중압"이란 0.1 MPa 이상 1 MPa 미만의 압력을 말한다. 다만 액화가스가 기화되고 다른 물질과 혼합되지 않은 경우에는 0.01 MPa 이상 0.2 MPa 미만의 압력을 말한다.

8. "저압"이란 0.1 MPa 미만의 압력을 말한다. 다만 액화가스가 기화되고 다른 물질과 혼합되지 않은 경우에는 0.01 MPa 미만의 압력을 말한다.

9. "액화가스"란 상용의 온도 또는 섭씨 35도의 온도에서 압력이 0.2 MPa 이상이 되는 것을 말한다.

10. "가스안전영향평가서"라 함은 법 제30조의4의 규정에 의하여 가스배관이 통과하는 지역에서 철도(도시철도를 포함한다)·지하보도·지하차도 또는 지하상가의 건설공사를 하고자 하는 자가 해당 굴착공사로 인하여 영향을 받는 가스배관의 제반 안전조치에 대한 사항을 작성하고 한국가스안전공사의 의견을 들어 시·도지사에게 제출하는 것을 말한다.

11. "가스안전영향평가서심사"란 법 제30조의 4 제1항에 따라 한국가스안전공사에서 의견서를 작성·통보하기 위하여 검토하는 것을 말한다.

12. "매달림 지지대"란 굴착으로 노출된 배관의 방호를 위하여 전용 보로부터 배관을 지지하기 위한 봉강, 와이어로프, 기타의 기구 또는 구조물을 말한다.

13. "받침 지지대"란 굴착으로 노출된 배관의 방호를 위하여 배관을 받치는 구조물을 말한다.

14. "지지대"란 굴착으로 노출된 배관의 방호를 위하여 배관을 지지하기 위한 보로서, 2 이상의 매달림 지지대나 받침 지지대에 의해 지지되는 것을 말한다.

15. "받침대"란 굴착으로 노출된 배관의 방호를 위해 배관이 앉는 자리로서, 지지대 위에 설치된 것을 말한다.

16. "받침횡목"이란 굴착으로 노출된 배관의 방호를 위해 배관을 지지하기 위한 횡목으로서, 매달림 지지대로 지지된 것을 말한다.

OX퀴즈
0.5 MPa은 "중압"에 해당한다. (○)

OX퀴즈
"받침대"란 굴착으로 노출된 배관의 방호를 위하여 배관을 지지하기 위한 보로서, 2 이상의 매달림 지지대나 받침 지지대에 의해 지지되는 것을 말한다. (×)

굴착공사 준비

• **매설배관 위치 확인**

1. 도면에 표시된 가스배관과 기타 지장물 매설 유무를 조사한다.
2. 1.에 따라 조사된 자료로 시험굴착 위치 및 굴착 개소 등을 정하여 가스배관 매설 위치를 다음 기준에 따라 확인한다.
   (1) 지하매설배관탐지장치(Pipe Locator) 등으로 확인된 지점 중 확인이 곤란한 분기점, 곡선부, 장애물 우회 지점은 시험굴착을 한다.
   (2) 가스배관 주위 1 m 이내에는 인력으로 굴착한다.
3. 위치 표시용 페인트와 표지판 및 황색 깃발 등을 준비한다.
4. 도시가스사업자와 입회 일정을 협의하여 시험굴착 계획을 수립한다.

> **OX퀴즈**
> 매설배관의 위치확인을 위해 위치 표시용 페인트와 표지판 및 **적색** 깃발 등을 준비한다. (×)

• **매설배관 위치 표시**

도시가스사업자와 굴착공사자는 굴착공사로 인하여 가스배관이 손상되지 않도록 다음 기준에 따라 가스배관의 위치 표시를 실시한다.

1. 굴착공사자는 굴착공사 예정 지역의 위치를 흰색 페인트로 표시하며, 페인트로 표시하는 것이 곤란한 경우에는 굴착공사자와 도시가스사업자가 굴착공사 예정 지역임을 인지할 수 있는 적절한 방법으로 표시하도록 한다. 적절한 방법의 예는 다음 기준과 같다.
   (1) 포장도로 위에는 가스배관 직상부에 페인트를 사용하여 두 줄로 그림의 예시와 같이 표시한다.
   (2) 비포장도로 및 페인트 표시가 곤란한 곳에는 표시말뚝, 표시깃발, 표지판 등을 그림의 예시와 같이 설치한다.
       가. 포장도로의 표시방법

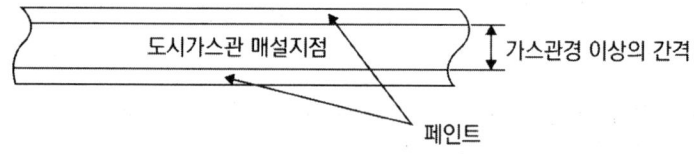

       나. 표지판

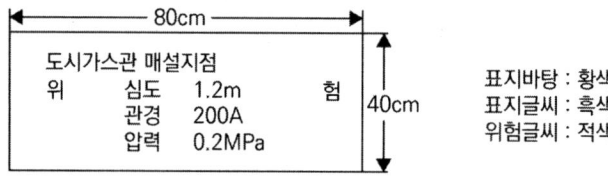

다. 표시말뚝 및 표시깃발

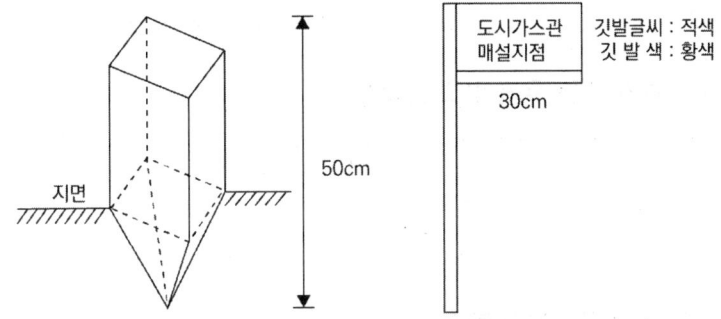

2. 도시가스사업자는 굴착공사로 인하여 위해를 받을 우려가 있는 매설배관의 위치를 매설배관 직상부의 지면에 페인트로 표시하며, 페인트로 표시하는 것이 곤란한 경우에는 표시 말뚝·표시깃발·표지판 등을 사용하여 적절한 방법으로 표시할 것

3. 공사 진행 등으로 가스배관 표시물이 훼손될 경우에도 지속적으로 표시한다.

OX퀴즈
공사 진행 등으로 가스배관 표시물이 훼손될 경우엔 **표시하지 않는다.** (×)

굴착작업 준비

• 줄파기 작업

줄파기 작업 전에 관련 대장 및 도면으로 공사 구간 안의 지장물의 위치를 확인하고, 공사현장에 지장물 위치를 종류별로 표시한다.

• 파일 박기 및 빼기 작업

1. 공사 착공 전에 도시가스사업자와의 현장 협의를 통하여 공사 장소, 공기 및 안전조치에 관하여 상호 확인한다.

2. 가스배관과의 수평 최단거리 2 m 이내에서 파일 박기를 하고자 할 때에는 도시가스사업자의 입회하에 시험굴착을 통하여 가스배관의 위치를 정확히 확인한다.

3. 가스배관의 위치를 파악한 경우에는 가스배관의 위치를 알리는 표지판을 설치한다.

> **Tip**
> 1. 그라우팅 : 기울음이나 붕괴를 막기 위해 구멍을 뚫는 천공작업
> 2. 보링 : (이미 뚫린)구멍을 깎아 넓히는 것

- **그라우팅·보링작업**

  이 경우 "파일 박기"는 "그라우팅·보링작업"으로 본다.

- **터파기·되메우기 및 포장작업**

  이 경우 "파일 박기"는 "터파기"로 본다.

그 밖의 굴착작업 준비

- **굴착공사 입회 시기 및 요청**

  굴착공사자는 다음 기준에 따른 시기 및 필요한 경우에 도시가스사업자에게 입회를 요청한다.

  (1) 시험 및 본 굴착 시

> **Tip** 토류판 : 흙막이 벽

  (2) 가스공급시설에 근접하여 파일, 토류판을 설치 시

  (3) 가스배관의 수직·수평 위치 측량 시

  (4) 노출배관 방호공사 시

  (5) 고정조치 완료 시

  (6) 가스배관 되메우기 직전

  (7) 가스배관 되메우기 시

  (8) 가스배관 되메우기 작업 완료 후

굴착공사 시행

- **줄파기 작업**

  1. 가스배관이 있을 것으로 예상되는 지점으로부터 2 m 이내에서 줄파기를 할 때에는 안전관리 전담자의 입회하에 시행한다.

  2. 줄파기 1일 시공량 결정은 시공 속도가 가장 느린 천공작업에 맞추어 결정한다.

> **OX퀴즈**
> 줄파기 심도는 최소한 **1 m** 이상으로 한다. (×)

  3. 줄파기 심도는 최소한 1.5 m 이상으로 하며 지장물의 유무가 확인되지 않는 곳은 안전관리 전담자와 협의 후 공사의 진척 여부를 결정한다.

4. 줄파기는 두 줄 또는 세 줄을 동시에 시행하지 않아야 하며 시공작업, 항타작업 및 가포장이 완료된 후에 다른 줄을 시행한다.

5. 줄파기공사 후 가스배관으로부터 1 m 이내에 파일을 설치할 경우에는 유도관(Guide Pipe)을 먼저 설치한 후 되메우기를 실시한다.

• 파일 박기 및 빼기 작업

1. 가스배관과의 수평거리 30 cm 이내에서는 파일 박기를 하지 않는다.

2. 항타기는 가스배관과의 수평거리가 2 m 이상 되는 곳에 설치한다. 다만 부득이하여 수평거리 2 m 이내에 설치할 때에는 하중 진동을 완화할 수 있는 조치를 한다.

• 그라우팅·보링작업

시험굴착을 통하여 가스배관의 위치를 확인한 후 보링비트가 가스배관에 접촉할 가능성이 있는 경우에는 가이드파이프를 사용하여 직접 접촉되지 않도록 한다.

• 터파기·되메우기 및 포장작업

1. 가스배관의 주위를 굴착하고자 할 때에는 가스배관의 좌우 1 m 이내의 부분은 인력으로 굴착한다.

2. 가스배관에 근접하여 굴착할 경우에는 주위에 가스배관의 부속시설물(밸브, 수취기, 전기방식용 리드선 및 터미널 등)이 있을 때에는 작업으로 인한 이탈이나 그 밖에 손상방지에 주의한다.

3. 가스배관이 노출될 경우 배관의 코팅부가 손상되지 않도록 하고, 코팅의 손상 시에는 도시가스사업자에 통보하여 보수를 행한 후 작업을 진행한다.

4. 가스배관 주위에서 발파작업을 하는 경우에는 도시가스사업자의 입회하에 충분한 대책을 강구한 후 실시한다.

OX퀴즈
가스배관의 주위를 굴착하고자 할 때에는 가스배관의 좌우 1 m 이내의 부분은 인력으로 굴착한다. (O)

문제풀이

01
(1) 사용자공급관
(2) 지지대
(3) 받침횡목

1 도시가스 배관보호기준에 따른 용어를 쓰시오.

(1) 공급관 중 가스사용자가 소유하거나 점유하고 있는 토지의 경계에서 가스사용자가 구분하여 소유하거나 점유하는 건축물의 외벽에 설치된 계량기의 전단밸브(계량기가 건축물의 내부에 설치된 경우에는 그 건축물의 외벽)까지에 이르는 배관

(2) 굴착으로 노출된 배관의 방호를 위하여 배관을 지지하기 위한 보로서, 2 이상의 매달림 지지대나 받침 지지대에 의해 지지되는 것

(3) 굴착으로 노출된 배관의 방호를 위해 배관을 지지하기 위한 횡목으로서, 매달림 지지대로 지지된 것

02
(1) 분기점
(2) 1 m
(3) 황색

2 다음은 도시가스 배관보호기준에 따른 매설배관 위치 확인기준이다. 괄호 안에 들어갈 알맞은 말을 쓰시오.

(1) 지하매설배관탐지장치 등으로 확인된 지점 중 확인이 곤란한 (   ), 곡선부, 장애물 우회 지점은 시험굴착을 한다.
(2) 가스배관 주위 (   ) 이내에는 인력으로 굴착한다.
(3) 위치 표시용 페인트와 표지판 및 (   ) 깃발 등을 준비한다.

03
(2) 30 cm

3 다음은 도시가스 배관보호기준에 따른 굴착공사 기준이다. 틀린 것을 고르시오.

(1) 가스배관이 있을 것으로 예상되는 지점으로부터 2 m 이내에서 줄파기를 할 때에는 안전관리 전담자의 입회하에 시행한다.
(2) 가스배관과의 수평거리 1 m 이내에서는 파일 박기를 하지 않는다.
(3) 가스배관의 주위를 굴착하고자 할 때에는 가스배관의 좌우 1 m 이내의 부분은 인력으로 굴착한다.
(4) 가스배관에 근접하여 굴착할 경우에는 주위에 가스배관의 부속시설물(밸브, 수취기, 전기방식용 리드선 및 터미널 등)이 있을 때에는 작업으로 인한 이탈이나 그 밖에 손상방지에 주의한다.

일반도시가스사업 공급시설

KGS FS551 일반도시가스사업 제조소 및 공급소 밖의 배관의 시설·기술·검사·정밀안전진단기준

• 용어 정의

1. "계획하상높이"란 하천관리청에서 하천 관리를 위해 정해 놓은(계획해 놓은) 하상(하천의 바닥) 높이를 말한다.

2. "파이프덕트(Pipe Shaft 또는 Pipe Duct)"란 철근 콘크리트 구조의 건물 각층을 상하로 통하도록 하여 건축 설비용의 파이프군 수직관 등을 수납하기 위한 통모양의 관로로서 전기설비 등 점화원이 될 수 있는 시설물이 없는 관로를 말한다.

3. "정밀안전진단"이란 가스배관에 의한 가스사고를 예방하기 위하여 장비와 기술을 이용하여 장기사용 배관의 잠재된 위험요소와 원인을 찾아내고 적절한 조치방안 등을 제시하는 것을 말한다.

4. "자료수집 및 분석"이라 함은 정밀안전진단 대상 배관에 대한 안전관리 상태를 서류 및 자료를 통해 확인 및 분석하고, 현장조사가 필요한 배관구간을 선정하는 것을 말한다.

5. "현장조사"라 함은 장기사용 배관의 노후화 및 결함을 포함하는 위험요소를 직접 장비를 이용하여 찾아내고 진단하는 것을 말한다.

6. "종합평가"라 함은 자료수집 및 분석결과와 현장조사 결과를 종합하여 배관 안전상태를 등급으로 나타내는 것을 말한다.

7. "정밀안전진단기관"이라 함은 「고압가스 안전관리법」 제28조에 따른 한국가스안전공사를 말한다.

8. "배관관리주체"라 함은 「도시가스사업법」 제2조 제2호에 따른 도시가스사업자를 말한다.

9. 달림지지대란 굴착으로 노출된 배관의 방호를 위해 전용보로부터 배관을 지지하기 위한 봉강·와이어로프 그 밖의 기구나 구조물을 말한다.

10. 받침지지대란 굴착으로 노출된 배관의 방호를 위하여 배관을 받치는 구조물을 말한다.

11. 지지대란 굴착으로 노출된 배관의 방호를 위하여 배관을 지지하기 위한 보로써 둘 이상의 매달림 지지대나 받침 지지대로 지지하는 것을 말한다.

12. 받침대란 굴착으로 노출된 배관의 방호를 위하여 배관이 놓이는 자리로써 지지대 위에 설치한 것을 말한다.

13. 받침횡목이란 굴착으로 노출된 배관의 방호를 위하여 배관을 지지하기 위한 횡목으로써 매달림 지지대로 지지하는 것을 말한다.

14. "검지신호(Indication)"란 배관등에 대해 비파괴적인 기술 또는 기법에 의하여 찾아낸 신호를 말한다.

• 가스용 폴리에틸렌관 설치제한

1. 가스용 폴리에틸렌관(이하 "PE배관"이라 한다)은 노출배관으로 사용하지 않을 것. 다만 지상배관과 연결을 위하여 금속관을 사용하여 보호조치를 한 경우로서 지면에서 30 cm 이하로 노출하여 시공하는 경우에는 노출배관으로 사용할 수 있다.

2. PE배관은 온도가 40 ℃ 이상이 되는 장소에 설치하지 않는다. 다만 파이프슬리브 등을 이용하여 단열조치를 한 경우에는 온도가 40 ℃ 이상이 되는 장소에 설치할 수 있다.

3. PE배관은 폴리에틸렌융착원 양성교육을 이수한 자가 시공하도록 할 것

• 공동주택 등에 설치하는 압력조정기

공동주택등에 압력조정기를 설치하는 경우에는 적절한 방법으로 다음 각 호의 경우에만 설치할 것. 다만 한국가스안전공사의 안전성평가를 받고 그 결과에 따라 안전관리 조치를 하는 경우에는 (1) 및 (2)에서 규정하는 전체 세대수를 2배로 할 수 있다.

(1) 공동주택등에 공급되는 가스압력이 중압 이상으로서 전체세대수가 150세대 미만인 경우

(2) 공동주택등에 공급되는 가스압력이 저압으로서 전체세대수가 250세대 미만인 경우

OX퀴즈
가스용 폴리에틸렌관(이하 "PE배관"이라 한다)은 **노출배관으로 사용한다.** (X)

• 도시가스용 압력조정기

(1) 배관 내의 스케일, 먼지 등을 제거한 후 설치한다.

Tip 스케일 : 배관의 물 때, 오염 등

(2) 배관의 비틀림 또는 조정기의 중량 등에 의하여 배관에 유해한 영향이 없도록 설치한다.

(3) 조정기 입구 쪽에 스트레이너 또는 필터가 부착된 조정기를 설치한다. 다만 압력조정기 입구 쪽에 인접한 정압기에 스트레이너 또는 필터가 부착된 경우에는 조정기 입구 쪽에 스트레이너 또는 필터가 부착된 조정기를 설치하지 않을 수 있다.

(4) 압력조정기의 설치장소는 통풍이 잘되는 곳으로서 다음 기준에 적합한 장소로 한다. 다만 격납상자에 설치하는 경우에는 그렇지 않을 수 있다.

(4-1) 지면으로부터 1.6 m 이상 2 m 이내에 설치한다.

(4-2) 빗물 등이 조정기에 들어가지 않고 직사광선을 받지 않는 장소에 설치한다.

(5) 릴리프식 안전장치가 내장된 조정기를 건축물 안에 설치하는 경우에는 가스방출구를 실외의 안전한 장소에 설치한다.

OX퀴즈
릴리프식 안전장치가 내장된 조정기를 건축물 안에 설치하는 경우에는 가스방출구를 **실내**의 안전한 장소에 설치한다. (×)

(6) 조정기의 출구 가까운 위치에 압력계를 설치하거나 압력측정노즐을 설치한다.

(7) 제조회사의 설치설명서 등에 따라 설치한다.

(8) 압력조정기는 차량 등에 의하여 손상될 위험이 없는 안전한 장소에 설치한다. 다만 불가피한 사유로 차량 등에 의해 손상될 위험이 있는 장소에 설치하는 경우에는 다음 기준에 따라 보호대 등의 방호조치를 한다.

(8-1) 보호대는 다음 중 어느 하나를 만족하는 것으로 한다.

(8-1-1) 두께 12 cm 이상의 철근콘크리트

(8-1-2) 호칭지름 100 A 이상의 KS D 3507(배관용 탄소 강관) 또는 이와 동등 이상의 기계적 강도를 가진 강관

(8-2) 보호대의 높이는 80 cm 이상으로 한다.

OX퀴즈
보호대의 높이는 **50 cm** 이상으로 한다. (×)

(8-3) 보호대는 차량의 충돌로부터 압력조정기를 보호할 수 있는 형태로 한다. 다만 말뚝형태일 경우 말뚝은 2개 이상을 설치하고, 간격은 1.5 m 이하로 한다.

(8-4) 보호대의 기초는 다음 중 어느 하나를 만족하는 것으로 한다.

(8-4-1) 철근콘크리트제 보호대는 콘크리트 기초에 25 cm 이상의 깊이로 묻고, 바닥과 일체가 되도록 콘크리트를 타설한다.

• **구역압력조정기 외함설치**

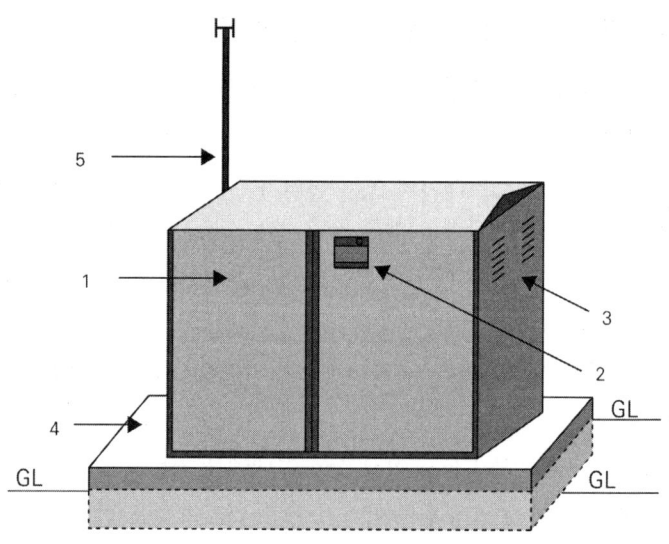

부번	품명		재질 및 설칠 내역
1	재질	공공용 부지 내	KS D 3705 STS 304(t : 1.2 mm 이상)
		공공용 부지 외	KS D 3503(t : 3.2 mm 이상)
2	외함의 출입문		자물쇠장치(5각볼트와 자물쇠)
3	환기구		바닥면적의 3 % 이상(2방향 이상)
4	외함의 기초		철근콘크리트(t : 30 cm 이상), 지면보다 5 cm 이상 높게 설치
5	방출관		지면으로부터 3 m 이상

• **배관설비 접합**

1. 다음의 각 배관은 수송하는 도시가스의 누출을 방지하기 위하여 원칙적으로 용접시공방법에 따라 접합한다. 이 경우 용접은 KGS GC205 (가스시설 용접 및 비파괴시험 기준)에 따라 실시하고 모든 용접부(PE배관, 저압으로서 노출된 사용자공급관 및 호칭지름 80 mm 미만인 저압의 배관을 제외한다)에 대하여는 비파괴시험을 한다.

    (1) 지하매설 배관(PE배관을 제외한다)

    (2) 최고사용압력이 중압 이상인 노출배관

    (3) 최고사용압력이 저압으로서 호칭지름 50 A 이상의 노출 배관

2. 1.에 불구하고 다음의 경우에는 플렌지접합·기계적접합 또는 나사접합으로 할 수 있으며, 나사접합은 KS B 0222(관용테이퍼나사)에 따라 실시한다.

⑴ 용접접합을 실시하기가 매우 곤란한 경우
⑵ 최고사용압력이 저압으로서 호칭지름 50 A 미만의 노출 배관을 건축물 외부에 설치하는 경우
⑶ 공동주택 등의 가스계량기를 집단으로 설치하기 위하여 가스계량기로 분기하는 T연결부와 그 후단 연결부의 경우

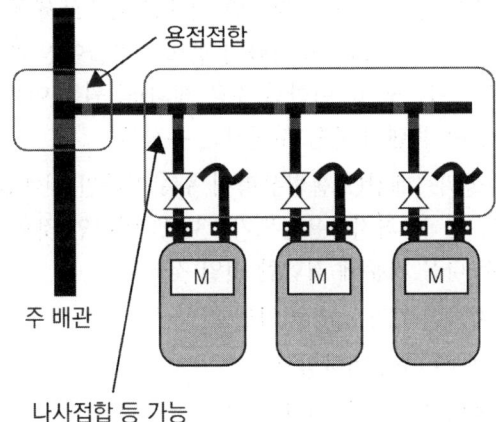

⑷ 공동주택 입상관의 드레인 캡 마감부가 건축물 외부에 설치된 경우

3. 배관의 접합을 위한 이음쇠는 KS표시허가제품 또는 이와 동등 이상의 제품을 사용한다. 다만 주조품인 경우에는 가단주철제이거나 주강제로 한다.

4. 배관 용접부는 응력제거를 한다. 다만 다음 중 어느 하나에 해당하는 것은 응력제거를 하지 않을 수 있다.

(4-1) 오스테나이트계 스테인리스강으로 만들어진 것의 용접부

(4-2) 용기(최저사용온도가 -30 ℃ 이하인 것을 제외)로서 다음에 적합한 것의 길이 이음 또는 원주 이음의 용접부(굽힘가공 전에 용접을 하는 경우는 판두께가 10 mm를 초과하는 것 및 용접선이 교차하는 것을 제외) 혹은 용기에 노즐부(Nozzle Stub), 플랜지 등을 부착하는 용접부

⑴ 탄소강으로 만든 것은 두께가 32 mm 이하일 것. 다만 용접을 하는 경우에 있어서 예열온도가 100 ℃ 이상인 경우는 38 mm 이하로 한다.

⑵ 몰리브덴강(몰리브덴강 함유량이 0.6 % 이하인 것에만 적용한다) 또는 크롬몰리브덴강(크롬함유량이 0.7 % 이하이고 몰리브덴 함유량이 0.65 % 이하인 것에 한한다)으로 만들어진 것은 두께가 16 mm 이하로 한다.

⑶ 고장력강(규격에 따른 인장강도의 최솟값이 80 kg/mm² 이하인 것에만 적용한다)으로 만들어진 것은 두께가 32 mm 이하로 한다.

OX퀴즈
오스테나이트계 스테인리스강으로 만들어진 것의 용접부는 응력제거를 하지 않을 수 있다. (○)

(4-3) 탄소강으로 만들어진 관[굽힘가공 전에 용접을 실시한 것(곡률반지름이 관직경의 4배 이상으로 굽힘의 중립면을 따라 굽혀진 것은 제외) 및 최저사용온도가 -30℃ 이하인 것을 제외] 등으로서 두께가 32 mm 이하인 길이 이음 용접부

(4-4) 탄소강 또는 몰리브덴강(탄소함유량이 0.25 % 이하이고 몰리브덴 함유량이 0.65 % 이하인 것에만 적용한다)으로서 두께가 32 mm(몰리브덴강에서는 13 mm) 이하인 것으로 만들어진 관 등 또는 헤더(최저사용온도가 -30 ℃ 이하인 것을 제외)의 원주 이음 용접부 또는 이것에 노즐부 플랜지 등을 부착하는 용접부

(4-5) 크롬몰리브덴강(크롬함유량이 3 % 이하인 것에만 적용한다)으로 만들어진 관 등(최저사용온도가 -30 ℃ 이하인 것을 제외)의 원주 이음으로서 다음 기준에 적합한 것일 것

　⑴ 바깥지름이 115 mm 이하일 것
　⑵ 두께가 13 mm 이하일 것
　⑶ 예열온도가 120 ℃ 이상일 것

(4-6) 2.5 % 니켈강이나 3.5 % 니켈강으로 만들어진 것으로 두께가 16 mm 이하인 것(최저사용 온도가 -30 ℃ 이하의 것을 제외)의 용접부

(4-7) 9% 니켈강, 비철금속재료 KS D 3531(내식내열 초합금봉) KS D 3532(내식내열 초합금관) KS D 3578(배관용 이음매 없는 니켈 크롬 철합금관) KS D 3757(열교환기용 이음매 없는 니켈크롬철합금관)으로 만들어진 것의 용접부

(4-8) 응력제거를 할 수 없는 것으로서 예열 그 밖에 용접부의 잔류응력의 감소로 유효하다고 인정된 방법으로 용접된 용접부

　⑴ 맞대기 이음의 경우 얇은 쪽의 판두께
　⑵ 겹치기 이음의 경우 두꺼운 쪽의 판두께
　⑶ 관 노즐부(Nozzle Stub) 또는 플랜지 등을 부착한 용접부의 경우는 이것을 부착하는 부분의 두께

• **용접이음의 효율**

분류 번호	이음의 종류	이음의 효율(%)		
		온길이 방사선 투과시험을 하는 것	부분방사선 투과시험을 하는 것	방사선 투과시험을 하지 않는 것
1	맞대기 양쪽 용접 또는 이와 동등 이상이라 할 수 있는 맞대기 한쪽 용접	100	95	70

분류 번호	이음의 종류	이음의 효율(%)		
		온길이 방사선 투과시험을 하는 것	부분방사선 투과시험을 하는 것	방사선 투과시험을 하지 않는 것
2	받침쇠를 사용한 맞대기 한쪽 용접이음으로 받침쇠를 남기는 경우	90	85	65
3	1,2 이외의 한쪽 맞대기 용접이음	-	-	60
4	양쪽 온두께 필렛 겹치기 용접이음	-	-	55
5	플러그 용접을 하는 한쪽 온두께 필렛 겹치기 용접이음	-	-	50
6	플러그 용접을 하지 않는 온두께 필렛 겹치기 용접이음	-	-	45

• **응력제거 기준**

1. 응력제거가 필요한 부분은 한 번에 노(爐)에 넣는 것을 원칙으로 하나 한 번에 노에 넣을 수 없을 경우에는 두 번 이상으로 나누어 넣을 수 있다.

2. 노내에 넣는 경우와 노내에서 꺼내는 경우에는 노내의 온도는 300 ℃ 이하로 한다.

3. 용접부는 표의 모재의 종류에 따른 온도이상에서 두께 25 mm마다 1시간으로 계산한 시간(두께가 6 mm 미만의 것은 0.24시간) 이상 유지한다.

모재의 종류	온도(℃)
1. **탄**소강	600
2. **크**롬함유량이 0.75 % 이하이고 전합금성분이 2 % 이하인 저합금강	600
3. **크**롬함유량이 0.75 %를 초과하여 2 % 이하이고 전합금 성분이 2.75% 이하인 저합금강	600
4. 전합금성분이 **10** % 이하인 합금강(2와 3에 정한 것을 제외)	680
5. **퍼**얼라이트계 스테인리스강	740
6. **마**르텐사이트계 스테인리스강	760
7. 2.5 % **니**켈강 또는 3.5 % **니**켈강	600

OX퀴즈
노내에 넣는 경우와 노내에서 꺼내는 경우에는 노내의 온도는 **100 ℃** 이하로 한다. (×)

암기법
탄산 크
10파마니

666 876

배관 설치

• 땅의 붕괴 우려지역 통과 제한

배관은 과거의 실적이나 환경조건의 변화(토지조성으로 인하여 지형의 변경이나 배수의 변화 등)로 땅의 붕괴, 산사태 등의 발생이 우려되는 곳을 통과하지 않도록 한다.

• 지반침하 우려지역 설치 제한

(1) 배관은 지반침하가 현저하게 진행 중인 곳이나 과거의 실적으로 미루어 지반침하가 우려되는 곳을 통과하지 않도록 한다.

(2) 지반이 약한 곳에 배관을 설치하는 경우에는 지반침하로 인하여 배관이 손상되지 않도록 필요한 조치를 한다.

• 하천 또는 암거내 설치 제한

배관은 하천(하천을 횡단하는 경우는 제외한다) 또는 하수구 등 암거 안에 설치하지 않는다. 다만 다음 기준에 따른 조치를 한 경우에는 하천과 병행하여 설치할 수 있다.

(1) 하상을 제외한 하천부지에 하천과 병행하여 배관을 지하에 매설하거나 지상에 설치하는 경우 공통으로 적용하는 기준은 다음과 같다.

　(1-1) 정비가 완료된 하천으로서 시·도지사가 하천부지 외에는 배관을 설치할 장소가 없다고 인정하는 경우로 한다.

　(1-2) 배관을 견고하고 내구력을 갖는 방호구조물 안에 설치하는 것으로 한다.

　(1-3) 배관의 외면으로부터 2.5 m 이상의 매설심도를 유지하는 것으로 한다.

　(1-4) 배관손상으로 인한 가스누출 등 위급한 상황이 발생한 때에 그 배관에 유입되는 가스를 신속히 차단할 수 있는 장치를 설치하는 것으로 한다. 다만 고압배관으로서 매설된 배관이 포함된 구간안의 가스를 30분 이내에 화기 등이 없는 안전한 장소로 방출할 수 있는 장치를 설치할 경우에는 가스를 신속히 차단할 수 있는 장치를 설치하지 않을 수 있다.

(2) 하천이나 수로와 병행하여 배관을 지하에 설치하는 경우에 적용하는 기준은 다음과 같다.

　(2-1) 배관은 그 외면으로부터 수평거리로 건축물까지 1.5 m 이상을 유지한다.

　(2-2) 배관은 지반의 동결에 의하여 손상을 받지 않는 깊이로 매설한다.

OX퀴즈
배관은 하천(하천을 횡단하는 경우는 제외한다) 또는 하수구 등 암거 안에 **설치한다**. (×)

OX퀴즈
하천이나 수로와 병행하여 배관을 지하에 설치하는 경우 배관은 그 외면으로부터 수평거리로 건축물까지 **1.2 m** 이상을 유지한다. (×)

(2-3) 성토하였거나 절토한 경사면 부근에 배관을 매설하는 경우에는 흙이나 돌 등이 흘러내려서 안전확보에 지장이 오지 않도록 매설한다.

(2-4) 배관입상부·지반급변부 등 지지조건이 급변하는 곳에는 곡관의 삽입·지반의 개량 그 밖의 필요한 조치를 한다.

(2-5) 굴착과 되메우기는 안전확보를 위하여 적절한 방법으로 실시한다.

(3) 하천이나 수로와 병행하여 배관을 지상에 설치하는 경우에 적용하는 기준은 다음과 같다. 다만 교량에 설치하는 경우에는 (3-2)를 적용하지 않을 수 있다.

(3-1) 배관은 주택·학교·병원·철도 그 밖의 이와 유사한 시설과 안전확보를 위하여 유지해야 할 수평거리기준은 다음과 같다.

(3-1-1) 주택·학교·병원·철도 그 밖에 이와 유사한 시설은 표에 열거한 시설(당해 가스공급시설 부지 안에 설치된 계기실 등 가스공급에 필요한 시설을 제외한다)로 하고, 시설의 종류에 따라 안전확보를 위하여 필요한 수평거리는 표에 열거한 거리 이상의 거리로 한다. 다만 교량에 설치하는 배관으로서 적절한 보강을 하였을 때와 KGS FS452 (가스도매사업 정압기(지) 및 밸브기지의 시설·기술·검사기준) 에 따른 방호벽으로 된 실안에 설치한 배관의 수평거리는 표에 열거한 거리 이하로 할 수 있다.

시설	수평거리(m)
1. 철도(화물수송으로만 쓰이는 것은 제외한다)	30
2. 도로(전용공업지역 및 일반공업지역 안에 있는 도로를 제외한다)	30
3. 학교, 유치원, 새마을유아원, 사설강습소	30
4. 아동복지시설 또는 심신장애자 복지시설로서 수용능력이 20인 이상인 건축물	30
5. 병원(의원을 포함한다)	30
6. 공공공지(도시계획시설에 한한다) 또는 도시공원(전용공업지역 안에 있는 도시공원을 제외한다)	30
7. 극장, 교회, 공회당 그 밖에 이와 유사한 시설로서 수용능력이 300인 이상을 수용할 수 있는 곳	30
8. 백화점, 공중목욕탕, 호텔, 여관 그 밖에 사람을 수용하는 건축물(가설 건축물을 제외한다)로서 사실상 독립된 부분의 연면적이 1000 m² 이상인 곳	30
9. 문화재보호법에 따라 지정문화재로 지정된 건축물	70
10. 주택(앞 각호에 열거한 것 또는 가설 건축물을 제외한다). 또는 앞 각호에 열거한 시설과 유사한 시설로서 다수인이 출입하거나 근무하고 있는 곳	30

암기법
문화재는 목조건축물이므로 가장 안전해야 하기 때문에 70이며, 나머지는 전부 30
⇒ 문칠(문화재는 칠)

• **배관 지하매설**

배관을 지하에 매설하는 경우 배관의 외면과 지면·노면 또는 측면사이에는 다음 기준에 따른 거리를 유지한다. 이 경우 그 배관이 특고압 지중전선과 접근하거나 교차하는 경우에는 「전기사업법」에 따른 기준을 충족하도록 하되, 배관과 특고압 지중전선과의 사이에 내화성 격벽을 설치하는 경우 내화성 격벽의 재료는 벽돌·콘크리트·시멘트모르타르 등 화기에 견디는 것으로 한다.

(1) 공동주택등의 부지 안에서는 0.6 m 이상

(2) 폭 8 m 이상의 도로에서는 1.2 m 이상. 다만 도로에 매설된 최고사용압력이 저압인 배관에서 횡으로 분기하여 수요가에게 직접 연결되는 배관의 경우에는 1 m 이상으로 할 수 있다.

(3) 폭 4 m 이상 8 m 미만인 도로에서는 1 m 이상. 다만 다음 어느 하나에 해당하는 경우에는 0.8 m 이상으로 할 수 있다.

(4) 호칭지름이 300 mm(KS M 3514에 따른 가스용 폴리에틸렌관의 경우에는 공칭외경 315 mm를 말한다) 이하로서 최고사용압력이 저압인 배관

(5) 도로에 매설된 최고사용압력이 저압인 배관에서 횡으로 분기하여 수요가에게 직접 연결되는 배관 (1-1)부터 (1-3)까지에 해당되지 않는 곳에서는 0.8 m 이상. 다만 다음 어느 하나에 해당하는 경우에는 0.6 m 이상으로 할 수 있다.

　(5-1) 폭 4 m 미만인 도로에 매설하는 배관

　(5-2) 암반·지하매설물 등에 의하여 매설 깊이의 유지가 곤란하다고 시장·군수·구청장이 인정하는 경우

• **배관 철도부지 매설**

사업소외 배관의 철도부지 매설기준은 다음과 같다.

(1) 철도와 병행 매설

　(1-1) 배관의 외면으로부터 궤도 중심까지 4 m 이상, 그 철도부지 경계까지는 1 m 이상의 거리를 유지한다. 다만 다음 중 어느 하나에 해당하는 경우에는 그 이하로 유지할 수 있으며, 철도부지가 도로와 인접되어 있는 경우에는 배관의 외면과 철도부지경계와의 거리를 유지하지 않을 수 있다.

　　(1-1-1) 배관이 열차하중의 영향을 받지 않는 위치에 매설하는 경우

　　(1-1-2) 배관이 열차하중의 영향을 받지 않도록 적절한 방호구조물로 방호되는 경우

　　(1-1-3) 배관의 구조가 열차하중을 고려한 것일 경우

OX퀴즈
사업소외 배관의 철도부지 매설 시 배관의 외면으로부터 궤도 중심까지 **5 m** 이상을 유지한다. (×)

(1-2) 지표면으로부터 배관의 외면까지의 깊이를 1.2 m 이상으로 한다.

(1-3) 배관을 철도와 병행하여 매설하는 경우에는 50 m간격으로 배관매설 표지판(분기점이 있는 경우에는 분기점마다)을 설치한다.

(1-4) 배관은 그 외면으로부터 수평거리로 건축물까지 1.5 m 이상을 유지한다.

(1-5) 배관은 그 외면으로부터 지하의 다른 시설물과 0.3 m 이상의 거리를 유지한다.

(1-6) 배관은 지반의 동결에 의하여 손상을 받지 않는 깊이로 매설한다.

(1-7) 성토하였거나 절토한 경사면 부근에 배관을 매설하는 경우에는 흙이나 돌 등이 흘러내려서 안전확보에 지장이 오지 않도록 매설한다.

(1-8) 배관입상부·지반급변부 등 지지조건이 급변하는 곳에는 곡관의 삽입·지반의 개량 그 밖의 필요한 조치를 한다.

(1-9) 굴착 및 되메우기는 안전확보를 위하여 적절한 방법으로 실시한다.

(2) 철도와 횡단 매설

(2-1) 철도의 횡단부 지하에는 지면으로부터 1.2 m 이상인 깊이에 매설한다.

(2-2) 철도를 횡단하여 배관을 설치하는 경우에는 강재의 2중보호관 또는 그 밖의 방호구조물 안에 설치한다.

> OX퀴즈
> 배관은 그 외면으로부터 수평거리로 건축물까지 **1.2 m** 이상을 유지한다. (×)

배관 노출설치

• **건축물에 고정 설치**

(1) 입상관 및 입상관의 밸브 설치

(1-1) 입상관이 화기가 있을 가능성이 있는 주위를 통과할 경우에는 불연재료로 차단조치를 한다.

(1-2) 입상관에는 밸브를 설치하고 입상관의 밸브는 다음 기준에 따라 설치한다.

(1-2-1) 입상관의 밸브는 밸브 손잡이가 부착된 부분(중심)을 기준으로 바닥으로부터 1.6 m 이상 2 m 이내에 설치한다. 다만 부득이 1.6 m 이상 2 m 이내에 설치하지 못할 경우 다음 기준을 따른다.

(1-2-1-1) 입상관 밸브 높이가 1.6 m 미만인 경우 입상관 밸브를 불연재료의 보호상자 안에 설치한다.

(1-2-1-2) 입상관 밸브 높이가 2 m를 초과한 경우 다음 중 어느 하나의

> OX퀴즈
> 입상관 밸브 높이가 1.6 m 미만인 경우 입상관 밸브를 불연재료의 보호상자 **외부**에 설치한다. (×)

기준을 따른다.

(1-2-1-2-1) 원격으로 차단이 가능한 전동밸브를 설치한다. 이 경우 전동밸브의 제어부는 조작이 용이하도록 공용의 장소에 바닥으로부터 1.6 m 이상 2 m 이내에 설치하며 전동밸브 및 제어부는 빗물에 노출되지 않도록 조치한다.

(1-2-1-2-2) 입상관 밸브 차단을 위한 전용계단을 견고하게 고정·설치한다.

(1-2-2) 입상관의 밸브는 입상관마다 설치하는 것을 원칙으로 한다. 다만 다세대주택, 연립주택 및 30세대 이하의 소규모 공동주택등에서 해당 동 전체를 차단할 수 있는 1개의 입상관 밸브를 설치한 경우에는 입상관마다 입상관 밸브를 설치한 것으로 볼 수 있다.

(1-2-3) 입상관의 밸브를 건축물 내부에 설치할 경우에는 차단이 용이한 건축물 내 주차장, 복도 등 공용의 장소에 설치한다. 다만 건축물 구조상 부득이하여 입상관의 밸브를 개인세대 내부에 설치할 경우에는 다음 중 어느 하나의 기준에 따른다.

(1-2-3-1) 원격으로 차단이 가능한 전동밸브를 각 입상관에 설치한다.

(1-2-3-2) 해당 동 전체를 차단할 수 있는 입상관 밸브를 별도로 설치하되, 그 입상관 밸브가 건축물 내부에 설치되는 경우에는 전동밸브를 설치한다.

(1-3) 입상관에 방범용 덮개를 설치할 경우에는 배관에 위해를 미치지 않고 배관의 점검 및 보수가 가능하도록 다음 기준에 따라 설치한다.

(1-3-1) 방범용 덮개의 최상부는 배관에서 가스가 누출되는 경우 대기 중에 확산이 용이하도록 개방된 구조로 하고, 최하부는 입상배관의 점검이 가능하도록 개방된 구조로 한다.

(1-3-2) 방범용 덮개는 입상밸브 상단부터 해당 공동주택의 3층 천정 높이 이내로 설치한다.

(1-3-3) 방범용 덮개는 도색등 유지 보수가 가능하도록 분리 가능한 구조로 설치한다.

(1-3-4) 세대별 분기관은 신축흡수를 위하여 방범용 덮개 밖으로 노출되도록 한다.

(2) 배관고정장치 설치

배관은 움직이지 않도록 건축물에 고정부착하는 조치를 하되, 그 관경이 13 mm 미만의 것에는 1 m마다, 13 mm 이상 33 mm 미만의 것에는 2 m마다, 33 mm 이상의 것에는 3 m마다 고정장치를 설치한다. 이 경우 배관과 고정장치 사이에는 절연조치를 한다.

> **OX퀴즈**
> 입상관의 밸브는 **3개의** 입상관마다 설치하는 것을 원칙으로 한다. (×)

(3) 배관의 이음매와의 유지거리

배관의 이음매(용접 이음매를 제외한다)와 전기계량기 및 전기개폐기와의 거리는 60 cm 이상, 전기점멸기 및 전기접속기와의 거리는 30 cm 이상, 절연전선과의 거리는 10 cm 이상, 절연조치를 하지 않은 전선 및 단열조치를 하지 않은 굴뚝(배기통을 포함한다)과의 거리는 15 cm 이상의 거리를 유지한다.

(4) 노출배관의 방호

(4-1) 차량의 통행 그 밖의 충격 등에 의해 손상될 우려가 있는 곳의 노출된 배관은 그 배관에 대한 위해의 우려가 없도록 하기 위해 설치하는 방호조치 기준은 다음과 같다.

(4-1-1) 지상에 설치하는 배관은 부식방지와 검사 및 보수를 위해 지면으로부터 30 cm 이상의 거리를 유지하고, 배관의 손상방지를 위해 주위의 상황에 따라 방책이나 가드레일 등의 방호조치를 한다.

> **OX퀴즈**
> 지상에 설치하는 배관은 부식방지와 검사 및 보수를 위해 지면으로부터 **15 cm** 이상의 거리를 유지하고, 배관의 손상방지를 위해 주위의 상황에 따라 방책이나 가드레일 등의 방호조치를 한다.
> (×)

(4-1-2) 지상에 노출되는 배관은 차량 등에 의해 추돌할 위험이 없는 안전한 장소에 설치한다. 다만 불가피한 사유로 인해 차량 등에 의해 추돌할 위험이 있는 장소에 설치하는 경우에는 다음 중 어느 하나의 방호구조물로 방호조치를 한다.

(4-1-2-1) "ㄷ" 형태로 가공한 방호철판에 의한 방호구조물은 그림과 같으며, 기준은 다음과 같다.

(4-1-2-1-1) 방호철판의 두께는 4 mm이상이고 재료는 KS D 3503(일반구조용압연강재) 또는 이와 동등 이상의 기계적 강도가 있는 것으로 다.

(4-1-2-1-2) 방호철판은 부식을 방지하기 위한 조치를 한다.

(4-1-2-1-3) 방호철판 외면에는 야간식별이 가능한 야광테이프나 야광페인트에 의해 배관임을 알려주는 경계표지를 한다.

(4-1-2-1-4) 방호철판의 크기는 길이방향으로 80 cm 이상으로 하고 앵커볼트 등에 의해 건축물 외벽에 견고하게 고정 설치한다.

> **OX퀴즈**
> 방호철판의 크기는 길이방향으로 **100 cm** 이상으로 하고 앵커볼트 등에 의해 건축물 외벽에 견고하게 고정 설치한다.
> (×)

(4-1-2-1-5) 방호철판과 배관은 서로 접촉되지 않도록 설치하고 필요한 경우에는 접촉을 방지하기 위한 조치를 한다.

(4-1-2-1-6) 방호철판의 하단부는 지면과 20 cm 이상 30 cm 이하로 이격하여 설치한다.

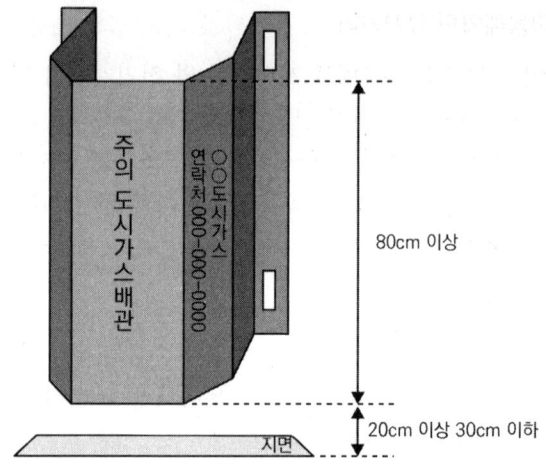

사고예방설비기준

- **가스누출경보 및 자동차단장치 설치**

배관장치에는 가스 압력과 배관의 주위상황에 따라 필요한 장소에 가스누출검지경보장치를 다음 기준에 따라 설치한다.

1. 가스누출검지경보장치는 가스누출을 검지하여 그 농도를 지시함과 동시에 경보가 울리는 것으로 한다.

2. 미리 설정된 가스농도(폭발하한계의 4분의 1 이하)에서 60초 이내에 경보가 울리는 것으로 한다.

3. 경보가 울린 후에는 주위의 가스농도가 변화되어도 계속 경보가 울리며, 그 확인 또는 대책을 강구함에 따라 경보가 정지되도록 한다.

4. 담배연기 등 잡가스에 경보가 울리지 않는 것으로 한다.

5. 가스공급시설에는 가스누출검지경보장치로서「소방시설 설치 및 관리에 관한 법률」에 따른 분리형 공업용 가스누출경보기를 설치한다.

6. 가스누출검지경보장치는 충분한 강도를 가지며 취급과 정비(특히 엘리먼트의 교체)가 용이한 것으로 한다.

7. 가스누출검지경보장치의 경보부와 검지부는 분리하여 설치할 수 있는 것으로 한다.

8. 검지부가 다점식인 경우에는 경보가 울릴 때 경보부에서 가스의 검지장소를 알 수 있는 구조로 한다.

> **Tip** 다점식 : 여러 지점에서 가스 누출을 검지할 수 있는 기능

9. 경보는 램프의 점등이나 점멸과 동시에 울리는 것으로 한다.

• **가스누출검지경보장치 설치장소**

1. 검지부 또는 가스누출을 용이하게 검지할 수 있는 구조의 검지구를 설치하는 장소는 다음과 같다.
    (1) 긴급차단장치의 부분(밸브피트를 설치한 것에는 해당 밸브피트 안을 말한다)
    (2) 슬리브관·보호관·방호구조물 등으로 밀폐되어 설치(매설을 포함한다)한 배관의 부분
    (3) 누출된 가스가 체류하기 쉬운 구조로 된 배관의 부분

2. 검지부를 설치하는 위치는 가스의 성질·주위상황·각 설비의 구조 등의 조건에 따라 정하되 다음에 해당하는 장소에는 설치하지 않는다.
    (1) 증기·물방울·기름이 섞인 연기 등이 직접 접촉할 우려가 있는 곳
    (2) 주위 온도나 복사열로 온도가 40℃ 이상이 되는 곳
    (3) 설비 등에 가려져 누출가스의 유통이 원활하지 못한 곳
    (4) 차량 그 밖에 작업 등으로 인하여 경보기가 파손될 우려가 있는 곳

3. 검지부의 설치높이는 해당 가스비중, 주위상황, 처리설비높이 등의 조건에 따라 정한다.

4. 검지부의 설치장소는 관계자가 상주하거나 경보를 식별할 수 있는 장소로써 경보가 울린 후 각종 조치를 취하기에 적절한 위치로 한다.

> **OX퀴즈**
> 검지부의 설치높이는 해당 가스비중, 주위상황, 처리설비높이 등의 조건에 따라 정한다. (○)

• **가스누출검지경보장치 설치개수**

배관에는 1개 이상의 가스누출검지경보장치를 설치한다.

• **배관설비 표시**

1. 배관의 외부에 사용가스명·최고사용압력 및 가스의 흐름방향을 표시한다. 다만 지하에 매설하는 경우에는 흐름방향을 표시하지 않을 수 있다.

2. 가스배관의 표면색상은 지상배관은 황색으로, 매설배관은 최고사용압력이 저압인 배관은 황색·중압인 배관은 적색으로 한다. 다만 지상배관 중 건축물의 내·외벽에 노출된 것으로서 바닥(2층 이상 건물의 경우에는 각 층의 바닥을 말한다)으로부터 1 m의 높이에 폭 3 cm의 황색띠를 2중으로 표시한 경우에는 표면색상을 황색으로 하지 않을 수 있다.

> **OX퀴즈**
> 가스배관의 표면색상은 지상배관은 **적색**으로, 매설배관은 최고사용압력이 저압인 배관은 황색·중압인 배관은 적색으로 한다. (×)

3. 배관을 지하에 매설하는 경우 배관의 직상부에 보호포를 지면에는 매설위치를 확인할 수 있는 라인마크 및 표지판을 다음과 같이 설치하며 보호포는 일반형보호포와 탐지형보호포(지면에서 매설된 보호포의 설치위치

를 탐지할 수 있도록 제조된 것을 말한다)로 구분하고 재질·규격 및 설치기준은 다음과 같다.

(1) 재질 및 규격

(1-1) 보호포는 폴리에틸렌수지·폴리프로필렌수지 등 잘 끊어지지 않는 재질로 직조한 것으로서 두께는 0.2 mm 이상으로 한다.

(1-2) 보호포의 폭은 15 cm 이상으로 한다.

(1-3) 보호포의 바탕색은 최고사용압력이 저압인 관은 황색, 중압이상인 관은 적색으로 하고, 가스명·최고사용압력·공급자명 등을 보호포의 표시방법과 같이 표시한다.

(2) 설치기준

(2-1) 보호포는 호칭지름에 10 cm를 더한 폭으로 설치하고, 2열 이상으로 설치할 경우 보호포간의 간격은 해당 보호포 폭 이내로 한다.

(2-2) 보호포는 다음 기준에 적합하게 설치한다.

(2-2-1) 최고사용압력이 중압이상인 배관의 경우에는 보호판의 상부로부터 30 cm 이상 떨어진 곳에 보호포를 설치한다.

(2-2-2) 최고사용압력이 저압인 배관으로서 매설깊이가 1.0 m 이상인 경우에는 배관 정상부로부터 60 cm 이상, 매설깊이가 1.0 m 미만인 경우에는 배관 정상부로부터 40 cm 이상 떨어진 곳에 보호포를 설치한다.

(2-2-3) 공동주택 등의 부지 안에 설치하는 배관의 경우에는 배관 정상부로부터 40 cm 떨어진 곳에 보호포를 설치한다.

(2-2-4) (2-2-1)부터 (2-2-3)까지에도 불구하고 다음의 경우에는 해당 기준에 적합하게 설치한다.

(2-2-4-1) 매설깊이를 확보할 수 없어 보호관등을 사용한 경우에는 보호관 직상부에 보호포를 설치할 수 있다.

(2-2-4-2) 도로복구 등으로 인하여 보호포가 훼손될 우려가 있는 경우에는 (2-2-1)부터 (2-2-3)까지에서 정한 보호포 설치위치 이하에 설치할 수 있다.

(2-2-4-3) 압입구간, 철도밑 등 부득이한 경우 및 비개착공법으로 배관을 지하에 매설하는 경우에는 보호포를 설치하지 않을 수 있다. 다만 비개착공법에 의하여 배관을 지하에 매설하는 경우에는 다음 기준을 따른다.

(2-2-4-3-1) 비개착공법에 의하여 배관을 지하에 매설하는 그 시점, 종점 및 시점과 종점 사이 배관길이 10 m마다 1개 이상의 라인마크를 설치해야 한다.

OX퀴즈

보호포는 호칭지름에 **5 cm**를 더한 폭으로 설치하고, 2열 이상으로 설치할 경우 보호포간의 간격은 해당 보호포 폭 이내로 한다. (×)

(2-2-4-3-2) (2-2-4-3-1)에 따라 라인마크 설치가 곤란한 경우 배관길이 30 m마다 1개 이상의 표지판을 설치해야 한다.

• 라인마크(Line-Mark)의 설치기준

(1) 「도로법」에 따른 도로 및 공동주택 등의 부지 안 도로에 도시가스 배관을 매설하는 경우에는 라인마크를 설치한다. 다만 「도로법」에 따른 도로 중 비포장도로, 포장도로의 법면 및 측구는 표지판을 설치하되, 비포장도로가 포장될 때에는 라인마크로 교체 설치한다.

(2) 라인마크의 종류는 금속재 라인마크, 스티커형 라인마크 및 네일형(Nail) 라인마크로 한다. 다만 「도로교통법」에 따른 보도와 차도가 명확히 구분된 도로의 차도에는 네일형 라인마크를 설치하지 않는다.

(3) 라인마크는 배관길이 50 m마다 1개 이상 설치하되, 주요분기점·굴곡지점·관말지점 및 그 주위 50 m 안에 설치한다. 다만 단독주택 분기점은 제외하며, 밸브박스 또는 배관 직상부에 전위측정용 터미널(T/B)·검지공·로케이팅와이어 측정함(L/B) 등이 라인마크 기능을 갖도록 적합하게 설치된 경우에는 라인마크로 볼 수 있다.

> **OX퀴즈**
> 라인마크는 배관길이 100 m마다 1개 이상 설치하되, 주요분기점·굴곡지점·관말지점 및 그 주위 100 m 안에 설치한다. (×)

• 표지판의 설치기준

(1) 도시가스배관을 시가지외의 도로·산지·농지 또는 하천부지·철도부지 내에 매설하는 경우에는 표지판을 설치한다. 이때 하천부지·철도부지를 횡단하여 배관을 매설하는 경우에는 양편에 표지판을 설치한다.

(2) 표지판은 배관을 따라 200 m 간격으로 1개 이상으로 설치하되, 교통 등의 장애가 없는 장소를 선택해 일반인이 쉽게 볼 수 있도록 설치한다.

(3) 표지판의 가로치수는 200 mm, 세로치수는 150 mm 이상의 직사각형으로 하고, 황색바탕에 검정색 글씨로 표지판의 치수 및 표기방법 보기와 같이 도시가스 배관임을 알리는 뜻과 연락처 등을 표기한다.

(4) 판의 재료는 KS D 3503(일반구조용 압연강재)으로서 부식방지 조치를 한 것 또는 내식성재료로 하고 지지대의 재료는 관의 재료와 동등 이상의 것으로 한다.

> **OX퀴즈**
> 표지판의 가로치수는 100 mm, 세로치수는 100 mm 이상의 직사각형으로 하고, 황색바탕에 검정색 글씨로 표지판의 치수 및 표기방법 보기와 같이 도시가스 배관임을 알리는 뜻과 연락처 등을 표기한다. (×)

〈보호포〉

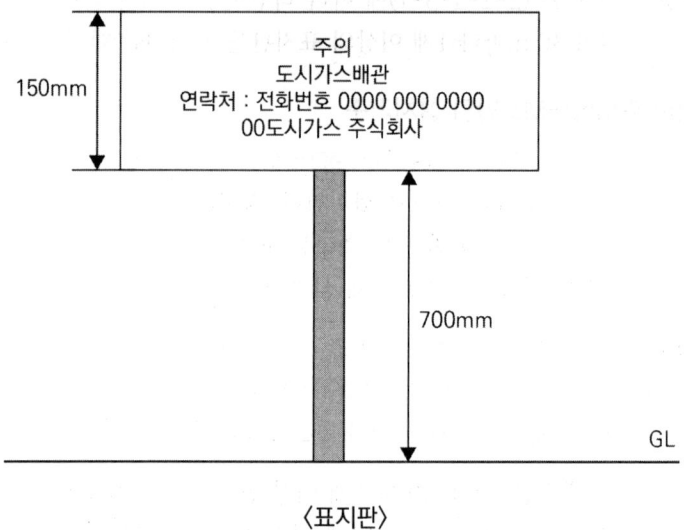

〈표지판〉

- **가스설비 점검**

1. 도시가스공급시설에 설치된 압력조정기는 매 6개월에 1회 이상(필터 또는 스트레이너의 청소는 매 2년에 1회 이상) 다음 기준에 따라 안전점검을 실시한다.
   (1) 압력조정기의 정상 작동 유무
   (2) 필터나 스트레이너의 청소 및 손상 유무
   (3) 압력조정기의 몸체와 연결부의 가스누출 유무
   (4) 도시가스공급시설에 설치된 압력조정기의 경우에는 출구 압력을 측정하고 출구압력이 명판에 표시된 출구압력범위 이내로 공급되는지 여부
   (5) 격납상자 내부에 설치된 압력조정기는 격납상자의 견고한 고정 여부
   (6) 건축물 내부에 설치된 압력조정기의 경우는 가스방출구의 실외 안전장소에의 설치 여부

2. 도시가스공급시설에 설치된 구역압력조정기는 다음 기준에 따라 안전점검을 실시한다.
   (1) 설치 후 3년에 1회 이상 분해점검 실시 여부
   (2) 3개월에 1회 이상 정상작동 여부
   (3) 가스공급개시 후 1개월 이내 및 가스공급개시 후 매년 1회 이상 필터점검
   (4) 구역압력조정기의 몸체와 연결부의 가스누출 유무 확인
   (5) 출구 압력을 측정하고 출구압력이 명판에 표시된 출구압력범위 이내로 공급되는지 여부 확인
   (6) 외함의 손상(도색, 자물쇠 장치 등) 여부 확인

OX퀴즈
도시가스공급시설에 설치된 압력조정기는 매 **3개월에** 1회 이상 안전점검을 실시한다. (×)

• **수취기**

1. 사용상 유해한 부식, 균열, 흠 등이 없는지 확인한다.
2. 밸브(중압이상의 경우에만 한다)의 작동상태와 부식 및 가스누출 여부를 확인한다.
3. 수취기 박스는 빗물, 지하수 등에 의한 침수 여부를 확인한다.

• **기밀시험 또는 누출검사**

1. 시공감리를 하는 때에는 압력유지시간 등을 고려하여 시험을 실시하여 누출 여부를 확인하고, 배관 내부의 시험가스의 방출 여부를 확인한다.
2. 정기검사를 하는 때에는 기밀시험을 실시(기밀시험 시기가 도래한 경우에만 한다)하고, 그 밖에 가스누출검지기를 이용하여 가스누출 여부를 확인하여 이상이 있는 지하매설 배관에 대해서는 보링작업에 의한 누출검사를 실시한다.

   > Tip 보링작업 : 구멍을 깎아 넓히는 작업

3. 배관의 기밀시험방법은 다음과 같다.

   (1) 기밀시험은 공기 또는 위험성이 없는 불활성기체로 실시한다. 다만 통과하는 가스로 기밀시험을 할 수 있는 경우는 다음과 같다.

      (1-1) 최고 사용압력이 고압이나 중압으로 길이가 15 m 미만인 배관 또는 그 부대설비로서 그 이음부와 동일재료, 동일치수 및 동일시공방법에 따르고 최고 사용압력의 1.1배 이상인 압력에서 누출이 없는가를 확인하고 기밀시험을 한 경우

      (1-2) 최고 사용압력이 저압인 배관 또는 그 부대설비로서 기밀시험을 한 경우

      (1-3) 기설치된 사용자공급관의 기밀시험을 하는 경우

   (2) 기밀시험은 최고사용압력의 1.1배 또는 8.4 kPa 중 높은 압력이상으로 실시한다. 다만 다음 기준에 해당하는 경우에는 최고사용압력의 1.1배 또는 8.4 kPa 중 높은 압력이상으로 실시하지 않을 수 있다.

      (2-1) 최고사용압력이 저압인 배관 및 그 부대설비 이외의 것으로서 최고사용압력이 30 kPa 이하인 것은 시험압력을 최고사용압력으로 할 수 있다.

      (2-2) 이미 설치된 사용자공급관은 시험압력을 사용압력 이상으로 할 수 있다.

   (3) 기밀시험은 그 설비가 취성 파괴를 일으킬 우려가 없는 온도에서 실시한다.

   (4) 기밀시험은 기밀시험압력에서 누출 등의 이상이 없을 때 합격으로 한다.

   > Tip 취성 파괴 : 재료가 파괴될 때 거의 소성변형이 발생하지 않고 부서지는 현상

(5) 기밀시험에 종사하는 인원은 작업에 필요한 최소 인원으로 하고, 관측 등은 적절한 장애물을 설치하고 그 뒤에서 실시한다.

(6) 기밀시험을 하는 장소 및 그 주위는 잘 정돈하여 긴급한 경우 대피하기 좋도록 하고 2차적으로 인체에 피해가 발생하지 않도록 한다.

(7) 기밀시험 및 누출검사에 필요한 준비는 검사 신청인이 한다.

- **내압시험**

1. 중압 이상의 배관은 최고사용압력의 1.5배(고압의 가스시설로서 공기·질소 등의 기체로 내압시험을 실시하는 경우에는 1.25배) 이상의 압력으로 내압시험을 실시하여 이상이 없는 것으로 한다.

2. 압력강하 및 이상변형, 파손이 없는지 확인한다.

3. 도시가스공급시설의 내압시험은 다음 기준에 따라 실시한다.

    (1) 내압시험은 수압으로 실시한다. 다만 중압 이하의 배관, 길이 50 m 이하로 설치되는 고압배관과 부득이한 이유로 물을 채우는 것이 부적당한 경우에는 공기나 위험성이 없는 불활성기체로 할 수 있다.

    (2) 공기 등의 기체의 압력으로 내압시험을 실시하는 경우에는 작업을 안전하게 하기 위하여 강관 용접부 전길이에 대하여 내압시험 전에 KS B 0845(강용접부의 방사선투과시험방법 및 투과사진의 등급분류 방법)에 따라 방사선투과시험을 하고 그 등급분류가 2급(중압 이하의 배관은 3급) 이상임을 확인한다.

    (3) 중압이상 강관의 양 끝부에는 이음부의 재료와 동등 이상의 성능이 있는 배관용 앤드 캡(END CAP), 막음플랜지 등을 용접으로 부착하고 비파괴시험을 실시한 후 내압시험을 실시한다.

    (4) 내압시험은 당해 설비가 취성파괴를 일으킬 우려가 없는 온도에서 실시한다.

    (5) 내압시험은 최고사용압력의 1.5배(고압의 가스시설로서 공기·질소 등의 기체로 내압시험을 실시하는 경우에는 1.25배) 이상으로 하며, 규정 압력을 유지하는 시간은 5분부터 20분까지를 표준으로 한다.

    (6) 내압시험을 공기 등의 기체로 하는 경우에 압력은 일시에 시험압력까지 승압하지 않아야 하며, 먼저 상용압력의 50 %까지 승압하고 그 후에는 상용압력의 10 %씩 단계적으로 승압하여 내압시험 압력에 달하였을 때 누출 등의 이상이 없고, 그 후 압력을 내려 상용압력으로 하였을 때 팽창, 누출 등의 이상이 없으면 합격으로 한다.

    (7) 내압시험에 종사하는 사람의 수는 작업에 필요한 최소 인원으로 하고, 관측 등을 하는 경우에는 적절한 방호시설을 설치하고 그 뒤에서 실시한다.

⑻ 내압시험을 하는 장소 및 그 주위는 잘 정돈하여 긴급한 경우 대피하기 좋도록 하고 2차적으로 인체에 대한 위해가 발생하지 않도록 한다.

⑼ 내압시험 시 감독자는 시험이 시작되는 때부터 끝날 때까지 시험 구간을 순회점검하고 이상 유무를 확인한다.

⑽ 내압시험에 필요한 준비는 검사 신청인이 한다.

4. 고압 또는 중압인 가스공급시설 중 내압시험을 생략할 수 있는 가스공급시설은 다음과 같다.

⑴ 내압시험을 위해 구분된 구간과 구간을 연결하는 이음관으로서 그 관의 용접부가 방사선투과시험에 합격된 이음관

⑵ 길이가 15 m 미만으로 최고사용압력이 중압이상인 배관 및 그 부대설비로서 그들의 이음부와 동일재료, 동일치수 및 동일시공방법으로 접합시킨 시험을 위한 관을 이용해 미리 최고 사용압력의 1.5배(고압의 가스시설로서 공기·질소 등의 기체로 내압시험을 실시하는 경우에는 1.25배) 이상인 압력으로 시험을 실시해 합격된 배관 및 그 부대설비

⑶ 정압기실 안에 설치된 배관의 원주 이음 용접부 모두에 대해 외관검사 및 방사선투과시험을 실시해 합격된 배관

> **OX퀴즈**
> 고압인 가스공급시설 중 내압시험을 위해 구분된 구간과 구간을 연결하는 이음관으로서 그 관의 용접부가 방사선투과시험에 합격된 이음관은 내압시험을 생략할 수 **없다**. (×)

• 교량에 배관 설치

교량 등에 설치하는 가스배관은 그 배관에 대한 위해의 우려가 없도록 다음 기준에 따라 배관을 설치·고정 및 지지를 한다.

⑴ 배관은 온도변화에 의한 열응력과 수직 및 수평 하중을 동시에 고려하여 설계·설치한다.

⑵ 배관의 재료는 강재를 사용하고 접합은 용접으로 한다.

⑶ 배관 지지대는 배관 하중과 축방향의 하중에 충분히 견디는 강도를 갖는 구조로 설치하고 지지대의 부식 등을 감안하여 가능한 한 여유 있게 설치한다.

⑷ 지지대, U볼트 등의 고정장치와 배관 사이에는 고무판, 플라스틱 등 절연물질을 삽입한다.

⑸ 배관의 고정 및 지지를 위한 지지대의 최대지지간격은 표를 기준으로 하되, 호칭지름 600 A를 초과하는 배관은 배관 처짐량의 500배 미만이 되는 지점마다 지지한다.

호칭지름(A)	지지 간격(m)
100	8
150	10
200	12
300	16
400	19
500	22
600	25

(6) 그 밖에 교량 등에 설치되는 배관에 대한 세부적인 설치방법에 대해서는 한국가스안전공사의 사장이 정할 수 있다.

• 연약지반 기초 보강

연약지반에 설치하는 배관은 모래기초 또는 그 밖의 단단한 기초공사 등으로 지반 침하를 방지한다.

• 배관의 기울기

배관의 기울기는 도로의 기울기를 따르고 도로가 평탄한 경우에는 1/500 ~ 1/1000 정도의 기울기로 한다.

• 다른 시설물과의 이격거리 유지

배관을 지하에 매설하는 경우에는 배관의 외면과 상수도관·하수관거·통신 케이블 등 다른 시설물과 0.3 m 이상의 간격을 유지한다. 다만 (1-1), (1-2) 및 (2)에서 정한 보호관 또는 보호판으로 다음과 같이 보호한 경우에는 간격을 유지한 것으로 볼 수 있다.

(1) 보호판으로 보호하는 경우에는 타 시설물의 크기 및 위치에 따라 '─'자, 'ㄱ'자 또는 'ㄱ'자 등의 형태로 시공한다.

(2) 가스배관의 주위에 타 매설물이 복잡하게 설치되어 있어 보호판으로는 가스배관의 보호가 곤란할 경우에는 보호관으로 보호하되, 보호관 외부에는 보호관임을 쉽게 식별할 수 있도록 다음 기준에 따라 표시한다.

(2-1) 표기 문구는 "도시가스배관 보호관", "최고사용압력 ○○ MPa(kPa)"
(2-2) 글자 크기는 보호관의 관경에 따라 손쉽게 식별이 가능한 크기
(2-3) 글자 색상은 보호관이라는 것을 손쉽게 식별할 수 있는 색상

OX퀴즈
배관을 지하에 매설하는 경우 배관의 외면과 상수도관과는 **0.1 m** 이상의 간격을 유지한다. (×)

• **현장조사**

정밀안전진단대상 배관의 자료검토 결과를 토대로 위험도가 높은 배관에 대해장비 및 프로그램 등을 이용하여 배관의 안전 상태를 현장에서 직접 다음과 같이 조사한다.

(1) 매설배관의 외면부식 조사

매설배관의 외면부식은 매설배관 피복손상부 탐지장비[직류전압구배법(DCVG : Direct Current Voltage Gradient) 또는 교류전압구배법(ACVG : Alternate Current Voltage Gradient]와 근접간격전위측정장비(CIPS : Close Interval Potential Survey) 및 배관굴착을 통해 다음과 같이 조사한다.

(1-1) 직류전압구배법(DCVG)에 의한 조사는 다음과 같다.

(1-1-1) 정밀안전진단대상 배관 전체 배관의 10 % 이상에 대해 조사를 실시한다. 다만 배관관리주체가 최근 5년 이내에 DCVG를 자체적으로 조사한 결과를 제출하지 않은 경우에는 추가로 20 % 이상 조사를 실시한다.

(1-1-2) 자료검토결과 위험도가 높은 배관은 정밀안전진단기관의 현장 조사범위에 반드시 포함한다.

(1-1-3) (1-1-1)에 따라 정밀안전진단기관의 현장조사 대상에서 제외된 나머지 배관에 대한DCVG조사는 정밀안전진단기관에서 인정하는 배관관리주체(또는 전문기관)가 실시한 최근 5년 이내의 자체 조사결과로 대체한다.

(1-1-4) 정밀안전진단기관의 1일 조사 또는 작업범위는 3인 또는 4인 1조를 기준으로 1일 300 m 이상으로 하고, 배관관리자와의 협의를 통해 조사범위를 조정할 수 있다.

(1-1-5) 직류전압구배법(DCVG)에 의한 매설배관 외면부식 조사는 그림과 같이 배관에 공급되는 임시외전을 On-Off하면서 배관피복손상부에서 전위구배의 발생 및 밀도전위의 증가 여부 등을 측정하여 매설배관 피복의 손상 여부를 조사한다.

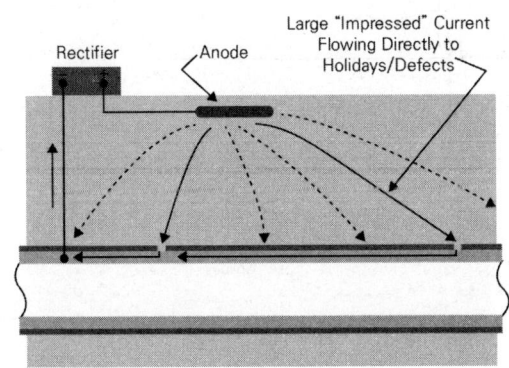

> **OX퀴즈**
> 매설배관의 외면부식 조사 시 사용되는 직류전압구배법은 정밀안전진단대상 배관 전체 배관의 **50 % 이상**에 대해 조사를 실시한다.
> (×)

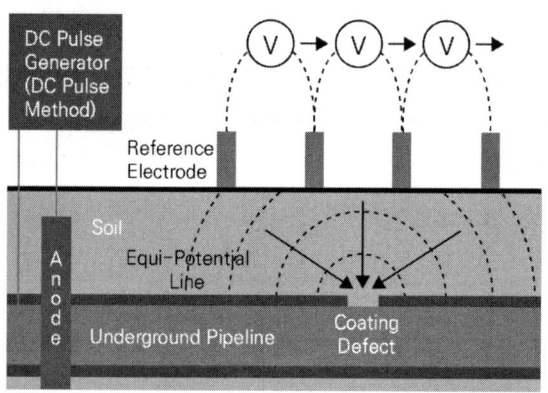

(1-2) 교류전압구배법(ACVG)에 의한 조사는 다음과 같다.

  (1-2-1) 정밀안전진단대상 배관 전체 배관의 10 % 이상에 대해 조사를 실시한다. 다만 배관관리주체가 최근 5년 이내에 ACVG를 자체적으로 조사한 결과를 제출하지 않은 경우에는 추가로 20 % 이상 조사를 실시한다.

  (1-2-2) 자료검토결과 위험도가 높은 배관은 정밀안전진단기관의 현장 조사범위에 반드시 포함한다.

  (1-2-3) (1-2-1)에 따라 정밀안전진단기관의 현장조사 대상에서 제외된 나머지 배관에 대한 ACVG조사는 정밀안전진단기관에서 인정하는 배관관리주체(또는 전문기관)이 실시한 최근 5년 이내의 자체 조사결과로 대체한다.

  (1-2-4) 정밀안전진단기관의 1일 조사 또는 작업범위는 3인 또는 4인 1조를 기준으로 1일 300 m 이상으로 하고, 배관관리자와의 협의를 통해 조사범위를 조정할 수 있다.

  (1-2-5) 교류전압구배법(ACVG)에 의한 매설배관 외면부식 조사는 그림과 같이 인가한 4.8 Hz의 저주파 교류전류로 인해 배관 주변에 발생하는 교류 전위 구배를 측정하여 매설배관 피복의 손상 여부를 조사한다.

OX퀴즈
정밀안전진단기관의 1일 조사 또는 작업범위는 3인 또는 4인 1조를 기준으로 1일 **500 m** 이상으로 한다. (×)

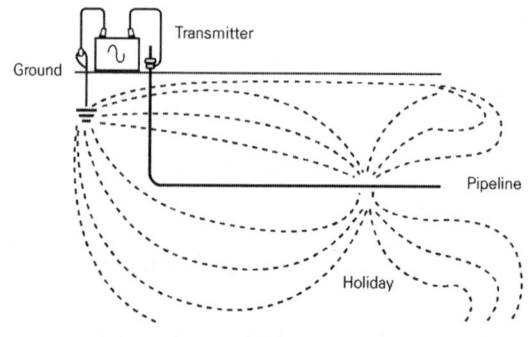

(1-3) 근접간격전위측정(CIPS)장비를 이용한 조사는 다음과 같다.

  (1-3-1) 정밀안전진단대상 배관 전체 배관의 20 % 이상에 대해 조사를 실시하되, 자료검토결과 위험도가 높은 배관과 DCVG(또는 ACVG) 조사결과 피복손상이 우려되는 배관구간은 정밀안전진단기관의 현장 조사 범위에 반드시 포함한다.

  (1-3-2) (1-3-1)에 따라 정밀안전진단기관의 현장조사 대상에서 제외된 나머지 배관(전기방식 방법이 희생양극법인 배관에 한한다)에 대한 CIPS조사는 정밀안전진단기관에서 인정하는 배관관리주체(또는 전문기관)이 실시한 최근 5년 이내의 자체 조사결과로 대체한다.

  (1-3-3) 정밀안전진단기관의 1일 조사 또는 작업범위는 3인 또는 4인 1조를 기준으로 1일 1 km 이상으로 하고, 배관관리자와의 협의를 통해 조사범위를 조정할 수 있다.

  (1-3-4) 근접간격전위측정방법(CIPS)에 의한 매설배관 외면부식 조사는 배관의 직상부에서 배관을 따라 P/S전위를 1 ~ 5 m 간격으로 연속적으로 방식전위상태를 측정하여 특정지점에서의 국부적인 방식전위 불량지점을 찾고, 만약 간섭 문제일 경우에 방식전위의 경향을 정확히 파악하여 간섭지점과 간섭원인을 정확히 파악한다.

• 곡관의 설치위치

1. 입상관에 설치하는 곡관은 다음 각 호의 지점을 기준으로 1 ~ 2층 이내의 위치에 설치하는 것을 원칙으로 한다.

  (1) 곡관 1개를 설치할 경우에는 건축물의 중앙층

  (2) 곡관 2개를 설치할 경우에는 건축물의 하부로부터 3분의 1 및 3분의 2 지점

  (3) 곡관 3개를 설치할 경우에는 건축물의 하부로부터 4분의 1, 4분의 2 및 4분의 3 지점

  (4) 곡관을 4개 이상 설치할 경우는 (1)부터 (3)과 같은 방법으로 설치지점을 정하며, 열변위합성 응력을 계산하는 경우에는 그 결과에 따른다.

> **OX퀴즈**
> 곡관 **4개**를 설치할 경우에는 건축물의 하부로부터 3분의 1 및 3분의 2 지점에 설치한다. (×)

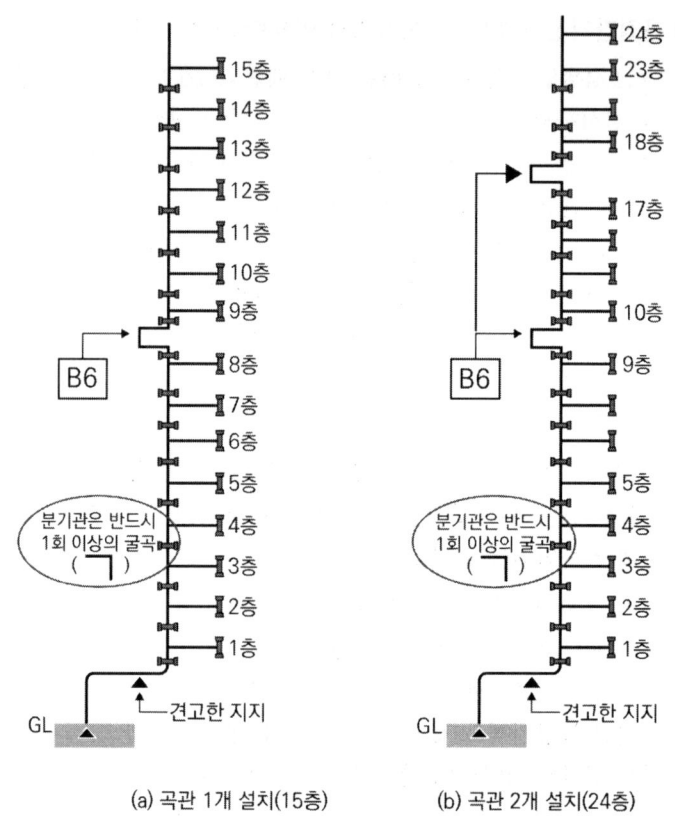

(a) 곡관 1개 설치(15층)　　　(b) 곡관 2개 설치(24층)

2. 횡지관에 설치하는 곡관의 설치위치는 횡지관에 균등 분배하여 설치하는 것을 원칙으로 한다.

   (1) 굴곡부 수 4개로 곡관을 대신하고자 할 경우에는 굴곡부와 굴곡부(또는 횡지관 양 끝단부 간) 사이의 직선 거리를 30 m 미만이 되도록 하며, 이를 만족하지 못하여 굴곡부와 굴곡부 간 횡지관의 직선 연장이 30 m 이상이 되는 경우에는 별도의 곡관을 설치한다.

   (2) (1)에도 불구하고 설계사의 시방서에 횡지관에 설치하는 곡관의 설치위치에 대하여 세부적인 사항을 정하고 있는 경우에는 이를 따를 수 있다.

• 곡관의 규격

1. 입상관에 설치하는 곡관은 그림과 같으며, 신축흡수용 곡관의 수평방향 길이(L)는 배관 호칭지름의 6배 이상으로 하고, 수직방향 길이(L')는 수평방향 길이의 1/2 이상으로 한다. 이때 엘보의 길이는 포함하지 않는다.

OX퀴즈
신축흡수용 곡관의 수평방향 길이(L)는 배관 호칭지름의 **2배** 이상으로 한다. (×)

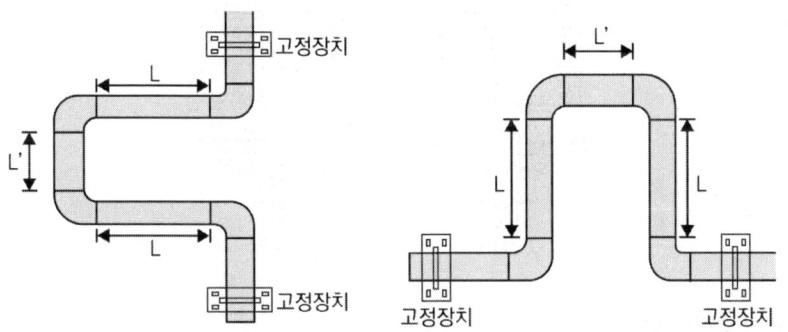

2. 횡지관에 설치하는 곡관의 규격은 1.과 동일하게 적용한다.

• 지지설계의 일반사항

지지간격, 지지형태(구조) 및 지지재 등은 배관의 각 하중에 대해 충분히 견딜 수 있도록 다음과 같이 설계·시공한다.

1. 지지간격은 규칙 별표 6 제3호 가목 2) 바)의 규정을 따르되, Guide Type의 고정장치(U볼트 등을 사용하여 관 축방향(軸方向)으로 신축이 가능하도록 지지하는 형태를 말한다. 이하 같다)로 설치한다.

2. 지지재 등의 강도(지지부재, 앵커볼트, U볼트, 볼트 등)를 검토하여 하중에 적절한 것을 선정한다. 이때 브라켓 등을 벽에 부착시는 금속확장 앵커볼트 또는 인서트 금속 지지구를 사용한다.

• 부착강도 유지방법

(1) 인서트 금속 지지구는 보통 주철제, 강제 등이 있으나 주철제는 사용하지 않도록 한다.

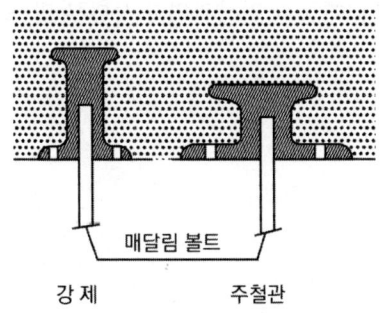

(2) 금속확장(일명 '세트') 앵커볼트에는 수나사형과 암나사형이 있으나, 암나사형은 강도가 고르지 못하기 때문에 수나사형을 사용한다.

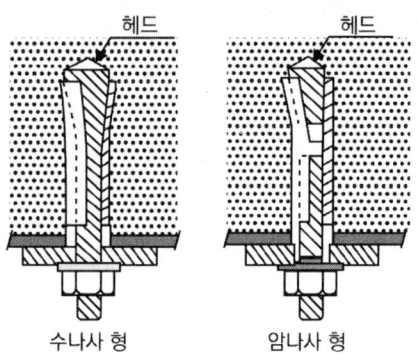

수나사 형　　　암나사 형

• 입상관의지지

1. 입상관 자중지지는 하부지지를 원칙으로 한다.

2. 입상관 하부에는 그림과 같이 90°엘보를 이용한 1회 이상의 굴곡이 있도록 하고, 입상관의 자하중(自荷重)을 지지하도록 굴곡부 가로방향(수평부)의 배관에 대해서 그림과 같이 견고히 지지한다.

OX퀴즈
입상관 하부에는 그림과 같이 **45°**엘보를 이용한 1회 이상의 굴곡이 있도록 한다.
(×)

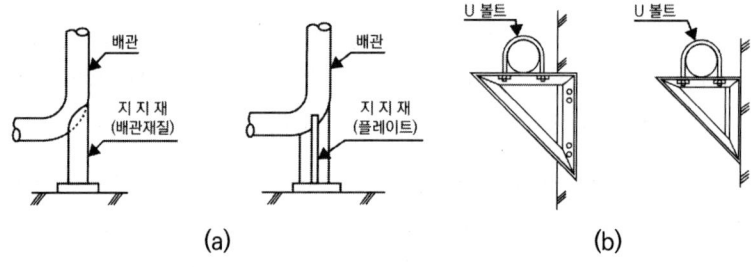

3. 배관 하부 지지재의 재료는 배관과 동등 이상의 강도를 가진 것으로 하며, 지지재 하부 기초 위에는 방진재를 추가로 설치할 수 있다.

4. 입상관 하부를 제외한 입상관의 지지는 내진지지인 Guide Type의 고정장치로 지지하며, 곡관을 이용한 신축흡수 시 견고한 고정지지는 설계사의 시방서에 따르되, 가능한 입상관의 최상단부 및 곡관 사이의 중앙지점으로 한다.

문제풀이

1 일반도시가스사업 제조소 및 공급소 밖의 배관의 시설·기술·검사·정밀안전진단기준에 따른 용어를 쓰시오.

(1) 하천관리청에서 하천 관리를 위해 정해 놓은(계획해 놓은) 하상(하천의 바닥) 높이

(2) 장기사용 배관의 노후화 및 결함을 포함하는 위험요소를 직접 장비를 이용하여 찾아내고 진단하는 것

(3) 배관등에 대해 비파괴적인 기술 또는 기법에 의하여 찾아낸 신호

01
(1) 계획하상높이
(2) 현장조사
(3) 검지신호

2 다음은 일반도시가스사업 제조소 및 공급소 밖의 배관의 시설·기술·검사·정밀안전진단기준에 따른 도시가스용 압력조정기기준이다. 괄호 안에 들어갈 알맞은 말을 쓰시오.

(1) 조정기 입구 쪽에 (   ) 또는 필터가 부착된 조정기를 설치한다.

(2) 압력조정기의 설치장소는 통풍이 잘되는 곳으로서 다음 기준에 적합한 장소로 한다. 다만 (   )에 설치하는 경우에는 그렇지 않을 수 있다.
   ① 지면으로부터 (   )에 설치한다.
   ② 빗물 등이 조정기에 들어가지 않고 직사광선을 받지 않는 장소에 설치한다.

(3) 조정기의 출구 가까운 위치에 (   )를 설치하거나 압력측정노즐을 설치한다.

02
(1) 스트레이너
(2) 격납상자, 1.6 m 이상 2 m 이내
(3) 압력계

03
(3) 1 m 이상

3 다음은 일반도시가스사업 제조소 및 공급소 밖의 배관의 시설·기술·검사·정밀안전진단기준에 따른 배관 지하매설기준이다. 틀린 것을 고르시오.

(1) 공동주택등의 부지 안에서는 0.6 m 이상 거리를 유지한다.
(2) 폭 8 m 이상의 도로에서는 1.2 m 이상 거리를 유지한다.
(3) 폭 4 m 이상 8 m 미만인 도로에서는 60 cm 이상 거리를 유지한다.
(4) 도로에 매설된 최고사용압력이 저압인 배관에서 횡으로 분기하여 수요가에게 직접 연결되는 배관의 경우에는 1 m 이상으로 할 수 있다.

일반도시가스사업 공급시설 ················· 도시가스

KGS FP654 액화도시가스자동차 충전의 시설·기술·검사기준

- **도시가스 처리설비 또는 저장설비와 보호시설까지의 안전거리**

처리능력 또는 저장능력	제1종 보호시설	제2종 보호시설
1만 이하	17 m	12 m
1만 초과 2만 이하	21 m	14 m
2만 초과 3만 이하	24 m	16 m
3만 초과 4만 이하	27 m	18 m
4만 초과 5만 이하	30 m	20 m
5만 초과 99만 이하	30 m(가연성가스 저온저장탱크는 $\frac{3}{25}\sqrt{X+10000}\,m$)	20 m(가연성가스 저온저장탱크는 $\frac{2}{25}\sqrt{X+10000}\,m$)
99만 초과	30 m(가연성가스 저온저장탱크는 120 m)	20 m(가연성가스 저온저장탱크는 80 m)

[비고]
1. 위 표 중 각 처리능력 또는 저장능력란의 단위 및 X는 1일간 처리능력 또는 저장능력으로서, 압축가스의 경우에는 m^3, 액화가스의 경우에는 kg으로 한다.
2. 동일 사업소 안에 2개 이상의 처리설비 또는 저장설비가 있는 경우에는 그 처리능력별 또는 저장능력별로 각각 안전거리를 유지한다.

※ 처리설비로부터 30 m 이내에 보호시설(사업소 안에 있는 보호시설 및 전용공업지역 안에 있는 보호시설은 제외한다)이 있는 경우에는 처리설비의 주위에 방호벽을 설치한다. 다만 처리설비 주위에 방류둑 설치 등 액확산방지조치를 한 경우에는 방호벽을 설치하지 않을 수 있다.

OX퀴즈
도시가스 저장능력이 15000인 곳은 제1종 보호시설과 **17 m** 이상의 안전거리를 유지해야 한다. (×)

• **화기와의 거리**

저장설비·처리설비 및 충전설비의 외면과 전선, 화기(그 설비안의 것은 제외한다)를 취급하는 장소 및 인화성물질 또는 가연성물질 저장소와의 사이에는 그 화기가 저장설비·처리설비 및 충전설비에 악영향을 미치지 않도록 다음 기준에 따른 거리를 유지한다.

1. 저장설비·처리설비 및 충전설비는 고압전선(직류의 경우에는 750 V를 초과하는 전선을, 교류의 경우에는 600 V를 초과하는 전선을 말한다)까지 수평거리 5 m, 저압전선(직류의 경우에는 750 V 이하의 전선을, 교류의 경우에는 600 V 이하의 전선을 말한다)까지 1 m 이상의 거리를 유지한다.

2. 저장설비·처리설비 및 충전설비의 외면으로부터 화기(그 설비 내의 것은 제외한다)를 취급하는 장소까지는 8 m 이상의 우회거리를 유지한다.

3. 저장설비·처리설비 및 충전설비는 인화성물질 또는 가연성물질의 저장소로부터 8 m 이상의 거리를 유지한다.

• **저장설비와 사업소 경계와의 거리**

액화도시가스 충전시설 중 저장설비는 그 외면으로부터 사업소 경계(버스차고지 안에 설치한 경우 차고지경계를 사업소 경계로 보며, 사업소 경계가 바다·호수·하천·도로 등의 경우에는 그 반대편 끝을 경계로 본다. 이하 같다)까지 다음 표에 따른 거리 이상의 안전거리를 유지한다.

저장설비의 저장능력(W)	사업소 경계와의 안전거리
25톤 이하	10 m
25톤 초과 50톤 이하	15 m
50톤 초과 100톤 이하	25 m
100톤 초과	40 m

[비고]
1. 이 표의 저장능력(w) 산정 계산식은 다음과 같다.
   w = 0.9 dv
   w : 저장탱크의 저장능력(kg)
   d : 상용온도에서의 액화도시가스 비중(kg/L)
   v : 저장탱크의 내용적(L)
2. 동일 사업소에 두 개 이상의 저장설비가 있는 경우에는 각각 사업소 경계와의 안전거리를 유지한다.

OX퀴즈

도시가스 저장설비·처리설비 및 충전설비의 외면으로부터 화기(그 설비 내의 것은 제외한다)를 취급하는 장소까지는 **2 m** 이상의 우회거리를 유지한다. (×)

• **저장탱크 간 거리**

(1) 가연성가스의 저장탱크(저장능력이 300 m³ 또는 3톤 이상의 것에만 적용한다)와 다른 가연성가스 또는 산소의 저장탱크와의 사이에는 두 저장탱크의 최대지름을 합산한 길이의 4분의 1 이상에 해당하는 거리(두 저장탱크의 최대지름을 합산한 길이의 4분의 1이 1 m 미만인 경우에는 1 m 이상의 거리)를 유지한다.

(2) (1)에 따른 거리를 유지하지 못하는 경우에는 다음 기준에 따라 물분무장치를 설치한다.

 (2-1) 가연성가스 저장탱크가 상호 인접한 경우 또는 산소저장탱크와 인접된 경우로서 인접한 저장탱크 간의 거리가 1 m 또는 인접한 저장탱크의 최대지름의 4분의 1 중 큰 쪽 거리를 유지하지 못한 경우에는 다음 (2-1-1)이나 (2-1-2)에 따른 물분무장치 또는 (2-1-1)와 (2-1-2)를 혼합한 물분무장치를 설치한다.

 (2-1-1) 물분무장치는 저장탱크의 표면적 1 m²당 8L/min을 표준으로 하여 계산된 수량을 저장탱크 전 표면에 균일하게 방사할 수 있는 것으로 한다. 이 경우 보냉을 위한 단열재가 사용된 저장탱크는 다음과 같이 한다.

 (2-1-1-1) 그 단열재의 두께가 해당 저장탱크의 주변 화재를 고려하여 충분한 내화 성능을 가진 것{이하 (2)에서 "내화구조 저장탱크"라 한다}은 그 수량을 4 L/min을 표준으로 하여 계산한 수량으로 한다.

 (2-1-1-2) 저장탱크가 두께 25 mm 이상의 암면 또는 이와 동등 이상의 내화 성능을 가진 단열재로 피복되고, 그 외측을 두께 0.35 mm 이상의 KS D 3506(용융 아연 도금 강판 및 강대)에 따른 SBHG2 또는 이와 동등 이상의 강도 및 내화 성능을 가진 재료를 피복한 것{이하 (2)에서 "준내화구조 저장탱크"라 한다}은 그 수량을 6.5 L/min을 표준으로 하여 계산한 수량으로 한다.

 (2-1-2) 소화전{호스 끝 압력이 0.3 MPa 이상으로서 방수능력 400 L/min 이상의 물을 방수할 수 있는 것을 말한다. 이하 (2)에서 같다}을 설치하는 경우에는 저장탱크 외면으로부터 40 m 이내에서 저장탱크에 어느 방향에서도 방사할 수 있는 것으로 하고, 해당 저장탱크의 표면적 30 m²당 1개의 비율로 계산된 수 이상으로 한다. 다만 내화구조 저장탱크는 해당 저장탱크의 표면적 60 m²당 준내화구조 저장탱크는 표면적 38 m²당 1개의 비율로 계산된 수로 할 수 있다.

 (2-2) 가연성가스 저장탱크가 상호 인접된 경우 또는 산소 저장탱크와 인접한 경우로서, 인접한 저장탱크 간의 거리가 두 저장탱크의 최대 직경을 합산한 길이의 4분의 1을 유지하지 못한 경우{(2-1)에 따른 경우

는 제외한다)에는 다음 (2-2-1)이나 (2-2-2)에 따른 물분무장치 또는 (2-2-1)과 (2-2-2)의 기준을 혼합한 물분무장치를 설치한다.

(2-2-1) 물분무장치는 저장탱크의 표면적 1 m²당 7 L/min을 표준으로 계산된 수량을 저장탱크의 전 표면에 균일하게 방사할 수 있도록 한다. 다만 내화구조 저장탱크는 2 L/min을, 준내화구조 저장탱크는 4.5 L/min을 표준으로 계산된 수량으로 한다.

(2-2-2) 소화전을 설치하는 경우에는 저장탱크 외면으로부터 40 m 이내에서 저장탱크에 어느 방향에서도 방사되는 것으로서, 저장탱크의 표면적 35 m²당 1개의 비율로 계산된 수 이상으로 한다. 다만 내화구조 저장탱크는 그 저장탱크 표면적 125 m², 준내화구조 저장탱크는 그 저장탱크 표면적 55 m²당 1개의 비율로 계산된 수 이상으로 한다.

(2-3) 물분무장치 등은 해당 저장탱크의 외면에서 15 m 이상 떨어진 안전한 위치에서 조작할 수 있어야 하고, 방류둑을 설치한 저장탱크에는 그 방류둑 밖에서 조작할 수 있도록 한다. 다만 저장탱크의 주위에 예상되는 화재에 대비하여 유효하게 안전한 차단장치를 설치한 경우에는 본문에 따른 물분무장치 조작기준을 적용하지 않을 수 있다.

(2-4) 물분무장치 등은 동시에 방사할 수 있는 최대 수량을 30분 이상 연속하여 방사할 수 있는 수원에 접속된 것으로 하며, 이때 물분부장치 등에 연결된 입상배관에는 겨울철에 동결 등을 방지할 수 있도록 드레인밸브 설치 등 적절한 조치를 한다.

• 저장탱크(처리설비) 실내 설치

저장탱크와 처리설비를 실내에 설치하는 경우에는 다음 기준에 따른다.

⑴ 저장탱크실과 처리설비실은 각각 구분하여 설치하고 기계환기시설을 갖춘다.

⑵ 저장탱크실와 처리설비실은 천장·벽 및 바닥의 두께가 30 cm 이상인 철근콘크리트로 만든 실로서 방수처리가 된 것으로 한다.

⑶ 가연성가스나 독성가스의 저장탱크실과 처리설비실에는 가스누출검지경보장치를 설치한다.

⑷ 저장탱크의 정상부와 저장탱크실 천장과의 거리는 60 cm 이상으로 한다.

⑸ 저장탱크를 2개 이상 설치하는 경우에는 저장탱크실을 각각 구분하여 설치한다.

⑹ 저장탱크와 그 부속시설에는 부식방지도장을 한다.

⑺ 저장탱크실과 처리설비실의 출입문은 각각 따로 설치하고, 외부인이 출입할 수 없도록 자물쇠 채움 등의 조치를 한다.

(8) 저장탱크실과 처리설비실을 설치한 주위에는 경계표지를 한다.

(9) 저장탱크에 설치한 안전밸브는 지상 5 m 이상의 높이에 방출구가 있는 가스방출관을 설치한다.

• 고정식 펌프 설치

(1) 펌프의 기초는 동결되지 않도록 설계 및 시공한다.

(2) 펌프와 압축장치에는 차단밸브를 설치하고 펌프와 압축장치를 병렬로 설치하려는 경우에는 토출배관에 역류방지밸브를 각각 설치한다.

(3) 펌프에는 안전밸브나 릴리프밸브를 설치하여 펌프에 과압(過壓)이 발생하지 않도록 한다.

> **OX퀴즈**
> 펌프에는 안전밸브나 **체크밸브**를 설치하여 펌프에 과압(過壓)이 발생하지 않도록 한다. (×)

• 호스 설치

(1) 충전설비에 사용하는 호스(금속호스를 포함한다)는 도시가스의 침식작용에 견딜 수 있는 것으로 한다.

(2) 호스는 팽창·수축·충격 및 진동을 고려하여 고정 설치한다.

(3) 충전호스의 길이는 8 m 이내(다만 액화도시가스자동차 제조 공정 중에 설치된 것은 제외한다)로 한다.

• 사업소 안 배관의 매몰 설치

배관은 그 배관의 유지관리에 지장이 없고, 그 배관에 위해의 우려가 없도록 다음 기준에 따라 설치한다.

(1) 배관은 지면으로부터 최소한 1 m 이상의 깊이에 매설한다. 이 경우 공도(公道)의 지하에는 그 위를 통과하는 차량의 교통량 및 배관의 관경 등을 고려해 더 깊은 곳에 매설한다.

(2) 도로 폭이 8 m 이상인 공도의 횡단부 지하에는 지면으로부터 1.2 m 이상인 곳에 매설한다.

(3) (1) 또는 (2)에서 정한 매설 깊이를 유지할 수 없을 경우에는 커버플레이트, 케이싱 등을 사용하여 보호한다.

(4) 철도 등의 횡단부 지하에는 지면으로부터 1.2 m 이상인 곳에 매설하고 또는 강제의 케이싱을 사용하여 보호한다.

(5) 지하철도(전철) 등을 횡단하여 매설하는 배관에는 선기방식조치를 강구한다.

> **OX퀴즈**
> 배관을 사업소 안에 매몰해서 설치하는 경우 지면으로부터 최소한 **1.5 m** 이상의 깊이에 매설한다. (×)

• 사업소 밖 배관의 매몰 설치

사업소 밖에 매몰 설치하는 배관은 다음 기준에 따라 설치한다.

(1) 배관은 건축물과는 1.5 m, 지하도로 및 터널과는 10 m 이상의 거리를 유지한다.

(2) 독성가스의 배관은 그 가스가 혼입될 우려가 있는 수도시설과는 300 m 이상의 거리를 유지한다.

(3) 배관은 그 외면으로부터 지하의 다른 시설물과 0.3 m 이상의 거리를 유지한다.

(4) 지표면으로부터 배관의 외면까지 매설 깊이는 산이나 들에서는 1 m 이상, 그 밖의 지역에서는 1.2 m 이상으로 한다. 다만 다음 기준에 적합한 방호구조물 안에 설치하는 경우에는 그 방호구조물 외면까지의 깊이를 0.6 m 이상으로 한다.

　(4-1) 케이싱파이프(Casing Pipe), 철근콘크리트박스, 시일드세그멘트(Shield Segment), 공동구(共同溝) 등 해당 배관의 외면과 지표면과의 거리를 확보하는 것과 동등 이상의 안전성이 확보되도록 충분한 내구력(耐久力)을 갖도록 한다.

　(4-2) 배관의 구조에 지장을 주지 않는 구조로 한다.

　(4-3) 케이싱파이프(Casing Pipe)는 배관으로 사용하는 강관이나 다음 중 어느 하나의 관 또는 콜러게이트관 등 배관의 설치 조건에 따라 적절한 것으로 한다.

　　(4-3-1) KS D 3507(배관용 탄소강관)

　　(4-3-2) KS D 3566(일반구조용 탄소강관)

　　(4-3-3) KS D 3583(배관용 아크용접 탄소강 강관)

　　(4-3-4) KS D 4308(덕타일 주철 이형관)

　　(4-3-5) KS D 4311(덕타일 주철관)

　　(4-3-6) KS F 4402(진동 및 전압 철근 콘크리트관)

　　(4-3-7) KS F 4403(원심력 철근콘크리트관)

(5) 배관은 지반의 동결로 손상을 받지 않는 깊이로 매설한다.

(6) 성토하였거나 절토한 경사면 부근에 배관을 매설하는 경우에는 흙이나 돌 등이 흘러내려서 안전 확보에 지장이 없도록 안전률 1.3 이상의 미끄럼면을 유지한다.

(7) 배관 입상부·지반 급변부 등 지지 조건이 급변하는 곳에는 곡관의 삽입·지반의 개량, 그 밖에 필요한 조치를 한다.

OX퀴즈

독성가스의 배관은 그 가스가 혼입될 우려가 있는 수도시설과는 **100 m** 이상의 거리를 유지한다. (×)

⑻ 굴착 및 되메우기는 다음 기준에 따라 실시한다.

(8-1) 배관은 가능한 한 균일하고 연속해서 지지되도록 시공한다.

(8-2) 도로, 그 밖의 공작물의 구조에 지장을 주지 않도록 시공한다.

(8-3) 배관의 외면으로부터 굴착구의 측벽에 15 cm 이상의 거리를 유지하도록 시공한다.

(8-4) 굴착구의 바닥면은 배관 등에 손상을 줄 우려가 있는 암석(岩石) 등을 제거하고, 모래나 사질토(砂質土)를 20 cm(열차 하중 또는 자동차 하중을 받을 우려가 없는 경우는 10 cm) 이상의 두께로 깔거나 모래주머니를 10 cm 이상의 두께로 깔아서 평탄하게 한다.

(8-5) 도로의 차도(車道)에 매설할 경우에는 배관의 바닥 부분에서 노반 바닥까지의 사이를, 그 밖의 경우에는 배관의 바닥 부분에서 배관 정상부(頂上部)의 위쪽으로 30 cm(열차 하중 또는 자동차 하중을 받을 우려가 없는 경우는 20 cm)까지의 사이를 모래나 사질토(砂質土)로 채우고 충분히 다진다.

(8-6) 배관 등 또는 해당 배관 등에 관한 도복장(塗覆裝)에 손상을 줄 우려가 있는 대형 다짐기를 사용하지 않는다.

• 배관 도로 매설

배관을 사업소 밖의 도로에 매설하려는 경우에는 다음 기준에 따라 설치한다.

⑴ 원칙적으로 자동차 등의 하중의 영향이 적은 곳에 매설한다.

⑵ 배관의 외면으로부터 도로의 경계까지 1 m 이상의 수평거리를 유지한다.

⑶ 배관(방호구조물 안에 설치하는 경우에는 그 방호구조물을 말한다)은 그 외면으로부터 도로 밑의 다른 시설물과 0.3 m 이상의 거리를 유지한다.

⑷ 시가지의 도로 밑에 배관을 매설하는 경우에는 그 도로와 관련이 있는 공사로 손상을 받지 않도록 다음 중 어느 하나의 조치를 한다.

(4-1) 다음 기준에 적합한 보호판을 배관의 정상부로부터 30 cm 이상 떨어진 그 배관의 직상부에 설치한다.

(4-1-1) 보호판의 재료는 KS D 3503(일반구조용 압연강재) 또는 이와 동등 이상의 화학적 성분 및 기계적 성질을 가진 것으로 한다.

(4-1-2) 보호판에는 직경 30 mm 이상 50 mm 이하의 구멍을 3 m 이하의 간격으로 뚫어 누출된 가스가 지면으로 확산되도록 한다.

(4-1-3) 보호판의 재질이 금속제인 경우에는 보호판과 보호판을 가접하거나 연결 철재 고리로 고정 또는 겹침 설치하는 등의 방법으로 보호판과 보호판이 이격되지 않도록 한다. 다만 매설 깊이를 확보할 수 없어 보호관 등을 사용한 경우에는 보호판을 설치하지 않을 수 있다.

OX퀴즈
배관을 사업소 밖의 도로에 매설하려는 경우 배관의 외면으로부터 도로의 경계까지 1 m 이상의 수평거리를 유지한다. (○)

> **Tip**
> 쇼트브라스팅 금속과 같은 재료 표면을 깨끗하게 마무리하는 작업

(4-1-4) 보호판은 쇼트브라스팅 등으로 내·외면의 이물질을 완전히 제거하고, 방청도료(Primer)를 1회 이상 도포한 후, 도막 두께가 80 μm 이상 되도록 에폭시 타입 도료를 2회 이상 코팅하거나 이와 동등 이상의 방청 및 코팅효과를 가진 것으로 한다.

(5) 시가지의 도로 노면 밑에 매설하는 경우에는 노면으로부터 배관의 외면까지의 깊이를 1.5 m 이상으로 한다. 다만 방호구조물 안에 설치하는 경우에는 노면으로부터 그 방호구조물의 외면까지의 깊이를 1.2 m 이상으로 할 수 있다.

(6) 시가지 외의 도로 노면 밑에 매설하는 경우에는 노면으로부터 배관의 외면(방호구조물 안에 설치하는 경우에는 그 방호구조물의 외면을 말한다)까지의 깊이를 1.2 m 이상으로 한다.

(7) 포장되어 있는 차도에 매설하는 경우에는 그 포장 부분의 노반(차단층이 있는 경우에는 그 차단층을 말한다. 이하 같다) 밑에 매설하고, 배관의 외면(방호구조물 안에 설치하려는 경우에는 그 방호구조물의 외면을 말한다)과 노반의 최하부와의 거리는 0.5 m 이상으로 한다.

(8) 인도·보도 등 노면 외의 도로 밑에 매설하려는 경우에는 지표면으로부터 배관의 외면까지의 깊이는 1.2 m 이상으로 한다. 다만 방호구조물 안에 설치하려는 경우에는 그 방호구조물의 외면까지의 깊이를 0.6 m(시가지의 노면 외의 도로 밑에 매설하는 경우에는 0.9 m) 이상으로 할 수 있다.

(9) 전선·상수도관·하수도관·가스관, 그 밖에 이와 유사한 것(각 사용 가구에 인입하기 위하여 설치되는 것에 한정한다)이 매설되어 있는 도로 또는 매설할 계획이 있는 도로에 매설하려는 경우에는 이들의 하부에 매설한다.

• 배관 철도부지 매설

배관을 사업소 밖의 철도부지에 매설하려는 경우에는 다음 기준에 따라 설치한다.

> **OX퀴즈**
> 배관을 사업소 밖의 철도부지에 매설하려는 경우 배관의 외면으로부터 궤도 중심까지는 **2 m** 이상 유지한다.
> (×)

(1) 배관의 외면으로부터 궤도 중심까지는 4 m 이상, 그 철도부지의 경계까지는 1 m 이상의 거리를 유지한다. 다만 다음 중 어느 하나에 해당하는 경우에는 그렇지 않고, 철도부지가 도로와 인접되어 있는 경우에는 배관의 외면과 철도부지 경계와의 거리를 유지하지 않을 수 있다.

(1-1) 배관을 열차 하중의 영향을 받지 않는 위치에 매설하는 경우

(1-2) 배관이 열차 하중의 영향을 받지 않도록 적절한 방호구조물로 방호하는 경우

(1-3) 배관의 구조가 열차 하중을 고려한 것인 경우

(2) 지표면으로부터 배관의 외면까지의 깊이를 1.2 m 이상으로 한다.

• **가스누출검지경보장치 기능**

검지경보장치는 누출된 가스를 검지하여 경보를 울리면서 자동으로 가스 통로를 차단하는 것으로서, 다음 기능을 가진 것으로 한다.

1. 경보는 접촉연소방식, 격막갈바니전지방식, 반도체방식, 그 밖의 방식에 따라 검지엘리먼트의 변화를 전기적 신호에 의해 이미 설정하여 놓은 가스 농도(이하 "경보 농도"라 한다)에서 자동적으로 울리는 것으로 한다. 이 경우 가연성가스 경보기는 담배연기 등에, 독성가스용 경보기는 담배연기, 기계세척유 가스, 등유의 증발가스, 배기가스 및 탄화수소계 가스 등 잡가스에는 경보하지 않는 것으로 한다.

2. 경보 농도는 검지경보장치의 설치장소, 주위 분위기 온도에 따라 가연성가스는 폭발하한계의 1/4 이하, 독성가스는 TLV-TWA(Threshold Limit Value-Time Weight Averag, 정상인이 1일 8시간 또는 주 40시간의 통상적인 작업을 수행할 때 건강상 나쁜 영향을 미치지 않는 정도의 공기 중 가스 농도를 말한다. 이하 같다) 기준 농도 이하로 한다(다만 암모니아를 실내에서 사용하는 경우에는 50 ppm으로 할 수 있다).

3. 경보기의 정밀도는 경보 농도 설정치에 대해 **가연성가스용일 경우는 ±25 %** 이하, **독성가스용일 경우는 ±30 %** 이하로 한다.

> **암기법**
> 독산으로 가서 뿌리오

4. 검지에서 발신까지 걸리는 시간은 경보 농도의 1.6배 농도에서 보통 30초 이내로 한다. 다만 검지경보장치의 구조상 또는 이론상 30초가 넘게 걸리는 가스(암모니아, 일산화탄소 또는 이와 유사한 가스)일 경우에는 1분 이내로 할 수 있다.

5. 검지경보장치의 경보 정밀도는 전원의 전압 등 변동이 ±10 % 정도일 때에도 저하되지 않도록 한다.

6. 지시계의 눈금은 가연성가스용은 0 ~ 폭발 하한계 값, 독성가스는 0 ~ TLV-TWA 기준 농도의 3배 값(암모니아를 실내에서 사용하는 경우에는 150 ppm)을 명확하게 지시하는 것으로 한다.

7. 경보를 발신한 후에는 원칙적으로 분위기 중 가스 농도가 변화하여도 계속 경보를 울리고, 그 확인 또는 대책을 강구할 때 경보가 정지되는 것으로 한다.

8. 자동적으로 긴급차단신호를 발하는 농도 설정치는 1.25퍼센트 이하의 값으로 한다.

• **가스누출검지경보장치 설치장소 및 설치 개수**

1. 검지경보장치는 다음 장소에 설치한다.

    (1) 압축설비 주변

    (2) 압축가스설비 주변

    (3) 개별 충전설비 본체 내부

    (4) 밀폐형 피트 내부에 설치된 배관 접속(용접접속은 제외한다)부 주위

    (5) 펌프 주변

2. 검지경보장치는 다음에서 정한 수 이상으로 설치한다.

    (1) 압축설비 주변 또는 충전설비 내부에는 1개 이상

    (2) 압축가스설비 주변에는 2개

    (3) 배관 접속부마다 10 m 이내에 1개

    (4) 펌프 주변에는 1개 이상

3. 제조설비에서 검지경보장치의 검출부 설치장소 및 개수는 다음 기준에 따른다.

    (1) 건축물 안에 설치되어 있는 압축기, 펌프, 반응설비, 저장탱크[(5)에 기재한 것은 제외한다] 등 가스가 누출하기 쉬운 고압설비 등[(3)에 기재한 것은 제외한다]이 설치되어 있는 장소 주위에는 누출한 가스가 체류하기 쉬운 곳에 이들 설비군의 바닥면 둘레 10 m에 1개 이상의 비율로 계산한 수

    (2) 건축물 밖에 설치되어 있는 (1)에 기재한 고압설비가 다른 고압설비, 벽이나 그 밖의 구조물에 인접하여 설치된 경우, 피트 등의 내부에 설치되어 있는 경우 및 누출한 가스가 체류할 우려가 있는 장소에 설치되어 있는 경우에는 누출한 가스가 체류할 우려가 있는 장소에 그 설비군의 바닥면 둘레 20 m마다 1개 이상의 비율로 계산한 수. 다만 (5)에 기재한 것은 제외한다.

    (3) 가열로 등 발화원이 있는 제조설비가 누출한 가스가 체류하기 쉬운 장소에 설치되는 경우에는 그 장소의 바닥면 둘레 20 m마다 1개 이상의 비율로 계산한 수

    (4) 계기실 내부에는 1개 이상

    (5) 방류둑(2기 이상의 저장탱크를 집합방류둑 안에 설치한 경우에는 저장탱크 칸막이를 설치한 경우에만 적용한다) 안에 설치된 저장탱크의 경우에는 해당 저장탱크마다 1개 이상 저장시설에서의 검지경보장치의 검출부 설치장소와 개수는 다음 기준에 따른다.

OX퀴즈
검지경보장치는 배관 접속부마다 **15 m** 이내에 1개 설치한다. (×)

* 건축물 안에 설치되어 있는 감압설비, 저장설비 등 가스가 누출하기 쉬운 설비를 설치하는 곳 주위에는 누출한 가스가 체류하기 쉬운 장소에 이들 설비군의 둘레 10 m마다 1개 이상의 비율로 계산한 수
* 건축물 밖에 설치되어 있는 ⑴에 기재한 설비 외의 설비, 벽 등 구조물에 인접하거나 피트 등의 내부에 설치되는 경우에는 누출한 가스가 체류할 우려가 있는 장소에 그 설비군의 바닥면 둘레 20 m마다 1개 이상의 비율로 계산한 수

4. 다음의 배관 부분에는 검지경보장치의 검출부를 설치한다.
   ⑴ 긴급차단 장치의 부분(밸브피트를 설치한 곳에는 해당 밸브피트 안)
   ⑵ 슬리이브관, 2중관 또는 방호구조물 등으로 밀폐되어 설치(매설을 포함한다)되는 부분
   ⑶ 누출된 가스가 체류하기 쉬운 구조인 부분

5. 검지경보장치의 검출부는 가스 비중, 주위 상황, 가스설비 높이 등 조건에 따라 적절한 높이에 설치한다.

6. 검지경보장치의 경보부, 램프의 점등 또는 점멸부는 관계자가 상주하는 곳으로 경보가 울린 후 각종 조치를 하기에 적합한 장소에 설치한다.

• 저장탱크에 긴급차단장치 설치

1. 저장탱크에 부착된 배관(액상의 가스를 송출 또는 이입하는 것에만 적용하고, 저장탱크와 배관과의 접속 부분을 포함한다)에는 그 저장탱크의 외면으로부터 5 m 이상 떨어진 위치에서 조작할 수 있는 긴급차단장치를 설치한다. 다만 액상의 가연성가스나 독성가스를 이입하기 위하여 설치된 배관에 역류방지밸브를 설치한 경우에는 긴급차단장치를 설치한 것으로 볼 수 있다.

2. 배관에는 긴급차단장치에 딸린 밸브 외에 2개 이상의 밸브를 설치하고, 그 가운데 1개는 그 배관에 속하는 저장탱크의 가장 가까운 부근에 설치한다. 이 경우 그 저장탱크의 가장 가까운 부근에 설치한 밸브는 가스를 송출 또는 이입하는 때 외에는 잠가 둔다.

3. 긴급차단장치 또는 역류방지밸브는 저장탱크 주밸브(Main Valve) 외측으로서, 가능한 한 저장탱크에 가까운 위치나 저장탱크의 내부에 설치하되, 저장탱크의 주밸브(Main Valve)와 겸용해서는 안 된다.

4. 긴급차단장치 또는 역류방지밸브를 설치할 때에는 저장탱크의 침해나 부상, 배관의 열팽창·지진, 그 밖의 외력의 영향을 고려한다.

OX퀴즈
긴급차단 장치의 부분에는 검지경보장치의 **제어부**를 설치한다. (×)

OX퀴즈
배관에는 긴급차단장치에 딸린 밸브 외에 2개 이상의 밸브를 설치하고, 그 가운데 1개는 그 배관에 속하는 저장탱크의 가장 **먼** 부근에 설치한다. (×)

• 경계책

도시가스시설의 안전을 확보하기 위하여 저장설비, 처리설비 및 감압설비를 설치한 장소 주위에는 외부인의 출입을 통제할 수 있도록 다음 기준에 따라 경계책을 설치한다. 다만 저장설비, 처리설비 및 감압설비가 건축물 안에 설치된 경우 또는 차량의 통행 등 조업 시행이 현저히 곤란하여 위해 요인이 가중될 우려가 있는 경우에는 경계책을 설치하지 않을 수 있다.

1. 경계책 높이는 1.5 m 이상으로 한다.
2. 경계책의 재료는 철책이나 철망 등으로 한다.
3. 경계책 주위에는 외부 사람의 무단출입을 금하는 내용의 경계표지를 보기 쉬운 장소에 부착한다.
4. 경계책 안에는 누구도 화기, 발화 또는 인화하기 쉬운 물질을 휴대하고 들어갈 수 없도록 필요한 조치를 강구한다. 다만 해당 설비의 정비수리 등 불가피한 사유가 발생한 경우에 한정하여 안전관리책임자의 감독하에 휴대 조치할 수 있다.

제조 및 충전 기준

• 저장설비

저장설비의 안전을 확보하기 위하여 다음 기준에 따라 액화도시가스를 이입·충전하기 위한 준비를 한다.

OX퀴즈
자동차에 고정된 탱크는 저장탱크의 외면으로부터 1 m 이상 떨어져 정지한다.
(×)

(1) 자동차에 고정된 탱크는 저장탱크의 외면으로부터 3 m 이상 떨어져 정지한다. 다만 저장탱크와 자동차에 고정된 탱크와의 사이에 방호책 등을 설치한 경우에는 그렇지 않다.

(2) 차량에 고정된 탱크(내용적이 5천 리터 이상의 것으로 한정한다)로부터 액화도시가스를 이입하는 경우에는 탱크가 고정된 차량을 차량 정지목 등으로 고정한다.

(3) 충전설비에서 가스충전작업을 하는 때에는 그 외부로부터 보기 쉬운 곳에 충전 작업 중임을 알리는 표시를 한다.

- **가스설비**

가스설비의 안전을 확보하기 위하여 다음 기준에 따라 액화도시가스를 이입·충전하기 위한 준비를 한다.

⑴ 가스를 충전하는 때에는 충전설비에서 발생하는 정전기를 제거하는 조치를 한다.

⑵ 안전밸브나 방출밸브에 설치된 스톱밸브는 항상 열어 둔다. 다만 안전밸브나 방출밸브의 수리·청소를 위하여 특히 필요한 경우에는 안전밸브나 방출밸브에 설치된 스톱밸브를 열어두지 않을 수 있다.

⑶ 가스를 용기에 충전하기 위하여 밸브나 충전용 지관을 가열할 필요가 있을 때에는 열습포나 40 ℃ 이하의 물을 사용한다.

- **주·정차선 표시**

충전장의 충전기 앞(옆) 노면에 충전할 자동차용 주·정차선과 입구 및 출구 방향을 표시하고, 주·정차선의 표시는 다음과 같이 한다.

⑴ 국내에 운행하고 있는 충전차량 중 가장 큰 차량이 주·정차선 안에 들어갈 수 있는 크기로 표시

⑵ 충전기와 주·정차선이 1 m 이상 이격되도록 표시

- **제조 및 충전 작업**

액화도시가스 충전작업의 안전 확보를 위하여 필요한 안전수칙을 준수하고, 액화도시가스의 안전성 유지를 위하여 다음 기준에 따른 충전 기준을 준수한다.

1. 저장탱크에 액화도시가스를 충전하는 때에는 가스의 용량이 상용의 온도에서 저장탱크 내용적의 90 %를 넘지 않도록 한다.

2. 차량에 고정된 탱크로부터 액화도시가스를 이입하는 경우에는 배관 접속 부분의 가스 누출 여부를 확인한다.

3. 액화도시가스를 자동차용기에 충전하는 경우에는 용기에 유해한 양의 수분 및 유화물이 포함되지 않도록 한다.

- **제조 및 충전 사후 조치**

1. 차량에 고정된 탱크로부터 액화도시가스를 이입한 후에는 그 배관 안에 남아 있는 액화도시가스로 인한 위해가 발생하지 않도록 조치한다.

2. 액화도시가스의 충전이 끝난 후에는 접속 부분을 완전히 분리한 후에 액화도시가스자동차를 움직이도록 한다.

문제풀이

01
① 17
② 24
③ 16
④ 18

1 다음은 액화도시가스자동차 충전의 시설·기술·검사기준에 따른 도시가스 처리설비 또는 저장설비와 보호시설까지의 안전거리표이다. 괄호 안에 들어갈 알맞은 값을 쓰시오.

처리능력 또는 저장능력	제1종 보호시설	제2종 보호시설
1만 이하	(①) m	12 m
1만 초과 2만 이하	21 m	14 m
2만 초과 3만 이하	(②) m	(③) m
3만 초과 4만 이하	27 m	(④) m
4만 초과 5만 이하	30 m	20 m
5만 초과 99만 이하	30 m(가연성가스 저온저장탱크는 $\frac{3}{25}\sqrt{X+10000}\,m$)	20 m(가연성가스 저온저장탱크는 $\frac{2}{25}\sqrt{X+10000}\,m$)
99만 초과	30 m(가연성가스 저온저장탱크는 120 m)	20 m(가연성가스 저온저장탱크는 80 m)

[비고]
1. 위 표 중 각 처리능력 또는 저장능력란의 단위 및 X는 1일간 처리능력 또는 저장능력으로서, 압축가스의 경우에는 m³, 액화가스의 경우에는 kg으로 한다.
2. 동일 사업소 안에 2개 이상의 처리설비 또는 저장설비가 있는 경우에는 그 처리능력별 또는 저장능력별로 각각 안전거리를 유지한다.

2 다음은 액화도시가스자동차 충전의 시설·기술·검사기준에 따른 저장탱크 간 거리기준이다. 괄호 안에 들어갈 알맞은 말을 쓰시오.

(1) 가연성가스의 저장탱크(저장능력이 300 m³ 또는 3톤 이상의 것에만 적용한다)와 다른 가연성가스 또는 산소의 저장탱크와의 사이에는 두 저장탱크의 최대지름을 합산한 길이의 (　　　) 이상에 해당하는 거리(두 저장탱크의 최대지름을 합산한 길이의 4분의 1이 1 m 미만인 경우에는 1 m 이상의 거리)를 유지한다.

(2) 물분무장치는 저장탱크의 표면적 1 m²당 (　　　)을 표준으로 하여 계산된 수량을 저장탱크 전 표면에 균일하게 방사할 수 있는 것으로 한다.

(3) 단열재의 두께가 해당 저장탱크의 주변 화재를 고려하여 충분한 내화 성능을 가진 것("내화구조 저장탱크"라 한다)은 그 수량을 (　　　)을 표준으로 하여 계산한 수량으로 한다.

02
(1) 4분의 1
(2) 8 L/min
(3) 4 L/min

3 다음은 액화도시가스자동차 충전의 시설·기술·검사기준에 따른 가스누출검지경보장치 기능기준이다. 틀린 것을 고르시오.

(1) 경보 농도는 검지경보장치의 설치장소, 주위 분위기 온도에 따라 가연성가스는 폭발하한계의 1/4 이하, 독성가스는 TLV-TWA 기준농도 이하로 한다.

(2) 경보기의 정밀도는 경보 농도 설정치에 대해 가연성가스용일 경우는 ±20 % 이하, 독성가스용일 경우는 ±10 % 이하로 한다.

(3) 검지에서 발신까지 걸리는 시간은 경보 농도의 1.6배 농도에서 보통 30초 이내로 한다.

(4) 검지경보장치의 경보 정밀도는 전원의 전압 등 변동이 ±10 % 정도일 때에도 저하되지 않도록 한다.

03
(2) 가연성 ±25 %, 독성 ±30 % 이하

일반도시가스사업 공급시설 ········ 도시가스

KGS FP651 고정식 압축도시가스자동차 충전의 시설·기술·검사기준

• **용어 정의**

1. "충전설비"란 용기나 고압가스 용기가 적재된 바퀴가 달린 자동차(이하 "이동충전차량"이라 한다) 또는 차량에 고정된 탱크에 도시가스를 충전하기 위한 설비로서 충전기 및 부속설비를 말한다.

2. "압축가스설비"란 압축기를 통해 압축된 가스를 저장하기 위한 설비로서, 압력용기를 말한다.

3. "설계압력"이란 용기 등의 각 부의 계산 두께 또는 기계적 강도를 결정하기 위하여 설계된 압력을 말한다.

4. "상용압력"이란 내압시험압력 및 기밀시험압력의 기준이 되는 압력으로서, 사용 상태에서 해당 설비 등의 각 부에 작용하는 최고사용압력을 말한다.

5. "설정압력(Set Pressure)"이란 안전밸브의 설계상 정해진 분출압력 또는 분출 개시 압력으로서, 명판에 표시된 압력을 말한다.

6. "축적압력(Accumulated Pressure)"이란 내부 유체가 배출될 때 안전밸브에 의하여 축적되는 압력으로서, 그 설비 안에서 허용될 수 있는 최대 압력을 말한다.

7. "초과압력(Over Pressure)"이란 안전밸브에서 내부 유체가 배출될 때 설정압력 이상으로 올라가는 압력을 말한다.

8. "평형 벨로즈형 안전밸브(Balanced Bellows Safety Valve)"란 밸브의 토출 측 배압 변화에 따라 성능 특성에 영향을 받지 않는 안전밸브를 말한다.

9. "일반형 안전밸브(Conventional Safety Valve)"란 밸브의 토출 측 배압의 변화에 따라 직접적으로 성능 특성에 영향을 받는 안전밸브를 말한다.

10. "배압(Back Pressure)"이란 배출물 처리설비 등으로부터 안전밸브의 토출 측에 걸리는 압력을 말한다.

• **저장탱크 지하 설치**

⑴ 저장탱크의 외면에는 부식 방지 코팅과 전기적 부식 방지를 위한 조치를 한다.

⑵ 저장탱크는 천장·벽 및 바닥의 두께가 각각 30 cm 이상인 방수조치를 한 철근콘크리트로 만든 곳(이하 "저장탱크실"이라 한다)에 설치한다.

⑶ 저장탱크실은 레디믹스트 콘크리트(Ready-mixed Concrete)를 사용하여 수밀(水密) 콘크리트로 시공한다.

⑷ 지하수위가 높은 곳 또는 누수의 우려가 있는 경우에는 콘크리트를 친 후 저장탱크실의 내면에 무기질계 침투성 도포방수제로 방수하고, 먼저 타설된 콘크리트와 나중에 타설된 콘크리트 사이에는 지수판 등으로 물이 저장탱크실 안으로 흐르지 않도록 조치한다.

⑸ 저장탱크실의 콘크리트제 천장으로부터 맨홀·돔·노즐 등(이하 "돌기물"이라 한다)을 돌출시키기 위한 구멍 부분은 콘크리트제 천장과 돌기물이 접할 때 저장탱크 본체와 부착 부에 응력 집중이 발생하지 않도록 돌기물의 주위에 돌기물의 부식 방지 조치를 한 외면(이하 "외면 보호면"이라 한다)으로부터 10 mm 이상의 사이를 두고 강판 등으로 만든 프로텍터를 설치한다. 또한 프로텍터와 돌기물의 외면 보호면 사이에는 빗물의 침입을 방지하기 위하여 피치, 아스팔트 등을 채운다.

⑹ 저장탱크실에 물이 침입한 경우 및 기온 변화 때문에 생성된 이슬방울의 괴임 등에 대비하여 저장탱크실의 바닥은 물이 빠지도록 구배를 갖도록 하고 집수구를 설치한다. 이 경우 집수구에 고인 물은 쉽게 배수될 수 있도록 한다.

⑺ 지면과 거의 같은 높이에 있는 가스검지관, 집수관 등의 입구에는 빗물 및 지면에 고인 물 등이 저장탱크실 내로 침입하지 않도록 덮개를 설치한다.

⑻ 저장탱크의 주위에는 마른 모래를 채운다.

⑼ 지면에서 저장탱크의 정상부까지의 깊이는 60 cm 이상으로 한다.

⑽ 저장탱크를 2개 이상 인접하여 설치하는 경우에는 상호 간에 1 m 이상의 거리를 유지한다.

⑾ 저장탱크를 매설한 곳의 주위에는 지상에 경계표지를 설치한다.

⑿ 저장탱크에 설치한 안전밸브에는 지면에서 5 m 이상의 높이에 방출구가 있는 가스방출관을 설치한다.

OX퀴즈
지면과 거의 같은 높이에 있는 가스검지관, 집수관 등의 **출구**에는 빗물 및 지면에 고인 물 등이 저장탱크실 내로 침입하지 않도록 덮개를 설치한다. (×)

• **긴급 분리장치 설치**

충전호스에는 충전 중 자동차의 오발진으로 인한 충전기 및 충전호스의 파손을 방지하기 위하여 다음 기준에 따라 긴급 분리장치를 설치한다.

1. 자동차가 충전호스와 연결된 상태로 출발할 경우 가스의 흐름이 차단될 수 있도록 긴급 분리장치를 지면 또는 지지대에 고정하여 설치한다.
2. 긴급 분리장치는 각 충전설비마다 설치한다.
3. 긴급 분리장치는 수평 방향으로 당길 때 666.4 N(68 kgf) 미만의 힘으로 분리되는 것으로 한다.
4. 긴급 분리장치와 충전설비 사이에는 충전자가 접근하기 쉬운 위치에 90° 회전의 수동밸브를 설치한다.

OX퀴즈
긴급 분리장치와 충전설비 사이에는 충전자가 접근하기 쉬운 위치에 90° 회전의 **자동밸브**를 설치한다. (×)

• **방류둑 설치**

액화도시가스 저장탱크의 저장능력이 500톤 이상(서로 인접하여 설치된 것은 그 저장능력의 합계)인 것의 주위에는 그 저장탱크를 보호하고 그 저장탱크로부터 가스가 누출되는 경우 재해 확대를 방지하기 위하여 다음의 기준에 따라 방류둑을 설치한다. 다만 저장탱크가 이중 방호 및 완전 방호나 멤브레인(Membrane) 방호구조로 설계되었을 경우에는 저장탱크 주위에 방류둑 또는 이와 동등 이상의 효과가 있는 시설을 설치하지 않을 수 있다.

• **방류둑 기능**

방류둑은 저장탱크의 액화가스가 액체 상태로 누출된 경우 액체 상태의 가스가 저장탱크 주위의 한정된 범위를 벗어나서 다른 곳으로 유출되는 것을 방지하는 기능을 갖는 것으로 한다. 다만 다음 기준에 따른 저장탱크는 방류둑을 설치한 것으로 본다.

(1) 저장탱크 저부가 지하에 있고 주위가 피트선 구조로 되어 있는 것으로서, 그 용량이 기준에 따른 용량 이상인 것(빗물의 고임 등으로 용량이 감소되지 않는 것에만 적용한다)

(2) 지하에 묻은 저장탱크로서, 그 저장탱크 안의 액화가스가 전부 유출된 경우에 그 액면이 지면보다 낮도록 된 구조인 것

Tip 공지 : 미이용 토지

(3) 저장탱크 주위에 충분한 안전용 공지를 확보한 경우에는 저장탱크로부터 유출된 액화가스가 체류하지 않도록 지면을 경사지게 하여 안전한 유도구로 유출한 액화가스를 유도해서 고이도록 구축한 피트상의 구조물(피트상 구조물에 체류된 액화가스를 펌프 등의 이송설비로 안전한 위치에 이송할 수 있는 조치를 강구한 것에만 적용한다)인 것

⑷ 법 적용을 받는 시설에 설치된 2중 구조의 저장탱크로서, 외조가 내조의 상용온도에서 동등 이상의 내압 강도를 가지고 있고, 외피와 내피 사이의 가스를 흡인하여 누출된 가스를 검지할 수 있는 것으로서, 긴급 차단장치를 내장한 것

• 방류둑 용량

방류둑의 수용 용량은 최대 저장 용량의 110 % 이상으로 한다.

• 방류둑 재료 및 구조

방류둑의 재료 및 구조는 다음 기준에 적합한 것으로 한다.

1. 방류둑 재료는 철근콘크리트, 철골·철근콘크리트, 금속, 흙 또는 이들을 혼합한 것으로 한다.

2. 철근콘크리트, 철골·철근콘크리트는 수밀성 콘크리트를 사용하고, 균열 발생을 방지할 수 있도록 배근, 리베팅 이음, 신축 이음 및 신축 이음의 간격, 배치 등을 정하도록 한다.

3. 금속은 해당 가스에 침식되지 않는 것 또는 부식 방지·녹 방지 조치를 강구한 것으로 하고, 대기압 하에서 액화가스의 기화 온도에 충분히 견디는 것으로 한다.

4. 성토는 45° 이하의 기울기로 하여 쉽게 허물어지지 않도록 충분히 다져 쌓고, 강우 등에 유실되지 않도록 그 표면에 콘크리트 등으로 보호하고, 성토 윗부분의 폭은 30 cm 이상으로 한다.

5. 방류둑은 액밀한 것으로 한다.

6. 방류둑의 높이는 방류둑 안의 저장탱크 등의 안전관리 및 방재활동에 지장이 없는 범위에서 방류둑 안에 체류한 액의 표면적이 될 수 있는 한 적게 되도록 한다.

7. 방류둑은 그 높이에 상당하는 해당 액화가스의 액두압에 견딜 수 있는 것으로 한다.

8. 방류둑에는 계단, 사다리 또는 토사를 높이 쌓아 올린 형태 등으로 된 출입구를 둘레 50 m마다 1개 이상씩 설치하되, 그 둘레가 50 m 미만일 경우에는 2개 이상을 분산하여 설치한다.

9. 배관 관통부는 내진성을 고려하여 틈새를 통한 누출 방지 및 부식 방지를 위한 조치를 한다.

> **OX퀴즈**
> 방류둑 성토는 **30**° 이하의 기울기로 하여 쉽게 허물어지지 않도록 충분히 다져 쌓고, 강우 등에 유실되지 않도록 그 표면에 콘크리트 등으로 보호하고, 성토 윗부분의 폭은 **45** cm 이상으로 한다. (×)

10. 방류둑 안에는 고인 물을 외부로 배출할 수 있는 조치를 한다. 이 경우 배수조치는 방류둑 밖에서 배수 및 차단 조작을 할 수 있고, 배수할 때 이외에는 반드시 닫아 둔다.

11. 집합 방류둑 안에는 가연성가스와 조연성가스 또는 가연성가스와 독성가스의 저장탱크를 혼합하여 배치하지 않는다. 다만 가스가 가연성가스이고 독성가스인 것으로서, 집합방류둑 안에 동일한 가스의 저장탱크가 있는 경우에는 같이 배치할 수 있다.

12. 저장탱크를 건축물 안에 설치한 경우는 그 건축물이 방류둑의 기능 및 구조를 갖도록 하여 유출된 가스가 건축물 외부로 흘러 나가지 않는 구조로 한다.

13. 방류둑 내·외부 부속설비 설치

    방류둑의 내부에는 압축장치·강제 기화장치 및 압축가스설비 등을 설치하지 않는다. 또한 방류둑의 내측 및 그 외면으로부터 10 m 이내에는 그 저장탱크의 부속설비 외의 것을 설치하지 않는다. 다만 다음 설비는 방류둑 내측 또는 그 외면으로부터 10 m 이내에 설치할 수 있다.

    (1) 방류둑 내부에 설치할 수 있는 시설 및 설비

       (1-1) 해당 저장탱크에 속하는 송출 및 송액설비(저온저장탱크에 속한 것에 한정한다) 불활성가스의 저장탱크, 불분무장치 또는 살수장치(저장탱크 외면에서 방류둑까지 20 m를 초과하는 경우에는 방류둑 외측에서 조작할 수 있는 소화설비를 포함한다), 가스누출검지경보설비(검지부에 한정한다), 재해설비(누출된 가스를 흡입하는 부분에 한정한다), 조명설비, 계기시스템, 배수설비, 배관 및 그 파이프랙(Pipe Rack)과 이들에 부속하는 시설 및 설비

       (1-2) (1-1)에서 정한 것 이외의 것으로서, 안전 확보에 지장이 없는 시설 및 설비

    (2) 방류둑 외부 10 m 이내에 설치할 수 있는 시설 및 설비

       (2-1) 해당 저장탱크에 속하는 송출 및 송액설비, 불활성가스의 저장탱크, 냉동설비, 열교환기, 기화기, 가스누출검지경보설비, 재해설비, 조명설비, 누출된 가스의 확산을 방지하기 위하여 설치된 건물 형태의 구조물, 계기시스템, 배관 및 그 파이프랙와 이들에 부속하는 시설 및 설비

       (2-2) 배관(신축 이음매 이외의 부분이 지면에서 4 m 이상의 높이를 가진 것에 한정한다) 및 그 파이프랙 방소화설비, 통로(해당 사업소에 설치된 것에 한정한다) 또는 지하에 매설되어 있는 시설(지상 중량물의 하중에 견딜 수 있는 조치를 한 것에 한정한다)

OX퀴즈
방류둑의 내부에는 압축장치·강제 기화장치 및 압축가스설비 등을 설치하지 않는다. 또한 방류둑의 내측 및 그 외면으로부터 **15 m** 이내에는 그 저장탱크의 부속설비 외의 것을 설치하지 않는다. (×)

• 가스설비 설치 위치

처리설비·압축가스설비 및 충전설비는 지상에 설치하는 것을 원칙으로 한다.

• 설치방법

충전시설에 설치하는 처리설비·압축가스설비·충전설비·압축장치·기화장치 및 고정식 펌프 등은 그 충전시설의 안전성 및 충전작업의 안정성을 확보할 수 있도록 설치한다.

• 처리설비 및 압축가스설비

(1) 압축가스설비의 모든 밸브와 배관 부속품의 주위에는 안전한 작업을 위하여 1 m 이상의 공간을 확보한다. 다만 압축가스설비가 밀폐형 구조물 안에 설치된 경우로서, 유지·보수를 위한 문 또는 창문이 설치된 경우에는 1 m 이상의 공간을 확보하지 않을 수 있다.

(2) 처리설비 및 압축가스설비는 불연재료로 격리된 구조물 안에 설치한다. 다만 방호벽을 설치한 경우 또는 방류둑을 설치한 경우에는 불연재료로 격리된 구조물 안에 설치하지 않을 수 있다.

(3) 처리설비 및 압축가스설비는 충분한 환기(환기구의 환기 가능 면적 합계가 바닥 면적 1 m^2마다 300 cm^2 이상)를 유지할 수 있도록 한다. 다만 충분한 환기를 유지할 수 없을 경우에는 기계환기설비(환기능력이 바닥 면적 1 m^2마다 0.5 m^3/분 이상)를 갖추도록 한다.

(4) 처리설비 및 압축가스설비는 충전소에 출입하는 자동차의 진·출입로 이외의 장소에 설치하며, 자동차 충격 등으로부터 처리설비 및 압축가스설비를 보호할 수 있는 조치를 한다. 다만 방호벽 또는 방류둑을 설치한 경우에는 자동차로 인한 충격 등으로부터 처리설비 및 압축가스설비를 보호할 수 있는 조치를 하지 않을 수 있다.

• 압축장치

(1) 압축장치에는 흡입 측 가스압력맥동이 가스 배관으로 전파되는 것을 방지하기 위한 완충탱크 등을 설치한다. 이 경우 완충탱크 용량은 가스가 노즐장치 등으로부터 완충탱크로 회수될 때의 회수 압력이 흡입완충탱크의 안전장치 개방 압력에 도달하지 않는 용량으로 한다.

(2) 압축장치의 입구 측에는 공기가 흡입되는 것을 방지하는 장치를 설치한다.

(3) 압축장치에는 입·출구 측의 압력이 설정압력 이상 도달할 경우에 압력조절장치 및 압축장치를 자동으로 정지시키는 장치를 설치한다.

(4) 압축장치에는 압축장치의 출구측 온도가 설정온도 이상 도달할 경우 압축장치를 자동으로 정지시키는 장치를 설치한다.

> **OX퀴즈**
> 압축가스설비의 모든 밸브와 배관 부속품의 주위에는 안전한 작업을 위하여 **2 m 이상**의 공간을 확보한다.
> (×)

(5) 압축장치에서 발생하는 오일을 제거하기 위하여 압축장치의 출구 측에는 유분리기와 필터를 설치하고, 우선순위 패널(전단이나 후단)과 충전기(전단이나 내부)에는 필터를 설치한다. 다만 무급유식 압축기의 경우에는 그렇지 않다.

(6) 동절기용 압축기 오일의 유동점은 -18 ℃ 이하인 것을 사용한다.

• **충전설비**

(1) 충전설비는 지상에 고정하여 설치한다.

(2) 충전설비에는 충전 중인 압축 도시가스 자동차 용기가 최고충전압력에 도달하면 가스 공급이 자동으로 차단하도록 하는 장치를 설치한다.

(3) 가스 충전구는 완전한 접속이 이루어지지 않을 경우 가스의 흐름을 차단하는 구조로 한다.

• **고정식 펌프 설치**

1. 펌프의 기초는 동결되지 않도록 설계 및 시공한다.

2. 펌프 및 압축장치에는 차단밸브를 설치하고, 펌프와 압축장치를 병렬로 설치하려는 경우에는 토출배관에 역류 방지밸브를 각각 설치한다.

3. 펌프에는 안전밸브 또는 릴리프밸브를 설치하여 펌프에 과압(過壓)이 발생하지 않도록 한다.

• **기화장치 설치**

1. 기화장치는 펌프 또는 그 밖의 가압장치의 최대 토출 압력 이상에서 견디는 구조로 한다.

2. 기화장치의 출구밸브·배관 구성 부품 및 출구밸브의 전단에 설치된 릴리프밸브 등은 설계온도를 영하 162 ℃ 이하로 한다.

3. 강제 기화장치에는 열원 차단장치를 설치하고, 현장 및 기화장치로부터 최소 15 m 이상 떨어진 위치에서 원격으로 작동이 가능한 것으로 한다.

4. 여러 대의 기화장치가 조합된 경우에는 집합장치로 연결하고, 각각의 기화장치 입구 및 출구 측에 밸브를 설치한다.

5. 대기식 및 강제 기화장치가 액화도시가스 저장탱크로부터 15 m 이내에 설치되는 경우에는 기화장치로부터 3 m 이상 떨어진 액체 배관에 자동 차단밸브를 설치한다.

6. 자동 차단밸브는 기화장치 근처에서 화재가 발생하거나 기화장치 출구의 온도가 설정온도 이하로 떨어질 때 자동으로 차단되는 구조로 한다.

• **압력조정기 설치**

충전소에는 충전소에서 긴급사태가 발생하는 것을 방지하기 위하여 다음 기준에 따라 압력조정기를 설치한다.

1. 압력조정기의 접속부와 각 압력실은 안전율이 최소한 4 이상 되도록 설계한다.

2. 압력조정기의 파손을 방지하기 위하여 저압실에 안전장치를 부착하거나 저압실의 강도를 인입측 압력실의 사용압력(온도가 21 ℃인 가스를 설비에 완전히 채운 상태에서 측정한 압력을 말한다. 이하 같다)에 견딜 수 있도록 설계한다.

3. 압력조정기는 빗물의 결빙, 눈, 진눈깨비 등으로 인하여 작동에 영향 받지 않는 장소에 설치하거나 보호조치를 한다.

• **호스 설치**

1. 호스는 다음 용도 또는 장소 외에는 사용 또는 설치하지 않는다.
   (1) 자동차 주입 호스(길이가 8 m 이하인 것에 한정한다)
   (2) 압축장치 인입 접속부
   (3) 배관의 길이가 1 m를 초과하지 않는 곳으로서, 유연성이 요구되는 장소

2. 충전설비에 사용하는 호스(금속 호스를 포함한다)는 도시가스의 침식작용에 견딜 수 있는 것으로 한다.

3. 호스는 팽창·수축·충격 및 진동을 고려하여 고정 설치한다.

> **OX퀴즈**
> 배관의 길이가 1 m를 초과하지 않는 곳으로서, 유연성이 요구되는 장소에는 호스를 설치하지 않는다. (○)

문제풀이

01
(1) 설정압력
(2) 축적압력
(3) 설계압력

1 고정식 압축도시가스자동차 충전의 시설·기술·검사기준에 따른 용어를 쓰시오.

(1) 안전밸브의 설계상 정해진 분출압력 또는 분출 개시 압력으로서, 명판에 표시된 압력
(2) 내부 유체가 배출될 때 안전밸브에 의하여 축적되는 압력으로서, 그 설비 안에서 허용될 수 있는 최대 압력
(3) 용기 등의 각 부의 계산 두께 또는 기계적 강도를 결정하기 위하여 설계된 압력

02
(1) 긴급 분리장치
(2) 666.4 N(68 kgf) 미만
(3) 90°

2 다음은 고정식 압축도시가스자동차 충전의 시설·기술·검사기준에 따른 긴급 분리장치 설치기준이다. 괄호 안에 들어갈 알맞은 말을 쓰시오.

(1) 자동차가 충전호스와 연결된 상태로 출발할 경우 가스의 흐름이 차단될 수 있도록 (   )를 지면 또는 지지대에 고정하여 설치한다.
(2) 긴급 분리장치는 수평 방향으로 당길 때 (   )의 힘으로 분리되는 것으로 한다.
(3) 긴급 분리장치와 충전설비 사이에는 충전자가 접근하기 쉬운 위치에 (   ) 회전의 수동밸브를 설치한다.

3 다음은 고정식 압축도시가스자동차 충전의 시설·기술·검사기준에 따른 방류둑기준이다. 틀린 것을 고르시오.

⑴ 방류둑의 수용 용량은 최대 저장 용량의 110 % 이상으로 한다.
⑵ 성토는 45° 이하의 기울기로 하여 쉽게 허물어지지 않도록 충분히 다져 쌓고, 강우 등에 유실되지 않도록 그 표면에 콘크리트 등으로 보호하고, 성토 윗부분의 폭은 30 cm 이상으로 한다.
⑶ 방류둑에는 계단, 사다리 또는 토사를 높이 쌓아 올린 형태 등으로 된 출입구를 둘레 70 m마다 1개 이상씩 설치하되, 그 둘레가 70 m 미만일 경우에는 2개 이상을 분산하여 설치한다.
⑷ 방류둑의 내부에는 압축장치·강제 기화장치 및 압축가스설비 등을 설치하지 않는다. 또한 방류둑의 내측 및 그 외면으로부터 10 m 이내에는 그 저장탱크의 부속설비 외의 것을 설치하지 않는다. 다만 다음 설비는 방류둑 내측 또는 그 외면으로부터 10 m 이내에 설치할 수 있다.

03
⑶ 50 m

가스도매사업 공급시설
KGS FP451 가스도매사업 제조소 및 공급소 밖의 배관의 시설·기술·검사·정밀안전진단기준

도시가스

• 용어 정의

가스공급시설이란 도시가스(이하 가스라 한다)를 제조하거나 공급하기 위한 시설로서, 다음의 가스제조시설과 가스배관시설을 말한다.

(1) 가스제조시설이란 가스의 하역·저장·기화·송출 시설 및 그 부속설비를 말한다.

(2) 가스배관시설이란 도시가스제조사업소(액화천연가스의 인수기지를 포함한다. 이하 같다)에서 가스 사용자가 소유하거나 점유하고 있는 토지의 경계(공동주택 등으로서 가스 사용자가 구분하여 소유하거나 점유하는 건축물의 외벽에 계량기가 설치된 경우에는 그 계량기의 전단밸브, 계량기가 건축물의 내부에 설치된 경우에는 건축물의 외벽)까지 이르는 배관·공급설비 및 그 부속설비를 말한다.

• 배관설비 절연조치

배관장치(배관 및 그 배관과 일체가 되어 가스의 수송용으로 사용되는 압축기·펌프·밸브 및 이들의 부속설비를 포함한다. 이하 같다)에는 안전 확보를 위하여 필요한 경우에 지지물 및 그 밖의 구조물로부터 다음 기준에 따라 절연하고 절연용 물질을 삽입한다.

1. 배관 등을 지지구조물 및 그 밖의 구조물에서 절연해야 할 경우란 누전으로 직류전류가 흐르기 쉬운 곳, 직류전류가 흐르고 있는 선로(線路)의 자계(磁界)로 유도전류가 발생하기 쉬운 곳, 흙 속이나 물속에서 미로전류(謎路電流)가 흐르기 쉬운 곳 등 지지물에 이상전류가 흘러 배관장치가 대지전위(對地電位) 때문에 부식이 예상되는 경우이다. 다만 절연 이음 물질 사용 등의 방법에 따라 매설 배관에 부식이 방지될 수 있는 경우에는 절연을 하지 않을 수 있다.

2. 절연 이음 물질로 절연조치하는 방법은 다음과 같다.

    (1) 배관장치에 접속되어 있는 기기, 저장탱크, 그 밖에 설비가 배관의 부식 방지에 해로운 영향을 미칠 우려가 있는 경우에는 해당 설비와 배관을 절연 이음 물질로 절연한다. 다만 해당 설비에 양극의 설치 등으로 전기방식의 효과를 얻을 수 있는 경우에는 절연 이음 물질로 절연

하지 않을 수 있다.
  (2) 배관을 구분하여 전기방식하는 것이 필요한 경우에는 지하에 매설된 배관 부분과의 경계, 배관의 분기부 및 지하에 매설된 부분 등에 절연 이음 물질을 설치한다.
3. 피뢰기(피뢰침 및 고압 철탑기 등과 이들 접지케이블 및 매설 지선을 말한다)의 접지 장소에 근접하게 배관을 매설하는 경우는 다음 기준에 따라 절연을 위하여 필요한 조치를 한다.

> **Tip** 피뢰기 : 전기설비 기기를 이상전압으로부터 보호하는 장치

  (1) 피뢰기와 배관 사이의 거리 및 흙의 전기저항 등을 고려하여 배관을 설치하고, 필요한 경우에 배관의 피복, 절연재의 설치 등으로 절연조치를 한다.
  (2) 피뢰기의 낙뢰전류(落雷電流)가 기기, 저장탱크, 그 밖에 설비를 지나서 배관에 전류가 흐를 우려가 있는 경우에는 절연 이음 물질을 설치하여 절연함과 동시에 배관의 부식 방지에 해로운 영향을 미치지 않는 방법으로 배관을 접지한다.
4. 이 외의 경우로서 절연을 위한 조치를 보호하기 위하여 필요한 경우에는 스파크 간극 등을 설치한다.

• 배관 지하 매설

(1) 매설 깊이
  (1-1) 지표면으로부터 배관 외면까지의 매설 깊이는 산이나 들에서는 1 m 이상, 그 밖의 지역에서는 1.2 m 이상으로 한다.
  (1-2) 배관은 지반 동결로 손상을 받지 않는 깊이로 매설한다.

(2) 매설 깊이 미달 배관 방호조치
  (1-1)에 따른 매설 깊이를 확보할 수 없는 곳에 배관을 매설하는 경우에는 다음 기준에 따라 방호구조물을 설치한다.
  ※ 직경 9 mm 이상의 철근을 가로 × 세로 400 mm 이내로 결속하고, 두께 120 mm 이상의 구조로 한 철근콘크리트 방호구조물
  ※ 가스배관 외부에 콘크리트를 타설하는 경우에는 고무판 등을 사용하여 배관의 피복 부위와 콘크리트가 직접 접촉하지 않도록 한다.

> **암기법**
> 구사일(이)생(상)

(3) 다른 시설물과의 이격거리
  (3-1) 배관은 그 외면으로부터 건축물까지 수평거리로 1.5 m 이상을 유지한다.
  (3-2) 배관은 그 외면으로부터 지하의 다른 시설물까지 0.3 m 이상의 거리를 유지한다.

⑷ 경사면 지역 설치 제한

성토하였거나 절토한 경사면 부근에 배관을 매설하는 경우에는 흙이나 돌 등이 흘러내려서 안전 확보에 지장이 없도록 매설한다.

⑸ 지지 조건이 급변하는 배관의 조치

배관 입상부·지반 급변부 등 지지 조건이 급변하는 곳에는 곡관의 삽입·지반의 개량, 그 밖에 필요한 조치를 한다.

⑹ 되메움 재료 및 다짐 공정

배관을 매설하는 때에는 그림 및 다음 기준에 따라 되메움 작업을 한다.

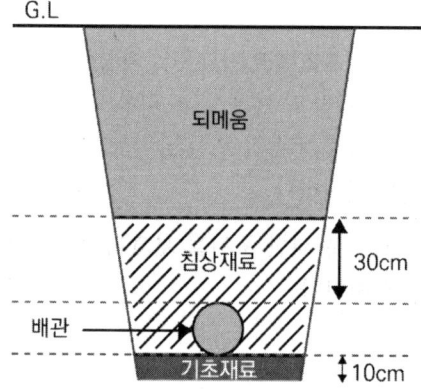

(6-1) 배관을 매설하는 지반이 연약지반인 경우에는 지반침하를 방지하기 위해 필요한 조치를 한다.

(6-2) 배관의 침하를 방지하기 위하여 배관 하부에는 모래[가스배관이 금속관인 경우에는 KS F 4009(레디믹스트콘크리트)에 따른 염분 농도가 0.04 % 이하일 것] 또는 19 mm 이상(순환골재의 경우에는 13 mm 초과)의 큰 입자가 포함되지 않은 다음 어느 하나의 재료(이하 "기초재료"라 한다)를 0.1 m 이상 포설한다. 다만 현장 여건상 기초재료를 포설하기가 곤란한 경우에는 배관 하부에 두께가 0.1 m 이상인 모래주머니를 2 ~ 3 m 간격으로 설치하되, PE관의 융착부 밑에는 반드시 모래주머니를 설치한다.

(6-2-1) 굴착 현장에서 굴착한 흙(굴착토) 또는 모래와 유사한 성분이 함유된 흙(마사토). 다만 유기질토(이탄 등)·실트·점토질 등 연약한 흙은 제외한다.

(6-2-2) 「건설폐기물의 재활용촉진에 관한 법률 시행규칙」 제29조에서 정한 시험·분석기관으로부터 품질 검사를 받은 순환골재 또는 KS F 2527(콘크리트용 골재)에 적합하게 생산한 순환골재

(6-2-3) 건설재료시험연구원 등 공인기관에서 KS F 2324(흙의 공학적 분류 기준)에 따라 정한 방법으로 시험하여 GW, GP, SW, SP의 판정

을 받은 인공 토양

(6-2-4) 다음 각 호의 조건을 모두 만족하는 슬래그 및 폐주물사

(6-2-4-1) 폐기물관리법에 따른 규제 대상이 아닌 것

(6-2-4-2) 배관이 금속관인 경우 되메움재의 수소이온농도가 5 ~ 8의 중성 상태이며 되메움재에 포함된 기름 성분이 5 % 이하인 것

(6-2-4-3) 배관이 폴리에틸렌배관인 경우 되메움재에 포함된 기름 성분이 5 % 이하인 것

(6-3) 배관에 작용하는 하중을 수직 방향 및 횡 방향에서 지지하고 하중을 기초 아래로 분산하기 위하여 배관 하단에서 배관 상단 0.3 m(PE배관의 경우에는 0.1 m)까지에는 (6-2)에 따른 모래 또는 흙(이하 침상재료라 한다)을 포설한다.

(6-4) 배관에 작용하는 하중을 분산해 주고 도로의 침하 등을 방지하기 위하여 침상재료 상단에서 도로 노면까지에는 암편이나 굵은 돌을 포함하지 않는 양질의 흙(이하 되메움재료라 한다)을 포설한다. 다만 유기질토(이탄 등)·실트·점토질 등 연약한 흙은 사용하지 않는다.

(6-5) 기초재료와 침상재료를 포설한 후 다짐작업을 하고, 이후 되메움 공정에서는 배관 상단으로부터 0.3 m 높이로 되메움 재료를 포설한 후마다 다짐작업을 한다. 다만 포장되어 있는 차도에 매설하는 경우 노반층의 다짐은 「도로법」에 따라 실시하고, 흙의 함수량이 다짐에 적당하지 않을 경우에는 다짐작업을 하지 않는다.

(6-6) 다짐작업은 콤팩터·래머 등 현장 상황에 적당한 다짐기계를 사용하여 실시하고, 불균등한 다짐이 되지 않도록 전면에 걸쳐 균등하게 실시한다. 다만 폭 4 m 이하의 도로 등은 인력다짐으로 할 수 있다.

(6-7) (6-2) 및 (6-3)에서 포설 두께는 다짐한 후에 측정한 두께를 말한다.

(7) 연약지반 기초 보강

연약지반에 설치하는 배관은 모래기초 또는 그 밖에 단단한 기초공사 등으로 지반침하를 방지하는 조치를 한다.

(8) 배관의 기울기

배관의 기울기는 도로의 기울기를 따르되, 도로가 평탄한 경우에는 1/500 ~ 1/1000 정도의 기울기로 설치한다.

(9) 수취기 박스 침수방지조치

수취기를 설치하는 콘크리트 등의 박스는 침수방지조치를 한다.

(10) PE배관 매설 설치

PE배관은 그 배관에 대한 위해의 우려가 없도록 다음 기준에 따라 설치한다.

OX퀴즈
배관에 작용하는 하중을 수직 방향 및 횡 방향에서 지지하고 하중을 기초 아래로 분산하기 위하여 배관 하단에서 배관 상단 **0.5 m**(PE배관의 경우에는 0.1 m)까지에는 모래 또는 흙(이하 침상재료라 한다)을 포설한다. (×)

OX퀴즈
배관의 기울기는 도로의 기울기를 따르되, 도로가 평탄한 경우에는 **1/200** ~ 1/1000 정도의 기울기로 설치한다. (×)

Tip 로케팅와이어 : 지하에 매설된 배관을 지상에서 확인할 수 있는 방법이며 배관 상부에 부착하여 로케터(위치탐상)를 이용해 확인

(10-1) PE배관의 굴곡 허용 반경은 외경의 20배 이상으로 한다. 다만 굴곡 반경이 외경의 20배 미만일 경우에는 엘보를 사용한다.

(10-2) PE배관의 매설 위치를 지상에서 탐지할 수 있는 탐지형 보호포·로케팅와이어[전선(나전선은 제외한다)의 굵기는 6 mm^2 이상] 등을 설치한다.

• **배관 도로 매설**

(1) 도로 병행 매설

(1-1) 원칙적으로 자동차 등의 하중에 영향이 적은 곳에 매설한다.

(1-2) 배관 외면으로부터 도로 경계까지는 1 m 이상의 수평거리를 유지한다.

(1-3) 배관(방호구조물 안에 설치하는 경우에는 그 방호구조물을 말한다)은 그 외면으로부터 도로 밑의 다른 시설물까지 0.3 m 이상의 거리를 유지한다.

(1-4) 도로 밑에 배관을 매설하는 경우에는 그 도로와 관련이 있는 공사로 손상을 받지 않도록 다음 중 어느 하나의 조치를 한다.

(1-4-1) 보호판으로 배관을 보호조치하는 경우

(1-4-1-1) 보호판의 재료는 KS D 3503(일반구조용 압연강재) 또는 이와 동등 이상의 성능이 있는 것으로 한다.

(1-4-1-2) 보호판에는 직경 30 mm 이상 50 mm 이하의 구멍을 3 m 이하의 간격으로 뚫어 누출된 가스가 지면으로 확산이 되도록 한다.

(1-4-1-3) 보호판은 배관의 정상부에서 0.3 m 이상 높이에 설치하고, 보호판의 재질이 금속제인 경우에는 보호판과 보호판을 가접하거나 연결 철재 고리로 고정 또는 겹침 설치하는 등의 조치를 하여 보호판과 보호판이 이격되지 않도록 한다. 다만 매설 깊이를 확보할 수 없어 보호관 등을 사용한 경우에는 보호판을 설치하지 않을 수 있다.

(1-4-1-4) 보호판은 쇼트브라스팅 등으로 내·외면의 이물질을 완전히 제거하고, 방청도료(Primer)를 1회 이상 도포한 후, 도막 두께가 80 μm 이상 되도록 에폭시타입 도료를 2회 이상 코팅하거나, 이와 동등 이상의 방청 및 코팅 효과를 갖는 것으로 한다. 다만 도장공정 자동화로 쇼트브라스팅 후 연속적으로 KS M 6030-6종[방청도료(타르 에폭시 수지 도료)]을 도포하는 경우에는 별도의 방청도료(Primer)를 도포하지 않을 수 있다.

• 가스누출검지경보장치 설치 개수

⑴ 가스누출검지경보장치 수는 다음과 같이 계산한다.

(1-1) 배관이 건축물 안(지붕이 있고 둘레의 4분의 1 이상이 벽으로 싸여 있는 장소를 말한다)에 설치된 경우에는 그 설비군의 바닥면 둘레 10 m에 한 개 이상의 비율로 계산한 수

(1-2) 배관이 건축물 밖에 설치된 경우에는 그 설비군의 주위 20 m에 한 개 이상의 비율로 계산한 수

(1-3) (1-1) 및 (1-2)에서 설비군을 형성하는 방법은 다음 중 어느 하나로 한다.

(1-3-1) 그림과 같이 각각의 설비마다 개별 설비군으로 형성하는 방법

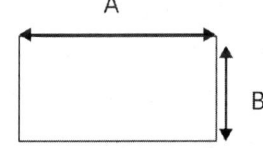

설비군 바닥면 둘레 = 2B + 2B

(1-3-2) 그림과 같이 여러 개의 설비를 하나의 설비군으로 형성하는 방법

설비군 바닥면 둘레 = 실선부분 길이

문제풀이

01
(1) 절연 이음 물질
(2) 피뢰기

1 다음은 가스도매사업 제조소 및 공급소 밖의 배관의 시설·기술·검사·정밀안전진단기준에 따른 배관설비 절연조치 기준이다. 괄호 안에 들어갈 알맞은 말을 쓰시오.

(1) 배관을 구분하여 전기방식하는 것이 필요한 경우에는 지하에 매설된 배관 부분과의 경계, 배관의 분기부 및 지하에 매설된 부분 등에 (　　　　)을 설치한다.

(2) (　　　　)의 낙뢰전류(落雷電流)가 기기, 저장탱크, 그 밖에 설비를 지나서 배관에 전류가 흐를 우려가 있는 경우에는 절연 이음 물질을 설치하여 절연함과 동시에 배관의 부식 방지에 해로운 영향을 미치지 않는 방법으로 배관을 접지한다.

02
(1) 1 m 이상, 1.2 m 이상
(2) 1.5 m 이상
(3) 0.3 m

2 다음은 가스도매사업 제조소 및 공급소 밖의 배관의 시설·기술·검사·정밀안전진단기준에 따른 배관 지하 매설기준이다. 괄호 안에 들어갈 알맞은 말을 쓰시오.

(1) 매설 깊이는 지표면으로부터 배관 외면까지의 매설 깊이는 산이나 들에서는 (　　　　), 그 밖의 지역에서는 (　　　　)으로 한다.

(2) 배관은 그 외면으로부터 건축물까지 수평거리로 (　　　　)을 유지한다.

(3) 기초재료와 침상재료를 포설한 후 다짐작업을 하고, 이후 되메움 공정에서는 배관 상단으로부터 (　　　　) 높이로 되메움 재료를 포설한 후마다 다짐작업을 한다.

3 다음은 가스도매사업 제조소 및 공급소 밖의 배관의 시설·기술·검사· 정밀안전진단기준에 따른 배관 도로 매설기준이다. 틀린 것을 고르시오.

(1) 원칙적으로 자동차 등의 하중에 영향이 적은 곳에 매설한다.

(2) 배관 외면으로부터 도로 경계까지는 2 m 이상의 수평거리를 유지한다.

(3) 배관(방호구조물 안에 설치하는 경우에는 그 방호구조물을 말한다)은 그 외면으로부터 도로 밑의 다른 시설물까지 0.3 m 이상의 거리를 유지한다.

(4) 보호판에는 직경 30 mm 이상 50 mm 이하의 구멍을 3 m 이하의 간격으로 뚫어 누출된 가스가 지면으로 확산이 되도록 한다.

03
(2) 1 m 이상

> **사용시설** ········ 도시가스
> **KGS FU552** 압축도시가스용 자동차 연료장치의 시설·기술·검사기준

• **용어 정의**

1. "용기등"이란 용기, 용기부속품 및 용기 고정장치를 말한다.

2. "용기부속품"이란 분리가 가능한 구조로 용기와 결합되어 있는 것으로 용기밸브, 안전밸브 등을 말한다.

OX퀴즈
안전밸브는 용기부속품에 **해당하지 않는다.** (×)

• **용기**

1. 용기는 자동차에 장착된 상태로 충전할 수 있는 구조로 설치한다.

2. 용기는 검사품 여부를 확인하고 부착한다.

3. 용기는 그 외면에 사용상 지장이 있는 흠·부식·우그러짐 등이 없는지 확인한 후 부착한다.
   이 경우 다음의 기준에 해당하는 부식·흠 등이 있는 경우에는 부록 A의 기준에 준하여 파기한다. 다만 다음의 기준에도 불구하고 해당 용기를 제소한 용기 제조자가 정한 별도의 외관 검사기준이 있는 경우에는 그 기준에 따라 적합 여부를 판정할 수 있다.

   (1) 찍힌 흠 또는 긁힌 흠
      (1-1) 복합재료용기
         외부 깊이가 1.25 mm를 초과하거나 섬유의 끊어짐 또는 섬유의 파손이 있는 경우
      (1-2) 외부로 노출된 금속용기 최소두께의 5 %를 초과하는 경우

   (2) 외부로 노출된 금속용기의 부식
      (2-1) 부식 깊이가 용기 두께의 10 %를 초과하는 경우
      (2-2) 부식부의 넓이가 용기 표면의 25 %를 초과하는 경우

   (3) 마모
      (3-1) 복합재료용기
         외부 깊이가 0.25 mm를 초과하는 경우 또는 마모에 의해 섬유가 노출된 경우
      (3-2) 외부로 노출된 금속용기
         (3-2-1) 깊이에 관계없이 넓이가 용기 표면의 25 %를 초과하는 경우

(3-2-2) 깊이가 용기 최소두께의 5%를 초과하는 경우
⑷ 화염 또는 전기불꽃에 의한 흠이 발생한 경우
⑸ 외부 충격에 의해 복합재료가 손상(내부박리)된 넓이가 1 cm² 초과하는 경우
⑹ 가스 누출이 있는 경우

4. 용기밸브를 용이하게 조작할 수 있도록 용기를 부착한다.
5. 용기등의 각 부분은 자동차의 길이, 폭, 높이 범위 안에 있어야 하며 최저지상고보다 높은 위치에 부착한다.
6. 용기등은 충돌 등으로 인한 손상을 최소화하기 위하여 자동차의 후단부와 30 cm 이상의 간격을 유지하여 부착한다. 다만 자동차가 용기등이 설치된 방향으로 최소 8 km/h의 속도로 주행하다가 정지한 물체와 충돌할 때 충격을 흡수할 수 있는 보호장치(가드, 범퍼 또는 이와 유사한 장치를 포함한다. 이하 같다)를 설치한 경우에는 간격을 유지하지 않을 수 있다.
7. 용기등은 충돌 등으로 인한 손상을 최소화하기 위하여 자동차의 외측(후단부는 제외한다)과 20 cm 이상의 간격을 유지하여 부착한다. 다만 용기부속품에 충격을 방지 또는 흡수하기 위한 보호장치가 설치된 경우에는 간격을 유지하지 않을 수 있다.
8. 용기등은 배기가스가 직접 접촉되지 않는 위치에 부착한다.
9. 용기등은 열에 의한 손상을 방지하기 위하여 배기관 및 소음기와 10 cm 이상의 간격을 유지하여 부착한다. 다만 해당 용기 및 용기부속품에 적당한 방열조치가 설치된 경우에는 4 cm 이상의 간격을 유지하여 부착할 수 있다.
10. 용기등은 불꽃이 발생할 수 있는 노출된 전기단자 및 전기개폐기와 20 cm 이상, 배기관 출구와 30 cm 이상 간격을 유지하여 부착한다.
11. 용기등을 트렁크실 등에 설치하는 경우 좌석이 있는 차실과 기밀을 유지하는 구조로 한다.
12. 용기등을 밀폐된 장소에 설치하는 경우, 가스 누출 시 가스를 차체 밖으로 방출하기 위하여 2개 이상의 양호한 구조의 환기구를 설치한다. 또한 해당 환기구의 위치는 환기구로부터 방출되는 가스가 노출된 전기단자 및 전기개폐기의 영향을 받지 않는 곳으로 하고, 환기구 내 선기 배선은 피복된 것을 사용하고 차체 또는 이에 준하는 곳에 고정한다.
13. 용기등을 보호하는 덮개를 부착한 경우 물 등이 덮개 안에 고이지 않도록 한다. 또한 덮개 등은 용기의 외관검사를 위하여 착탈이 가능한 것으로 한다.

OX퀴즈
용기등은 충돌 등으로 인한 손상을 최소화하기 위하여 자동차의 후단부와 **20 cm** 이상의 간격을 유지하여 부착한다. (×)

OX퀴즈
용기등은 불꽃이 발생할 수 있는 노출된 전기단자 및 전기개폐기와 **15 cm** 이상, 배기관 출구와 30 cm 이상 간격을 유지하여 부착한다. (×)

14. 직사광선을 받을 우려가 있는 용기는 직사광선 차단용 덮개를 설치하며, 덮개는 해당 용기에 직접 접촉되지 않도록 한다.

• 가스 충전구

1. 가스 충전구는 안전한 접속이 이루어지지 않을 경우 가스의 흐름을 차단하는 구조인 것으로 한다.
2. 가스 충전구에는 먼지, 물 등의 이물질의 침입을 방지하기 위한 먼지막이용 캡이 부착되어 있는 것으로 한다.
3. 가스 충전구는 충전하기 쉬운 위치에 부착한다.
4. 가스 충전구는 배기관의 출구 방향에 설치하지 않고 배기관 출구와 30 cm 이상 간격을 유지하여 부착한다.
5. 가스 충전구는 노출된 전기단자 및 전기개폐기와 20 cm 이상 간격을 유지하여 부착한다.
6. 가스 충전구는 좌석이 있는 차실 내부에 설치하지 않는다.

• 가스 충전밸브

가스 충전밸브는 가스 충전구에서 용기에 이르는 배관에 설치한다. 다만 역류방지밸브를 설치한 경우에는 가스 충전밸브를 설치하지 않을 수 있다.

• 주밸브

1. 주밸브는 다음의 기준을 충족하는 것을 설치한다. 다만 용기밸브가 다음 기준을 충족하는 경우 또는 감압밸브의 고압차단장치가 다음 기준을 모두 충족하는 경우에는 주밸브를 설치한 것으로 본다.
   (1) 운전석에서 조작이 가능한 것
   (2) 작동 동력원이 상실된 경우 자동적으로 닫히는 것
   (3) 엔진이 정지된 경우 자동적으로 닫히는 것
2. 주밸브는 진동, 충격에 의해 연료가스가 누출되지 않도록 안전하게 부착한다.
3. 주밸브는 충돌 등으로 인한 손상을 최소화하기 위하여 자동차의 후단부와 30 cm 이상 간격을 유지하여 부착한다. 다만 자동차가 밸브 등이 설치된 방향으로 최소 8 km/h의 속도로 주행하다가 정지한 물체와 충돌할 때 충격을 흡수할 수 있는 보호장치를 설치한 경우에는 간격을 유지하지 않을 수 있다.

OX퀴즈
가스 충전구에는 먼지, 물 등의 이물질의 침입을 방지하기 위한 먼지막이용 **스트레이너**가 부착되어 있는 것으로 한다. (×)

OX퀴즈
주밸브는 충돌 등으로 인한 손상을 최소화하기 위하여 자동차의 후단부와 **15 cm** 이상 간격을 유지하여 부착한다. (×)

4. 주밸브는 충돌 등으로 인한 손상을 최소화하기 위하여 자동차의 외측(후단부는 제외한다)과 20 cm 이상 간격을 유지하여 부착한다. 다만 주밸브에 충격을 방지 또는 흡수하기 위한 보호장치가 설치된 경우에는 간격을 유지하지 않을 수 있다.

• **감압밸브**

감압밸브를 가열할 경우에는 열원으로 엔진의 배기가스를 직접 사용하지 않고, 진동, 충격 등으로 가스가 누출되지 않도록 안전한 장소에 고정하여 부착한다.

• **가스설비 성능**

1. 가스 충전구는 용기 설계압력에 맞는 것으로 한다.
2. 가스 충전밸브는 상용압력의 1.5배 이상의 내압 성능을 가지며 상용압력 이상에서 기밀 성능을 갖는 것으로 한다.
3. 주밸브는 상용압력의 1.5배 이상의 내압 성능(그 구조상 물에 의한 내압시험이 곤란한 경우 공기·질소 등의 기체에 의해 1.25배 이상의 압력으로 내압시험을 실시할 수 있다. 이하 같다)을 가지며, 상용압력 이상에서 기밀 성능을 갖는 것으로 한다. 다만 기체로 내압시험을 하는 경우 기밀시험은 생략한다.
4. 감압밸브는 상용압력의 1.5배 이상의 내압 성능을 가지고, 상용압력 이상에서 기밀 성능을 갖는 것으로 한다.

> **OX퀴즈**
> 가스 충전밸브는 상용압력의 **2배** 이상의 내압 성능을 가지며 상용압력 이상에서 기밀 성능을 갖는 것으로 한다. (×)

문제풀이

01
(1) 용기, 용기부속품 및 용기 고정장치
(2) 분리가 가능한 구조로 용기와 결합되어 있는 것으로 용기밸브, 안전밸브

1 다음 압축도시가스용 자동차 연료장치의 시설·기술·검사기준에 따른 용어 정의를 쓰시오.

(1) 용기등

(2) 용기부속품

02
(1) 장착된
(2) 높은
(3) 20 cm

2 다음은 압축도시가스용 자동차 연료장치의 시설·기술·검사기준에 따른 용기 설치기준이다. 괄호 안에 들어갈 알맞은 말을 쓰시오.

(1) 용기는 자동차에 (   ) 상태로 충전할 수 있는 구조로 설치한다.
(2) 용기등의 각 부분은 자동차의 길이, 폭, 높이 범위 안에 있어야 하며 최저 지상고보다 (   ) 위치에 부착한다.
(3) 용기등은 충돌 등으로 인한 손상을 최소화하기 위하여 자동차의 외측(후단부는 제외한다)과 (   ) 이상의 간격을 유지하여 부착한다.

01
(3) 1.5배

3 다음은 압축도시가스용 자동차 연료장치의 시설·기술·검사기준에 따른 가스설비 성능기준이다. 틀린 것을 고르시오.

(1) 가스 충전밸브는 상용압력의 1.5배 이상의 내압 성능을 가지며 상용압력 이상에서 기밀 성능을 갖는 것으로 한다.
(2) 주밸브는 상용압력의 1.5배 이상의 내압 성능(그 구조상 물에 의한 내압시험이 곤란한 경우 공기·질소 등의 기체에 의해 1.25배 이상의 압력으로 내압시험을 실시할 수 있다. 이하 같다)을 가지며, 상용압력 이상에서 기밀 성능을 갖는 것으로 한다.
(3) 감압밸브는 상용압력의 2배 이상의 내압 성능을 가지고, 상용압력 이상에서 기밀 성능을 갖는 것으로 한다.
(4) 가스 충전구는 용기 설계압력에 맞는 것으로 한다.

사용시설 · 도시가스

KGS FU551 도시가스 사용시설의 시설·기술·검사기준

• **폴리에틸렌관 설치 제한**

1. 폴리에틸렌관(이하, "PE배관"이라 한다)은 노출배관으로 사용하지 않는다. 다만 지상배관과 연결을 위하여 금속관을 사용하여 보호조치를 한 경우로서 지면에서 0.3 m 이하로 노출하여 시공하는 경우에는 노출배관으로 사용할 수 있다.
2. PE배관은 폴리에틸렌융착원양성교육을 이수한 자가 시공하도록 한다.

> **OX퀴즈**
> 지상배관과 연결을 위하여 금속관을 사용하여 보호조치를 한 경우로서 지면에서 **0.15 m** 이하로 노출하여 시공하는 경우에는 노출배관으로 사용할 수 있다.(×)

• **가스계량기 설치 제한**

1. 가스계량기는 「건축법 시행령」 제46조 제4항에 따라 공동주택의 대피공간, 방·거실 및 주방 등 사람이 거처하는 곳에 설치하지 않는다.
2. 가스계량기에 나쁜 영향을 미칠 우려가 있는 다음 장소에는 설치하지 않는다.
   (1) 진동의 영향을 받는 장소
   (2) 석유류 등 위험물을 저장하는 장소
   (3) 수전실, 변전실 등 고압전기설비가 있는 장소

• **월 사용 예정량 산정 기준**

1. 월 사용 예정량은 다음 식에 따라 산출한다.

   $Q = \{(A \times 240) + (B \times 90)\}/11000$

   여기에서,
   Q : 월 사용 예정량(단위 : m³)
   A : 산업용으로 사용하는 연소기의 명판에 기재된 가스소비량의 합계(단위 : kcal/h)
   B : 산업용이 아닌 연소기의 명판에 기재된 가스소비량의 합계(단위 : kcal/h)

2. 1.에서 "가스소비량의 합계"는 다음 방법에 따른다. 다만 가정용으로 사용하는 연소기의 가스소비량은 합산 대상에서 제외한다.
   (1) 소유주가 1명인 단위 건물의 경우에는 그 단위 건물 내에 설치된 모든 연소기의 가스소비량 합계로 한다.

> **OX퀴즈**
> 월 사용 예정량 식의 **B**는 산업용으로 사용하는 연소기의 명판에 기재된 가스소비량의 합계(단위 : kcal/h)를 의미한다. (×)

⑵ 단위 건물이 분양으로 소유주가 2명 이상인 경우에는 각 소유주가 구분하여 소유하는 건물 내에 설치된 모든 연소기의 가스소비량 합계로 한다. 다만 같은 실내에서 2명 이상의 소유주가 가스를 사용하는 경우에는 그 실내에 설치된 모든 연소기의 가스소비량 합계로 한다.

⑶ 가스보일러 본체에 표시된 소비량과 버너에 표시된 소비량이 다를 경우에는 보일러 본체에 표시된 소비량으로 한다.

3. 1.에서 "연소기"의 용도로서 산업용과 비산업용의 구분은 다음 방법에 따른다.

(3-1) 해당 가스를 이용하여 직접 제품을 생산, 판매(일반적인 유통 방법에 의한 판매를 말한다. 이하 같다)하는 경우는 "산업용"으로, 그 밖의 경우는 "비산업용"으로 계산하며, 그 예는 다음과 같다.

⑴ 공장 등 산업체의 식당에서 취사용으로 사용하는 경우는 산업체에서 사용하는 경우라도 제품을 직접 생산·판매하는 용도가 아니므로 '비산업용'으로 계산한다.

⑵ 학교 실습실에 설치된 도자기로 등은 제품을 생산하나 판매가 수반되지 않으므로 '비산업용'으로 계산한다.

⑶ 제과 공장에서 빵을 만드는 데 사용하는 연소기는 제품의 생산과 판매가 수반되므로 '산업용'으로 계산한다. 다만 제과점의 연소기는 일반적인 유통 방법에 의한 판매가 이루어지지 않으므로 "비산업용"으로 계산한다.

⑷ 세탁 공장은 넓은 의미에서 산업의 일환인 서비스업으로 볼 수 있고, 상시적이고 고정적인 기업활동이 이루어지므로 이곳의 연소기는 '산업용'으로 계산한다.

⑸ 세탁소, 방앗간 등은 상시적이고 고정적인 기업 활동으로 보기 어려우므로 이곳의 연소기는 '비산업용'으로 계산한다.

⑹ 자동차 정비업체의 도장 부스에 사용하는 연소기는 제품 수리에 사용하므로 이곳의 연소기는 "비산업용"으로 계산한다.

4. 2.에서 "가정용으로 사용하는 연소기"라 함은 원칙적으로 일반 가정집의 취사 및 냉·난방용 연소기를 의미하는 것으로 보며, 그 예는 다음과 같다. 다만 가정집 외의 건물에 거주하는 자가 취사 및 냉·난방용 등 개인의 일상생활 영위를 위하여 사용하는 연소기도 그 사용 목적상 "가정용 연소기"로 분류한다.

(4-1) 가정용 연소기의 예는 다음과 같다.

⑴ 여관 종업원의 취사 및 냉·난방용 연소기

⑵ 종업원 비상대기실의 취사 및 냉·난방용 연소기

⑶ 고시원의 개별 취사 및 개별 냉·난방용 연소기

OX퀴즈

공장 등 산업체의 식당에서 취사용으로 사용하는 경우는 산업체에서 사용하는 경우 **'산업용'**으로 계산한다.

(×)

⑷ 건축법 시행령 별표 1 제15호 가목에 따른 생활숙박시설의 개별 취사 및 개별 냉·난방용 연소기

(4-2) 비가정용 연소기의 예는 다음과 같다.
⑴ 공동주택 등에서 공동으로 사용하는 중앙 난방용 연소기
⑵ 경로당 및 관리실의 취사 및 냉·난방용 연소기
⑶ 아파트 공동 샤워장용 연소기
⑷ 여관 등에서 고객의 취사 및 냉·난방용 연소기
⑸ 고시원의 공동 취사 및 공동 냉·난방용 연소기
⑹ 건축법 시행령 별표 1 제15호 가목에 따른 생활숙박시설의 공동 취사 및 공동 냉·난방용 연소기

5. 기술 검토 당시 연소기가 설치되지 않았거나 일부만 설치할 계획인 경우에는 다음 기준에 따라 월사용 예정량을 산정한다.
⑴ 가스계량기가 설치되는 경우에는 '가스계량기 최대유량 × 0.8배'로 산정한다.
⑵ 가스계량기가 설치되지 않는 경우에는 추후 설치 예정인 연소기의 가스소비량으로 산정한다.

• 정압기실 구조

정압기실은 그 정압기의 보호, 정압기실 안에서의 작업성 확보와 위해 발생 방지를 위하여 다음 기준에 따른 적절한 구조를 가지도록 한다.

1. 정압기실 내부 공간의 크기는 정압기를 조작하는 데 필요한 크기 이상으로 한다.
2. 정압기실에는 가스공급시설 외의 시설물을 설치하지 않는다.
3. 침수 위험이 있는 지하에 설치하는 정압기에는 침수방지조치를 한다.

• 정압기 설치

정압기는 그 정압기에 위해를 미치지 않도록 설치한다.

• 그 밖의 연소기 설치기준

1. 개방형 연소기를 설치한 실에는 환풍기 또는 환기구를 설치한다.
2. 반밀폐형 연소기는 급기구 및 배기통을 설치한다.
3. 배기통의 재료는 스테인리스 강판이나 배기가스 및 응축수에 내열·내식성이 있는 재료를 사용한다.

OX퀴즈
개방형 연소기는 급기구 및 배기통을 설치한다. (×)

4. 배기통이 가연성물질로 된 벽 또는 천장 등을 통과하는 때에는 금속 외의 불연성재료로 단열조치를 한다.
5. 자연배기식 반밀폐형 및 밀폐형 연소기의 배기통 끝은 배기가 방해되지 않는 구조이어야 하고, 장애물 또는 외기의 흐름으로 방해받지 않는 위치에 설치한다.
6. 밀폐형 연소기는 급기통·배기통과 벽과의 사이에 배기가스가 실내로 들어올 수 없도록 밀폐하여 설치한다.
7. 배기팬이 있는 밀폐형 또는 반밀폐형의 연소기를 설치한 경우 그 배기팬의 배기가스와 접촉하는 부분은 불연성재료로 한다.
8. 가스온풍기의 배기통이 가스온풍기에서 이탈되지 않도록 다음 기준에 따라 설치한다.
   (1) 가스온풍기와 배기통의 접합은 나사식이나 플랜지식 또는 밴드식 등으로 한다.
   (2) 배기통의 재료는 스테인리스 강판 또는 배기가스 및 응축수에 내열·내식성이 있는 것으로 한다.
   (3) 배기통은 한국가스안전공사 또는 공인시험기관의 성능 인증품이 있는 경우 성능 인증품을 사용하도록 한다.
   (4) 배기통의 호칭지름은 가스온풍기의 배기통 접속부의 호칭지름과 동일한 것으로 하며, 배기통과 가스온풍기의 접속부는 내열실리콘 등(석고붕대는 제외한다)으로 마감조치하여 기밀이 유지되도록 한다.

• **가스누출자동차단장치 설치 대상**

특정가스사용시설·「식품위생법」에 의한 식품접객업소로서 영업장의 면적이 100 m² 이상인 가스사용시설이나 지하에 있는 가스사용시설의 경우에는 가스누출경보차단장치나 가스누출자동차단기를 설치하며, 차단부는 건축물의 외부나 건축물 벽에서 가장 가까운 내부의 배관 부분에 설치한다. 다만 다음 중 어느 하나에 해당하는 경우에는 가스누출경보차단장치나 가스누출자동차단기를 설치하지 않을 수 있다.

(1) 월 사용 예정량이 2000 m³ 미만으로서 연소기가 연결된 각 배관에 퓨즈콕·상자콕 또는 이와 같은 수준 이상의 성능을 가지는 안전장치(이하 "퓨즈콕 등"이라 한다)가 설치되어 있고, 각 연소기에 소화안전장치가 부착되어 있는 경우
(2) 가스의 공급이 불시에 차단될 경우 재해 및 손실이 막대하게 발생될 우려가 있는 가스사용시설로서, 동 시설에 설치되는 산업용으로 사용하는 가스보일러

(3) 가스누출경보기 연동차단기능의 다기능 가스안전계량기를 설치하는 경우

(4) 가정용으로 사용하는 연소기가 설치되어 있는 가스사용시설인 경우

• **가스누출자동차단장치 구조**

가스누출자동차단장치는 검지부, 차단부 및 제어부로 구성한다.

• **가스누출자동차단장치 설치방법**

(1) 검지부의 설치

   (1-1) 검지부는 천장으로부터 검지부 하단까지의 거리가 0.3 m 이하가 되도록 설치한다. 다만 공기보다 무거운 가스를 사용하는 경우 바닥면으로부터 검지부 상단까지의 거리는 0.3 m 이하로 한다.

   (1-2) 다음 장소에는 검지부를 설치하지 않는다.

   (1-2-1) **출**입구의 부근 등으로서 외부의 **기**류가 통하는 곳

   (1-2-2) **환**기구 등 공기가 들어오는 곳으로부터 1.5 m 이내의 곳

   (1-2-3) 연소기의 **폐**가스에 접촉하기 쉬운 곳

   > **암기법**
   > 출기 환15 패

(2) 제어부의 설치

   제어부는 가스사용실 연소기 주위의 조작하기 쉬운 위치 또는 안전관리원 등이 상주하는 장소에 설치한다. 다만 안전관리원 등이 24시간 상주를 하지 않는 경우에는 인력이 24시간 상주하고 있는 경비실 등에 설치할 수 있으며, 이 경우에는 경보가 울릴 시 안전관리원 등 관계자에게 신속히 연락할 수 있는 '비상연락망'을 비치하도록 한다.

(3) 차단부의 설치

   (3-1) 차단부는 다음의 주 배관에 설치한다. 다만 동일 공급배관의 상·하류에 이중으로 차단부가 설치되는 경우 각 연소기로부터 가장 가까운 곳에 설치된 것 이외에는 배관용 밸브로 할 수 있다.

   (3-1-1) 동일 건축물 내에 있는 전체 가스사용시설의 주 배관

   (3-1-2) 동일 건축물 내로서 구분 밀폐된 2개 이상의 층에서 가스를 사용하는 경우 층별 주 배관

   (3-1-3) 동일 건축물의 동일 층 내에서 2개 이상의 자가 가스를 사용하는 경우 사용자별 주 배관. 다만 동일한 가스사용실에서 다수의 가스 사용자가 가스를 사용하는 경우에는 그 실의 주 배관으로 할 수 있다.

   > **OX퀴즈**
   > 차단부는 주 배관에 **설치하지 않는다.** (×)

(4) 가스누출자동차단장치의 설치 제외 장소

   가스사용시설 중 가스공급이 불시에 자동차단됨으로써 재해 및 손실이 클 우려가 있는 시설과 가스누출경보기로 누출되는 가스를 검지하여 자동으로 가스의 공급을 차단하는 장치 또는 가스누출자동차단기(이하 "가

스누출자동차단기 등"이라 한다)를 설치하여도 그 설치목적을 달성할 수 없는 시설은 다음에 정하는 가스사용시설로 하되 (4-3)에서 정하는 조치를 한다.

(4-1) 가스의 공급이 자동차단됨으로써 재해 및 손실이 클 우려가 있는 다음의 시설

(4-1-1) 건조로

(4-1-1-1) 수분 건조로 : 제지, 섬유, 식품, 약품, 주물사(砂) 건조로 등

(4-1-1-2) 도장 건조로 : 도료, 바니스, 인쇄 잉크 건조로 등

(4-1-1-3) 가열장치 건조로 : 접착제, 합판, 골재 및 수지성형 건조로 등

(4-1-2) 열처리로

(4-1-2-1) 금속열처리로(爐) : 담금질(Quenching 또는 Hardening)로, 어닐링(Annealing)로, 탬퍼링(Tampering)로, 노멀라이징(Normalizing)로, 균질화(Homogenizing)로, 침탄(Carbonizing)로, 질화(Carbonitriding)로

(4-1-2-2) 유리, 도자기 열처리로

(4-1-2-3) 분위기 가스 발생로

(4-1-3) 가열로 등

(4-1-3-1) 금속 가열로 : 단조, 압연, 균열, 예열, 기타 가열로 등(절단장치 등)

(4-1-3-2) 유리, 도자기로 및 가열장치 등

(4-1-4) 용융로

(4-1-4-1) 금속 용융로

(4-1-4-2) 유리 용융로

(4-1-4-3) 기타 용융로

(4-1-5) 식품가공시설

(4-1-6) 발전용 시설

(4-1-7) 섬유모소기, 염색기, 유리섬유 코팅 등 기타 가스사용시설로서, 가스의 공급이 자동차단됨으로써 재해 및 손실이 클 우려가 있는 시설

(4-2) 가스누출자동차단기 등을 설치하여도 설치 목적을 달성할 수 없는 시설

(4-2-1) 개방된 공장의 국부 난방시설

(4-2-2) 개방된 작업장에 설치된 용접 또는 절단 시설

(4-2-3) 체육관, 수영장, 농수산시장 등 상가와 유사한 가스사용시설

(4-2-4) 경기장의 성화대

(4-2-5) 상·하 방향, 전·후 방향, 좌·우 방향 중에 3방향 이상이 외기에

Tip

1. 담금질 : 금속을 강도를 높이기 위해 고온에서 급속히 냉각시키는 과정
2. 어닐링 : 금속이나 합금을 고온에서 가열한 후 서서히 냉각하여 내부의 응력을 제거하고, 연성을 높이며, 미세구조를 개선하는 열처리 과정
3. 탬퍼링 : 담금질 후에 금속을 다시 가열하여 경도를 조절하고, 인성을 높이는 과정
4. 노멀라이징 : 금속을 고온에서 가열한 후 공기 중에서 자연스럽게 냉각시키는 과정
5. 균질화 : 금속의 성분을 균일하게 만들기 위해 고온에서 가열한 후 서서히 냉각하는 과정
6. 침탄 : 금속의 표면에 탄소를 주입하여 경도를 높이는 열처리방법
7. 질화 : 금속의 표면에 질소를 주입하여 경도를 높이고 내마모성을 증가시키는 열처리방법

개방된 가스사용시설

(4-3) (4-1)과 (4-2)에 의한 가스누출자동차단장치의 설치 제외 대상에는 다음의 조치를 한다.

(4-3-1) 가스의 공급을 용이하게 차단할 수 있는 장치를 건축물의 외부 또는 건축물의 벽에서 가장 가까운 내부의 배관부에 설치한다.

(4-3-2) (4-1), (4-2-1) 및 (4-2-2)에 따라 가스누출자동차단기 등을 설치하지 않는 시설 중 공기보다 무거운 가스를 사용하는 시설에는 통풍이 불량하고 가스가 누출되어 체류할 우려가 높은 장소에 가스누출경보기를 설치한다.

• **자연환기설비 설치**

1. 환기구는 다음 기준에 적합하게 설치한다.
   (1) 공기보다 비중이 무거운 가스인 경우 환기구의 위치는 바닥면에 접하도록 설치한다.
   (2) 공기보다 비중이 가벼운 가스인 경우에는 다음 중 어느 하나의 위치에 환기구를 설치한다.
      (2-1) 천장 또는 벽면 상부에서 0.3 m 이내
      (2-2) 한쪽의 벽면 상부(또는 천장)에서 0.3 m 이내와 그 맞은편 벽의 바닥면에서 0.3 m 이내로 하되, 그림의 예와 같이 4면에 설치. 이 경우 상부 환기구의 크기는 하부 환기구의 크기 이상으로 한다.

> **OX퀴즈**
> 공기보다 비중이 가벼운 가스인 경우 천장 또는 벽면 상부에서 **0.5 m** 이내에 환기구를 설치한다. (×)

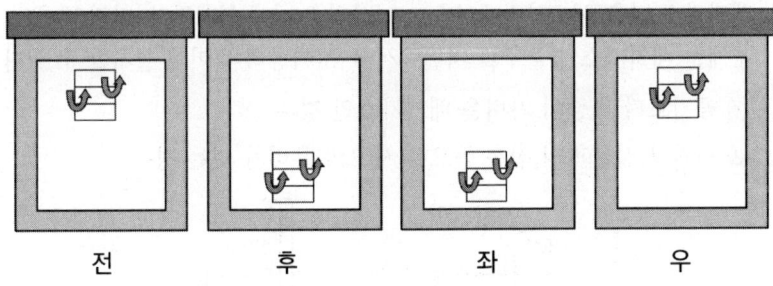

전   후   좌   우

2. 외기에 면하여 설치하는 환기구의 면적은 다음 기준에 적합하게 한다.
   (1) 환기구의 통풍 가능 면적 합계는 바닥 면적 $1\ m^2$마다 $300\ cm^2$의 비율로 계산한 면적 이상로 한다. 다만 철망 등을 부착할 때는 철망이 차지하는 면적을 뺀 면적으로 한다.
   (2) 1개 환기구의 면적은 $2400\ cm^2$ 이하(통풍 가능 면적이 아닌 단순 환기구 면적을 말한다)로 한다.
   (3) 지붕과 벽 사이의 공간을 통하여 환기가 가능한 경우에는 해당 공간도 환기구 면적에 포함한다.

(4) 갤러리 타입의 환기구를 설치할 경우 환기구의 통풍 가능 면적 및 개구율 산정은 다음과 같이 한다

3. 사방을 방호벽 등으로 설치하는 경우 환기구는 2방향 이상으로 분산 설치한다.

4. 공기보다 비중이 가벼운 도시가스 사용시설로서, 시설이 지하에 설치된 경우 통풍구조는 다음 기준에 따라 할 수 있다.
   (1) 통풍구조는 환기구를 2방향 이상 분산하여 설치한다.
   (2) 배기구는 천장면으로부터 0.3 m 이내에 설치한다.
   (3) 흡입구 및 배기구의 관경은 100 mm 이상으로 하되, 통풍이 양호하도록 한다.
   (4) 배기가스 방출구는 지면에서 3 m 이상의 높이에 설치하되, 화기가 없는 안전한 장소에 설치한다.

• 기계환기설비 설치

자연환기설비를 설치할 수 없는 경우, 건축물 내부 지하층에 설치하는 경우 및 공기보다 비중이 무거운 가스로서 지하에 설치하는 경우에는 다음 기준에 적합한 기계환기설비를 설치한다.

1. 통풍 능력은 바닥 면적 1 m^2마다 0.5 m^3/분 이상으로 한다.

2. 배기구는 바닥면(공기보다 가벼운 경우에는 천장면) 가까이에 설치한다.

3. 배기가스 방출구는 지면에서 5 m 이상의 높이에 설치한다. 다만 다음의 경우에는 배기가스 방출구를 지면에서 3 m 이상의 높이에 설치할 수 있다.
   (1) 공기보다 비중이 가벼운 배기가스인 경우
   (2) 전기 시설물과의 접촉 등으로 사고의 우려가 있는 경우

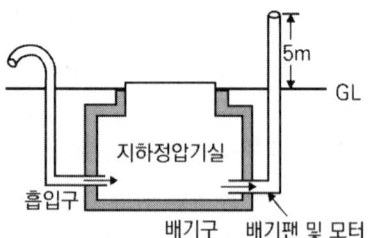

〈공기보다 비중이 무거운 가스를 사용하는 정압기가
지하에 설치된 경우 환기구 설치 예〉

- **승압 방지장치 설치**

  높이가 80 m 이상인 고층 건물 등에 연소기를 설치할 때에는 승압 방지장치 설치 대상인지를 판단한 후 이를 설치한다.

- **액화천연가스 저장탱크 부취제 주입**

  액화천연가스 저장탱크를 설치하고 천연가스를 사용하는 가스사용시설에서는 공기 중의 혼합비율의 용량이 1천분의 1의 상태에서 감지할 수 있는 냄새가 나는 물질을 혼합하기 위한 장치를 설치하고, 냄새가 나는 물질이 품질 기준에 적합하게 주입한다.

- **PE배관 매몰 설치**

  PE배관은 그 배관에 위해의 우려가 없도록 다음 기준에 따라 설치한다.

  (1) PE배관의 굴곡허용반경은 외경의 20배 이상으로 한다. 다만 굴곡반경이 외경의 20배 미만일 경우에는 엘보를 사용한다.

  (2) PE배관의 매설 위치를 지상에서 탐지할 수 있는 탐지형 보호포·로케팅와이어[전선(나전선은 제외한다)의 굵기는 6 mm² 이상)] 등을 설치한다.

- **입상관 설치**

  입상관은 환기가 양호한 장소에 설치하고 입상관마다 밸브 손잡이가 부착된 부분(중심)을 기준으로 바닥으로부터 1.6 m 이상 2 m 이내에 입상관 밸브를 설치한다. 다만 부득이 1.6 m 이상 2 m 이내에 설치하지 못할 경우 다음 기준을 따른다.

  (1) 입상관 밸브를 1.6 m 미만으로 설치 시 보호상자 안에 설치한다.

  (2) 입상관 밸브를 2.0 m 초과하여 설치할 경우에는 다음 중 어느 하나의 기준을 따른다.

  (2-1) 입상관 밸브 차단을 위한 전용 계단을 견고하게 고정·설치한다.

  (2-2) 원격으로 차단이 가능한 전동밸브를 설치한다. 이 경우 차단장치의 제어부는 바닥으로부터 1.6 m 이상 2.0 m 이내에 설치하며, 전동밸브 및 제어부는 빗물을 받을 우려가 없도록 조치한다.

OX퀴즈

높이가 50 m 이상인 고층 건물 등에 연소기를 설치할 때에는 승압 방지장치 설치 대상인지를 판단한 후 이를 설치한다. (×)

문제풀이

01
(1) 진동의 영향을 받는 장소
(2) 석유류 등 위험물을 저장하는 장소
(3) 수전실, 변전실 등 고압전기설비가 있는 장소

1 다음 도시가스 사용시설의 시설·기술·검사기준에 따른 가스계량기 설치 제외장소 3가지를 쓰시오.

02
(1) 0.3 m 이하
(2) 1.5 m 이내
(3) 폐가스

2 다음은 도시가스 사용시설의 시설·기술·검사기준에 따른 가스누출자동차단장치 설치방법이다. 괄호 안에 들어갈 알맞은 말을 쓰시오.

(1) 검지부는 천장으로부터 검지부 하단까지의 거리가 (　　　　)가 되도록 설치한다. 다만 공기보다 무거운 가스를 사용하는 경우 바닥면으로부터 검지부 상단까지의 거리는 (　　　　)로 한다.
(2) 검지부는 환기구 등 공기가 들어오는 곳으로부터 (　　　　)의 곳에는 설치하지 않는다.
(3) 검지부는 연소기의 (　　　　)에 접촉하기 쉬운 곳에는 설치하지 않는다.

3 다음은 도시가스 사용시설의 시설·기술·검사기준에 따른 자연환기설비 설치기준이다. 틀린 것을 고르시오.

(1) 공기보다 비중이 가벼운 가스인 경우 한쪽의 벽면 상부(또는 천장)에서 0.3 m 이내와 그 맞은편 벽의 바닥면에서 0.3 m 이내로 하되, 2면에 설치. 이 경우 상부 환기구의 크기는 하부 환기구의 크기 이상으로 한다.
(2) 1개 환기구의 면적은 2400 cm² 이하(통풍 가능 면적이 아닌 단순 환기구 면적을 말한다)로 한다.
(3) 사방을 방호벽 등으로 설치하는 경우 환기구는 2방향 이상으로 분산 설치한다.
(4) 공기보다 비중이 가벼운 도시가스 사용시설로서, 시설이 지하에 설치된 경우 배기가스 방출구는 지면에서 3 m 이상의 높이에 설치하되, 화기가 없는 안전한 장소에 설치한다.

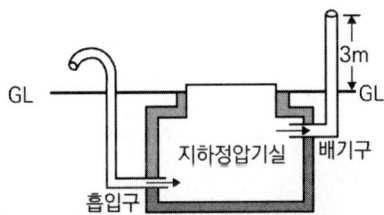

〈공기보다 비중이 무거운 가스를 사용하는 정압기가 지하에 설치된 경우 환기구 설치 예〉

03
(1) 4면

PART 04

수소

용품 KGS AH271, KGS AH171
시설 KGS FU671

KGS AH271 수전해설비 제조의 시설·기술·검사기준

• 용어 정의

1. "수전해설비"란 물을 전기분해하여 수소를 생산하는 것으로서 그 설비의 기하학적 범위는 다음과 같다.

   (1) 급수 밸브로부터 스택, 전력변환장치, 기액분리기, 열교환기, 수분제거장치, 산소제거장치 등을 통해 토출되는 수소배관의 첫 번째 연결부까지

   (2) (1)에 해당하는 수전해설비가 하나의 외함으로 둘러싸인 구조의 경우에는 외함 외부에 노출되는 각 장치의 접속부까지

2. "정기품질검사"란 생산단계검사를 받고자 하는 제품이 설계단계검사를 받은 제품과 동일하게 제조된 제품인지 확인하기 위해 양산된 제품에서 시료를 채취하여 성능을 확인하는 것을 말한다.

3. "상시샘플검사"란 제품확인검사를 받고자 하는 제품에 대하여 같은 생산단위로 제조된 동일제품을 1조로 하고 그 조에서 샘플을 채취하여 기본적인 성능을 확인하는 검사를 말한다.

4. "수시샘플검사"란 생산공정검사 또는 종합공정검사를 받은 제품이 설계단계검사를 받은 제품과 동일하게 제조되고 있는지 양산된 제품에서 예고없이 시료를 채취하여 확인하는 검사를 말한다.

5. "공정확인심사"란 설계단계검사를 받은 제품을 제조하기 위해 필요한 제조 및 자체검사공정에 대한 품질시스템 운용의 적합성을 확인하는 것을 말한다.

6. "종합품질관리체계심사"란 제품의 설계, 제조 및 자체검사 등 수전해설비 제조 전 공정에 대한 품질시스템 운용의 적합성을 확인하는 것을 말한다.

7. "형식"이란 구조, 재료, 용량 및 성능 등에서 구별되는 제품의 단위를 말한다.

8. "공정검사"란 생산공정검사와 종합공정검사를 말한다.

9. "충전부"란 수전해설비가 정상운전 상태에서 전류가 흐르는 도체 또는 도전부를 말한다.

10. "로크아웃(Lockout)"이란 수전해설비의 비상정지 등이 발생하여 수전해설비를 안전하게 정지하고, 이후 수동으로만 운전을 복귀시킬 수 있도록 하는 것을 말한다.

11. "IP 등급"이란 위험 부분으로의 접근, 외부 분진의 침투 또는 물의 침투에 대한 외함의 방진 보호 및 방수보호 등급을 말한다.

12. "상용압력"이란 내압시험압력 및 기밀시험압력의 기준이 되는 압력으로서 사용상태에서 해당 설비 등의 각부에 작용하는 최고사용압력을 말한다.

> **OX퀴즈**
> "상용압력"이란 내압시험압력 및 기밀시험압력의 기준이 되는 압력으로서 사용상태에서 해당 설비 등의 각부에 작용하는 **최저사용압력**을 말한다. (×)

• **일반구조**

1. 모든 부품은 뒤틀림, 이완 및 그 외의 손상에 견디는 안전한 구조로 한다.

2. 분해 가능한 패널·커버 등은 본래 설치된 곳 외의 다른 위치에 설치되는 것을 방지하기 위하여 서로 호환(互換)되지 않는 구조로 하고, 반복되는 분해·조립에 따른 마모 등으로 인한 기능의 손상이 발생되지 않는 것으로 한다.

3. 인체의 접촉 가능성이 있는 부품은 날카로운 돌출부분이나 모퉁이가 없는 구조로 한다.

4. 점검, 보수, 교체 및 분해가 용이한 구조로 한다.

5. 유지보수가 필요한 부분에 사용되는 단열재는 배관 및 부품 등에 대한 접근이 용이한 구조로 한다.

6. 수전해설비는 본체에 설치된 스위치 또는 컨트롤러의 조작을 통해서만 운전을 시작하거나 정지할 수 있는 구조로 한다. 다만 다음 중 어느 하나에 해당하는 경우에는 원격조작이 가능한 구조로 할 수 있다.
   (1) 본체에서 원격조작으로 운전을 시작할 수 있도록 허용하는 경우
   (2) 급격한 압력 및 온도 상승 등 위험이 생길 우려가 있어 수전해설비를 정지해야 하는 경우

7. 수전해설비의 안전장치가 작동해야 하는 설정 값은 원격조작 등을 통하여 임의로 변경할 수 없도록 해야 한다.

> **OX퀴즈**
> "수전해설비의 안전장치가 작동해야 하는 설정 값은 원격조작 등을 통하여 임의로 변경할 수 **있도록** 해야 한다. (×)

8. 벽면 등에 부착하여 사용하는 수전해설비는 용이하고 견고하게 부착이 가능한 구조로 한다.

9. 환기팬 등 수전해설비의 운전 상태에서 사람이 접할 우려가 있는 가동 부분은 쉽게 접할 수 없도록 적절한 보호틀이나 보호망 등을 설치한다.

10. 정격 입력 전압 또는 정격 주파수를 변환하는 기구를 가진 이중정격의 것은 변환된 전압 및 주파수를 쉽게 식별할 수 있도록 한다. 다만 자동으로 변환되는 기구를 가지는 것은 그렇지 않다.
11. 수전해설비의 외함 내부에는 가연성가스가 체류 하거나, 외부로부터 이물질이 유입되지 않는 구조로 한다.
12. 비상정지를 실행하기 위한 제어장치의 설정 값 등을 사용자 또는 설치자가 임의로 조작해서는 안 되는 부분은 봉인씰 또는 잠금장치 등으로 조작을 방지할 수 있는 구조로 한다.
13. 배관에는 수송하는 유체를 식별할 수 있도록 쉽게 확인이 가능한 곳에 수송하는 유체의 종류를 표시한다.
14. 가연성 또는 독성의 유체가 설비 외부로 방출될 수 있는 부분에는 주의문구를 표시한다.
15. 운전 또는 점검, 유지보수 등을 위해 사람의 접근이 요구되는 부분은 미끄러짐, 걸림 또는 부딪힘 등을 방지할 수 있는 구조로 설계한다.
16. 긴급사태 발생 시 운전을 신속하게 정지할 수 있도록 접근이 용이한 장소에 제어입력 장치 등 비상정지를 실행할 수 있는 장치를 갖춘다.
17. 설비의 유지보수나 긴급정지 등을 위해 유체의 흐름을 차단하는 밸브를 설치하는 경우, 차단밸브는 다음의 기준을 만족해야 한다.
    (1) 차단밸브는 최고사용압력 및 온도 및 유체특성 등 사용조건에 적합해야 한다.
    (2) 차단밸브의 가동부(Actuator)는 밸브 몸통으로부터 전해지는 열을 견딜 수 있어야 한다.
    (3) 자동차단밸브(급수밸브 등과 같이 오작동 또는 기능 손상에 따라 화재, 폭발 등과 같은 위험한 상황으로 이어질 우려가 없는 밸브는 제외한다.)는 공인인증기관의 인증품 또는 성능시험을 만족하는 것을 사용하여야 한다.
    (4) 자동차단밸브는 구동원이 상실되었을 경우 안전한 가동이 이루어질 수 있는 구조(Fail-Safe)이어야 한다.
18. 수전해설비에 설치되는 전기설비 중 위험장소 안에 있는 전기설비는 누출된 가스의 점화원이 되는 것을 방지하기 위하여 KGS GC101(가스시설의 폭발위험장소 종류 구분 및 범위산정에 관한 기준) 및 KGS GC102(방폭전기기기의 설계, 선정 및 설치에 관한 기준)에 따른 방폭성능을 갖는 구조로 한다.

> **Tip** 페일 세이프 : 기계가 고장 났을 경우 재해로 연결되는 일이 없이 안전을 확보하는 것

19. 압력조정기(상용압력 이상의 압력으로 압력이 상승한 경우 자동으로 가스를 방출하는 안전장치를 갖춘 것에 한정한다)에서 방출되는 가스는 방출관 등을 이용하여 외함 외부로 직접 방출하는 구조로 한다.

20. 전기히터는 공인인증기관의 인증품을 사용해야 한다.

• **공통사항**

1. 배관은 물, 수용액, 산소, 수소 등 유체가 누출되지 않는 구조로 한다.
2. 배관은 열 및 부식에 따른 위해의 우려가 없는 장소에 설치하고 방호 등의 조치를 한다.
3. 배관은 자중, 내압력, 지진하중, 열하중 또는 회전기계에 따른 진동 등으로 인하여 발생하는 응력에 견딜 수 있는 구조로 한다.
4. 배관의 접합부는 용접, 나사 이음, 플렌지 이음 또는 이와 동등 이상의 방법으로 기밀을 유지할 수 있는 구조로 한다.
5. 배관의 씰부는 열화에 대하여 내성을 가지는 구조로 한다.
6. 배관은 연마분말, 유지류 등 내부의 이물질을 완전히 제거한 후 설치해야 한다.
7. 배관을 접속하기 위한 수전해설비 외함의 접속부는 다음에 적합한 구조로 한다.
   (1) 배관의 구경에 적합하여야 한다.
   (2) 접속부는 외부에 노출되어 있거나 외부에서 쉽게 확인할 수 있는 위치에 설치한다.
   (3) 접속부는 진동, 자중, 내압력, 열하중 등으로 인하여 발생하는 응력에 견딜 수 있는 것으로 한다.

> **Tip** 연마분말 : 분말 상태의 연마재(물체의 표면과 마찰을 일으켜 표면이 마멸되도록 만드는 분말)

• **배관두께**

배관은 상용압력의 2배 이상의 압력에 항복을 일으키지 않도록 기준두께 이상으로 한다.

• **수소가 통하는 배관의 접지**

(1) 직선 배관은 80 m 이내의 간격으로 접지를 한다.
(2) 서로 교차하지 않는 배관 사이의 거리가 100 mm 미만인 경우, 배관 사이에서 발생될 수 있는 스파크 점프를 방지하기 위해 20 m 이내의 간격으로 점퍼를 설치한다.

(3) 서로 교차하는 배관 사이의 거리가 100 mm 미만인 경우, 배관이 교차하는 곳에는 점퍼를 설치한다.

(4) 금속 볼트 또는 클램프로 고정된 금속 플랜지에는 추가적인 정전기 와이어가 장착되지 않지만, 최소한 4개의 볼트 또는 클램프들마다에는 양호한 전도성 접촉점이 있도록 해야 한다.

• **수소검지경보장치**

1. 수소검지경보장치는 「화재예방, 소방시설 설치·유지 및 안전관리에 관한 법률」에 따라 인증을 받은 제품 또는 공인인증기관의 인증품을 사용한다.

2. 수소검지경보장치의 검지부는 방폭성능을 갖는 것으로 한다.

3. 2개 이상의 검지부에서 검지신호를 수신하는 경우 수신회로는 경보를 울리는 다른 회로가 작동하고 있을 때에도 해당 검지 경보장치가 작동하여 경보를 울릴 수 있는 것으로서 경보를 울리는 장소를 식별할 수 있는 것으로 한다.

4. 수신회로가 작동상태에 있는 것을 쉽게 식별할 수 있는 것으로 한다.

5. 경보는 램프의 점등 또는 점멸과 동시에 경보를 울리는 것으로 한다.

6. 검지부는 외함과 같이 밀폐된 공간에서는 제품 상부에 설치하고, 천정이 장비나 장애물 등에 의해 나눠진 경우에는 각 부분에 구분 설치해야 한다.

7. 검지부는 열원에서 적절히 떨어진 위치에 설치되어야 하며, 주위온도는 40℃를 초과해서는 안 된다.

8. 수소검지경보장치는 수전해설비에 장착된 기계류에서 진동이 예상되는 경우, 진동에 견디도록 설계되었거나, 적절한 진동격리 장치가 제공되어야 한다.

9. 검지부는 수소의 특성 및 외함 내부의 구조를 고려하여 누출된 수소가 체류하기 쉬운 장소에 설치한다.

• **압축장치**

1. 압축기의 전단에는 액압축에 따라 압축기가 손상되는 것을 방지하기 위해 기액분리기 또는 필터 등을 설치한다.

2. 급유식 압축기의 후단에는 토출 가스에 혼입된 윤활유를 제거하기 위해 유분리기와 필터를 설치한다. 다만 윤활유가 토출 가스에 혼입될 수 없는 구조인 경우에는 유분리기와 필터를 설치하지 않을 수 있다.

3. 압축기의 전단 및 후단에는 압축된 가스가 역류하여 압축기의 구동계 및 저압부의 설비가 손상되는 것을 막기 위해 역류방지밸브 등을 각각 설치한다.
4. 압축기의 안전한 작동을 위해 다음 중 어느 하나에 해당하는 경우에는 압축기를 안전하게 정지하고 압축기로 공급되는 가스를 차단하는 자동제어장치를 갖춘다.
    (1) 압축기 흡입부의 압력이 제조자가 설정한 압력 미만인 경우
    (2) 압축기 흡입부 및 토출부의 압력이 상용압력 이하의 범위에서 제조자가 설정한 압력을 초과하는 경우
    (3) 압축기 토출부의 온도가 설계온도 이하의 범위에서 제조자가 설정한 온도를 초과하는 경우
    (4) 급유식 압축기의 윤활유가 제조자가 설정한 양 미만인 경우

• 성능

수전해설비는 안전성과 편리성을 확보하기 위하여 다음 기준에 따른 성능을 가지는 것으로 한다.

1. 제품 성능

2. 내압 성능

    물, 수용액, 산소, 수소 등 유체의 통로는 상용압력의 1.5배 이상의 수압으로(그 구조상 물로 실시하는 내압시험이 곤란하여 공기·질소·헬륨 등의 기체로 내압시험을 실시하는 경우 1.25배) 20분간 내압시험을 실시하여 팽창·누설 등의 이상이 없어야 한다. 다만 고법 제17조에 따른 검사에 합격한 용기등 또는 「산업안전보건법」 제84조에 따른 안전인증을 받은 압력용기는 내압시험을 실시하지 않을 수 있으며, 펌프·압축기는 제조자의 자체시험성적서로 내압시험을 갈음할 수 있다.

3. 기밀 성능

    물, 수용액, 산소, 수소 등 유체의 통로는 다음 기준에 따라 기밀시험을 실시한다. 다만 내압시험을 기체로 실시한 경우에는 기밀시험을 생략할 수 있다.
    (1) 기밀시험은 원칙적으로 공기 또는 위험성이 없는 기체의 압력으로 실시한다.
    (2) 기밀시험은 그 설비가 취성 파괴를 일으킬 우려가 없는 온도에서 한다.
    (3) 기밀시험압력은 상용압력 이상으로 하되, 0.7 MPa를 초과하는 경우 0.7 MPa 이상의 압력으로 한다. 이 경우, 아래의 표와 같이 시험할 부분의 용적에 대응한 기밀유지시간 이상을 유지하고 처음과 마지막 시

OX퀴즈
기밀시험은 원칙적으로 **산소** 압력으로 실시한다. (×)

험의 측정압력차가 압력측정기구의 허용오차 안에 있는 것을 확인한다. 처음과 마지막 시험의 온도차가 있는 경우에는 압력차를 보정한다.

압력측정기구	용적	기밀유지시간
압력계 또는 자기압력기록계	1 m³ 미만	48분
	1 m³ 이상 10 m³ 미만	480분
	10 m³ 이상	48 × V분(다만 2880분을 초과한 경우는 2880분으로 할 수 있다)

[비고] V는 피시험부분의 용적(단위 : m³)이다.

3. 환기 성능

(1) 환기유량은 수전해설비의 외함 내에 체류가능성이 있는 가연성가스의 농도가 폭발하한계의 1/4 미만이 유지될 수 있도록 충분한 것으로 한다.

(2) 수전해설비의 외함 내로 유입되거나 외함 외부로 배출되는 공기의 유량은 제조자가 제시한 환기유량 이상이어야 한다.

OX퀴즈
환기유량은 수전해설비의 외함 내에 체류가능성이 있는 가연성가스의 농도가 폭발하한계의 1/4 **이상**이 유지될 수 있도록 충분한 것으로 한다.　　　(×)

문제풀이

1 수전해설비 제조의 시설·기술·검사기준에 따른 용어를 쓰시오.

(1) 물을 전기분해하여 수소를 생산하는 것
(2) 수전해설비의 비상정지 등이 발생하여 수전해설비를 안전하게 정지하고, 이후 수동으로만 운전을 복귀시킬 수 있도록 하는 것
(3) 내압시험압력 및 기밀시험압력의 기준이 되는 압력으로서 사용상태에서 해당 설비 등의 각부에 작용하는 최고사용압력

01
(1) 수전해설비
(2) 로크아웃
(3) 상용압력

2 수소가 통하는 배관의 접지에 대한 기준이다. 괄호 안에 들어갈 알맞은 말을 쓰시오.

(1) 직선 배관은 (　　) 이내의 간격으로 접지를 한다.
(2) 서로 교차하지 않는 배관 사이의 거리가 100 mm 미만인 경우, 배관 사이에서 발생될 수 있는 스파크 점프를 방지하기 위해 (　　) 이내의 간격으로 점퍼를 설치한다.
(3) 서로 교차하는 배관 사이의 거리가 100 mm 미만인 경우, 배관이 교차하는 곳에는 (　　)를 설치한다.
(4) 금속 볼트 또는 클램프로 고정된 금속 플랜지에는 추가적인 정전기 와이어가 장착되지 않지만, 최소한 (　　)의 볼트 또는 클램프들마다에는 양호한 전도성 접촉점이 있도록 해야 한다.

02
(1) 80 m
(2) 20 m
(3) 점퍼
(4) 4개

3 수전해설비의 수소검지경보장치에 대한 다음 설명 중 틀린 것을 고르시오.

(1) 수소검지경보장치의 검지부는 방폭 성능을 갖는 것으로 한다.
(2) 검지부는 열원에서 적절히 떨어진 위치에 설치되어야 하며, 주위온도는 40 ℃를 초과해서는 안 된다.
(3) 검지부는 수소의 특성 및 외함 내부의 구조를 고려하여 누출된 수소가 체류하기 어려운 장소에 설치한다.
(4) 2개 이상의 검지부에서 검지신호를 수신하는 경우 수신회로는 경보를 울리는 다른 회로가 작동하고 있을 때에도 해당 검지 경보장치가 작동하여 경보를 울릴 수 있는 것으로서 경보를 울리는 장소를 식별할 수 있는 것으로 한다.

03
(3) 체류하기 쉬운 장소

KGS AH171 수소추출설비 제조의 시설·기술·검사기준

용품 / 수소

- **용어 정의**

1. "수소추출설비"란 도시가스, 액화석유가스, 탄화수소 및 메탄올, 에탄올 등 알코올류로부터 수소를 추출하는 설비를 말하며, 기하학적 범위는 다음과 같다.

    (1) 연료공급설비, 개질기, 버너, 수소정제장치 등 수소추출에 필요한 설비 및 부대설비와 이를 연결하는 배관으로 인입밸브 전단에 설치된 필터부터 수소정제장치 후단의 정제수소 수송배관의 첫 번째 연결부까지

    (2) (1)에 해당하는 수소추출설비가 하나의 외함으로 둘러싸인 구조의 경우에는 외함 외부에 노출되는 각 장치의 접속부까지

2. "정기품질검사"란 생산단계검사를 받고자 하는 제품이 설계단계검사를 받은 제품과 동일하게 제조된 제품인지 확인하기 위해 양산된 제품에서 시료를 채취하여 성능을 확인하는 것을 말한다.

3. "상시샘플검사"란 제품확인검사를 받고자 하는 제품에 대하여 같은 생산단위로 제조된 동일제품을 1조로 하고 그 조에서 샘플을 채취하여 기본적인 성능을 확인하는 검사를 말한다.

4. "수시품질검사"란 생산공정검사 또는 종합공정검사를 받은 제품이 설계단계검사를 받은 제품과 동일하게 제조되고 있는지 양산된 제품에서 예고 없이 시료를 채취하여 확인하는 검사를 말한다.

5. "공정확인심사"란 설계단계검사를 받은 제품을 제조하기 위해 필요한 제조 및 자체검사공정에 대한 품질시스템 운용의 적합성을 확인하는 것을 말한다.

6. "종합품질관리체계심사"란 제품의 설계, 제조 및 자체검사 등 수소추출설비 제조 전 공정에 대한 품질시스템 운용의 적합성을 확인하는 것을 말한다.

7. "형식"이란 구조, 재료, 용량 및 성능 등에서 구별되는 제품의 단위를 말한다.

8. "공정검사"란 생산공정검사와 종합공정검사를 말한다.

9. "충전부"란 수소추출설비가 정상운전 상태에서 전류가 흐르는 도체 또는 도전부를 말한다.

10. "연료가스"란 수소가 주성분인 가스를 생산하기 위한 연료[도시가스, 액화석유가스, 탄화수소 및 메탄올, 에탄올 등 알코올류] 또는 버너 내 점화 및 연소를 위한 에너지원으로 사용되기 위해 수소추출설비로 공급되는 가스를 말한다.

11. "개질가스"란 연료가스를 수증기 개질, 자열 개질, 부분 산화 등 개질반응을 통해 생성된 것으로서 수소가 주성분인 가스를 말한다.

> **Tip** 개질반응 : 탄화수소(메탄) 연료를 수소를 포함하는 가스로 전환하는 반응

12. "개질기"란 수소가 포함된 화합물의 구조를 변화시키기 위한 것으로서 수증기 개질, 자열 개질 등의 개질반응을 통해 연료가스로부터 수소가 주성분인 개질가스로 전환하는 장치를 말한다.

13. "안전차단시간"이란 화염이 있다는 신호가 오지 않는 상태에서 연소안전제어기가 가스의 공급을 허용하는 최대의 시간을 말한다.

14. "화염감시장치"란 연소안전제어기와 화염감시기(화염의 유무를 검지하여 연소안전제어기에 알리는 것을 말한다)로 구성된 장치를 말한다.

15. "로크아웃(Lockout)"이란 수소추출설비의 비상정지 또는 화염검지실패 등이 발생하여 수소추출설비를 안전하게 정지하고, 이후 수동으로만 운전을 복귀시킬 수 있도록 하는 것을 말한다.

16. "IP 등급"이란 위험 부분으로의 접근, 외부 분진의 침투 또는 물의 침투에 대한 외함의 방진 보호 및 방수보호 등급을 말한다.

> **Tip** IP등급 : Ingress Protection 방수방진등급

17. "상용압력"이란 내압시험압력 및 기밀시험압력의 기준이 되는 압력으로서 사용상태에서 해당 설비 등의 각부에 작용하는 최고사용압력을 말한다.

18. "재시동"이란 시동 시 또는 운전 중에 화염이 검지되지 않는 경우 가스의 공급을 차단한 상태에서 연속프로그램에 의해 자동으로 시도되는 시동을 말한다.

19. "재점화"란 시동 시 또는 운전 중에 화염이 검지되지 않는 경우 가스의 공급을 유지한 상태에서 연속프로그램에 의해 자동으로 시도되는 점화를 말한다.

• **일반구조**

1. 모든 부품은 뒤틀림, 이완 및 그 외의 손상에 견디는 안전한 구조로 한다.
2. 분해 가능한 패널·커버 등은 본래 설치된 곳 외의 다른 위치에 설치되는 것을 방지하기 위하여 서로 호환(互換)되지 않는 구조로 하고, 반복되는 분해·조립에 따른 마모 등으로 인한 기능의 손상이 발생되지 않는 것으로 한다.
3. 인체의 접촉 가능성이 있는 부품은 날카로운 돌출부분이나 모퉁이가 없는 구조로 한다.
4. 점검, 보수, 교체 및 분해가 용이한 구조로 한다.
5. 유지보수가 필요한 부분에 사용되는 단열재는 배관 및 부품 등에 대한 접근이 용이한 구조로 한다.
6. 수소추출설비는 본체에 설치된 스위치 또는 컨트롤러의 조작을 통해서만 운전을 시작하거나 정지할 수 있는 구조로 한다. 다만 다음 중 어느 하나에 해당하는 경우에는 원격조작이 가능한 구조로 할 수 있다.
   (1) 본체에서 원격조작으로 운전을 시작할 수 있도록 허용하는 경우
   (2) 급격한 압력 및 온도 상승 등 위험이 생길 우려가 있어 수소추출설비를 정지해야 하는 경우
7. 수소추출설비이 안전장치가 자동해야 하는 설정 값은 원격조작 등을 통하여 임의로 변경할 수 없도록 해야 한다.
8. 벽면 등에 부착하여 사용하는 수소추출설비는 용이하고 견고하게 부착이 가능한 구조로 한다.
9. 환기팬 등 수소추출설비의 운전 상태에서 사람이 접할 우려가 있는 가동 부분은 쉽게 접할 수 없도록 적절한 보호틀이나 보호망 등을 설치한다.
10. 정격 입력 전압 또는 정격 주파수를 변환하는 기구를 가진 이중정격의 것은 변환된 전압 및 주파수를 쉽게 식별할 수 있도록 한다. 다만 자동으로 변환되는 기구를 가지는 것은 그렇지 않다.
11. 수소추출설비의 외함 내부에는 가연성 가스가 체류 하거나, 외부로부터 이물질이 유입되지 않는 구조로 한다.
12. 배기가스의 흐름을 입증하기 위한 풍압스위치의 설정압력 조작부 등 사용자 또는 설치차가 임의로 조작해서는 안 되는 부분은 봉인씰 또는 잠금장치 등으로 조직을 방지할 수 있는 구조로 한다.
13. 관에는 수송하는 유체를 식별할 수 있도록 쉽게 확인이 가능한 곳에 수송하는 유체의 종류를 표시한다.

14. 가연성 또는 독성의 유체가 설비 외부로 방출될 수 있는 부분에는 주의 문구를 표시한다.

15. 운전 또는 점검, 유지보수 등을 위해 사람의 접근이 요구되는 부분은 미끄러짐, 걸림 또는 부딪힘 등을 방지할 수 있는 구조로 설계한다.

16. 긴급사태 발생 시 운전을 신속하게 정지할 수 있도록 접근이 용이한 장소에 제어입력 장치 등 비상정지를 실행할 수 있는 장치를 갖춘다.

17. 설비의 유지보수나 긴급정지 등을 위해 유체의 흐름을 차단하는 밸브를 설치하는 경우, 차단밸브는 다음의 기준을 만족해야 한다.

    (1) 차단밸브는 최고사용압력 및 온도 및 유체특성 등 사용조건에 적합해야 한다.

    (2) 차단밸브의 가동부(Actuator)는 밸브 몸통으로부터 전해지는 열을 견딜 수 있어야 한다.

18. 테일가스(수소정제장치를 통해 정제되고 남은 가스를 말한다. 이하 같다)는 설비 외부로 방출되기 전에 연소되는 구조로 한다. 다만 다음 중 어느 하나에 해당하는 경우에는 테일가스가 연소되는 구조로 하지 않을 수 있다.

    (1) 안전밸브 등 과압안전장치의 작동으로 인해 외부로 테일가스를 방출해야 하는 경우

    (2) 수소정제장치가 안정화되기 이전으로서 정제수소의 품질이 목표 순도에 달성하지 못한 경우

19. 수소추출설비에 설치되는 전기설비 중 위험장소 안에 있는 전기설비는 누출된 가스의 점화원이 되는 것을 방지하기 위하여 KGS GC101(가스시설의 폭발위험장소 종류 구분 및 범위산정에 관한 기준) 및 KGS GC102(방폭전기기기의 설계, 선정 및 설치에 관한 기준)에 따른 방폭성능을 갖는 구조로 한다.

• **공통사항**

1. 배관은 연료가스, 개질가스 및 물 등 유체가 누출되지 않는 구조로 한다.

2. 배관은 열 및 부식에 따른 위해의 우려가 없는 장소에 설치하고 방호 등의 조치를 한다.

3. 배관은 자중, 내압력, 지진하중, 열하중 또는 회전기계에 따른 진동 등으로 인하여 발생하는 응력에 견딜 수 있는 구조로 한다.

4. 배관의 접합부는 용접, 나사 이음, 플렌지 이음 또는 이와 동등 이상의 방법으로 기밀을 유지할 수 있는 구조로 한다.

5. 배관의 씰부는 열화에 대하여 내성을 가지는 구조로 한다.

6. 배관은 연마분말 등 내부의 이물질을 완전히 제거한 후 설치해야 한다.

7. 배관을 접속하기 위한 수소추출설비 외함의 접속부는 다음에 적합한 구조로 한다.

   (1) 배관의 구경에 적합해야 한다.
   (2) 접속부는 외부에 노출되어 있거나 외부에서 쉽게 확인할 수 있는 위치에 설치한다.
   (3) 접속부는 진동, 자중, 내압력, 열하중 등으로 인하여 발생하는 응력에 견딜 수 있는 것으로 한다.

• 연료가스 배관

1. 연료가스 배관에는 독립적으로 작동하는 연료인입(引入) 자동차단밸브(이하 "인입밸브"라 한다)를 직렬로 2개 이상 설치한다. 이 경우, 인입밸브는 구동원이 상실되었을 경우 연료가스의 통로가 자동으로 차단되는 구조(Fail-Safe)로 하고, 기준을 충족하는 것으로 한다.

2. 인입밸브는 공인인증기관의 인증품 또는 성능시험을 만족하는 것을 사용해야 한다. 다만 액법에 따른 가스용품에 해당하는 인입밸브는 같은 법에 따른 검사에 합격한 것을 사용해야 한다.

3. 개질가스 중 일부를 연료가스로 재사용하기 위해 개질가스 배관이 연료가스 공급배관으로 연결되는 부분에는 차단밸브를 설치해야 한다. 다만 안전 및 신뢰성 분석에 따라 안전성이 증명되는 경우에는 차단밸브를 설치하지 않을 수 있다.

4. 연료가스 인입밸브 전단에는 필터를 설치한다. 이 경우, 필터에 사용되는 여과재의 최대 직경은 1.5 mm 이하로 하며, 1 mm를 초과하는 틈이 없어야 한다.

5. 메탄올 등 독성의 연료가스가 통하는 배관은 이중관 구조로 하거나 회수장치를 설치하는 등 연료가스가 누출되어 확산하는 것을 방지하기 위한 조치를 강구해야 한다.

• 시동 제어

(1) 시동은 모든 안전장치가 정상적으로 작동하는 경우에만 가능하도록 제어될 것
(2) 올바른 시동 시퀀스를 보증하기 위해 적절한 연동장치를 갖는 구조일 것
(3) 정지 후, 자동 재시동은 모든 안전 조건이 충족된 후에만 가능한 구조일 것

• **비상정지 제어**

(1) 다음 중 어느 하나에 해당하는 경우, 비상정지 제어 기능이 작동해야 한다. 이 경우, 비상정지로 인하여 추가적인 위험이 발생하지 않도록 해야 한다.

    (1-1) 연료가스 및 개질가스의 압력 또는 온도가 현저하게 상승하였을 경우

    (1-2) 연료가스 및 개질가스의 누출이 검지된 경우

    (1-3) 버너(개질기 및 그 외의 버너를 포함한다)의 불이 꺼졌을 경우

    (1-4) 제어 전원 전압이 현저하게 저하하는 등 제어장치에 이상이 생겼을 경우

    (1-5) 수소추출설비 안의 온도가 현저하게 상승하였을 경우

    (1-6) 수소추출설비 안의 환기장치에 이상이 생겼을 경우

    (1-7) 배열회수계통 출구부 온수의 온도가 100 ℃를 초과하는 경우

    (1-8) 수소정제장치에서 KGS AH171 3.3.2.3.3(1)부터 (5)까지 중 어느 하나의 상황이 발생된 경우

    (1-9) 압축기로 공급되는 개질가스 중 산소의 농도가 2 %를 초과하는 경우

(2) 비상정지는 다른 기능 및 동작보다 우선하여 실행되며, 외부로부터 방해되지 않아야 한다.

(3) 비상정지가 실행된 경우, 사용자가 그 상황을 인지할 수 있도록 적절한 알람이 표시되는 구조로 한다.

(4) 비상정지 후에는 로크아웃 상태로 전환되어야 하며, 수동으로 로크아웃을 해제하는 경우에만 정상운전하는 구조로 한다.

OX퀴즈
연료가스 및 개질가스의 압력 또는 온도가 현저하게 **하강**하였을 경우 비상정지로 인하여 추가적인 위험이 발생하지 않도록 해야 한다.
(×)

문제풀이

01
(1) 수소추출설비
(2) 연료가스
(3) 개질가스
(4) 상용압력

1 수소추출설비 제조의 시설·기술·검사기준에 따른 용어를 쓰시오.

(1) 도시가스, 액화석유가스, 탄화수소 및 메탄올, 에탄올 등 알코올류로부터 수소를 추출하는 설비
(2) 수소가 주성분인 가스를 생산하기 위한 연료[도시가스, 액화석유가스, 탄화수소 및 메탄올, 에탄올 등 알코올류] 또는 버너 내 점화 및 연소를 위한 에너지원으로 사용되기 위해 수소추출설비로 공급되는 가스
(3) 연료가스를 수증기 개질, 자열 개질, 부분 산화 등 개질반응을 통해 생성된 것으로서 수소가 주성분인 가스
(4) 내압시험압력 및 기밀시험압력의 기준이 되는 압력으로서 사용상태에서 해당 설비 등의 각부에 작용하는 최고사용압력

02
(3) 2 %

2 수소추출설비의 비상정지 제어 기능이 작동해야 하는 경우로 틀린 것을 고르시오.

(1) 연료가스 및 개질가스의 압력 또는 온도가 현저하게 상승하였을 경우
(2) 수소추출설비 안의 온도가 현저하게 상승하였을 경우
(3) 압축기로 공급되는 개질가스 중 산소의 농도가 1 %를 초과하는 경우
(4) 배열회수계통 출구부 온수의 온도가 100 ℃를 초과하는 경우

시설 | 수소

KGS FU671 수소연료사용시설의 시설·기술·검사기준

• 용어 정의

1. "수소제조설비"란 수소를 제조하기 위한 것으로서 수소용품 중 수전해설비 및 수소추출설비를 말한다.

2. "수소저장설비"란 수소를 충전·저장하기 위하여 지상 또는 지하에 고정 설치하는 저장탱크(수소의 품질을 균질화하기 위한 것을 포함한다)를 말한다.

3. "수소가스설비"란 수소제조설비, 수소저장설비 및 연료전지와 이들 설비를 연결하는 배관 및 그 부속설비 중 수소가 통하는 부분을 말한다.

4. "수소용품"이란 연료전지(「자동차관리법」에 따른 자동차에 장착되는 연료전지는 제외한다), 수전해설비 및 수소추출설비로서 다음에 따른 것을 말한다.
   (1) 연료전지 : 수소와 산소의 전기화학적 반응을 통하여 전기와 열을 생산하는 고정형(연료소비량이 232.6 kW 이하인 것을 말한다) 및 이동형 설비와 그 부대설비
   (2) 수전해설비 : 물의 전기분해에 의하여 그 물로부터 수소를 제조하는 설비
   (3) 수소추출설비 : 도시가스 또는 액화석유가스 등으로부터 수소를 제조하는 설비

5. "불연재료"란 「건축법 시행령」 제2조 제10호에 따른 불연재료를 말한다.

6. "방호벽"이란 높이 2 m 이상, 두께 0.12 m 이상의 철근콘크리트 또는 이와 같은 수준 이상의 강도를 가지는 것으로서 KGS FU671 2.9.2에서 정하는 벽을 말한다.

7. "설계압력"이란 수소가스설비 등의 각부의 계산두께 또는 기계적 강도를 결정하기 위하여 설계된 압력을 말한다.

8. "상용압력"이란 내압시험압력 및 기밀시험압력의 기준이 되는 압력으로서 사용상태에서 해당 설비 등의 각부에 작용하는 최고사용압력을 말한다.

> **OX퀴즈**
> 수소추출설비는 도시가스 또는 액화석유가스 등으로부터 수소를 제조하는 설비이다.
> (O)

9. "터미널(Terminal)"이란 배기가스를 건축물 바깥 공기 중으로 배출하기 위하여 배기시스템 말단에 설치하는 부속품(배기통과 터미널이 일체형인 경우에는 배기가스가 배출되는 말단부분)을 말한다.

10. "설정압력(Set Pressure)"이란 안전밸브의 설계상 정한 분출압력 또는 분출개시압력으로서 명판에 표시된 압력을 말한다.

11. "축적압력(Accumulated Pressure)"이란 내부유체가 배출될 때 안전밸브에 의해 축적되는 압력으로서 그 설비 안에서 허용될 수 있는 최대압력을 말한다.

12. "초과압력(Over Pressure)"이란 안전밸브에서 내부유체가 배출될 때 설정압력 이상으로 올라가는 압력을 말한다.

13. "평형 벨로우즈형 안전밸브(Balanced Bellows Safety Valve)"란 밸브의 토출 측 배압의 변화에 따라 성능특성에 영향을 받지 않는 안전밸브를 말한다.

14. "일반형 안전밸브(Conventional Safety Valve)"란 밸브의 토출 측 배압의 변화에 따라 직접적으로 성능특성에 영향을 받는 안전밸브를 말한다.

15. "배압(Back Pressure)"이란 배출물 처리설비 등으로부터 안전밸브의 토출 측에 걸리는 압력을 말한다.

• 화기와의 거리

1. 수소가스설비 외면으로부터 화기(그 설비 안의 화기는 제외한다)를 취급하는 장소 사이에 유지하여야 하는 거리는 우회거리 8 m(산소의 저장설비는 5 m) 이상으로 하며, 작업에 필요한 양 이상의 연소하기 쉬운 물질을 두지 않는다. 이때 우회거리는 수소가스설비 외면으로부터 화기를 취급하는 장소까지의 최단 수평거리로서 수소가스설비와 화기를 취급하는 장소 사이에 유동방지시설을 설치하는 경우에는 이 시설을 우회한 거리를 말한다.

2. 유동방지시설은 높이 2 m 이상의 내화성 벽(「건축법 시행령」 제2조 제7호, 「건축물의 피난·방화구조등의 기준에 관한 규칙」 제3조에서 정한 내화구조의 벽)으로 한다.

3. 연료전지가 설치된 건축물 내에 위치하는 연료전지와 배관 및 그 부속설비의 경우에는 화기를 취급하는 장소 사이에 유지하여야 하는 거리를 우회거리 2 m 이상으로 할 수 있다.

OX퀴즈
수소가스설비 외면으로부터 화기(그 설비 안의 화기는 제외한다)를 취급하는 장소 사이에 유지하여야 하는 거리는 우회거리 **2 m**(산소의 저장설비는 5 m) 이상으로 하며, 작업에 필요한 양 이상의 연소하기 쉬운 물질을 두지 않는다. (×)

4. 입상관과 화기(그 시설 안에서 사용하는 자체화기를 제외한다) 사이에 유지해야 하는 거리는 우회거리 2 m 이상으로 한다.

5. 화기를 사용하는 장소가 불연성 건축물 내에 있는 경우 수소제조설비 및 수소저장설비로부터 수평거리 8 m 이내에 있는 그 건축물의 개구부는 방화문 또는 다음에 따른 유리를 사용하여 폐쇄하고, 사람이 출입하는 출입문은 이중문으로 한다.

  (1) KS L 2006(망 판유리 및 선 판유리) 중 망 판유리
  (2) 공인시험기관의 시험결과 이와 같은 수준 이상의 유리

• 보호시설과의 거리

수소저장설비가 그 외면으로부터 「도시가스사업법 시행규칙」별표 1에 따른 보호시설(사업소에 있는 보호시설 및 전용공업지역에 있는 보호시설은 제외한다)까지 유지하여야 할 거리는 다음 표에서 정한 거리 이상으로 한다. 다만 방호벽을 설치한 경우에는 그렇지 않을 수 있다.

저장능력(단위 : m³)	제1종 보호시설	제2종 보호시설
1만 이하	17	12
1만 초과 2만 이하	21	14
2만 초과 3만 이하	24	16
3만 초과 4만 이하	27	18
4만 초과	30	20

[비고]
1. 수소저장설비의 저장능력은 다음 계산식에 따라 산정한다.

   $Q = (10P+1)V_1$

   여기에서,
   Q : 저장능력(m³)
   P : 수소저장설비의 설계압력(MPa)
   V_1 : 내용적(m³)

2. 같은 사업소에 2개 이상의 저장설비가 있는 경우에는 그 저장능력별로 각각 안전거리를 유지한다.

> **OX퀴즈**
> 수소저장설비의 저장능력을 구하는 공식은 Q = 0.9 dV 이다. (×)

수소제조설비 및 수소저장설비 설치실 재료

수소제조설비 및 수소저장설비를 실내에 설치하는 경우 그 실 벽은 그 설비의 보호와 그 설비를 사용하는 시설의 안전 확보를 위하여 불연재료를 사용하고, 그 지붕은 불연 또는 난연의 가벼운 재료를 사용한다.

• 수소저장설비 구조

수소저장설비는 그 수소저장설비를 보호하고 가스누출을 방지하며, 지진발생 시 수소저장설비를 보호하기 위하여 다음 기준에 적합한 구조로 설치한다.

1. 수소저장설비는 가스가 누출되지 않는 구조로 하고, 5 m^3 이상의 가스를 저장하는 것에는 가스방출장치를 설치한다.
2. 설비 중량 5 ton 이상인 수소저장설비와 수소저장설비의 지지구조물 및 기초는 KGS GC203(가스시설 및 지상 가스배관 내진설계기준)에 따라 지진의 영향으로부터 안전한 구조로 설계·제작·설치하고, 그 성능을 유지한다.

• 수소제조설비 및 수소저장설비 방호조치

수소제조설비 및 수소저장설비를 설치한 장소가 차량 등의 진입으로 손상의 우려가 있는 경우에는 수소제조설비, 수소저장설비 및 그 부속설비의 손상을 방지하기 위하여 다음 기준에 따라 보호대 등의 방호조치를 한다.

(1) 보호대는 다음 중 어느 하나를 만족하는 것으로 한다.

  (1-1) 두께 0.12 m 이상의 철근콘크리트

  (1-2) 호칭지름 100 A 이상의 KS D 3507(배관용 탄소강관) 또는 이와 동등 이상의 기계적 강도를 가진 강관

(2) 보호대의 높이는 0.8 m 이상으로 한다.

(3) 보호대는 차량의 충돌로부터 수소제조설비, 수소저장설비 및 그 부속설비를 보호할 수 있는 형태로 한다. 말뚝형태일 경우 말뚝은 2개 이상을 설치하고, 간격은 1.5 m 이하로 한다.

• 수소가스설비 성능

수소가스설비는 수소를 안전하게 취급할 수 있도록 다음 기준에 적합한 내압·기밀 성능을 가지는 것으로 한다.

1. 수소가스설비(수소용품을 제외한다)는 상용압력의 1.5배(그 구조상 물로 실시하는 내압시험이 곤란하여 공기·질소 등의 기체로 내압시험을 실시하는 경우 및 압력용기 및 그 압력용기에 직접 연결되어 있는 배관의 경우에는 1.25배) 이상의 압력(이하 "내압시험압력"이라 한다)으로 내압시험

OX퀴즈
수소저장설비는 가스가 누출되지 않는 구조로 하고, 3 m^3 이상의 가스를 저장하는 것에는 가스방출장치를 설치한다. (×)

OX퀴즈
수소제조설비 및 수소저장설비를 설치한 장소가 차량 등의 진입으로 손상의 우려가 있는 경우에는 수소제조설비, 수소저장설비 및 그 부속설비의 손상을 방지하기 위하여 두께 0.1 m 이상의 철근콘크리트 보호대를 설치한다. (×)

을 실시하여 이상이 없어야 한다.

2. 수소가스설비(연료전지를 제외한다)는 안전을 확보하기 위하여 최고사용압력의 1.1배 또는 8.4 kPa 중 높은 압력 이상에서 기밀 성능(완성검사를 받은 후의 정기검사 시에는 사용압력 이상의 압력에서 누출성능)을 가지는 것으로 한다.

• 수전해설비 설치

1. 수전해설비실의 환기가 강제환기만으로 이루어지는 경우에는 강제환기가 중단되었을 때 수전해설비의 운전이 정지되도록 한다.

2. 수전해설비를 실내에 설치하는 경우 해당 실내의 산소 농도가 23.5 % 이하가 되도록 유지한다.

3. 수전해설비를 실외에 설치하는 경우 눈, 비, 낙뢰 등으로부터 보호할 수 있는 조치를 한다.

4. 수전해설비의 수소 및 산소 방출관의 방출구는 다음 기준에 적합하도록 설치한다.
   (1) 수소 및 산소의 방출관 방출구는 방출된 수소 및 산소가 체류할 우려가 없는 통풍이 양호한 장소에 설치한다.
   (2) 수소의 방출관 방출구는 지면에서 5 m 이상 또는 설비 상부에서 2 m 이상의 높이 중 높은 위치로 설치하며, 화기를 취급하는 장소와 6 m 이상 떨어진 장소에 위치하도록 한다.
   (3) 산소의 방출관 방출구는 수소의 방출관 방출구 높이보다 낮은 높이에 위치하도록 한다.

5. 산소를 대기로 방출하는 경우에는 방출구에서의 산소 농도가 23.5 % 이하가 되도록 공기 또는 불활성가스와 혼합하여 방출한다.

6. 수전해설비의 동결로 인한 파손을 방지하기 위하여 해당 설비의 온도가 5 ℃ 이하인 경우에는 설비의 운전을 자동으로 차단하는 조치를 한다.

• 수소추출설비 설치

1. 수소추출설비를 실내에 설치하는 경우에는 다음 기준에 따른다.
   (1) 수소추출설비 캐비닛 내 또는 수소추출설비실 내에 일산화탄소를 검지하기 위한 검지부를 설치한다.
   (2) 수소추출설비실 내의 산소농도가 19.5 % 미만이 되는 경우 수소추출설비의 운전이 정지되도록 한다.

OX퀴즈
수소가스설비(연료전지를 제외한다)는 안전을 확보하기 위하여 최고사용압력의 1.1배 또는 8.4 kPa 중 높은 압력 이상에서 기밀 성능(완성검사를 받은 후의 정기검사 시에는 사용압력 이상의 압력에서 누출성능)을 가지는 것으로 한다. (○)

OX퀴즈
수소의 방출관 방출구는 지면에서 3 m 이상 또는 설비 상부에서 5 m 이상의 높이 중 높은 위치로 설치하며, 화기를 취급하는 장소와 2 m 이상 떨어진 장소에 위치하도록 한다. (×)

2. 수소추출설비의 급기구는 배기가스 등 오염된 공기가 흡입되지 않는 곳에 위치하도록 하고, 외부로부터의 이물질이 유입되지 않도록 적절한 조치를 한다.

3. 수소추출설비의 배기구는 배기가스가 실내로 유입되지 않는 안전한 장소에 위치하도록 한다.

- **압력조정기 설치**

(1) 압력조정기는 실외에 설치한다. 다만 부득이하게 실내에 설치할 경우에는 환기가 양호한 장소에 설치한다.

(2) 빗물 등이 조정기에 들어가지 않고 직사광선을 받지 않는 장소에 설치한다. 다만 격납상자에 설치하는 경우에는 그렇지 않을 수 있다.

(3) 압력조정기는 차량 등에 의하여 손상될 위험이 없는 안전한 장소에 설치한다. 다만 불가피 한 사유로 차량 등에 의해 손상될 위험이 있는 장소에 설치하는 경우에는 방호조치를 한다.

(4) 보호대의 외면에는 야간식별이 가능하도록 야광 페인트로 도색하거나 야광 테이프 또는 반사지 등으로 표시한다.

- **압력조정기 설치기준**

(1) 배관 내의 스케일, 먼지 등을 제거한 후 설치한다.

(2) 배관의 비틀림 또는 조정기의 중량 등에 의하여 배관에 유해한 영향이 없도록 설치한다.

(3) 조정기 입구쪽에 스트레이너 또는 필터가 부착된 조정기를 설치한다. 다만 압력조정기 입구 쪽에 인접한 정압기에 스트레이너 또는 필터가 부착된 경우에는 그렇지 않다.

(4) 릴리프식 안전장치가 내장된 조정기를 건축물내에 설치하는 경우에는 가스방출구를 실외의 안전한 장소에 설치한다.

(5) 지면으로부터 1.6 m 이상 2 m 이내에 설치한다. 다만 격납상자에 설치하는 경우에는 그렇지 않을 수 있다.

(6) 제조회사의 설치설명서 등에 따라 설치한다.

OX퀴즈
빗물 등이 조정기에 들어가지 않고 직사광선을 받지 않는 장소에 압력조정기를 설치한다. (○)

OX퀴즈
릴리프식 안전장치가 내장된 조정기를 건축물내에 설치하는 경우에는 가스방출구를 **실내**의 안전한 장소에 설치한다. (×)

• **가스계량기의 설치장소**

⑴ 가스계량기는 검침·교체·유지관리 및 계량이 용이하고 환기가 양호하도록 다음의 어느 하나의 조치를 한 장소에 설치하되, 직사광선 또는 빗물을 받을 우려가 있는 곳에 설치하는 경우에는 보호상자 안에 설치한다.

　(1-1) 가스계량기를 설치한 실내의 상부에 50 cm^2 이상 환기구(철망 등을 부착할 때는 철망 등이 차지하는 면적을 뺀 면적) 등을 설치한 장소

　(1-2) 가스계량기를 설치한 실내에 기계환기설비를 설치한 장소

　(1-3) 가스누출자동차단장치를 설치하여 가스누출시 경보를 울리고 가스계량기 전단에서 가스가 차단될 수 있도록 조치한 장소

　(1-4) 환기가 가능한 창문 등(개방 시 환기면적이 100 cm^2 이상에 한정한다)이 설치된 장소

⑵ 주택에 설치하는 가스계량기는 가스사용자가 구분하여 소유하거나 점유하는 건축물의 외벽에 설치한다. 다만 실외에서 가스사용량을 검침할 수 있는 경우에는 그렇지 않다.

⑶ 가스계량기(30 m^3/h 미만에 한정한다)의 설치높이는 바닥으로부터 1.6 m 이상 2.0 m 이내에 수직·수평으로 설치하고 밴드·보호가대 등 고정장치로 고정한다. 다만 보호상자 내에 설치, 기계실에 설치, 보일러실(가정에 설치된 보일러 실은 제외한다)에 설치 또는 문이 달린 파이프 덕트(Pipe Shaft, Pipe Duct) 내에 설치하는 경우 바닥으로부터 2.0 m 이내 설치한다.

⑷ 가스계량기와 전기계량기 및 전기개폐기와의 거리는 0.6 m 이상, 굴뚝(단열조치를 하지 않은 경우에 한정하며, 밀폐형 강제급·배기식 보일러(FF식보일러)의 2중구조의 배기통은 '단열조치가 된 굴뚝'으로 보아 제외한다)·전기점멸기 및 전기접속기와의 거리는 0.3 m 이상, 절연조치를 하지 않은 전선과의 거리는 0.15 m 이상의 거리를 유지한다.

⑸ ⑷에서 전기설비와 가스계량기와의 이격거리 적용 시에는 각 설비의 외면 간의 거리를 기준으로 한다.

• **중간밸브 설치**

1. 연료전지가 설치된 곳에는 조작하기 쉬운 위치에 배관용 밸브를 다음 기준에 따라 설치한다.

　⑴ 수소연료사용시설에는 연료전지 각각에 대하여 배관용 밸브를 설치한다.

　⑵ 배관이 분기되는 경우에는 주배관에 배관용 밸브를 설치한다.

OX퀴즈
가스계량기는 검침·교체·유지관리 및 계량이 용이하고 환기가 양호하도록 가스계량기를 설치한 실내의 상부에 **30 cm^2** 이상 환기구(철망 등을 부착할 때는 철망 등이 차지하는 면적을 뺀 면적) 등을 설치한 장소에 설치한다.　(×)

OX퀴즈
수소연료사용시설에는 연료전지 각각에 대하여 배관용 밸브를 설치한다.　(○)

(3) 2개 이상의 실로 분기되는 경우에는 각 실의 주배관마다 배관용 밸브를 설치한다.

2. 중간밸브는 해당 수소연료사용시설의 사용압력 및 유량에 적합한 것으로 한다.

• **배관설비 절연조치**

배관에는 유지관리에 지장이 없고, 위해(危害)의 우려가 없도록 하기 위하여 다음 기준에 따라 절연설비를 설치한다.

1. 배관장치에는 필요에 따라 안전용 접지 또는 이와 유사한 장치를 설치한다.

2. 배관장치는 안전확보를 위하여 지지물에 이상전류가 흘러 배관장치가 대지전위(對地電位)로 인하여 부식이 예상되는 다음 장소에 설치된 배관은 지지물 그 밖의 구조물로부터 절연시키고 절연용 물질을 삽입한다. 다만 절연 이음 물질 사용 등의 방법에 따라서 매설배관에 부식이 방지될 수 있는 경우에는 절연조치를 하지 않을 수 있다.

   (1) 누전으로 인하여 전류가 흐르기 쉬운 곳
   (2) 직류전류가 흐르고 있는 선로(線路)의 자계(磁界)로 인하여 유도전류가 발생하기 쉬운 곳
   (3) 흙 속 또는 물 속에서 미로전류(謎路電流)가 흐르기 쉬운 곳

3. 배관장치에 접속되어 있는 기기, 저장탱크 그 밖의 설비가 배관의 부식방지에 해로운 영향을 미칠 우려가 있는 경우에는 해당 설비와 배관을 절연 이음 물질로 절연한다. 다만 해당 설비에 대한 양극의 설치 등으로 전기방식의 효과를 얻을 수 있는 경우에는 절연을 하지 않을 수 있다.

4. 배관을 구분하여 전기방식하는 것이 필요한 경우 지하에 매설된 배관의 부분과의 경계, 배관의 분기부 및 지하에 매설된 부분 등에는 절연 이음 물질을 설치한다.

5. 피뢰기(피뢰침 및 고압철탑기 등 그리고 이들 접지케이블과 매설지선을 말한다)의 접지장소에 근접하여 배관을 매설하는 경우는 절연조치를 한다.

6. 피뢰기와 배관 사이의 거리 및 흙의 전기저항 등을 고려하여 배관을 설치함과 동시에 필요한 경우에는 배관의 피복, 절연재의 설치 등으로 절연조치를 한다.

7. 피뢰기의 낙뢰전류(落雷電流)가 기기, 저장탱크 그 밖의 설비를 지나서 배관에 전류가 흐를 우려가 있는 경우 절연 이음 물질을 설치하여 절연함과 동시에 배관의 부식방지에 해로운 영향을 미치지 않는 방법으로 배관을

> **OX퀴즈**
> 흙 속 또는 물속에서 미로전류(謎路電流)가 흐르기 쉬운 곳의 배관은 지지물 그 밖의 구조물로부터 절연시키고 절연용 물질을 삽입한다. (O)

접지한다.

8. 절연을 위한 조치를 보호하기 위하여 필요한 경우에는 스파크 간극 등을 설치한다.

• 배관설비 설치

배관은 수소의 특성 및 설치 환경조건을 고려하여 위해(危害)의 우려가 없도록 다음 기준에 따라 설치한다.

• 배관 설치장소 선정

1. 배관은 건축물의 내부 또는 기초의 밑에 설치하지 않아야 한다. 다만 그 건축물에 가스를 공급하기 위한 배관은 건축물의 내부에 설치할 수 있다.

2. 배관은 과거의 실적이나 환경조건의 변화(토지조성 등으로 인하여 지형의 변경이나 배수의 변화 등)를 고려하여 땅의 붕괴, 산사태 등의 발생이 예상되는 곳을 통과하지 않도록 한다.

3. 배관은 지반침하가 현저하게 진행 중인 곳이나 과거의 실적으로 미루어 지반침하의 우려가 추정되는 곳을 통과하지 않도록 한다.

4. 배관을 수중에 설치하는 경우에는 선박·파도 등에 의한 영향을 받지 않는 깊은 곳에 설치한다.

• 사업소 안의 배관 매몰설치

수소연료사용시설의 사업소 안에 매몰 설치하는 배관은 다음 기준에 따라 설치한다.

(1) 배관은 지면으로부터 최소한 1 m 이상의 깊이에 매설한다. 이 경우 공도(公道)의 지하에는 그 위를 통과하는 차량의 교통량 및 배관의 관경 등을 고려하여 더 깊은 곳에 매설한다.

(2) 도로폭이 8 m 이상인 공도(公道)의 횡단부 지하에는 지면으로부터 1.2 m 이상인 곳에 매설한다.

(3) (1) 또는 (2)에서 정한 매설깊이를 유지할 수 없을 경우는 커버플레이트·케이싱 등을 사용하여 보호한다.

(4) 철도 등의 횡단부 지하에는 지면으로부터 1.2 m 이상인 곳에 매설하고 또는 강제의 케이싱을 사용하여 보호한다.

(5) 지하철도(전철) 등을 횡단하여 매설하는 배관에는 전기방식조치를 강구한다.

OX퀴즈
배관은 건축물의 내부 또는 기초의 밑에 **설치한다**. (×)

OX퀴즈
수소연료사용시설의 사업소 안에 매몰 설치하는 배관은 지면으로부터 최소한 **1.2 m** 이상의 깊이에 매설한다. (×)

OX퀴즈
수소연료의 사업소 밖의 배관은 건축물과는 1.5 m, 지하도로 및 터널과는 **1.0 m** 이상의 거리를 유지한다.
(×)

• **사업소 밖의 배관 매몰설치**

(1) 배관은 건축물과는 1.5 m, 지하도로 및 터널과는 10 m 이상의 거리를 유지한다.

(2) 배관은 그 외면으로부터 지하의 다른 시설물과 0.3 m 이상의 거리를 유지한다.

(3) 지표면으로부터 배관의 외면까지 매설깊이는 산이나 들에서는 1 m 이상 그 밖의 지역에서는 1.2 m 이상으로 한다. 다만 기준에 적합한 방호구조물 안에 설치하는 경우에는 그 방호구조물의 외면까지의 깊이를 0.6 m 이상으로 한다.

문제풀이

1 수소연료사용시설의 시설·기술·검사기준에 따른 용어를 쓰시오.

(1) 연료전지(「자동차관리법」에 따른 자동차에 장착되는 연료전지는 제외한다), 수전해설비 및 수소추출설비
(2) 높이 2 m 이상, 두께 0.12 m 이상의 철근콘크리트 또는 이와 같은 수준 이상의 강도를 가지는 것
(3) 배기가스를 건축물 바깥 공기 중으로 배출하기 위하여 배기시스템 말단에 설치하는 부속품(배기통과 터미널이 일체형인 경우에는 배기가스가 배출되는 말단부분)
(4) 배출물 처리설비 등으로부터 안전밸브의 토출 측에 걸리는 압력

01
(1) 수소용품
(2) 방호벽
(3) 터미널
(4) 배압(Back Pressure)

2 수소연료사용시설의 시설·기술·검사기준에 따른 화기와의 거리로 다음 괄호 안에 들어갈 알맞은 값을 쓰시오.

(1) 수소가스설비 외면으로부터 화기(그 설비 안의 화기는 제외한다)를 취급하는 장소 사이에 유지하여야 하는 거리는 우회거리 (   )(산소의 저장설비는 5 m) 이상으로 하며, 작업에 필요한 양 이상의 연소하기 쉬운 물질을 두지 않는다. 이때 우회거리는 수소가스설비 외면으로부터 화기를 취급하는 장소까지의 최단 수평거리로서 수소가스설비와 화기를 취급하는 장소 사이에 유동방지시설을 설치하는 경우에는 이 시설을 우회한 거리를 말한다.
(2) 연료전지가 설치된 건축물 내에 위치하는 연료전지와 배관 및 그 부속설비의 경우에는 화기를 취급하는 장소 사이에 유지하여야 하는 거리를 우회거리 (   )으로 할 수 있다.
(3) 입상관과 화기(그 시설 안에서 사용하는 자체화기를 제외한다) 사이에 유지해야 하는 거리는 우회거리 (   )으로 한다.
(4) 화기를 사용하는 장소가 불연성 건축물 내에 있는 경우 수소제조설비 및 수소저장설비로부터 수평거리 (   )에 있는 그 건축물의 개구부는 방화문 또는 다음에 따른 유리를 사용하여 폐쇄하고, 사람이 출입하는 출입문은 이중문으로 한다.

02
(1) 8 m
(2) 2 m 이상
(3) 2 m 이상
(4) 8 m 이내

03
(3) 건축물과는 1.5 m, 지하도로 및 터널과는 10 m 이상

3 수소연료사용시설의 배관 매몰설치에 대한 다음 기준으로 틀린 것을 고르시오.

(1) 수소연료사용시설의 사업소 안에 매몰설치하는 배관은 지면으로부터 최소한 1 m 이상의 깊이에 매설한다.

(2) 수소연료사용시설의 사업소 안에 매몰 설치하는 배관은 철도 등의 횡단부 지하에는 지면으로부터 1.2 m 이상인 곳에 매설한다.

(3) 수소연료사용시설의 사업소 밖의 배관은 건축물과는 1.2 m, 지하도로 및 터널과는 5 m 이상의 거리를 유지한다.

(4) 수소연료사용시설의 사업소 밖의 배관은 그 외면으로부터 지하의 다른 시설물과 0.3 m 이상의 거리를 유지한다.

PART 05

공통

KGS GC201, KGS GC207, KGS GC203,
KGS GC208, KGS GC206, KGS GC202,
KGS GC209

KGS GC201 가스시설 전기방폭기준

• 용어 정의

1. "내압(耐壓)방폭구조"란 방폭전기기기의 용기(이하 "용기"라 한다) 내부에서 가연성가스의 폭발이 발생할 경우 그 용기가 폭발 압력에 견디고, 접합면, 개구부 등을 통해 외부의 가연성가스에 인화되지 않도록 한 구조를 말한다.

2. "유입(油入)방폭구조"란 용기 내부에 절연유를 주입하여 불꽃·아크 또는 고온 발생 부분이 기름 속에 잠기게 함으로써 기름면 위에 존재하는 가연성가스에 인화되지 않도록 한 구조를 말한다.

3. "압력(壓力)방폭구조"란 용기 내부에 보호가스(신선한 공기 또는 불활성 가스)를 압입하여 내부 압력을 유지함으로써 가연성가스가 용기 내부로 유입되지 않도록 한 구조를 말한다.

4. "안전증방폭구조"란 정상운전 중에 가연성가스의 점화원이 될 전기불꽃·아크 또는 고온 부분 등의 발생을 방지하기 위해 기계적·전기적 구조상 또는 온도 상승에 대해 특히 안전도를 증가시킨 구조를 말한다.

5. "본질안전방폭구조"란 정상 시 및 사고(단선, 단락, 지락 등) 시에 발생하는 전기불꽃·아크 또는 고온부로 인하여 가연성가스가 점화되지 않는 것이 점화시험 및 그 밖의 방법으로 확인된 구조를 말한다.

6. "특수방폭구조"란 1부터 5까지 구조 이외의 방폭구조로서 가연성가스에 점화를 방지할 수 있다는 것이 시험 및 그 밖의 방법으로 확인된 구조를 말한다.

• 위험장소 분류

1. 0종 장소

   상용의 상태에서 가연성가스의 농도가 연속해서 폭발하한계 이상으로 되는 장소(폭발상한계를 넘는 경우에는 폭발한계 이내로 들어갈 우려가 있는 경우를 포함한다)

2. 1종 장소

   상용 상태에서 가연성가스가 체류해 위험하게 될 우려가 있는 장소, 정비

> **Tip** 0종 장소가 가장 위험하다.

보수 또는 누출 등으로 인하여 종종 가연성가스가 체류하여 위험하게 될 우려가 있는 장소

3. 2종 장소

(1) 밀폐된 용기 또는 설비 안에 밀봉된 가연성가스가 그 용기 또는 설비의 사고로 인하여 파손되거나 오조작의 경우에만 누출할 위험이 있는 장소

(2) 확실한 기계적 환기 조치에 따라 가연성가스가 체류하지 않도록 되어 있으나 환기장치에 이상이나 사고가 발생한 경우에는 가연성가스가 체류해 위험하게 될 우려가 있는 장소

(3) 1종 장소의 주변 또는 인접한 실내에서 위험한 농도의 가연성가스가 종종 침입할 우려가 있는 장소

• **가연성가스의 폭발 등급 및 이에 대응하는 내압방폭전기기기의 폭발 등급**

최대안전틈새 범위(mm)	0.9 이상	0.5 초과 0.9 미만	0.5 이하
가연성가스의 폭발 등급	A	B	C
방폭전기기기의 폭발 등급	ⅡA	ⅡB	ⅡC

암기법
오구오구~

[비고]
최대안전틈새는 내용적이 8리터이고 틈새 깊이가 25 mm인 표준용기 안에서 가스가 폭발할 때 발생한 화염이 용기 밖으로 전파하여 가연성가스에 점화되지 않는 최댓값

• **가연성가스의 폭발 등급 및 이에 대응하는 본질안전방폭구조의 폭발 등급**

최소점화전류비의 범위(mm)	0.8 초과	0.45 이상 0.8 이하	0.45 미만
가연성가스의 폭발 등급	A	B	C
방폭전기기기의 폭발 등급	ⅡA	ⅡB	ⅡC

암기법
팔팔한 45세

[비고]
최소점화전류비는 메탄가스의 최소점화전류를 기준으로 나타낸다.

암기법
4
3
2
1

• **가연성가스의 발화도 범위에 따른 방폭전기기기의 온도 등급**

가연성가스의 발화도(℃) 범위	방폭전기기기의 온도 등급
450 초과	T1
300 초과 450 이하	T2
200 초과 300 이하	T3
135 초과 200 이하	T4
100 초과 135 이하	T5
85 초과 100 이하	T6

• **방폭전기기기 구조별 표시방법**

방폭전기기기의 구조별 표시방법	표시방법
내압방폭구조	d
유입방폭구조	o
압력방폭구조	p
안전증방폭구조	e
본질안전방폭구조	ia 또는 ib
특수방폭구조	s

• **방폭전기기기 설치**

1. 용기에는 방폭성능을 손상할 우려가 있는 유해한 홈, 부식, 균열 또는 기름 등의 누출 위가 없도록 한다.

2. 방폭전기기기 결합부의 나사류를 외부에서 쉽게 조작함으로써 방폭성능을 손상할 우려가 있는 것은 드라이버, 스패너, 플라이어 등의 일반 공구로 조작할 수 없도록 한 자물쇠식 죄임 구조로 한다. 다만 분해·조립의 경우 이외에는 늦출 필요가 없으며, 책임자 이외의 자가 나사를 늦출 우려가 없는 것으로 방폭성능의 보전에 영향이 적은 것은 자물쇠식 죄임을 생략할 수 있다.

3. 방폭전기기기 배선에 사용되는 전선, 케이블, 금속관 공사용 전선관 및 케이블 보호관 등은 방폭전기기기의 성능을 떨어뜨리지 않는 것으로 한다.

4. 방폭전기기기 설치에 사용되는 정션박스(Junction Box), 풀박스(Pull Box), 접속함 등은 내압방폭구조 또는 안전증방폭구조의 것으로 한다.

5. 방폭전기기기 설비의 부속품은 내압방폭구조 또는 안전증방폭구조의 것으로 한다.

Tip 정션박스, 풀박스 : 전선의 연결과 분배를 위한 박스

6. 내압방폭구조의 방폭전기기기 본체에 있는 전선 인입구에는 가스의 침입을 확실하게 방지할 수 있는 조치를 하고, 그 밖의 방폭구조의 방폭전기기기 본체에 있는 전선 인입구에는 전선관로 등을 통해 분진 등의 고형 이물이나 물의 침입을 방지할 수 있는 조치를 한다.

7. 조명기구를 천장이나 벽에 매달 경우에는 바람 등에 의한 진동에 충분히 견디도록 견고하게 설치하고, 매달리는 관의 길이는 가능한 한 짧게 한다.

8. 전선관이나 케이블 등은 접히거나 급격한 각도로 굽혀진 부위가 없도록 한다.

9. 본질안전방폭구조를 구성하는 배선은 본질안전방폭구조 이외의 전기설비 배선과 혼촉을 방지하고, 그 배선은 다른 배선과 구별하기 쉽게 한다.

10. 도시가스 공급시설에 설치하는 정압기실 및 구역압력조정기실 개구부와 RTU(Remote Terminal Unit) Box는 다음 기준에서 정한 거리 이상을 유지한다.

    (1) 지구정압기, 건축물 내 지역정압기 및 공기보다 무거운 가스를 사용하는 지역정압기 : 4.5 m
    (2) 공기보다 가벼운 가스를 사용하는 지역정압기 및 구역압력조정기 : 1 m

> **OX퀴즈**
> 지구정압기, 건축물 내 지역정압기 및 공기보다 무거운 가스를 사용하는 지역정압기와 RTU Box는 **1 m** 이상의 거리를 유지한다.
> (×)

문제풀이

01
(1) 내압방폭구조
(2) 압력방폭구조
(3) 본질안전방폭구조
(4) 특수방폭구조

1 가스시설 전기방폭기준에 따른 용어를 쓰시오.

(1) 방폭전기기기의 용기(이하 "용기"라 한다) 내부에서 가연성가스의 폭발이 발생할 경우 그 용기가 폭발 압력에 견디고, 접합면, 개구부 등을 통해 외부의 가연성가스에 인화되지 않도록 한 구조
(2) 용기 내부에 보호가스(신선한 공기 또는 불활성가스)를 압입하여 내부 압력을 유지함으로써 가연성가스가 용기 내부로 유입되지 않도록 한 구조
(3) 정상 시 및 사고(단선, 단락, 지락 등) 시에 발생하는 전기불꽃·아크 또는 고온부로 인하여 가연성가스가 점화되지 않는 것이 점화시험 및 그 밖의 방법으로 확인된 구조
(4) 가연성가스에 점화를 방지할 수 있다는 것이 시험 및 그 밖의 방법으로 확인된 구조

02
① (0.9 이상)
② (0.5 초과 0.9 미만)
③ (0.5 이하)

2 가연성가스의 폭발 등급 및 이에 대응하는 내압방폭전기기기의 폭발 등급 표에 대한 다음 괄호에 알맞은 것을 쓰시오.

최대안전틈새 범위 (mm)	(①)	(②)	(③)
가연성가스의 폭발 등급	A	B	C
방폭전기기기의 폭발 등급	ⅡA	ⅡB	ⅡC

[비고]
최대안전틈새는 내용적이 8리터이고 틈새 깊이가 25 mm인 표준용기 안에서 가스가 폭발할 때 발생한 화염이 용기 밖으로 전파하여 가연성가스에 점화되지 않는 최댓값

3 방폭전기기기 설치에 대한 다음 기준으로 틀린 것을 고르시오.

(1) 방폭전기기기 결합부의 나사류를 외부에서 쉽게 조작함으로써 방폭성능을 손상할 우려가 있는 것은 드라이버, 스패너, 플라이어 등의 일반 공구로 조작할 수 없도록 한 자물쇠식 죄임 구조로 한다.

(2) 방폭전기기기 설비의 부속품은 내압방폭구조 또는 안전증방폭구조의 것으로 한다.

(3) 전선관이나 케이블 등은 최대한 접거나 급격한 각도로 굽도록 한다.

(4) 조명기구를 천장이나 벽에 매달 경우에는 바람 등에 의한 진동에 충분히 견디도록 견고하게 설치하고, 매달리는 관의 길이는 가능한 한 짧게 한다.

03
(3) 접히거나 급격한 각도로 굽혀진 부위가 없도록

KGS GC207 고압가스 운반차량의 시설·기술기준

공통

• **용어 정의**

1. "가연성가스"란 아크릴로니트릴·아크릴알데히드·아세트알데히드·아세틸렌·암모니아·수소·황화수소·시안화수소·일산화탄소·이황화탄소·메탄·염화메탄·브롬화메탄·에탄·염화에탄·염화비닐·에틸렌·산화에틸렌·프로판·시클로프로판·프로필렌·산화프로필렌·부탄·부타디엔·부틸렌·메틸에테르·모노메틸아민·디메틸아민·트리메틸아민·에틸아민·벤젠·에틸벤젠 및 그 밖에 공기 중에서 연소하는 가스로서, 폭발한계(공기와 혼합된 경우 연소를 일으킬 수 있는 공기 중의 가스 농도의 한계를 말한다. 이하 같다)의 하한이 10퍼센트 이하인 것과 폭발한계의 상한과 하한의 차가 20퍼센트 이상인 것을 말한다.

2. "독성가스"란 아크릴로니트릴·아크릴알데히드·아황산가스·암모니아·일산화탄소·이황화탄소·불소·염소·브롬화메탄·염화메탄·염화프렌·산화에틸렌·시안화수소·황화수소·모노메틸아민·디메틸아민·트리메틸아민·벤젠·포스겐·요오드화수소·브롬화수소·염화수소·불화수소·겨자가스·알진·모노실란·디실란·디보레인·세렌화수소·포스핀·모노게르만 및 그 밖에 공기 중에 일정량 이상 존재하는 경우 인체에 유해한 독성을 가진 가스로서, 허용농도(해당 가스를 성숙한 흰쥐 집단에게 대기 중에서 1시간 동안 계속하여 노출한 경우 14일 이내에 그 흰쥐의 2분의 1 이상이 죽게 되는 가스의 농도를 말한다. 이하 같다)가 100만분의 5000 이하인 것을 말한다.

3. "액화가스"란 가압(加壓)·냉각 등의 방법에 의하여 액체 상태로 되어 있는 것으로서, 대기압에서의 끓는점이 섭씨 40도 이하 또는 상용 온도 이하인 것을 말한다.

4. "압축가스"란 일정한 압력으로 압축되어 있는 가스를 말한다.

5. "차량에 고정된 탱크"란 고압가스의 수송·운반을 위하여 차량에 고정 설치된 탱크를 말한다.

6. "차량에 고정된 용기"란 고압가스의 수송·운반을 위하여 차량에 고정 설치된 2개 이상을 상호 연결한 이음매 없는 용기를 말한다.

OX퀴즈
"액화가스"란 가압(加壓)·냉각 등의 방법에 의하여 액체 상태로 되어 있는 것으로서, 대기압에서의 끓는점이 섭씨 **50도** 이하 또는 상용 온도 이하인 것을 말한다.
(×)

7. "충전용기"란 고압가스의 충전 질량 또는 충전압력의 2분의 1 이상이 충전되어 있는 상태의 용기를 말한다.

8. "접합 또는 납붙임용기"란 동판 및 경판을 각각 성형하여 심(Seam)용접이나 그 밖의 방법으로 접합하거나 납붙임하여 만든 내용적(內容積) 1리터 이하인 일회용 용기로서, 에어졸 제조용, 라이터 충전용, 연료용 가스용, 절단용 또는 용접용으로 제조한 것을 말한다.

9. "이입(移入)작업"이란 저장시설로부터 차량에 고정된 탱크나 용기에 가스를 주입(注入)하는 작업을 말한다.

10. "이송(移送)작업"이란 차량에 고정된 탱크나 용기로부터 저장설비 등에 가스를 주입(注入)하는 작업을 말한다.

• **탱크 설치**

1. 내용적 제한

   가연성가스(액화석유가스를 제외한다) 및 산소 탱크의 내용적은 1만 8천 L, **독**성가스(액화암모니아는 제외한다)의 탱크 내용적은 1만 2천 L를 초과하지 않는다. 다만 철도차량이나 견인되어 운반되는 차량에 고정하여 운반하는 탱크의 경우에는 그렇지 않다.

   암기법
   가 십팔
   독 일인(이)

2. 온도계 설치

   충전탱크는 그 온도(가스 온도를 계측할 수 있는 용기의 경우에는 가스의 온도)를 항상 40℃ 이하로 유지한다. 이 경우 액화가스가 충전된 탱크에는 온도계나 온도를 적절히 측정할 수 있는 장치를 설치한다.

3. 액면요동방지 조치

   액화가스를 충전하는 탱크에는 그 내부에 액면 요동을 방지하기 위한 방파판 등을 설치한다.

   OX퀴즈
   액화가스를 충전하는 탱크에는 그 내부에 액면 요동을 방지하기 위한 **온도계** 등을 설치한다. (×)

4. 검지봉 설치

   탱크(그 탱크의 정상부에 설치한 부속품을 포함한다)의 정상부의 높이가 차량 정상부의 높이보다 높을 경우에는 높이를 측정하는 기구를 설치한다.

• **돌출 부속품의 보호조치**

1. 가스를 이송 또는 이입하는데 사용되는 밸브(이하 "탱크주밸브"라 한다)를 후면에 설치한 탱크(이하 "후부취출식탱크"라 한다)에는 탱크주밸브 및 긴급차단장치에 속하는 밸브와 차량의 뒤 범퍼와의 수평거리를 40 cm 이상 이격한다.

> **OX퀴즈**
> 후부취출식탱크 외의 탱크는 후면과 차량의 뒤 범퍼와의 수평거리가 **20 cm** 이상이 되도록 (×)

2. 후부취출식탱크 외의 탱크는 후면과 차량의 뒤 범퍼와의 수평거리가 30 cm 이상이 되도록
3. 탱크주밸브·긴급차단장치에 속하는 밸브, 그 밖의 중요한 부속품이 돌출된 저장탱크는 그 부속품을 차량의 좌측면이 아닌 곳에 설치한 단단한 조작상자 내에 설치한다. 이 경우 조작상자와 차량의 뒤 범퍼와의 수평거리는 20 cm 이상 이격한다.
4. 부속품이 돌출된 탱크는 그 부속품의 손상으로 가스가 누출되는 것을 방지하기 위하여 필요한 조치를 한다.

- **액면계 설치**

액화가스 중 가연성가스·독성가스 또는 산소가 충전된 탱크에는 손상되지 않는 재료로 된 액면계를 사용한다.

- **밸브·콕 개폐 표시**

탱크에 설치한 밸브나 콕(조작스위치로 그 밸브나 콕을 개폐하는 경우에는 그 조작스위치)에는 개폐 방향과 개폐 상태를 외부에서 쉽게 식별하기 위한 표시 등을 한다.

- **2개 이상 탱크의 설치**

2개 이상의 탱크를 동일한 차량에 고정하여 운반하는 경우에는 다음 기준에 적합하게 한다.

(1) 탱크마다 탱크의 주밸브를 설치한다.
(2) 탱크 상호 간 또는 탱크와 차량과의 사이를 단단하게 부착하는 조치를 한다.
(3) 충전관에는 안전밸브·압력계 및 긴급탈압밸브를 설치한다.

> **OX퀴즈**
> 2개 이상의 탱크를 동일한 차량에 고정하여 운반하는 경우 탱크마다 탱크의 주밸브를 설치한다. (O)

- **적재**

(1) 독성가스 충전용기를 차량에 적재하여 운반하는 때에는 고압가스 운반차량에 세워서 운반한다.
(2) 차량의 최대 적재량을 초과하여 적재하지 않는다.
(3) 차량의 적재함을 초과하여 적재하지 않는다.
(4) 충전용기를 차량에 적재할 때에는 차량 운행 중의 동요로 인하여 용기가 충돌하지 않도록 고무링을 씌우거나 적재함에 넣어 세워서 적재한다. 다만 압축가스의 충전용기 중 그 형태나 운반차량의 구조상 세워서 적재하기 곤란한 때에는 적재함 높이 이내로 눕혀서 적재할 수 있다.

(5) 충전용기 등을 목재·플라스틱이나 강철제로 만든 팔레트(견고한 상자 또는 틀) 내부에 넣어 안전하게 적재하는 경우와 용량 10 kg 미만의 액화석유가스 충전용기를 적재할 경우를 제외하고 모든 충전용기는 1단으로 쌓는다.

(6) 충전용기 등은 짐이 무너지거나, 떨어지거나 차량의 충돌 등으로 인한 충격과 밸브의 손상 등을 방지하기 위하여 차량의 짐받이에 바짝 대고 로프, 짐을 조이는 공구 또는 그물 등(이하 "로프등"이라 한다)을 사용하여 확실하게 묶어서 적재하며, 운반차량 뒷면에는 두께가 5 mm 이상, 폭 100 mm 상의 범퍼(SS400 또는 이와 동등 이상의 강도를 갖는 강재를 사용한 것에만 적용한다. 이하 같다) 또는 이와 동등 이상의 효과를 갖는 완충장치를 설치한다.

(7) 차량에 충전용기 등을 적재한 후 그 차량의 측판과 뒤판을 정상적인 상태로 닫은 후 확실하게 걸게쇠로 걸어 잠근다.

(8) 밸브가 돌출한 충전용기는 고정식 프로텍터 또는 캡을 부착하여 밸브의 손상을 방지하는 조치를 하고 운반한다.

(9) 충전용기를 운반하는 때에는 넘어짐 등으로 인한 충격을 받지 않도록 주의하여 취급하며, 충격을 최소한으로 방지하기 위하여 완충판을 차량 등에 갖추고 이를 사용한다.

(10) 독성가스 중 가연성가스와 조연성가스는 동일 차량 적재함에 운반하지 않는다.

(11) 가연성가스와 산소를 동일 차량에 적재하여 운반하는 때에는 그 충전용기의 밸브가 서로 마주보지 않도록 적재한다.

(12) 염소와 아세틸렌·암모니아 또는 수소는 동일 차량에 적재하여 운반하지 않는다.

(13) 충전용기는 이륜차(자전거를 포함한다)에 적재하여 운반하지 않는다.

(14) 충전용기와 「위험물 안전관리법」 제2조 제1항 제1호에서 정하는 위험물과는 동일 차량에 적재하여 운반하지 않는다.

• 운행 중 조치사항

(1) 충전용기를 차에 싣거나 차에서 내릴 때를 제외하고 운행 도중 노상에 주차할 필요가 있는 경우에는 보호시설과 육교 및 고가자도 등의 아래 또는 부근을 피하고, 주위의 교통 상황·지형 조건·화기 등을 고려하여 안전한 장소를 택하여 주차한다. 또한 부득이하게 비탈길에 주차하는 경우에는 주차브레이크를 확실히 걸고 차바퀴를 고정목으로 고정한다.

OX퀴즈
충전용기 등을 목재·플라스틱이나 강철제로 만든 팔레트(견고한 상자 또는 틀) 내부에 넣어 안전하게 적재하는 경우와 용량 **30 kg** 미만의 액화석유가스 충전용기를 적재할 경우를 제외하고 모든 충전용기는 1단으로 쌓는다. (×)

OX퀴즈
독성가스 중 가연성가스와 조연성가스는 동일 차량 적재함에 **운반한다**. (×)

⑵ 운반 중의 충전용기는 항상 40 ℃ 이하로 유지한다.

⑶ 고압가스를 운반하는 때에는 그 고압가스의 명칭·물성 및 이동 중의 재해 방지를 위하여 필요한 주의사항을 적은 서류를 운반책임자나 운전자에게 발급하고 운반 중에 휴대하도록 한다.

⑷ 고압가스를 적재하여 운반하는 차량은 차량의 고장, 교통 사정, 운반책임자 또는 운전자의 휴식 등 부득이한 경우를 제외하고는 장시간 정차하여서는 안 되며, 운반책임자와 운전자는 동시에 차량에서 이탈하지 않는다.

⑸ 고압가스를 운반하는 때에는 운반책임자나 고압가스 운반차량의 운전자에게 그 고압가스의 위해 예방에 필요한 사항을 주지한다.

⑹ 고압가스를 운반하는 자는 그 고압가스를 수요자에게 인도하는 때까지 최선의 주의를 다하여 안전하게 운반하며, 고압가스를 보관하는 때에는 안전한 장소에 보관·관리한다.

⑺ 200 km 이상의 거리를 운행하는 경우에는 중간에 충분한 휴식을 취한 후 운행한다.

⑻ 충전용기를 적재하여 운반하는 중 누출 등의 위해 우려가 있는 경우에는 소방서 및 경찰서에 신고하고, 충전용기를 도난당하거나 분실한 때에는 즉시 그 내용을 경찰서에 신고한다.

⑼ 충전용기를 적재하여 운반하는 때에는 노면이 나쁜 도로에서는 가능한 한 운행하지 않는다. 다만 부득이하여 노면이 나쁜 도로를 운행할 때에는 운행 개시 전에 충전용기의 적재 상황을 재점검하여 이상이 없는가를 확인하고 운행한다.

⑽ 충전용기를 적재하여 운반하는 때에는 노면이 나쁜 도로를 운행한 후 일단 정지하여 적재 상황·용기밸브·로프 등의 풀림 등이 없는지를 확인한다.

· 적재 및 하역 작업

1. 충전용기는 이륜차에 적재하여 운반하지 않는다. 다만 다음 ⑴부터 ⑶까지에 모두 해당하는 경우에는 액화석유가스 충전용기를 이륜차(자전거는 제외한다. 이하 같다)에 적재하여 운반할 수 있다.

    ⑴ 차량이 통행하기 곤란한 지역의 경우 또는 시·도지사가 이륜차로 운반이 가능하다고 지정하는 경우

    ⑵ 이륜차가 넘어질 경우 용기에 손상이 가지 않도록 제작된 용기 운반 전용 적재함을 장착한 경우

    ⑶ 적재하는 충전용기의 충전량이 20 kg 이하이고, 적재하는 충전용기의 수가 2개 이하인 경우

OX퀴즈
500 km 이상의 거리를 운행하는 경우에는 중간에 충분한 휴식을 취한 후 운행한다. (×)

2. 염소와 아세틸렌·암모니아 또는 수소는 한 차량에 적재하여 운반하지 않는다.

3. 가연성가스와 산소를 동일 차량에 적재하여 운반하는 경우에는 그 충전용기의 밸브가 서로 마주보지 않도록 적재한다.

4. 충전용기와 「위험물 안전관리법」 제2조 제1항 제1호에서 정하는 위험물과는 동일 차량에 적재하여 운반하지 않을 것

• 이입작업

이입작업을 할 경우에는 차량 운전자와 안전관리자(차량에 고정된 탱크로 고압가스를 공급하는 시설에 선임된 안전관리자를 말한다)가 각각 다음 기준에 따른 조치를 한다.

(1) 차량운전자는 안전관리자의 책임하에 다음 기준에 따른 조치를 한다.

(1-1) 차를 소정의 위치에 정차하고 주차브레이크를 확실히 건 다음, 엔진을 끄고 메인스위치와 그 밖의 전기장치를 완전히 차단하여 스파크가 발생하지 않도록 하며, 커플링을 분리하지 않은 상태에서는 엔진을 사용할 수 없도록 적절한 조치를 강구한다.

(1-2) 차량 시동키를 안전관리자에게 전달하고, "충전 중" 표지판을 전달받아 운전대 또는 운전석에 게시한다.

(1-3) 차량이 앞뒤로 움직이지 않도록 차바퀴의 전후를 차바퀴 고정목 등으로 확실하게 고정한다.

(1-4) 정전기 제거용의 접지코드를 접지탭에 접속하여 차량에 고정된 탱크에서 발생하는 정전기를 제거한다.

(1-5) 이입작업 장소 및 그 부근에 화기가 없는지를 확인한다.

(1-6) "이입작업 중(충전 중) 화기 엄금"의 표시판이 눈에 잘 띄는 곳에 세워져 있는지를 확인한다.

(1-7) 만일의 화재에 대비하여 작업장소 부근에 소화기를 비치한다.

(1-8) 저온 및 초저온 가스의 경우에는 가죽장갑 등을 끼고 작업을 한다.

(1-9) 이입작업이 종료될 때까지 차량 부근에 위치하며, 가스 누출 등 긴급사태 발생 시 차량의 긴급차단장치를 작동하거나 차량 이동 등 안전관리자의 지시에 따라 신속하게 누출방지조치를 한다.

(1-10) 이입작업을 종료한 후에는 차량 및 수입시설 쪽에 있는 각 밸브의 잠금 및 캡 부착, 호스 또는 로딩암의 분리, 접지코드의 제거 등이 적절하게 되었는지 확인하고, 차량 부근에 가스가 체류되어 있는지 여부를 점검한 후 안전관리자에게 "충전 중" 표지판을 반납하고 차량 시동키를 돌려받아 안전관리자의 지시에 따라 차량을 이동한다.

> **OX퀴즈**
> 가연성가스와 산소를 동일 차량에 적재하여 운반하는 경우에는 그 충전용기의 밸브가 서로 **마주보도록** 적재한다. (×)

(2) 안전관리자는 다음 기준에 따른 조치를 한다.

    (2-1) 차량운전자로부터 전달받은 차량 시동키는 안전관리자가 관리하는 별도 보관함에 보관하고 "충전 중" 표지판을 차량운전자에게 전달하여 운전대 또는 운전석에 게시 여부를 확인한다.

    (2-2) 가스 누출 등 긴급사태 발생 시, 차량 운전자에게 차량의 긴급차단장치 작동 및 차량의 이동을 지시하는 등 신속하게 누출방지조치를 한다.

    (2-3) 가스를 공급한 차량에 고정된 탱크에 가스의 누출 여부 등 안전점검을 실시하고 그 결과를 기록·보존한다.

    (2-4) (2-3)에 따른 점검 결과 이상이 없음을 확인한 후 차량운전자에게 차량 시동키를 전달하고 차량이동을 지시한다.

> **OX퀴즈**
> 가스 누출 등 긴급사태 발생 시, 차량 운전자에게 차량의 긴급차단장치 작동 및 차량의 이동을 지시하는 등 **서서히** 누출방지조치를 한다.
> (×)

• **이송작업**

이송작업을 할 경우에는 차량 운전자와 안전관리자(차량에 고정된 탱크로부터 고압가스를 공급받는 시설에 선임된 안전관리자를 말한다)가 각각 다음 기준에 따른 조치를 한다. 다만 고압가스를 공급받는 시설이 안전관리책임자의 선임 대상에 해당하지 않는 경우에는 차량 운전자가 다음 기준에 따른 모든 조치를 한다.

(1) 차량운전자는 다음 기준에 따른 조치를 한다.

    (1-1) 차량을 소정의 위치에 정차시키고 주차브레이크를 확실히 건다.

    (1-2) 차량 시동키를 안전관리자에게 전달하고, "충전 중" 표지판을 전달받아 운전대 또는 운전석에 게시한다. 다만 이송작업에 엔진구동이 필요한 차량은 차량 시동키를 전달하지 않을 수 있다.

(2) 이송작업에 필요한 설비 중 차량에 고정된 탱크 및 그 부속설비(차량에 고정 설치된 펌프·압축기 등을 포함한다)는 차량 운전자가, 고압가스를 공급받는 저장탱크 및 그 부속설비(사업소에 고정 설치된 펌프·압축기 등을 포함한다)는 안전관리자가 각각 다음 기준에 따라 안전하게 취급·조작해야 한다.

    (2-1) 이송작업 전후에 밸브의 누출 유무를 점검하고 개폐는 서서히 행한다.

    (2-2) 저울·액면계, 유량계 또는 압력계를 사용하여 가스를 공급받는 저장탱크의 저장능력을 초과하여 가스를 공급하지 않도록 주의한다.

    (2-3) 가스 속에 수분이 혼입되지 않도록 하고 슬립튜브식 액면계의 계량 시에는 액면계의 바로 위에 얼굴이나 몸을 내밀고 조작하지 않는다.

(3) 안전관리자는 가스를 공급받은 저장설비에 대한 가스의 누출 여부 등 안전점검을 실시하고 그 결과를 기록·보존한다.

(3-1) 이송작업 장소 및 그 부근에는 동시에 2대 이상의 차량에 고정된 탱크를 주정차하지 않도록 통제·관리한다. 다만 충전가스가 없는 차량에 고정된 탱크의 경우에는 그렇지 않다.

- **운행 중 조치사항**

1. 적재할 가스의 특성, 차량의 구조, 탱크 및 부속품의 종류와 성능, 정비점검의 요령, 운행 및 주차 시의 안전조치와 재해발생 시에 취해야 할 조치를 잘 알아 둔다.

2. 운행 시에는 「도로교통법」을 준수하고, 운행 경로는 이동 통로표에 따라서 번화가 또는 사람이 많은 곳을 피하여 운행한다.

3. 특히 화기에 주의하고 운행 중은 물론 정차 시에도 허용된 장소 이외에서는 절대로 담배를 피우거나 그 밖의 화기를 사용하지 않는다.

4. 차를 수리할 때는 통풍이 양호한 장소에서 실시한다.

5. 화기를 사용하는 수리는 가스를 완전히 빼고 질소나 불활성가스 등으로 치환한 후 작업을 하며, 운행 도중의 사고 또는 수리를 할 경우를 고려하여 미리 수리 공장을 지정하여 평소에 고장 등을 고려한 대비책을 세운다.

6. 「도로교통법」, 「액화석유가스의 안전관리 및 사업법」 등 관계 법규 및 기준을 잘 준수한다.

7. 노면이 나쁜 도로를 통과한 경우에는 그 직후에 안전한 장소를 선택하여 주차하고, 가스의 누출, 밸브의 이완, 부속품의 부착 부분 등을 점검하여 이상이 없도록 한다.

8. 부득이하여 운행 경로를 변경하고자 할 때에는 긴급한 경우를 제외하고는 소속 사업소, 회사 등에 연락한다.

9. 차량이 육교 등 밑을 통과할 때는 육교 등 높이에 주의하여 서서히 운행하며, 차량이 육교 등의 아랫부분에 접촉할 우려가 있는 경우에는 다른 길로 돌아서 운행한다. 또한 빈 차의 경우는 적재차량보다 차의 높이가 높게 되므로 적재차량이 통과한 장소라도 특히 주의한다.

10. 철도 건널목을 통과하는 경우는 건널목 앞에서 일단 정차하고 열차가 지나가는지를 확인하여 건널목 위에 차가 정지하지 않도록 통과한다. 특히 야간의 강우(降雨), 짙은 안개, 적설(積雪)의 경우 또한 건널목 위에 사람이 많이 지나갈 때는 차를 안전하게 운행할 수 있는가를 생각하고 통과한다.

11. 터널에 진입하는 경우는 전방에 이상사태가 발생했는지 표시등에 주의하면서 진입한다.

> **OX퀴즈**
> 이송작업 장소 및 그 부근에는 동시에 **3대** 이상의 차량에 고정된 탱크를 주정차하지 않도록 통제·관리한다. 다만 충전가스가 없는 차량에 고정된 탱크의 경우에는 그렇지 않다. (×)

> **OX퀴즈**
> 차를 수리할 때는 통풍이 **양호하지 않은** 장소에서 실시한다. (×)

OX퀴즈
저장탱크 등에 고압가스를 이입하거나 그 저장탱크 등으로부터 고압가스를 송출하는 때를 제외하고는 제1종 보호시설로부터 10 m 이상 떨어지도록 한다. (×)

12. 가스를 이송한 후에도 탱크 속에는 잔가스가 남아 있으므로 가스를 이입할 때 동일하게 취급한다.

13. 저장탱크 등에 고압가스를 이입하거나 그 저장탱크 등으로부터 고압가스를 송출하는 때를 제외하고는 제1종 보호시설로부터 15 m 이상 떨어지도록 하고, 제2종 보호시설이 밀집되어 있는 지역과 육교 및 고가차도 등의 아래 또는 부근은 피한다. 주차는 교통량이 적고, 부근에 화기가 없는 안전하고 지반이 좋은 장소를 선택하여 주차하고, 부득이하게 비탈길에 주차하는 경우에는 주차브레이크를 확실히 걸고 차바퀴에 차바퀴 고정목으로 고정한다. 또한 차량 운전자나 운반책임자가 차량에서 이탈한 경우에는 항상 눈에 띄는 곳에 있도록 한다.

14. 태양의 직사광선을 받아 가스의 온도가 40℃를 초과할 경우가 있으므로 장시간 운행하는 경우에는 가스의 온도 상승에 주의한다. 가스의 온도가 40℃를 초과할 우려가 있을 때는 도중에 급유소 등을 이용하여 탱크에 물을 뿌려 냉각하고 또한 노상에 주차할 경우는 직사광선을 받지 않도록 그늘에 주차하든가, 탱크에 덮개를 씌우는 등의 조치를 한다. 다만 저온 및 초저온탱크의 경우에는 그렇지 않다.

15. 고속도로를 운행할 경우에는 속도감이 둔하여 실제의 속도 이하로 느낄 수 있으므로 제한속도에 주의하여야 하고, 커브 등에서는 특히 신중하게 운전한다.

16. 고압가스를 운반하는 경우의 운반책임자(운전자가 운반책임자의 자격을 가진 경우에는 운전자를 말한다)는 운반 도중에 응급조치를 위한 긴급지원을 요청할 수 있도록 운반 경로의 주위에 소재하는 그 고압가스의 제조·저장·판매자·수입업자 및 경찰서·소방서의 위치 등을 파악하고 있도록 한다.

17. 고압가스를 운반하는 자는 시장·군수 또는 구청장이 지정하는 도로·시간·속도에 따라 운반한다.

18. 고압가스를 적재하여 운반하는 차량은 차량의 고장, 교통 사정, 운반책임자 또는 운전자의 휴식 등 부득이한 경우를 제외하고는 장시간 정차하여서는 안 되며, 운반책임자와 운전자가 동시에 차량에서 이탈하지 않는다.

19. 고압가스를 운반하는 때에는 운반책임자 또는 고압가스 운반차량의 운전자에게 그 고압가스의 위해 예방에 필요한 사항을 주지한다.

20. 고압가스를 운반하는 자는 그 고압가스를 수요자에게 인도하는 때까지 최선의 주의를 다하여 안전하게 운반하며, 고압가스를 보관하는 때에는

안전한 장소에 보관·관리한다.

21. 200 km 이상의 거리를 운행하는 경우에는 중간에 충분한 휴식을 취한 후 운행한다.
22. 차량에 고정된 탱크로 고압가스를 운반하는 때에는 그 고압가스의 명칭·물성 및 운반 중의 재해방지를 위하여 주의사항을 적은 서면을 운반책임자나 운전자에게 발급하고 운반 중에 휴대하게 한다.

> OX퀴즈
> **500 km** 이상의 거리를 운행하는 경우에는 중간에 충분한 휴식을 취한 후 운행한다. (×)

• 운행 종료 시 조치사항

1. 밸브 등의 이완이 없도록 한다.
2. 경계표지와 휴대품 등의 손상이 없도록 한다.
3. 부속품 등의 볼트 연결 상태가 양호하도록 한다.
4. 높이검지봉과 부속 배관 등이 적절히 부착되어 있도록 한다.
5. 가스 누출 등의 이상 유무를 점검하고 이상이 있을 때에는 보수를 하거나 그 밖에 위험을 방지하기 위한 조치를 한다.
6. 휴대품은 매월 1회 이상 점검하여 항상 정상적인 상태를 유지한다.

> OX퀴즈
> 운행 종료 시 휴대품은 **매년 1회 이상** 점검하여 항상 정상적인 상태를 유지한다. (×)

• 운반책임자 동승

표에 정한 기준 이상의 고압가스를 200 km를 초과하는 거리까지 차량에 고정된 탱크나 용기로 운반하는 때에는 운반책임자(운전자가 운반책임자의 자격을 가진 경우에는 운반책임자의 자격이 없는 자로 할 수 있다)를 동승시켜 운반에 대한 감독이나 지원을 하도록 한다. 다만 액화석유가스용 차량에 고정된 탱크에 폭발방지장치를 설치하고 운반하는 경우 및 「액화석유가스의 안전관리 및 사업법 시행규칙」 제2조 제1항 제3호에 따른 소형 저장탱크에 액화석유가스를 공급하기 위한 차량에 고정된 탱크로서 액화석유가스의 충전 능력이 5톤 이하인 차량에 고정된 탱크로 운반하는 경우에는 그렇지 않다.

가스의 종류		기준
액화가스	가연성가스	3천 kg 이상
	독성가스	1천 kg 이상
	조연성가스	6천 kg 이상
압축가스	가연성가스	300 m³ 이상
	독성가스	100 m³ 이상
	조연성가스	600 m³ 이상

> OX퀴즈
> 가연성 액화가스인 경우 **6천 kg** 이상일 때 운반책임자를 동승한다. (×)

문제풀이

01
(1) 액화가스
(2) 차량에 고정된 용기
(3) 접합 또는 납붙임용기
(4) 이송작업

1 가스시설 전기방폭기준에 따른 용어를 쓰시오.

(1) 가압(加壓)·냉각 등의 방법에 의하여 액체 상태로 되어 있는 것으로서, 대기압에서의 끓는점이 섭씨 40도 이하 또는 상용 온도 이하인 것
(2) 고압가스의 수송·운반을 위하여 차량에 고정 설치된 2개 이상을 상호 연결한 이음매 없는 용기
(3) 동판 및 경판을 각각 성형하여 심(Seam)용접이나 그 밖의 방법으로 접합하거나 납붙임하여 만든 내용적(內容積) 1리터 이하인 일회용 용기로서, 에어졸 제조용, 라이터 충전용, 연료용 가스용, 절단용 또는 용접용으로 제조한 것
(4) 차량에 고정된 탱크나 용기로부터 저장설비 등에 가스를 주입(注入)하는 작업

02
(1) 40 ℃ 이하
(2) 200 km 이상
(3) 운반책임자

2 다음은 운행 중 조치사항이다. 괄호 안에 들어갈 알맞은 말을 쓰시오.

(1) 운반 중의 충전용기는 항상 (   )로 유지한다.
(2) (   )의 거리를 운행하는 경우에는 중간에 충분한 휴식을 취한 후 운행한다.
(3) 고압가스를 운반하는 때에는 그 고압가스의 명칭·물성 및 이동 중의 재해 방지를 위하여 필요한 주의사항을 적은 서류를 (   )나 운전자에게 발급하고 운반 중에 휴대하도록 한다.

3 차량 운행 중 조치사항으로 틀린 것을 고르시오.

(1) 방폭전기기기 결합방폭전기기기 결합부의 나사류를 외부에서 쉽게 조작함으로써 방폭성능을 손상할 우려가 있는 것은 드라이버, 스패너, 플라이어 등의 일반 공구로 조작할 수 없도록 한 자물쇠식 죄임 구조로 한다. 부의 나사류를 외부에서 쉽게 조작함으로써 방폭성능을 손상할 우려가 있는 것은 드라이버, 스패너, 플라이어 등의 일반 공구로 조작할 수 없도록 한 자물쇠식 죄임 구조로 한다.
(2) 가스를 이송한 후에도 탱크 속에는 잔가스가 남아 있으므로 가스를 이입할 때 동일하게 취급한다.
(3) 고압가스를 운반하는 자는 시장·군수 또는 구청장이 지정하는 도로·시간·속도에 따라 운반한다.
(4) 차량에 고정된 탱크로 고압가스를 운반하는 때에는 그 고압가스의 명칭·물성 및 운반 중의 재해방지를 위하여 주의사항을 적은 서면을 운반책임자나 운전자에게 발급하고 운반 중에는 휴대하지 않게 한다.

03
(4) 운반 중에 휴대하게 한다.

KGS GC203 가스시설 및 지상 가스배관 내진설계기준

공통

• **용어 정의**

1. "내진 설계 설비"란 내진 설계 적용 대상인 저장탱크·가스홀더·응축기·수액기(이하 "저장탱크"라 한다), 탑류 및 그 지지구조물과 압축기·펌프·기화기·열교환기·냉동설비·가열설비·계량설비·정압설비(이하 "처리설비"라 한다)의 지지구조물을 말한다.

2. "내진 설계 구조물"이란 내진 설계 설비, 내진 설계 설비의 기초 또는 내진 설계 설비와 배관 등의 연결부를 말한다.

3. "설계지반운동"이란 내진 설계를 위해 정의된 지반운동으로서, 구조물이 건설되기 전에 부지 정지 작업이 완료된 지면에서의 지반운동을 말한다.

4. "위험도 계수"란 평균 재현 주기 500년 지진지반운동 수준에 대한 평균 재현 주기별 지반운동 수준의 비를 말한다.

5. "기능 수행 수준"이란 설계 지진 하중 작용 시 내진 설계 구조물이 본래의 기능을 정상적으로 수행할 수 있는 수준을 말한다.

6. "붕괴 방지 수준"이란 설계 지진 하중 작용 시 내진 설계 구조물의 구조부재에 취성 파괴, 좌굴 및 구조적 손상이 발생하여 저장된 가스가 통제 불가능할 정도로 대량 유출되거나 가스유출로 인하여 대형 폭발이나 화재와 같은 재해가 초래되지 않는 수준을 말한다.

7. "활성단층"이란 현재 활동 중이거나 과거 5만 년 이내에 지표면 전단 파괴를 일으킨 흔적이 있다고 입증된 단층을 말한다.

8. "내진 특등급"이란 그 설비의 손상이나 기능 상실이 사업소 경계 밖에 있는 공공의 생명과 재산에 막대한 피해를 초래할 수 있을 뿐만 아니라 사회의 정상적인 기능 유지에 심각한 지장을 가져올 수 있는 것을 말한다.

9. "내진 I등급"이란 그 설비의 손상이나 기능 상실이 사업소 경계 밖에 있는 공공의 생명과 재산에 상당한 피해를 초래할 수 있는 것을 말한다.

10. "내진 II등급"이란 그 설비의 손상이나 기능 상실이 사업소 경계 밖에 있는 공공의 생명과 재산에 경미한 피해를 초래할 수 있는 것을 말한다.

OX퀴즈
"위험도 계수"란 평균 재현 주기 200년 지진지반운동 수준에 대한 평균 재현 주기별 지반운동 수준의 비를 말한다. (×)

11. "독성가스"란 공기 중에 일정량 이상 존재할 경우 인체에 유해한 독성을 가진 가스로서, 허용 농도(정상인이 1일 8시간 또는 1주 40시간 통상적인 작업을 수행할 때 건강상 나쁜 영향을 미치지 않는 정도의 공기 중의 가스의 농도)가 100만분의 200 이하인 것을 다음과 같이 분류한다.

    (1) "제1종 독성가스"란 독성가스 중 염소, 시안화수소, 이산화질소, 불소 및 포스겐과 그 밖에 허용 농도가 1 ppm 이하인 것을 말한다.

    (2) "제2종 독성가스"란 독성가스 중 염화수소, 삼불화붕소, 이산화유황, 불화수소, 브롬화메틸 및 황화수소와 그 밖에 허용 농도가 1ppm 초과 10 ppm 이하인 것을 말한다.

    (3) "제3종 독성가스"란 독성가스 중 (1) 및 (2)의 제1종과 제2종 독성가스 이외의 것을 말한다.

12. "응답수정계수"란 탄성 해석으로 구한 각 구조 요소의 내력으로부터 설계 지진력을 산정하기 위한 수정계수를 말한다.

13. "핵심 시설"이란 지진 피해 시 수급 차질이 심각하게 우려되는 시설, 대형사고 위험시설, 주거지에 인접한 대형 시설 등으로서, 재현 주기 4800년 지진에 대해 붕괴 방지 수준의 내진 성능을 확보하도록 관리하는 시설을 말한다.

14. "중요 시설"이란 지진 피해 시 국지적으로 수급 차질이 우려되는 시설, 주거지에 인접한 소형 시설, 배관 차단 가능 시설 등으로서, 재현 주기 2400년 지진에 대해 붕괴 방지 수준의 내진 성능을 확보하도록 관리하는 시설을 말한다.

15. "일반 시설"이란 핵심 시설 및 중요 시설 이외의 소규모 시설, 안전 관련도가 비교적 낮은 시설, 기타 지진 피해 우려가 상대적으로 적은 시설 등으로서, 재현 주기, 1000년 지진에 대해 붕괴 방지 수준의 내진 성능을 확보하도록 관리하는 시설을 말한다.

16. "내진 성능 확인"이란 지진의 영향으로부터 가스 시설물의 안전성을 확보하고 기능을 유지하기 위하여 시설물이안전한 구조인지를 확인하는 것을 말한다.

• **고법 적용 대상 시설**

1. 5톤(비가연성가스나 비독성가스의 경우에는 10톤) 또는 500 m³(비가연성가스나 비독성가스의 경우에는 1000 m³) 이상의 시상 저장탱크

2. 반응·분리·정제·증류 등을 행하는 탑류로서, 동체부의 높이가 5 m 이상인 압력용기(이하 "탑류"라 한다)

3. 세로 방향으로 설치한 동체의 길이가 5 m 이상인 원통형 응축기

> **OX퀴즈**
> "핵심 시설"이란 지진 피해 시 수급 차질이 심각하게 우려되는 시설, 대형사고 위험 시설, 주거지에 인접한 대형 시설 등으로서, 재현 주기 **2400년** 지진에 대해 붕괴 방지 수준의 내진 성능을 확보하도록 관리하는 시설을 말한다. (×)

OX퀴즈
고법 적용 대상으로서 내용적 1000 L 이상인 수액기는 내진설계 대상이다. (×)

4. 내용적 5000 L 이상인 수액기

5. 지상에 설치되는 사업소 밖의 고압가스 배관

6. 1에서 5까지에 따른 시설의 지지구조물 및 기초와 이들의 연결부

• **액법 적용 대상 시설**

1. 3톤 이상의 지상 저장탱크

2. 지상에 설치되는 액화석유가스 배관망공급 제조소 밖의 배관(사용자 공급관과 내관은 제외한다)

3. 1 및 2에 따른 시설의 지지구조물 및 기초와 이들의 연결부

4. 액화석유가스 배관망공급사업자의 철근콘크리트 구조의 정압기실. 다만 캐비닛 및 매몰형은 제외한다.

• **도법 적용 대상 시설**

1. 가스제조시설에서 저장능력이 3톤(압축가스의 경우에는 300 m³) 이상인 지상 저장탱크(가스 도매 사업자가 소유하는 지중식 저장탱크를 포함한다)와 가스홀더

OX퀴즈
도법 적용 대상으로서 저장능력이 5톤 이상인 지상 저장탱크는 내진설계 대상이다. (○)

2. 가스충전시설에서 저장능력이 5톤 또는 500 m³ 이상인 지상 저장탱크와 가스홀더

3. 가스충전시설에서 반응·분리·정제·증류 등을 행하는 탑류로서, 동체부의 높이가 5 m 이상인 압력용기(이하 "탑류"라 한다)

4. 지상에 설치하는 사업소 밖의 도시가스 배관(사용자 공급관과 내관은 제외한다)

5. 1에서 4까지에 따른 시설 및 압축기, 펌프, 기화기, 열교환기, 냉동설비, 정제설비, 부취제 주입 설비의 지지구조물 및 기초와 이들의 연결부

6. 가스 도매 사업자(도법 제39조의2에 따른 도시가스 사업자 외의 가스 공급시설 설치자를 포함한다. 이하 같다)의 적용 대상 시설은 다음과 같다.
   (6-1) 정압기지 및 밸브기지 내
      (1) 정압설비·계량설비·가열설비·배관의 지지구조물 및 기초
      (2) 방산탑
      (3) 건축물
   (6-2) 사업소 밖의 배관에 긴급 차단장치를 설치 또는 관리하는 건축물

7. 일반 도시가스 사업자의 철근콘크리트 구조의 정압기실. 다만 캐비닛 및 매몰형은 제외한다.

• **수소법 적용 대상 시설**

설비 중량 5톤 이상인 수소저장설비와 수소저장설비의 지지구조물 및 기초

• **내진성능 수준**

내진 설계는 내진 설계 구조물의 지진 하중 작용 시 기능 수행 수준 및 붕괴 방지 수준의 내진성능 수준을 만족하도록 설계하고, 내진 등급별 요구되는 내진성능 수준은 다음과 같다.

1. 내진 특A등급으로 분류된 내진 설계 구조물의 기능 수행 수준은 재현 주기 200년 지진지반운동, 붕괴 방지 수준은 재현 주기 4800년 지진지반운동의 내진성능 수준을 각각 만족하도록 한다.

2. 내진 특등급으로 분류된 내진 설계 구조물의 기능 수행 수준은 재현 주기 200년 지진지반운동, 붕괴 방지 수준은 재현 주기 2400년 지진지반운동의 내진성능 수준을 각각 만족하도록 한다.

3. 내진 Ⅰ등급으로 분류된 내진 설계 구조물의 기능 수행 수준은 재현 주기 100년 지진지반운동, 붕괴 방지 수준은 재현 주기 1000년 지진지반운동의 내진성능 수준을 각각 만족하도록 한다.

4. 내진 Ⅱ등급으로 분류된 내진 설계 구조물의 기능 수행 수준은 재현 주기 50년 지진지반운동, 붕괴 방지 수준은 재현 주기 500년 지진지반운동의 내진성능 수준을 각각 만족하도록 한다.

문제풀이

01
⑴ 위험도 계수
⑵ 내진 Ⅰ등급
⑶ 제1종 독성가스
⑷ 핵심 시설

1 가스시설 및 지상 가스배관 내진설계기준에 따른 용어를 쓰시오.

⑴ 평균 재현 주기 500년 지진지반운동 수준에 대한 평균 재현 주기별 지반운동 수준의 비

⑵ 그 설비의 손상이나 기능 상실이 사업소 경계 밖에 있는 공공의 생명과 재산에 상당한 피해를 초래할 수 있는 것

⑶ 독성가스 중 염소, 시안화수소, 이산화질소, 불소 및 포스겐과 그 밖에 허용 농도가 1 ppm 이하인 것

⑷ 지진 피해 시 수급 차질이 심각하게 우려되는 시설, 대형사고 위험시설, 주거지에 인접한 대형 시설 등으로서, 재현 주기 4800년 지진에 대해 붕괴 방지 수준의 내진 성능을 확보하도록 관리하는 시설

02
⑴ 5톤, 500 m^3
⑵ 5 m 이상
⑶ 5 m 이상
⑷ 5000 L 이상

2 가스시설 및 지상 가스배관 내진설계기준에 따른 고법 적용 대상 시설이다. 괄호 안에 들어갈 알맞은 말을 쓰시오.

⑴ (   )(비가연성가스나 비독성가스의 경우에는 10톤) 또는 (   ) (비가연성가스나 비독성가스의 경우에는 1000 m^3) 이상의 지상 저장탱크

⑵ 반응·분리·정제·증류 등을 행하는 탑류로서, 동체부의 높이가 (   )인 압력용기(이하 "탑류"라 한다)

⑶ 세로 방향으로 설치한 동체의 길이가 (   )인 원통형 응축기

⑷ 내용적 (   )인 수액기

3 내진성능 수준으로 틀린 것을 고르시오.

(1) 내진 특A등급으로 분류된 내진 설계 구조물의 기능 수행 수준은 재현 주기 200년 지진지반운동, 붕괴 방지 수준은 재현 주기 4800년 지진지반운동의 내진성능 수준을 각각 만족하도록 한다.

(2) 내진 특등급으로 분류된 내진 설계 구조물의 기능 수행 수준은 재현 주기 200년 지진지반운동, 붕괴 방지 수준은 재현 주기 2400년 지진지반운동의 내진성능 수준을 각각 만족하도록 한다.

(3) 내진 I등급으로 분류된 내진 설계 구조물의 기능 수행 수준은 재현 주기 100년 지진지반운동, 붕괴 방지 수준은 재현 주기 2000년 지진지반운동의 내진성능 수준을 각각 만족하도록 한다.

(4) 내진 II등급으로 분류된 내진 설계 구조물의 기능 수행 수준은 재현 주기 50년 지진지반운동, 붕괴 방지 수준은 재현 주기 500년 지진지반운동의 내진성능 수준을 각각 만족하도록 한다.

03
(3) 재현 주기 1000년 지진지반운동의 내진성능 수준을 각각 만족하도록 한다.

KGS GC208 주거용 가스보일러의 설치·검사기준

공통

• **용어 정의**

1. "연통(Flue Pipe)"이란 가스보일러 배기가스를 이송하기 위한 관으로서, 배기통, 이음연통, 연돌 등을 말한다.

2. "배기통(Vent)"이란 가스보일러를 단독배기방식으로 사용하는 경우로서, 가스보일러에서 나오는 배기가스를 이음연통이나 연돌을 거치지 않고 건축물 바깥으로 직접 배출하는 연통을 말한다.

3. "이음연통(Connecting Flue Pipe)"이란 가스보일러와 연돌을 연결하는 연통으로서 가스보일러 출구에서 연돌 입구로 연결하는 관을 말한다.

4. "연돌(Chimney)"이란 가스보일러에서 나오는 배기가스를 건축물 바깥으로 배출하기 위한 연통으로서 하나 이상의 수직 또는 수직에 가까운 통로를 가진 구조물을 말한다.

5. "배기시스템(Venting System)"이란 배기가스와 직접 접촉하는 가스보일러 부속품과 이 기준에서 사용하는 모든 연통을 말한다.

6. "터미널(Terminal)"이란 배기가스를 건축물 바깥 공기 중으로 배출하기 위하여 배기시스템 말단에 설치하는 부속품(배기통과 터미널이 일체형인 경우에는 배기가스가 배출되는 말단부분을 말한다)을 말한다.

7. "라이너(Liner)"란 표면이 배기가스와 접촉하는 연돌의 벽을 말한다.

8. "단독·밀폐식·강제급배기식"이란 하나의 가스보일러를 사용하는 배기시스템으로서 연소용 공기는 실외에서 급기하고, 배기가스는 실외로 배기하며, 송풍기를 사용하여 강제적으로 급기 및 배기하는 시스템을 말한다.

9. "단독·반밀폐식·강제배기식"이란 하나의 가스보일러를 사용하는 배기시스템으로서 연소용 공기는 가스보일러가 설치된 실내에서 급기하고, 배기가스는 실외로 배기하며(연돌을 통하여 배기하는 것을 포함한다), 송풍기를 사용하여 강제적으로 배기하는 시스템을 말한다.

10. "공동·반밀폐식·강제배기식"이란 다수의 가스보일러를 사용하는 배기시스템으로서 연소용 공기는 가스보일러가 설치된 실내에서 급기하고,

---

OX퀴즈

연돌이란 가스보일러 배기가스를 이송하기 위한 관으로서, 배기통, 이음연통, 연돌 등을 말한다. (×)

배기가스는 연돌을 통하여 실외로 배기하며, 송풍기를 사용하여 강제적으로 배기하는 시스템을 말한다.

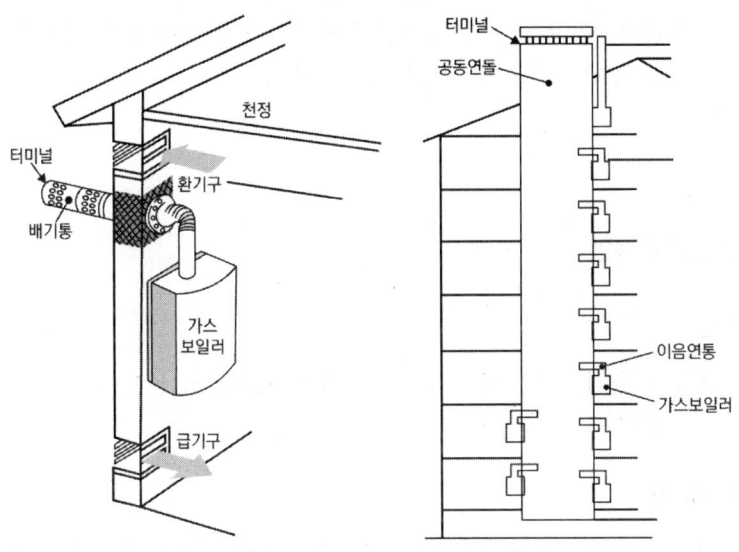

• **자연배기식의 배기통에 배기팬을 설치하는 보일러의 설치기준**

(1) 배기팬

　(1-1) 배기팬의 재료는 내열·내식성인 것으로 한다.

　(1-2) 배기팬은 보일러 사용시 자동적으로 작동하는 것으로 한다.

　(1-3) 정전 또는 배기팬 고장 시에는 가스를 차단하는 구조인 것으로 한다.

　(1-4) 가스의 차단장치는 배기팬의 기능이 복귀된 경우 자동으로 가스가 공급되지 않는 구조이거나 배기팬의 기능이 복귀된 경우 생가스가 방출되지 않는 구조로 한다.

　(1-5) 배기팬의 능력은 가스소비량 1000 kcal/h당 20 ℃에서 3 m^2/h 이상일 것. 다만 이때 배기팬에서 배출되는 배기가스의 압력은 배기통의 저항과 배기통 주변의 풍압이상인 것으로 한다.

　(1-6) 자연배기식 급·배기설비 중 보일러의 배기통에 부착되는 배기팬의 성능은 보일러의 연소 및 효율에 영향을 미치지 않는 것으로 한다.

(2) 배기통

　(2-1) 배기통의 구경은 배기팬의 능력 이상인 것으로 한다.

　(2-2) 배기통의 수평부는 경사가 있는 구조로 한다.

　(2-3) 배기통 톱에는 새·쥐 등 직경 16 mm 이상인 물체가 통과할 수 없는 방조망을 설치한다.

> **OX퀴즈**
> 자연배기식의 배기팬의 능력은 가스소비량 **2000 kcal/h당** 20 ℃에서 3 m^2/h 이상일 것　　　　(×)

(3) 급기구

(3-1) 급기구의 유효단면적은 배기통의 단면적 이상으로 한다.

(3-2) 급기구는 옥외 또는 현관등 통기성이 좋은 곳에 설치하고, 배기통 톱에서 배기가스가 유입되지 않는 곳으로 한다.

일반 요구사항

• **구조**

배기통 및 연돌의 터미널에는 새·쥐 등 직경 16 mm 이상인 물체가 통과할 수 없는 방조망을 설치한다.

> **OX퀴즈**
> 배기통 및 연돌의 터미널에는 새·쥐 등 직경 **10 mm** 이상인 물체가 통과할 수 없는 방조망을 설치한다. (×)

• **설치방법**

1. 공장에서 부품을 생산하여 성능인증을 받은 배기통과 이음연통은 성능인증기준에 따라 조립한다.

2. 라이너는 내화벽돌 또는 배기가스에 대하여 동등 이상의 내열 및 내식 성능을 가진 것을 설치한다.

3. 바닥 설치형 가스보일러는 그 하중을 충분히 견딜 수 있는 구조의 바닥면 위에 설치하고, 벽걸이형 가스보일러는 그 하중을 충분히 견딜 수 있는 구조의 벽면에 견고하게 설치한다.

4. 가스보일러를 설치하는 주위는 가연성 물질 또는 인화성 물질을 저장·취급하는 장소가 아니어야 하며 조작·연소·확인 및 점검수리에 필요한 간격을 두어 설치한다.

5. 가스보일러는 전용보일러실(보일러실 안의 가스가 거실로 들어가지 않는 구조로서 보일러실과 거실 사이의 경계벽은 출입구를 제외하고는 내화구조의 벽을 말한다. 이하 같다)에 설치한다. 다만 다음 중 어느 하나에 해당하는 경우에는 전용보일러실에 설치하지 않을 수 있다.

   (1) 밀폐식 가스보일러
   (2) 옥외에 설치한 가스보일러
   (3) 전용급기통을 부착하는 구조로 검사에 합격한 강제배기식 가스보일러

> **OX퀴즈**
> 밀폐식 가스보일러는 전용보일러실에 설치하지 않을 수 있다. (○)

6. 가스보일러는 방, 거실 그밖에 사람이 거처하는 곳과 목욕탕, 샤워장, 베란다, 그 밖에 환기가 잘되지 않아 가스보일러의 배기가스가 누출될 경우 사람이 질식할 우려가 있는 곳에는 설치하지 않는다. 다만 밀폐식 가스보일러로서 다음 중 어느 하나의 조치를 한 경우에는 설치할 수 있다.

⑴ 가스보일러와 연통의 접합은 나사식, 플랜지식 또는 리브식으로 하고, 연통과 연통의 접합은 나사식, 플랜지식, 클램프식, 연통일체형 밴드 조임식 또는 리브식 등으로 하여 연통이 이탈되지 않도록 설치하는 경우

⑵ 막을 수 없는 구조의 환기구가 외기와 직접 통하도록 설치되어 있고, 그 환기구의 크기가 바닥면적 1 m^2마다 300 cm^2의 비율로 계산한 면적(철망 등을 부착할 때는 철망이 차지하는 면적을 뺀 면적으로 한다) 이상인 곳에 설치하는 경우

⑶ 실내에서 사용 가능한 전이중급배기통(Coaxial Flue Pipe)을 설치하는 경우

7. 전용보일러실에는 음압(대기압보다 낮은 압력을 말한다) 형성의 원인이 되는 환기팬을 설치하지 않는다.

8. 전용보일러실에는 사람이 거주하는 거실·주방 등과 통기될 수 있는 가스레인지 배기덕트(후드) 등을 설치하지 않는다.

9. 가스보일러는 지하실 또는 반지하실에 설치하지 않는다. 다만 밀폐식 가스보일러 및 급배기시설을 갖춘 전용보일러실에 설치하는 반밀폐식 가스보일러의 경우에는 지하실 또는 반지하실에 설치할 수 있다.

10. 가스보일러를 옥외에 설치할 때에는 눈·비·바람 등 때문에 연소에 지장이 없도록 보호조치를 강구한다. 다만 옥외형 가스보일러의 경우에는 보호조치를 하지 않을 수 있다.

11. 연통이 가연성의 벽을 통과하는 부분은 금속 이외의 불연성 재료 등으로 피복하는 등의 방화조치를 하고, 배기가스가 실내로 유입되지 아니하도록 조치한다.

12. 연통의 터미널에는 동력팬을 부착하지 않는다. 다만 부득이 연돌에 무동력팬을 부착할 경우에는 무동력팬의 유효단면적이 연돌의 단면적 이상이 되도록 한다.

13. 가스보일러 연통의 호칭지름은 가스보일러 연통의 접속부 호칭지름과 동일한 것으로 하며, 연통과 가스보일러의 접속부 및 연통과 연통의 접속부는 내열실리콘, 내열실리콘 밴드(KS B 2805 4종C 또는 이와 동등 이상으로서 해당 배기통의 부속품으로 성능인증을 받은 제품) 등(석고붕대는 제외한다)으로 마감조치 하여 기밀이 유지되도록 한다.

14. 가스보일러에 연료용 가스를 공급하는 배관은 가스의 누출이 없도록 확실하게 접속한다.

15. 가스보일러실내에 동파방지열선을 설치하는 경우에는 전기적 안전장치(과전류차단기 또는 퓨즈)를 설치하고, 동파방지열선은 전기용품안전인

OX퀴즈
전용보일러실에는 음압(대기압보다 낮은 압력을 말한다) 형성의 원인이 되는 환기팬을 **설치한다**. (×)

OX퀴즈
연통의 터미널에는 동력팬을 부착하지 않는다. (○)

증을 받은 것으로 한다.

16. 가스보일러를 설치할 경우에는, 가스보일러의 접합부와 배기통의 접합부는 접속구경, 접합방식이 동일해야 한다.

17. 일산화탄소 경보기는 가스보일러의 배기가스에 의한 중독사고를 예방하기 위해 배기가스가 누출될 경우 이를 신속히 검지하여 알려줄 수 있도록 다음 기준에 따라 설치한다. 다만 가스보일러가 다음 중 어느 하나에 해당하는 경우에는 설치하지 않을 수 있다.

(1) 옥외에 설치한 경우

(2) 액법 시행규칙 제71조의2 제2항 제1호 본문에 따른 가스용품에 해당하지 않는 경우

(3) 액법 시행규칙 별표 7 제4호 차목에 따른 온수기에 해당하는 경우

- **일산화탄소 경보기 설치방법**

(1) 단독형 경보기(탐지부와 수신부가 일체로 되어 있는 형태의 경보기를 말한다. 이하 같다)의 설치

  (1-1) 단독형 경보기는 천장으로부터 경보기 하단까지의 거리가 0.3 m 이하가 되도록 설치한다.

  (1-2) (1-1)에도 불구하고, 천장높이가 가스보일러와 연통의 접속부로부터 4 m를 초과할 때에는 가스보일러의 연통 주위에 단독형 경보기를 설치할 수 있다.

(2) 분리형 경보기(탐지부와 수신부가 분리된 형태의 경보기를 말한다. 이하 같다)의 설치

  (2-1) 분리형 경보기의 탐지부(이하 "탐지부"라 한다)는 천장으로부터 탐지부 하단까지의 거리가 0.3 m 이하가 되도록 설치한다. 다만 천장높이가 가스보일러와 연통의 접속부로부터 4 m를 초과할 때에는 가스보일러의 연통 주위에 탐지부를 설치할 수 있다.

  (2-2) 분리형 경보기의 수신부(이하 "수신부"라 한다)는 다음 기준에 따라 설치한다.

    (2-2-1) 수신부의 조작 스위치는 바닥으로부터 높이가 0.8 m 이상 1.5 m 이하인 장소에 설치한다.

    (2-2-2) 수신부가 설치된 장소에는 관계자 등에게 신속히 연락할 수 있도록 비상연락 번호를 기재한 표를 비치한다. 다만 수신부를 안전관리자 등이 상주하는 장소에 설치하는 경우에는 이를 비치하지 않을 수 있다.

⑶ 다음 장소에는 단독형 경보기 및 탐지부를 설치하지 않는다.

(3-1) 출입구 부근 등으로서 외부의 기류가 통하는 곳

(3-2) 환기구(전용보일러실의 환기구를 제외한다) 등 공기가 들어오는 곳으로부터 1.5 m 이내인 곳

(3-3) 가구·보·설비 등에 가려져 누출가스의 유통이 원활하지 못한 곳

(3-4) 수증기, 기름 섞인 연기 등이 직접 접촉될 우려가 있는 곳

> **OX퀴즈**
> 환기구(전용보일러실의 환기구를 제외한다) 등 공기가 들어오는 곳으로부터 1.2 m 이내인 곳에는 탐지부를 설치하지 않는다. (×)

• 일산화탄소 단독형 경보기의 설치개수

(1-1) 단독형 경보기는 가스보일러와 연통의 접속부 중심부분으로부터 수평거리 4 m 이내에 1개 이상이 되도록 설치한다. 다만 「공중위생관리법」 제2조 제1항 제2호에 따른 숙박업소에 연돌이 설치된 경우에는 연돌과 접하는 객실에 추가로 단독형 경보기를 설치할 수 있다.

(1-2) 가스보일러가 설치된 상부의 천장 부분이 들보 등으로 구획되어 있을 경우 단독형 경보기의 설치개수는 다음과 같이 산정한다.

(1-2-1) 그림과 같이 들보의 끝부분이 천장으로부터 아래쪽으로 0.3 m 이내의 거리에 있는 경우에는 들보 설치와 관계없이 가스보일러와 연통의 접속부 중심부분으로부터 수평거리 4 m 이내에 1개 이상이 되도록 설치한다.

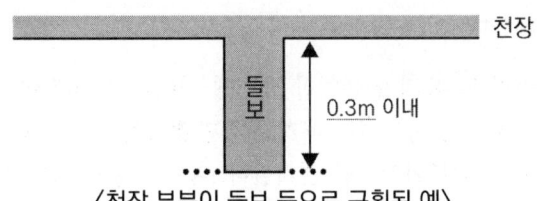

〈천장 부분이 들보 등으로 구획된 예〉

(1-2-2) 들보의 끝부분이 천장으로부터 아래쪽으로 0.3 m를 초과하여 있는 경우에는 다음과 같이 단독형 경보기를 설치한다.

(1-2-2-1) 그림과 같이 가스보일러와 연통의 접속부가 들보의 끝부분보다 하부에 설치되어 있을 경우에는 (1-2-1)에 따라 설치한다.

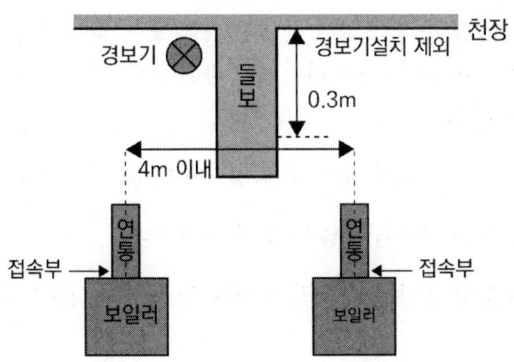

(1-2-2-2) 그림과 같이 가스보일러와 연통의 접속부가 들보의 끝부분보다 위쪽에 설치되어 있을 경우에는 들보로 구획된 구간을 별개의 실로 보아 실별로 단독형 경보기 설치개수를 산정하여 설치한다.

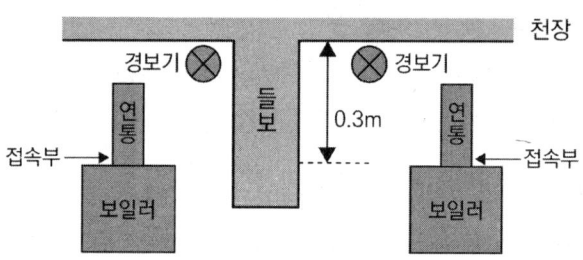

단독·밀폐식·강제급배기식

- **설치방법**

1. 벽걸이식 가스보일러는 벽에 확실하게 고정·설치한다.

2. 배기통과 가스보일러 본체는 확실하게 접속한다.

3. 배기통이 벽을 관통하는 부분은 배기가스가 실내로 들어오지 않도록 확실하게 밀폐한다.

4. 배기통은 점검 및 유지가 용이한 장소에 설치하되, 부득이 천장 속 등의 은폐부에 설치하는 경우에는 배기통을 단열조치하고, 수리나 교체에 필요한 점검구 및 외부환기구를 설치한다. 다만 이중구조의 배기통은 '단열조치가 된 배기통'으로 본다.

5. 배기통은 응축수가 외부로 배출될 수 있도록 기울기를 주어 설치한다. 다만 콘덴싱보일러의 경우에는 응축수가 내부로 유입될 수 있도록 설치하고, 응축수 동결 방지를 위해 응축수 드레인 호스는 실내로 배출될 수 있는 구조로 한다.

6. 외력으로 손상될 우려가 있는 곳에 배기통 또는 터미널을 설치하는 경우에는 보호조치를 한다. 다만 터미널이 파손을 방지할 수 있는 구조인 경우에는 그렇지 않을 수 있다.

7. 터미널은 옥외에 물고임 등이 없을 정도의 기울기를 주어 설치한다.

8. 터미널은 주위에 장애물이 없는 곳에 설치한다.

9. 터미널은 충분히 개방된 공간의 벽 외부로 충분히 나오도록 설치한다.

OX퀴즈
배기통이 벽을 관통하는 부분은 배기가스가 실내로 들어오지 않도록 확실하게 밀폐한다. (○)

Tip 보일러의 터미널 : 배기톱

10. 배기통의 최대 연장길이는 가스보일러의 취급설명서에 기재한 최대연장길이 이내이어야 한다.

11. 터미널은 배기가스가 안전하게 확산될 수 있도록 다음 기준에 적합하게 설치한다.

    (1) 터미널 개구부로 부터 0.6 m 이내에 배기가스가 실내(방, 거실 그 밖에 사람이 거처하는 곳과 목욕탕, 샤워장, 베란다, 그 밖에 환기가 잘되지 않아 가스보일러의 배기가스가 누출되는 경우 사람이 질식할 우려가 있는 곳)로 유입할 우려가 있는 개구부가 없도록 한다.

    (2) 터미널과 상방향에 설치된 구조물과의 이격거리는 0.25 m 이상이 되도록 한다.

    (3) 터미널의 높이는 바닥면 또는 지면으로부터 0.15 m 위쪽으로 한다.

    (4) 터미널은 전방 0.15 m 이내에 장애물이 없도록 한다.

    (5) 터미널과 좌우 또는 상하에 설치된 돌출물 간의 이격거리는 1.5 m 이상이 되도록 한다.

    (6) 터미널과 좌우에 설치된 다른 터미널과의 이격거리는 0.3 m, 상하에 설치된 다른 터미널과의 이격거리는 0.3 m 이상이 되도록 한다.

> **OX퀴즈**
> 터미널 개구부로 부터 **0.3 m** 이내에 배기가스가 실내(방, 거실 그 밖에 사람이 거처하는 곳과 목욕탕, 샤워장, 베란다, 그 밖에 환기가 잘되지 않아 가스보일러의 배기가스가 누출되는 경우 사람이 질식할 우려가 있는 곳)로 유입할 우려가 있는 개구부가 없도록 한다. (×)

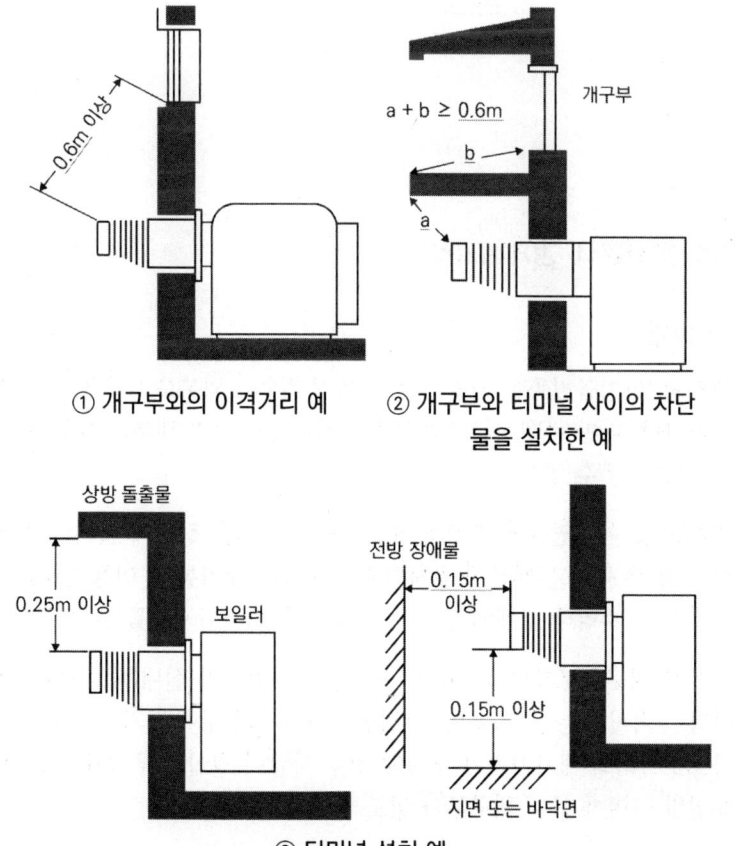

① 개구부와의 이격거리 예
② 개구부와 터미널 사이의 차단물을 설치한 예
③ 터미널 설치 예

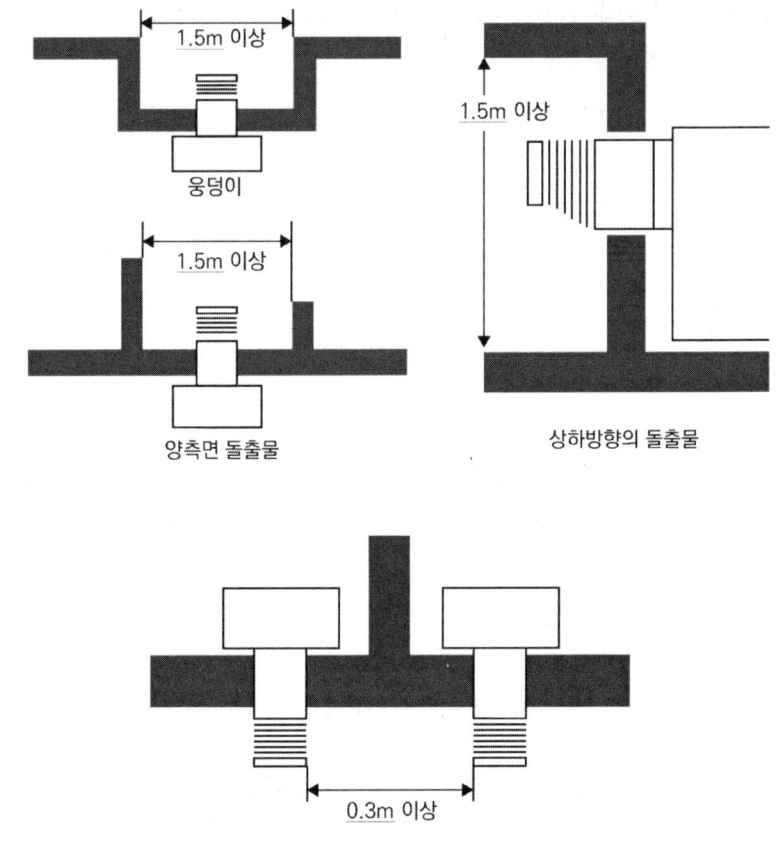

단독·반밀폐식·강제배기식

• 설치방법

1. 배기통 및 이음연통은 기울기를 주어 응축수가 외부로 배출될 수 있도록 설치한다. 다만 콘덴싱보일러의 경우에는 응축수가 내부로 유입될 수 있도록 설치할 수 있다.

2. 배기통 및 이음연통은 점검과 유지관리가 용이한 장소에 설치하되, 부득이 천장 속 등의 은폐부에 설치하는 경우에는 배기통 및 이음연통을 단열 조치하고, 수리나 교체에 필요한 점검구 및 외부환기구를 설치한다.

3. 터미널 개구부로부터 0.6 m(이내에는 배기가스가 실내(방, 거실 그밖에 사람이 거처하는 곳, 목욕탕, 샤워장, 베란다, 그 밖에 환기가 잘되지 않아 가스보일러의 배기가스가 누출될 경우 사람이 질식할 우려가 있는 곳)로 유입할 우려가 있는 개구부가 없도록 한다.

4. 터미널의 상·하·주위 0.6 m(방열판을 설치하는 경우에는 0.3 m) 이내에는 가연성 구조물이 없도록 한다.

5. 상부환기구의 설치위치는 가능한 한 높게 하되, 가스보일러 역풍방지장치보다 높게 한다.

6. 상부환기구 및 급기구의 설치위치는 외기와 통기성이 좋은 장소에 개구되어 있도록 한다.

7. 배기통과 가스보일러 본체는 확실하게 접속한다.

8. 배기통이 벽을 관통하는 부분은 배기가스가 실내로 들어오지 않도록 확실하게 밀폐한다.

9. 터미널은 충분히 개방된 옥외 공간의 벽 외부로 충분히 나오도록 설치한다.

OX퀴즈
터미널의 상·하·주위 **0.15 m**(방열판을 설치하는 경우에는 0.3 m) 이내에는 가연성 구조물이 없도록 한다.
(×)

문제풀이

01
(1) 배기통(Vent)
(2) 터미널(Terminal)
(3) 단독·밀폐식·강제 급배기식
(4) 라이너(Liner)

1 주거용 가스보일러의 설치·검사기준에 따른 용어를 쓰시오.

(1) 가스보일러를 단독배기방식으로 사용하는 경우로서, 가스보일러에서 나오는 배기가스를 이음연통이나 연돌을 거치지 않고 건축물 바깥으로 직접 배출하는 연통
(2) 배기가스를 건축물 바깥 공기 중으로 배출하기 위하여 배기시스템 말단에 설치하는 부속품(배기통과 터미널이 일체형인 경우에는 배기가스가 배출되는 말단부분을 말한다)
(3) 하나의 가스보일러를 사용하는 배기시스템으로서 연소용 공기는 실외에서 급기하고, 배기가스는 실외로 배기하며, 송풍기를 사용하여 강제적으로 급기 및 배기하는 시스템
(4) 표면이 배기가스와 접촉하는 연돌의 벽

02
(1) 밀폐식 가스보일러
(2) 옥외에 설치한 가스보일러
(3) 전용급기통을 부착하는 구조로 검사에 합격한 강제배기식 가스보일러

2 가스보일러는 전용보일러실(보일러실 안의 가스가 거실로 들어가지 않는 구조로서 보일러실과 거실 사이의 경계벽은 출입구를 제외하고는 내화구조의 벽을 말한다. 이하 같다)에 설치한다. 다만 전용보일러실에 설치하지 않을 수 있는 경우가 있는데, 이러한 경우 3가지를 쓰시오.

3 주거용 가스보일러의 설치·검사기준에 따른 일반 요구사항으로 틀린 것을 고르시오.

⑴ 배기통 및 연돌의 터미널에는 새·쥐 등 직경 10 mm 이상인 물체가 통과할 수 없는 방조망을 설치한다.

⑵ 라이너는 내화벽돌 또는 배기가스에 대하여 동등 이상의 내열 및 내식 성능을 가진 것을 설치한다.

⑶ 전용보일러실에는 음압(대기압보다 낮은 압력을 말한다) 형성의 원인이 되는 환기팬을 설치하지 않는다.

⑷ 연통이 가연성의 벽을 통과하는 부분은 금속 이외의 불연성 재료 등으로 피복하는 등의 방화조치를 하고, 배기가스가 실내로 유입되지 아니하도록 조치한다.

03
⑴ 직경 16 mm 이상

KGS GC206 고압가스 운반등의 기준

독성가스 용기 운반 등 기준

• 경계표지 설치

충전용기를 차량에 적재하여 운반하는 때에는 그 차량의 앞뒤 보기 쉬운 곳에 각각 붉은 글씨로 "위험 고압가스", "독성가스"라는 경계표지와 위험을 알리는 도형, 상호, 전화번호, 운반기준 위반행위를 신고할 수 있는 허가·신고 또는 등록관청의 전화번호 등이 표시된 안내문을 다음과 같이 부착한다. 다만 다음의 경우에는 각각 규정된 바를 따른다.

> (1) 「고압가스 안전관리법」 제7조에 따른 사업자 등, 「고압가스 안전관리법」 제20조 제4항에 따른 특정 고압가스 사용 신고자 또는 「액화석유가스의 안전관리 및 사업법」 제2조 제16호에 따른 액화석유가스 사업자 등이 아닌 경우에는 상호를 표시하지 않을 수 있다.
> (2) 「고압가스 안전관리법」 및 「액화석유가스의 안전관리 및 사업법」에 따른 허가·신고 및 등록 대상이 아닌 경우에는 안내문을 부착하지 않을 수 있다.

1. 경계표지는 차량의 앞뒤에서 명확하게 볼 수 있도록 "위험고압가스" 및 "독성가스"라 표시하고, 삼각기를 운전석 외부의 보기 쉬운 곳에 게시한다. 다만 RTC(Rail Tank Car)의 경우는 좌우에서 볼 수 있도록 한다.

2. 경계표지 크기의 가로 치수는 차체 폭의 30 % 이상, 세로 치수는 가로 치수의 20 % 이상으로 된 직사각형으로 하고, 문자는 KS M 5334(발광도료) 또는 KS T 3507(산업 및 교통 안전용 재귀 반사시트)를 사용하고, 삼각기는 적색 바탕에 황색 글자, 경계표지는 적색으로 표시한다. 다만 차량 구조상 정사각형이나 이에 가까운 형상으로 표시하여야 할 경우에는 그 면적을 600 cm² 이상으로 한다.

OX퀴즈
경계표지 크기의 가로 치수는 차체 폭의 **20 %** 이상, 세로 치수는 가로 치수의 **30 %** 이상으로 된 직사각형으로 한다. (×)

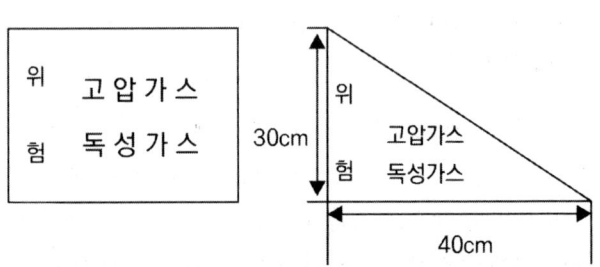

3. 상호, 전화번호, 운반 기준 위반행위를 신고할 수 있는 허가·신고 또는 등록관청의 전화번호 등이 표시된 안내문을 다음과 같이 부착한다.

    (1) 상호 및 전화번호는 흰색 바탕에 가로·세로 0.05 m 이상의 흑색 글자로 명확히 알 수 있도록 표시한다.

    (2) 허가·신고 또는 등록관청의 전화번호는 흰색 바탕에 가로·세로 0.05 m 이상의 흑색 글자로 명확히 알 수 있도록 표시한다.

    > ○○가스 ○○○-○○○-○○○○
    > (위반행위 신고관청 ○○○-○○○-○○○○)

4. 다음 차량의 경우에는 경계표지와 위험을 알리는 도형 및 전화번호를 표시하지 않을 수 있다.

    (1) 소방차·구급차종·레커차·경비차 및 그 밖의 긴급사태가 발생한 경우에 사용하는 차량이 긴급 시에 사용하기 위한 충전용기만을 적재한 경우

    (2) 냉동차·활어 운반차 등이 이동 중에 소비하기 위한 충전용기만을 적재한 경우

    (3) 타이어의 가압용으로, 자동차 비품으로 판매하는 용기(플로르카본, CO_2가스, 그 밖의 불활성가스를 충전한 것에 한정한다)만을 적재한 경우

    (4) 해당 차량의 장비로 소화기만을 적재한 경우

• **운행 중 조치사항**

1. 노면이 나쁜 도로에서는 가능한 한 운행을 하지 않는다. 다만 부득이하여 노면이 나쁜 도로를 운행할 때에는 운행 개시 전에 충전용기 등의 적재 상황을 재점검하여 이상이 없는가를 확인한다.

2. 노면이 나쁜 도로를 운행한 후에는 일단 정지하여 적재 상황, 용기밸브, 로프 등의 풀림 등이 없는 것을 확인한다.

3. 운행 중에는 직사광선을 받는 기회가 많으므로 충전용기 등의 온도 상승을 방지하는 조치를 하여 온도가 40 ℃ 이하가 되도록 한다.

4. 충전용기 등을 차량에 적재하여 운행할 때에는 급커브 또는 노면이 나쁜 도로 등에서의 차량 무게중심을 고려하여 신중하게 운전한다.

5. 운반 책임자를 동승하는 차량의 운행 시에는 다음 사항을 준수한다.

    (1) 현저하게 우회하는 도로인 경우와 부득이한 경우를 제외하고 변화가 나 사람이 붐비는 장소는 피한다.

    (1-1) 현저하게 우회하는 도로란 이동거리가 2배 이상이 되는 경우를

OX퀴즈
현저하게 우회하는 도로란 이동거리가 **3배** 이상이 되는 경우를 말한다. (×)

말한다.

(1-2) 번화가란 도시의 중심부나 번화한 상점을 말하며, 차량의 너비에 3.5 m를 더한 너비 이하인 통로의 주위를 말한다.

(1-3) 사람이 붐비는 장소란 축제 시의 행렬, 집회 등으로 사람이 밀집된 장소를 말한다.

(2) 200 km 이상의 거리를 운행하는 경우에는 중간에 충분한 휴식을 취하도록 하고 운행한다.

(3) 운반계획서에 기재된 도로를 따라 운행한다.

6. 운반 중 누출 등의 위해 우려가 있는 경우에는 소방서나 경찰서에 신고하고, 도난당하거나 분실한 때에는 즉시 그 내용을 경찰서에 신고한다.

7. 고압가스를 운반하는 때에는 그 고압가스의 명칭·성질 및 이동 중의 재해 방지를 위하여 필요한 주의사항을 기재한 서류를 운반 책임자나 운전자에게 교부하고 운반 중에 휴대시킨다.

8. 고압가스를 적재하여 운반하는 차량은 차량의 고장, 교통 사정, 운반 책임자 또는 운전자의 휴식 등 부득이한 경우를 제외하고는 장시간 정차해서는 안 되며, 운반 책임자와 운전자는 동시에 차량에서 이탈하지 않아야 한다.

9. 고압가스를 운반하는 때에는 안전관리총괄자, 안전관리부총괄자 또는 안전관리책임자가 운반 책임자나 운반차량 운전자에게 그 고압가스의 위해 예방에 필요한 사항을 주지시킨다.

10. 고압가스를 운반하는 자는 그 충전용기를 수요자에게 인도할 때까지 최선의 주의를 다하여 안전하게 운반하며, 운반 도중 보관하는 때에는 안전한 장소에 보관·관리한다.

• **운행 후 조치 사항**

1. 충전용기 등을 적재한 차량의 주정차 장소 선정은 지형을 충분히 고려하여 가능한 한 평탄하고, 교통량이 적은 안전한 장소를 택한다. 또한 시장 등 차량의 통행이 매우 곤란한 장소 등에는 주정차하지 않는다.

2. 충전용기 등을 적재한 차량의 주정차 시는 가능한 한 언덕길 등 경사진 곳을 피하며, 엔진을 정지한 다음 주차 브레이크를 걸어 놓고 반드시 바퀴를 고정목으로 고정한다.

3. 충전용기 등을 적재한 차량은 제1종 보호시설에서 15 m 이상 떨어뜨리고, 제2종 보호시설이 밀집되어 있는 지역과 육교 및 고가차도 등의 아래 또는 부근은 피하며, 주위의 교통장애, 화기 등이 없는 안전한 장소에 주정차한다. 또한 차량의 고장, 교통사정 또는 운반 책임자 운전자의 휴식,

식사 등 부득이한 경우를 제외하고는 그 차량에서 동시에 이탈하지 않으며, 동시에 이탈할 경우에는 차량이 쉽게 보이는 장소에 주차한다.

4. 차량의 고장 등으로 정차하는 경우는 적색 표지판 등을 설치하여 다른 차와의 충돌 방지를 위한 조치를 한다.

• 사고 발생 시 응급조치

⑴ 가스 누출이 있는 경우에는 그 누출 부분을 확인하고 수리를 한다.

⑵ 가스 누출 부분의 수리가 불가능한 경우

    (2-1) 상황에 따라 안전한 장소로 운반한다.

    (2-2) 부근의 화기를 없앤다.

    (2-3) 착화된 경우 용기 파열 등의 위험이 없다고 인정될 때는 소화한다.

    (2-4) 독성가스가 누출된 경우에는 가스를 제독한다.

    (2-5) 부근에 있는 사람을 대피시키고, 동행인은 교통통제를 하여 출입을 금지한다.

    (2-6) 비상연락망에 따라 관계업소에 원조를 의뢰한다.

    (2-7) 상황에 따라 안전한 장소로 대피한다.

    (2-8) 구급조치

• 운반 중 사고가 발생한 경우에는 다음 조치를 한다.

⑴ 가스 누출이 있는 경우에는 그 누출 부분의 확인 및 수리를 한다.

⑵ 가스 누출 부분의 수리가 불가능한 경우

    (2-1) 상황에 따라 안전한 장소로 운반한다.

    (2-2) 부근의 화기를 없앤다.

    (2-3) 착화된 경우 용기 파열 등의 위험이 없다고 인정될 때는 소화한다.

    (2-4) 독성가스가 누출된 경우에는 가스를 제독한다.

    (2-5) 부근에 있는 사람을 대피시키고, 동행인은 교통통제를 하여 출입을 금지시킨다.

    (2-6) 비상연락망에 따라 관계업소에 원조를 의뢰한다.

    (2-7) 상황에 따라 안전한 장소로 대피한다.

독성가스 외 용기 운반 등 기준

• **차량 구조**

가스 운반 전용차량의 구조는 독성가스 용기 운반 기준을 따른다.

차량에 고정된 탱크에 의한 운반 기준

• **내용적 제한**

가연성가스(액화석유가스는 제외한다)나 산소 탱크의 내용적은 1만 8천 L, 독성가스(액화암모니아는 제외한다)의 탱크 내용적은 1만 2천 L를 초과하지 않아야 한다. 다만 철도차량 또는 견인되어 운반되는 차량에 고정하여 운반하는 탱크의 경우에는 그렇지 않다.

• **온도계 설치**

충전탱크는 그 온도(가스 온도를 계측할 수 있는 용기의 경우에는 가스의 온도)를 항상 40 ℃ 이하로 유지한다. 이 경우 액화가스가 충전된 탱크에는 온도계 또는 온도를 적절히 측정할 수 있는 장치를 설치한다.

• **액면 요동 방지 조치**

액화가스를 충전하는 탱크에는 그 내부에 액면 요동을 방지하기 위한 방파판 등을 설치한다.

• **검지봉 설치**

탱크(그 탱크의 정상부에 설치한 부속품을 포함한다)의 정상부의 높이가 차량 정상부의 높이보다 높을 경우에는 높이를 측정하는 기구를 설치한다.

• **돌출 부속품의 보호조치**

(1) 가스를 이송 또는 이입하는 데 사용되는 밸브(이하 "탱크주밸브"라 한다)를 후면에 설치한 탱크(이하 "후부취출식 탱크"라 한다)에는 탱크주밸브 및 긴급차단장치에 속하는 밸브와 차량의 뒷범퍼와의 수평거리를 0.4 m 이상 이격한다.

(2) 후부취출식 탱크 외의 탱크는 후면과 차량의 뒷범퍼와의 수평거리가 0.3 m 이상이 되도록 탱크를 차량에 고정한다.

OX퀴즈

가연성가스(액화석유가스는 제외한다)나 산소 탱크의 내용적은 **1만 5천 L**를 초과하지 않아야 한다.　　(×)

⑶ 탱크주밸브·긴급차단장치에 속하는 밸브, 그 밖의 중요한 부속품이 돌출된 저장탱크는 그 부속품을 차량의 좌측면이 아닌 곳에 설치된 단단한 조작상자 내에 설치한다. 이 경우 조작상자와 차량의 뒷범퍼와의 수평거리는 0.2 m 이상 이격한다.

⑷ 부속품이 돌출된 탱크는 그 부속품의 손상으로 가스가 누출되는 것을 방지하기 위하여 필요한 조치를 한다.

- **액면계 설치**

액화가스 중 가연성가스·독성가스 또는 산소가 충전된 탱크에는 손상되지 않는 재료로 된 액면계를 사용한다.

- **밸브·콕 개폐 표시**

탱크에 설치한 밸브나 콕(조작스위치로 그 밸브나 콕을 개폐하는 경우에는 그 조작스위치)에는 개폐 방향과 개폐 상태를 외부에서 쉽게 식별할 수 있도록 표시 등을 한다.

- **2개 이상 탱크의 설치**

2개 이상의 탱크를 동일한 차량에 고정하여 운반하는 경우에는 다음 기준에 적합하게 한다.

⑴ 탱크마다 탱크의 주 밸브를 설치한다.

⑵ 탱크 상호 간 또는 탱크와 차량과의 사이를 단단하게 부착하는 조치를 한다.

⑶ 충전관에는 안전밸브·압력계 및 긴급탈압밸브를 설치한다.

문제풀이

01
(1) 삼각기
(2) 차체 폭, 20 % 이상, 600 cm² 이상

1 다음은 독성가스 용기 운반등의 기준에 따른 경계표지 내용이다. 괄호 안에 들어갈 알맞은 말을 쓰시오.

(1) 경계표지는 차량의 앞뒤에서 명확하게 볼 수 있도록 "위험고압가스" 및 "독성가스"라 표시하고, (   )를 운전석 외부의 보기 쉬운 곳에 게시한다. 다만 RTC(Rail Tank Car)의 경우는 좌우에서 볼 수 있도록 한다.

(2) 경계표지 크기의 가로 치수는 (   )의 30 % 이상, 세로 치수는 가로 치수의 (   )으로 된 직사각형으로 하고, 문자는 KS M 5334(발광도료) 또는 KS T 3507(산업 및 교통 안전용 재귀 반사시트)를 사용하고, 삼각기는 적색 바탕에 황색 글자, 경계표지는 적색으로 표시한다. 다만 차량 구조상 정사각형이나 이에 가까운 형상으로 표시하여야 할 경우에는 그 면적을 (   )으로 한다.

02
(1) 상황에 따라 안전한 장소로 운반한다.
(2) 부근의 화기를 없앤다.
(3) 착화된 경우 용기 파열 등의 위험이 없다고 인정될 때는 소화한다.
(4) 독성가스가 누출된 경우에는 가스를 제독한다.
(5) 부근에 있는 사람을 대피시키고, 동행인은 교통통제를 하여 출입을 금지시킨다.
(6) 비상연락망에 따라 관계업소에 원조를 의뢰한다.
(7) 상황에 따라 안전한 장소로 대피한다.

2 가스 운반 중 사고가 발생하였다. 이때 가스 누출 부분의 수리가 불가능한 경우의 조치사항 3가지를 쓰시오.

3 차량에 고정된 탱크에 의한 운반 기준으로 틀린 것을 고르시오.

(1) 가연성가스(액화석유가스는 제외한다)나 산소 탱크의 내용적은 1만 8천 L, 독성가스(액화암모니아는 제외한다)의 탱크 내용적은 1만 2천 L를 초과하지 않아야 한다. 다만 철도차량 또는 견인되어 운반되는 차량에 고정하여 운반하는 탱크의 경우에는 그렇지 않다.

(2) 액화가스를 충전하는 탱크에는 그 내부에 액면 요동을 방지하기 위한 방파판 등을 설치한다.

(3) 가스를 이송 또는 이입하는 데 사용되는 밸브(이하 "탱크주밸브"라 한다)를 후면에 설치한 탱크(이하 "후부취출식 탱크"라 한다)에는 탱크주밸브 및 긴급차단장치에 속하는 밸브와 차량의 뒷범퍼와의 수평거리를 0.2 m 이상 이격한다.

(4) 탱크주밸브·긴급차단장치에 속하는 밸브, 그 밖의 중요한 부속품이 돌출된 저장탱크는 그 부속품을 차량의 좌측면이 아닌 곳에 설치된 단단한 조작상자 내에 설치한다. 이 경우 조작상자와 차량의 뒷범퍼와의 수평거리는 0.2 m 이상 이격한다.

03
(3) 뒷범퍼와의 수평거리를 0.4 m 이상 이격한다.

KGS GC202 가스시설 전기방식 기준

• 용어 정의

1. "전기방식(電氣防蝕)"이란 지중 및 수중에 설치하는 강재 배관 및 저장탱크 외면에 전류를 유입하여 양극반응을 저지함으로써 배관의 전기적 부식을 방지하는 것을 말한다.

2. "희생양극법(犧牲陽極法)"이란 지중 또는 수중에 설치된 양극 금속과 매설배관을 전선으로 연결해 양극 금속과 매설배관 사이의 전지작용으로 부식을 방지하는 방법을 말한다.

3. "외부전원법(外部電源法)"이란 외부직류전원장치의 양극(+)은 매설배관이 설치되어 있는 토양이나 수중에 설치한 외부전원용 전극에 접속하고, 음극(-)은 매설배관에 접속하여 부식을 방지하는 방법을 말한다.

4. "배류법(排流法)"이란 매설배관의 전위가 주위의 타 금속 구조물의 전위보다 높은 장소에서 매설배관과 주위의 타 금속 구조물을 전기적으로 접속하여 매설배관에 유입된 누출전류를 전기회로 적으로 복귀시키는 방법을 말한다.

> **OX퀴즈**
> **희생양극법(犧牲陽極法)**이란 외부직류전원장치의 양극(+)은 매설배관이 설치되어 있는 토양이나 수중에 설치한 외부전원용 전극에 접속하고, 음극(-)은 매설배관에 접속하여 부식을 방지하는 방법을 말한다. (×)

• 액화석유가스시설의 전기방식시설의 시공 방법에 관한 경과조치

1. 전기방식시설의 유지관리를 위하여 다음에서 정한 장소와 그밖에 배관을 따라서 희생양극법 또는 배류법은 300 m 이내의 간격으로, 외부 전원법은 500 m 이내의 간격으로, 저장탱크의 경우에는 해당 저장탱크마다 전위측정용 터미널을 설치하되, 8 m 이하의 도로에 설치된 배관으로서 전위측정을 할 수 있는 밸브 또는 입상관 절연부 등의 시설물이 있는 경우에는 해당 시설로 대체할 수 있다.

  (1) 직류전철 횡단부 주위
  (2) 지중에 매설되어 있는 배관 등 절연부의 양측
  (3) 강재 보호관 부분의 배관과 강재 보호관. 다만 가스배관 등과 보호관 사이에 절연 및 유동방지조치가 된 보호관은 제외한다.
  (4) 타 금속 구조물과 근접 교차 부분

• **도시가스시설의 전기방식시설의 시공 방법에 관한 경과조치**

⑴ 지하 또는 해저에 매설하는 피복 배관 중 다음 중 어느 하나의 배관에는 부식에 대처할 수 있는 전기방식조치를 한다. 다만 임시 사용하기 위한 배관인 경우에는 부식에 대처할 수 있는 전기방식조치를 하지 않을 수 있다.

  (1-1) 본관

  (1-2) 공급관

⑵ 배관의 부식 방지를 위한 전위 상태는 다음 중 어느 하나의 기준에 적합하게 설치·유지한다.

  (2-1) 부식방지전류가 흐르는 상태에는 토양 중에 있는 배관의 부식방지전위는 포화황산동 기준전극으로 기준하여 −0.85 V 이하여야 하며, 황산염환원박테리아가 번식하는 토양에서는 −0.95 V 이하일 것

  (2-2) 부식방지전류가 흐르는 상태에서 자연전위와의 전위 변화가 최소한 −300 mV 이하일 것(다른 금속과 접촉하는 배관은 제외한다)

⑶ 배관에 대한 전위측정은 가능한 가까운 위치에서 기준전극으로 실시할 것

⑷ 전기방식시설의 유지관리를 위해 다음에서 정한 장소와 그밖에 배관을 따라 300 m 이내의 간격으로 전위측정용 터미널을 설치할 것. 다만 각종 부식의 위험이 거의 없는 곳에는 더 크게 할 수 있다.

  (4-1) 직류전철 횡단부 주위

  (4-2) 배관 절연부의 양측

  (4-3) 강재 보호관 부분의 배관과 강재 보호관

  (4-4) 다른 금속 구조물과 근접 교차 부분

  (4-5) 밸브스테이션

⑸ 전기방식시설의 효과적인 유지관리를 위해 다음에 따른 측정 및 검검을 실시하여 이상이 발견될 경우에는 지체 없이 정상 기능 유지에 필요한 조치를 강구하고, 그 실시 기록 유지를 위한 전기방식시설 관리대장을 작성·비치할 것

  (5-1) 전기방식조치를 한 전체 배관망은 2년에 1회 이상 관대지전위 등의 전위를 측정할 것

  (5-2) 외부 전원에 의해 부식이 방지되는 전류 출력, 계기류, 접점부 등의 상태는 6개월에 1회 이상 점검할 것

  (5-3) 전기방식시설 중 역전류방지장치, 다이오드, 간섭방지용 결선 등의 작동 상태는 6개월에 1회 이상 점검할 것

  (5-4) 절연 부속품, 결선(Bonding) 및 보호절연체의 효과는 6개월에 1회 이상 점검할 것

OX퀴즈
도시가스시설의 부식방지전류가 흐르는 상태에는 토양 중에 있는 배관의 부식방지전위는 포화황산동 기준전극으로 기준하여 **−0.95 V** 이하여야 한다. (×)

OX퀴즈
전기방식조치를 한 전체 배관망은 **1년에 1회** 이상 관대지전위 등의 전위를 측정한다. (×)

(5-5) 외부 전원에 의해 부식이 방지되는 시설에서는 전기적인 단락, 접지 연결, 계기의 정확성, 효율, 회로 저항 등을 1년에 1회 이상 점검할 것

전기방식 대상

- **고압가스시설**

고압가스 특정(일반) 제조 사업자·충전 사업자·저장소 설치자 및 특정 고압가스 사용자의 시설 중 지중 및 수중에 설치하는 강재 배관 및 저장탱크(이하 "고압가스시설"이라 한다). 다만 다음 시설은 제외할 수 있다.

(1) 가정용 가스시설

(2) 기간을 정해 임시로 사용하기 위한 고압가스시설

- **액화석유가스시설**

지중 및 수중에 설치하는 강재 배관 및 강재 저장탱크(이하 "액화석유가스시설"이라 한다). 다만 기간을 정해 임시로 사용하기 위한 액화석유가스시설인 경우에는 제외할 수 있다.

- **도시가스시설**

지중 및 수중에 설치하는 강재 배관(이하 "도시가스시설"이라 한다). 다만 기간을 정해 임시로 사용하기 위한 도시가스시설인 경우에는 제외할 수 있다.

- **수소시설**

지중 및 수중에 설치하는 강재 배관(이하 "수소시설"이라 한다). 다만 기간을 정해 임시로 사용하기 위한 수소시설인 경우에는 제외할 수 있다.

- **전기방식방법**

1. 직류전철 등에 따른 누출전류의 영향이 없는 경우에는 외부 전원법 또는 희생양극법으로 한다.

2. 직류전철 등에 따른 누출전류의 영향을 받는 배관에는 배류법으로 하되, 방식 효과가 충분하지 않을 경우에는 외부 전원법 또는 희생양극법을 병용한다.

> **OX퀴즈**
> 직류전철 등에 따른 누출전류의 영향이 없는 경우에는 **배류법**으로 한다. (×)

전기방식시설 시공 〈전위측정용 터미널(T/B)의 설치〉

• 고압가스시설의 전위측정용 터미널(T/B) 설치

고압가스시설의 전위측정용 터미널(T/B) 설치는 희생양극법·배류법의 경우에는 배관 길이 300 m 이내의 간격으로, 외부 전원법의 경우에는 배관 길이 500 m 이내의 간격으로 설치하며, 다음에 따른 장소에는 반드시 설치한다. 다만 폭 8 m 이하의 도로에 설치된 배관과 사업소 내 배관으로서 밸브 또는 입상관 절연부 등의 시설물이 있어 전위측정이 가능할 경우에는 해당 시설로 대체할 수 있다.

(1) 직류전철 횡단부 주위

(2) 지중에 매설되어 있는 배관 절연부의 양측

(3) 강재 보호관 부분의 배관과 강재 보호관. 다만 가스배관과 보호관 사이에 절연 및 유동방지조치가 된 보호관은 제외한다.

(4) 다른 금속 구조물과 근접 교차 부분

(5) 교량 및 횡단배관의 양단부. 다만 외부 전원법 및 배류법으로 설치된 것으로 횡단 길이가 500 m 이하인 배관과 희생양극법으로 설치된 것으로 횡단 길이가 50 m 이하인 배관은 제외한다.

• 액화석유가스시설의 전위측정용 터미널(T/B) 설치

(1) 희생양극법 또는 배류법에 따른 배관에는 300 m 이내의 간격으로 설치한다.

(2) 외부 전원법에 따른 배관에는 500 m 이내의 간격으로 설치한다.

(3) 저장탱크가 설치된 경우에는 해당 저장탱크마다 설치한다.

(4) 도로 폭이 8 m 이하인 도로에 설치된 배관으로서 밸브 또는 입상관 절연부 등에 전위를 측정할 수 있는 인출선 등이 있는 경우에는 해당 시설을 (1) 및 (2)에 따른 전위측정용 터미널로 대체할 수 있다.

(5) 직류전철 횡단부 주위에 설치한다.

(6) 지중에 매설되어 있는 배관 등 절연부의 양측에 설치한다.

(7) 강재 보호관 부분의 배관과 강재 보호관. 다만 가스배관 등과 보호관 사이에 절연 및 유동방지조치가 된 보호관은 제외한다.

(8) 다른 금속 구조물과 근접 교차 부분에 설치한다.

OX퀴즈
고압가스시설의 전위측정용 터미널(T/B) 설치는 희생양극법의 경우에는 배관 길이 500 m 이내의 간격으로 한다. (×)

OX퀴즈
직류전철 횡단부 주위에 액화석유가스시설의 전위측정용 터미널(T/B)을 설치한다. (○)

• 도시가스시설의 전위측정용 터미널(T/B) 설치

(1) 희생양극법 또는 배류법에 따른 배관에는 300 m 이내의 간격으로 설치한다.

(2) 외부 전원법에 따른 배관에는 500 m 이내의 간격으로 설치하며, 이미 설치된 전위측정용 터미널(T/B) 또는 배관을 이설하는 경우에는 이웃한 전위측정용 터미널(T/B)과의 설치 간격을 10 % 안에서 가감해 설치할 수 있다. 다만 다음 조건을 모두 만족한 경우에는 1000 m 이내의 간격으로 설치할 수 있다.

   (2-1) 방식전위를 원격으로 감시·기록하는 장치 등을 설치한 경우

   (2-2) 안전관리자가 (2-1)에 따른 기록값을 상시 모니터링이 가능한 경우

(3) 본관·공급관에 부속된 밸브박스와 사용자 공급관 및 내관에 부속된 밸브박스 또는 입상관 절연부 등에 전위를 측정할 수 있는 인출선 등이 있는 경우에는 해당 시설을 (1) 및 (2)에 따른 전위측정용 터미널로 대체할 수 있다.

(4) 직류전철 횡단부 주위에 설치한다.

(5) 지중에 매설되어 있는 배관 절연부의 양측에 설치한다.

(6) 강재 보호관 부분의 배관과 강재 보호관에 설치한다. 다만 가스배관과 보호관 사이에 절연 및 유동방지조치가 된 보호관은 제외한다.

(7) 다른 금속 구조물과 근접 교차 부분에 설치한다.

(8) 밸브스테이션에 설치한다.

(9) 교량 및 하천 횡단 배관의 양단부에 설치한다. 다만 외부 전원법 및 배류법에 따라 설치된 것으로 횡단 길이가 500 m 이하인 배관과 희생양극법에 따라 설치된 것으로 횡단 길이가 50 m 이하인 배관은 제외한다.

• 수소시설의 전위측정용 터미널(T/B) 설치

희생양극법·배류법의 경우에는 배관 길이 300 m 이내의 간격으로, 외부 전원법의 경우에는 배관 길이 500 m 이내의 간격으로 설치하며, 다음에 따른 장소에는 반드시 설치한다. 다만 폭 8 m 이하의 도로에 설치된 배관과 사업소 내 배관으로서 밸브 또는 입상관 절연부 등의 시설물이 있어 전위측정이 가능할 경우에는 해당 시설로 대체할 수 있다.

(1) 직류전철 횡단부 주위

(2) 지중에 매설되어 있는 배관 절연부의 양측

(3) 강재 보호관 부분의 배관과 강재 보호관. 다만 가스배관과 보호관 사이에 절연 및 유동방지조치가 된 보호관은 제외한다.

OX퀴즈
희생양극법·배류법의 경우에는 배관 길이 **500 m** 이내의 간격 수소시설의 전위측정용 터미널(T/B)을 설치한다. (×)

⑷ 다른 금속 구조물과 근접 교차 부분

⑸ 교량 및 횡단배관의 양단부. 다만 외부 전원법 및 배류법으로 설치된 것으로 횡단 길이가 500 m 이하인 배관과 희생양극법으로 설치된 것으로 횡단 길이가 50 m 이하인 배관은 제외한다.

절연조치

전기방식 효과를 유지하기 위하여 빗물이나 그 밖에 이물질의 접촉으로 인해 절연의 효과가 상쇄되지 않도록 절연 이음매 등을 사용해 절연조치를 하는 장소는 다음과 같다.

- **고압가스시설**

⑴ 교량 횡단 배관의 양단. 다만 외부 전원법으로 전기방식을 한 경우에는 제외할 수 있다.

⑵ 고압가스시설과 철근콘크리트 구조물 사이

⑶ 배관과 강재 보호관 사이

⑷ 지하에 매설된 배관의 부분과 지상에 설치된 부분과의 경계. 이 경우 가스사용자에게 공급하기 위해 지중에서 지상으로 연결되는 배관에만 한다.

⑸ 다른 시설물과 접근 교차 지점. 다만 다른 시설물과 30 cm 이상 이격 설치된 경우에는 제외할 수 있다

⑹ 배관과 배관 지지물 사이

⑺ 저장탱크와 배관 사이

⑻ 그 밖에 절연이 필요한 장소

> **OX퀴즈**
> 고압가스시설에서 외부 전원법으로 전기방식을 한 경우에는 절연조치를 제외할 수 있다. (○)

- **액화석유가스시설**

⑴ 액화석유가스시설과 철근콘크리트 구조물 사이

⑵ 배관과 강재 보호관 사이

⑶ 지하에 매설된 배관의 부분과 지상에 설치된 부분과의 경계. 이 경우 가스사용자에게 공급하기 위해 지중에서 지상으로 연결되는 배관에만 한다.

⑷ 다른 시설물과 접근 교차지점. 다만 다른 시설물과 30 cm 이상 이격하여 설치된 경우에는 제외할 수 있다.

⑸ 배관과 배관 지지물 사이

(6) 저장탱크와 배관 사이

(7) 그 밖에 절연이 필요한 장소

• 도시가스시설

(1) 교량 횡단 배관의 양단(다만 외부 전원법에 따른 전기방식을 한 경우에는 제외할 수 있다)

(2) 배관과 철근콘크리트 구조물 사이

(3) 배관과 강재 보호관 사이

(4) 지하에 매설된 배관의 부분과 지상에 설치된 부분과의 경계. 이 경우 가스 사용자에게 공급하기 위해 지중에서 지상으로 연결되는 배관에만 한다.

(5) 다른 시설물과 접근 교차지점. 다만 다른 시설물과 30 cm 이상 이격하여 설치된 경우에는 제외할 수 있다.

(6) 배관과 배관 지지물 사이

(7) 그 밖에 절연이 필요한 장소

OX퀴즈
도시가스시설에서 배관과 철근콘크리트 구조물 사이 절연조치를 제외할 수 있다. (×)

• 수소시설

(1) 교량 횡단 배관의 양단. 다만 외부 전원법으로 전기방식을 한 경우에는 제외할 수 있다.

(2) 수소시설과 철근콘크리트 구조물 사이

(3) 배관과 강재 보호관 사이

(4) 지하에 매설된 배관의 부분과 지상에 설치된 부분과의 경계. 이 경우 가스 사용자에게 공급하기 위해 지중에서 지상으로 연결되는 배관에만 한다.

(5) 다른 시설물과 접근 교차 지점. 다만 다른 시설물과 30 cm 이상 이격 설치된 경우에는 제외할 수 있다.

(6) 배관과 배관 지지물 사이

(7) 그 밖에 절연이 필요한 장소

OX퀴즈
수소시설에서 다른 시설물과 50 cm 이상 이격 설치된 경우에는 절연조치를 제외할 수 있다. (×)

• 기준전극 설치

매설배관 주위에 기준전극을 매설하는 경우 기준전극은 배관으로부터 50 cm 이내에 설치한다. 다만 데이터로거 등을 이용하여 방식전위를 원격으로 측정하는 경우 기준전극은 기존에 설치된 전위측정용 터미널(T/B) 하부에 설치할 수 있다.

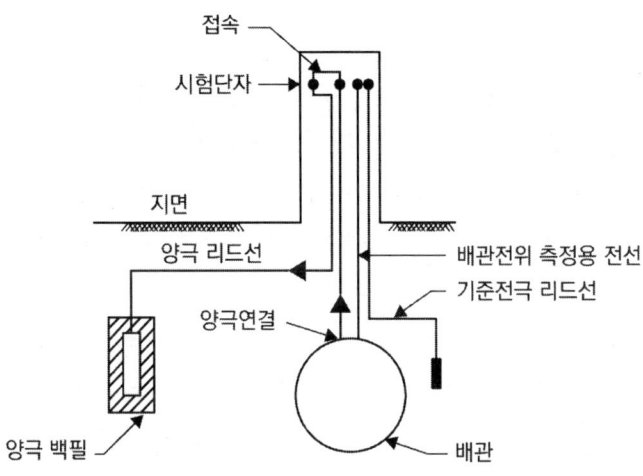

전기방식기준

가스시설로부터 가능한 한 가까운 위치에서 기준전극으로 측정한 전위가 다음 기준에 적합하도록 한다.

• **고압가스시설**

고압가스시설의 부식 방지를 위한 전위 상태는 다음 중 어느 하나에 따라 설치한다.

1. 방식전류가 흐르는 상태에서 토양 중에 있는 고압가스시설의 방식전위는 포화황산동 기준전극으로 -5 V 이상, -0.85 V 이하(황산염환원 박테리아가 번식하는 토양에서는 -0.95 V 이하)로 한다.

2. 방식전류가 흐르는 상태에서 자연전위와의 전위 변화가 최소한 -300 mV 이하로 한다. 다만 다른 금속과 접촉하는 고압가스시설은 제외한다.

• **액화석유가스시설**

액화석유가스시설의 부식 방지를 위한 전위 상태는 다음 중 어느 하나에 따라 설치한다.

1. 방식전류가 흐르는 상태에서 토양 중에 있는 액화석유가스시설의 방식전위는 포화황산동 기준전극으로 -0.85 V 이하로 하고 황산염환원 박테리아가 번식하는 토양에서는 -0.95 V 이하로 한다.

2. 방식전류가 흐르는 상태에서 자연전위와의 전위 변화가 최소한 -300 mV 이하로 한다. 다만 다른 금속과 접촉하는 액화석유가스시설은 제외한다.

> **OX퀴즈**
> 고압가스시설의 방식전류가 흐르는 상태에서 자연전위와의 전위 변화가 최소한 **-500 mV 이하**로 한다.
> (×)

• 도시가스시설

배관의 부식 방지를 위한 전위 상태는 다음 중 어느 하나에 적합하도록 하고, 방식전위 하한값은 전기철도 등의 간섭 영향을 받는 곳을 제외하고는 포화황산동 기준전극으로 -2.5 V 이상이 되도록 한다.

1. 방식전류가 흐르는 상태에서 토양 중에 있는 배관의 방식전위 상한 값은 포화황산동 기준전극으로 -0.85 V 이하(황산염환원 박테리아가 번식하는 토양에서는 -0.95 V 이하)로 한다.

2. 방식전류가 흐르는 상태에서 자연전위와의 전위 변화가 최소한 -300 mV 이하로 한다. 다만 다른 금속과 접촉하는 배관은 제외한다.

3. 토양 중에 있는 배관의 방식전위 상한값은 방식전류가 일순간 동안 흐르지 않는 상태(Instant-off)에서 포화황산동 기준전극으로 -0.85 V(황산염환원 박테리아가 번식하는 토양에서는 -0.95 V) 이하로 한다.

• 수소시설

수소시설의 부식 방지를 위한 전위 상태는 다음 중 어느 하나에 적합하도록 한다.

1. 방식전류가 흐르는 상태에서 토양 중에 있는 수소시설의 방식전위가 포화황산동 기준전극으로 -5 V 이상, -0.85 V 이하(황산염환원 박테리아가 번식하는 토양에서는 -0.95 V 이하)가 되도록 한다.

2. 방식전류가 흐르는 상태에서 자연전위와의 전위변화가 최소한 -300 mV 이하가 되도록 한다. 다만 다른 금속과 접촉하는 수소시설은 제외한다.

OX퀴즈
수소시설의 방식전류가 흐르는 상태에서 방식전류가 흐르는 상태에서 토양 중에 있는 수소시설의 방식전위가 포화황산동 기준전극으로 **-2.5 V 이상**, -0.85 V 이하(황산염환원 박테리아가 번식하는 토양에서는 -0.95 V 이하)가 되도록 한다. (×)

측정 및 점검

• 고압가스시설

1. 전기방식시설의 관대지전위(管對地電位) 등을 1년에 1회 이상 점검한다.

2. 외부 전원법에 따른 전기방식시설은 외부 전원점 관대지전위, 정류기의 출력, 전압, 전류, 배선의 접속 상태 및 계기류 확인 등을 3개월에 1회 이상 점검한다.

3. 배류법에 따른 전기방식시설은 배류점 관대지전위, 배류기의 출력, 전압, 전류, 배선의 접속 상태 및 계기류 확인 등을 3개월에 1회 이상 점검한다.

4. 절연 부속품, 역전류방지장치, 결선(Bond) 및 보호절연체의 성능은 6개월에 1회 이상 점검한다.

• **액화석유가스시설**

1. 전기방식시설의 관대지전위(管對地電位) 등은 1년에 1회 이상 점검한다.

2. 외부 전원법에 따른 전기방식시설은 외부 전원점 관대지전위(管對地電位), 정류기의 출력, 전압, 전류, 배선의 접속 상태 및 계기류 확인 등을 3개월에 1회 이상 점검한다.

3. 배류법에 따른 전기방식시설은 배류점 관대지전위(管對地電位), 배류기의 출력, 전압, 전류, 배선의 접속 상태 및 계기류 확인 등을 3개월에 1회 이상 점검한다.

4. 절연 부속품, 역전류방지장치, 결선(Bond) 및 보호절연체의 성능은 6개월에 1회 이상 점검한다.

• **도시가스시설**

1. 전기방식시설의 관대지전위(管對地電位, Pipe-to-soil Potential) 등을 1년에 1회 이상 점검한다. 다만 전위측정용 터미널(T/B)에 원격으로 감시·기록하는 장치 등을 설치하고 모니터링이 가능한 경우에는 관대지전위 등의 점검을 한 것으로 볼 수 있다.

2. 외부 전원법에 따른 전기방식시설은 외부전원점 관대지전위, 정류기의 출력, 전압, 전류, 배선의 접속 상태 및 계기류 확인 등을 3개월에 1회 이상 점검한다. 다만 다음의 경우에는 각 호의 구분에 따라 점검할 수 있다.
   (1) 기준전극을 매설하고 데이터로거 등을 이용하여 전위를 측정하고 이상이 없는 경우 : 6개월에 1회 이상
   (2) 원격으로 감시·기록하는 장치 등을 설치하여 외부전원점 관대지전위, 정류기의 출력, 전압, 전류, 배선의 접속 상태 및 계기류 확인 등의 상시 모니터링이 가능한 경우 : 1년에 1회 이상

3. 배류법에 따른 전기방식시설은 배류점 관대지전위(管對地電位), 배류기의 출력, 전압, 전류, 배선의 접속 상태 및 계기류 확인 등을 3개월에 1회 이상 점검한다. 다만 기준전극을 매설하고 데이터로거 등을 이용하여 전위를 측정하고 이상이 없는 경우에는 6개월에 1회 이상 점검할 수 있다.

4. 절연 부속품, 역전류방지장치, 결선(Bond) 및 보호절연체의 성능은 6개월에 1회 이상 점검한다.

5. 고체기준전극을 이용한 원격전위 측정 또는 모니터링시스템은 전위측정용 터미널(T/B)의 데이터로거 등으로부터 수신된 전위값이 방식전위 기

> **OX퀴즈**
> 도시가스시설의 전기방식시설이 관대지전위(管對地電位, Pipe-to-soil Potential) 등을 **3년에 1회** 이상 점검한다. (×)

준에 적합하지 않은 경우에는 3에 따라 가능한 가스시설 가까운 위치에서 기준전극으로 관대지전위를 측정하여 적합 여부를 판단한다.

6. 가스가 누출되어 체류할 우려가 있는 밸브박스 등의 장소에서는 가스 누출 여부를 확인한 후 전위측정을 한다.

7. 사용시설의 경우에는 1부터 4까지를 제외할 수 있다.

• **수소시설**

1. 전기방식시설의 관대지전위(管對地電位) 등을 1년에 1회 이상 점검한다.

2. 외부 전원법에 따른 전기방식시설은 외부 전원점 관대지전위, 정류기의 출력, 전압, 전류, 배선의 접속 상태 및 계기류 확인 등을 3개월에 1회 이상 점검한다.

3. 배류법에 따른 전기방식시설은 배류점 관대지전위, 배류기의 출력, 전압, 전류, 배선의 접속 상태 및 계기류 확인 등을 3개월에 1회 이상 점검한다.

4. 절연 부속품, 역전류방지장치, 결선(Bond) 및 보호절연체의 성능은 6개월에 1회 이상 점검한다.

OX퀴즈
수소시설의 절연 부속품, 역전류방지장치, 결선(Bond) 및 보호절연체의 성능은 **1년에 1회 이상** 점검한다.
(×)

문제풀이

1 가스시설 전기방식기준에 따른 용어를 쓰시오.

(1) 지중 또는 수중에 설치된 양극 금속과 매설배관을 전선으로 연결해 양극 금속과 매설배관 사이의 전지작용으로 부식을 방지하는 방법
(2) 지중 및 수중에 설치하는 강재 배관 및 저장탱크 외면에 전류를 유입하여 양극반응을 저지함으로써 배관의 전기적 부식을 방지하는 것
(3) 외부직류전원장치의 양극(+)은 매설배관이 설치되어 있는 토양이나 수중에 설치한 외부전원용 전극에 접속하고, 음극(-)은 매설배관에 접속하여 부식을 방지하는 방법

01
(1) 희생양극법
(2) 전기방식
(3) 외부전원법

2 다음은 도시가스시설의 전기방식시설의 시공방법에 관한 경과조치에 대한 내용이다. 괄호 안에 들어갈 알맞은 것을 쓰시오.

(1) 부식방지전류가 흐르는 상태에는 토양 중에 있는 배관의 부식방지 전위는 포화황산동 기준전극으로 기준하여 (   )여야 하며, 황산염환원박테리아가 번식하는 토양에서는 (   )일 것
(2) 배관에 대한 전위측정은 가능한 (   ) 위치에서 기준전극으로 실시할 것
(3) 전기방식시설의 유지관리를 위해 다음에서 정한 장소와 그밖에 배관을 따라 (   ) 이내의 간격으로 전위측정용 터미널을 설치할 것

02
(1) −0.85 V 이하, −0.95 V 이하
(2) 가까운
(3) 300 m

3 수소시설의 전기방식기준으로 틀린 것을 고르시오.

(1) 방식전류가 흐르는 상태에서 토양 중에 있는 수소시설의 방식전위가 포화황산동 기준전극으로 −5 V 이상, −0.85 V 이하이다.
(2) 황산염환원 박테리아가 번식하는 토양에서는 −0.95 V 이하가 되도록 한다.
(3) 방식전류가 흐르는 상태에서 자연전위와의 전위변화가 최소한 −500 mV 이하가 되도록 한다.
(4) 다른 금속과 접촉하는 수소시설은 제외한다.

03
(3) 최소한 −300 mV 이하가 되도록 한다.

KGS GC209 상업·산업용 가스보일러의 설치·검사기준

공통

• 적용범위

1. 이 기준은 「액화석유가스의 안전관리 및 사업법 시행규칙」 별표7 제4호 차목에 따른 온수기 및 온수보일러(이하 "가스보일러"라 한다) 중 상업·산업용(주거용 이외인 것을 말하며, 공동주택 등에서 중앙난방용으로 가스보일러를 사용하는 경우 및 하나의 주택에서 2대 이상의 가스보일러를 하나의 연통으로 연결하여 사용하는 경우를 포함한다. 이하 같다)으로 사용하는 가스보일러의 설치에 적용한다. 다만 가스소비량이 232.6 kW(20만 kcal/h)를 초과하는 가스보일러 또는 다음 (1)부터 (3)까지를 모두 충족하는 가스보일러는 제외한다.

   (1) 「액화석유가스의 안전관리 및 사업법」(이하 "액법"이라 한다) 및 「도시가스사업법」(이하 "도법"이라 한다)에 따른 안전관리자 또는 「에너지이용합리화법」에 따른 검사대상기기조종자가 관리하는 가스보일러

   (2) LPG, 도시가스 이외의 연료를 사용하는 연소기 또는 가스소비량이 232.6 kW(20만 kcal/h)를 초과하는 연소기와 같은 실에 설치한 가스보일러

   (3) 가동 및 정지 중에 배기가스가 역류하지 않도록 역류방지장치를 설치한 가스보일러

2. 가스보일러의 용도가 상업·산업용인 경우라도, 70 kW 이하이며 단독배기방식으로 사용하는 경우에는 그 가스보일러의 설치·검사기준은 KGS GC208(주거용 가스보일러의 설치·검사기준)을 따른다.

〈보일러 설치장소 및 형태별 적용 기준〉

구분		적용기준
단독주택	단독배기방식	KGS GC208
	캐스케이드방식	KGS GC209
공동주택	개별난방용	KGS GC208
	중앙난방용	KGS GC209

구분		적용기준
상가, 공장 등	단독배기방식(70 kW 이하)	KGS GC208
	단독배기방식(70 kW 초과)	KGS GC209
	캐스케이드방식	KGS GC209
	공동배기방식(공동 이음연통)	KGS GC209

※ KGS GC208 : 주거용 가스보일러의 설치·검사기준
※ KGS GC209 : 상업·산업용 가스보일러의 설치·검사기준

3. 열매체를 온수로 사용하지 않는 스팀보일러 등은 제외한다.

• 용어 정의

1. "연통(Flue Pipe)"이란 가스보일러 배기가스를 이송하기 위한 관으로서, 배기통, 이음연통, 캐스케이드연통, 연돌, 금속 이중관형 연돌 등을 말한다.

2. "배기통(Vent)"이란 가스보일러를 단독배기방식으로 사용하는 경우로서, 가스보일러에서 나오는 배기가스를 이음연통이나 연돌을 거치지 않고 가스보일러에서 건축물 바깥으로 직접 배출하는 연통을 말한다.

3. "이음연통(Connecting Flue Pipe)"이란 배기가스 연통(캐스케이드연통은 제외한다)으로서 가스보일러(비상용 발전기, 연료전지 등을 포함한다) 출구에서 공동 이음연통, 연돌 및 금속 이중관형 연돌 입구 또는 터미널까지로 연결하는 관을 말한다.

4. "공동 이음연통(Common Connecting Flue Pipe)"이란 각각의 이음연통(캐스케이드연통은 제외한다) 2개를 공동으로 연결하는, 각각의 이음연통 출구에서 연돌 및 금속 이중관형 연돌 입구 또는 터미널까지 연결하는 관을 말한다.

5. "캐스케이드연통(Cascade Flue Pipe)"이란 동일공간에 설치된 2개 이상의 캐스케이드용 가스보일러에서 나오는 배기가스를 연돌 또는 금속 이중관형 연돌까지 이송하거나 건축물 바깥으로 직접 배출하기 위하여 공동으로 사용하는 연통(2개 이상의 캐스케이드연통을 Y자형 등으로 통합한 것을 포함한다. 이하 같다)으로서, 가스보일러 제조자 시공지침에 따라 하나의 생산자가 스테인리스강판으로 제조하거나 배기가스 및 응축수에 내열·내식성을 가진 재료(플라스틱을 포함한다)로 제조한 것을 말한다.

6. "연돌(Chimney)"이란 연소기에서 나오는 배기가스를 건축물 바깥으로 배출하기 위한 연통으로서 하나 이상의 수직 통로를 가진 구조물을 말한다.

> **OX퀴즈**
> "캐스케이드연통(Cascade Flue Pipe)"이란 동일공간에 설치된 **5개** 이상의 캐스케이드용 가스보일러에서 나오는 배기가스를 연돌 또는 금속 이중관형 연돌까지 이송하거나 건축물 바깥으로 직접 배출하기 위하여 공동으로 사용하는 연통이다.
> (×)

7. "금속 이중관형 연돌(Metallic Duplex Tube Type Chimney)"이란 연소기에서 나오는 배기가스를 건축물 바깥으로 배출하기 위한, 금속재 내부관과 외부관으로 구성된, 수직 또는 수직에 가까운 통로를 가진 구조물을 말한다.

8. "배기시스템(Venting System)"이란 배기가스와 직접 접촉하는 가스보일러 부속품과 이 기준에서 사용하는 모든 연통을 말한다.

9. "터미널(Terminal)"이란 배기가스를 건축물 바깥으로 배출하기 위하여 배기시스템 말단에 설치하는 부속품(배기통과 터미널이 일체형인 경우에는 배기가스가 배출되는 말단부분을 말한다)을 말한다.

10. "라이너(Liner)"란 표면이 배기가스와 접촉하는 연돌 또는 금속 이중관형 연돌의 벽을 말한다.

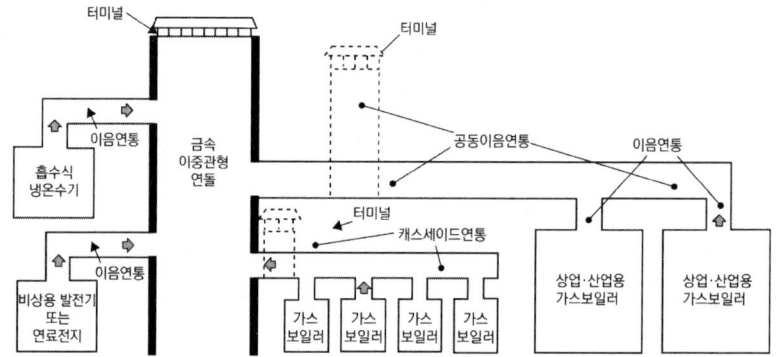

11. "역류방지장치"란 캐스케이드용 가스보일러의 경우에는 가동 및 정지 중에 배기가스가 역류되지 않도록 하는 장치로서 다음의 조건을 충족하는 것을 말한다.

    (1) 캐스케이드용 가스보일러의 경우에는 구조 및 성능이 KGS AB131(강제배기식 및 강제급배기식 가스온수보일러 제조의 시설·기술·검사기준)의 G1.1, G2.1, G2.2, KGS AB132(중형가스온수보일러 제조의 시설·기술·검사기준)의 G1.1, G2.1, G2.2 또는 KGS AB135(가스온수기 제조의 시설·기술·검사기준)의 D1.1, D2.1, D2.2에 적합한 것

    (2) 가스보일러와 함께 배기시스템에 연결된 다른 연소기의 경우에는 중력에 따라 작동하거나 전기로 작동[정전 시 닫힌(Fail-Safe) 상태로 되어야 한다]하는 것

12. "접근 가능(Accessible)"이란 검사, 유지관리 또는 수리를 위하여, 연돌이나 건축물의 구조물 또는 마감재를 손상하지 않으면서, 일반적으로 구할 수 있는 연장으로 문, 패널 또는 덮개를 제거함으로써 노출 가능한 상태를 말한다.

13. "은폐된(Concealed)"이란 연돌이나 건축물의 구조물 또는 마감재를 손상하거나, 특수한 장비를 사용하지 않고는 검사, 유지관리 또는 수리를 위하여 노출할 수 없는 상태를 말한다.

• 자연배기식의 배기통에 배기팬을 설치하는 보일러의 설치기준

(1) 배기팬

   (1-1) 배기팬의 재료는 내열·내식성인 것으로 한다.

   (1-2) 배기팬은 보일러 사용 시 자동적으로 작동하는 것으로 한다.

   (1-3) 정전 또는 배기팬 고장 시에는 가스를 차단하는 구조인 것으로 한다.

   (1-4) 가스의 차단장치는 배기팬의 기능이 복귀될 경우 자동으로 가스가 공급되지 않는 구조이거나 배기팬의 기능이 복귀될 경우 생 가스가 방출되지 않는 구조로 한다.

   (1-5) 배기팬의 능력은 가스소비량 1000 kcal/h당 20 ℃에서 3 m²/h 이상일 것. 다만 이때 배기팬에서 배출되는 배기가스의 압력은 배기통의 저항과 배기통 주변의 풍압이상인 것으로 한다.

   (1-6) 자연배기식 급·배기설비 중 보일러의 배기통에 부착되는 배기팬의 성능은 보일러의 연소 및 효율에 영향을 미치지 않는 것으로 한다.

(2) 배기통

   1) 상공자원부고시 제1993-98호(1993. 11. 8) 부칙 제2호(경과조치) 규정에 따른 경과조치

   2) 상공자원부고시 제1993-98호(1993. 11. 8) 부칙 제3호의 규정에 따른 경과조치

   (2-1) 배기통의 구경은 배기팬의 능력 이상인 것으로 한다.

   (2-2) 배기통의 수평부는 경사가 있는 구조로 한다.

   (2-3) 배기통 톱에는 새·쥐 등 직경 16 mm 이상인 물체가 통과할 수 없는 방조망을 설치한다.

(3) 급기구

   (3-1) 급기구의 유효단면적은 배기통의 단면적 이상으로 한다.

   (3-2) 급기구는 옥외 또는 현관등 통기성이 좋은 곳에 설치하고, 배기통 톱으로부터 배기가스가 유입되지 않는 곳으로 한다.

• 연돌

1. 급기 또는 배기형식이 다른 가스보일러는 연돌에 함께 접속하지 않는다.

2. 연돌 및 이음연통에는 방화댐퍼(Damper)를 설치하지 않는다.

OX퀴즈
연돌은 굴곡 없이 수직으로 설치한다. 단면형태는 될 수 있는 한 원형 또는 가로 세로의 비가 **1 : 4 이하인 직사각형**에 가깝도록 한다.
(×)

OX퀴즈
가스보일러 시공자는 가스보일러의 이음연통을 최초로 연돌에 연결하기 전에 **10분** 이상 연막을 주입하는 시험으로 연돌의 기밀에 이상이 없도록 한다. (×)

OX퀴즈
배기통의 입상높이는 원칙적으로 **30 m** 이하로 한다.
(×)

3. 연돌은 굴곡 없이 수직으로 설치한다. 단면형태는 될 수 있는 한 원형 또는 가로 세로의 비가 1 : 1.4 이하인 정사각형에 가깝도록 한다.

4. 동일층에서 연돌로 연결되는 가스보일러의 수는 2대 이하로 한다.

5. 연돌 최하부에는 청소구와 수취기를 설치한다.

6. 연돌의 정상부에서 최상층 가스보일러의 역풍방지장치 개구부 하단까지의 거리가 4 m 이상일 경우에는 연돌에 연결하며, 그 이하일 경우에는 단독배기통 방식으로 설치한다.

7. 연돌과 배기통 또는 이음연통의 접속부는 기밀이 유지되도록 한다.

8. 가스보일러 시공자는 가스보일러의 이음연통을 최초로 연돌에 연결하기 전에 5분 이상 연막을 주입하는 시험으로 연돌의 기밀에 이상이 없도록 한다.

9. 연돌 터미널은 풍압대 밖에 있도록 한다.

10. 연돌의 터미널까지 단독배기통을 설치하는 경우 다음 기준에 따른다.
    (1) 배기통은 자중·풍압·적설하중 및 진동 등에 견디게 견고하게 설치한다.
    (2) 배기통의 굴곡 수는 4개 이하로 한다.
    (3) 배기통의 가로 길이는 5 m 이하로서 될 수 있는 한 짧고 물고임이나 배기통 앞 끝의 기울기가 없도록 한다.
    (4) 배기통의 입상높이는 원칙적으로 10 m 이하로 한다. 다만 부득이 입상높이가 10 m를 초과하는 경우에는 보온조치를 한다.
    (5) 배기통의 끝은 옥외로 뽑아낸다.
    (6) 배기통은 점검·유지가 용이한 장소에 설치하되 부득이 천장 속 등의 은폐부에 설치하는 경우에는 금속 이외의 불연성 재료로 피복하고, 수리나 교체에 필요한 점검구 및 통기구를 설치한다.
    (7) 터미널의 옥상돌출부는 지붕면으로부터 수직거리를 1 m 이상으로 하고, 터미널 상단으로부터 수평거리 1 m 이내에 건축물이 있는 경우에는 그 건축물의 처마보다 1 m 이상 높게 설치한다.
    (8) 터미널의 위치는 풍압대를 피하여 바람이 잘 통하는 곳에 설치한다.

11. 상부환기구의 설치위치는 가능한 한 높게 하되 가스보일러 역풍방지장치보다 높게 하여야 한다.

12. 상부환기구 및 급기구의 설치위치는 외기와 통기성이 좋은 장소에 개구되어 있도록 한다.

문제풀이

1 상업·산업용 가스보일러의 설치·검사기준에 따른 용어 정의를 쓰시오.

(1) 각각의 이음연통(캐스케이드연통은 제외한다) 2개를 공동으로 연결하는, 각각의 이음연통 출구에서 연돌 및 금속 이중관형 연돌 입구 또는 터미널까지 연결하는 관

(2) 연소기에서 나오는 배기가스를 건축물 바깥으로 배출하기 위한 연통으로서 하나 이상의 수직 통로를 가진 구조물

(3) 배기가스와 직접 접촉하는 가스보일러 부속품과 이 기준에서 사용하는 모든 연통

01
(1) 공동 이음연통
(2) 연돌
(3) 배기시스템

2 다음은 상업·산업용 가스보일러의 설치·검사기준에 따른 연돌의 터미널까지 단독배기통을 설치하는 경우 기준이다. 괄호 안에 들어갈 알맞은 말을 쓰시오.

(1) 배기통의 굴곡 수는 (   )로 한다.
(2) 배기통의 가로 길이는 (   )로서 될 수 있는 한 짧고 물고임이나 배기통 앞 끝의 기울기가 없도록 한다.
(3) 배기통의 입상높이는 원칙적으로 (   )로 한다. 다만 부득이 입상높이가 (   )하는 경우에는 보온조치를 한다.
(4) 배기통의 끝은 (   )로 뽑아낸다.
(5) 터미널의 옥상돌출부는 지붕면으로부터 수직거리를 (   )으로 하고, 터미널 상단으로부터 수평거리 1 m 이내에 건축물이 있는 경우에는 그 건축물의 처마보다 1 m 이상 높게 설치한다.

02
(1) 4개 이하
(2) 5 m 이하
(3) 10 m 이하,
   10 m를 초과
(4) 옥외
(5) 1 m 이상

03
(3) 경사가 있는 구조로 한다.

3 상업·산업용 가스보일러의 설치·검사기준에 따른 자연배기식의 배기통에 배기팬을 설치하는 보일러 설치기준으로 틀린 것을 고르시오.

(1) 배기팬의 재료는 내열·내식성인 것으로 한다.

(2) 배기팬의 능력은 가스소비량 1000 kcal/h당 20℃에서 3 m²/h 이상일 것

(3) 배기통의 수평부는 경사가 없는 구조로 한다.

(4) 급기구는 옥외 또는 현관등 통기성이 좋은 곳에 설치하고, 배기통 톱으로부터 배기가스가 유입되지 않는 곳으로 한다.

모아바 www.moa-ba.com
모아소방전기학원 www.moate.co.kr

모아 가스 KGS CODE 뽀개기

발행일	2025년 5월 15일 초판 1쇄
지은이	오민정
발행인	황모아
발행처	(주)모아교육그룹
주 소	서울특별시 영등포구 영신로 32길 29 세화빌딩 2층
전 화	02-2068-2393(출판, 주문)
등 록	제2015-000006호 (2015.1.16.)
이메일	moagbooks@naver.com
ISBN	979-11-6804-423-4 (15530)

이 책의 가격은 뒤표지에 있습니다.

Copyright ⓒ (주)모아교육그룹 Co., Ltd. All Rights Reserved.

이 책은 저작권법에 의해 보호를 받는 저작물이므로 저자와 출판사의 서면 허락 없이
내용의 전부 또는 일부를 이용하는 것을 금합니다.

가스기능장·기사·산업기사·기능사 합격!
여러분의 합격은 모아의 보람입니다.

끊임없이 변화를
추구하는 교육기업
모아교육그룹

모아를 선택해주신 여러분께 감사드립니다.

✔ 모아는 혁신적인 교육을 통해 인간의 사고(思考)를
  확장 및 변화시킬 수 있다고 믿고 있습니다.
✔ 모아는 미래를 교육으로 변화시킬 수 있다고 믿고 있습니다.
✔ 모아는 청년부터 장년, 중년, 노년까지의
  성인교육에 중점을 두고 사업을 진행하고 있습니다.

초고령화, 불확실성의 시대
모아는 당신의 미래를 함께 하는 혁신적인 교육 플랫폼이 되겠습니다.